U0263518

“十三五”国家重点出版物出版规划项目

重大工程的动力灾变学术著作丛书

地铁地下结构抗震

庄海洋　陈国兴　著

科学出版社

北京

内 容 简 介

本书是国内第一部专门研究地铁地下结构抗震的学术专著，集作者近二十年在地铁地下结构抗震领域的理论分析、数值模拟、模型试验、震害对比及工程实践方面的研究成果于一体，较为系统地总结和阐述了作者在地铁地下结构地震反应的影响因素及规律、损伤破坏模拟模型和方法、破坏机理与失效模式、抗震设计理论与方法及工程应用等方面取得的系列创新性成果，并较完整地介绍了该领域的研究现状。该书构建了较为系统的地铁地下结构抗震设计理论与方法，内容严谨且完整，各章内容既有联系又相对独立，具有重要的学术价值和工程应用参考价值。

本书可作为从事城市地下工程防震减灾课题的研究人员和工程实践的专业技术人员的专业参考书，也可作为土建类相关专业的研究生教学用书。

图书在版编目(CIP)数据

地铁地下结构抗震/庄海洋，陈国兴著. —北京：科学出版社，2017.1
(重大工程的动力灾变学术著作丛书)
"十三五"国家重点出版物出版规划项目
ISBN 978-7-03-051550-6

Ⅰ.①地… Ⅱ.①庄… ②陈… Ⅲ.①地下铁道-地下工程-抗震设计
Ⅳ.①TU92

中国版本图书馆 CIP 数据核字(2017)第 000750 号

责任编辑：刘宝莉 / 责任校对：桂伟利
责任印制：徐晓晨 / 封面设计：陈 敬

科学出版社出版
北京东黄城根北街 16 号
邮政编码：100717
http://www.sciencep.com
北京虎彩文化传播有限公司 印刷
科学出版社发行 各地新华书店经销
*
2017 年 1 月第 一 版 开本：720×1000 1/16
2021 年 1 月第三次印刷 印张：32
字数：625 000

定价：228.00 元

(如有印装质量问题，我社负责调换)

序

2007年5月曾有幸为陈国兴教授的著作《岩土地震工程学》写过序，该书还对颇有新意的地铁地下结构抗震研究进展做了专门的介绍；还记得我还在该书的序中专门写了一句：希望他能抓住这个方向，再接再厉，精益求精，做出更好和更多的研究成果。今天，欣闻陈国兴教授与其学生庄海洋教授合著的《地铁地下结构抗震》即将由科学出版社出版，在地铁地下结构抗震防灾研究方面取得了系统性的创新成果，10年前的期待今已成真；不由得回忆起陈国兴教授30年前在中国地震局工程力学研究所的求学历程，毕业离开研究所至今也20年有余了，亲眼见证了陈国兴教授及其研究团队的成长过程，看到当年的学生带领研究团队取得了新的研究成果，又有“先睹为快”的机会，顺理成章的愿意向读者推荐此书，故再次欣然为序。

地下结构的地震震害可以追溯到1923年的日本关东大地震。1995年日本阪神地震、1999年中国台湾集集地震和1999年土耳其科贾埃利(Kocaeli)地震中均发生了地下结构的严重破坏现象。自21世纪初以来，我国城市轨道交通的建设规模之大和速度之快，举世瞩目；为此，地铁地下结构的地震安全问题引起了土木工程、交通工程、地震工程等领域研究人员与工程师的高度关注。陈国兴教授是我国较早开展地铁地下结构抗震研究的学者之一，2001～2006年指导其第一位博士生庄海洋完成了学位论文“土-地下结构非线性动力相互作用及其大型振动台试验研究”，率先开展并完成了大比尺可液化地基中地铁地下结构振动台模型试验与数值模拟对比分析，发现了地下结构侧向地基土液化时结构构件会发生较大的不可恢复的残余变形，揭示了软弱地基和液化地基上地铁地下结构的破坏机理；且该论文入选2008年江苏省百篇优秀博士论文，其研究成果获得同行的高度认可。随后，陈国兴教授又有4位博士生完成该领域的学位论文研究，研发了地铁地下结构大型振动台模型试验的成套测试技术，首次实现了大型振动台破坏性地下结构模型试验，发展和完善了多个土体动力本构模型，研发了大型地下结构地震损伤演变的模拟技术及其高性能数值分析平台，系统地研究了地铁地下结构非线性地震反应特性及其分析方法，并针对这类结构建立了抗震性能评价方法。

《地铁地下结构抗震》是国内第一部专门研究地铁地下结构抗震的学术专著，是在陈国兴教授研究团队近20年的研究成果基础上撰写而成的。其成果已在我国相关的城市轨道交通工程中得到成功应用，有力地推进了城市轨道交通防震减灾工作的发展。该书内容丰富，对土与结构非线性动力相互作用涉及的土动力学理论与方法既进行了深入的数值研究，又进行了模型试验的印证，内容完整，分析严谨。全书对地铁地下结构抗震研究领域中的重要课题均作了详尽的分析和讨论，例如，系统介绍了地下结构的震害特征、地下结构邻近土体的动力学特性、土与地下结构非线性动力相互作用分析的有限元法及振动台模型试验技术、多种结构形式地铁地下车站结构的抗震性能、地铁区间隧道地震反应特性、地铁地下结构抗震设计的简化分析方法。

这本专著的出版无疑对地铁地下工程具有重要的学术价值和工程应用参考价值。对推动地铁地下结构抗震课题的研究和工程实践工作大有裨益；也一定会成为相关专业的研究生和设计施工方面的专业人员钟爱的专业书籍。

谢礼立

中国地震局工程力学研究所名誉所长

中国工程院院士

2016年11月于哈尔滨

前　言

我国城市轨道交通的发展速度举世瞩目，城市地铁地下结构的地震安全问题引起了土木工程、地震工程等领域研究人员与工程师的高度关注。地铁地下结构抗震问题是涉及地震工程学、结构动力学、土动力学、岩土工程学和结构工程学等多学科交叉的科学问题。目前，对地铁地下结构的地震反应特性、地震损伤模拟方法、破坏机理与失效模式、抗震设计理论和方法及技术尚缺乏系统、完整的深入研究。我国大规模的城市轨道交通建设亟需地铁地下结构抗震设计理论、方法及技术指导。

庄海洋教授于2001～2006年期间在南京工业大学硕博连读，师从陈国兴教授；毕业留校工作后，仍在陈国兴教授学术团队从事土动力学、土与地下结构动力相互作用和地铁结构防震减灾方面的研究工作。近二十年来，陈国兴教授学术团队在地铁地下结构抗震领域开展了创新性的系统研究，考虑不同的地基条件、车站结构形式、模型结构材料、输入地震动特性和地震损伤程度，开展了系统性的地铁地下结构大型振动台系列模型试验研究，研发了基于虚拟仪器技术的98通道动态采集系统及数据批处理软件、新型传感技术、数据采集与处理平台，为解决模型试验数据采集量大、数据采集控制及测试分析系统复杂的问题提供了技术手段，提出了多介质模型结构体系的相似比设计方法。作为庄海洋博士学位论文的主要内容，于2004年首次开展并完成了1∶25的大比尺可液化土-地铁地下结构振动台模型试验与数值模拟对比分析，解决了土箱的边界效应问题，发现地下结构侧向地基土液化时结构构件会发生较大的不可恢复的残余变形，该变形是液化地基上地下结构严重破坏的主要因素；选择易脆和低强度材料来制作结构是开展大型振动台地下结构破坏性模型试验的一个关键技术，结合地基土相似准则的确定和地下结构混凝土材料特性，开展了石膏的物性试验，于2009年首次实现了大型振动台破坏性地下结构模型试验。发展和完善了土体黏弹性、黏弹塑性和砂土液化大变形动力本构模型，基于ABAQUS软件，研发了大型地下结构地震灾变模拟技术与平行计算显式有限元法集成平台；根据上海、南京和苏州等城市的实际地铁建设情况，开展了地铁地下结构非线性地震反应特性及其分析方法的系统性研究。该专著的成果主要包括陈国兴教授指导的博士生庄海洋、左熹、龙慧、陈磊、陈苏的学位论文，庄海洋博士毕业后留校工作至今的相关研究工作，以及陈国兴、庄海洋教授指导其他研究生的相关工作。

本专著的相关研究内容先后得到国家自然科学基金重大研究计划“重大工程

的动力灾变”培育和集成项目、国家自然科学基金面上项目和青年基金项目、国家公益性行业（地震）科研专项、北京市属高等学校创新团队建设与教师职业发展计划项目、江苏省自然科学基金重点项目和面上项目、江苏省“六大人才高峰”资助计划、江苏省高校自然科学重大基础研究项目、中国和江苏省博士后科学基金项目等科研项目的资助。作者对国家自然科学基金委员会、江苏省科学技术厅和教育厅等相关部门的长期支持表示最诚挚的感谢！

在近20年的地铁地下结构抗震研究中，得到了北京工业大学杜修力教授学术团队的长期支持与协作，中国地震局地球物理研究所李小军研究员、中国地震局工程力学研究所王自法和景立平研究员、浙江工业大学蔡袁强教授、重庆大学刘汉龙教授、大连理工大学李宏男教授、解放军理工大学方秦和王明洋教授、广州大学崔杰教授、北京建筑大学戚承志教授也给予了大力支持；并得到了南京工业大学科学研究院、研究生院、交通运输工程学院的长期支持。研究生王瑞、薛栩超和胡中华协助完成了书稿整理的大量辅助工作。谨向所有曾给予作者支持和帮助而在此无法一一提及的朋友，以及曾参与研究工作的所有研究生，一并致以衷心的感谢。

作者虽长期从事岩土地震工程领域的科学研究与工程实践，但限于知识面的局限性，书中难免存在不妥之处，敬请读者批评赐教。

庄海洋　陈国兴
2016年9月于南京工业大学

目　　录

第1章 地下结构抗震概述

1.1 引　　言

改革开放以来，我国城市规模和经济建设飞速发展，城市化进程日益加快，2015年我国城镇化率已达到56.1%，城市人口急剧增加，100万人口以上的大城市已超过140个，其中1000万以上的已达到6个，约占全世界的1/4。这些大城市一天的客运高峰期间，旅客高度集中，流向大致相同，低运量的交通工具已远远不能满足民众出行的需要。而发展多层次、立体化、智能化的轨道交通体系，是从根本上改善城市交通需求的重要战略措施之一。国际经验表明，当一个国家的城市化率超过60%时，城市轨道交通将实现高速发展以解决大城市交通拥堵问题，从而拉动城市轨道交通建设投资迅速增加。据中国城市轨道交通协会发布的《城市轨道交通2015年度统计和分析报告》显示，2015年末，中国大陆地区共26个城市开通城轨交通运营，共计116条线路，运营线路总长度达3618km，其中地铁2658km，其他制式城轨交通规模960km。2015年度新增运营线路长度445km，在建线路总长4448km。2016年5月，国家颁布的《交通基础设施重大工程建设三年行动计划》表明：未来三年我国总新增城市轨道交通规划里程2385km。至2016年8月，共有45个城市规划获批，规划规模近5000km。新建、规划线路规模大、投资增长迅速，建设速度持续加快。城市轨道交通的快速发展必将为解决我国城市交通拥堵问题做出重要的贡献。我国主要城市的城市轨道交通规划图如图1.1所示。

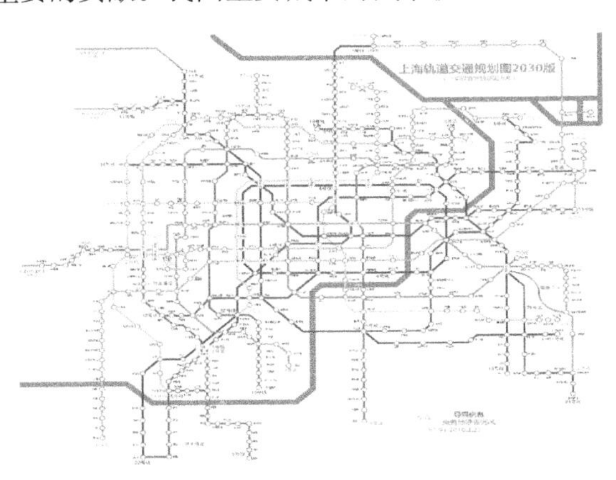

(a) 上海地铁规划图(2030版)

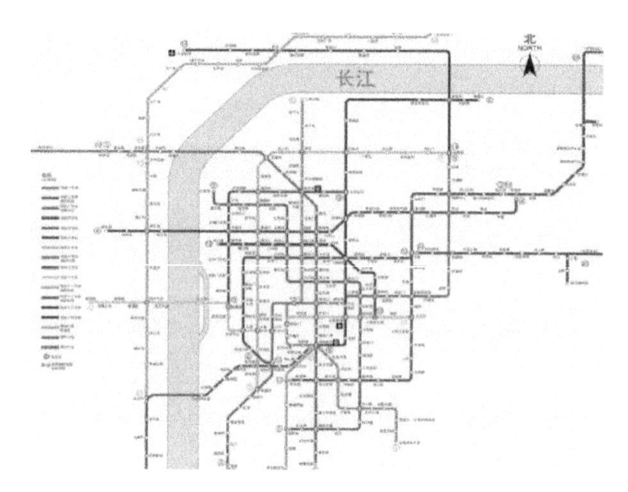

(b) 南京地铁规划图(2050 版)

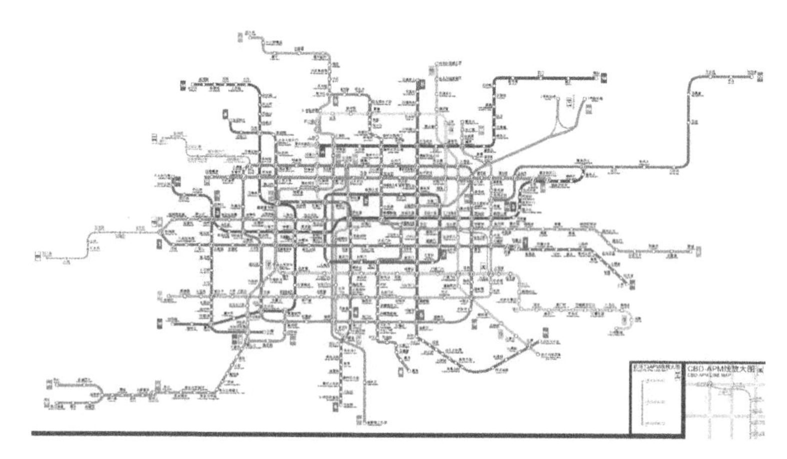

(c) 北京地铁规划图(2020 版)

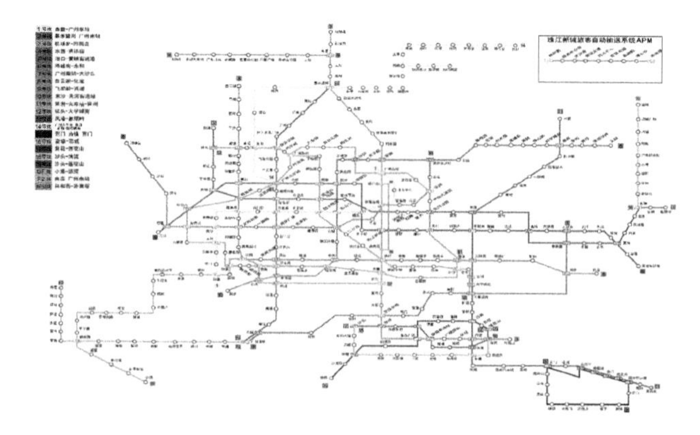

(d) 广州地铁规划图(2020 版)

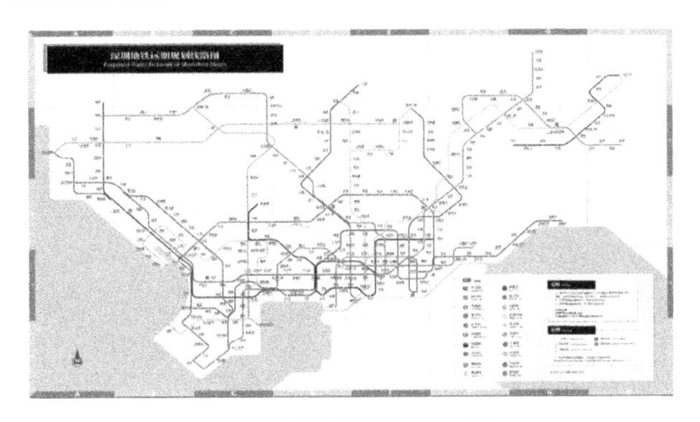

(e) 深圳地铁规划图(2040版)

图1.1　我国部分城市地铁建设近期规划图

然而,我国位于世界两大地震带——环太平洋地震带与欧亚地震带之间,受太平洋板块、印度板块和菲律宾海板块的挤压,地震断裂带十分发育。20世纪以来,中国共发生M_s6.0级以上地震近800次,1950～2010年60年间共发生M_s7.0级及以上地震65次[1];据国家地震科学数据共享中心网站数据,2011～2016年期间发生M_s7.0级及以上地震3次。强地震遍布除贵州、浙江两省和香港特别行政区以外所有的省(自治区、直辖市)。根据我国强地震震中分布图(见图1.2),可以看出,我国已建和将建城市轨道交通的绝大部分城市都位于不同的地震带上或附近。例如,南京、合肥、济南、大连和沈阳等大城市都位于郯城—营口地震带上或附近,自有记载以来到2015年,该地震带共发生M_s4.7级以上地震60余次,其中M_s7.0～7.9级地震6次(如1969年渤海M_s7.4级地震、1974年海城M_s7.4级地震),M_s8.0级以上地震1次(1668年山东郯城M_s8.5级地震);北京、天津、石家庄、西安和郑州等大城市都位于华北平原地震带上或附近,据统计至2013年,该地震带共发生M_s4.7级以上地震140多次,其中M_s7.0～7.9级地震5次,M_s8.0级以上地震1次;福州和厦门等城市都为华南地震区,这里历史上曾发生过1604年福建泉州M_s8.0级地震和1605年广东琼山M_s7.5级地震;兰州、宁夏、成都和昆明等城市都位于青藏高原地震区,据统计至2013年,该地震带M_s8.0级以上地震就发生过9次;M_s7.0～7.9级地震发生过78次,均居全国之首。其中,2008年汶川M_s8.0级地震和2010年玉树M_s7.1级地震就位于该地震区的喜马拉雅地震带上。据统计,2000～2015年,我国发生M_s7.0级以上大地震就多达11次。地震给我国造成了巨大的人员伤亡和经济损失。

已有的地震震害表明[2~4]:在强地震发生时,现有的地铁结构并不安全。在地铁地下结构的震害方面,如1985年墨西哥M_s8.1级地震中,建在软弱地基上的地铁侧墙与地表结构相交部位发生分离破坏现象;特别是1995年M_s7.2级日本“阪神地震”对神户市内地下结构造成了有史以来最严重的破坏,地铁、地下停车场、

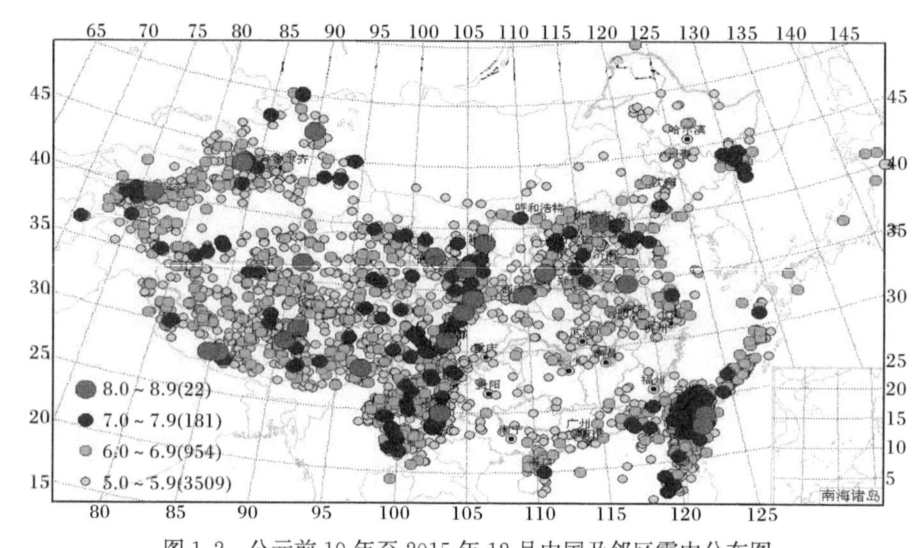

图 1.2　公元前 19 年至 2015 年 12 月中国及邻区震中分布图

图中数字表示震级，括号中数据表示地震次数，甘肃省地震局王兰民研究员和李晓峰副研究员编制

地下隧道、地下商业街等大量地下工程均发生严重破坏，最引人注意的是地铁车站的破坏，地震中共有 5 个地铁车站和约 3km 的地铁区间隧道发生破坏，其中大开地铁车站的破坏最为严重，一半以上的中柱完全坍塌，导致顶板坍塌破坏和上覆土层的沉降，最大沉降量达 2.5m 之多。据神户高速铁道公司报道，不计高架桥结构破坏造成的损失约为 300 亿日元，修复大开地铁站需要 100 亿日元，修复地铁区间隧道约 180 亿日元。在地铁高架结构的震害方面，1995 年 1 月 17 日在日本阪神发生的 M_s7.2 级地震中，神户市有 635m 的高速高架桥梁倒塌，包括大阪神户高速道路、名神高速道路、第二神明线、湾岸线等，在同一地区的铁路线被破坏的有山阳新干线、东海道本线(JR 神户线)、阪神电铁神户线和阪神电铁本线，其中山阳新干线部分区段高架桥梁发生了严重的多跨连续落梁和侧向倒塌破坏[5]，同时，2004 年 10 月 23 日发生在日本新潟地区的 M_s6.8 级地震再次造成上越新干线列车脱轨等地震破坏，这些地震也打碎了日本新干线安全可靠的神话。

地铁地下结构的震害教训说明[6]：随着城市地下空间的大规模开发和利用，在大城市发生强地震时，由于地铁地下结构周围地基的变形可能会很大，从而可能导致地铁地下结构的一些薄弱环节发生严重的震害，给地铁地下结构的整体安全造成严重的影响；同时，由于地铁延伸范围宽广，地铁沿线场地条件复杂多变，主要包括场地土类的差异、砂性土液化、软土震陷、塌陷、构造地裂和岸边滑移等。这些因素直接影响地震时地铁地下结构遭受的地震作用大小和方式，从而对地铁地下结构的破坏形式也有着重要影响。以往对地下管道的震害调查表明：场地条件对地下管道的震害影响很大，在烈度较低的软弱场地地下管道的震害率甚至大于烈度较高的坚硬场地地下管道的震害率。鉴于地铁是重大的地下工程，其结构的构造形式和材料都比地下管线复杂得多，因此，对复杂场地条件下地铁地下结构的抗震整体稳定性研究显得尤为必要。

近十年来，地下结构的抗震已引起众多学者的重视，在地下结构的地震破坏机理、破坏模式、抗震性能和分析方法等方面都取得了明显的研究进展，我国于2014年颁布了首部《城市轨道交通结构抗震设计规范》(GB 50909—2014)。但是，由于对现行结构形式的大型地铁地下结构抗震性能的基础研究开展还不够，资料积累不足，对现有结构形式的大型地下结构抗震性能与抗震设计分析方法等都还缺乏系统的研究。因此，也造成现有规范中对地下结构的抗震设防要求和抗震性能要求，并未能充分反映现有结构形式的大型地下结构地震反应特征和地震破坏模式。其建议的地下结构抗震分析方法也是基于已有对小型简单地下结构建立的分析方法，是否适用于城市地铁大型地下结构的抗震设计与分析还有待进一步研究和论证。因此，仍需继续深入开展大型地下结构地震中不同工作性态、地震破坏模式和实用抗震分析方法等科学问题的研究，为现有浅埋大型地下结构的抗震设计和相关规范的修订提供科学依据与技术保障。

1.2 地下结构震害特征

曾有多个研究报告报道过大地震下城市地下结构的破坏实例。例如，美国土木工程学会报道了圣费尔南多地震对洛杉矶地区地下结构破坏的实例[7]；日本土木工程学会对沉管隧道地震损伤特性进行了总结[8]；Sharma 和 Judd[9]、Hashash等[10]、Kontogianni 和 Stiros[11]对地下结构震损进行了大量调查与总结。陈国兴等[12]也曾对城市地下结构震害进行了较系统的总结。震害经验表明，地下结构的震害机理可以归纳为：①地下结构振动受到周边土体影响，一般不表现自振特性。②地基土变形是地下结构震害的主要诱因。③地下结构沿线地质条件变化较大区域震害严重，特别是地下结构穿越不良地质带区域，如松散砂土层、软土层、断层破碎带等；震级大、离震中或断层近、峰值加速度大、强震持续时间长，地下结构的破坏更为严重。例如，Power 等[13]发现地表峰值加速度不大于 0.20g，地震动仅会引起隧道的轻微损坏。④地下结构的地震性能与其几何形状、埋深、刚度、施工工艺有关，浅埋隧道比深埋隧道更易受地震损坏。

1985年墨西哥城西南大约 400km 处的太平洋海岸发生 M_s8.1 级地震，造成墨西哥城停水、停电，交通和电信中断，使墨西哥城全市陷入瘫痪，这是墨西哥城的地铁系统采用明挖法施工建造的，101 个地铁车站中有 13 个停止使用，地铁隧道和车站结构连接处发生轻微裂缝，软土地基上的地铁车站侧墙与地表结构相交部位发生分离破坏现象；一段建在软弱地基上的箱型结构地铁区间隧道，在地下段向地上段的过渡区内接缝部位出现错位。墨西哥城的这次地震灾害教训极其深刻，其原因在于墨西哥城是由湖泊沉积而成的封闭式盆地，灾害主要集中于覆盖层厚150～300m的市中心区域。地震专家利用地震的强地面运动记录和脉动记录，给出了墨西哥城湖积层地面运动长周期放大作用的定量结果[14,15]：湖积层0.2～0.7Hz频带的地表地震动比大学城丘陵区的地表地震动放大8～50倍，地震波在盆地内多次反射和折射，并与盆地内的松软沉积层发生共振，使得湖积层的地面地震动峰值加速度比丘陵区的放大4～5倍，达到0.09g～0.17g(g为重力加速度，下同)。

1995年M_s7.2级日本阪神地震中，神户市的地面峰值加速度普遍在0.5g以上，导致神户市的地铁车站、地下隧道、地下综合管廊等大量地下工程发生严重破坏[16]。神户市高速铁道的大开站、长田站及其之间的隧道，神户市营铁道的三宫站、上泽站、新长田站、上泽站西侧的隧道及新长田站东侧的隧道均发生严重破坏(见图1.3)，这是首次广泛报道的地铁主体结构出现严重地震震害。其中，大开车站地震震害最为严重，车站结构为外部尺寸高7.17m×宽17m×长120m并带有中柱的混凝土箱型结构，上覆土层厚4.8m，其破坏段沿纵向100m，35根钢筋混凝土柱中有30根被压碎，钢筋被压弯鼓出外露，箍筋完全破坏，导致顶板坍塌和上覆土层沉降，侧墙出现水平裂缝和斜裂缝。柱子的破坏有两种类型：一是柱脚被压碎鼓胀，二是柱子与顶板连接处被压碎鼓胀，这也是完整记录到的不跨越活断层而在地震作用下完全倒塌的地下结构震害实例。与大开车站平行的28号国道在长90m×宽23m范围内发生坍陷，最大沉降量超过2.5m，顶板中线两侧2m范围内，纵向裂缝宽150～250mm。几乎全线都在液化土中的综合管廊2号线的横截面主要在角部产生裂缝，底层中壁上下端有贯通裂缝，内部许多结构接缝错位或分开，内壁混凝土剥落，管道进水，水深10～20cm，积水长度150m左右。多位学者开展了大开车站的倒塌机理研究，Iida等[4]认为：顶板和底板间的相对位移对中柱产生很大的水平向剪力，顶板上覆土体对结构产生附加的惯性力作用。Huo等[17]认为，由于车站结构的跨度大、大的剪切荷载和大的竖向荷载的共同作用导致中柱的粉碎性剪切破坏。杜修力等[18]研究了大开地铁车站地震破坏机理，并认为：强震作用下浅埋结构的上覆土体先剪切破坏并丧失抗剪能力；再在竖向地震作用下，其惯性力作用于车站结构顶板，与侧壁土体引起的剪切荷载的耦合作用，使车站结构中柱压剪破坏，继而结构顶板折断，最终结构整体倒塌。

2004年日本新潟地区发生M_w6.8级地震，城市供水系统大规模损坏，上越新干线8.6km的铁路隧道严重受损，钢轨鼓曲、列车脱轨(见图1.4)，东京通往新潟的关越高速公路与小千谷交流道间的隧道发生陷落[19,20]。

2008年汶川M_s8.0级地震中，成都的地震烈度仅为6度，但按7度抗震设防的成都地铁有4个地下车站的主体结构发生局部损坏，车站墙体出现多条裂缝，裂缝宽0.1～0.5mm，长1.2～5.0m，部分裂纹出现渗水现象；区间盾构隧道产生比较明显的管片衬砌裂缝、剥落、错台、螺栓拉坏和渗水等震害现象，且盾构管片

(a) 中柱压剪破坏

(b) 中柱柱底受压破坏

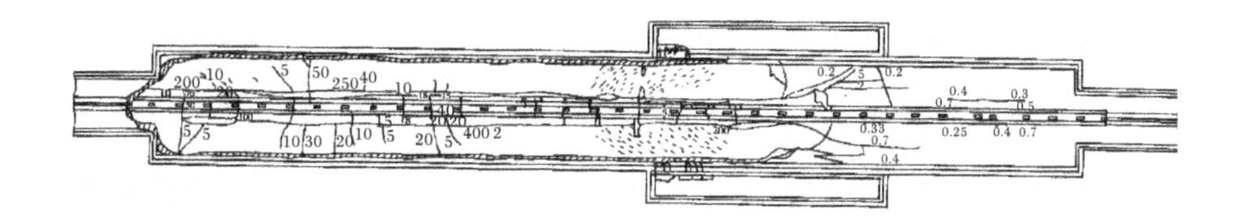

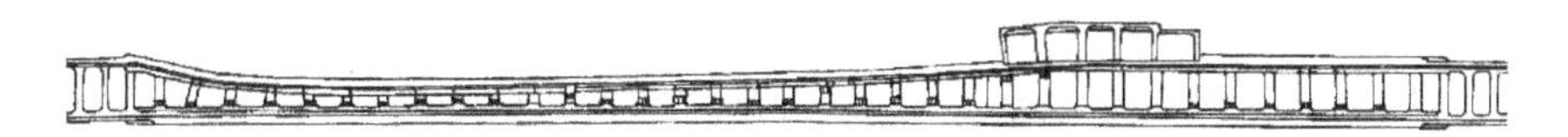

(c) 车站整体破坏示意图(图中数字表示裂纹宽度,mm)

图 1.3　1995 年日本阪神地震中大开地铁车站震害照片

(a) 新干线脱轨

(b) 隧道侧墙混凝土脱落

图 1.4 日本新干线和隧道的地震破坏情况

间及各环间渗水面积有加大迹象(见图 1.5)。渗漏位置主要发生在横断面 45°方向,裂缝呈 X 形共轭分布,纵向错台主要发生在隧道的侧部[21]。

(a) 隧道地震裂缝(陆鸣研究员提供)

(b) 盾构隧道管片错台

(c) 顶部内衬塌落

(d) 隧道底板鼓裂

图 1.5 隧道结构典型地震破坏特征

1.3 地下结构抗震研究方法与现状

1995 年日本阪神地震给神户市的地铁结构造成了严重破坏，开始引起众多地震工程学者和土木工程师的关注，地下结构抗震研究出现前所未有的热潮[12,22~26]。地铁地下结构抗震研究的主要途径有：理论分析、数值模拟、原型观测(包括现场震害调查和足尺试验)、模型试验(主要是振动台试验、拟动力试验和动力离心机试验)等。

1.3.1 地下结构动力模型试验方法

虽然地下结构在很多地震活跃地区都有存在，但地下结构抗震性能的经验数据极为有限。借助于(离心机)振动模型试验研究，有助于弥补这方面经验数据缺失的不足。因此，模型试验是认识地铁地下结构震害机理的重要手段，一方面模型试验可以揭示人们现场不易看到的地下结构破坏形态，另一方面可为数值模拟方法及其可靠性提供有效的验证。其中，模型试验相似关系的设计尤为重要，因此相似关系的各种推导方法在缩尺模型试验中得到了广泛应用。例如，Meymand[27]最早提出了 1g 振动台模型试验中应适当模拟原型结构反应的问题，并对相似关系推导方法在岩土工程中的应用归纳为三种方法：量纲分析、相似理论和控制方程法。量纲分析的目的是基于质量、长度和时间这三个基本量，把一个有量纲的齐次方程转换为一个包含无量纲因子的方程。相似理论，又称 Buckingham-π 定理，先进行量纲分析再进行识别，把独特的力作用在无量纲项构成的系统上。控制方程法要求把复杂微分方程描述的一个系统转换为无量纲的形式。其中，控制方程法也是三种方法中最复杂和有效的方法。

近年来，随着试验条件的改善，模型试验技术得到了很大提高，振动台模型试验（离心机振动台、1g 振动台）成为目前地下结构抗震研究的主要试验技术手段。土-地下结构体系模型试验成套技术要点如图 1.6 所示。

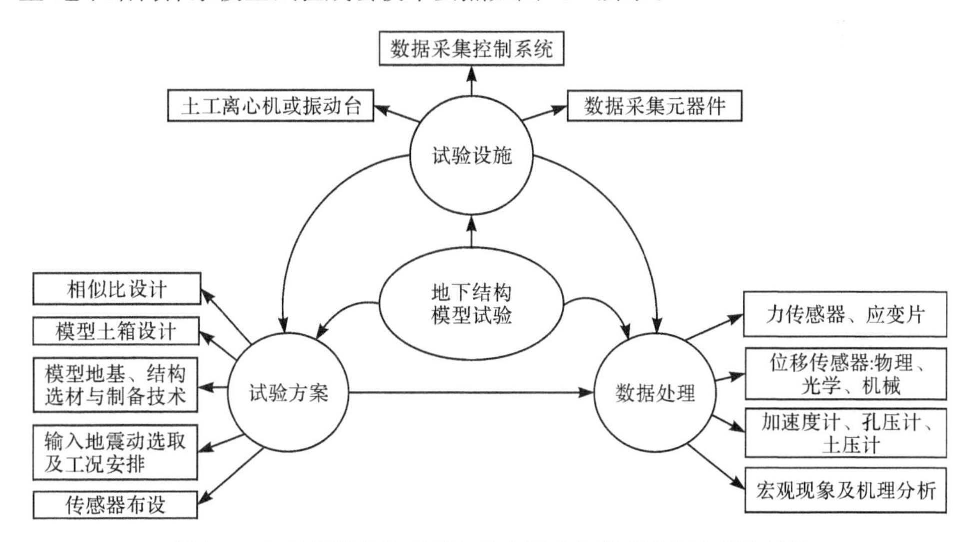

图 1.6　土-地下结构体系离心机和振动台模型试验技术要点[12]

在（离心机）振动台模型试验中，相似比的大小决定了模型结构尺寸的大小、材料的选取、配重的方式及测试数据的定量换算关系。地铁地下结构埋置于地基土中，在地基土-地下结构体系的（离心机）振动台模型试验设计中，通常采用 Bukingham-π 定理，设计土-地下结构体系各测试物理量的相似比关系，由于涉及多介质耦合的相似关系设计，其与地面结构振动台模型试验的主要区别表现在：

（1）相似比设计的复杂性。首先，鉴于多介质非线性相互作用效应与地震波的传播特征，应综合考虑模型材料的物理与力学性质、模型制作技术水平、模型箱边界效应与元器件的数据采集方式与性能等因素，尽可能保持模型材料的变形比尺与几何比尺的一致性，以使其更好地模拟原型结构的真实应力状态及动力反应。其次，地下结构的地震反应除了受到周围土层变形的控制外，自身惯性力的影响不可忽略，应综合考虑(离心机)振动台台面尺寸、性能承载能力与试验能力，采取合理的配重方式，施加适量的配重。此外，由于模型土采用原型土，土颗粒尺寸不可能满足相似关系要求，且模型土上覆压力远小于现场上覆压力，而土的动力学行为特征与土的渗透性、上覆压力、孔隙水压力的增长与消散密切相关，在相似比设计中，应考虑模型土的有效应力未满足相似性要求对模型试验结果的影响。文献[28]和[29]给出的相似比设计参数具有代表性，可供参考。

(2) 模型土箱的研制。土-地下结构体系振动台模型试验需设计模型土箱，如刚性箱[30,31]、框架式叠层剪切箱[32,33]、圆柱式剪切箱[34,35]等。刚性箱整体刚度大，振动时箱壁的侧向变形非常小，需考虑边界上地震波的反射效应；圆柱式剪切箱的外包纤维带间距对箱体特性有较大影响，间距过小难以提供剪切变形，间距过大会导致土体约束力小，将发生弯曲变形；框架式叠层剪切箱具有较好的边界模拟性，在模拟土的剪切变形方面明显优于其他几种试验土箱，但在多维输入条件下，箱体较难实现多维运动。

(3) 数据采集元器件及控制系统的复杂性。土-地下结构体系模型试验采用的数据采集元器件类型多，数据采集的控制系统更为复杂。文献[36]和[37]研发了基于虚拟仪器技术的振动台模型试验 98 通道数据动态采集系统及振动信号批处理软件，为振动台模型试验多类型物理量的采集及后续海量数据的快速、准确处理提供了技术平台。

现有模型试验已在模型土箱、模型地基、模型结构制备、传感测试系统等多方面进行了研究，形成了较为成熟的成套模型试验技术。目前，地下结构模型试验的数据采集元器件主要为孔隙水压力传感器、加速度传感器、土压力传感器、位移计、应变片等。近年来，一些新的传感技术已成功应用于地基土-地下结构大型振动台模型试验，如非接触性动态位移测试技术[38]、光纤 Bragg 光栅测试技术[39]、阵列式位移计(shape acceleration array，SAA)[40]、激光位移传感器等，测试技术的进步必将有力地促进对土-地下结构体系地震损伤与失效过程的认识。

由于地下结构地震反应的影响因素很多，在(离心机)振动台试验中难以完全实现模型与原型间的相似性，许多研究者在这方面做出了很有益的探索[41,42]。但已开展的(离心机)振动台模型试验主要存在如下不足：①由于地基土-地下结构体系的(离心机)振动台模型试验涉及多种材料，原型材料和模型材料物理相似性的一致性问题没有解决，由于多介质非线性动力相互作用的特点，相似关系中模型的物理相似性与几何相似性的一致性难以满足；②(离心机)振动台模型试验为缩尺试验，模型制作中难以很好地模拟原型结构的细部特征；③模型体系的动力边界效应处理技术有待进一步研究；④由于(离心机)振动台承载能力与试验条件的限制，无法开展大型、复杂地铁地下车站或区间隧道结构的大比尺模型试验研究。

1. 1g 振动台模型试验

国内外学者开展了众多地铁地下结构地震反应特性 1g 振动台试验研究。针对阪神地震中大开地铁车站与区间隧道的破坏现象，Nishiyama 等[25]和 Iwatate 等[26]先后进行了地铁地下结构的大型振动台模型试验。Nishiyama 等[25]开展的地铁地下隧道的振动台模型试验，以硅树脂模拟软黏土，模型地基尺寸为宽 200cm×深 70cm；采用铝材制作矩形的单层双跨模型结构，上覆土层厚 24cm；以正弦波作为输入地震动；基于模型试验与数值分析结果，提出了基于性能的明挖隧道三水准抗震设计新方法。Iwatate 等[26,43]开展了一系列地铁地下车站结构振动台模型试验，模型地基尺寸为长 120cm×宽 100cm×深 80cm，为表层厚 0. 4m、持力层厚 0. 4m 的干细砂双层地基；模型结构为带中柱的箱型框架结构，几何比尺为 1∶30，采用聚氯乙烯树脂制作，长 60cm×宽 60cm×高 24cm，上覆土层厚 16cm。该试验结果初步解释了地下结构的破坏机理：地铁车站结构受到四周土体因地震滑移引起的强烈水平剪切作用，中柱的应变高于侧墙应变 5 倍以上，中柱与顶、底板的铰接比固接有利于减轻中柱的破坏，中柱的坍塌是由于缺乏抵御地铁车站顶板破坏后引起剪切作用的承载能力。Ohtomo 等[44]基于二维平面应变模型假定，对大尺度隧道模型（几何比尺为 1/4～1/3、原型材料模型结构尺寸为长 3. 0m×高 1. 75m×宽 0. 97m）进行了非线性破坏大型振动台模型试验：测量了钢筋的应变和模型结构顶板接触面土体的滑移，发现结构变形受周围土体变形的控制，且结构存在截面平面内的弯矩作用，结构两侧的土压力随输入地震动强度的增大而增加。Tamari 和 Towhata[45]将高 0. 85cm×宽 0. 28cm 的矩形截面模型结构嵌入可液化地基，开展了输入谐波的一系列振动台模型试验，从试验结果发现：场地与地下结构的自振周期及回填土的膨胀特性对可液化地基-地下结构体系的相互作用方式有显著影响。Matsui 等[46]开展了一系列地下结构大型振动台试验，模型地基为厚 3. 0m、相对密度 87％的干砂，模型结构为混凝土制作的双跨单层箱型结构，外部总尺寸为高 1. 75m×宽 3. 0m，每跨的内部尺寸为高 1. 35m×宽 1. 35m，顶板和侧墙厚 0. 1m，底板厚 0. 3m。试验结果证明，不论处于弹性还是非弹性阶段，模型混凝土结构的相对变形完全由周围土体的变形控制。Che 等[47]对嵌入式涵洞进行了振动台模型试验，模型地基为厚 1. 0m 的干细砂双层地基，表层厚 0. 8m、持力层厚 0. 2m；几何比尺为 1∶16，采用波纹钢制作的椭圆形壳断面模型结构的尺寸为短径 457mm×长径 650mm×宽 800mm，壳厚 2mm，上覆土层厚 10cm，试验发现嵌入式涵洞模型结构受到周围土体产生的侧向地震土压力作用。上述振动台模型试验存在一个共同的缺陷：没有仔细考虑模型相似率问题。Moss 和 Crosariol[48]以几何比尺 1∶10 的美国旧金山 BART（海湾区快速地铁运输系统）明挖地铁隧道为原型隧道，制作的模型结构为高 55cm×宽 58cm 的矩形断面，以海湾淤泥为原型土制作模型地基混合土，进行了一系列振动台模型试验与数值模拟的对比分析，通过比较模型结构的水平向推压扭曲变形（racking distortion），发现现行的简化设计方法过高估计了软土-刚性结构体系的扭曲变形。

杜修力和陈国兴课题组以地铁隧道和地下车站结构为研究背景，近 10 年来开展了振动台系列模型试验，试验概况如图 1.7 所示[12]。陈国兴等[30,49~51]以南京地铁车站与隧道为原型结构，隧道内径 5.5m、外径 6.2m，车站结构两层双柱三跨，宽 21.2m×高 12.49m、中柱直径 0.8m，几何比尺 1∶30，时间比尺 1∶1 和 1∶12.5，模型结构采用微粒混凝土制作，模型地基尺寸为长 450cm×宽 180cm×厚 140cm，表层厚 8m、底层厚 24cm 为黏土，中间层厚 120cm 为南京细砂；在中国建筑科学研究院大型振动台（6m×6m）上进行了可液化地基中地铁地下车站与隧道结构振动台模型试验。这是国内首次、也是最大尺寸的可液化土-地下结构振动台模型试验，成功解决了大型振动台模拟试验中土箱的边界效应问题，揭示了地下结构周围地基土的液化机理、变形规律和地下结构动力损伤机理，发现地下结构侧向地基土液化时结构构件将发生较大的不可恢复的残余变形，该变形是造成液化地基上地下结构严重破坏的主要因素。

陈国兴等[29,52~56]进行了地基土-地铁地下结构大型振动台系列模型试验，其主要试验条件包括：不同的地基条件（可液化土、软土）、不同车站结构形式（三层三跨框架式、三拱立柱式）、不同材料模型结构（微粒混凝土、石膏）、输入不同地震动特性的地震记录（近场、远场记录）、不同地震损伤的模型试验（破坏性、非破坏性）。试验土箱为自行研制的叠层剪切型土箱[33]，所有模型试验均采用镀锌钢丝模拟钢筋，时间比尺为 1∶2。对于三层三跨车站模型试验，模型结构几何比尺为 1∶30，模型地基几何比尺为 1∶4；可液化模型地基为厚 110cm 的饱和南京细砂，软土模型地基为厚 110cm 的饱和粉质黏土，均在其顶部覆盖厚 15cm 的黏土；采用石膏、微粒混凝土制作模型结构，模型结构尺寸为宽 705mm×高 557mm，上覆土层厚 12cm 的黏土。对于三拱立柱式车站模型试验，模型结构几何比尺为 1∶20，采用微粒混凝土制作模型结构，断面外包络尺寸为宽 960mm×高 531mm；可液化模型地基为厚 125cm 的饱和南京细砂，也在其顶部覆盖厚 15cm 的黏土。这是国内外首次进行饱和砂土和软土地基地铁地下车站结构破坏性和非破坏性大型振动台系列模型试验，成功再现了喷水冒砂、地表裂缝、震陷及模型车站结构上浮、构件裂缝及局部破损等宏观震害现象；侧墙动土压力沿高度呈中间小、两端大的分布模式；框架式车站结构中柱是抗震薄弱构件，且底层中柱底端的损伤程度最为严重；软土地基上模型结构的整体损伤较轻，处于非破坏状态；三拱式车站结构中柱为抗震最不利构件，中庭上拱在 45°、附拱与竖向成±30°～±60°区域应变反应较大；揭示了可液化地基、软土地基地下结构的地震损伤发展过程与破坏机理，发现了近、远场强地震动作用下地铁地下车站结构地震反应的空间效应、变形与

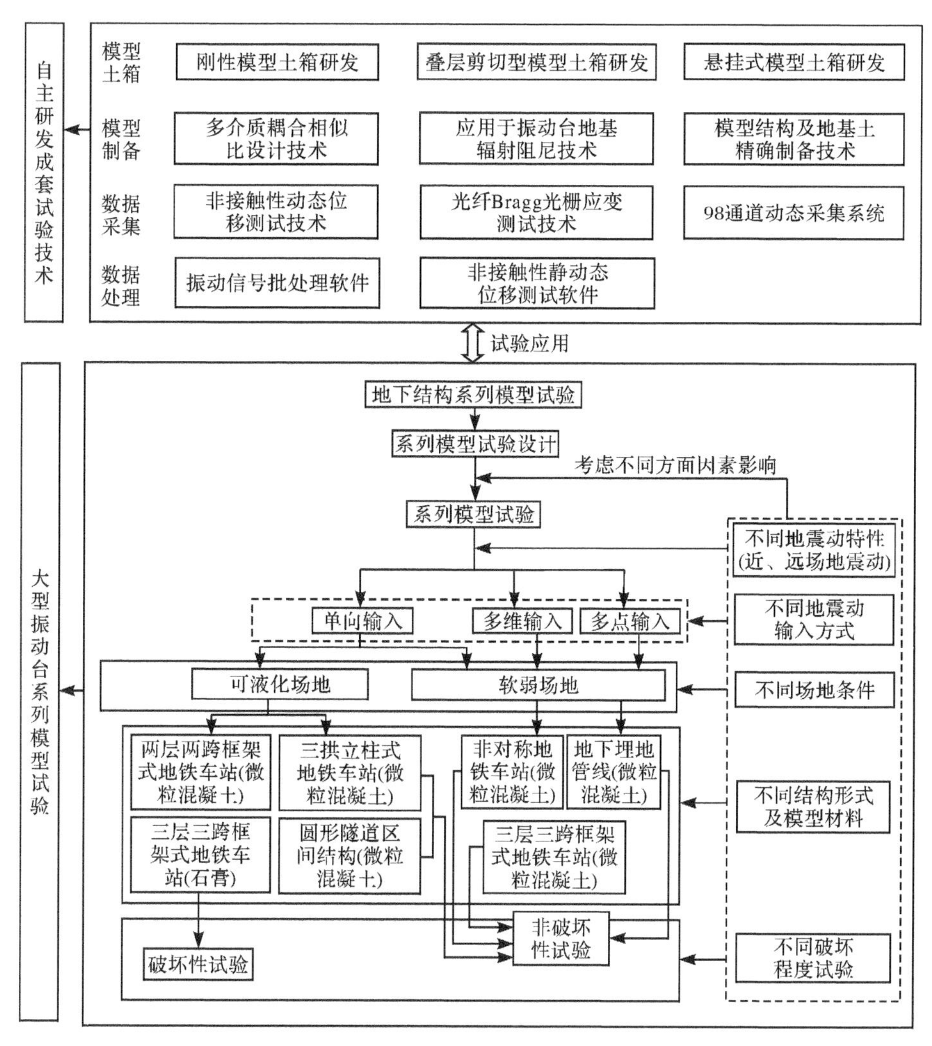

图1.7　杜修力和陈国兴项目组完成的地铁地下结构和埋地管道振动台系列模型试验[12]

破坏模式。

张波[57]、陶连金等[58]以北京地铁地下车站为原型结构，开展了振动台模型系列试验，研究了浅埋地铁车站的地震反应规律，包括：几何比尺1∶30、时间比尺1∶15的两层两跨浅埋地铁地下车站结构模型试验，模型车站结构尺寸为8跨总长2260mm×宽820mm×高380mm，模型土为北京黏质粉土，尺寸为长2.50m×宽2.26mm×高1.0m，几何比尺1∶50、时间比尺1∶25的超浅埋大跨度Y形柱双层地铁车站模型试验，模型材料采用微粒混凝土，模型车站结构尺寸为长860mm

×宽 820mm×高 380mm，模型土为施工现场原状土；几何比尺 1∶50、时间比尺 1∶1 的地铁地下车站-隧道密贴交叉组合模型试验，车站模型结构为长 600mm×宽 420mm×高 313mm 的近单层双拱形结构，隧道模型结构为长 500mm×宽 250mm×高 250mm 的方形结构，模型土为北京粉细砂，以覆土厚度为主要控制因素，研究了地铁车站及隧道结构在不同空间组合形式下的地震反应规律。

韩俊艳[59]开展了埋地管线非一致激励地震反应振动台模型试验，土箱为自行研发的适用于地下结构多台阵振动台试验的连续体，模型箱尺寸为 7.3m(长)×1.4m(宽)×1.2m(高)，模型结构采用长 6m 的有机玻璃管，模型地基土采用北京地铁 14 号线北工大西门站深度 10m 处的砂土及 14m 处的粉质黏土，开展了考虑多点非一致激励作用及非均匀场地条件的埋地管道振动台试验；详细分析了试验中的管道、土体地震反应及管土相互作用等试验数据，与一致激励作用试验结果相比，发现在非一致激励作用下，地基土非线性程度稍大，呈现出显著的空间效应，管道产生了弯曲变形。该试验研究为验证、完善非一致激励埋地管道地震反应的分析模型提供了基础性资料。

杨林德等[60]在我国最早开展了软土地基地铁车站结构的系列振动台模型试验，模型地基由粉质黏土制备，其尺寸为长 3.0m×厚 1.0m；以上海地铁地下车站结构为原型结构，模型结构采用微粒混凝土制备，几何比尺为 1∶30，两层三跨框架式结构，断层尺寸为宽 70.6cm×高 41.0cm，采用镀锌钢丝模拟钢筋，上覆土层 8cm。试验结果表明：在抗震设防水平的地震动作用下，模型结构未见任何损伤，模型结构中柱的应变相对较大。

景立平等[61,62]开展了可液化地基-三层三跨地铁地下车站结构双向振动台模型试验，几何比尺为 1∶30，模型土为哈尔滨粉质黏土，模型结构尺寸为宽 705mm×高 557mm。试验发现：地下车站结构在地震中的破坏主要由位移控制，顶层破坏最为严重，底层破坏最轻；增加延性是提高地下车站结构抗震性能的有效方法。

Chen 等[63]针对浅层软土中矩形截面地下综合管廊进行了横向和纵向非一致地震激励下的大型双振动台系列模型试验。由于非一致激励试验的特殊性，试验中设计了两个相同的层状剪切模型箱。模型土为粉质黏土；以某上海地下管廊为原型结构，几何比尺为 1∶8，模型结构的有效长度为 6.25m，横断面尺寸为 375mm×375mm。试验发现：非一致地震激励下地下综合管廊会产生顶、底板之间的相对位移，同时伴随着隧道切片接头处发生转动和差异位移，侧壁土压力是地下综合管廊结构产生内力的直接原因；非一致地震激励下模型结构的地震反应大于一致地震激励下模型结构的地震反应；地下管廊的抗震设计应考虑地震激励的空间变异性影响。

2. 离心机振动台模型试验

大型振动台试验虽可实现较大比尺的地下结构模型试验研究，但存在应力相似问题。为此，一些学者同阶段开展了地下结构地震反应特性的离心机振动台模型试验研究。现有离心机动力试验研究表明：离心机振动台试验在再现地下结构动力反应、检验抗震设计方法、研究地震破坏机理以及验证数值模型等方面取得了良好的效果。

Yang 等[64]开展了模拟地震影响的乔治·梅西沉管隧道动力离心机试验，几何比尺 1∶100 的模型隧道浸入饱和松散砂土和黏性甲基纤维素流体，其黏性为水的 25 倍；模型箱采用深 380mm×长 710mm×宽 356mm 的层状矩形土箱，铝材模型隧道结构尺寸为宽 18cm×高 9cm。动力离心试验结果证明：设计地震动很可能触发松散砂土地基液化并引起隧道上浮及侧向位移，数值模拟有能力预测土与隧道的性能；地基振密或碎石排水桩对减轻地震引起的隧道移位是有效的。

Chou 等[65]以旧金山湾从奥克兰到旧金山的沉埋式明挖地铁隧道为研究背景，针对近海湾隧道周围的松散砂土及碎石回填的实际场地的可液化条件，开展了动力离心机振动台试验，研究了地下隧道结构的上浮特性，模型结构的几何比尺为 1∶40，采用 PVC 管制作隧道结构，模型土属于美国统一土质分类方法中土分类 SP 的Nevada砂或 Monterey 0/30 砂，并与数值分析进行了对比，试验观察到了隧道上浮的 3 个主要机制，分别为：棘轮机制（土-结构相对运动使得砂砾向结构底部的运动迁移），且结构上浮量仅发生在较大峰值加速度地震动工况下，这些工况下地基出现了较大的孔压发展并触发了棘轮效应；孔隙水迁移机制；结构底部隆起机制。试验未观察到理论推导的砂土黏滞特性，而且还得出隧道体积是影响隧道上浮的主要因素。

Cilingir 和 Madabhushi[31,66]对浅埋圆形和方形隧道进行了动力离心机试验，试验的离心加速度为 50g，模型隧道采用 BS6082（HS30）铝合金制作，方形模型隧道宽 100mm，圆形模型隧道尺寸为直径 100mm×长 236mm；模型地基为松散干砂，相对密度约 45%。动力离心试验与数值分析表明：圆形或矩形隧道的土压力和衬砌内力在地震激励初始阶段经历一个变化过程并迅速达到均衡值直至激励结束；地震激励结束时隧道左侧有残余土压力和衬砌内力，其大小取决于地震激励期间记录到的隧道的最大加速度值；圆形隧道的最大动弯矩近似位于拱肩与拱顶之间中部，矩形隧道的最大负弯矩出现在结构角部、最大正弯矩出现在侧墙中部及顶板中部，即方形隧道的变形边是向隧道内部的；圆形隧道的最大轴向衬砌内力位于拱肩附近（45°和 225°），方形隧道的最大轴向衬砌内力位于接近顶板的侧边；隧道的弯矩和衬砌内力均随地震激励峰值加速度的增大而增大。模型隧道的地震反应主要取决于输入地震动的峰值加速度，输入地震动频谱特性的影响较小；隧道的埋深对隧道的变形模式没有明显的影响，但影响隧道的加速度、土压力和衬砌内力反应的大小。

Chian 和 Madabhushi[67]对可液化土层中浅埋圆形结构的上浮进行了系列动力离心机试验。模型砂土地基的相对密度为 45%，模型结构的埋深与圆形结构直径之比为1.1、1.5 和 2.0，几何比尺为 1∶N 的模型结构受到$N\times g$ 的离心加速度激励，引入了埋深效应比和直径效应比的概念，研究了埋深和结构尺寸对上浮反应的影响，该试验结果为估计可液化中类似结构的上浮位移提供了依据。

Bilotta 等[68]进行了地下圆形隧道的系列动力离心机试验。试验的离心加速度为 80g 和 40g；模型地基为均匀细砂，相对密度为 40%和 75%；模型隧道采用铝铜合金管制作，其尺寸为外径 75mm×壁厚 0.5mm×长 200mm。试验结果揭示了地震动作用下沿隧道衬砌四周的加速度和环向内力反应的演化过程，模型隧道的埋置对离隧道中心 2 倍隧道直径范围内的地基土动力特性有影响；对试验的埋深范围而言，埋深对模型隧道内力大小的影响有限。

Tsinidis 等[69]对埋置于干砂中的方形隧道模型结构进行了动力离心机试验。试验的离心加速度为 50g，模型地基为均质干砂，相对密度约为 90%；模型隧道采用铝合金制作，其尺寸为宽 100mm×壁厚 2mm×长 220mm。试验结果发现：模型结构顶板两侧的竖向加速度记录的相位不一致，表明模型隧道结构发生了摇摆模式的振动；依据隧道的推压变形，该隧道相对于周围土是刚性结构；底板与侧墙角部的动土压力较大，发现了振动结束后存在残余动土压力；动弯矩与动土压力相类似，振动结束后存在大的残余动弯矩，但振动结束后的残余动轴力较小。

刘光磊等[70]对可液化地基中矩形隧道进行了动力离心机模型试验。试验的离心加速度为 50g，模型地基为饱和中细砂，相对密度为 40%，并将孔隙流体的黏度提高到水的 50 倍，从而消除渗流时间与动力时间在相似比关系上的矛盾；模型隧道尺寸为宽 100mm×壁厚 12mm，采用有机玻璃材料制作；钢板桩截断墙采用有机玻璃材料模拟，模型厚 6mm。试验结果表明：地基液化引起的隧道衬砌上的附加变形内力以及隧道上浮量主要受地基液化时土水压力的变化影响。截断墙的设置限制了隧道两侧土体向隧道下流动的趋势，有效减小了隧道结构的上浮量。

刘晶波等[71]对单层三跨地下结构进行了动力离心机模型试验。试验的离心加速度为 50g，模型地基为北京的普通砂土，相对密度为 63.6%；模型结构尺寸为宽 24.2cm×高 10.3cm×长 18cm。采用微粒混凝土与镀锌钢丝制作。试验结果表明：结构最大弯曲应变发生在柱上端，柱是地下结构抗震最不利构件，且柱上端相对于柱下端更为不利；作用于地下结构的总土压力有所增加，且在地震动结束后维持在较高的水平，最大土压力增量与最大总土压力均发生在底板角点处；埋深对地下结构的地震反应有重要影响；模型结构地震反应的整体性较好。

韩超[72]开展了饱和砂土中圆形隧道的动力离心机模型试验。试验的离心加速度为50g(实际测试值为44.6g)，模型地基砂土相对密度为45%，采用具有黏滞性的硅油和甲基纤维素溶液代替孔隙水；模型隧道采用铝合金成品管，其尺寸为内径110mm×壁厚5mm。试验结果表明：地铁隧道沿深度方向对周围土体的影响范围约为1倍的管径；模型隧道±45°位置所处的拉压状态相反，应变和内力最大值出现在±45°位置附近。

凌道盛等[73]开展了饱和砂土地基单层双跨地铁车站的动力离心机试验。试验的离心加速度为50g，采用砂雨法制备相对密实度为45%的砂土模型地基，采用黏度为50mm^2/s的硅油对其饱和并代替孔隙水；单层双跨模型车站结构尺寸为272mm×340mm×143.4mm，顶板厚16mm，左右侧墙及底板厚均为17mm，立柱截面为8mm×20mm，模型钢筋采用不锈钢丝编制而成。试验结果表明：在模型结构和上覆土体自重作用下，模型结构立柱承受较大的轴向压力；弱震作用时模型结构附近土体超静孔隙水压力消散明显快于同深度其他位置土体；强震作用时立柱受压弯联合作用，柱底先出现混凝土剥离和破坏，是整个模型结构的薄弱点；模型结构侧墙与底板交界处出现明显裂缝；地震动作用改变了模型结构周围的土压力含孔隙水压力分布，左右非对称土压力作用是导致模型结构发生水平剪切变形并导致侧墙与底板交界处开裂的主要原因。

周健等[74]进行了饱和砂土层中地铁车站结构的动力离心机试验，自行设计了离心机细观图像观测系统，利用显微数码摄录技术全程动态摄录试验过程中不同深度的砂粒运动图像。试验的离心加速度为50g，模型地基为福建平潭标准砂，系级配均匀的中砂，采取水中沉砂法制备模型地基；模型车站结构尺寸为214mm×214mm×214mm，内部掏空，安装高速摄像机和LED光源，在摄像机拍摄面安有8mm厚钢化玻璃。试验结果表明：模型结构周围砂土超孔隙水压力比自由场地有一定的增大，其中，模型结构底面的增长幅度比侧面的大，车站周围砂土比自由场地更容易液化；在地震动作用过程中，砂土颗粒接触数和孔隙率都有突变现象，说明液化是一种突变过程；深层砂土颗粒运动特征类似于管涌现象，颗粒长轴偏向竖直方向，而浅层颗粒运动特征表现为砂沸，颗粒长轴方向定向性不明显；饱和砂土地震反应的宏观特征与细观组构变化具有良好的一致性。

Chen和Shen[75]开展了含隔震层的矩形隧道离心机振动台模型试验。试验的离心加速度为50g，模型结构尺寸为宽120mm×壁厚5mm，模型地基砂土为上海地区典型干砂，从试验结果发现：矩形隧道角部的动弯矩远大于结构的其他部位，含隔离层的隧道衬砌外侧的动弯矩和应变显著降低，尤其是在隧道的角部；随着输入地震动频率的增加，隧道的动弯矩减小；隔离层对隧道加速度反应的频率成分几乎没有影响；隔离层的减震机理是其吸收了地震引起的地基变形，减小了隧道截面的变形。

Tobita 等[76]开展了离心机振动台污水井系列模型试验，研究了地基液化引起的污水井上浮机理。试验的离心加速度为 20g，模型结构外径 55mm、壁厚 5mm，长 155mm 或 100mm，采用铝材制作；为满足模型土中的水在扩散过程中的相似率要求，加有添加剂的土中孔隙流体的黏性比水的大，但未改变密度和表面张力等其他主要的流体参数；模型地基为不良级配(SP)的石英砂混合低塑性粉土，相对密度为 85%，污水井边缘回填土的相对密度为 35%。试验结果表明：污水井的上浮是其底部附近的有效应力降低所致；上浮量的大小与地下水位、地震动强度、污水井沟槽的剪切变形和端部解除条件密切相关。

Kang 等[77]开展了可液化地基上地下市政设施检修井的动力离心机系列模型试验，试验的离心加速度为 20g，模型地基土的物理性能与 Tobita 等[76]的离心试验地基土相同，相对密度为 80%；模型结构外径 55mm、壁厚 5mm，长 155mm 或 100mm，采用铝材制作。试验发现检修井周边填土中的超孔隙水压力增长是检修井上浮的主要原因，增加检修井周边填土的相对密度是减轻检修井上浮的最有效方法。

1.3.2　地下结构地震反应计算方法

由于地下结构的地震反应受强地震动引起的地基变形控制，地下结构的几何形状与构件特征使其地震行为及性能与地面结构有很大的差异。目前有多种有效的地下结构地震反应分析方法，包括从简单的解析弹性解到复杂且原理上更精确的整体动力数值模拟。按照地震荷载的描述和模拟方法，分析方法主要可以分成三类[78]：基于力的方法、基于位移的方法、结构与土体体系整体分析数值方法。除了第三类方法自然地包含了土-结构相互作用外，第一、二类方法也可以划分为考虑或不考虑土-结构相互作用效应的方法。不考虑土-结构相互作用效应的方法，也称为自由场变形法，假设地下结构经历自由场地基的变形；而土-结构相互作用法对输入运动(以地基位移或等效力表示)进行修正以考虑地下结构存在的影响。

1. 基于力或位移的横向地震反应简化分析方法

基于力的方法中地震荷载以等效静力的方式作用在结构上，地下结构通常简化为梁单元构成的框架模型。该类方法中的主要差异在于等效力的估算方法及土-结构相互作用效应的模拟方式。由于矩形截面地下结构的尺寸比较大，通常土-结构相互作用效应更为显著，从而导致结构的推压变形(racking deformation)明显不同于地基土的推压变形。对于矩形截面地下结构，Wang[79]和 Penzien[80]提出了一个以推压比(racking ratio)为指标的将地基土的推压变形修正为地下结构的推压变形的简化方法。Wang[79]通过土-隧道体系的动力分析，给出了推压比

R 与柔性比 F 之间的关系。Penzien[80]通过拟静力法给出了 R 与 F 之间的关系。这样，在简化的弹性静力框架分析中，地震运动引起地下结构变形的等效力以集中力或分布力的方式施加在结构上。实际情况是，刚性的结构有可能发生摇摆运动，相对柔性结构的顶、底板和侧墙有可能发生向内的变形，不考虑这种变形形式，可能会对地下结构的设计内力产生显著影响。另外，采用等效静力进行地下结构地震反应分析也是很普遍的方法。

根据 ISO 23469[81]，地下结构的横向地震反应分析可以采用框架-土弹簧模型，采用梁单元模拟结构，采用适当的弹簧(阻抗函数)模拟土-结构相互作用效应。该方法中，地震荷载作为静力，采用以下三种方式表示：①等效惯性力(由结构和上覆土体产生)；②沿结构周边作用的地震剪应力；③作用于结构侧墙的地震土压力。通常，采用地下结构深度范围内的平均加速度估算等效惯性力；采用一维等效线性或非线性场地地震反应分析估算地震剪应力；地震土压力的估算，则采用抗震规范中关于挡土墙的计算方法。对于完全嵌入土中结构，对地震土压力的精确大小和分布的认识是很贫乏的，参考半嵌入结构(如挡土墙)估算的地震土压力可能过大，也可能过小。同样，精确估算隧道四周的地震剪应力也是一个尚未解决的问题。结构与土体之间复杂的滑移和脱空可能导致接触面上剪应力的重分布，这样的简化方法未能反映这种现象。此外，确定地下结构的阻抗函数(即弹簧和阻尼器)也是一个非常棘手的问题，鲜有文献涉及该研究。AFPS/AFTES[82]导则中给出了土弹簧的估算公式，在一些文献中参考深基础和地表基础，甚至视为挡土墙，也给出了相应的估算公式。鉴于阻抗函数估算的不确定性，AFPS/AFTES[82]优先推荐有限元法确定周围土体对结构的作用(在水平向和竖向施加虚拟的单位位移)。刘晶波等[83,84]提出了改进的地下结构抗震分析 Pushover 法，给出了适用于该方法的水平荷载分布形式与目标位移的确定方法。

基于位移的方法中地震荷载以地基地震位移的方式表示。同样，该类方法的主要差异在于地基地震位移的估算方法及土-结构相互作用效应的模拟方式。地基地震位移的一种简化方法是自由场法，假设地下结构经历自由场地基的位移。对于圆形隧道的地震反应，存在简化的闭合解；特别地，剪切波作用时圆形隧道的变形呈椭圆形，假设场地为有洞或无洞的弹性地基，则该变形可以利用自由场应变的最大值计算。对于矩形截面地下结构的地震反应，采用简化的静力框架分析，且结构受自由场地基土位移的作用。该类方法可能过高或过低估计了结构的地震反应，这与地下结构的刚度有关[10]。对于受剪切波作用的圆形隧道，文献中可以发现多种径向变形和内力估算的简化方法，最为广泛使用的是 Wang[79] 和 Penzien[80]提出的方法。在该方法中，土-隧道的接触条件仅考虑完全滑移或无滑移两种情况。地下结构的存在与土-结构相互作用引起的影响，采用柔性比 F 和压缩系数比(度量地下结构相对于周围土体的弯曲和张拉刚度的大小)表示。这种方法对嵌入软土中的圆形隧道可能是合理的，对于矩形截面隧道，Huo 等[85]提出了更为复杂的解析解。刘晶波等[86]建立了复杂断面地下结构地震反应分析的整体式反应位移法。基于位移的简化等效静力分析法，与基于力的简化等效静力分析法的唯一差别是作用于地下结构侧墙的地震土压力以地基地震位移代替，地下结构同样采用梁单元模拟。

地震荷载是通过地震波的传播和相应的地基变形施加到地下结构的。因此，基于位移的方法更与物理问题相一致。虽然基于力的方法有缺点，但工程界比较熟悉且更容易应用。由于构件的延性需求通常小于结构的延性能力，采用力折减系数相关的延性能力是不合适的，而且不清楚嵌入式地下结构是否应按弹性或非弹性设计。弹性力在分析中采用了弹性刚度计算，非弹性设计时力是通过乘以一个性能系数对弹性力做同样的折减，这一方法忽略了一个事实：结构体系中并非所有单元或构件都产生了同样水平的非弹性变形（如大开地铁车站的破坏）。对于地铁车站这类混合结构，定义结构体系的延性是非常困难的。由于无法知道复杂结构体系的延性需求和力是怎样发展的，对地下结构的下部构件采用同样的性能系数也是不适宜的。混凝土结构的强度和刚度具有强烈的相关性，结构体系的刚度取决于每个构件的强度，并不是单纯的结构几何截面形式的函数。因此，为了知道结构振动的弹性周期，需要知道挠曲强度。然而，基于力的方法在确定强度需求时依赖于振动周期，并没有能力提供这些信息。基于力的方法依据弹性位移反应确定非弹性位移，在欧州的相关规定中，假定非弹性位移等于弹性位移[87]，这与美国和日本规范采用的方法是相矛盾的。地下结构非弹性位移的发展取决于结构构件和结构作为一个整体的滞回性能，非弹性位移不能利用基于力的方法进行估算。所有这些问题在基于力的方法中都会遇到。因此，基于位移的方法不仅与物理问题更为一致，而且对高延性的混凝土地下结构的有效抗震设计也更为适宜。

作用于地下结构的地震土压力是相当复杂的，通常难以很好地知道其大小。因此，通常要求设计师采用规范指定的传统方法或直接采用 Mononobe-Okabe 的挡土墙土压力方法[88,89]。规范的条文参考了部分嵌入地下结构或地面挡土墙的土压力方法，但其地震性能与深大地下结构存在很大的不同。因此，在基于力的拟静力分析中，这样估算的地震土压力被施加于地下结构的侧墙，据此计算的结果可能完全不同于真实情况。对于埋深大、尺寸大的地下结构，Mononobe-Okabe 土压力法的一个主要问题是峰值加速度的估计，通常取地下结构高度范围内的平均值，这很可能是不精确的。在强地震动作用下隧道周围土体的塑性变形可能引起的应力重分布也会影响动土压力，嵌入干砂的方形隧道动力离心模型试验结果佐证了这一现象和结论[31,66,69]。现行的地震土压力计算方法的主要缺点是忽略了土-结构的相对柔度，其大小取决于地下结构的几何形式和变形模式、土的性能和输入地震动的幅值与频率特性。因此，地震土压力的估算方法仍是一个有争议的问题。

衬砌与周围土体之间的地震剪应力分布显著影响隧道结构的地震性能。由于土-衬砌之间地震剪应力的大小取决于隧道变形模式、输入地震动强度和土-衬砌接触面的粗糙度，土-衬砌之间地震剪应力的估算是相当困难的。以目前的知识，详细测量地下结构四周的剪应力分布也是非常困难的。Chen 等[63]揭示该剪应力的发挥相当小，土-结构接触面之间的滑移在输入地震动幅值很小的情况下也能发生。鉴于局部剪应力的测量十分困难，对这些观测现象开展进一步的验证研究是十分必要的。土-结构的相对柔性与土-结构接触面切向性能之间的强相关性也是需要进一步研究的。嵌入式地下结构周围地震剪应力的发挥程度在其地震反应中起着重要的作用，至今尚未引起足够的关注。

至今仍被忽略的一个重要问题是土体的大塑性变形可能引起地下结构周围的应力重分布，并产生残余内力[68,69,90,91]。过大的残余应力和内力的发展显然是与输入地震动强度及相应的非线性性能相关的。采用等效线性方法无法有效地反映这一特性。土体的塑性变形会引起衬砌向内的变形，明显改变隧道周边的弯矩分布，也会引起地下结构的残余弯矩。

2. 基于位移的地下结构纵向地震反应简化分析法

长隧道的纵向地震反应分析与横向地震反应分析同等重要。沿隧道纵向的地震动非一致性和隧道接头抗震性能的差异可能显著影响隧道的地震反应特性。目前已经提出了多种隧道纵向地震反应分析方法(如 ISO 23469、FWHA)[81,92]。这些方法可以分成两大类：基于位移的方法和数值分析法。一些简化的解析方法，也可以归入基于位移的设计方法。纵向地震反应分析的一个重要问题是输入地震动的选择，这受地震动的空间非一致性控制，也包含局部场地条件的影响。地震波的幅值、频率特性、到达时间和持续时间等地震动特性沿隧道纵向是连续变化的。这可能会显著影响线型长结构的地震反应特性。Chen 等[63]完成的浅层软土中矩形截面地下综合管廊非一致地震激励下的振动台模型试验结果证实了这样的现象。地震动空间非一致性的最简单来源是波阵面与隧道纵轴线之间存在夹角，空间两点之间的地震动时差取决于地震波传播的视速度大小。一些文献详细讨论了地震动空间变异性的估计及其对线型长结构的影响[93,94]。现行的阻抗函数对考虑土-结构相互作用效应的适宜性是目前隧道和地下结构抗震设计的一个主要问题，这类方法都以某种形式的弹簧和阻尼器表示的类似于地基梁来模拟隧道和土体的变形一致，地震动输入均为地震波传播引起的地基位移。

文献中可以发现考虑或不考虑土-结构相互作用效应的解析解计算隧道纵向的地震反应。对于最简单的情况，解析解可以给出相应于 S 波、P 波和 Rayleigh

波的纵向应变、法向应变和剪切应变[95]，应变被直接施加到用等效地基梁模拟的隧道结构上。对于正弦波激励，John 和 Zahrah[95]还给出了隧道内力的解析解。现行的阻抗函数对于土-结构相互作用效应的适宜性是目前隧道和地下结构抗震设计的一个主要问题，日本公路学会(Japan Road Association)[96]给出了一个类似的方法用于市政设施隧道[97]，该方法采用 Winkler 模型模拟土-结构相互作用，结构模拟为受到预先设定地震变形模式的梁。对于最简单的情况，地基变形模式随土的性能、土层厚度和地震动的非一致性(采用所谓修正等效波长考虑)而改变。对于给定的地基地震变形，采用弹性地基梁理论，可以给出地下结构的内力。

Kiyomiya[98]提出了沉管隧道的质点-弹簧模型方法，但该方法可以推广到所有细长型地下结构，该方法在正交于结构轴线方向，将表层地基切割成土条，采用等效的质点-弹簧体系表示土条，质点代表土条的质量，弹簧-阻尼器把质点与刚性基底相连接。估算的土弹簧系数应使质点-弹簧体系的地震反应与土层水平剪切振动的一阶模态周期一致。邻近的质点沿结构轴线方向用弹簧-阻尼器彼此相连，用来模拟毗邻土条之间的连接。利用体系的动力平衡方程，可以计算出土层的地震反应。假设地下结构为受到已计算出的地基地震变形的弹簧所支撑的梁，这样就可以计算地下结构的地震反应。

简化等效静力分析法中，地下结构也是用位于弹簧组成的弹性地基上的梁模拟的[81]。地震荷载通过代表考虑空间变异性的等效静力地基变形的土弹簧施加，地下结构的地震反应分析可采用适当的有限元或有限差分软件完成。其中，一个重要的影响因素是弹簧的间距，其大小取决于感兴趣的频带(1～15Hz)。与简化等效静力分析法相类似的是简化等效动力分析法[99]，唯一的区别是静力的最大地基地震变形用考虑地震动空间变异性的动力位移时程代替，地下结构的地震反应也是通过动力时程分析来完成的。当采用 Winkler 模型时，模拟土体变形相容的阻抗函数(弹簧和阻尼器)的估计尤其重要。不幸的是，与横向地震反应分析一样，文献中不存在地下结构纵向地震反应分析的貌似可信的阻抗函数。作为一个例子，AFPS/AFTES[82]建议分析中使用的弹簧等于土体的刚度，这种方法得到的阻抗函数可能会有实质性的改变，严重影响地下结构的内力计算及其设计。

3. 地下结构地震反应的数值分析方法

整体的土体-结构体系可以采用数值模型进行模拟和分析，如有限元法、有限差分法、谱元法等[81,89]。通常采用有限元法模拟地下结构，并用梁单元模拟结构、平面应变单元模拟土体。整体动力时程分析法被认为是目前最为复杂和精确的地下结构地震反应分析方法[78,92]。该方法可以有效地描述运动相互作用和惯性相互作用及复杂的土层分布情况。另外，地下结构和土体的非线性可以采用适当的本构模型来进行有效的模拟。对于最简单的情况，地震动作用下的土体性能也可以采用等效线性近似方法进行模拟[100]。

自1995年日本阪神地震后，不少学者对阪神地震中地铁地下车站结构的震害进行了数值模拟分析。例如，Chen等[101]采用SASSI2000的二维子结构法分析了水平向和竖向地震动作用下的日本神户大开地铁车站的地震反应，并与1995年阪神地震中该车站的震害特征进行了对比，发现两者是相当吻合的，计算结果合理地解释了神户大开地铁车站的震害现象。Huo等[17]对日本阪神地震中发生倒塌破坏的大开地震地下车站进行了动力数值分析，揭示了地下结构和周围土体之间的荷载传递机理，解释了在同样地震作用下大开车站类似截面呈现出不同性能的原因。庄海洋等[102]利用ABAQUS分析了日本神户大开地铁车站的震害机理。王刚等[103]基于自行研发的模拟饱和砂土液化后大变形反应的弹塑性循环本构模型植入DIANA SWANDYNE-II，分析了日本神户大开地铁车站的地震破坏机理，揭示了地层和车站的大剪切变形与饱和砂层液化程度的关系，表明了考虑液化变形的土与地下结构相互作用分析方法的有效性。

同时，也有不少学者基于已进行的地下结构模型试验，开展了数值模拟与模型试验的对比分析。例如，陈国兴等[104,105]利用ABAQUS对可液化土层上地铁隧道、地铁车站大型振动台模型试验进行二维数值模拟，将地基土-地铁隧道/车站结构体系视为平面应变问题，采用记忆型嵌套面黏塑性动力本构模型和动塑性损伤模型分别模拟土体和隧道结构混凝土的动力特性，详细比较了数值预测与试验记录的各种试验工况下的地震反应，计算结果与试验结果基本一致，呈现出相似的规律性，相互验证了基于ABAQUS的力学建模和振动台试验结果的正确性。杨林德等[106]利用FLAC3D对地铁车站结构及车站接头结构振动台模型试验进行了三维数值模拟，采用Davidenkov本构模型描述软土的非线性动力特性，结构模型采用弹性模型，计算得到了车站结构模型和区间隧道模型的加速度反应、土-结构间的动土压力值以及结构模型的动应变值，计算结果与试验结果吻合较好。Chen等[107]对浅层软土中矩形截面地下综合管廊非一致地震激励的振动台模型试验进行了数值模拟，比较了数值模拟结果与试验记录的剪切土箱边界效应、土体与结构的模态加速度反应、土体位移与结构应变反应，发现综合管廊发生了弯曲变形，强地震动作用时综合管廊的加速度反应大于周围土体的加速度反应，建议的数值分析模型在预测试验结果的许多细节方面是令人满意的。Tsinidis等[91]采用ABAQUS进行了隧道动力离心试验的数值模拟对比，数值分析是针对平面应变条件下的足尺模型结构进行的，假设隧道是弹性的，土体的动力非线性特性采用von Mises破坏准则与关联塑性流动法则相结合的运动硬化模型模拟，模型参数是采用有效的室内土工试验结果进行适当的校准确定的。

总体上，数值分析相当合理地重现了试验记录的反应，两者之间的一些差异主要是由于计算模型的简单化以及土体和隧道在试验期间的实际力学性能与计算中假设的力学性能存在差异。Bilotta 等[108]针对受意大利民事保护部资助并在英国剑桥大学完成的动力离心机模型隧道系列试验结果，采用 5 个有选择性的数值预测方法，开展了隧道动力离心试验的数值模拟循环(round robin)对比，校核了复杂数值模拟预测方法的有效性与精度。Conti 等[109]对干砂地基上浅埋隧道的 2 个动力离心机缩尺模型试验结果进行了数值模拟。采用的土体本构模型为先进的边界面塑性本构模型和简单 Mohr-Coulomb 理想弹塑性模型并植入非线性和滞回特性。通过比较模型隧道不同位置的加速度、弯矩和环向内力的数值预测和试验数据，对 2 个本构模型的预测能力进行评价。计算和试验记录的加速度吻合较好，衬砌的动弯矩也相当一致，而环向内力的差异明显。至少对干砂而言，2 个本构模型总体上是非常类似的，简单的本构模型也能提供土体动力性能的适当表征。Gomes[110]采用弹塑性模型对均质干细砂中隧道地震性能的平面应变动力离心机试验结果进行了数值模拟。比较数值模拟结果与试验记录的沿隧道衬砌的加速度和内力反应的演化过程，总体而言，数值模拟结果是偏离离心试验记录的，数值模拟大幅放大与土层基频相应的地震动，但这一效应在离心试验中并不显著；数值模拟结果与试验记录的衬砌动内力增量也不一致。究其原因，可能是离心试验中砂土的实际初始刚度小于土工试验测定的刚度，以及对影响土体模型参数确定的应力路径的认识不充分。Chen 等[55]采用修正 Davidenkov 本构模型描述软土的动力非线性特性，采用率相关的弹塑性本构模型描述混凝土的动力非线性特性，采用 ABAQUS 对软土中三层三跨地铁车站结构振动台试验进行了数值模拟，详细对比了计算结果与试验结果，两者的吻合程度是令人满意的，证明该分析方法有能力对软土地基上地铁地下车站结构的地震损伤进行有效的定量评价。Abate 等[111]采用有限元法对干砂地基上的缩尺模型隧道动力离心机试验结果进行了分析，数值模拟了缩尺模型隧道的横向地震反应。假定隧道是线性黏弹性体，土体是理想黏弹塑性体。土体的模型参数是基于模型试验用砂土的试验给出的。对数值模拟与试验结果进行了加速度的频域与时域比较，同时比较了模型地基地表沉降、砂-隧道体系的位移和隧道的动弯矩与环向内力。数值模拟与试验结果的水平向加速度时程和 Fourier 谱及地基地表沉降非常一致，隧道的动弯矩与环向内力存在适度的差异。

另外，也有不少学者采用数值分析方法开展了地铁地下结构地震反应的影响因素分析。例如，刘晶波等[112]利用 FULSH 分析了并行隧道间距离、衬砌厚度、材料性质等因素对地铁盾构隧道地震反应的影响，结果表明：相对于峰值地震加速度，把地面与基岩间峰值相对位移作为地下结构的设计地震动参数更为合理。Liu 和 Song[113]采用 DYNA SWANDYNE-II 分析了液化土层中水平和竖向地震动激励下大型地下结构的地震反应，以及地下截墙减少土体液化引起大型地下结构上浮效应的工作机理。陈国兴等[114~122]基于 ABAQUS 研发了大型地下结构三维非线性精细化、高效的有限元数值模拟平台与技术，实现了集成修正 Davidenkov 本构模型与 Byrne 孔压增量模型的有效应力算法，对比了地铁地下结构三维和二维非线性地震反应分析的有限元并行计算显式和隐式算法，对中心差分显式算法与 Hilber-Hughes-Taylor 隐式算法的计算效率、精度、人工边界适用性，系统地探索了输入地震动特性、场地条件对双层竖向重叠隧道、交叉隧道，以及框架式、三拱立柱式和复杂地铁地下车站结构体系非线性地震反应特征、结构损伤与空间效应特性的影响。庄海洋等[123,124]基于新的嵌套屈服面硬化规则，改进了 Elgamal 等[125]提出的基于塑性的液化变形（循环流动）本构模型，实现了基于 ABAQUS 的三维砂土液化大变形分析，数值模拟了可液化地基上地铁地下车站结构的非线性反应特性，发现地下结构的存在对其周围土体的液化有明显影响，当其周围土体液化时车站结构上浮，车站结构的上浮与输入地震动的主震时段及孔压上升并不同步，呈现出滞后现象。Khoshnoudian 和 Shahrour[126]采用考虑各向异性和运动硬化的动弹塑性模型描述土的特性，基于两相介质固相位移-液相孔压的 u-p 方程的有限元法，数值模拟了可液化地基中内衬隧道的地震反应特性，衬砌的存在降低了衬砌下部土体孔隙水压力的增长，并显著增大了衬砌的弯矩。Azadi 和 Hosseini[127]采用 Seed 等[128]孔压增量模型描述孔压增长，基于 FLAC 研究了输入地震动频率和峰值加速度、衬砌厚度和材料特性等因素对可液化地基中盾构隧道衬砌轴力、剪力、弯矩的影响。Kang 等[129]采用基于 FLIP 的二维有效应力分析方法分析了浅埋空心圆柱形结构地震作用引起的上浮特性，并与离心加速度 $20g$ 的动力离心试验结果进行了比较，土体的本构模型采用多重剪切机构模型，埋置结构周围的填土和天然地基的相对密度分别约为 36%和 85%，埋置结构周围填土发生液化时结构开始上浮，输入峰值加速度为 2.05m/s^2 和 4.64m/s^2 时，计算与试验测量的上浮量是一致的；输入峰值加速度为 7.15m/s^2 时，计算的上浮量比试验测量的上浮量小 3.6 倍，即在很强地震动作用时低估了浅埋结构的上浮位移。

1.4 本书内容安排

由于地铁地下结构建设时期较晚，其抗震性能一直被认为好于地面结构。因此，对地下结构抗震性能的研究相对较晚，尤其是对近二十年发展迅速的地铁大型地下结构抗震研究尤为不足。因此，第1章首先介绍进行地铁地下结构抗震研究的必要性和科学意义；之后，根据为数不多的地下结构震害资料总结地下结构的震害特征；最后，详细综述地下结构抗震研究方法及其发展现状。

由于地铁地下结构周围土体的相对位移场对其地震破坏起到决定性的作用，周围土体的物理力学性质的变化将显著影响地铁地下结构的地震反应，甚至是决定地下结构抗震性能的最主要因素。因此，对地铁地下结构周围土体的动力学特性及其物理力学描述方法的研究尤为重要。鉴于此，第 2 章首先介绍作者对土体动力特性研究的相关成果。通过大量的试验研究，给出土体动剪切模量与阻尼比的代表性试验结果及其经验公式中拟合参数的建议值；同时，基于试验和理论研究，建立或完善常用的土体黏弹性、黏弹塑性和砂土液化大变形等土体动力学本构模型，并基于大型商用软件 ABAQUS，实现对土体主要动力学特性模拟的材料库开发。该部分内容能够为工程场地地震效应和考虑土与结构动力相互作用的工程结构地震反应等相关的科学研究与工程计算提供可靠的依据和条件。

由于地铁地下结构埋于土中，周围土体与地下结构的动力相互作用是非常复杂的动力相互作用体系，是涉及非线性、大变形、接触面、局部不连续等当代力学领域众多理论与技术热点的前沿性研究课题，建立合理的土体与地下结构动力相互作用计算模型是后续开展地铁地下结构地震反应特征及其破坏机理的另一个必要条件，也是直接影响计算结果精度和可靠性的一个决定性因素。因此，第 3 章主要介绍土与地铁地下结构非线性动力相互作用数值计算方法的相关研究。介绍土与地下结构动力相互作用计算模型过程中涉及的材料非线性、动力接触、动力边界、动力方程求解及其反应谱计算等相关的研究成果。该部分内容也能为其他类型结构的土与结构动力相互作用建模与计算等研究提供有效的指导和帮助。

鉴于目前已有的地铁地下结构现场震害资料较少，还不能充分反映地铁地下结构的震害特征。同时，建立的相关抗震分析方法也需要得到有效的验证。因此，可行的室内模型试验目前仍是对地铁地下结构抗震性能定性认识的一个重要手段。鉴于此，第 4 章主要介绍课题组多年在地铁地下结构大型振动台模型试验方面积累的经验和测试方法。首先，介绍土与地下结构动力相互作用体系涉及的多介质耦合模型试验体系相似比设计原则和具体方法；然后，介绍土与结构动力相互作用模型试验箱的设计，以及通过模型试验对模型箱性能的验证性测试方法；接着，介绍针对不同试验目的模型地基和模型结构的制作方法，以及涉及的相关模型材料参数的测试等；最后，主要介绍在土与结构动力相互作用体系模型试验测试方面的相关研究成果与新技术。

一般场地条件下地下结构的抗震性能通常要比地面结构的好。然而软土层的埋深和厚度的变化将明显改变从下卧基岩上传的地震动频谱特性，从而对不同埋深的地铁地下结构的地震反应特性有较大的影响。同时，由砂土液化而引起的建(构)筑物的严重震害现象屡见不鲜，饱和砂土液化诱发的土层大变形是造成建筑结构破坏的主要震害现象之一。因此，第 5 章主要介绍目前最为常用的两层三跨岛式地铁地下车站结构的抗震研究及其抗震设计建议。首先，基于南京地铁车站建设的实际背景，系统介绍在不同类型(软土层厚度与埋深不同)深软地基上大型地铁地下车站结构的非线性地震反应规律，给出软弱场地地铁地下车站结构的抗震性能及其抗震设计建议；然后，介绍可液化地基中地铁车站结构周围场地的液化特征、结构上浮机理和车站结构应力反应与变形等地铁车站结构及其周围场地地面结构的地震反应规律和抗震性能；最后，介绍场地覆盖层厚度和侧向地连墙对地铁地下结构抗震性能的影响规律。

随着我国大城市轨道交通的发展和线网的不断加密，区间盾构隧道的埋深也越来越深。同时，线网间的连接换乘站也越来越多，进而导致地铁地下车站结构的埋深增加，且结构层数也随之增加。因此，三层三跨框架式地下车站结构的采用也越来越常见。因此，第6章主要介绍对软土场地和可液化场地三层三跨框架式地下车站结构的抗震研究，以及该类地下结构的地震破坏类型和破坏机理。同时，对比分析不同场地上该类地铁地下车站结构地震反应的差别与联系。最后，总结该类地下车站结构的抗震性能及其设计建议。

由于城市地铁地下车站不仅要满足其最主要的交通性能的需要，也越来越要满足其城市商业开发与运营的需要。同时，地铁地下换乘车站的建设数量也越来越多。上述主要因素使得地铁地下车站结构形式也变得复杂化。然而，目前对复杂结构形式的大型地铁车站结构抗震性能的认识尤为缺乏，已有的研究还远远不能满足复杂大型地铁车站结构抗震性能与抗震设计的需求。鉴于此，以北京、上海和苏州等地的地铁车站结构为背景，第7章介绍对复杂结构形式(上下层不等跨式、含中柱支撑夹层板式和三拱立柱式)的地铁地下车站结构抗震性能的研究和认识。相关内容能为提高复杂结构形式地铁地下车站结构抗震性能的认识及其抗震设计水平提供合理的参考与有力的指导。

随着城市地铁网络的不断完善，在城市地铁轨道交通线网中出现十字形、X形的上下交叉和上下平行线等复杂交叉隧道的建设是不可避免的。后建地铁线的建成将明显改变原地铁线的地层条件，且两条地铁线隧道之间又存在相互作用，从而使后建隧道对先建隧道的地震反应特性产生显著的影响。鉴于此，第8章主要介绍对深厚软弱地基中常见的双线水平平行地铁隧道、竖向平行地铁隧道、不同角度交叉隧道的抗震性能研究，分析不同埋置深度和不同地震动作用下地铁隧道的变形特征及其内力反应规律，同时对地铁区间隧道对周围场地设计地震动的影响规律也进行分析。相关内容能为软土场地不同空间组合的隧道的抗震性能研究及其设计提供合理的指导和有价值的参考。

鉴于地铁地下结构地震反应的二维或三维有限元分析方法比较复杂，很难为一般工程技术人员使用。因此，发展简便、实用的地下结构抗震设计分析方法也是十分必要的。鉴于此，第9章详细介绍地下结构抗震分析的简化方法及其相关计算实例。同时，基于《建筑抗震设计规范》(GB 50011—2016)中不同场地类别的划分方法，给出不同场地类别地基中地铁地下结构抗震设计方法中一些设计参数的确定方法及其合理取值范围，为相关的抗震设计方法提供合理的参考。本章内容能为从事地铁地下结构抗震设计的工程技术人员提供适宜的参考和技术支持。

参考文献

[1] 蔡晓光，薄涛，薄景山，等. 1950 年以来亚洲大地震及震害分析[J]. 世界地震工程，2011，27(3)：8－16.

[2] Dowding C H, Rozan A. Damage to rock tunnels from earthquake shaking[J]. Journal of the Soil Mechanics and Foundations Division, 1978, 104(2): 175－191.

[3] Uenishi K, Sakurai S. Characteristic of the vertical seismic waves associated with the 1995 Hyogo-ken Nanbu(Kobe), Japan earthquake estimated from the failure of the Daikai Underground Station[J]. Earthquake Engineering and Structural Dynamics, 2000, 29(6): 813－822.

[4] Iida H, Hiroto T, Yoshida N, et al. Damage to Daikai subway station[J]. Soils and Foundations, 1996, (1): 283－300.

[5] 郑永来，杨林德. 线形地下结构震害形式，原因及抗震对策[J]. 岩土工程青年专家学术论坛文集，1998：369.

[6] 周炳章. 日本阪神地震的震害及教训[J]. 工程抗震，1996，1(1)：39－42.

[7] ASCE. Earthquake Damage Evaluation and Design Considerations for Underground Structures[M]. Los Angeles: American Society of Civil Engineers, 1974.

[8] JSCE. Earthquake Resistant Design for Civil Engineering Structures in Japan[M]. Tokyo: Japan Society of Civil Engineers, 1992.

[9] Sharma S, Judd W R. Underground opening damage from earthquakes[J]. Engineering Geology, 1991, 30(3-4): 263－276.

[10] Hashash Y M A, Hook J J, Schmidt B, et al. Seismic design and analysis of underground structures[J]. Tunnelling and Underground Space Technology, 2001, 16(4): 247－293.

[11] Kontogianni V A, Stiros S C. Earthquakes and seismic faulting: effects on tunnels[J]. Turkish Journal of Earth Sciences, 2003, 12(1): 153－156.

[12] 陈国兴，陈苏，杜修力，等. 城市地下结构抗震研究进展[J]. 防灾减灾工程学报，2016，36(1)：1－23.

[13] Power M, Rosidi D, Kaneshiro J, et al. Summary and evaluation of procedures for the seismic design of tunnels[R]. Final Report for Task, 1998.

[14] Anderson J G, Bodin P, Brune J N, et al. Strong ground motion from the Michoacan, Mexico, earthquake[J]. Science, 1986, 233(4768): 1043－1049.

[15] Singh S K, Mena E, Castro R. Some aspects of source characteristics of the 19 September 1985 Michoacan earthquake and ground motion amplification in and near Mexico City from strong motion data[J]. Bulletin of the Seismological Society of America, 1988, 78(2): 451－477.

[16] Yoshida N, Nakamura S. Damage to Daikai subway station during the 1995 Hyogoken-Nun-

bu earthquake and its investigation[C]// Proceedings of the 7th World Conference on Earthquake Engineering. Acapulco,1996:283—300.

[17] Huo H,Bobet A,Fernandez G,et al. Load transfer mechanisms between underground structure and surrounding ground: evaluation of the failure of the Daikai station[J]. Journal of Geotechnical and Geoenvironmental Engineering,2005,131(12):1522—1533.

[18] 杜修力,王刚,路德春. 日本阪神地震中大开地铁车站地震破坏机理分析[J]. 防灾减灾工程学报,2016,36(2):165—171.

[19] Scawthorn C,Rathje E M. The 2004 Niigata Ken Chuetsu,Japan,earthquake[J]. earthquake Spectra,2006,22(S1):1—8.

[20] Scawthorn C,Miyajima M,Ono Y,et al. Lifeline aspects of the 2004 Niigata Ken Chuetsu, Japan,earthquake[J]. Earthquake Spectra,2006,22(S1):89—110.

[21] 林刚,罗世培,倪娟. 地铁结构地震破坏及处理措施[J]. 现代隧道技术,2009,46(4):36—41.

[22] Zhuang H Y,Hu Z H,Wang X J,et al. Seismic response of a large underground structure in liquefied soils by FEM numerical modelling[J]. Bulletin of Earthquake Engineering,2015,13(12):3645—3668.

[23] 陶连金,王沛霖,边金. 典型地铁车站结构振动台模型试验[J]. 北京工业大学学报,2006,32(9):798—801.

[24] Maugeri M. Earthquake Geotechnical Engineering Design[M]. Berlin:Springer International Publishing,2014.

[25] Nishiyama S,Muroya K,Haya H,et al. Seismic design of cut and cover tunnel based on damage analyses and experimental studies[J]. Quarterly Report of RTRI,1999,40(3):158—164.

[26] Iwatate T,Kobayashi Y,Kusu H,et al. Investigation and shaking table tests of subway structures of the Hyogoken-Nanbu earthquake[C]//Proceedings of the 12th World Conference on Earthquake Engineering. New Zealand,2000:1043—1051.

[27] Meymand P J. Shaking table scale model tests of nonlinear soil-pile-superstructure interaction in soft clay[D]. Berkeley:University of California,1998.

[28] Iai S,Tobita T,Nakahara T. Generalised scaling relations for dynamic centrifuge tests[J]. Geotechnique,2005,55(5):355—362.

[29] 陈国兴,左熹,王志华,等. 地铁车站结构近远场地震反应特性振动台试验[J]. 浙江大学学报:工学版,2010,44(10):1955—1961.

[30] 陈国兴,庄海洋,程绍革,等. 土-地铁隧道动力相互作用的大型振动台试验:试验方案设计[J]. 地震工程与工程振动,2006,26(6):178—183.

[31] Cilingir U,Madabhushi S P G. A model study on the effects of input motion on the seismic behaviour of tunnels[J]. Soil Dynamics and Earthquake Engineering,2011,31(3):452—462.

[32] Prasad S K. Evaluation of deformation characteristics of 1-G model ground during shaking

using a laminar box[D]. Japan:University of Tokyo,1996.

[33] 陈国兴,王志华,左熹,等. 振动台试验叠层剪切型土箱的研制[J]. 岩土工程学报,2010,32(1):89-97.

[34] 杜修力,李霞,陈国兴,等. 悬挂式层状多向剪切模型箱的设计分析及试验验证[J]. 岩土工程学报,2012,34(3):424-432.

[35] 陈跃庆,吕西林,李培振,等. 分层土-基础-高层框架结构相互作用体系振动台模型试验研究[J]. 地震工程与工程振动,2001,21(3):104-112.

[36] 韩晓健,左熹,陈国兴. 基于虚拟仪器技术的振动台模型试验 98 通道动态信号采集系统研制[J]. 防灾减灾工程学报,2010,30(5):503-508.

[37] 陈苏,陈国兴,戚承志,等. 振动信号批处理软件平台的搭建与应用[J]. 南京工业大学学报,2014,36(4):89-94.

[38] 陈苏,陈国兴,徐洪钟,等. 光纤 Bragg 光栅应变测试技术在大型振动台模型试验中应用[J]. 振动与冲击,2014,33(10):113-118.

[39] 陈苏,陈国兴,韩晓健,等. 非接触性动态位移测试方法的研发及应用验证[J]. 应用基础与工程科学学报,2013,21(4):725-734.

[40] 倪克闯,高文生. 阵列式位移计测试技术在土-结构体系振动台模型试验中的应用[J]. 岩土力学,2014,35(s2):278-283.

[41] 尚守平,刘方成,卢华喜,等. 振动台试验模型地基土的设计与试验研究[J]. 地震工程与工程振动,2006,26(4):199-204.

[42] 宋二祥,武思宇,王宗纲. 地基-结构系统振动台模型试验中相似比的实现问题探讨[J]. 土木工程学报,2008,41(10):87-92.

[43] Che A,Iwatate T. Shaking table test and numerical simulation of seismic response of subway structures[J]. Structures Under Shock & Impact VII,Southampton,2002:367-376.

[44] Ohtomo K,Suehiro T,Kawai T,et al. Research on streamlining seismic safety evaluation of underground reinforced concrete duct-type structures in nuclear power stations—Part-2. Experimental aspects of laminar shear sand box excitation tests with embedded RC models [J]. Transactions,SMiRT,2001,16:1298.

[45] Tamari Y,Towhata I. Seismic soil-structure interaction of cross sections of flexible underground structures subjected to soil liquefaction[J]. Journal of the Japanese Geotechnical Society,2003,43(2):69-87.

[46] Matsui J,Ohtomo K,Kanaya K. Development and validation of nonlinear dynamic analysis in seismic performance verification of underground RC structures[J]. Journal of Advanced Concrete Technology,2004,2(1):25-35.

[47] Che A,Iwatate T,Ge X. Study on dynamic response of embedded long span corrugated steel culverts using scaled model shaking table tests and numerical analyses[J]. Journal of Zhejiang University Science A,2006,7(3):430-435.

[48] Moss R E S,Crosariol V A. Scale model shake table testing of an underground tunnel cross section in soft clay[J]. Earthquake Spectra,2013,29(4):1413-1440.

[49] 陈国兴，庄海洋，杜修力，等. 土-地铁隧道动力相互作用的大型振动台试验-试验结果分析[J]. 地震工程与工程振动，2007，27(1)：164－170.

[50] 陈国兴，庄海洋，杜修力，等. 土-地铁车站结构动力相互作用大型振动台模型试验研究[J]. 地震工程与工程振动，2007，27(2)：171－176.

[51] 陈国兴，庄海洋，杜修力，等. 液化场地土-地铁车站结构大型振动台模型试验研究[J]. 地震工程与工程振动，2007，27(3)：163－170.

[52] 陈国兴，左熹，王志华，等. 近远场地震作用下液化地基上地铁车站结构动力损伤特性的振动台试验[J]. 土木工程学报，2010，43(12)：120－126.

[53] 陈国兴，左熹，王志华，等. 可液化场地地铁车站结构地震破坏特性振动台试验研究[J]. 建筑结构学报，2012，33(1)：128－137.

[54] Chen G X，Wang Z H，Zuo X，et al. Shaking table test on the seismic failure characteristics of a subway station structure on liquefiable ground[J]. Earthquake Engineering & Structural Dynamics，2013，42(10)：1489－1507.

[55] Chen G X，Chen S，Qi C Z，et al. Shaking table tests on a three-arch type subway station structure in a liquefiable soil[J]. Bulletin of Earthquake Engineering，2015，13(6)：1675－1701.

[56] Chen G X，Chen S，Zuo X，et al. Shaking-table tests and numerical simulations on a subway structure in soft soil[J]. Soil Dynamics and Earthquake Engineering，2015，76：13－28.

[57] 张波. 地铁车站地震破坏机理及密贴组合结构的地震响应研究[D]. 北京：北京工业大学，2012.

[58] 陶连金，吴秉林，李积栋，等. Y 形柱双层地铁车站振动台试验研究[J]. 铁道建筑，2014，(9)：36－40.

[59] 韩俊艳. 埋地管道非一致激励地震反应分析方法与振动台试验研究[D]. 北京：北京工业大学，2014.

[60] 杨林德，季倩倩，郑永来，等. 软土地铁车站结构的振动台模型试验[J]. 现代隧道技术，2003，40(1)：7－11.

[61] 景立平，孟宪春，孙海峰，等. 三层地铁车站振动台试验分析[J]. 地震工程与工程振动，2011，31(6)：159－166.

[62] 景立平，孟宪春，孙海峰，等. 三层地铁车站振动台试验的数值模拟[J]. 地震工程与工程振动，2012，32(1)：98－105.

[63] Chen J，Shi X J，Li J. Shaking table test of utility tunnel under non-uniform earthquake wave excitation[J]. Soil Dynamics and Earthquake Engineering，2010，30(11)：1400－1416.

[64] Yang D，Naesgaard E，Byrne P M，et al. Numerical model verification and calibration of George Massey Tunnel using centrifuge models[J]. Canadian Geotechnical Journal，2004，41(5)：921－942.

[65] Chou J C，Kutter B L，Travasarou T，et al. Centrifuge modeling of seismically induced uplift for the BART Transbay Tube[J]. Journal of Geotechnical and Geoenvironmental Engineering，2010，137(8)：754－765.

[66] Cilingir U, Madabhushi S P G. Effect of depth on the seismic response of square tunnels [J]. Soils and Foundations, 2011, 51(3): 449－457.
[67] Chian S C, Madabhushi S P G. Effect of buried depth and diameter on uplift of underground structures in liquefied soils[J]. Soil Dynamics and Earthquake Engineering, 2012, 41: 181－190.
[68] Bilotta E, Silvestri F, Russo G, et al. Centrifuge modeling of seismic loading on tunnels in sand[J]. Geotechnical Testing Journal, 2012, 35(6): 1－16.
[69] Tsinidis G, Pitilakis K, Heron C, et al. Experimental and numerical investigation of the seismic behavior of rectangular tunnels in soft soils[C]//Computational Methods in Structural Dynamics and Earthquake Engineering Conference. Kos Island, 2013.
[70] 刘光磊，宋二祥，刘华北，等. 饱和砂土地层中隧道结构动力离心模型试验[J]. 岩土力学，2008，29(8)：2070－2076.
[71] 刘晶波，刘祥庆，王宗纲，等. 土-结构动力相互作用系统离心机振动台模型试验[J]. 土木工程学报，2010，43(11)：114－121.
[72] 韩超. 强震作用下圆形隧道响应及设计方法研究[D]. 杭州：浙江大学，2011.
[73] 凌道盛，郭恒，蔡武军，等. 地铁车站地震破坏离心机振动台模型试验研究[J]. 浙江大学学报：工学版，2012，46(12)：2201－2209.
[74] 周健，陈小亮，贾敏才，等. 有地下结构的饱和砂土液化宏细观离心机试验[J]. 岩土工程学报，2012，34(3)：392－399.
[75] Chen Z Y, Shen H. Dynamic centrifuge tests on isolation mechanism of tunnels subjected to seismic shaking[J]. Tunnelling and Underground Space Technology, 2014, 42: 67－77.
[76] Tobita T, Kang G C, Iai S. Centrifuge modeling on manhole uplift in a liquefied trench[J]. Soils and Foundations, 2011, 51(6): 1091－1102.
[77] Kang G C, Tobita T, Iai S, et al. Centrifuge modeling and mitigation of manhole uplift due to liquefaction[J]. Journal of Geotechnical and Geoenvironmental Engineering, 2012, 139(3): 458－469.
[78] Pitilakis K, Tsinidis G. Performance and seismic design of underground structures // Maugeri M, Soccodato C. Earthquake Geotechnical Engineering Design[M]. Berlin: Springer International Publishing, 2014.
[79] Wang J N. Seismic Design of Tunnels: A Simple State-of-the-Art Design Approach[M]. New York: Parsons Brinckerhoff, 1993.
[80] Penzien J. Seismically induced racking of tunnel linings[J]. Earthquake Engineering & Structural Dynamics, 2000, 29(5): 683－691.
[81] ISO 23469. Bases for design of structures-seismic actions for designing geotechnical works [S]. 2005.
[82] AFPS/AFTES. Guidelines on earthquake design and protection of underground structures. Working group of the French association for seismic engineering(AFPS) and French tunneling association(AFTES) Version 1[S]. France, 2001.

[83] 刘晶波,刘祥庆,李彬.地下结构抗震分析与设计的 Pushover 分析方法[J].土木工程学报,2008,41(4):73−81.

[84] 刘晶波,刘祥庆,薛颖亮.地下结构抗震分析与设计的 Pushover 方法适用性研究[J].工程力学,2009,26(1):49−57.

[85] Huo H, Bobet A, Fernandez G, et al. Analytical solution for deep rectangular structures subjected to far-field shear stresses[J]. Tunnelling and Underground Space Technology, 2006, 21(6): 613−625.

[86] 刘晶波,王文晖,赵冬冬,等.复杂断面地下结构地震反应分析的整体式反应位移法[J].土木工程学报,2014,47(1):134−142.

[87] Code P. Eurocode 8: Design of structures for earthquake resistance-part 1: general rules, seismic actions and rules for buildings[S]. European Committee for Standardization, 2005.

[88] Seed H B, Whitman R V. Design of earth retaining structures for dynamic loads[C]//Lateral Stresses in the Ground and Design of Earth-Retaining Structures, ASCE. New York, 1970: 103−147.

[89] Code P. Eurocode 8: Design of structures for earthquake resistance-part 5: foundations, retaining structures and geotechnical aspects[S]. European Committee for Standardization, 2005.

[90] Tsinidis G, Pitilakis K. Seismic performance of circular tunnels: centrifuge testing versus numerical analysis[C]//The 2nd International Conference on Performance-Based Design in Earthquake Geotechnical Engineering. Taormina, 2012: 1578−1589.

[91] Tsinidis G, Pitilakis K, Trikalioti A D. Numerical simulation of round robin numerical test on tunnels using a simplified kinematic hardening model[J]. Acta Geotechnica, 2014, 9(4): 641−659.

[92] Hung C J, Monsees J, Munfah N, et al. Technical Manual for Design and Construction of Road Tunnels-Civil Elements[M]. U. S. Department of Transportation, Federal Highway Administration, National Highway Institute, New York, 2009.

[93] Zerva A, Beck J L. Identification of parametric ground motion random fields from spatially recorded seismic data[J]. Earthquake Engineering & Structural Dynamics, 2003, 32(5): 771−791.

[94] Zerva A, Zervas V. Spatial variation of seismic ground motions: an overview[J]. Applied Mechanics Reviews, 2002, 55(3): 271−297.

[95] John C M S, Zahrah T F. Aseismic design of underground structures[J]. Tunnelling and Underground Space Technology, 1987, 2(2): 165−197.

[96] Japan Road Association. Guide specifications of design and construction of underground parking lots[S]. Japan, 1992.

[97] Kawashima K. Seismic design of underground structures in soft ground: A review[R]. Geotechnical Aspects of Underground Construction in Soft Ground. Balkema, Rotterdam, 2000.

[98] Kiyomiya O. Earthquake-resistant design features of immersed tunnels in Japan[J]. Tunnelling and Underground Space Technology,1995,10(4):463—475.

[99] Anastasopoulos I,Gerolymos N,Drosos V,et al. Nonlinear response of deep immersed tunnel to strong seismic shaking[J]. Journal of Geotechnical and Geoenvironmental Engineering,2007,133(9):1067—1090.

[100] Bardet J P,Ichii K,Lin C H. EERA:a computer program for equivalent-linear earthquake site response analyses of layered soil deposits[S]. University of Southern California,2000.

[101] Chen G X,Zhuang H Y,Shi G L. Analysis on the earthquake response of subway station based on the substructure subtraction method[J]. Journal of Disaster Prevention and Mitigation Engineering,2004,24(4):396—401.

[102] 庄海洋,程绍革,陈国兴. 阪神地震中大开地铁车站震害机制数值仿真分析[J]. 岩土力学,2008,29(1):245—250.

[103] 王刚,张建民,魏星. 可液化土层中地下车站的地震反应分析[J]. 岩土工程学报,2011,33(10):1623—1627.

[104] 陈国兴,左熹,庄海洋,等. 地铁隧道地震反应数值模拟与试验的对比分析[J]. 自然灾害学报,2007,16(6):81—87.

[105] 陈国兴,左熹,庄海洋,等. 地铁车站结构大型振动台试验与数值模拟的比较研究[J]. 地震工程与工程振动,2008,28(1):157—164.

[106] 杨林德,王国波,郑永来,等. 地铁车站接头结构振动台模型试验及地震响应的三维数值模拟[J]. 岩土工程学报,2007,29(12):1892—1898.

[107] Chen J,Jiang L Z,Li J,et al. Numerical simulation of shaking table test on utility tunnel under non-uniform earthquake excitation[J]. Tunnelling and Underground Space Technology,2012,30:205—216.

[108] Bilotta E,Lanzano G,Madabhushi S P G,et al. A numerical Round Robin on tunnels under seismic actions[J]. Acta Geotechnica,2014,9(4):563—579.

[109] Conti R,Viggiani G M B,Perugini F. Numerical modelling of centrifuge dynamic tests of circular tunnels in dry sand[J]. Acta Geotechnica,2014,9(4):597—612.

[110] Gomes R C. Numerical simulation of the seismic response of tunnels in sand with an elastoplastic model[J]. Acta Geotechnica,2014,9(4):613—629.

[111] Abate G,Massimino M R,Maugeri M. Numerical modelling of centrifuge tests on tunnel-soil systems[J]. Bulletin of Earthquake Engineering,2015,13(7):1927—1951.

[112] 刘晶波,李彬,谷音. 地铁盾构隧道地震反应分析[J]. 清华大学学报,2005,45(6):757—760.

[113] Liu H B,Song E X. Working mechanism of cutoff walls in reducing uplift of large underground structures induced by soil liquefaction[J]. Computers and Geotechnics,2006,33(4):209—221.

[114] 毛昆明,陈国兴. 基于ABAQUS软件的并行计算异构集群平台的搭建[J]. 地震工程与工程振动,2011,31(5):184—189.

[115] 陈国兴,陈磊,景立平,等.地铁地下结构抗震分析并行计算的显式与隐式算法比较[J].铁道学报,2011,33(11):111-118.

[116] 龙慧,陈国兴,庄海洋.可液化地基上地铁车站结构地震反应特征有效应力分析[J].岩土力学,2013,34(6):1731-1737.

[117] 陈磊,陈国兴,李丽梅.近场和远场地震动作用下双层竖向重叠地铁隧道地震反应特性[J].中国铁道科学,2010,31(1):79-86.

[118] 陈磊,陈国兴,龙慧.地铁交叉隧道近场强地震反应特性的三维精细化非线性有限元分析[J].岩土力学,2010,31(12):3971-3976.

[119] 陈磊,陈国兴,毛昆明.框架式地铁车站结构大地震近场地震反应特性的三维精细化非线性分析[J].岩土工程学报,2012,34(3):490-496.

[120] 陈磊,陈国兴,陈苏,等.三拱立柱式地铁地下车站结构三维精细化非线性地震反应分析[J].铁道学报,2012,34(11):100-107.

[121] 龙慧,陈国兴,庄海洋,等.深软场地地铁地下车站结构近、远场地震反应数值分析[J].南京工业大学学报:自然科学版,2014,36(3):45-51.

[122] 庄海洋,龙慧,陈国兴.复杂大型地铁地下车站结构非线性地震反应分析[J].地震工程与工程振动,2013,33(2):193-199.

[123] 庄海洋,陈国兴.砂土液化大变形本构模型及在ABAQUS软件上的实现[J].世界地震工程,2011,27(2):45-50.

[124] 庄海洋,黄春霞,左玉峰.某砂土液化大变形本构模型参数的敏感性分析[J].岩土力学,2012,33(1):280-286.

[125] Elgamal A, Yang Z, Parra E. Computational modeling of cyclic mobility and post-liquefaction site response[J]. Soil Dynamics and Earthquake Engineering, 2002, 22(4): 259-271.

[126] Khoshnoudian F, Shahrour I. Numerical analysis of the seismic behavior of tunnels constructed in liquefiable soils[J]. Soils and Foundations, 2002, 42(6): 1-8.

[127] Azadi M, Hosseini S M M M. Analyses of the effect of seismic behavior of shallow tunnels in liquefiable grounds[J]. Tunnelling and Underground Space Technology, 2010, 25(5): 543-552.

[128] Seed H B, Martin P P, Lysmer J. Pore-water pressure changes during soil liquefaction[J]. Journal of the Geotechnical Engineering Division, ASCE, 1976, 102(G T2): 323-346.

[129] Kang G C, Tobita T, Iai S. Seismic simulation of liquefaction-induced uplift behavior of a hollow cylinder structure buried in shallow ground[J]. Soil Dynamics and Earthquake Engineering, 2014, 64: 85-94.

第 2 章　地下结构邻近土体的动力学特性

2.1 引　　言

土动力学是土力学与地震工程学的一个交叉分支学科，主要研究内容包括地震、波(海)浪、爆炸及机械基础振动、车辆运行振动等各类震(振)动作用下工程场地的震(振)动反应(加速度、速度、位移)、土的动力特性、震(振)动孔压、强度和变形特性及土体动力稳定性等问题。这些问题对土木工程的安全性和正常使用都具有非常重要的理论价值和现实意义。室内试验与现场测试是研究土的动力特性与土体动力稳定性的主要手段。动力学理论是土动力学试验研究和理论分析的基础。岩土工程、土体中结构物以及工程场地的震(振)动反应、永久变形和震(振)陷、土壤液化、动力稳定性研究，通常可采用数理分析、经验类比、模型试验和现场监测等方法，它们是土木工程安全性分析与评价的基础。历史上几次大地震的灾难性震害以及国防、人防建设的需要，促进了土动力学的迅速发展，在地震、爆炸作用下土的动力特性、动力学分析理论以及在岩土工程、土体中结构物、工程场地的动力稳定性分析和安全性评价等方面的应用研究已取得了重要进展。近期随着对海洋资源开发与城市轨道交通等的重视，长期复杂循环荷载作用下工程场地的振动反应、土的动力特性及土体动力稳定性的研究，也引起了工程界和学术界的高度关注。

由于地铁地下结构完全埋于土体中，一方面，土体作为地铁地下结构的地基，其大变形对地铁地下结构的地震破坏影响非常大，在很多情况下甚至起决定作用；另一方面，场地和土体作为地震波的传播媒介，其柔性对场地强地震动的运动规律也有很大的影响。鉴于此，作者及其课题组开展了大量的土动力变形特性及其本构模型的研究，给出了新近沉积土的动剪切模量与阻尼比的建议值及其试验确定方法。同时，为了模拟地铁地下结构周围不同土体的动力非线性特性，建立或完善了常用的土体黏弹性、黏弹塑性和砂土液化大变形等土体动力学本构模型，并基于大型商用软件，实现了土体动力学材料库的开发，这些研究成果将能够直接应用于后面对土-地下结构非线性动力相互作用及其抗震性能的研究。

2.2　土体的动剪切模量与阻尼比

2.2.1　小应变动剪切模量

确定土体最大剪切模量 G_{max} 时通常有两种途径：一是利用室内试验建立的经验关系；二是利用现场剪切波速测试的结果计算。根据室内试验建立的经验关系法主要是基于 Seed 和 Idriss[1] 建立的经验公式而发展的，最早计算砂土 G_{max} 的经验公式为

$$G_{max} = 21.7K_{max}P_a\left(\frac{\sigma_0'}{P_a}\right)^{0.5} \tag{2.1}$$

式中，P_a 为一个标准大气压；K_{max} 与砂土的相对密度 D_r(%)有关；σ_0' 为平均主应力。D_r 和 K_{max} 的关系为

$$K_{max} = 61[1 + 0.01(D_r - 75)] \tag{2.2}$$

Hardin[2] 提出了能够考虑土体孔隙比和固结度的经验公式：

$$G_{max} = 625\frac{\text{OCR}^k}{0.3 + 0.7e^2}P_a\left(\frac{\sigma_0'}{P_a}\right)^{0.5} \tag{2.3}$$

确定 G_{max} 的另一条途径是利用波动理论公式：

$$G_{max} = \rho V_s^2 \tag{2.4}$$

式中，ρ 为土的质量密度；V_s 为土的剪切波速。

土的剪切波速通常采用场地现场波速试验测得，同时，也可以通过较为先进的室内动三轴仪进行室内试验测得。

在土-结构动力相互作用分析中如果要考虑土体初始静力平衡状态，只有采用第一种途径确定 G_{max}，因此，本章对南京及其邻近地区各类土共 239 个原状土样的最大剪切模量 G_{max} 的试验结果进行了分析，采用下面的经验公式来拟合土的 G_{max}/P_a-σ_0'/P_a 的关系曲线：

$$G_{max} = K_pP_a\left(\frac{\sigma_0'}{P_a}\right)^n \tag{2.5}$$

式中，K_p 为与黏性土的塑性指数或砂性土的密实度相关的试验参数；n 为 G_{max}/P_a-σ_0'/P_a 关系曲线的拟合指数。

对南京及其邻近地区不同物理状态下新近沉积土的最大剪切模量 G_{max} 的经验计算公式的拟合结果如图 2.1～图 2.8 所示，经验公式(2.5)中参数 K_p 和 n 的参考值如表 2.1 所示。

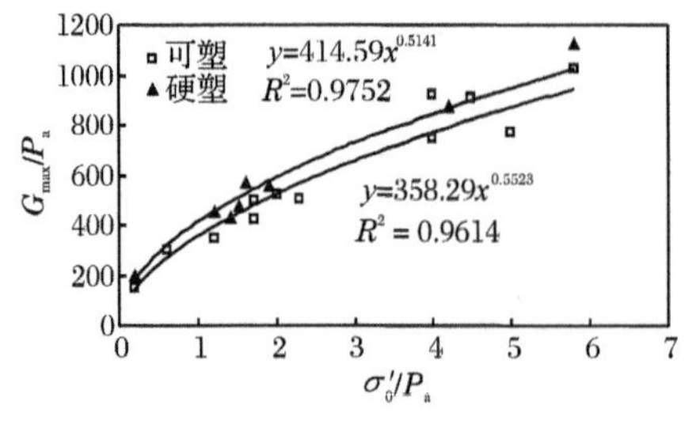

图 2.1　淤泥质粉质黏土G_{max}/P_a-σ_0'/P_a 拟合曲线

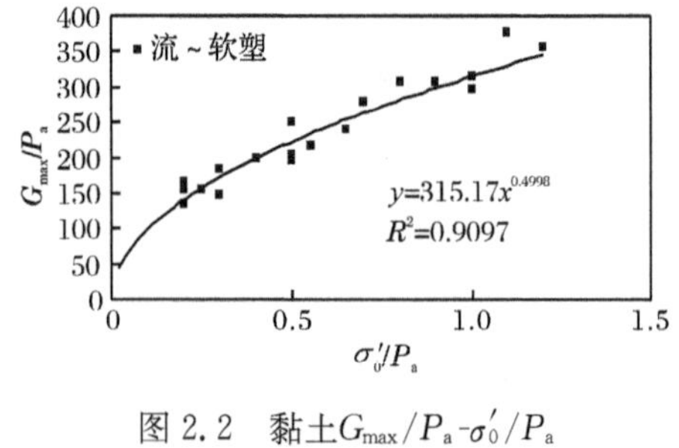

图 2.2　黏土G_{max}/P_a-σ_0'/P_a 拟合曲线

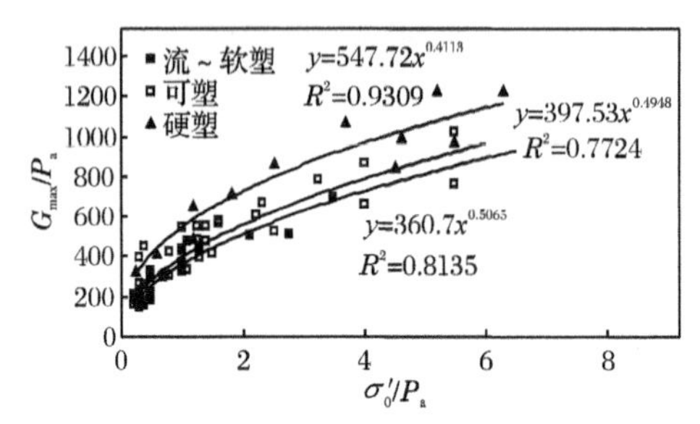

图 2.3　粉质黏土G_{max}/P_a-σ_0'/P_a 拟合曲线

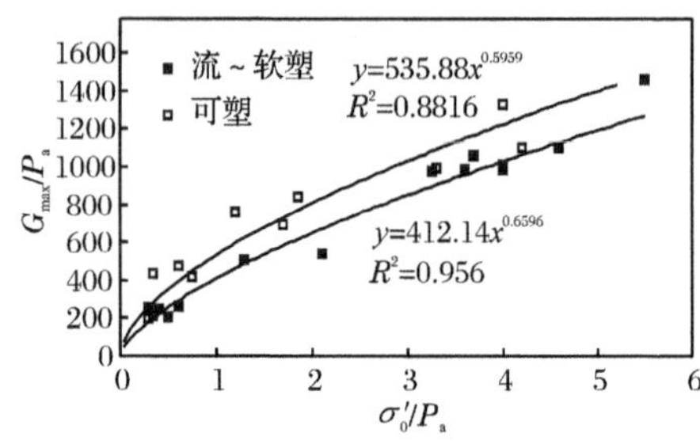

图 2.4　粉土G_{max}/P_a-σ_0'/P_a 拟合曲线

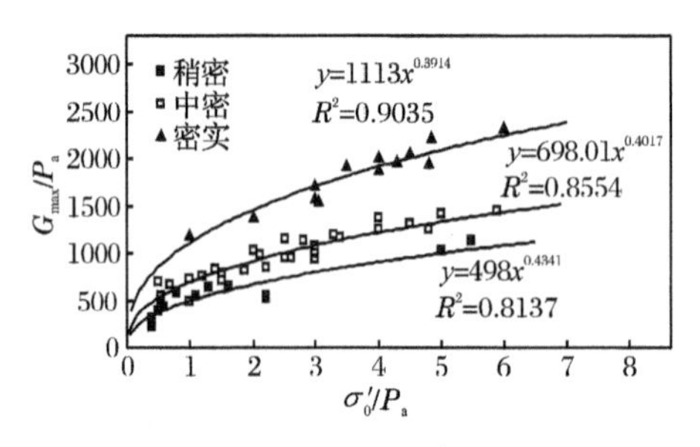

图 2.5　粉细砂G_{max}/P_a-σ_0'/P_a 拟合曲线

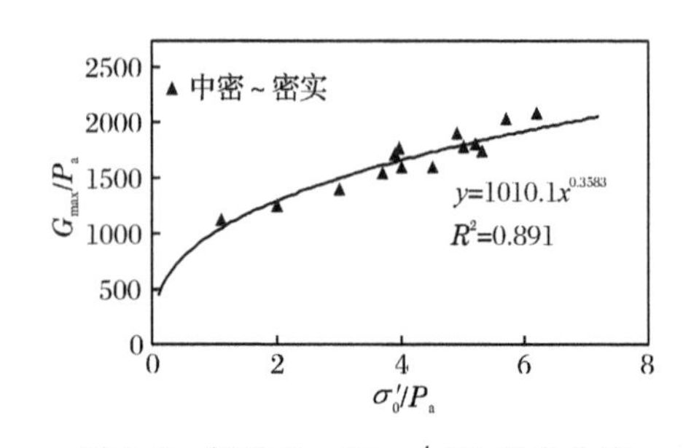

图 2.6　粗砂G_{max}/P_a-σ_0'/P_a 拟合曲线

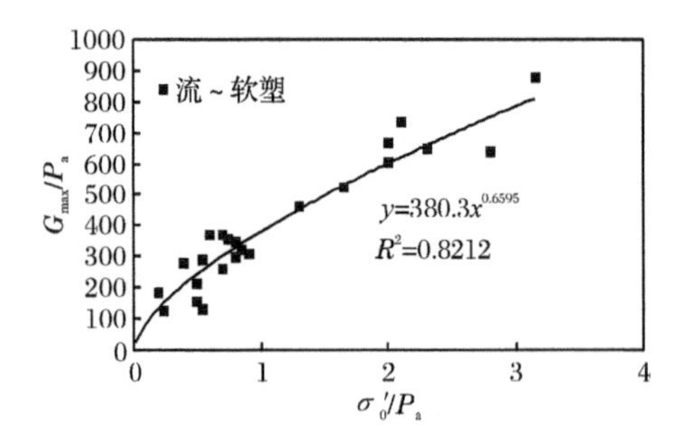

图 2.7　粉质黏土与粉土互层的G_{max}/P_a-σ_0'/P_a 拟合曲线

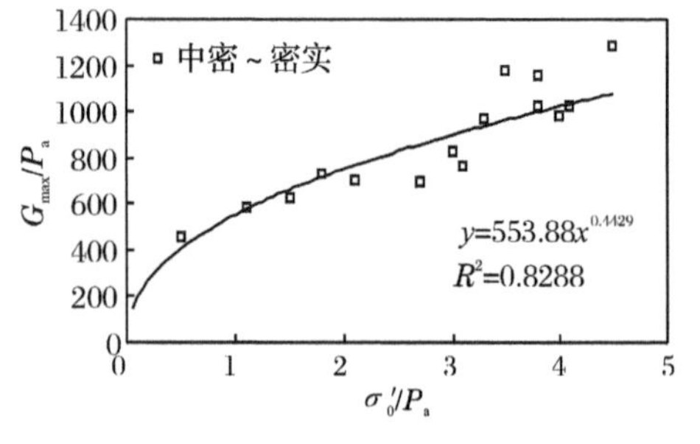

图 2.8　粉土与粉砂互层的G_{max}/P_a-σ_0'/P_a 拟合曲线

表 2.1　南京新近沉积土最大剪切量的经验公式系数

土样描述		K_p	n	相关系数	试样数
淤泥质粉质黏土(流～软塑)		315	0.50	0.91	20
黏土	可塑	360	0.55	0.96	12
	硬塑	415	0.52	0.98	7
粉质黏土	流～软塑	360	0.51	0.81	23
	可塑	400	0.49	0.77	33
	硬塑	550	0.41	0.93	11
粉土	流～软塑	410	0.66	0.96	13
	可塑	535	0.60	0.88	10
粉细砂	稍密	500	0.43	0.81	14
	中密	700	0.40	0.86	30
	密实	1115	0.39	0.90	14
粗砂(中密～密实)		1010	0.36	0.89	14
粉质黏土与粉土(流～软塑)		380	0.66	0.82	23
粉土与粉砂(中密～密实)		555	0.44	0.83	15

由于试样都采用原状土样，因此有部分土类缺少对应的物理状态试样，根据已有的试验结果，基本可以看出式(2.5)中参数 K_p 和 n 随黏性土的液性状态或砂性土的密实度变化而变化的规律，具体规律如下：

(1) 对于黏性土，随着液性指数的变小，K_p 变大；对于砂性土，随着密实度的变大，K_p 也随之变大。

(2) 对于黏性土，随着液性指数的变小，n 随之变小；对于砂性土，随着密实度的变大，n 也随之变小。

(3) 对于粉质黏土与粉土互层土，K_p 值更接近于粉质黏土的 K_p 值，而 n 值更接近于粉土的 n 值；对于粉土与粉砂互层土，K_p 值更接近于粉土的 K_p 值，而 n 值更接近于粉砂的 n 值。

2.2.2　动剪切模量和阻尼比与剪应变幅的经验关系

土的动剪切模量比的表达式采用 Martin-Davidenkov 模型[3,4]：

$$\frac{G}{G_{\max}} = 1 - H(\gamma) \tag{2.6}$$

式中，

$$H(\gamma) = \left[\frac{(\gamma/\gamma_0)^{2B}}{1+(\gamma/\gamma_0)^{2B}}\right]^A \tag{2.7}$$

式中，A、B 和 γ_0 是与土性有关的拟合参数。

土的阻尼比 D 随剪应变幅值 γ 而变化。工程上通常采用的阻尼比经验公式为

$$D = D_{\max}\left(1-\frac{G}{G_{\max}}\right)^n \tag{2.8}$$

式中，n 为阻尼比曲线的形状系数，与土性有关的拟合参数；$D_{\max}$ 为土的最大阻尼比。

鉴于经验公式(2.8)，当 $G=G_{\max}$ 时，阻尼比 $D=0$ 与实际情况不相符；且当小剪应变($\gamma<2\times10^{-5}$)时，采用式(2.8)对试验结果的拟合不理想。因此，通过对大量自振柱试验结果的分析，在式(2.8)的基础上，建议了一个阻尼比经验公式，采用该公式对小剪应变试验结果的拟合较为理想，经验公式如下[5]：

$$D = D_{\min}+D_0\left(1-\frac{G}{G_{\max}}\right)^n \tag{2.9}$$

式中，n、D_0 为与土性有关的拟合参数；$D_{\min}$ 为与初始动剪切模量 $G_{\max}$ 相对应的最小阻尼比，即基本阻尼比，与土的性质、固结状态等因素有关。

陈国兴和刘雪珠[6]通过对南京及其邻近城市无锡、苏州、常州、镇江、盐城和杭州的黏土、粉质黏土、淤泥质粉质黏土、粉质黏土与粉砂互层土、粉土、粉细砂六类新近沉积土的试验研究，初步探讨了围压大小、剪应变水平、土的颗粒组成和结构性对这六类新近沉积土的 $G/G_{\max}$-γ_a 和 λ-γ_a 平均曲线的影响。在此基础上，Chen 等[7]通过江苏 15 个城市 275 个原状土样(长江以南 7 个城市 184 个土样、长江以北 8 个城市 91 个土样)的试验研究和理论分析，给出了江苏 15 个城市七类新近沉积土的 $G/G_{\max}$-γ_a 和 λ-γ_a 的平均曲线及其模型的参数值；同时指出，试图用有限的试验结果给出全国性的各类土 $G/G_{\max}$-γ_a 和 λ-γ_a 的平均关系曲线，其代表性和可信性是值得商榷的；通过大量试验研究给出地区性的各类土 $G/G_{\max}$-γ_a 和 λ-γ_a 平均关系曲线总体上是比较可信的，也是最有参考价值的；由于试验土样的分布地域相对较广，相同类型沉积土的土样数量有限，且各城市土层的沉积条件存在差异，以至于土的物理和力学性能存在显著的地区性差异，试验结果存在一定的离散性。为此，陈国兴等[5,8]根据南京地区 120 个原状土样和苏州、无锡、常州、镇江地区 155 个原状土样，对上述两地区新近沉积土的动剪切模量和阻尼比分别进行了试验研究，分别给出了两地区新近沉积土的动剪切模量比 $G/G_{\max}$ 和阻尼比 λ 随剪应变幅值 γ_a 变化的关系曲线；但通过比较文献[5]和[8]的研究成果，发现由于江苏长江以南的南京和苏州、无锡、常州、镇江地区新近沉积土沉积环境的相似性，土的动剪切模量比和阻尼比没有显著的差异。因此，Chen 等[9]在文献[5]和[8]的基础上，又补充进行了 103 个土样的试验研究，给出了江苏长江以南地区六类新近沉积土的 $G/G_{\max}$-γ 和 λ-γ 平均曲线的推荐值及离散范围值，试验结果对本地区具有广泛的代表性和工程应用价值，这些结果已在江苏地区跨江大桥、地

铁、隧道、电力设施等重大工程场地地震安全性评价工作中得到应用。

Chen 等[8]对取自南京城区六大行政区域的淤泥质粉质黏土、粉质黏土、粉质黏土与粉砂互层土、粉土、粉砂和细砂六类新近沉积土 120 个原状土样进行了试验研究；采用经验公式(2.5)和式(2.8)给出了南京六类新近沉积土的 G/G_{max}-γ_a 和 λ-γ_a 平均曲线的拟合参数值，如表 2.2 所示；同时，为了方便工程应用，给出南京六类新近沉积土动剪切模量比和阻尼比随剪应变变化的平均值及标准差，如表 2.3所示。

Chen 等[9]对南京、苏州、无锡、常州和镇江行政区域内新近沉积土分为淤泥质粉质黏土、黏土、粉质黏土、粉质黏土与粉细砂互层土、粉土、砂土六类新近沉积土 378 个原状土样进行了试验研究，采用经验公式(2.5)和式(2.8)，给出了上述六类新近沉积土的 G/G_{max}-γ_a 和 λ-γ_a 平均曲线的拟合参数值，如表 2.4所示。可以发现，Martin-Davidenkov 模型参数 A、B 值具有一定的规律性，随土中黏粒含量增加，参数 A、B 值分别有增大和减小的趋势，但其余参数的规律性不明显。为了方便工程应用，通过拟合 G/G_{max}、λ 随 γ_a 衰减的关系曲线，给出江苏长江以南地区六类新近沉积土动剪切模量比和阻尼比随剪应变变化的平均值及标准差，如表 2.5所示。

表 2.2　南京新近沉积土 G/G_{max}-γ_a 和 λ-γ_a 曲线的拟合参数推荐值

土样	状态	模型参数推荐值						土样数
		A	B	$\gamma_0/(\times10^{-4})$	β	$\lambda_0/\%$	$\lambda_{min}/\%$	
淤泥质粉质黏土	软塑	1.06	0.39	3.2	0.94	21.0	1.31	14
粉质黏土	软塑	1.09	0.41	3.2	0.94	20.3	1.16	17
	可塑	1.09	0.41	3.7	0.99	21.0	1.16	25
	硬塑	1.12	0.40	3.4	1.01	22.0	1.27	14
粉质黏土与粉细砂互层	可塑	1.04	0.40	3.6	1.07	20.7	1.27	15
粉土	可塑	1.03	0.42	3.4	1.17	20.4	1.20	15
粉砂	中密	0.96	0.45	3.6	1.09	18.8	0.80	13
细砂	稍密	1.05	0.42	5.5	1.03	19.0	0.46	7

表 2.3　南京新近沉积土的 G/G_{max}-γ_a 和 λ-γ_a 曲线典型值及其标准差 δ

土类	状态	参数	剪应变 γ/(×10^{-4})							
			0.05	0.1	0.5	1	5	10	50	100
淤泥质粉质黏土	软塑	G/G_{max}	0.9713	0.9497	0.8318	0.7365	0.4306	0.3021	0.1065	0.0640
		δ_1	—	0.0093	0.0225	0.0282	0.0295	—	—	—
		$\lambda/\%$	1.84	2.34	4.91	6.89	13.01	15.50	19.22	20.01
		δ_2	—	0.3914	0.6472	0.7766	1.1151	—	—	—
粉质黏土	软塑	G/G_{max}	0.9769	0.9582	0.8480	0.7537	0.4373	0.3029	0.1024	0.0604
		δ_1	—	0.0056	0.0157	0.0223	0.0322	—	—	—
		$\lambda/\%$	1.60	2.03	4.37	6.26	12.36	14.88	18.59	19.37
		δ_2	—	0.4641	0.6744	0.7248	0.7651	—	—	—
	可塑	G/G_{max}	0.9784	0.9611	0.8595	0.7720	0.4679	0.3318	0.1175	0.0704
		δ_1	—	0.0082	0.0246	0.0349	0.0493	—	—	—
		$\lambda/\%$	1.53	1.90	3.97	5.72	11.78	14.50	18.82	19.78
		δ_2	—	0.8531	1.1019	1.2647	1.4574	—	—	—
	硬塑	G/G_{max}	0.9788	0.9614	0.8582	0.7687	0.4608	0.3254	0.1146	0.0685
		δ_1	—	0.0067	0.0229	0.0352	0.0577	—	—	—
		$\lambda/\%$	1.63	2.01	4.14	5.98	12.42	15.03	19.83	20.82
		δ_2	—	0.6463	1.1786	1.4792	2.0775	—	—	—
粉质黏土与粉细砂互层	可塑	G/G_{max}	0.9731	0.9529	0.8409	0.7488	0.4438	0.3122	0.1093	0.0653
		δ_1	0.0058	0.0094	0.0246	0.0327	0.0388	—	—	—
		$\lambda/\%$	1.63	1.99	3.99	5.68	11.55	14.23	18.53	19.48
		δ_2	0.4764	0.5940	1.0419	1.2100	1.1335	—	—	—
粉土	可塑	G/G_{max}	0.9740	0.9539	0.8400	0.7446	0.4290	0.2960	0.0990	0.0582
		δ_1	—	0.0044	0.0100	0.0130	0.0157	—	—	—
		$\lambda/\%$	1.32	1.65	3.63	5.39	11.58	14.31	18.46	19.33
		δ_2	—	0.6306	1.0813	1.2790	1.4016	—	—	—
粉砂	中密	G/G_{max}	0.9742	0.9544	0.8400	0.7422	0.4127	0.2759	0.0838	0.0472
		δ_1	0.0070	0.0101	0.0193	0.0226	—	—	—	—
		$\lambda/\%$	1.13	1.48	3.52	5.28	11.30	13.82	17.35	18.03
		δ_2	0.5046	0.6496	1.4468	2.1323	—	—	—	—
细砂	稍密	G/G_{max}	0.9819	0.9672	0.8789	0.7998	0.5046	0.3626	0.1287	0.0763
		δ_1	0.0047	0.0084	0.0283	0.0427	—	—	—	—
		$\lambda/\%$	0.73	1.02	2.69	4.17	9.67	12.33	16.76	17.77
		δ_2	0.2792	0.3858	0.8704	1.1552	—	—	—	—

表 2.4　江苏长江以南地区新近沉积土 G/G_{max}-γ_a 和 λ-γ_a 曲线的拟合参数

土样	模型参数						土样数
	A	B	$\gamma_0/(\times 10^{-4})$	β	$\lambda_0/\%$	$\lambda_{min}/\%$	
黏土	1.17	0.43	3.1	0.94	17.5	1.83	28
淤泥质粉质黏土	1.13	0.44	2.7	1.04	19.1	1.40	52
粉质黏土	1.08	0.46	3.0	1.09	18.4	1.91	125
粉质黏土与粉细砂互层	1.03	0.47	3.0	1.35	21.1	1.35	39
粉土	1.01	0.47	3.4	1.10	18.5	0.94	45
砂土	0.93	0.50	4.1	1.29	21.5	1.15	89

表 2.5　江苏长江以南地区新近沉积土的 G/G_{max}-γ_a 和 λ-γ_a 曲线推荐值及标准差 δ

土类	参数	剪应变 $\gamma_a/(\times 10^{-4})$							
		0.05	0.1	0.5	1	5	10	50	100
淤泥质粉质黏土	G/G_{max}	0.9817	0.9645	0.8160	0.7489	0.4042	0.2667	0.0801	0.0451
	δ_1	0.0080	0.0138	0.0403	0.0549	0.0613	—	—	—
	$\lambda/\%$	1.71	2.00	4.07	6.02	12.75	15.45	19.25	19.94
	δ_2	0.47	0.54	1.12	1.45	1.52	—	—	—
黏土	G/G_{max}	0.9848	0.9702	0.8722	0.7799	0.4485	0.3053	0.0974	0.0559
	δ_1	0.0022	0.0039	0.0122	0.0179	0.0262	—	—	—
	$\lambda/\%$	2.17	2.47	4.35	6.06	11.86	14.29	17.76	18.45
	δ_2	0.34	0.45	0.94	1.19	1.43	—	—	—
粉质黏土	G/G_{max}	0.9833	0.9675	0.8606	0.7599	0.4081	0.2653	0.0753	0.0412
	δ_1	0.0065	0.0108	0.0300	0.0405	0.0483	—	—	—
	$\lambda/\%$	2.13	2.35	4.05	5.80	12.35	15.10	18.85	19.55
	δ_2	0.51	0.60	1.10	1.36	1.54	—	—	—
粉质黏土与粉细砂互层	G/G_{max}	0.9814	0.9644	0.8519	0.7478	0.3911	0.2502	0.0682	0.0368
	δ_1	0.0078	0.0129	0.0338	0.0444	0.0487	—	—	—
	$\lambda/\%$	1.25	1.39	2.75	4.42	11.90	15.40	20.25	21.10
	δ_2	0.50	0.65	1.26	1.54	1.65	—	—	—
粉土	G/G_{max}	0.9821	0.9661	0.8661	0.7630	0.4135	0.2685	0.0747	0.0404
	δ_1	0.0075	0.0124	0.0352	0.0489	0.0630	—	—	—
	$\lambda/\%$	1.12	1.35	3.01	4.70	11.20	14.00	17.89	18.60
	δ_2	0.37	0.52	1.17	1.49	1.69	—	—	—

续表

土类	参数	剪应变 $\gamma_a/(\times10^{-4})$							
		0.05	0.1	0.5	1	5	10	50	100
砂土	G/G_{max}	0.9836	0.9691	0.8730	0.7802	0.4270	0.2735	0.0707	0.0367
	δ_1	0.0079	0.0123	0.0300	0.0394	—	—	—	—
	λ/%	1.25	1.40	2.65	4.20	11.64	15.39	20.70	21.65
	δ_2	0.50	0.58	1.04	1.36	—	—	—	—

图 2.9 对粉质黏土与粉细砂互层土、砂土与 Seed 和 Idriss[1] 建议的砂土动剪切模量比、阻尼比与剪应变幅关系曲线进行了比较。图 2.9 表明，砂土、粉质黏土与粉细砂互层土的动剪模量比与剪应变关系的拟合曲线介于 Seed 和 Idriss[1] 建议的砂土动剪切模量比与剪应变关系平均曲线与上限曲线之间，且粉质黏土与粉细砂互层土的平均动剪切模量比要比砂土的小；砂土、粉质黏土与粉细砂互层土的阻尼比与剪应变关系的拟合曲线几乎重合，介于 Seed 和 Idriss[1] 建议的砂土阻尼比与剪应变关系平均曲线与下限曲线之间，接近于其平均曲线。因此，对于动剪切模量比平均关系曲线，江苏长江以南地区新近沉积的粉质黏土与粉细砂互层土接近于粉质黏土，而其阻尼比平均关系曲线与砂土的相近，该地区砂土的动剪切模量比平均关系曲线比一般砂土的高。

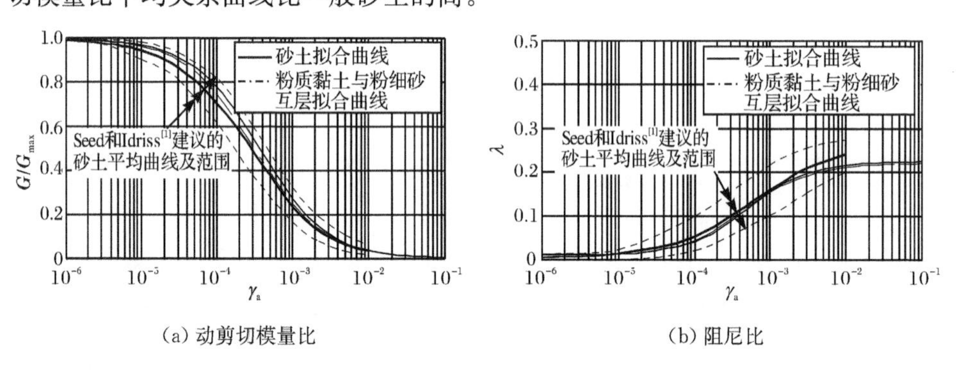

(a) 动剪切模量比　　(b) 阻尼比

图 2.9　砂土、粉质黏土与粉细砂互层土的动剪切模量比、阻尼比与剪应变关系平均曲线的比较

2.3　土的动应力-应变关系特征及其物理模型

2.3.1　土的动应力-应变关系特征

土的动力本构关系或动应力-应变关系是了解土体在动荷载作用下土体及土-结构相互作用体系动力特性的基础，也是利用数值计算手段进行动力分析的前提

条件。迄今为止，已经发展了多种土的动力本构关系。

土在动荷载作用下的变形通常包括弹性变形和塑性变形两部分。当动荷载较小时，主要表现为弹性变形，而当动荷载增大时，塑性变形逐渐产生和发展。因此，当土体在小应变幅情况下工作时，土将呈现出近似弹性体的特征。这种小应变的动应力-应变关系控制了波在土中的传播速度；但是，当动应变增大时，动荷载会引起土的结构的改变，从而引起土的永久变形和强度的损失，使土的动力特性明显不同于小应变幅的情况。因此，对于饱和砂土和粉土，除了需要研究土的强度和变形外，还应考虑因土的结构破坏而引起的孔隙水压力迅速增长并导致土的强度突然损失或急剧降低的现象，即砂土震动液化。所以，对于动荷载作用下土的性能研究，必须区别小应变幅和大应变幅两种情况。对于小应变幅的情况，一般只要研究动剪切模量和阻尼比的变化规律，为动力分析提供土的动力参数；但在大应变幅情况下，除了需研究动剪切模量和阻尼比的变化规律外，还必须研究土的动强度和变形问题，且土的动强度和变形问题显得更为重要。由于土具有明显的各向异性（土结构的各向异性、应力历史的各向异性），加上土中水的影响，使土的动应力-应变关系极为复杂。

土在动荷载作用下不仅具有弹塑性的特点，还有黏性的特点，可将土视为弹性、塑性和黏滞性的黏弹塑性体。土在往返荷载作用下的应力-应变关系具有明显的非线性和滞后的特点。描述土的动应力-应变关系，必须对土的非线性、滞后性、变形积累性三方面的特性均有较深入的了解[10]。

1. 非线性

土的非线性可以从土的动应力-应变骨干曲线的实测资料反映出来，如图 2.10所示。骨干曲线是受同一固结应力的土在不同动应力[$\sigma_d=\sigma_m\sin(\omega t)$]作用下每一周应力-应变关系曲线滞回圈顶点的连线，或者说骨干曲线表示了每一周往返应力作用下土的最大剪应力与最大剪应变之间的关系。骨干曲线的非线性反映了土的等效动变形模量的非线性。

2. 滞后性

土的动应力-应变关系中的滞回圈表示了某一周往返应力循环内各时刻的剪应力与剪应变之间的关系，反映了应变对应力的滞后性，表现土的黏性特性。从图 2.11 可以看出，由于阻尼的影响，动应力与应变的最大值并不是同步出现的，动应变滞后于动应力。

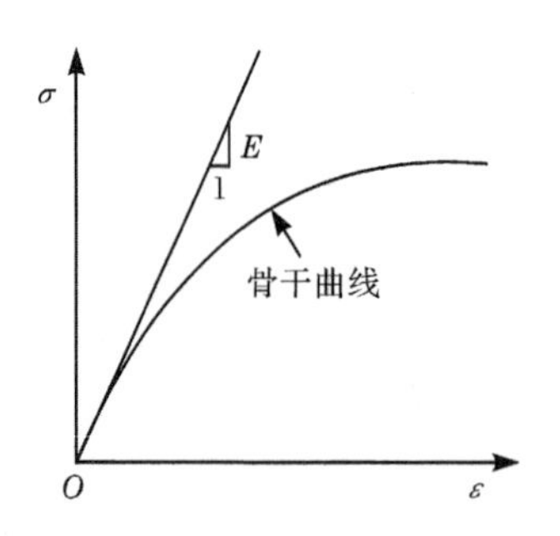

图 2.10　土的动应力-应变骨干曲线

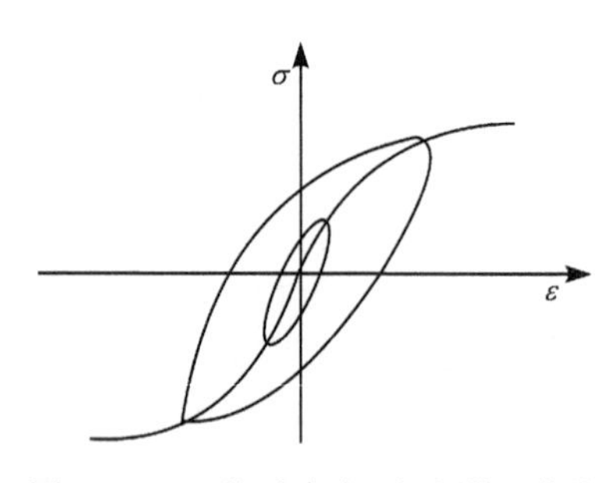

图 2.11　土的动应力-应变滞回曲线

3. 变形积累性

由于土体在受荷过程中会产生不可恢复的塑性变形，这一部分变形在往返荷载作用下会逐渐积累，即使荷载大小不变，随着荷载作用往返次数的增加，变形越来越大，滞回圈中心不断朝一个方向移动。滞回圈中心的变化反映了土对往返荷载作用的积累效应，它产生于土的塑性即荷载作用下土的不可恢复的结构破坏。变形的积累效应也包含了动应力应变的影响。

同时，土的动应力-应变关系并不是简单的表现为这三个特性的组合。土的各种特性之间有着特定的依赖关系。就简单问题而言，可以将这三者分别加以考虑得到土的动本构关系，它可以在一定范围内取得足够精确的结果。对于复杂问题，必须将这三者联合考虑，才能得到满意的解答。

土的动力本构模型必须能够反映动应力应变的非线性和滞后性特征。目前采用的模型有两大类。一类是依据弹性元件、黏性元件和塑性元件的组合串联或并联而成的物理模型理论。这类模型可以模拟单轴循环加载下土的非线性和滞后性，其基本方法是由初始骨干加载曲线借助于一种简单的数学方法来确定卸载和再加载曲线的位置与形状，不区分可恢复变形与不可恢复变形。因而，这类模型隐含了土的卸载、再加载及反向加载曲线与应力路径无关，这显然与大量的室内土动力试验观察到的现象不符。但这类模型比较简单，概念明确，因而在科学研究和工程实践中得到广泛的应用。另一类是基于各向异性运动硬化的塑性模型，其基本方法是在保留经典各向同性硬化模型某些特性的同时，放弃单屈服面描述的概念，代之以各向同性硬化和运动硬化组合的多屈服面模型。这些模型在近年逐渐得到发展和应用。

当动应力 σ_d 为正弦周期荷载时，黏弹性土体的滞回曲线应为斜椭圆曲线。然而，由于土骨架很弱，在动应力作用下会发生塑性变形。因此，滞回曲线所围成的面积包括黏性和塑性能量损耗两部分。在本质上，黏性能量损耗是与变形速度有关的，而塑性能量损耗是与塑性变形有关的。因此，土的阻尼也是由两部分组成的，一部分是黏性阻尼，另一部分是塑性历程阻尼。由于土存在塑性，其滞回曲线实际上并不是标准的斜椭圆曲线。在地震运动作用下，土通常处于弹塑性变形阶段。因此，用弹塑性模型描述地震时土的应力-应变关系更为合适。

2.3.2　土动力学特性的物理模型

从土受力后的表现可以抽象出以下三个基本的力学元件，即弹性元件、黏性元件和塑性元件，并且可用这三个元件的组合来近似地描述土的力学性能[11]。

1. 弹性元件

在上述每种力学元件上作用往返动应力：

$$\sigma_d = \sigma_a \sin(\omega t) \tag{2.10}$$

式中，σ_a 为往返动应力幅值；ω 为圆频率；t 为时间。

对于弹性元件，动应力 σ_d 与动应变 ε_d 之间的关系为过原点的一条斜直线[见图 2.12(a)]，直线的斜率取决于弹性元件的弹性模量 E，即意味着应力与应变之间没有相位差，应力与应变同时达到最大值。由变形能原理可知，在一周往返应力作用下，耗损的能量 ΔW 按式(2.11)计算：

$$\Delta W = \oint \sigma \mathrm{d}\varepsilon \tag{2.11}$$

它等于应力-应变曲线所围成的面积。由于动应力-应变关系为线性关系，动应力-应变曲线围成的面积等于零，因此，在一周往返应力作用下弹性元件所耗损的能量 $\Delta W=0$。

2. 塑性元件

对于塑性元件，动应力-应变关系为一个矩形[见图 2.12(b)]。因为 $|\sigma_d| \leqslant \sigma_0$ 时，动应变 $\varepsilon_d=0$，而当 $|\sigma_d|=\sigma_0$ 时 ε_d 不定。当往返应力反向时，动应变 ε_d 保持不变。显然，应力-应变曲线所围成的面积等于 $4\sigma_0\varepsilon_d$，因此，在一周往返应力作用下塑性元件所耗损的能量 $\Delta W=4\sigma_0\varepsilon_d$。

3. 黏性元件

对于黏性元件[见图 2.12(c)]，有

$$\sigma_d = c\dot{\varepsilon}_d = c\frac{\mathrm{d}\varepsilon_d}{\mathrm{d}t} \tag{2.12}$$

由于 $t=0$ 时 $\varepsilon_d=0$，因此

$$\varepsilon_d = \frac{1}{c}\int \sigma_d \mathrm{d}t = \varepsilon_a[1-\cos(\omega t)] \tag{2.13}$$

式中，c 为黏性系数；ε_a 为动应变幅值。

$$\varepsilon_a = \frac{\sigma_a}{c\omega} \tag{2.14}$$

因此,黏性元件的动应力-应变关系满足:

$$\left(\frac{\sigma_d}{\sigma_a}\right)^2 + \left(\frac{\varepsilon_d - \varepsilon_a}{\varepsilon_a}\right)^2 = 1 \tag{2.15}$$

可见,动应力-应变关系为椭圆方程,中心点坐标为(ε_a,0),此椭圆面积为 $\pi\sigma_a\varepsilon_a = \frac{\pi\sigma_a^2}{c\omega}$。因此,在一周往返应力作用下黏性元件所耗损的能量为

$$\Delta W = \frac{\pi\sigma_a^2}{c\omega} \tag{2.16}$$

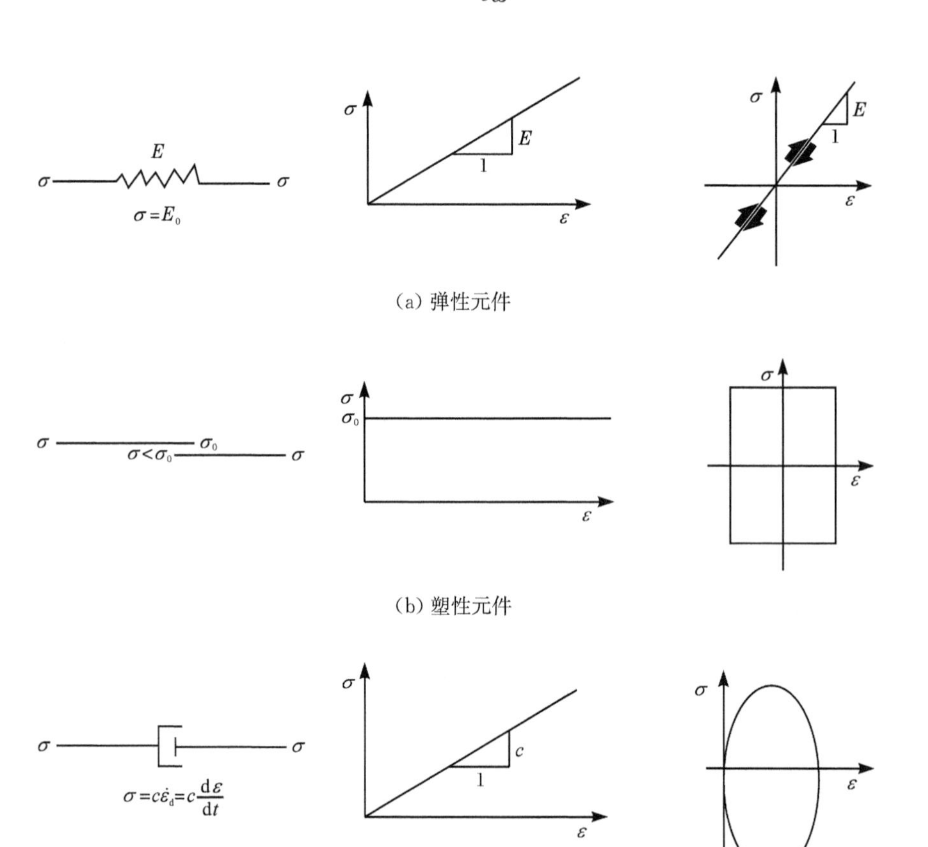

图 2.12　三种基本力学元件的性质

4. 组合元件

最简单的模型是将土体视为理想弹塑性体，此时，可由弹性元件和塑性元件串联而成，如图 2.13(a)所示。它的动应力-应变关系为一个平行四边形。因为当$|\sigma_d| \leqslant \sigma_0$时$\varepsilon_d = \sigma_d / E$；而当$|\sigma_d| = \sigma_0$时$\varepsilon_d$不定，直至往返应力$\sigma_d$反向时，再沿弹性关系变化。

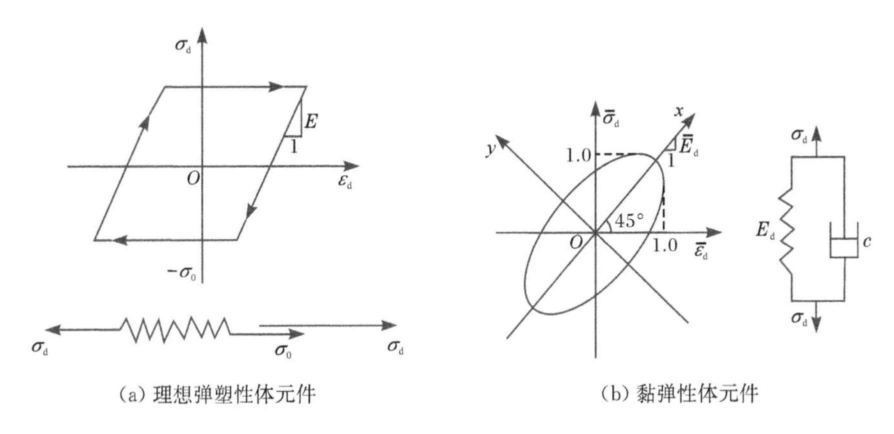

(a) 理想弹塑性体元件　　(b) 黏弹性体元件

图 2.13　土的力学模型

最常见的是将土体视为黏弹性体，可由弹性元件和黏性元件并联而成，如图 2.13(b)所示。如果任一变形方式(轴向、剪切、扭剪)的动应力和动应变均用σ_d和ε_d表示，以σ_{ed}和σ_{cd}分别表示弹性元件和黏性元件所分担的动弹性应力和动黏性应力，则有

$$\sigma_d = \sigma_{ed} + \sigma_{ed} = E\varepsilon_d + c\dot{\varepsilon}_d = E\varepsilon_d + c\frac{d\varepsilon_d}{dt} \tag{2.17}$$

2.4　土的常用黏弹性动力学本构模型

2.4.1　双曲线模型

一般地，用 Kondner[12]、Hardin 和 Drnevich[3] 所给出的双曲线来描绘土的动应力-应变关系的骨干曲线，如图 2.14 所示。

$$\tau = f(\gamma) = \frac{\gamma}{a + b\gamma} \tag{2.18}$$

式中，a、b 为土的试验参数。

显然，$1/a$ 是骨干曲线在原点的斜率，记 $G_{max} = 1/a$；$1/b$ 是骨干曲线的水平渐近线在纵轴上的截距，记为 $\tau_f = 1/b$。定义

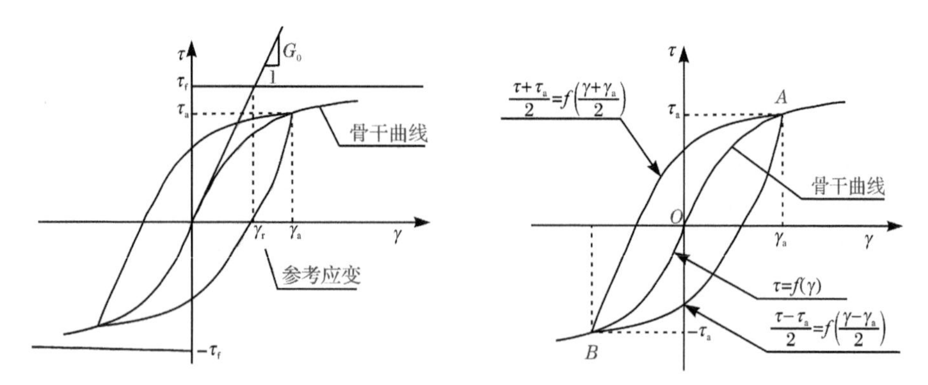

图 2.14　骨干曲线和滞回圈构造方法示意图

$$\gamma_r = \frac{a}{b} = \frac{\tau_f}{G_{max}} \tag{2.19}$$

称 γ_r 为参考剪应变，其含义见图 2.14。

此时，式(2.18)可用式(2.20)表示：

$$\tau = \frac{G_{max}\gamma}{1+\dfrac{\gamma}{\gamma_r}} \tag{2.20}$$

假定在 A 点(τ_a，γ_a)发生反向加载，卸荷时的应力-应变关系分支曲线可用式(2.21)表示：

$$\frac{\tau-\tau_a}{2} = f\left(\frac{\gamma-\gamma_a}{2}\right) \tag{2.21}$$

则根据双曲线骨干曲线表达式可以得到

$$\tau = \tau_a + \frac{G_{max}(\gamma-\gamma_a)}{1-\dfrac{\gamma-\gamma_a}{2\gamma_r}} \tag{2.22}$$

假定在 B 点($-\tau_a$，$-\gamma_a$)再次发生反向加载，则再加荷时的应力-应变关系分支曲线可用式(2.23)表示：

$$\frac{\tau+\tau_a}{2} = f\left(\frac{\gamma+\gamma_a}{2}\right) \tag{2.23}$$

则根据双曲线骨干曲线表达式可以得到

$$\tau = -\tau_a + \frac{G_{max}(\gamma+\gamma_a)}{1+\dfrac{\gamma+\gamma_a}{2\gamma_r}} \tag{2.24}$$

应指出，如果卸荷、再加荷的开始点不是与骨干曲线的交点，在这种情况下，式(2.22)和式(2.24)仍然成立，只需将式中的(τ_a，γ_a)用实际开始点的应力、应变值代替即可。

通常，通过上述骨干曲线坐标原点平移、旋转180°、放大2倍来构造卸荷、再加荷应力-应变关系分支曲线的方法称为Mashing法则。这些规定是针对等幅往返周期荷载而言的，实际地震运动所引起的往返应力并非等幅的，构造不规则的地震往返应力作用下卸荷、再加荷应力-应变关系分支曲线的方法要复杂得多。其中一个问题是，如果在(τ_a, γ_a)卸荷后并没有达到($-\tau_a$, $-\gamma_a$)就重新加荷，应力应变点应当遵循什么规则前进呢？Finn等[13]从土的不规则往返应力试验中总结出一条新的规则——"外大圈"规则：如果应力应变点从(τ_a, γ_a)卸荷后再加荷，应力应变点没有达到($-\tau_a$, $-\gamma_a$)，这时，该再加荷曲线与从($-\tau_a$, $-\gamma_a$)出发的再加荷曲线具有相同的形式；如果这一再加荷曲线与初始骨干曲线相交，则应力应变点沿骨干曲线前进，称为"上骨干曲线"准则；如果这一再加荷曲线与从($-\tau_a$, $-\gamma_a$)出发的再加荷曲线相遇，则应力应变点沿从($-\tau_a$, $-\gamma_a$)发生的再加荷曲线前进，称为"上大圈准则"。图2.15形象地表示了这一规则。相应地，有"下骨干曲线"准则和"下大圈准则"，与上述"上大圈准则"统称为"外大圈"准则。

Pyke[14]采用了另外一条途径来构造非等幅往返应力作用下的后继应力-应变的关系式。以$n\gamma_r$代替式(2.22)和式(2.24)中的$2\gamma_r$，可得

$$\tau = \tau_a + \frac{G_{max}(\gamma - \gamma_a)}{1 - \dfrac{\gamma - \gamma_a}{n\gamma_r}} \tag{2.25a}$$

$$\tau = -\tau_a + \frac{G_{max}(\gamma + \gamma_a)}{1 + \dfrac{\gamma + \gamma_a}{n\gamma_r}} \tag{2.25b}$$

式中，n为待定参数。

由于在A点(τ_a, γ_a)转向后滞回曲线是下降的，为达到Mashing法则的目的，$\gamma \to -\infty$时$\gamma \to -G_{max}\gamma_r$；在$B$点($-\tau_a$, $-\gamma_a$)转向后滞回曲线是上升的，为达到Mashing法则的目的，$\gamma \to \infty$时$\gamma \to G_{max}\gamma_r$。将该条件代入式(2.25)，可得

$$-G_{max}\gamma_r = \tau_a - nG_{max}\gamma_r \tag{2.26a}$$

$$G_{max}\gamma_r = -\tau_a + nG_{max}\gamma_r \tag{2.26b}$$

因此

$$n = 1 + \frac{\tau_a}{G_{max}\gamma_r} \tag{2.27}$$

Matasovic和Vucetic[15]根据饱和砂土往返荷载试验结果，提出土的初始滞回圈和任意后续滞回圈之间的关系可用图2.16来表示。假设从第2周起的后续滞回圈用衰退骨干曲线和Mashing法则来描述，则土的往返衰退特性可以对初始骨干曲线的纵坐标加以折减得到后续骨干曲线的纵坐标的方式来表达。初始骨干曲线表示为

$$\tau=\frac{G_{\max}\gamma}{1+\psi(\gamma/\gamma_{\mathrm{r}})} \tag{2.28}$$

式中，ψ、s 为土的试验参数，对一般砂土，可取 $\psi=1.0\sim2.0$，$s=0.65\sim1.0$。

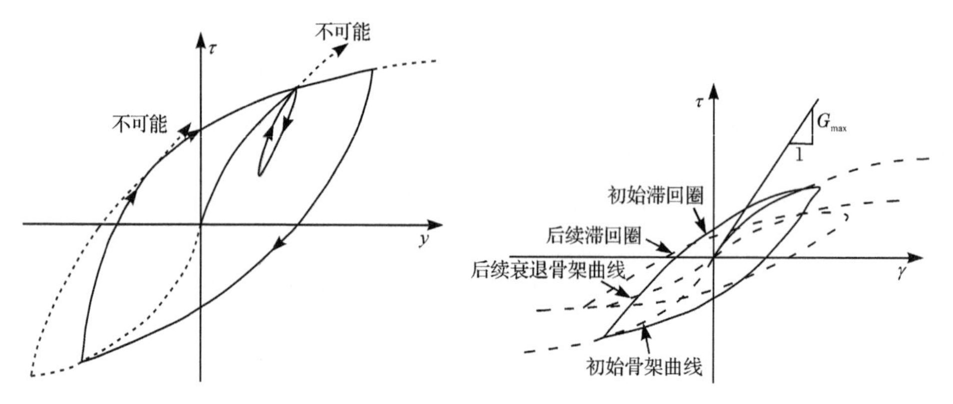

图 2.15　上大圈准则示意图　　　　图 2.16　初始循环和后续循环的应力-应变关系

对无黏性或少黏性的可液化土，其骨干曲线的衰退可以认为是由振动孔隙水压力的发展引起的。因此，骨干曲线的衰退特性可根据振动孔隙水压力的大小对 $G_{\max}$、$\tau_{\mathrm{ult}}(=G_{\max}\gamma_{\mathrm{r}})$ 的折减来描述，即衰退后的 $G_{\max}^{*}$、τ_{ult}^{*} 取为

$$G_{\max}^{*}=G_{\max}(1-u^{*})^{n} \tag{2.29}$$

$$\tau_{\mathrm{ult}}^{*}=\tau_{\mathrm{ult}}[1-(u^{*})^{u}] \tag{2.30}$$

式中，u^{*} 为孔压比；n、u 为土的试验参数。对一般砂土，$n\approx0.5$，$u=3.0\sim5.0$。

此时，土的动态参考剪应变 γ_{r}^{*} 可表示为

$$\gamma_{\mathrm{r}}^{*}=\frac{\tau_{\mathrm{ult}}^{*}}{G_{\max}^{*}}=\frac{\tau_{\mathrm{ult}}[1-(u^{*})^{\mu}]}{G_{\max}(1-u^{*})^{n}}=\gamma_{\mathrm{r}}\frac{1-(u^{*})^{\mu}}{(1-u^{*})^{n}} \tag{2.31}$$

后续衰退骨干曲线可表示为

$$\tau=\frac{G_{\max}^{*}\gamma}{1+\psi(\gamma/\gamma_{\mathrm{r}}^{*})^{s}} \tag{2.32}$$

2.4.2　修正 Davidenkov 模型

Hardin 和 Drnevich[3] 提出如下计算动剪切模量比的表达式：

$$\frac{G}{G_{\max}}=1-H(\gamma) \tag{2.33}$$

$$H(\gamma)=\frac{\gamma/\gamma_{0}}{1+\gamma/\gamma_{0}} \tag{2.34}$$

式中，γ_{0} 为参考剪应变。

Martin 和 Seed[4] 采用 Davidenkov 模型来描述上述关系，将 $H(\gamma)$ 改写成如下形式：

$$H(\gamma)=\left[\frac{(\gamma/\gamma_0)^{2B}}{1+(\gamma/\gamma_0)^{2B}}\right]^A \tag{2.35}$$

式中，A、B 和 γ_0 是与土性有关的拟合参数。应该指出，这里的 γ_0 不再是具有明确物理意义的参考剪应变幅，仅仅是个拟合参数而已。

土体应力-应变关系的 Davidenkov 骨架曲线可表示为

$$\tau(\gamma)=G\gamma=G_{\max}\gamma(1-H(\gamma)) \tag{2.36}$$

当拟合参数 $A=1$、$B=0.5$ 和 $\gamma_0=\gamma_r$ 时，Davidenkov 模型描述的应力-应变关系曲线就退化为 Mashing 双曲线模型。根据 Mashing 法则的第(2)和第(3)条，当剪应变幅值 $\gamma_0=0.1\%$时，取不同拟合参数时所得的滞回圈如图 2.17 所示。

阻尼比是对岩土材料在循环荷载作用下能量耗散特性的定量描述。根据等效非线性黏弹性模型阻尼比的概念，阻尼比为

$$D=\frac{\Delta W}{4\pi W} \tag{2.37}$$

式中，ΔW 为滞回圈面积(一个应力循环中的能量消耗)；W 为三角形面积(弹性应变能)，如图 2.18 所示。

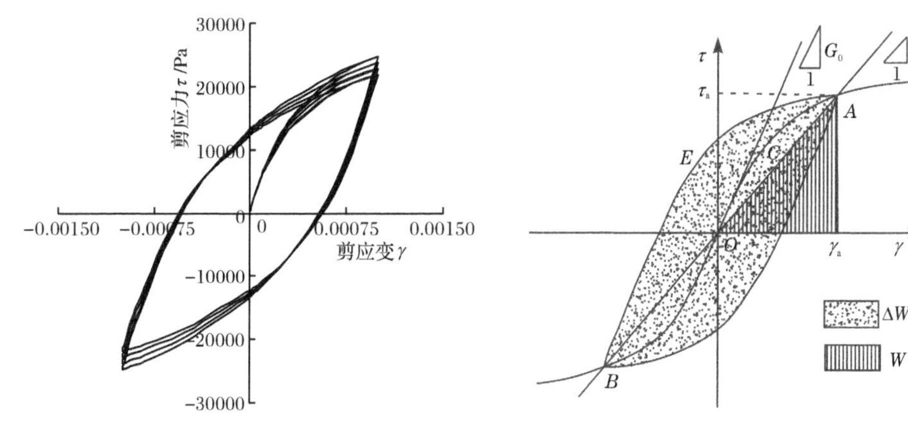

图 2.17　基于 Davidenkov 骨架曲线描述土的应力-应变关系

图 2.18　等效非线性黏弹性模型中阻尼比的定义

根据这一定义，当应力-应变关系的骨架曲线为 Davidenkov 模型时，按 Mashing 法则构造相应的滞回曲线，经推导可得出土体阻尼比的计算公式为

$$D=\frac{2}{\pi}\left[\frac{\gamma_c^2-2\int_0^{\gamma_c}\gamma H(\gamma)\mathrm{d}\gamma}{\gamma_c^2(1-H(\gamma_c))}-1\right] \tag{2.38}$$

式(2.38)中的积分部分可采用数值求积法求解。

土体实际的应力-应变关系曲线应有：当 $\gamma\to\infty$时，$\tau(\gamma)\to\tau_{\mathrm{ult}}$(剪应力上限值)，

而当 $B<0.5$ 时，式(2.36)描述的骨架曲线有：$\gamma\to\infty$，$\tau(\gamma)\to\infty$，这与土体应力-应变关系曲线的基本特征不相符。因此，本章采用分段函数法描述土体的骨架曲线。

根据土性的不同，各类土都存在某一剪应变上限值 γ_{ult}。当土体的剪应变幅值 γ 超过该上限值时，该土体将处于破坏状态，当剪应变幅值 γ 进一步增加时，土体内的剪应力不再增加，甚至有减小的趋势，这就是岩土材料先硬化、后软化的特性。由于在土的动本构模型中很难考虑土的软化现象，因此，本章也不考虑土的软化特性，将 Davidenkov 模型的骨架曲线修正为

$$\tau(\gamma)=\begin{cases}G_{max}\gamma(1-H(\gamma)), & \gamma_c\leqslant\gamma_{ult}\\ G_{max}\gamma_{ult}(1-H(\gamma_{ult})), & \gamma_c>\gamma_{ult}\end{cases}\tag{2.39}$$

$$\tau_{ult}=G_{max}\gamma_{ult}(1-H(\gamma_{ult}))\tag{2.40}$$

根据 Mashing 准则，基于修正后的 Davidenkov 骨架曲线建立土体一维的加卸载应力-应变关系曲线，可表示为

$$\tau=\begin{cases}\tau_c+G_{max}(\gamma-\gamma_c)\left(1-H\left(\left|\dfrac{\gamma-\gamma_c}{2}\right|\right)\right), & |\tau|\leqslant\tau_{ult}\\ \pm\tau_{ult}, & |\tau|>\tau_{ult}\end{cases}\tag{2.41}$$

式中，τ_c 和 γ_c 分别为剪应力-剪应变滞回曲线加卸载转折点对应的剪应力和剪应变幅值。

构造不规则往返应力作用下的 Davidenkov 本构模型滞回曲线，需对适宜于等幅往返应力作用的 Mashing 法则进行修正，如图 2.19 所示。赵丁凤等[16]基于 Pyke[14]提出的"n 倍法"的思想，修正后的加卸载准则如下：

(1) 初始加载时，加载曲线沿骨架曲线前行，应力-应变关系由式(2.35)和式(2.36)描述。

(2) 当施加的应力转向后，后续的应力-应变曲线沿当前拐点指向历史上最大(小)点的方向前行，应力-应变关系由式(2.41)描述，即应力-应变滞回曲线由初始骨架曲线放大 n 倍来构造，代替了 Mashing 法则中的放大倍数 2，即

$$\tau-\tau_c=G_{max}(\gamma-\gamma_c)\left(1-H\left(\frac{|\gamma-\gamma_c|}{2n}\right)\right)\tag{2.42}$$

式中，γ_c 为加卸载转折点处的应变。

(3) 若加、卸载曲线在转向前与骨架曲线相遇，则遵循"扩展 Mashing"法则中的"上骨架曲线"规则，即后续应力-应变曲线沿骨架曲线前行。

根据上述三条修正准则，除记录历史上最值点外，当施加的应力转向后，仅需记忆当前转折点处的应力和应变值，即可确定应力-应变曲线的走向。有效解决了"扩展 Mashing"法则中的转折点信息记忆量大的问题。此时，不规则加卸载条件下的应力-应变路径为曲线段 0→1→2→3→4→5→6→7，修正了 2 倍 Mashing

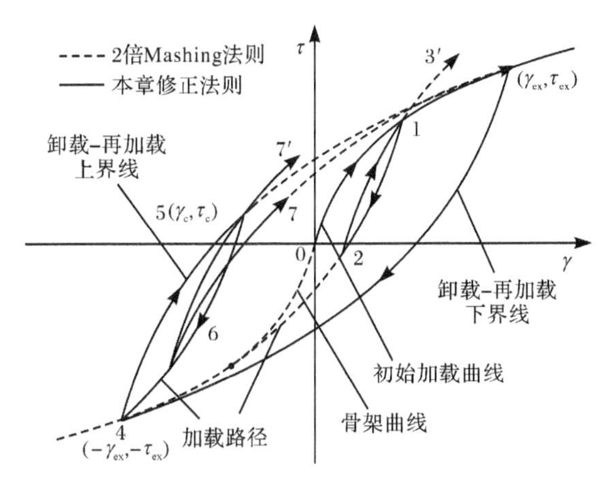

图 2.19　不规则加卸载准则修正的 Davidenkov 模型的应力-应变关系曲线示意图

法则中的曲线段 2→1→3′或曲线段 6→5→7′。

将土体的一维动本构关系推广到三维问题进行地下结构的非线性动力反应分析时，土体的应力-应变关系通常用八面体上的应力和应变关系表示[17]。设八面体上剪应力增量为 $\Delta\tau_{oct}$，八面体上剪应变增量为 $\Delta\gamma_{oct}$，则剪切变形模量为

$$G \cong \frac{\Delta\tau_{oct}}{\Delta\gamma_{oct}} \tag{2.43}$$

土体的一维动本构关系推广到三维时，根据式(2.41)，八面体上剪应力与剪应变关系可近似表示为

$$\tau_{oct}=\begin{cases}\tau_{oct,c}+G_{max}(\gamma_{oct}-\gamma_{oct,c})\left(1-H\left(\left|\dfrac{\gamma_{oct}-\gamma_{oct,c}}{2}\right|\right)\right), & |\tau_{oct}|\leqslant\tau_{oct,ult}\\ \pm\tau_{oct,ult}, & |\tau_{oct}|>\tau_{oct,ult}\end{cases} \tag{2.44}$$

式中，$\tau_{oct,c}$ 和 $\gamma_{oct,c}$ 分别为八面体上剪应力-剪应变滞回曲线加卸载转折点对应的剪应力和剪应变幅值。

把式(2.44)写成增量形式为

$$\tau_{oct}^{t+\Delta t}=\tau_{oct}^{t}+G^{t+\Delta t}(\gamma_{oct}^{t+\Delta t}-\gamma_{oct}^{t}) \tag{2.45}$$

式中，$G^{t+\Delta t}$ 为土的切线剪切模量。

根据式(2.45)可得初始加载段剪切模量计算公式为

$$G^{t+\Delta t}=\frac{d\tau}{d\gamma}=G_{max}\left[1-\left(1+\frac{2AB\gamma_0{}^{2B}}{\gamma_0{}^{2B}+\gamma^{2B}}\right)H(\gamma)\right] \tag{2.46}$$

赵丁凤等[16]通过对式(2.42)中的变量$(\gamma-\gamma_c)$求导，得到应力-应变滞回曲线段的时变切线剪切模量的表达式：

$$G^{t+\Delta t}=\frac{d(\tau-\tau_c)}{d(\gamma-\gamma_c)}$$

$$= G_{\max}\left\{1-\left[1+\frac{2AB\ (2n\gamma_0)^{2B}}{(2n\gamma_0)^{2B}+|\gamma-\gamma_c|^{2B}}\right]H\left(\frac{|\gamma-\gamma_c|}{2n}\right)\right\} \tag{2.47}$$

$$(2n\gamma_0)^{2B} = (\gamma_{ex}\pm\gamma_c)^{2B}\frac{1-R}{R} \tag{2.48}$$

式中，参数$(2n\gamma_0)^{2B}$由当前拐点及历史上的最大(小)点确定。将当前拐点(γ_c,τ_c)与历史上的最值点(γ_{ex},τ_{ex})或$(-\gamma_{ex},-\tau_{ex})$代入式(2.42)，可得

$$R = \left(1-\frac{\tau_{ex}\pm\tau_c}{G_{\max}(\gamma_{ex}\pm\gamma_c)}\right)^{\frac{1}{A}} \tag{2.49}$$

式中，符号“±”在加载时取“－”，卸载时取“＋”。

由式(2.46)和式(2.47)可知，时变剪切模量计算的准确性与等效剪应变的选取密切相关，即等效剪应变算法的选取是子程序三维空间扩展的关键问题。以应变偏量的第二不变量描述的等效剪应变能综合反映三维空间中土体的应力-应变关系[18]。但直接采用应变偏量的第二不变量作为等效剪应变时，其数值只能描述一维应力-应变关系曲线中应变大于零的部分，故将等效剪应变γ_{eq}改由增量形式描述：

$$\gamma_{eq}^{t+\Delta t} = \gamma_{eq}^{t} + \mathrm{sign}\left|\Delta\hat{\gamma}_{incre}^{t+\Delta t}(e_{ij})\right| \tag{2.50}$$

$$\Delta\gamma_{incre}^{t+\Delta t}(e_{ij}) = \gamma_{gen}^{t+\Delta t}(e_{ij}) - \gamma_{gen}^{t}(e_{ij}) \tag{2.51}$$

$$\gamma_{gen}^{t}(e_{ij}) = \sqrt{\frac{4}{3}J_{2\varepsilon}^{t}(e_{ij})} \tag{2.52}$$

式中，e_{ij}为应变偏量；γ_{eq}^{t}和$\gamma_{eq}^{t+\Delta t}$分别为t和Δt时刻的等效剪应变；加载时 sign＝1，卸载时 sign＝－1；$\Delta\gamma_{incre}^{t+\Delta t}(e_{ij})$为等效剪应变增量；$\gamma_{gen}^{t}(e_{ij})$为$t$时刻的广义剪应变，由$t$时刻应变偏量的第二不变量$J_{2\varepsilon}^{t}(\varepsilon_{ij})$确定。

由式(2.47)可知，更新剪切模量时只需得到当前时刻应变与转折点处应变差值$(\gamma-\gamma_c)$。现定义新的应变偏张量e_{ij}°来替换等效剪应变传统算法中的e_{ij}，则式(2.50)～式(2.52)变为

$$\gamma_{eq}^{t+\Delta t} = \gamma_{eq}^{t} + \mathrm{sign}\left|\Delta\hat{\gamma}_{incre}^{t+\Delta t}(e_{ij}^{\circ})\right| \tag{2.53}$$

$$\Delta\gamma_{incre}^{t+\Delta t}(e_{ij}^{\circ}) = \gamma_{gen}^{t+\Delta t}(e_{ij}^{\circ}) - \gamma_{gen}^{t}(e_{ij}^{\circ}) \tag{2.54}$$

$$\gamma_{gen}^{t}(e_{ij}^{\circ}) = \sqrt{\frac{4}{3}J_{2\varepsilon}^{t}(e_{ij}^{\circ})} \tag{2.55}$$

式中，e_{ij}°的定义为：以转折点处的各个应变分量$e_{ij,c}$为起点，转折点过后计算得到的各个应变分量e_{ij}为终点的矢量：

$$e_{ij}^{\circ} = e_{ij} - e_{ij,c} \tag{2.56}$$

如何确定上述模型的加卸载转折点是编程的一个关键问题，在岩土塑性力学中，通常采用屈服面上的外法线方向与偏应力变化方向的关系来确定加卸载准则，同时也可以采用经验法来确定模型的加卸载状态，即定义一个矢量ε为

$$\varepsilon = \{\varepsilon_{11}-\varepsilon_m,\varepsilon_{22}-\varepsilon_m,\varepsilon_{33}-\varepsilon_m,\sqrt{2}\varepsilon_{12},\sqrt{2}\varepsilon_{13},\sqrt{2}\varepsilon_{23}\} \tag{2.57}$$

式中，ε_{11}、ε_{22}、ε_{33}、ε_{12}、ε_{13}和 ε_{23}分别为各单元的应变张量元素；ε_m 为单元的体应变。该矢量的模与八面体上的剪应变有如下的关系：

$$|\varepsilon| = \frac{\sqrt{3}}{2}\gamma_{oct} \tag{2.58}$$

把该矢量的变化写成增量形式为

$$\varepsilon^{t+\Delta t} = \varepsilon^t + \varepsilon^{\Delta t} \tag{2.59}$$

因此，当矢量点积 $d\varepsilon^{t+\Delta t}\cdot d\varepsilon^t<0$ 时，即可判断为加卸载发生转变的时刻。

应变矢量 ε 的标量积为

$$\Delta\varepsilon^{t+\Delta t} : \Delta\varepsilon^t \tag{2.60}$$

当采用式(2.50)～式(2.52)的等效剪应变算法时，若满足以下两个条件之一，则可判定为发生应力反转：①$\Delta\gamma_{incre}^{t+\Delta t}(e_{ij})\Delta\gamma_{incre}^{t}(e_{ij})<0$ 且 $\Delta\gamma_{incre}^{t+\Delta t}(e_{ij})<0$；②假如条件①中 $\Delta\gamma_{incre}^{t+\Delta t}(e_{ij})<0$ 不满足，则需满足 $\Delta\varepsilon^{t+\Delta t}:\Delta\varepsilon^t<0$。

当采用式(2.53)～式(2.56)的等效剪应变算法时，若满足 $\Delta\gamma_{incre}^{t+\Delta t}<0$，则可判定为发生应力反转。该应力反转的判定条件具有既简单又精确的特征。

根据弹性力学理论，应力-应变关系为

$$\tilde{\sigma}_{ij}^{t+\Delta t} = \tilde{\sigma}_{ij}^{t} + \lambda^{t+\Delta t}\varepsilon_{kk}^{\Delta t} + 2\mu^{t+\Delta t}\varepsilon_{ij}^{\Delta t},\quad k=1,2,3 \tag{2.61}$$

式中，

$$\lambda^{t+\Delta t} = \frac{\nu G^{t+\Delta t}}{1-2\nu},\quad \mu^{t+\Delta t} = G^{t+\Delta t} \tag{2.62}$$

式中，ν 为土的泊松比。

对于土体地震反应时域内的真非线性计算分析中，材料的滞回阻尼已直接隐含在恢复力一项中，为了考虑土体材料的黏性效应，按瑞利(Rayleigh)阻尼的概念定义黏性阻尼阵为

$$[C] = \alpha_0[M] + \alpha_1[K] \tag{2.63}$$

式中，α_0 和 α_1 为瑞利阻尼系数。

利用振型对瑞利阻尼矩阵的正交性可得

$$\xi_j = \frac{1}{2}\left(\frac{\alpha_0}{\omega_j} + \alpha_1\omega_j\right) \tag{2.64}$$

式中，ξ_j 为第 j 振型阻尼比，通常取 2%左右；ω_j 为第 j 振型的自振频率。

若只取第 1 振型作为计算瑞利阻尼系数的振型，假设阻尼矩阵只与刚度矩阵有关，因此有

$$\alpha_0 = 0,\quad \alpha_1 = 2\frac{\xi_1}{\omega_1} \tag{2.65}$$

由总应变速率引起的阻尼力为

$$\sigma'_{ij} = \alpha_1 D^{\mathrm{el}} \dot{\varepsilon}_{ij} \tag{2.66}$$

式中，D^{el}为初始弹性刚度矩阵。

因此，最终的应力-应变关系为

$$\sigma_{ij}^{t+\Delta t} = \tilde{\sigma}_{ij}^{t+\Delta t} + \alpha_1 D^{\mathrm{el}} \dot{\varepsilon}_{ij}^{t+\Delta t} \tag{2.67}$$

2.4.3 修正 Matasovic 模型

基于 Mashing 准则及 Matasovic 和 Vucetic[15]提出的双曲线型骨架曲线的折减方法，构造加载、卸载-再加载的应力-应变关系：

$$\tau = \tau_c + \frac{2G_{\max}\dfrac{\gamma - \gamma_c}{2}}{1 + \psi\left(\dfrac{\gamma - \gamma_c}{2\gamma_r}\right)^s} \tag{2.68}$$

式中，τ、γ 分别为剪应力、剪应变；τ_c、γ_c 分别为卸载-再加载起始点的剪应力幅值和剪应变幅值；$G_{\max}$为初始最大剪切模量；γ_r 为参考剪应变；ψ、s 分别为无量纲的系数与指数，对砂土，一般可取 $\psi=1.0\sim2.0$，$s=0.65\sim1.0$。

土体在初始加载段和加卸载状态时的剪切模量计算公式按式(2.68)推导可得，则切线剪切模量初始加载段的计算公式为

$$G^{t+\Delta t} = \frac{\partial \tau}{\partial \gamma}\Big|_{t+\Delta t} = G_{\max}\left[\frac{1+\psi\left(\dfrac{\gamma_{\mathrm{oct}}}{\gamma_r}\right)^s(1-s)}{\left(1+\psi\left(\dfrac{\gamma_{\mathrm{oct}}}{\gamma_r}\right)^s\right]^2}\right]_{t+\Delta t} \tag{2.69}$$

同理，土体切线剪切模量在加卸载时的计算公式为

$$G_{t+\Delta t} = \frac{\partial \tau}{\partial \gamma}\Big|_{t+\Delta t} = G_{\max}\left[\frac{1+\psi\left(\dfrac{\gamma_{\mathrm{oct}} - \gamma_{\mathrm{oct,c}}}{2\gamma_r}\right)^s(1-s)}{\left(1+\psi\left(\dfrac{\gamma_{\mathrm{oct}} - \gamma_{\mathrm{oct,c}}}{2\gamma_r}\right)^s\right)^2}\right]_{t+\Delta t} \tag{2.70}$$

Hardin 和 Drnevich[3]认识到了围压对土动力特性(即割线剪切模量、阻尼比)的影响。Darendeli[19]依据试验与收集的数据例证了围压的增加导致剪切模量降低的减慢(给定应变时较大的剪切模量比)和较小的阻尼比。Hashash 和 Park[20]通过考虑围压对土体割线剪切模量的影响对 Matasovic 和 Vucetic[15]非线性本构模型进行了修正。在修正后的本构模型中，土的参考剪应变 γ_r 不再为常数，而是随竖向应力而变化，可用式(2.71)表示：

$$\gamma'_r = a\left(\frac{\sigma'_v}{\sigma_{\mathrm{ref}}}\right)^b \tag{2.71}$$

式中，a 和 b 为拟合参数；σ'_v为到土层中点的竖向(上覆)应力；σ_{ref}为参考围压，取 0.18MPa。

为了考虑围压的增加对小应变阻尼的折减，Hashash 等[20]提出了式(2.72)：

$$\xi = \frac{c}{(\sigma'_{\mathrm{v}})^{d}} \tag{2.72}$$

式中，ξ 为阻尼比；c 和 d 为拟合参数。

式(2.72)能描述伴随围压增加而导致小应变阻尼比的折减，这已被 Hashash 和 Park[20]对 Mississippi 湾深厚土层地表加速度反应谱分析结果所证实。

2.4.4　修正 Davidenkov 模型与 Matasovic 模型的比较

基于 ABAQUS 软件平台，同时考虑到大尺度复杂场地和土-结构体系非线性地震效应分析时的计算效率及计算精度，通过 VUMAT 接口编译了不规则加卸载准则修正的 Davidenkov 模型显式算法的子程序。以位于美国东部新马德里地震带上的 Mississippi 湾场地为例，选取 500m 深的钻孔作为计算模型，与同样场地条件下 Hashash[21]采用的一维场地非线性地震效应分析软件 Deepsoil 的计算结果进行对比分析，分析采用的 Matasovic 模型及 Davidenkov 模型相应的拟合参数如图 2.20 所示，修正系数 $a=0.00163$，$b=0.63$，$c=1.5\%$，$d=0.3$。

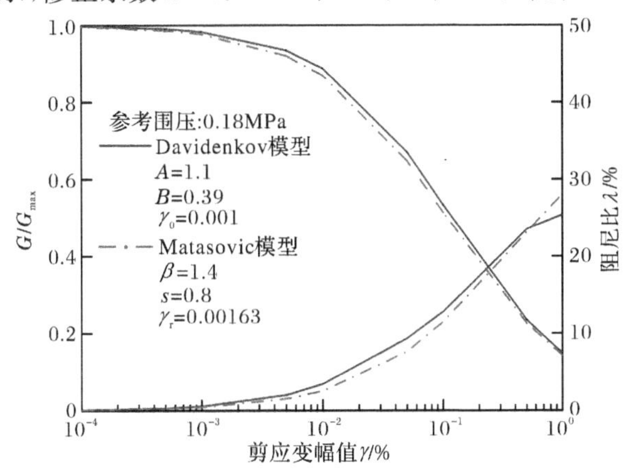

图 2.20　Davidenkov 模型和 Matasovic 模型描述的土的 $G/G_{\max}$-γ 和 λ-γ 曲线

图 2.21 为 PGA=0.65g 的 Kobe 地震动作用下采用“扩展 Mashing”法则修正的 Matasovic 模型和本章提出修正法则的 Davidenkov 模型计算得到的地表峰值加速度时程、地表加速度反应谱峰值加速度随深度的变化曲线、峰值剪应变随深度的变化曲线和最大剪应变深度处剪应力-剪应变关系曲线的对比结果。

由图 2.21(a)可知，采用 Davidenkov 模型计算的地表峰值加速度为 0.77g，采用 Matasovic 模型计算的地表峰值加速度为 0.78g，两种模型计算的地表峰值加速度的结果非常接近，加速度时程曲线上各幅值点相差也较小，仅采用 Davidenkov 模型计算的地表峰值加速度出现时刻比 Matasovic 模型计算的地表峰值加速度出现时刻滞后了 0.48s，这可能是两种软件在黏性阻尼运算方法上的不同导致的。

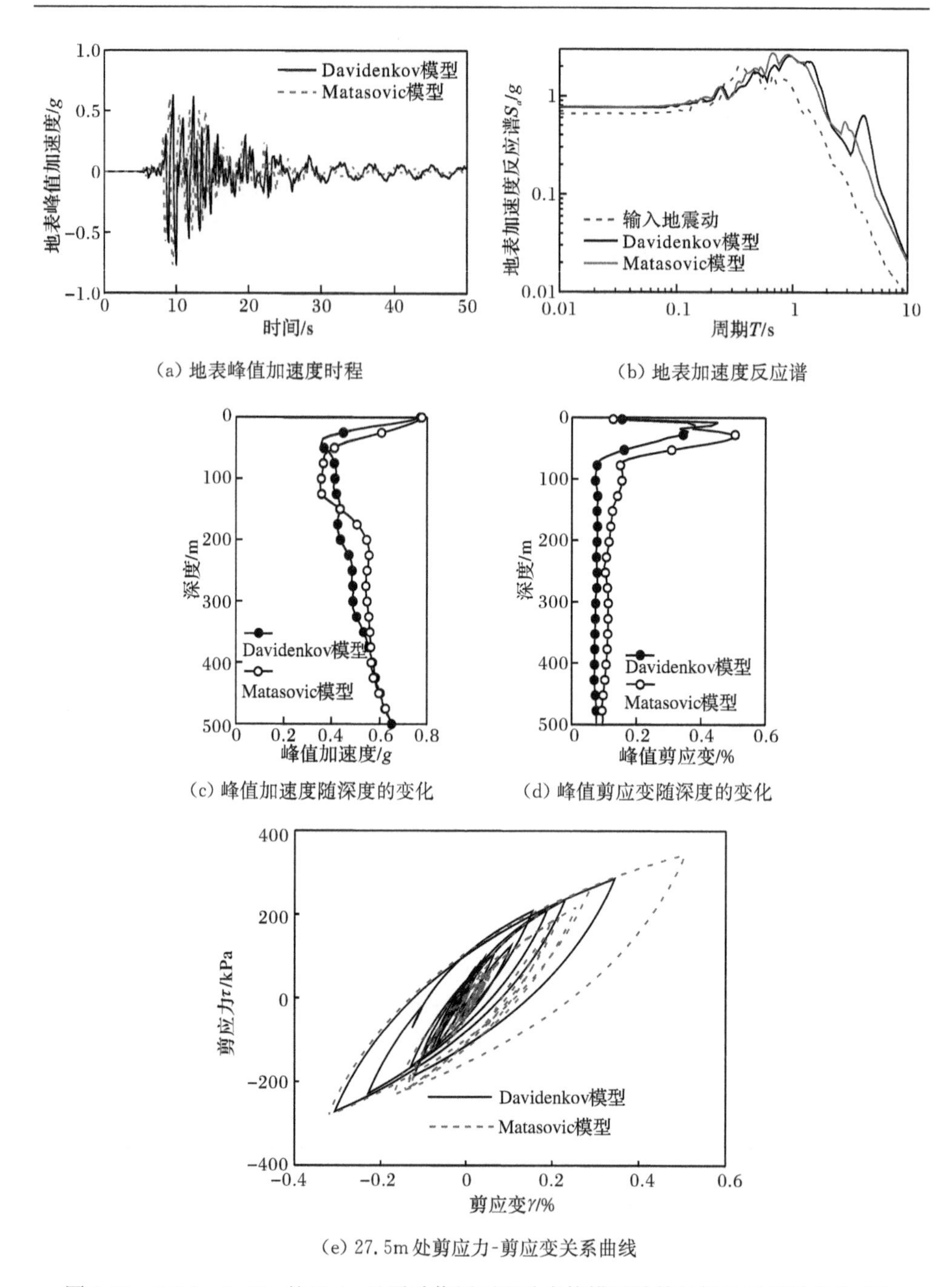

(a) 地表峰值加速度时程

(b) 地表加速度反应谱

(c) 峰值加速度随深度的变化

(d) 峰值剪应变随深度的变化

(e) 27.5m处剪应力-剪应变关系曲线

图 2.21 PGA=0.65g的Kobe地震动作用下两种本构模型计算的场地地震反应的对比

由图 2.21(b)可知，两种计算模型得到的地表加速度反应谱的谱形相似，均表现为：在周期 0.25～0.45s 内有不同程度的衰减现象，以及在周期约 0.45s 以后有不同程度的放大现象。其中，由 Davidenkov 模型计算的地表加速度反应谱在周期 0.25～0.45s 内的衰减较多。

由图 2.21(c)可知，在 375m 以深，两种本构模型计算得到的峰值加速度随深度的变化几乎一致。浅于 375m 范围内，峰值加速度随深度的变化均呈现蛇形分布，在 25m 深度处，Davidenkov 模型计算得到的峰值加速度比 Matasovic 模型计算得到的峰值加速度小了约 29.1%。由图 2.21(d)可知，在 75m 以浅，两种模型计算得到的峰值剪应变随深度的变化剧烈，Davidenkov 模型计算得到的最大峰值剪应变比 Matasovic 模型计算得到的最大峰值剪应变小了约 10.5%。

由图 2.21(e)中 Davidenkov 模型得到的剪应力-剪应变关系曲线可知，在复杂加载路径下，应力-应变曲线一旦转向便沿着历史上的最值点方向前行；未转向前若超过历史上的最值点，应力-应变曲线能回到历史上的最值点且随后沿骨架曲线继续前行，滞回曲线的发展连续且光滑，子程序的实现过程准确无误。对比两种模型修正法则得到的滞回曲线可知，当剪应变达到最大后，两种模型计算的后续滞回曲线发展的差异变大。这是因为在滞回曲线上加卸载时，两种模型的修正准则才产生不同，当应变达到最大剪应变以后，后续的应力-应变曲线的发展主要以滞回曲线上加卸载的方式进行修正，随着加卸载次数的不断增加，应力-应变曲线发展的差异性也更加显著，但两种修正准则下的滞回曲线整体走向基本一致。

综上可知，相比较 Deepsoil 软件中实现的场地非线性效应分析方法计算得到的动力反应，由 ABAQUS/Explicit 模块中改进的非线性分析方法计算得到的动力反应表现出较大的黏性阻尼特性及较小的滞回阻尼特性，但同样能较好地估计深厚场地的非线性效应，即 Davidenkov 模型不规则加卸载准则的修正合理。

2.5　软土黏弹塑性动力学本构模型

弹塑性模型的关键是根据塑性变形发展过程中屈服面变化的硬化规律定量地建立塑性硬化模量场，以计算塑性应变。因此，模型的建立应该解决硬化规律、屈服面形状、模量场计算和模型参数的试验确定问题。土的动弹塑性模型主要有多屈服面模型和边界面模型。Prevost[22]和 Mroz 等[23,24]把已有的多屈服面弹塑性模型用于土体，采用了非等向硬化规律，它把各向同性硬化和运动硬化结合起来，如 Matsuoka[25]提出的多机构概念的塑性模型、Prevost[22]提出的硬化模量场模型、Carter 等[26]基于修正的剑桥模型建立的只在边界面上产生塑性应变的动弹塑性模型。Prevost[22]提出的硬化模量场由边界固结面、起始屈服面及一系列套叠屈服面组成，它们随应力应变的变化发生相应的移动和胀缩。对于任何应力应变状态，这些屈服面相对排列的图形代表了应力空间中的硬化模量场，随着被应力点所推移的环数的增多，塑性模量逐渐降低。这些多屈服面理论都不同程度地存在着参数测定困难且理论描述复杂等缺点，以致一直在工程中未能获得广泛的应用。

边界面模型是多屈服面模型的进一步发展，它改用一个不动的边界面和一个可移动的内屈服面，塑性模量随应力点距边界面的距离的变化而变化。Dafalias 和 Herrmann[27]提出的边界面模型最具代表性，但该模型要求事先选择加载面平移和胀缩的硬化规则，具有内在局限性。

庄海洋等[28,29]建立了体黏塑性记忆型嵌套面本构模型，并用动三轴的试验结果验证了该模型的可行性，同时，在 ABAQUS 软件平台上实现了该模型的算法。建立的本构模型及编制的源程序不仅被广泛应用于多名研究生的课题研究，也被有效应用于大连理工大学岳茂光、东南大学张亚旭等多位外校研究生的课题研究；同时，在中国建筑科学研究院王亚勇教授负责的重庆来福士广场近岸场地地震稳定性分析等重大项目大规模科学计算中得到有效的应用和验证。

2.5.1 黏塑性记忆型嵌套面本构模型的建立

1. 屈服面函数

土的破坏函数可写成如下的表达式：

$$\beta p^2+\alpha p+\frac{\sqrt{J_2}}{g(\theta_\sigma)}-K=0 \tag{2.73}$$

式中，

$$p=\frac{1}{3}(\sigma_1+\sigma_2+\sigma_3) \tag{2.74}$$

$$J_2=\frac{1}{6}[(\sigma_1-\sigma_2)^2+(\sigma_2-\sigma_3)^2+(\sigma_3-\sigma_1)^2]=\sqrt{\frac{1}{2}S_{ij}S_{ij}} \tag{2.75}$$

对于参数 α、β、K、$g(\theta_\sigma)$取值方法的不同，式(2.73)可以概括许多常用的岩土材料破坏函数。

假设屈服面和破坏面具有相似的形状，并令

$$\alpha_\theta^0=\alpha g(\theta_\sigma) \tag{2.76}$$

$$k_\theta=Kg(\theta_\sigma) \tag{2.77}$$

假定子午平面上的屈服曲线为直线，即 $\beta=0$，简化式(2.73)后得到破坏面的形式为

$$F=\alpha_\theta^0 p+\sqrt{J_2}-k_\theta=0 \tag{2.78}$$

由于土(特别是软土)几乎不存在纯弹性变形阶段，因此规定在初始加荷和应力反向后的瞬间为点屈服面，屈服面形式为

$$f=\alpha_\theta p+\sqrt{\frac{1}{2}(S_{ij}-\alpha_{ij})(S_{ij}-\alpha_{ij})}-k_\theta=0 \tag{2.79}$$

式中，α_{ij} 为运动硬化参数。

由式(2.79)可得到加、卸载面的半径为

$$r=\sqrt{2J_2}=\sqrt{2}(k_\theta-\alpha_\theta p) \tag{2.80}$$

采用混合硬化规则和相关联流动法则，加载面取为

$$\Phi=f \tag{2.81}$$

2. 加、卸载准则

模型加、卸载准则采用偏应力增量 dS_{ij} 与当前屈服面 f 的单位外法线 n_{ij} 之间的相对位置，由式(2.82)判断应力方向：

$$dS_{ij}n_{ij}<0 \tag{2.82}$$

单位外法线的计算公式为

$$n_{ij}=\frac{\dfrac{\partial f}{\partial S_{ij}}}{\left(\dfrac{\partial f}{\partial S_{ij}}\dfrac{\partial f}{\partial S_{ij}}\right)^{\frac{1}{2}}} \tag{2.83}$$

参照文献[30]，认为屈服面在初始加载点从点屈服面开始只发生等向硬化，即 $\alpha_{ij}=0$。当开始加卸载时，屈服面在应力反向点处开始从点屈服面发生混合硬化，硬化后的屈服面都为应力反向点的内切面，在此时记忆反向应力点所在的屈服面，当应力反向后屈服面超过最新的反向面后，引入零圆心位置上的最新反向面的内切面，超过该面后屈服面遵循初始加载面的硬化规律，因此，在任一时刻，只需记忆破坏面 F、当前屈服面 f 和最新的反向面 f_r，具体的应力路径如图 2.22 所示。

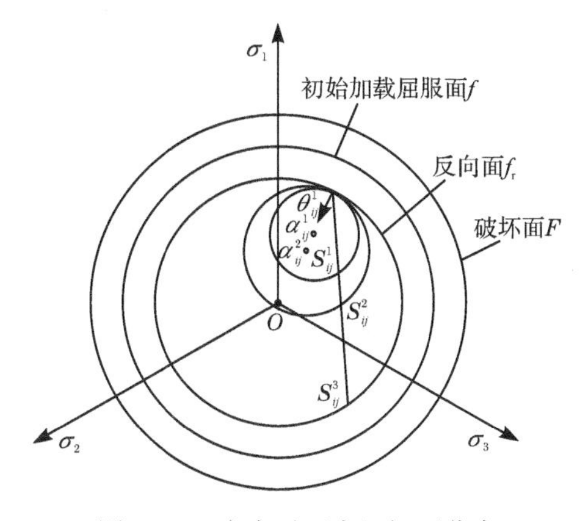

图 2.22　应力平面内记忆面分布

3. 硬化准则

屈服面函数式(2.79)中有 α_θ 和 k_θ 两个系数，这两个系数的变化将决定屈服面的硬化规律，以与当前屈服面在反向点内切的初始屈服面在子午平面上的张角变化规律计算参数 α_θ 的变化，对空间锥形屈服面变化时屈服面锥角 α_θ 的变化规律做了基本假定：当屈服面只发生等向硬化时锥角 α_θ 按一定的规律变化，当屈服面发生混合硬化时假定锥角 α_θ 的大小为应力反向时对应的反向面的锥角并保持定值。在初始加载时间段 α_θ 的计算公式为

$$\alpha_\theta = \frac{r}{r_{\max}}\alpha \tag{2.84}$$

式中，$r_{\max}$ 为应力点对应破坏面的半径。

当应力不发生反向且处于非初始加载状态时，假定参数 α_θ 不变化，具体计算公式为

$$\alpha_\theta = \frac{r_{\mathrm{r}}}{r_{\max}}\alpha \tag{2.85}$$

式中，r_{r} 为应力反向面内切的初始加载面半径。

当屈服面超过对应的初始加载面时，采用式(2.85)计算 α_θ，具体嵌套屈服面在应力空间中的分布如图 2.23 所示。

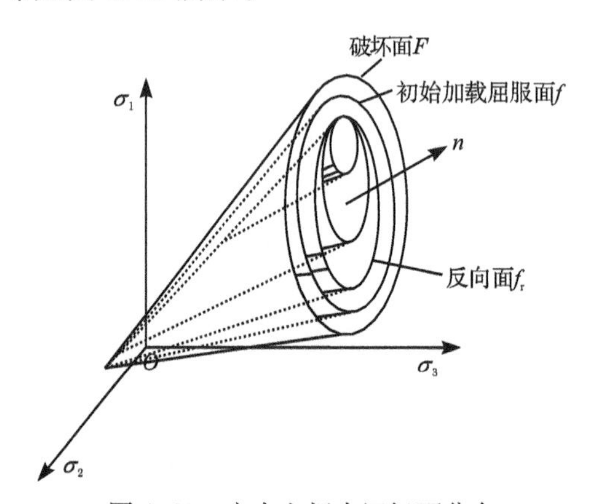

图 2.23 应力空间内记忆面分布

根据加载面函数及其相容条件得到偏量变化后的方程组，并略去二阶微量，对其求解可得

$$\mathrm{d}k_\theta = \frac{(S_{ij} - \alpha_{ij} + \mathrm{d}S_{ij})\mathrm{d}S_{ij} + 2\alpha_\theta(k_\theta - \alpha_\theta p)\mathrm{d}p}{2(k_\theta - \alpha_\theta p) + \sqrt{2}(S_{ij} - \alpha_{ij} + \mathrm{d}S_{ij})\theta_{ij}} \tag{2.86}$$

$$\mathrm{d}\alpha_{ij} = \sqrt{2}\theta_{ij}\,\mathrm{d}k_\theta \tag{2.87}$$

式中，θ_{ij} 为应力反向点指向应力反向面中心的单位矢量，如图 2.22 所示。

上述假定简化了对应计算公式的推导，对以剪切屈服为主的水平向地震动作用下土体动力特性的描述是可行的，但该假定是不严格的，与土体在往返荷载作用下空间屈服面在子午平面上投影线的变化规律不符。因此，作者又对上述土体动本构模型进行了进一步改进，不再对空间锥形屈服面变化时屈服面锥角 α_θ 的变化规律做假定，按照土体在往返荷载作用下空间屈服面在子午平面上投影线的实际变化规律，建立了屈服面硬化参数的增量表达式，嵌套屈服面在应力空间中的分布如图 2.24 和图 2.25 所示。

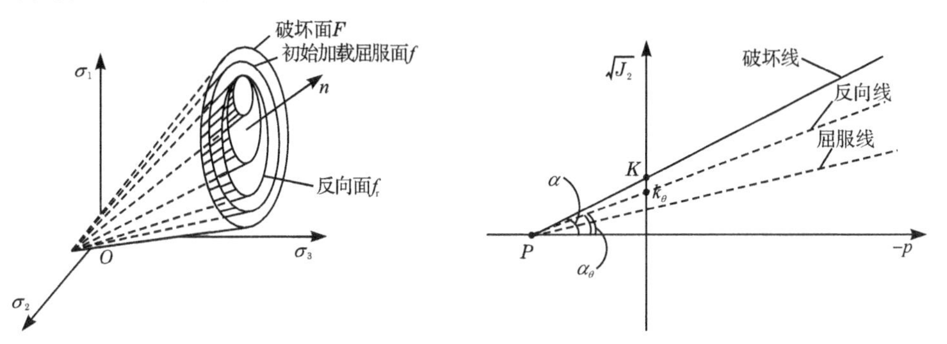

图 2.24　屈服面在应力空间上的记忆面　　图 2.25　加卸载时屈服面在子午平面投影示意图

根据屈服面在子午平面内的屈服线与横轴的交点 P 的坐标不变的原则，有

$$p_0 = \frac{K}{\alpha} = \frac{k_\theta}{\alpha_\theta} \tag{2.88}$$

P 点对应的应力空间中的应力点坐标为(p_0, p_0, p_0)。

根据加载面函数及其相容条件得到偏量变化后的方程组并略去部分二阶微量，可得

$$\mathrm{d}k_\theta = \alpha_\theta \mathrm{d}p + (p + 2\mathrm{d}p)\mathrm{d}\alpha_\theta + \frac{(S_{ij} - \alpha_{ij} + \mathrm{d}S_{ij})(\mathrm{d}S_{ij} - \mathrm{d}\alpha_{ij})}{2J} \tag{2.89}$$

$$J = \sqrt{\frac{1}{2}(S_{ij} - \alpha_{ij} + \mathrm{d}S_{ij})(S_{ij} - \alpha_{ij} + \mathrm{d}S_{ij})} \tag{2.90}$$

在初始加载段，采用等向硬化法则，即 $\alpha_{ij}=0$，同时根据式(2.88)有

$$\mathrm{d}\alpha_\theta = \frac{\mathrm{d}k_\theta}{p_0} \tag{2.91}$$

把式(2.91)和 $\alpha_{ij}=0$ 代入式(2.89)，可得

$$\mathrm{d}k_\theta = \frac{2\alpha_\theta p_o J\,\mathrm{d}p + p_0(S_{ij} + \mathrm{d}S_{ij})\mathrm{d}S_{ij}}{2J(p_0 - p - 2\mathrm{d}p)} \tag{2.92}$$

在加卸载阶段采用随动硬化和混合硬化相结合的屈服面混合硬化规则，所有锥形屈服面的定点都为 P 点，在应力空间内屈服面的硬化规则如图 2.23 所示。在子午平面内加卸载屈服面的屈服线有两条，其中一条屈服线与反向面对应的反向线重合，如图 2.25 所示。

根据应力空间中屈服面与破坏面一定交于 P 点的原则，把 P 点坐标代入式(2.79)，等式一定成立，即

$$\alpha_\theta p_0 + \sqrt{\frac{1}{2}(S'_{ij} - \alpha_{ij})(S'_{ij} - \alpha_{ij})} - k_\theta = 0 \tag{2.93}$$

式中，S'_{ij} 为 P 点对应的空间应力点。

对式(2.80)和式(2.93)两边取微分并略去部分二阶偏量，可得

$$\mathrm{d}r = \sqrt{2}[\mathrm{d}k_\theta - \alpha_\theta \mathrm{d}p - (p + \mathrm{d}p)\mathrm{d}\alpha_\theta] \tag{2.94}$$

$$\mathrm{d}k_\theta = p_0 \mathrm{d}\alpha_\theta - \frac{(S'_{ij} - \alpha_{ij})\mathrm{d}\alpha_{ij}}{2J'} \tag{2.95}$$

$$J' = \sqrt{\frac{1}{2}(S'_{ij} - \alpha_{ij})(S'_{ij} - \alpha_{ij})} \tag{2.96}$$

根据屈服面半径与随动硬化的中心应力点之间的关系，有

$$\mathrm{d}\alpha_{ij} = \mathrm{d}r\theta_{ij} = \sqrt{2}\theta_{ij}[\mathrm{d}k_\theta - \alpha_\theta \mathrm{d}p - (p + \mathrm{d}p)\mathrm{d}\alpha_\theta] \tag{2.97}$$

由式(2.79)、式(2.85)和式(2.87)联合求解，可得

$$\mathrm{d}\alpha_{ij} = \frac{\sqrt{2}\theta_{ij}[(p_0 - p - \mathrm{d}p)A' - (p_0 - p - 2\mathrm{d}p)\alpha_\theta \mathrm{d}p]}{\sqrt{2}\theta_{ij}[(p_0 - p - \mathrm{d}p)A - B\mathrm{d}p] + (p_0 - p - 2\mathrm{d}p)} \tag{2.98}$$

$$\mathrm{d}\alpha_\theta = \frac{B - A}{p_0 - p - 2\mathrm{d}p}\mathrm{d}\alpha_{ij} + \frac{A'}{p_0 - p - 2\mathrm{d}p} \tag{2.99}$$

$$\mathrm{d}k_\theta = \frac{B - A}{p_0 - p - 2\mathrm{d}p}p_0 \mathrm{d}\alpha_{ij} + \frac{A'}{p_0 - p - 2\mathrm{d}p}p_0 - B\mathrm{d}\alpha_{ij} \tag{2.100}$$

式中，$A = \dfrac{S_{ij} - \alpha_{ij} + \mathrm{d}S_{ij}}{2J}$；$B = \dfrac{S'_{ij} - \alpha_{ij}}{2J'}$；$A' = \alpha_\theta \mathrm{d}p + A\mathrm{d}S_{ij}$

4. 应力应变增量关系

根据相关联流动法则，可得应力-应变关系表达式为

$$\mathrm{d}\tilde{\sigma}_{ij} = B\mathrm{d}\varepsilon_{kk}\delta_{ij} + 2G\mathrm{d}e_{ij} - (2G - H_\mathrm{t})\frac{S_{ij} - \alpha_{ij}}{2(k_\theta - \alpha_\theta p)^2}(S_{kl} - \alpha_{kl})\mathrm{d}\varepsilon_{kl} \tag{2.101}$$

式中，H_t 为土的弹塑性剪切模量；B 为土的体积模量。

H_t 与剪切模量 G 和塑性硬化模量 H 之间的关系为

$$\frac{1}{H_\mathrm{t}} = \frac{1}{2G} + \frac{1}{H} \tag{2.102}$$

参照 Pyke[14] 的做法，采用双曲线表示初始加荷时的应力-应变关系，则有

$$H_\mathrm{t} = H_{\mathrm{t,max}}\left(1 - \frac{r}{r_{\max}}\right)^2 \tag{2.103}$$

根据式(2.92)有

$$H_{t,\max} = 2G_{\max} \tag{2.104}$$

式中，$G_{\max}$为土的最大剪切模量，可通过现场波速试验或室内试验确定。

对于土的黏性阻尼，仍采用上述动黏弹性模型中的方法考虑，则土的应力-应变关系表达式为

$$\sigma_{ij}^{t+\Delta t} = \tilde{\sigma}_{ij}^{t} + \mathrm{d}\tilde{\sigma}_{ij}^{t+\Delta t} + \alpha_1 D^{\mathrm{el}} \dot{\varepsilon}_{ij}^{t+\Delta t} \tag{2.105}$$

式中，α_1 为瑞利阻尼系数；D^{el}为应力-应变关系的弹性矩阵。

2.5.2　黏塑性记忆型嵌套面本构模型的验证

为了验证黏塑性记忆型嵌套屈服面模型的正确性，以南京粉细砂的重塑样为研究对象，分别对密实(试样 1)和中密(试样 2)的试样进行了动三轴试验，试样采用 K_c=1.5 的偏压固结，围压采用 100kPa，加载方式采用单向压缩循环应力，循环频率为 0.5Hz，试验机采用南京工业大学岩土工程研究所从英国引进的 WFI 多功能静动三轴仪。试样 1 的应力-应变滞回曲线和模型预测结果如图 2.26 和图 2.27所示，从偏平面内屈服面半径 r 和破坏面半径 $r_{\max}$的比值看，试样 1 一直处于循环稳定状态。试样 2 的应力-应变滞回曲线和模型预测结果如图 2.28 和图 2.29所示，可以看出在前 3 周循环荷载作用下，试样 2 处于循环稳定，但在接着的循环荷载作用下，试样 2 发生了循环失稳现象，这种失稳表现在预测中就是随循环荷载周数的增加，应力水平段越来越长。

为了进一步说明该本构模型在数值计算中的表现，图 2.30～图 2.32 给出了有限元模型中某个单元剪应力-剪应变关系的实际计算结果(具体计算模型见第 5 章)。结果表明，随着输入地震动的增大，土层的滞回曲线更加丰满，说明其损耗的能量也逐渐增加。另外根据图 2.33，随着输入峰值加速度的增大，土层对地震波的高频成分向削弱的趋势发展，土层的基频向长周期偏移。

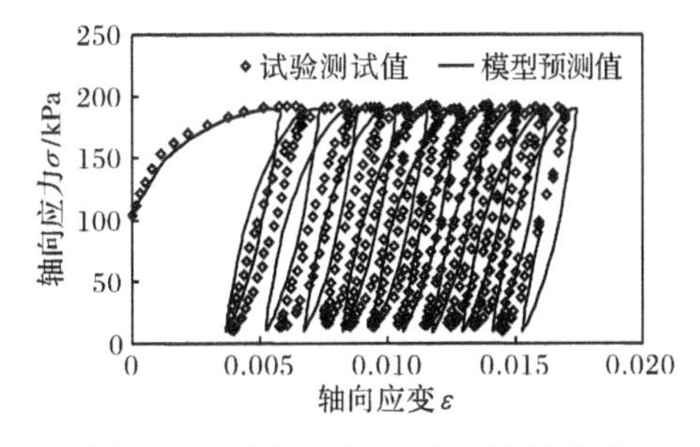

图 2.26　试样 1 应力-应变滞回曲线

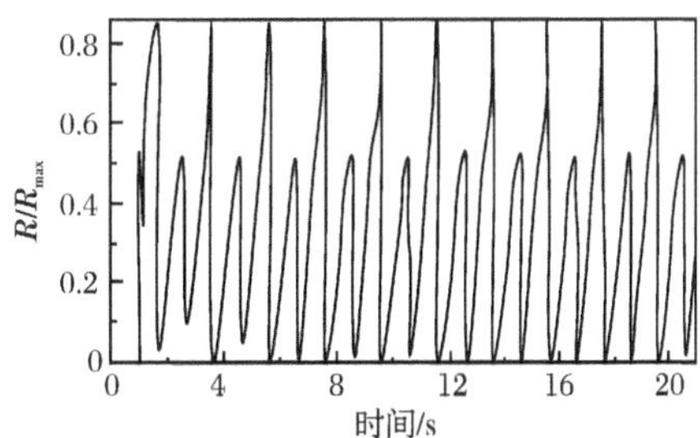

图 2.27　试样 1 的屈服面半径与对应破坏面半径比

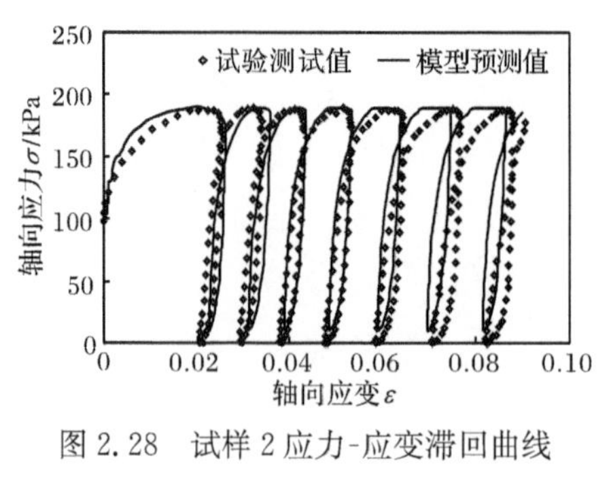

图 2.28 试样 2 应力-应变滞回曲线

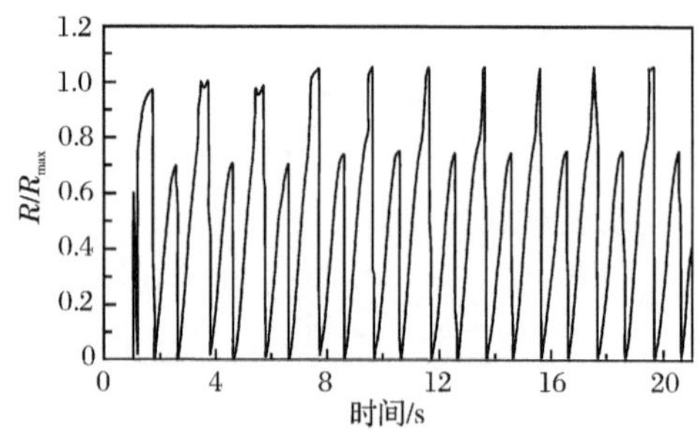

图 2.29 试样 2 的屈服面半径与对应破坏面半径比

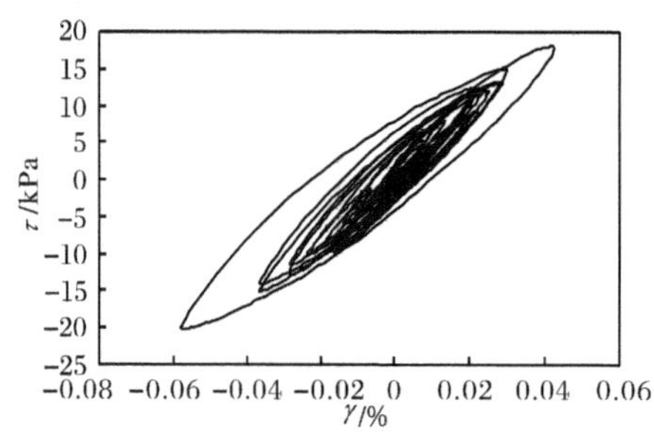

图 2.30 输入 PGA 为 0.5m/s² 时土体应力-应变滞回圈

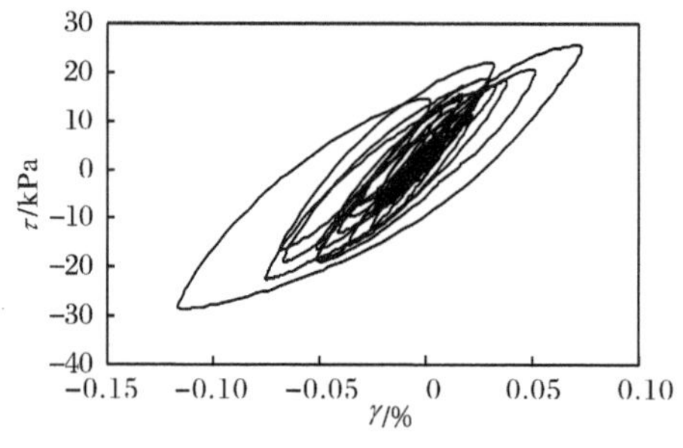

图 2.31 输入 PGA 为 1.0m/s² 时土体应力-应变滞回圈

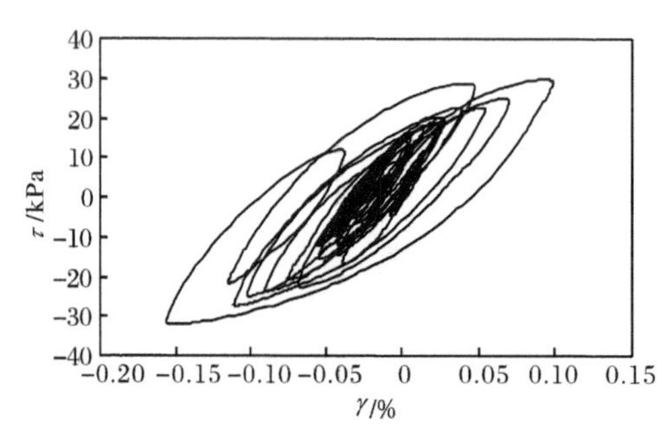

图 2.32 输入 PGA 为 1.5m/s² 时土体应力-应变滞回圈

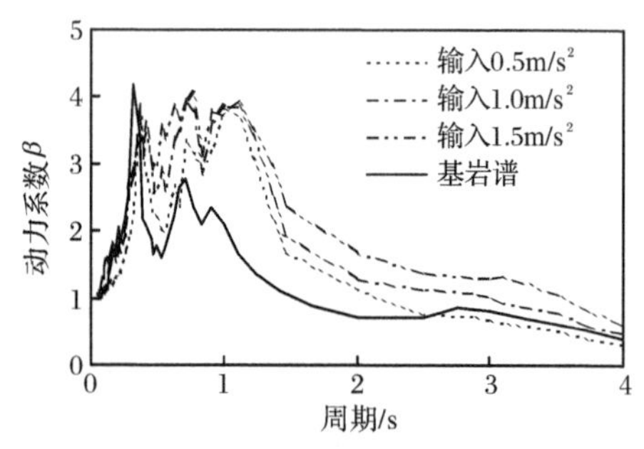

图 2.33 地表加速度反应谱

表 2.6 给出了等效线性模型和该黏塑性模型计算地表峰值加速度与基岩输入峰值加速度比较，结果表明两种模型计算的结果反映的规律一致，即随着基岩输入峰值加速度的增大，地表峰值加速度与基岩输入峰值加速度之比逐渐减小。总体来看，黏塑性模型计算所得地表峰值加速度放大系数要略小于等效线性的计算结果，主要原因应为后者对土体非线性特性的模拟不足，造成土体的耗能特性

稍差。

表 2.6　两种模型计算地表峰值加速度与基岩输入峰值加速度比较

基岩输入峰值加速度/(m/s^2)	等效线性模型		本章模型	
	地表峰值加速度/(m/s^2)	地表放大系数	地表峰值加速度/(m/s^2)	地表放大系数
0.5	0.908	1.816	0.775	1.55
1.0	1.115	1.115	1.055	1.055
1.5	1.319	0.879	1.230	0.82

2.6　饱和砂土液化大变形动力学本构模型

Yang 等[31,32]在多屈服面应力空间动力本构模型中引入应变空间中应变率的概念,建立了液化砂土的应力应变混合空间的弹塑性本构模型,把该新本构模型嵌入能够考虑流固完全耦合的一维分析程序 CYCLIC 中,对砂土液化引起的喷水冒砂和侧向大变形现象进行了数值模拟分析。庄海洋陈国兴[33,34]在该模型的基础上对该模型的硬化法则做了改进,把该本构模型扩展应用到三维液化大变形的数值分析中,实现了基于 ABAQUS 大型商用软件计算平台的程序开发,并基于该平台对动三轴试验体系中试样的动力反应进行了数值试验分析,验证了改进后模型的可行性。

2.6.1　砂土液化大变形本构模型的建立

1. *屈服面函数*

首先,Prevost[35]提出了如下描述屈服面形状的函数:

$$f=\frac{3}{2}(s-p_{\mathrm{a}}\alpha):(s-p_{\mathrm{a}}\alpha)-M^2p_{\mathrm{a}}^2=0 \tag{2.106}$$

式中,s 为偏应力张量,$s=\sigma-p\delta$;σ 为有效应力张量(受压为负);$p_{\mathrm{a}}=p-a$,p 为有效平均正应力,a 为材料常数且 $a=c/\tan\varphi$,c、φ 分别为土的黏聚力和内摩擦角;$p_{\mathrm{a}}\alpha$ 为偏应力空间中屈服面在 π 偏应力平面上的中心点坐标;M 为与土的内摩擦角有关的材料参数。

该类型屈服面在主应力空间上如图 2.34 所示的锥面,锥面的顶点在静水压力轴线上的坐标值为 a,对于可液化的砂性土,a 由砂性土初始液化时对应的残余强度确定。初始屈服面的空间位置主要由 α 确定,当 $\alpha=0$ 时,则把土体看成初始各向同性的材料来考虑,反之,当 $\alpha\neq0$ 时,则考虑土的初始各向异性。若需考虑主应力轴旋转(即 Lode 角)对土体屈服面的影响,定义材料参数 M,用式(2.107)表示:

$$M^{*} = \frac{2k}{(1+k)-(1-k)\sin(3\bar{\theta})}M \tag{2.107}$$

式中，k 为定义屈服面在偏应力平面上曲线形状的材料参数；

$$\bar{\theta} = \frac{1}{Mp_{\mathrm{a}}}\frac{\operatorname{tr}(\bar{s})^{3}}{\operatorname{tr}(\bar{s})^{2}},\quad \bar{s} = 3(s-p_{\mathrm{a}}\alpha) \tag{2.108}$$

上述类型屈服面的外法线 Q 为

$$Q = \frac{\nabla f}{\|\nabla f\|} \tag{2.109}$$

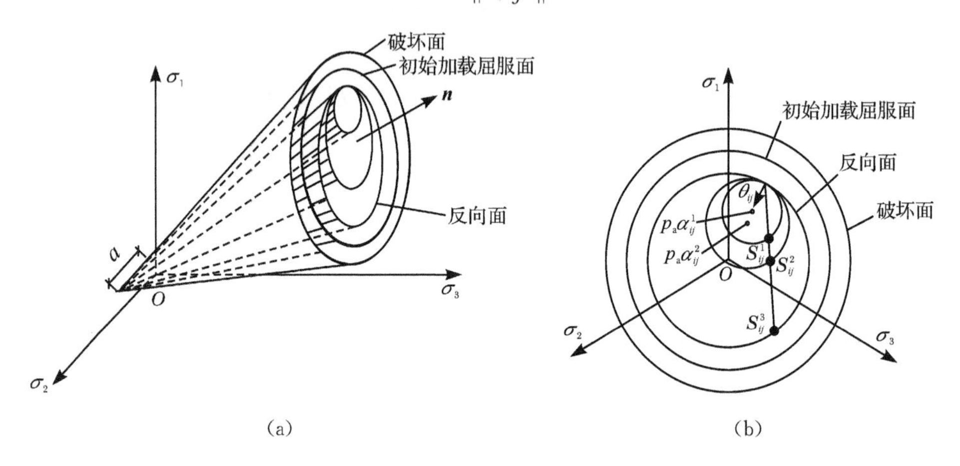

图 2.34　主应力空间和 π 平面上的屈服面

研究中发现，当加载面与屈服面采用相同函数时，当砂土发生剪胀时判断加卸载时往往会出现错误判断，因此，本书中当不考虑 Lode 角对 M 的影响时，即屈服面在 π 偏应力平面上的形状曲线为圆，同时假设加载函数与屈服函数不同，假设加载面为圆柱面且加载函数为

$$Q_{l} = \frac{3}{2}(s-p_{\mathrm{a}}\alpha):(s-p_{\mathrm{a}}\alpha) = 0 \tag{2.110}$$

加载面的外法线向量 Q 可由式(2.111)确定：

$$Q = \frac{s-p_{\mathrm{a}}\alpha}{\sqrt{(s-p_{\mathrm{a}}\alpha):(s-p_{\mathrm{a}}\alpha)}} \tag{2.111}$$

2. 模型本构方程

增量形式的模型本构方程可用表示为

$$\dot{\sigma} = E:(\dot{\varepsilon}-\dot{\varepsilon}^{\mathrm{p}}) \tag{2.112}$$

式中，$\dot{\sigma}$为有效应力张量的增量；E 为初始弹性刚度矩阵；$\dot{\varepsilon}$ 为总应变增量；$\dot{\varepsilon}^{\mathrm{p}}$ 为塑性应变增量，有

$$\dot{\varepsilon}^{\mathrm{p}} = P\langle L\rangle \tag{2.113}$$

式中，P 为定义应力空间中塑性变形方向的张量；L 为塑性加载函数，有

$$\langle L\rangle=\begin{cases}L, & L>0\\ 0, & L\leqslant 0\end{cases},\quad L=\frac{1}{H}Q:\dot{\sigma} \tag{2.114}$$

根据式(2.103)、式(2.109)和式(2.110)，塑性加载函数可表示为

$$L=\frac{1}{H'+H_0}Q:E:\dot{\varepsilon} \tag{2.115}$$

$$H_0=Q:E:P=B(3P'')(3Q'')+2GP':Q' \tag{2.116a}$$

$$P=P'+P''\delta,\quad 3P''=\mathrm{tr}P \tag{2.116b}$$

$$Q=Q'+Q''\delta,\quad 3Q''=\mathrm{tr}Q \tag{2.116c}$$

式中，H'为塑性模量，即

$$H'=\left(\frac{1}{H}-\frac{1}{2G}\right)^{-1} \tag{2.117}$$

式中，G 为剪切模量。当考虑孔隙水压力增长对土的模量的影响时，初始剪切模量为

$$G=G_0\left(\frac{p_a}{p_0-a}\right)^{n_p} \tag{2.118}$$

式中，p_0 为试验时土体所处的应力状态对应的 p 值；n_p 为通过试验确定的模型参数，对典型的无黏性土，一般取 $n_p=0.5$；H 为弹塑性模量，可由式(2.119)确定：

$$H=G\left(1-\frac{m}{M}\right)^2 \tag{2.119}$$

式中，m 为确定在 π 偏应力平面上屈服面圆半径的过程变量。

3. 塑性流动法则

上述模型采用非关联流动法则，即

$$P'=Q',\quad P''\neq Q'',\quad 3P''=\chi(\eta,\eta_{pt},p,a,\xi^p) \tag{2.120}$$

式中，η 为有效应力比，即

$$\eta=\frac{\left(\frac{3}{2}s:s\right)^{\frac{1}{2}}}{p_a} \tag{2.121}$$

η_{pt}为剪胀临界线对应的有效应力比；ξ^p 为累积塑性剪应变，即

$$\xi^p=\int_0^t\gamma^p\mathrm{d}t \tag{2.122}$$

式中，γ^p 为八面体剪切塑性应变。

根据砂土在剪缩、剪胀及其液化的不同阶段，确定标量 P''的方法也不同。

(1) 当应力点在应力空间中分布于剪胀面内部($\eta<\eta_{pt}$)时(见图 2.35 中 0-1 应力路径)

$$3P''=\frac{(\eta/\eta_{pt})^2-1}{(\eta/\eta_{pt})^2+1}c_1\exp\left(\frac{-c_2p}{P_a}\right) \tag{2.123}$$

式中，c_1 和 c_2 为土的材料试验常数；P_a 为一个标准大气压。

(2) 当应力点在应力空间中分布于剪胀面上或外部($\eta \geqslant \eta_{pt}$)时分加载阶段和卸载阶段分别确定。

① 剪胀阶段(见图 2.35 中 2-3 应力路径)：

$$3P'' = \frac{(\eta/\eta_{pt})^2 - 1}{(\eta/\eta_{pt})^2 + 1} d_1 \exp\left[\frac{d_2(\xi_D^p - \xi_y^p)}{1 + \xi_y^p}\right] \langle \Lambda_{is} \rangle \tag{2.124}$$

$$\langle \Lambda_{is} \rangle = \begin{cases} 1, & \Lambda_{is} > 0 \\ 0, & \Lambda_{is} \leqslant 0 \end{cases} \tag{2.124a}$$

式中，d_1 和 d_2 为土的材料试验常数；ξ_D^p 为自剪胀发生瞬间对应应力点 D 开始计算的累积剪切塑性变形，当新的剪胀临界应力点 D 产生时 ξ_D^p 从零开始累计计算；ξ_y^p 为零有效应力状态下剪切塑性流动变形值(见图 2.35 中 1-2 应力路径)，即

$$\xi_y^p = (y_1 + y_2 \xi_D^p) \langle \Pi \rangle \tag{2.125}$$

$$\Pi = p_D - p_y, \quad \langle \Pi \rangle = \begin{cases} 1, & \Pi \geqslant 0 \\ 0, & \Pi < 0 \end{cases} \tag{2.125a}$$

式中，p_D 为剪胀临界应力点 D 对应的 P；y_1、y_2、p_y 为试验所得材料常数。

② 剪缩阶段(见图 2.35 中 3-4 应力路径)：

$$P'' = \frac{\sqrt{\frac{3}{2} Q' : P'} \, \frac{p_R - a}{p_D - a}}{\eta_f} \tag{2.126}$$

式中，p_R 为应力反向点对应的 P；η_f 为破坏面对应的有效应力比。

(3) 当 $p=0$ 时，有：

① 剪胀阶段：

$$3P''Q''B > -(H + 2GP' : Q') \tag{2.127}$$

$$3P''B(Q : E : \dot{\sigma} - 3Q''(p + B\dot{\epsilon}_v)) \geqslant (H' + 2GP' : Q')(p + B\dot{\epsilon}_v) \tag{2.128}$$

② 剪缩阶段：$P''=0$。

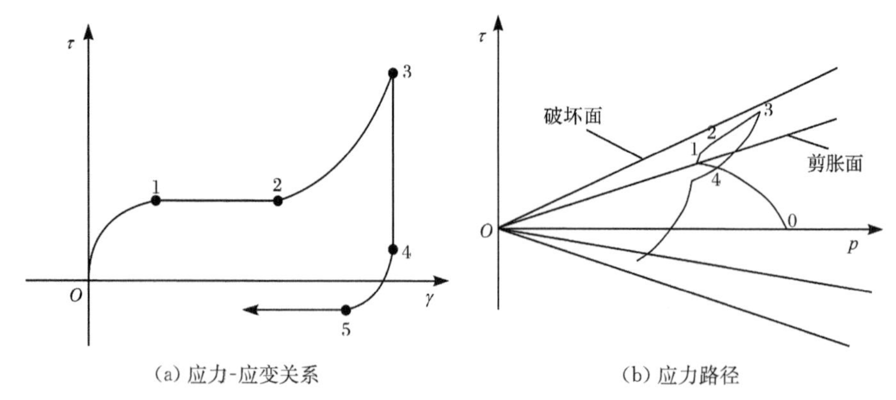

(a) 应力-应变关系　　(b) 应力路径

图 2.35　砂土的剪应力与剪应变关系及其应力路径

4. 屈服面硬化规则

研究发现，基于 Yang 等[31,32]提出的砂土液化大变形本构模型的屈服面硬化规则在进行硬化参数增量计算时需要求解二元一次方程，往往会出现无解或计算结果溢出的错误，而且原先的屈服面硬化规则具有不连续性，因此，基于已建立的软土大变形的记忆型嵌套面本构模型中的硬化规则[33,36]，推导了模型中硬化参数 m 以及 π 偏应力平面上的屈服面中心点坐标 α 的硬化增量计算等式为

$$\mathrm{d}m=-\frac{3(s-p_{\mathrm{a}}\alpha):\mathrm{d}s+\sqrt{6}\mathrm{d}p(s-p_{\mathrm{a}}\alpha):\theta+2J'm\mathrm{d}p}{\sqrt{6}mp_{\mathrm{a}}(s-p_{\mathrm{a}}\alpha):\theta+2J'p_{\mathrm{a}}} \tag{2.129}$$

$$J'=\sqrt{\frac{3}{2}(s-p_{\mathrm{a}}\alpha):(s-p_{\mathrm{a}}\alpha)} \tag{2.130}$$

$$\mathrm{d}\alpha=-\sqrt{\frac{2}{3}}(m\mathrm{d}p+p_{\mathrm{a}}\mathrm{d}m):\theta-\mathrm{d}p\cdot\alpha \tag{2.131}$$

式中，θ 为应力转向点指向 π 偏应力平面上的屈服面中心点的单位向量，嵌套屈服面在 π 偏应力平面上的硬化规律如图 2.22 所示。

2.6.2　砂土液化大变形本构模型的验证

在原模型中模型参数为 18 个，经局部改进后的模型参数为 16 个，具体模型参数如表 2.7 所示，在这些参数中有 8 个参数主要是由试验确定的常规力学指标，其余 8 个参数为用来拟合试验结果而需要待定的参数，其中 c_1、c_2、d_1、d_2、y_1 和 y_2 为控制模型塑性流动的模型参数，e_1 和 e_2 为描述弹塑性剪切模量与初始剪切模量关系的模型参数。根据上述砂土液化大变形本构模型的建立过程，基于 ABAQUS 大型商用有限元分析平台，编制了砂土液化大变形本构模型的 FORTRAN 子程序 LIQUE-ZHY3D. FOR，基于该计算平台，对循环荷载作用下砂土液化动三轴试验中试样的动力反应进行了三维非线性数值仿真模拟[34,37]。

表 2.7　模型参数及本节的参数取值

模型参数名称	模型参数符号	模型参数名称	模型参数符号
参考剪切模量	$G_0=33\mathrm{MPa}$	全过程模型参数	c_1、c_2
初始压应力	$p_0=80\mathrm{kPa}$	全过程模型参数	e_1、e_2
模量孔压影响指数	$n_{\mathrm{p}}=0.5$	剪胀过程模型参数	d_1、d_2
内摩擦角	$\varphi=31.6°$	剪切液化流动变形模型参数	y_1、y_2
剪胀角	$\varphi_{\mathrm{pt}}=26.5°$	控制产生液化流动变形的压力阈值	$p_y=0.5\mathrm{kPa}$
受拉残余强度	$\alpha=5\mathrm{kPa}$	液化流动变形量控制参数	$y_{\mathrm{sl}}=0.01$

在砂土液化动三轴试验系统中，砂土试样下端通过透水石与固定的平台连接，试样上端通过透水石与可上下活动的加载系统连接，因此，建模中把砂土试样

作为变形圆柱体建模，砂土试样的尺寸为 39.1mm（直径）×80mm（高），把试样两端的连接体看成不会产生变形的刚体建模，试样下端为固定不动的刚体，试样上端的连接体为通过控制参考点运动的可动刚体。试样首先在 150kPa 围压作用下等向固结，然后在竖向施加 20kPa 的偏压，在此基础上施加频率为 1Hz 且幅值为 30kPa 的正弦循环荷载，试验体系的有限元仿真分析模型如图 2.36 所示。计算结果与已有南京细砂的动三轴试验结果进行了对比分析，如图 2.37 所示。由图可以看出，本节的砂土液化大变形本构模型的预测结果与试验测试结果基本吻合，主要差别表现在，采用本节模型的计算结果在横坐标轴负轴方向的应变明显大于试验结果对应的值。主要原因应为试验结果受到了加载条件的控制作用和土体强度弱化共同作用的影响，使得试验结果对应的应力-应变关系曲线并不呈等幅应变反应特征，该影响无法在模型计算中得以考虑。

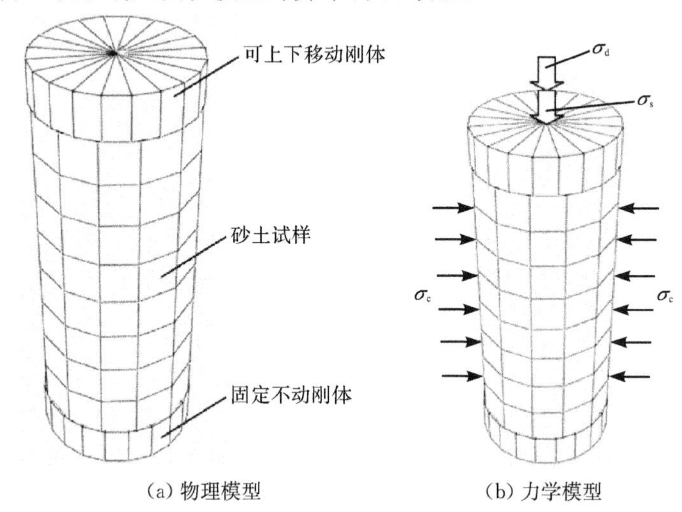

(a) 物理模型　　(b) 力学模型

图 2.36　动三轴试验体系中试样的有限元仿真分析模型

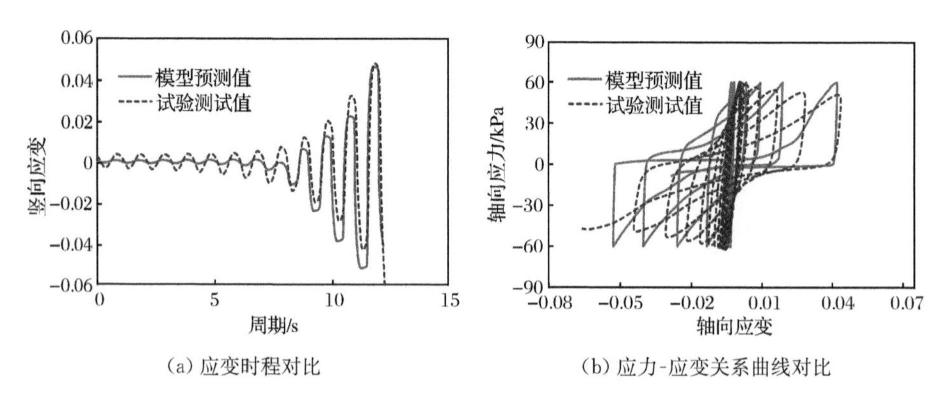

(a) 应变时程对比　　(b) 应力-应变关系曲线对比

图 2.37　模型预测结果与试验测试结果的对比

液化流动变形参数 y_1 和 y_2 主要用来描述砂土液化后由剪缩过程转化为剪胀过程瞬间的流动大变形的控制参数。从理论上讲，y_1 和 y_2 对液化流动大变形的影响规律应该一致，因此，图 2.38 只给出了 y_1 取不同值时的同一应力循环次数的液化流动大变形应力-应变关系，由图可知，随着 y_1 取值的增大，应力应变的“水平流动变形平台”[见图 2.35(a)中 1-2 的应力路径]越来越长，意味着砂土液化时流动变形量越大。图 2.39 给出了第 5 章中地铁车站结构周围液化场地数值计算所得液化区某土体单元的剪应力与剪应变关系滞回曲线，由图可知砂土液化的剪胀特性和液化后“零有效应力”状态明显，表明上述砂土液化本构模型的计算子程序在数值计算中运行良好。

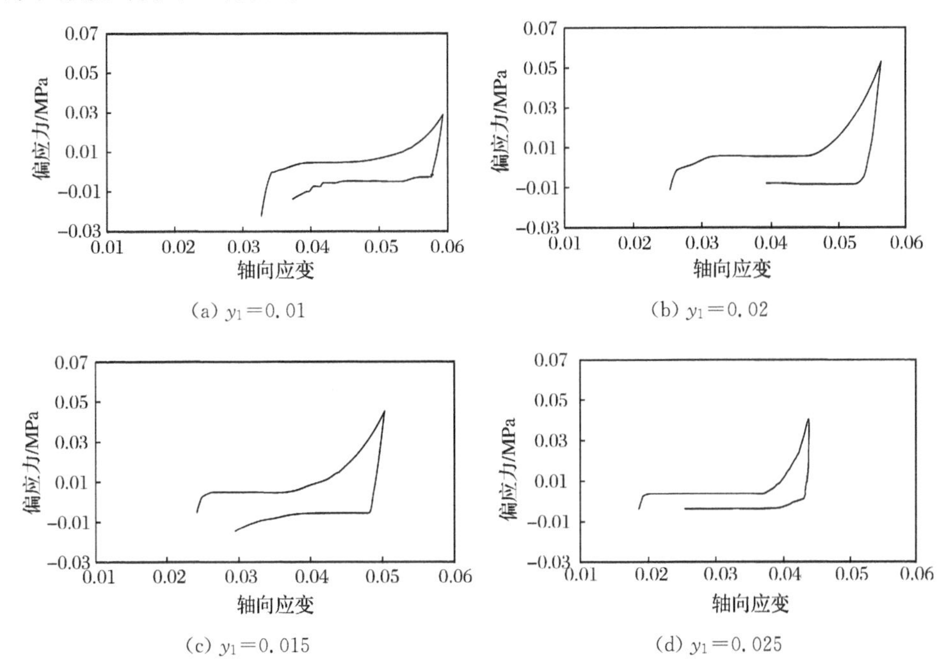

(a) $y_1=0.01$　(b) $y_1=0.02$

(c) $y_1=0.015$　(d) $y_1=0.025$

图 2.38　y_1 取不同值时的同一应力循环次数的液化流动大变形应力-应变关系

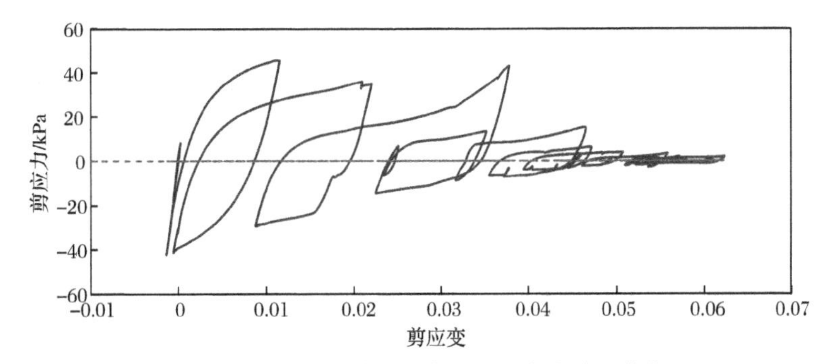

图 2.39　实际土单元剪应力与剪应变关系曲线

参考文献

[1] Seed H B, Idriss I M. Soil moduli and damping factors for dynamic response analysis[R]. Report No. EERC-70-101970.

[2] Hardin B O. The nature of stress-strain behavior for soils[C]//From Volume I of Earthquake Engineering and Soil Dynamics—Proceedings of the ASCE Geotechnical Engineering Division Specialty Conference. Pasadena, 1978.

[3] Hardin B O, Drnevich V P. Shear modulus and damping in soils: design equations and curves[J]. Geotechnical Special Publication, 1972, 98(118): 667-692.

[4] Martin P P, Seed H B. One-dimensional dynamic ground response analyses[J]. Journal of the Geotechnical Engineering Division, 1982, 108(7): 935—952.

[5] 陈国兴,刘雪珠,朱定华,等.南京新近沉积土动剪切模量比与阻尼比的试验研究[J].岩土工程学报,2006,28(8):1023—1027.

[6] 陈国兴,刘雪珠.南京及邻近地区新近沉积土的动剪切模量和阻尼比的试验研究[J].岩石力学与工程学报,2004,23(8):1403—1410.

[7] Chen G X, Chen J H, Liu X Z, et al. Experimental study on dynamic shear modulus ratio and damping ratio of recently deposited soils in the lower reaches of the Yangtze river[J]. Journal of Disaster Prevention and Mitigation Engineering, 2005, (1): 49—57.

[8] Chen G X, Liu X Z, Zhu D H, et al. The experimental study on dynamic shear modulus ratio and damping ratio of recently deposited soils in southern area of Jiangsu province in China [C]//The International Conference on Geotechnical Engineering for Disaster Mitigation & Rehabilitation. Singapore, 2005: 269—274.

[9] Chen G X, Liu X Z, Zhu D H. A study on dynamic shear modulus ratio and damping ratio of recently deposited soils for southern region of Jiangsu province along Yangtze river, China [C]//Soft Soil Engineering: Proceedings of the Fourth International Conference on Soft Soil Engineering. Vancouver, 2006.

[10] 吴世明等.土动力学[M].北京:中国建筑工业出版社,2000.

[11] Ishihara K. Soil behaviour in Earthquake Geotechnics[M]. Oxford: Clarendon Press, 1996.

[12] Kondner R L. Hyperbolic stress-strain response: cohesive soils[J]. Journal of the Soil Mechanics and Foundations Division, ASCE, 1963, 89(1): 115—143.

[13] Finn W D L, Martin G R, Lee K W. An effective stress model for liquefaction[J]. Journal of the Geotechnical Engineering Division, 1977, 103(6): 517—533.

[14] Pyke R M. Nonlinear soil models for irregular cyclic loadings[J]. Journal of the Geotechnical Engineering Division, 1980, 105(6): 715—726.

[15] Matasovic N, Vucetic M. Cyclic characterization of liquefiable sands[J]. Journal of Geotechnical Engineering, 1993, 119(11): 1805—1822.

[16] 赵丁凤,阮滨,陈国兴,等.基于 Davidenkov 骨架曲线模型的修正不规则加卸载准则与等效

剪应变算法及其验证[J]. 岩土工程学报,2017,39(5):1－8.

[17] 朱伯芳. 有限元法原理与应用[M]. 北京:中国水利水电出版社,1998.

[18] 庄海洋,陈国兴,梁艳仙,等. 土体动非线性粘弹性模型及其ABAQUS软件的实现[J]. 岩土力学,2007,28(3):436－442.

[19] Darendeli M B. Development of a new family of normalized modulus reduction and material damping curves[D]. Austin:The University of Texas at Austin,2001.

[20] Hashash Y M A,Park D. Non-linear one-dimensional seismic ground motion propagation in the Mississippi embayment[J]. Engineering Geology,2001,62(1):185－206.

[21] Hashash Y M A. Deepsoil V5. 1,User Manual and Tutorial[M]. http://deepsoil. cee. illinois. edu/Files/DEEPSOIL_User_Manual_v6. pdf[2012-12-10].

[22] Prevost J H. Mathematical modelling of monotonic and cyclic undrained clay behaviour[J]. International Journal for Numerical and Analytical Methods in Geomechanics,1977,1(2):195－216.

[23] Mroz Z,Zienkiewicz O C. Uniform formulation of constitutive equations for clays and sands [J]. Mechanics of Engineering Materials,1984,12:415－449.

[24] Mroz Z,Norris V A,Zienkiewicz O C. Application of an anisotropic hardening model in the analysis of elasto-plastic deformation of soils[J]. Geotechnique,1979,29(1):1－34.

[25] Matsuoka H. Stress-strain relationship of sands based on the mobilized plane[J]. Soils and Foundations,1974,14(2):47－61.

[26] Carter J P,Booker J R,Wroth C P. A critical state soil model for cyclic loading//Pande N G. Soil Mechanics transient and Cyclic Loads[M]. Chichester:John Wiley & Sons,1979:219－252.

[27] Dafalias Y F,Herrmann L R. A bounding surface soil plasticity model[C]//Proceedings of International Symposium Soils under Cyclic Transient Loading. Swansea,1980:335－345.

[28] Zhuang H Y,Chen G X. A viscous-plastic model for soft soil under cyclic loadings[J]. Geotechnical Special Publication(GSP)of ASCE,2006,150:343－350.

[29] 庄海洋,陈国兴,朱定华. 土体动力粘塑性记忆型嵌套面本构模型及其验证[J]. 岩土工程学报,2006,28(10):1267－1272.

[30] 王建华,要明伦. 软粘土不排水循环特性的弹塑性模拟[J]. 岩土工程学报,1996,18(3):11－18.

[31] Yang Z H,Elgamal A. Influence of permeability on liquefaction-induced shear deformation [J]. Journal of Engineering Mechanics,2002,128(7):720－729.

[32] Yang Z H,Leger J R. Properties of a phase-conjugate etalon mirror and its application to laser resonator spatial-mode control[J]. Applied Optics,2004,43(20):4095－4099.

[33] 庄海洋,陈国兴. 对土体动力粘塑性记忆型嵌套面模型的改进[J]. 岩土力学,2009,30(1):118－122.

[34] 庄海洋,陈国兴. 砂土液化大变形本构模型及在ABAQUS软件上的实现[J]. 世界地震工程,2011,27(2):45－50.

[35] Prevost J H. A simple plasticity theory for frictional cohesionless soils[J]. International Journal of Soil Dynamics and Earthquake Engineering, 1985, 4(1): 9—17.
[36] Zhuang H Y, Hu Z H, Chen G X. Numerical modeling on the seismic responses of a large underground structure in soft ground[J]. Journal of Vibroengineering, 2015, 17(2): 802—815.
[37] Zhuang H Y, Hu Z H, Wang X J, et al. Seismic responses of a large underground structure in liquefied soils by FEM numerical modelling[J]. Bulletin of Earthquake Engineering, 2015, 13(12): 3645—3668.

第3章 土与地下结构非线性动力相互作用的有限元法

3.1 引 言

土体与结构物的动力相互作用(简称SSI)问题是一个涉及土动力学、结构动力学、非线性振动理论、地震波动理论、岩土工程学、结构工程学、计算力学、计算机技术等多学科交叉的研究课题,也是一个涉及非线性、大变形、接触面、局部不连续等现代力学领域众多理论与技术热点的前沿性研究课题。

土与结构动力相互作用的研究源自1904年Lamb[1]的弹性地基振动问题分析。1967年Parmelee[2]提出了一种比较合理的SSI计算模型,初步揭示了SSI现象的一些基本规律,第一次将结构和地基作为相互作用的体系来研究其在地震动作用下的反应。从此,SSI问题引起了更多学者的关注,尤其是Seed和Lysmer[3]和Wolf和Obernhuber[4]的研究奠定了SSI理论研究基础。从20世纪70年代以来,由于有限元方法、边界元方法和有限差分法等数值方法的引入,SSI问题的解题范围大大拓宽。经过几十年的研究,对SSI问题的研究取得了一定的成果。但是,由于SSI体系的复杂性、土体模型的复杂性及参数的误差、数值方法的复杂性、试验观测数据的有限性,若想将这些成果广泛应用到实际工程中,还有很长的路要走。

鉴于此,本章分别对SSI问题涉及的基本原理、介质的非线性模拟、土与结构动力接触、模型地基人工边界、动力方程求解等主要相关科学问题的研究进行介绍,该部分内容为本书后述的研究提供必要的理论基础和数值分析方法;同时,也可用于场地地震效应评价等其他科学问题的研究及其相关岩土工程防震减灾的分析和评估。

3.2 土与地下结构动力相互作用的基本原理

地震时,结构物与支撑它的地基之间总是有相互作用的,早在20世纪30年代后期,研究人员已经认识到在地震作用下上部结构与地基是相互影响的耦连体系,土与结构应作为整体系统来研究其动力反应[4]。这种相互作用,当上部结构物刚度大而地基的刚度相对较小时更为突出。图3.1表示了SSI效应的机制,如

图 3.1(a)所示，地震时基岩运动通过地基土层传播到基底激起上部结构的运动，以 $\ddot{u}_g(t)$ 表示基岩地震动，$\ddot{u}_{g,\mathrm{b}}(t)$ 表示上部结构基底面的运动，在刚性地基假定条件下则有

$$\ddot{u}_g(t) = \ddot{u}_{g,\mathrm{b}}(t) \tag{3.1}$$

此时的计算简图如图 3.1(b)所示。由于土层是变形体，基岩地震动经过土层介质传播到结构基底时地震动的运动幅值和频谱特性将有很大的改变，在这种情况下，土层地震反应是非常有必要的，首先求解土层的地震反应，计算出上部结构基底对应处的 $\ddot{u}_{g,\mathrm{b}}(t)$，然后将 $\ddot{u}_{g,\mathrm{b}}(t)$ 在上部结构基底处输入来计算上部结构的地震反应，计算简图如图 3.1(c)所示，但该方法中不能考虑上部结构的反作用，因此还不能被认为是土与上部结构的相互作用，只有当把土层的计算简图和上部结构的计算简图交联成一个整体的计算简图，才能完全考虑 SSI 效应，计算简图如图 3.1(d)所示。

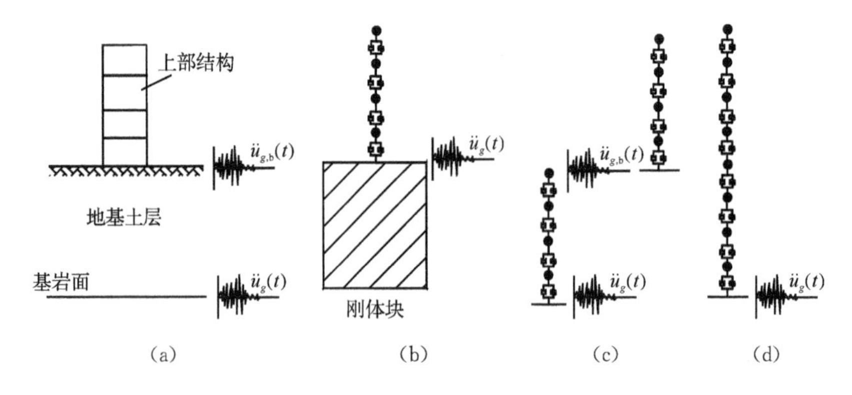

图 3.1　土-上部结构动力相互作用概念的说明

土-地下结构动力相互作用(soil-underground structure interaction，SUSI)的概念基本同于土-上部结构动力相互作用的概念，但土与地下结构的动力相互作用完全是通过两者的接触面来传递的，因此也无法像土与上部结构动力相互作用那样进行如图 3.1 所示的简化计算。

目前，进行 SUSI 分析的最有效方法为有限元法。在该方法中最关键的问题是如何处理土与地下结构之间接触面的动力学行为，处理该问题的最简单方法是把土体和地下结构作为一个整体进行有限单元网格划分，只是把地下结构所用材料的力学特性区别于土材料的力学特性。由于在此只是把地下结构当成另外一种介质看待，地下结构和周围土体在接触面上变形的相容条件和动力平衡条件就被有限元法自动满足，在使用该方法时，地下结构单元与对应的土单元在接触面上共用相同的节点，如图 3.2(a)所示，对土体和地下结构的有限元结合体建立动力平衡方程为

$$\begin{bmatrix} M_m & 0 \\ 0 & M_s \end{bmatrix}\begin{bmatrix} \ddot{u}_m \\ \ddot{u}_s \end{bmatrix}+\begin{bmatrix} C_m & C_{ms} \\ C_{sm} & C_s \end{bmatrix}\begin{bmatrix} \dot{u}_m \\ \dot{u}_s \end{bmatrix}+\begin{bmatrix} K_m & K_{ms} \\ K_{sm} & K_s \end{bmatrix}\begin{bmatrix} u_m \\ u_s \end{bmatrix}=\begin{bmatrix} F_m \\ F_s \end{bmatrix} \tag{3.2}$$

式中，M 代表各介质的质量矩阵；C 代表阻尼矩阵；K 代表刚度矩阵；F 代表外力；下标 m 代表地下结构介质；下标 s 代表土介质。

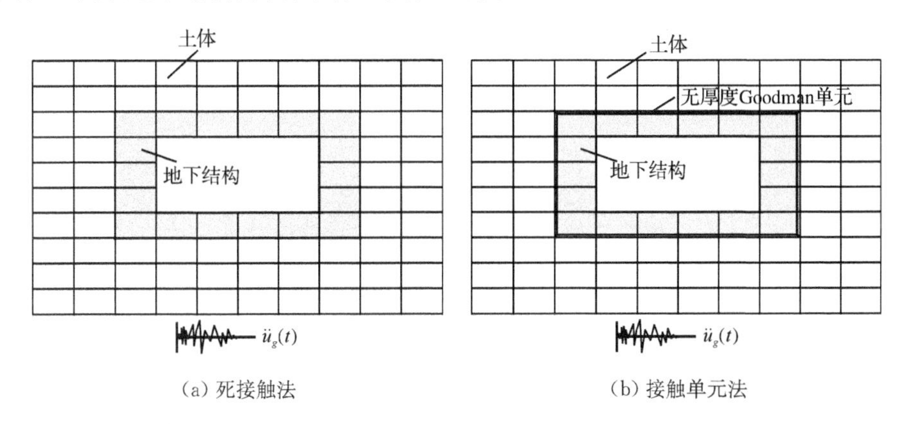

图 3.2　土与地下结构动力接触面的模拟

由于土体和地下结构两种介质的力学特性相差很大，在强地震发生时，土体与地下结构在接触面处的相对变形较大，甚至会在土体与地下结构之间出现沿接触面法向相对分离和切向相对滑动的强动力接触非线性问题，对于接触面处两种不同介质相对变形较大时一般采用接触面单元来模拟 SUSI 效应，常用的接触面单元为无厚度 Goodman 单元，如图 3.2(b)所示，采用无厚度 Goodman 单元建立的整体有限元动力平衡方程为

$$\begin{bmatrix} M_m & 0 & 0 \\ 0 & 0 & 0 \\ 0 & 0 & M_s \end{bmatrix}\begin{bmatrix} \ddot{u}_m \\ \ddot{u}_c \\ \ddot{u}_s \end{bmatrix}+\begin{bmatrix} C_m & C_{mc} & 0 \\ C_{cm} & C_c & C_{cs} \\ 0 & C_{sc} & C_s \end{bmatrix}\begin{bmatrix} \dot{u}_m \\ \dot{u}_c \\ \dot{u}_s \end{bmatrix}+\begin{bmatrix} K_m & K_{mc} & 0 \\ K_{cm} & K_c & K_{cs} \\ 0 & K_{sc} & K_s \end{bmatrix}\begin{bmatrix} u_m \\ u_c \\ u_s \end{bmatrix}=\begin{bmatrix} F_m \\ F_c \\ F_s \end{bmatrix} \tag{3.3}$$

式中，下标 c 代表接触面单元；其余字母的含义同式(3.2)。

采用接触面单元模拟动力接触时只能模拟接触面在小变形下的力学行为，当模拟土与地下结构在接触面处发生大变形或发生相对滑动和分离等强动力接触非线性问题时，目前最有效的处理方法是采用接触面对法，即在土介质与地下结构介质的接触面处分别定义土介质的边界接触面和地下结构的边界接触面，把其中一个边界接触面定义为主接触面，另一个就定义为从接触面，通过定义主从接触面之间的力学行为来模拟土与地下结构的动力接触行为，如图 3.3 所示，采用接触面对法模拟时建立的整体有限元动力平衡方程为

$$\begin{bmatrix} M_m & 0 & 0 \\ 0 & 0 & 0 \\ 0 & 0 & M_s \end{bmatrix} \begin{bmatrix} \ddot{u}_m \\ \ddot{u}_c \\ \ddot{u}_s \end{bmatrix} + \begin{bmatrix} C_m & 0 & 0 \\ 0 & 0 & 0 \\ 0 & 0 & C_s \end{bmatrix} \begin{bmatrix} \dot{u}_m \\ \dot{u}_c \\ \dot{u}_s \end{bmatrix} + \begin{bmatrix} K_m & B^T & 0 \\ B & 0 & B \\ 0 & B^T & K_s \end{bmatrix} \begin{bmatrix} u_m \\ \Lambda \\ u_s \end{bmatrix} = \begin{bmatrix} F_m \\ \gamma \\ F_s \end{bmatrix} \tag{3.4}$$

式中，B 为接触约束矩阵；Λ 为 Lagrange 乘子向量；γ 为主从接触面之间沿接触面的切向力和法向力。

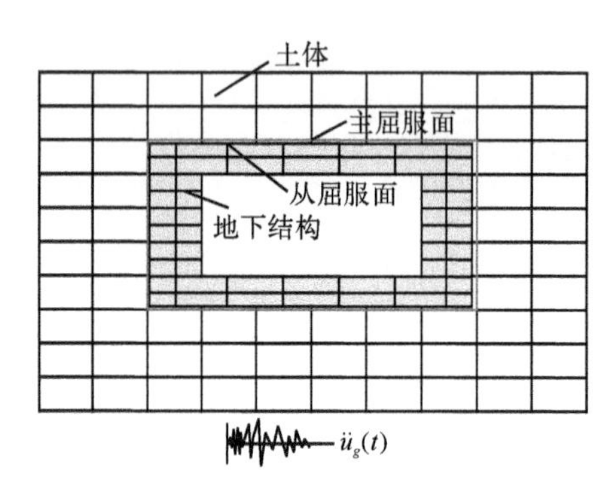

图 3.3 采用主从接触面对法模拟土与地下结构动力接触面

关于采用主从接触面对法模拟 SUSI 效应时动力接触求解方法将在 3.4.2 节中进行详细介绍。

综上所述，SUSI 体系的数值计算方法中主要涉及如下几个关键科学问题：①土体介质和地下结构介质的非线性动力学特性的模拟，即材料动力本构模型；②土与结构动力接触问题及其力的传递；③模型地基截取时动力边界的处理；④地震动输入方法与地震波的选取；⑤非线性动力相互作用体系的平衡方程求解问题。

3.3 混凝土非线性动力学损伤本构模型

土体的非线性动力本构模型已在第 2 章进行了详细的介绍和研究。对于混凝土材料的非线性动力本构模型，目前常用的有传统弹塑性模型和塑性损伤模型[5~8]。混凝土宏观的力学行为通常采用传统弹塑性模型来模拟是可行的，但混凝土的破坏过程明显区别于金属和玻璃等均质材料的破坏发展过程，混凝土破坏的微观力学行为是内部裂缝萌生、扩展、贯通进而失稳的过程，尤其对循环荷载作用下和有钢筋加固的混凝土，由这种微观破坏过程而引起的刚度衰减现象更为明显，用传统塑性本构模型很难模拟混凝土在循环荷载作用下的微观破坏力学行为，采用连续损伤力学理论来研究混凝土的动态破坏力学行为已取得了很大的突破[9]。

Lee 和 Fenves[10]基于混凝土的断裂能，在 Lubliner 等[11]提出的塑性损伤模型的基础上进行改进，分别采用两个损伤变量来描述混凝土受拉和受压破坏时两个不同的刚度衰减规律，并采用多个硬化变量来修正模型中的屈服函数，建立了一个新的混凝土在循环荷载作用下的动力塑性损伤本构模型，数值模拟和试验结果的对比分析验证了该模型的优越性。对该模型的具体描述如下。

3.3.1 混凝土动力损伤变量的概念

根据塑性增量理论，总应变张量 ε_{ij} 可以分解为弹性部分 ε_{ij}^{e} 和塑性部分 ε_{ij}^{p}，具体表示为

$$\varepsilon_{ij} = \varepsilon_{ij}^{e} + \varepsilon_{ij}^{p} \tag{3.5}$$

混凝土未发生损伤时，在传统塑性力学中混凝土的弹塑性应力-应变关系通常可写成

$$\sigma_{ij} = D_{ijkl}^{e}(\varepsilon_{ij} - \varepsilon_{ij}^{p}) \tag{3.6}$$

式中，σ_{ij} 为应力张量；D_{ijkl}^{e} 为弹性刚度矩阵。

混凝土发生损伤时，根据塑性损伤理论中退化损伤的概念，可以将总应力分解为劲度衰减和有效应力两部分，这里的有效应力是指弹性变形而引起的应力，有效应力可表示为

$$\bar{\sigma}_{ij}^{x} = D_{ijkl}^{0}(\varepsilon_{kl}^{x} - \tilde{\varepsilon}_{kl}^{x,p}) \tag{3.7}$$

式中，D_{ijkl}^{0} 代表初始弹性劲度矩阵，$x \in (\mathrm{t}, \mathrm{c})$，当 $x=\mathrm{t}$ 时代表混凝土受拉，当 $x=\mathrm{c}$ 时代表混凝土受压；ε_{kl}^{x} 为总应变；$\tilde{\varepsilon}_{kl}^{x,p}$ 为等效塑性应变，混凝土在受拉时等效塑性应变 $\tilde{\varepsilon}_{kl}^{t,p}$ 的计算公式为

$$\tilde{\varepsilon}_{kl}^{t,p} = \tilde{\varepsilon}_{kl}^{t,ck} - \frac{d_{t}}{1-d_{t}}\tilde{\varepsilon}_{kl}^{t,e} \tag{3.8}$$

$$\tilde{\varepsilon}_{kl}^{t,e} = \frac{\sigma_{kl}^{t}}{E_{0}} \tag{3.9}$$

$$\tilde{\varepsilon}_{kl}^{t,ck} = \varepsilon_{kl}^{t} - \tilde{\varepsilon}_{kl}^{t,e} \tag{3.10}$$

受压时等效塑性应变 $\tilde{\varepsilon}_{kl}^{c,p}$ 的计算公式为

$$\tilde{\varepsilon}_{kl}^{c,p} = \tilde{\varepsilon}_{kl}^{c,in} - \frac{d_{c}}{1-d_{c}}\tilde{\varepsilon}_{kl}^{c,e} \tag{3.11}$$

$$\tilde{\varepsilon}_{kl}^{c,e} = \frac{\sigma_{kl}^{c}}{E_{0}} \tag{3.12}$$

$$\tilde{\varepsilon}_{kl}^{c,in} = \varepsilon_{kl}^{c} - \tilde{\varepsilon}_{kl}^{c,e} \tag{3.13}$$

类似损伤力学中的退化损伤概念，混凝土动力损伤后的应力-应变关系可以表示为

$$\sigma_{ij} = (1 - d_x)\bar{\sigma}_{ij}^{x} \tag{3.14}$$

式中，d_x 是描述混凝土受拉和受压时两种不同损伤状态的变量。

混凝土在循环荷载下的受拉和受压应力-应变关系曲线及其上述公式中各参数含义分别如图 3.4和图 3.5 所示。

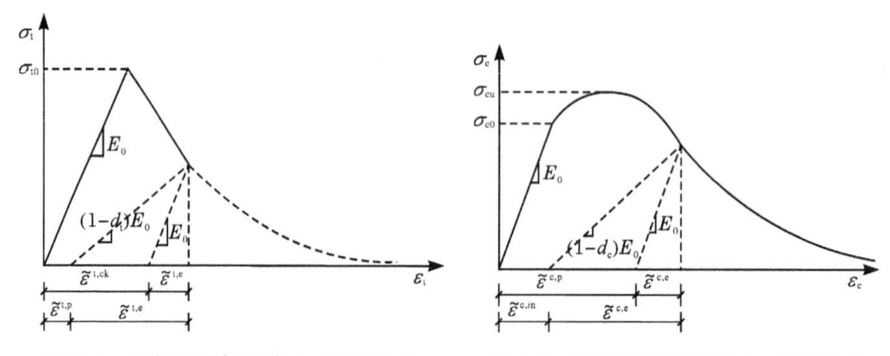

图 3.4　混凝土受拉时应力-应变关系　　　图 3.5　混凝土受压时应力-应变关系

Lee 和 Fenves[10] 利用该模型对循环荷载下混凝土的损伤力学行为进行了分析，并与已有的试验结果进行了对比，验证了该模型中使用损伤变量对循环荷载作用下混凝土塑性损伤过程模拟的正确性，试验结果和模型预测结果的对比分析如图 3.6所示。

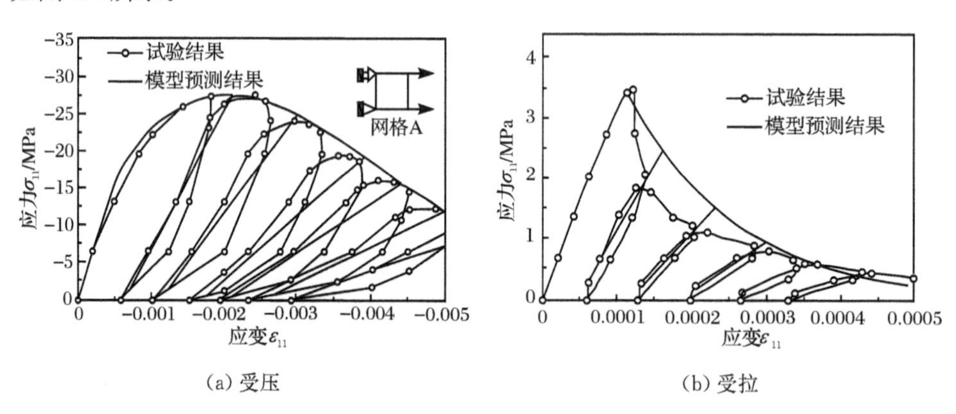

(a) 受压　　　(b) 受拉

图 3.6　混凝土循环受力时应力-应变关系试验结果与模型预测结果

3.3.2　模型屈服函数与流动法则

Lee 和 Fenves[10] 基于 Lubliner 等[11] 提出的混凝土屈服函数，提出了更适合模拟循环荷载下混凝土力学行为的屈服函数，用有效应力表示为

$$F = \frac{1}{1-\alpha}\left[\alpha \bar{I}_1 + \sqrt{3\bar{J}_2} + \beta(\tilde{\varepsilon}^{p})\langle\hat{\bar{\sigma}}_{max}\rangle - \gamma\langle-\hat{\bar{\sigma}}_{max}\rangle\right] - \bar{\sigma}_c(\tilde{\varepsilon}^{c,p}) = 0 \tag{3.15}$$

$$\langle \hat{\sigma}_{\max} \rangle = \frac{1}{2}(|\hat{\sigma}_{\max}| + \hat{\sigma}_{\max}) \tag{3.16}$$

式中，$\bar{I}_1$ 为有效应力张量第一不变量；$\bar{J}_2$ 为有效偏应力张量第二不变量；其他参数的计算公式如下：

$$\alpha = \frac{\sigma_{b0} - \sigma_{c0}}{2\sigma_{b0} - \sigma_{c0}}, \quad 0 \leqslant \alpha \leqslant 0.5 \tag{3.17}$$

$$\beta = \frac{\bar{\sigma}^{c}(\tilde{\varepsilon}^{c,p})}{\bar{\sigma}^{t}(\tilde{\varepsilon}^{t,p})}(1-\alpha) - (1+\alpha) \tag{3.18}$$

$$\gamma = \frac{3(1-K_c)}{2K_c - 1} \tag{3.19}$$

式中，$\hat{\sigma}_{\max}$ 为最大主有效应力；σ_{b0} 为等向压缩屈服应力；σ_{c0} 为非等向压缩屈服应力；K_c 为控制偏平面上屈服面形状的参数，$0.5 \leqslant K_c \leqslant 1.0$。在平面应力状态下屈服面形状如图 3.7 所示。

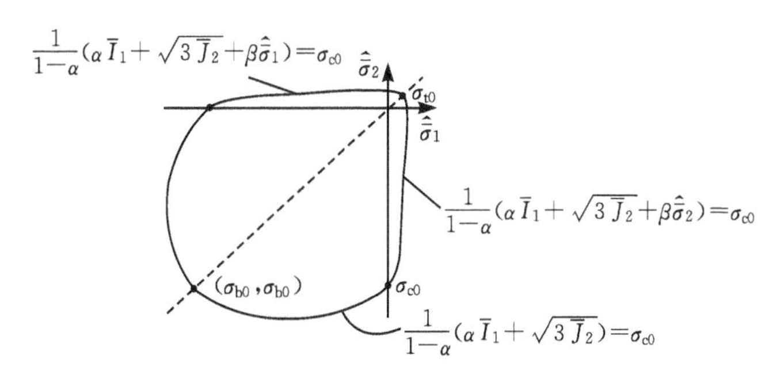

图 3.7 混凝土动力损伤模型应力平面内的屈服面形状

模型中流动法则为非关联流动法则，塑性势函数 Φ 采用 Drucker-Prager 双曲线型函数，具体形式为

$$\Phi = \sqrt{(\in \sigma_{t0}\tan\psi)^2 + 3\bar{J}_2^2} + 3\bar{I}_1\tan\psi \tag{3.20}$$

式中，ψ 为 p-q 平面上的扩张角；σ_{t0} 为非等向拉伸时的屈服应力；$\in$ 为双曲线的离心率。

塑性应变率为

$$\mathrm{d}\,\tilde{\varepsilon}_{kl}^{p} = \mathrm{d}\lambda \frac{\partial \Phi}{\partial \sigma_{kl}} \tag{3.21}$$

式中，$\mathrm{d}\lambda$ 为非负的比例系数，可根据加载函数的一致性条件求得。

3.3.3 混凝土动力损伤模型参数的确定

目前，我国地铁地下车站结构主要采用 C30 标号的混凝土，其基本静力学参数如表 3.1 所示。但考虑到动力荷载作用下加载速率对混凝土抗拉强度的提高效应，在进行动力分析时可把混凝土动力抗拉强度提高 1.2 倍，即 C30 混凝土的动力抗拉强度为 2.4MPa。C30 混凝土对应的动力拉压损伤因子如表 3.2 和表 3.3 所示。

表 3.1　C30 混凝土动塑性损伤参数取值

模型参数	参数值	模型参数	参数值
弹性模量 E_0/MPa	3.0×10^4	初始屈服拉应力 σ_{t0}/MPa	2.4
泊松比 ν	0.15	ω_t	0
密度 ρ/(kg/m³)	2450	w_c	1
扩张角 ψ/(°)	36.31	d_c	表 3.2
初始屈服压应力 σ_{c0}/MPa	14.3	ξ	0.1
极限压应力 σ_{cu}/MPa	20.1	d_t	表 3.3

表 3.2　C30 混凝土压缩应力和损伤因子随塑性应变的变化

塑性应变/%	压应力/MPa	损伤因子	塑性应变/%	压应力/MPa	损伤因子
0	14.64	0	0.24	17.25	0.566
0.04	17.33	0.113	0.36	12.86	0.714
0.08	19.44	0.246	0.50	8.66	0.824
0.12	20.60	0.341	0.75	6.25	0.922
0.16	20.18	0.427	1.00	3.98	0.969
0.20	18.72	0.501			

表 3.3　C30 混凝土拉伸应力和损伤因子随开裂位移的变化

开裂位移/mm	拉应力/MPa	损伤因子	开裂位移/mm	拉应力/MPa	损伤因子
0	2.4	0	0.308	0.219	0.944
0.066	1.617	0.381	0.351	0.147	0.965
0.123	1.084	0.617	0.394	0.098	0.978
0.173	0.726	0.763	0.438	0.066	0.987
0.220	0.487	0.853	0.482	0.042	0.992

混凝土的阻尼特性对动力计算来说也非常重要，通常采用瑞利阻尼来考虑，运动方程的阻尼矩阵可由第 2 章式(2.62)确定。对于混凝土瑞利阻尼系数的计算可采用第 2 章式(2.64)。混凝土地下结构的阻尼比可取 2%～5%。

3.4　土与地下结构的动力接触

有限元法处理接触问题的方法通常有两种：一种是通过在两种接触的介质之

间建立接触单元，通过接触单元特殊的本构关系来模拟接触面的力学行为，这些接触单元主要包括 Goodman 单元、膜单元和无厚度单元等[12~14]，这一方法在静力接触问题的分析中得到了广泛的应用；另一种方法是直接通过定义不同介质之间接触表面对的力学传递特性[15,16]，建立接触面力传递的力学模型和接触方程，通过接触算法求解接触方程，该方法非常适用于模拟在接触表面发生大位移滑动和接触面分离与闭合不断转化的动力接触问题。因此，本书中也采用第二种方法来模拟土-地下结构的动力接触力学行为。

3.4.1　接触面的动力学行为特征

当两种介质接触面相互接触时，法向接触力就通过在接触面对之间建立的接触约束相互传递，接触面对上建立起来的离散单元节点对之间满足位移协调条件和胡克定律；当接触面对发生分离时，接触面对之间的接触约束将会被取消，介质边界将转化为普通边界，接触面上法向接触面压力与接触面间隙的关系如图 3.8 所示。

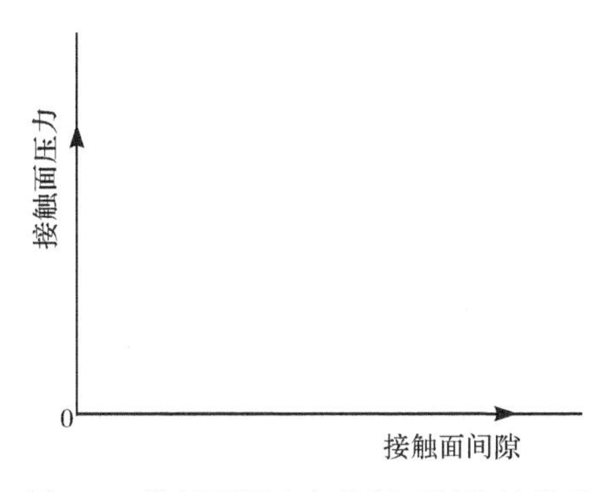

图 3.8　接触面压力与接触面间隙的关系

由于土与地下结构之间的接触面为非光滑表面，当接触面间传递法向力的同时也将传递切向力，当切向力超过一个临界值 τ_{crit} 时，接触面对之间就会产生相对滑动。粗糙接触面的摩擦理论通常采用库仑摩擦定律，即

$$\tau_{crit}=\mu P \tag{3.22}$$

式中，μ 为摩擦系数；P 为法向接触力。

当接触面间的剪应力小于摩擦力临界值时，接触面间没有相对位移，处于黏滞状态；当接触面间的剪应力大于摩擦力临界值时，接触面间将发生相对滑动，切向剪应力与滑移距离的关系如图 3.9 所示。接触面从黏滞状态转化为滑动状态时产生的力学不连续性经常导致有限元算法不收敛，因此在 ABAQUS 中引入“弹性滑移”的概念，该方法是指接触面处于黏滞状态时，假设接触面已经发生非常微小的相对滑移，这种切向剪应力与“弹性滑移”的关系如图 3.9 中虚线所示。

接触面的摩擦力有动摩擦力和静摩擦力两种，在摩擦力由静力状态转化为动

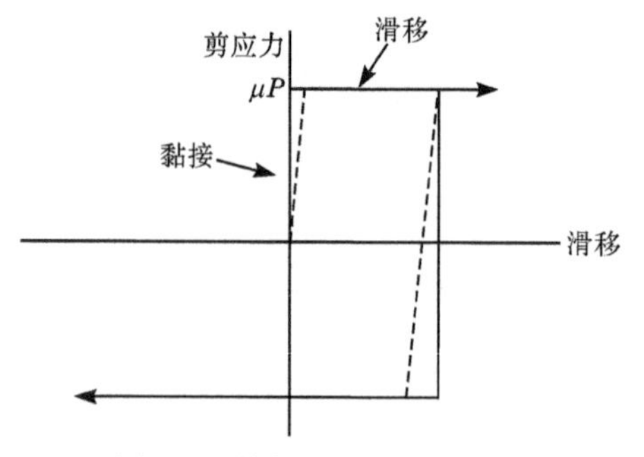

图 3.9　接触面切向摩擦行为

力状态时，摩擦系数也将发生改变，一般动摩擦系数小于静摩擦系数，它们的关系可用指数函数表示：

$$\mu = \mu_k + (\mu_s - \mu_k)\exp(-d_c \dot{\gamma}_{eq}) \tag{3.23}$$

式中，μ_k 为动摩擦系数；μ_s 为静摩擦系数；$\dot{\gamma}_{eq}$ 为等效剪应变率。

3.4.2　动力接触问题的数值算法

动力接触问题是一个非常复杂的不连续力学问题，在非线性问题的求解过程中，每个增量分析中都必须判断接触面的接触状态，这是一个循环迭代的过程，具体迭代过程如图 3.10 所示。

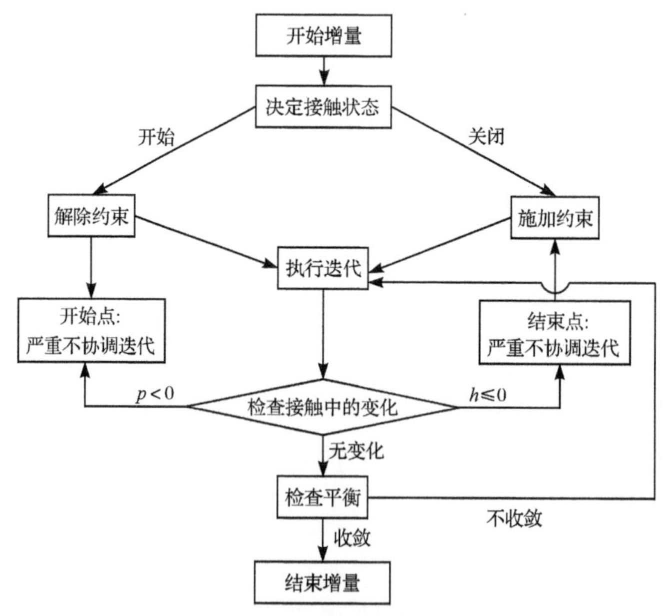

图 3.10　动力接触面数值算法的迭代过程

p. 接触面上节点法向接触力；h. 接触面相互侵入的距离

动力接触的数值算法有 Lagrange 乘子法、Penalty 法、修正 Lagrange 乘子法和线性补偿法,前两种方法的应用较广。

1. Lagrange 乘子法

Lagrange 乘子法是用来求解带约束的函数或泛函极值问题的方法。其思想是通过引入 Lagrange 乘子将约束极值问题转化为无约束极值问题。在动力接触问题中将接触条件视为能量泛函的约束条件,于是动力接触问题就可看成是带约束的泛函极值问题。引入 Lagrange 乘子对 Hamilton 原理中的能量泛函进行修正,可得

$$\Pi(U,\Lambda)=\sum\pi_i(U)+\int_t^{t+\Delta t}\int_{S_c}\Lambda^{\mathrm{T}}(BU-\gamma)\mathrm{d}S\mathrm{d}t \tag{3.24}$$

式中,π_i 为第 i 个物体的总势能;B 为接触约束矩阵;S_c 为接触面边界;Λ 为 Lagrange乘子向量,其元素个数等于接触条件包含的方程个数。

对于不同的接触状态,由于接触条件有所不同,因此式(3.24)最后一项的表达因接触状态而异。在用有限元法求解这个问题时,对泛函式(3.24)取变分并令其为零,即

$$\delta\Pi(U,\Lambda)=\sum\delta\pi_i(U)+\int_t^{t+\Delta t}\delta\int_{S_c}\Lambda^{\mathrm{T}}(BU-\gamma)\mathrm{d}S\mathrm{d}t \tag{3.25}$$

最终可得动力接触问题的动力控制方程为

$$\begin{bmatrix}M & 0\\ 0 & 0\end{bmatrix}\begin{bmatrix}\ddot{U}\\ 0\end{bmatrix}+\begin{bmatrix}C & 0\\ 0 & 0\end{bmatrix}\begin{bmatrix}\dot{U}\\ 0\end{bmatrix}+\begin{bmatrix}K & B^{\mathrm{T}}\\ B & 0\end{bmatrix}\begin{bmatrix}U\\ \Lambda\end{bmatrix}=\begin{bmatrix}F\\ \gamma\end{bmatrix} \tag{3.26}$$

式中,F 为已知的外荷载向量。

2. Penalty 法

用 Penalty 法处理动力接触问题,就是要求解下述泛函极值问题:

$$\Pi(U)=\sum\pi_i(U)+\int_t^{t+\Delta t}\int_{S_c}\alpha(BU-\gamma)^{\mathrm{T}}(BU-\gamma)\mathrm{d}S\mathrm{d}t \tag{3.27}$$

式中,α 为罚因子,当 $\alpha\to\infty$ 时,接触条件精确满足,即

$$BU-\gamma=0 \tag{3.28}$$

采用虚功原理并进行有限元离散,最终可得动力接触问题的动力控制方程为

$$M\ddot{U}+C\dot{U}+(K+\alpha B^{\mathrm{T}}B)U=F+\alpha B^{\mathrm{T}}\gamma \tag{3.29}$$

3.4.3 动力接触效应对地下结构地震反应的影响

1. 数值计算模型简介

为了探明接触效应对地铁地下结构地震反应的影响,本节分别采用不考虑土

与地铁车站的分离与滑移和考虑其分离与滑移的建模方法，利用“死接触”模拟土体与车站结构之间的不相对分离和滑移现象(简称 tie)。利用上述 ABAQUS 软件对动接触问题的模拟方法(简称 contact)，采用 ABAQUS 软件 Interaction 模块的 contact 功能将地铁车站结构与土体接触面建立为接触表面对，将车站结构表面设为主面，土体表面设为从面。这是因为相对周围土体而言，地铁车站结构刚度较大，且在 SUSI 效应计算模型的网格划分中，结构网格尺寸比周围土体要小。土与车站结构接触面法向采用“硬”接触；切向采用“有限滑动”且服从库仑摩擦定律，土体与混凝土接触面的摩擦系数取为 0.4。具体有限元网格划分如图 3.11所示。

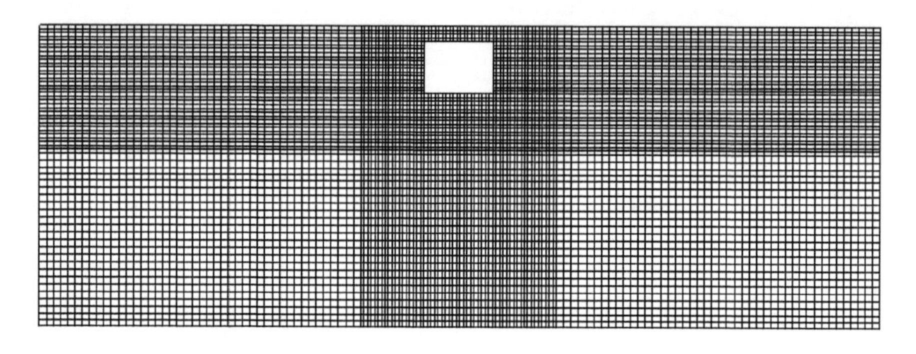

(a) 土体有限单元网格

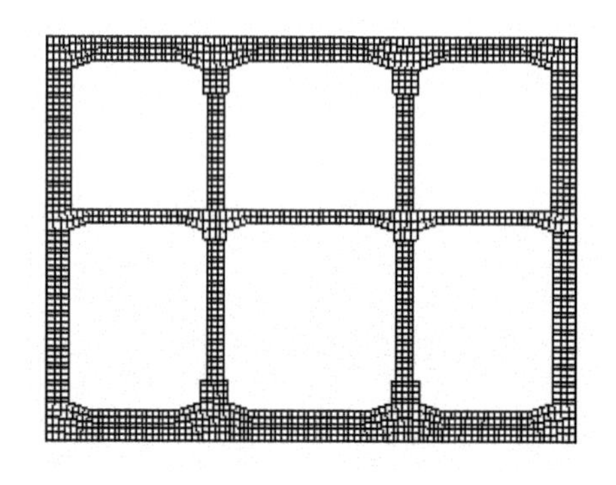

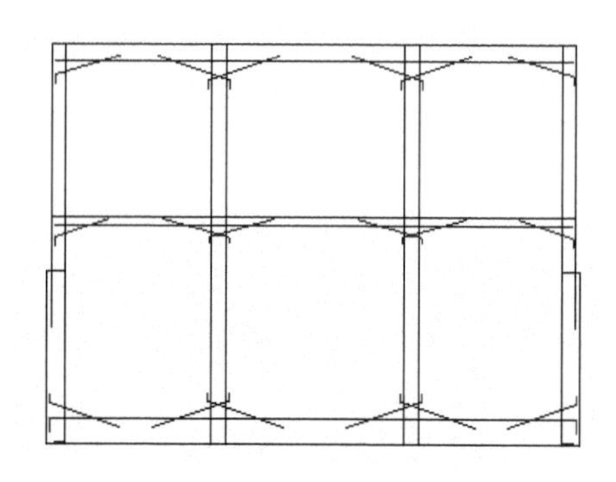

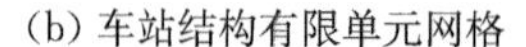

(b) 车站结构有限单元网格　　(c) 车站结构配筋

图 3.11　土-地铁车站结构相互作用体系各部分模型示意图

土体的非线性动力本构模型采用第 2 章介绍的记忆型黏塑性嵌套面动力本构模型，一般场地工程地质条件如表 3.4 所示。车站结构所用的混凝土强度为 C30，混凝土动力本构模型采用 3.3.1 节介绍的混凝土黏塑性动力损伤模型，C30 混凝土对应的该模型参数如表 3.1 所示。

表 3.4　工程场地土体动力模型参数

层号	土层描述	层厚/m	G_0/MPa	γ/(kN/m³)	φ/(°)	E/MPa	ν	黏聚力/kPa
1	粉质黏土	5.5	25.0	19.2	12.6	3.5	0.32	13.5
2	黏土	16.5	116.4	20.2	16	4.0	0.32	15.2
3	粉细砂	17.0	105.8	19.5	35	4.2	0.32	7
4	黏土	21.0	126.3	21.5	21	5.3	0.32	20

基岩分别输入 Kobe 波(1995 年日本 Kobe 地震神户海洋气象台地震记录)和南京人工波。在基岩输入地震动时,把峰值加速度分别调整为 50cm/s²、100cm/s²、150cm/s²、200cm/s²、300cm/s²,基岩输入地震动持续时间为 30s。

2. 动力接触对地铁地下结构地震反应的影响

图 3.12 给出了车站结构侧墙与土接触面代表性节点的法向位移时程曲线。从图中可以看出,地震过程中土与结构接触面状态是动态变化的,可能是持续的分离与接触,也可能是分离后不再接触。

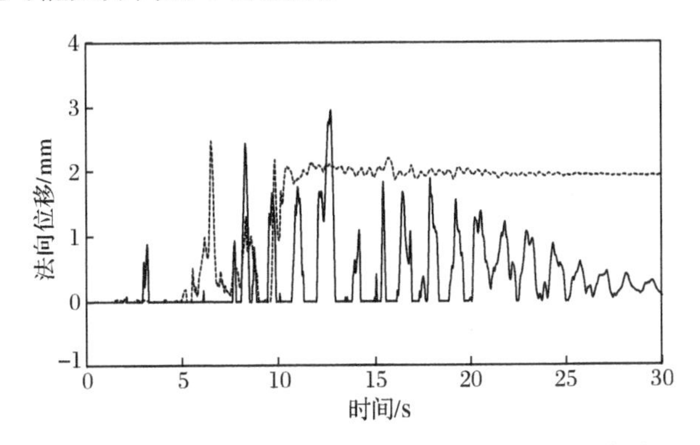

图 3.12　侧墙顶部某节点接触面法向位移时程曲线

图 3.13 给出了地铁车站结构右摆幅值最大时刻,底板处土体与结构间的相对滑移反应值沿顶板的分布情况。从图中可以看出,在车站结构右摆振动方向上底板处土体与结构的相对滑移值基本是单调变化,随着基岩峰值加速度的增加,这种单调变化趋势越明显,可近似看作线性变化。从输入地震动特性的不同来看,当基岩输入 Kobe 波时地铁车站结构顶底板上土体与结构的相对滑移反应比基岩输入南京人工波的要明显。

图 3.14 给出了基岩输入 Kobe 波时小震(0.05g)、中震(0.1g)、大震(0.2g)作用下地铁车站结构左摆和右摆振动方向上水平相对位移最大幅值。从图中可以看出:①小震时两种不同接触设置方法下车站结构侧向变形幅值基本一样,且

均表现为右摆幅值大于左摆幅值;②中震时不考虑接触效应下的车站结构左摆幅值开始明显大于考虑接触效应下的左摆变形幅值;③大震时上述现象变得尤为明显,不考虑接触效应时车站结构的左摆幅值达到 40mm,是考虑接触效应时的 2 倍。

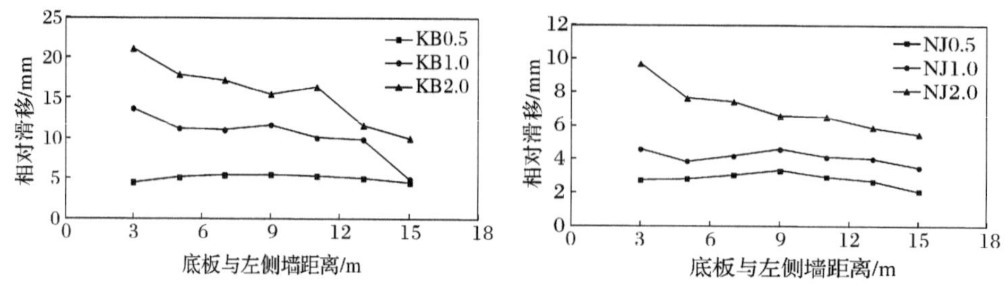

图 3.13　地铁车站右摆最大时刻底板上土与结构接触面相对滑移反应

KB 表示 Kobe 波;NJ 表示南京人工波,下同

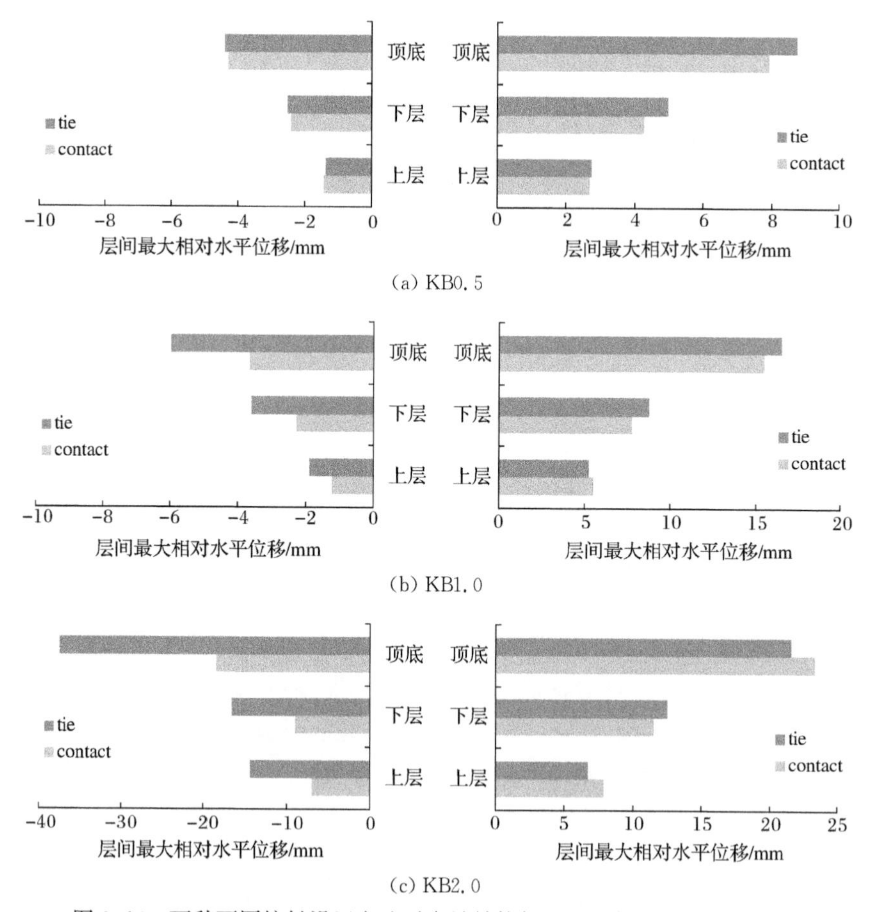

图 3.14　两种不同接触设置方法时车站结构侧向相对水平位移反应幅值

tie 表示死接触;contact 表示分离和滑移接触

造成上述现象的原因是，当不考虑土与结构动力接触效应将两者完全"绑定(tie)"时，地震作用下的车站结构侧向变形完全取决于周围土体的变形，小震时土体变形较小，考虑接触与否对车站侧向的最大相对水平变形影响不大；在大震作用下，不考虑接触效应时土体的非线性大变形直接作用在车站结构上，而考虑接触效应时，由于结构与土体之间会产生脱开分离现象，且大震时脱开程度明显，这在一定程度上减小了土体非线性大变形对车站结构侧向位移的影响。为了进一步说明问题，图3.15给出了车站结构侧向相对变形时程曲线，从图中可以明显看出大震作用下，不考虑接触效应时地铁车站结构的残余相对变形很大，约是考虑接触效应时残余变形的2倍。

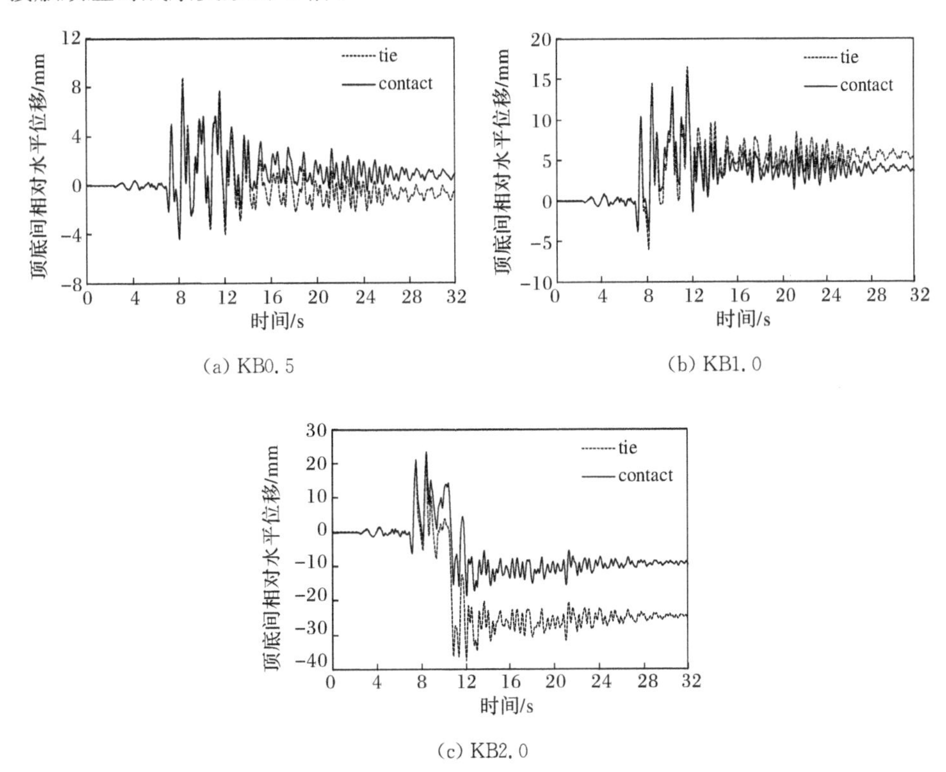

图3.15　顶底间相对水平位移时程曲线

综上所述，在小震情况下，可以不考虑接触效应以简化抗震设计；而在大震作用下，由于土-地下结构接触面分离与滑移现象明显，考虑动力接触效应将使地铁车站结构的最大位移地震响应分析结果更加符合实际情况。

根据地铁车站结构在各工况下计算结果的动态演示和动力反应的对比分析需要，输出应力反应的节点位置分布如图3.16所示，表3.5～表3.8给出了KB1.0

和 KB2.0 时不同接触条件下地铁车站结构墙板和柱端关键节点应力幅值。

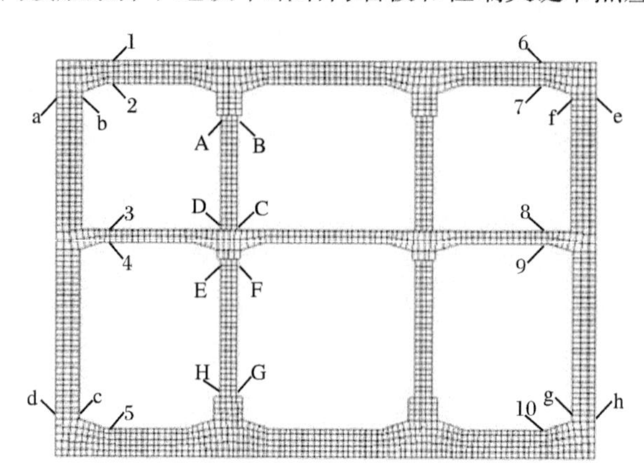

图 3.16　地铁车站结构应力输出节点位置

表 3.5　KB1.0 时地铁车站结构墙板应力幅值　　(单位:MPa)

节点编号	KB1.0-tie		KB1.0-contact		节点编号	KB1.0-tie		KB1.0-contact	
	最大	最小	最大	最小		最大	最小	最大	最小
1	1.37	−1.56	1.31	−1.78	10	2.38	−2.12	−1.83	−0.95
2	1.58	−1.86	1.51	−1.77	a	1.59	−1.71	1.57	−1.51
3	2.38	−3.23	2.11	−2.63	b	1.63	−2.73	1.05	−2.37
4	2.40	−3.68	2.41	−2.60	c	1.93	−5.36	1.24	−3.87
5	2.10	−2.84	1.31	−1.61	d	2.41	−2.91	2.22	−2.39
6	1.55	−1.40	1.76	−1.26	e	1.92	−1.20	2.03	−1.24
7	1.46	−1.90	1.04	−2.21	f	1.10	−3.05	0.76	−2.90
8	2.37	−3.02	2.39	−2.37	g	2.34	−4.19	2.22	−3.09
9	2.25	−3.34	2.10	−3.04	h	1.93	−3.81	1.51	−3.25

表 3.6　KB1.0 时地铁车站结构柱端应力幅值　　(单位:MPa)

节点编号	KB1.0-tie		KB1.0-contact		节点编号	KB1.0-tie		KB1.0-contact	
	最大	最小	最大	最小		最大	最小	最大	最小
A	1.71	−12.42	1.73	−11.47	E	0.78	−18.24	−1.16	−15.57
B	1.76	−12.45	1.16	−10.95	F	2.23	−14.94	0.52	−12.48
C	−0.37	−11.14	−0.44	−10.98	G	−0.95	−19.68	−2.87	−17.09
D	−0.83	−11.88	−1.47	−10.99	H	1.83	−15.68	−0.98	−13.30

表 3.7　KB2.0 时地铁车站结构墙板应力幅值　（单位：MPa）

节点编号	KB2.0-tie		KB2.0-contact		节点编号	KB2.0-tie		KB2.0-contact	
	最大	最小	最大	最小		最大	最小	最大	最小
1	2.42	−2.91	2.41	−2.28	10	2.37	−5.27	2.40	−2.60
2	2.40	−5.15	2.08	−3.34	a	2.39	−2.91	2.41	−2.18
3	2.37	−4.64	2.38	−3.73	b	2.36	−6.53	2.03	−4.15
4	2.40	−6.59	2.41	−5.62	c	2.34	−7.50	2.31	−5.20
5	2.40	−4.15	2.39	−2.11	d	2.40	−7.42	2.40	−5.51
6	2.40	−4.67	2.05	−2.66	e	2.40	−4.95	2.30	2.39
7	2.40	−2.85	2.13	−2.46	f	2.28	−4.96	2.39	−3.20
8	2.33	−6.85	2.39	−4.96	g	27	−8.54	2.34	−5.30
9	2.41	−5.52	2.42	−4.37	h	2.32	−5.90	2.39	−4.11

表 3.8　KB2.0 时地铁车站结构柱端应力幅值　（单位：MPa）

节点编号	KB2.0-tie		KB2.0-contact		节点编号	KB2.0-tie		KB2.0-contact	
	最大	最小	最大	最小		最大	最小	最大	最小
A	2.05	−16.69	1.93	−15.66	E	2.33	−22.53	2.36	−19.26
B	1.84	−24.48	1.72	−18.73	F	2.18	−28.45	2.20	−20.46
C	2.02	−13.29	2.03	−12.82	G	2.34	−23.71	2.36	−20.67
D	1.20	−18.48	0.24	−16.06	H	2.34	−26.71	2.27	−19.45

上述各应力表中，若“最大值”为正，则表示地震荷载作用下该节点的受拉应力最大值；若“最大值”为负，则表示该节点仍处于受压状态，即地震荷载引起的拉应力仍不足以抵消节点原本所受的压应力。从表 3.5～表 3.8 可以看出：①考虑土-地铁车站动力接触效应时，结构柱端节点的应力幅值基本上均有所减小，同样墙板节点应力幅值也有所减小。这意味着动力接触效应一定程度上减弱了地震荷载对地铁车站结构应力的影响，有利于提升地铁车站结构的整体抗震性能；②总体来看，无论是否考虑动力接触效应，地铁车站结构受力特性都相同，车站结构薄弱部位均位于墙板连接处及柱端，且相对于受压应力而言，柱端受拉应力更容易达到 C30 混凝土抗拉极限值 2.4MPa。

综上所述，本节分析了不同地震动下土与地下结构接触面的动力分离与滑移效应，以及动力接触效应对地铁车站结构地震反应的影响规律，得出的主要结论如下：

（1）小震时土与地铁车站结构接触面脱开现象不明显，大震时在侧墙顶部和底部都出现土与结构动力分离现象，分离范围约为侧墙高度的 1/3；同时顶板上土体与结构相对滑移反应非常明显。

（2）小震时考虑动力接触效应与否对地铁车站侧向变形影响不大，可以不考虑接触效应以简化抗震设计；而在大震作用下，由于土-地下结构接触面分离与滑移现象明显，考虑动力接触效应将使地铁车站结构的最大位移地震响应分析结果更加符合实际情况。

（3）考虑土-地铁车站动力接触效应时，车站结构应力比不考虑接触效应时有所减小，即动力接触效应一定程度上减弱了地震荷载对地铁车站结构应力的影响。

3.5 相互作用体系的几何非线性

强地震中土体和地下结构在大变形作用下其几何特性将发生明显的变化，在大位移和大转动过程中同时会引起应力-应变关系的非线性。由于地下结构的地震反应受周围土层大变形的影响极大，在强地震发生时，SUSI 体系的分析更应考虑计算模型的几何非线性问题。几何非线性的特点就是基于初始几何形态建立的刚度矩阵随着结构几何特征的变化而变化，刚度矩阵的这种变化区别于由应力-应变关系非线性（材料非线性）引起的刚度矩阵变化，而是应变-位移关系是非线性的，即刚度矩阵$[K]$也是位移δ的函数，应变-位移的非线性关系增量形式可表示为[17]

$$[d\varepsilon]=[\bar{B}][d\delta] \tag{3.30}$$

$$[\bar{B}]=[B_0]+[B_L] \tag{3.31}$$

式中，$[B_0]$为线性应变分析的矩阵项，与$[\delta]$无关；$[B_L]$为由几何非线性引起的矩阵项，与$[\delta]$有关，通常$[B_L]$是$[\delta]$的线性函数。

通常把同时考虑几何非线性和材料非线性的问题统称为双重非线性问题，双重非线性问题的平衡方程可表示为

$$[F]=[K_T][\delta] \tag{3.32}$$

$$[K_T]=[K_0]+[K_\sigma]+[K_L]-[K_R] \tag{3.33}$$

式中，$[K_T]$为切线刚度矩阵；$[K_0]$为小位移的线性刚度矩阵；$[K_\sigma]$为初应力矩阵；$[K_L]$为大位移的刚度矩阵；$[K_R]$为荷载矫正矩阵。

3.6 计算模型地基的人工边界

用有限元法分析 SUSI 效应时必须把实际上近于无穷大的计算域用一个人为边界截断，取一个有限大的区域进行离散化。但是由于土的成层性、波在界面上的反射和透射及动荷载类型等因素的影响，具体取多大范围比较合理以及在边界上如何给定边界条件，是目前尚未很好解决的一个重要研究课题。

现有对动力边界的处理方法主要有简单的截断边界、黏滞边界、透射边界以及有限元和无限元或边界元的耦合边界[18~21]。需要强调的是，上述几种方法一般只适用于在频域内求解，而对于需要在时间域内求解的真正非线性问题，除了把边界取得尽可能远一些外，目前还没有更合适的办法。

目前对静-动力分析的普遍做法是采用静力人工边界和动力人工边界分别对静力问题和动力问题进行计算，将计算结果进行叠加后得到完整的结果[1]。但由于叠加原理仅在线弹性小变形范围内适用，原则上不能应用于涉及非线性或大变形问题的分析。

目前对涉及非线性或大变形问题的静-动力分析，常用的人工边界转换方法主要有以下几种：①静力分析和动力分析都采用滚轴边界或固定边界；②静力分析采用滚轴边界或固定边界，动力分析采用黏弹性边界、透射边界、黏性边界等人工边界；③静力分析和动力分析都采用静-动力统一边界，如黏弹性静-动力统一人工边界[22]。然而，在使用人工边界对地下结构进行动力分析时，还存在一些问题。如第②种方法，由于在静-动力分析的人工边界转换时的方法存在问题，致使产生错误的结果。在第③种方法中，将黏弹性静-动力统一人工边界应用于地下结构的静力分析时，其解与准确值存在较大误差。

1. 黏弹性人工边界

设置黏弹性人工边界可以考虑由于波能逸散而引起的能量损失对土体动力性质的影响，相对于简单的截断边界，黏滞边界可以采用较小的计算区域。其主要思路是：沿计算区域的边界认为施加两个方向的黏性阻尼分布力，再把这种分布力转化为等价的边界节点集中力，分别求出各节点的法向和切向阻尼力。阻尼力的施加主要是通过在边界设置阻尼单元，常用的阻尼单元如图 3.17 所示。

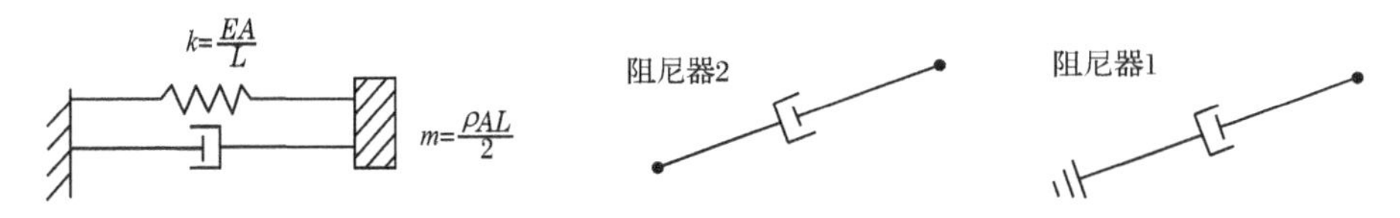

图 3.17　几种常用的阻尼单元

阻尼单元施加于边界上的应力可写成如下形式：

$$\sigma = a\rho V_{\mathrm{p}}\,\dot{u}_n \tag{3.34}$$

$$\tau = b\rho V_{\mathrm{s}}\,\dot{u}_t \tag{3.35}$$

最简单的局部人工边界是 Lysmer[23] 提出的黏性人工边界，它施加简便并且适用性较强，目前在许多波动问题中得到了广泛应用，也是我国《核电厂抗震设计规范》(GB 50267—97)建议使用的两种人工边界之一。但黏性边界用于多维波动问题时存在低频稳定性的问题，对于较为复杂的大型结构，使用黏性边界可能导致较大的误差。黏弹性边界克服黏性边界引起的低频漂移问题，能模拟人工边界外半无限介质弹性恢复性能，有良好的频率稳定性。由于有较高精度和良好适用性，黏弹性人工边界在与SSI效应相关的科研和工程问题中得到更多应用。

1）静力边界[24]

地铁等地下工程初始应力场的确定需先计算未开挖状态下围岩的自重应力场，进而根据施工步骤，采用释放荷载法，计算出衬砌结构和围岩的静应力场。许多地下结构的自重应力场模型可以假设为半无限空间体，根据经典围岩压力理论和弹性力学理论，半无限空间体中距地表面任一深度 h 处的应力状态可定义为

$$\sigma_V = \gamma h \tag{3.36}$$

$$\sigma_H = \lambda\sigma_V = \lambda\gamma h \tag{3.37}$$

式中，σ_V 为竖向应力；γ 为围岩重度；σ_H 为横向应力；λ 为侧压力系数，对浅层围岩，可假设其为各向同性介质，侧压力系数可用泊松比表示为

$$\lambda = \frac{\nu}{1-\nu} \tag{3.38}$$

对有限元计算中所取的有限区域，可以据此确定有限域边界条件。

根据上述静力分析方法，在静-动力共同作用问题的计算中，在进行动力分析之前需先确定地下结构模型的静应力场。地下结构开挖前可将大地假设为半无限空间体，其在重力作用下的静力计算，根据对称性，模型中任一处的水平位移 $u_H=0$。因此，计算该应力场时，有限区域模型两侧可用水平约束即法向约束，底部可用全约束或仅约束竖直方向，顶面即地面应为自由边界。

2）黏弹性动力边界[24]

在动力荷载作用下，有限元体系在 $t+\Delta t$ 时刻的运动平衡方程为

$$M\ddot{u}_{t+\Delta t} + C\dot{u}_{t+\Delta t} + Ku_{t+\Delta t} = F_{t+\Delta t} \tag{3.39}$$

式中，M 为体系的总质量矩阵；C 为体系的总阻尼矩阵；K 为体系的总刚度矩阵；$\ddot{u}_{t+\Delta t}$ 为体系的节点加速度向量；$\dot{u}_{t+\Delta t}$ 为体系的节点速度向量；$u_{t+\Delta t}$ 为体系的节点位移向量；$F_{t+\Delta t}$ 为外荷载向量。体系的总阻尼矩阵采用瑞利阻尼：

$$C = \alpha M + \beta K \tag{3.40}$$

式中，α、β 为常数，可按两种不同的振动频率下测得的阻尼比 ξ 加以确定。计算中常数 α、β 可由 $\alpha+\beta\omega_i^2=2\omega_i\xi_i$ 和 $\alpha+\beta\omega_j^2=2\omega_j\xi_j$ 求得。α 和 β 可表示为

$$\alpha = \frac{2(\xi_j\omega_i - \xi_i\omega_j)}{(\omega_i+\omega_j)(\omega_i-\omega_j)}\omega_i\omega_j \tag{3.41}$$

$$\beta = \frac{2(\xi_i\omega_i - \xi_j\omega_j)}{(\omega_i+\omega_j)(\omega_i-\omega_j)} \tag{3.42}$$

式中，ω_i、ω_j 分别为振型向量 ϕ_i 对应的自振圆频率和阻尼比。根据振型分析结果

可求得 ω_i 和 ω_j，阻尼比在计算中取 $\xi_i=\xi_j=0.05$。

黏弹性人工边界从用途上可分为动力人工边界和静-动力统一人工边界；从具体实现方法上可分为弹簧-阻尼器边界单元和一致黏弹性边界单元。下面先介绍动力人工边界。具体计算中模型边界材料参数由其相邻的围岩介质材料决定。则当人工边界采用等效的弹簧和阻尼器物理元件来模拟时，其弹簧系数和阻尼系数的计算分别如下。

法向边界：

$$K_{\mathrm{T}}=\alpha_{\mathrm{T}}\frac{G}{R}=\alpha_{\mathrm{T}}\frac{E}{2R(1+\nu)},\quad C_{\mathrm{T}}=\rho c_{\mathrm{S}} \tag{3.43}$$

切向边界：

$$K_{\mathrm{N}}=\alpha_{\mathrm{N}}\frac{G}{R}=\alpha_{\mathrm{N}}\frac{E}{2R(1+\nu)},\quad C_{\mathrm{N}}=\rho c_{\mathrm{P}} \tag{3.44}$$

式中，K_{T}、K_{N} 分别为法向与切向的弹簧刚度；R 为波源至人工边界点的距离；c_{S} 和 c_{P} 分别为 S 波和 P 波波速；E 和 G 分别为介质弹性模量和剪切模量；ν 为介质泊松比；ρ 为介质质量密度；α_{T} 与 α_{N} 分别为切向与法向黏弹性人工边界参数，具体取值情况如表 3.9 所示。

表 3.9　黏弹性动力人工边界中参数 α 的取值

模型类型	方向	α
二维人工边界	平面内法向	2.0
	平面内切向	1.5
	平面外切向	0.5
三维人工边界	法向	4.0
	切向	2.0

若人工边界采用一致黏弹性边界单元来模拟，其边界单元等效剪切模量、等效弹性模量和阻尼系数可分别用如下公式计算：

$$\widetilde{G}=\alpha_{\mathrm{T}}h\frac{G}{R}=\alpha_{\mathrm{T}}h\frac{E}{2R(1+\mu)} \tag{3.45}$$

$$\widetilde{E}=\alpha_{\mathrm{N}}h\frac{G}{R}\frac{(1+\widetilde{\nu})(1-2\widetilde{\nu})}{1-\widetilde{\nu}}=\alpha_{\mathrm{N}}h\frac{E}{2R(1+\mu)}\frac{(1+\widetilde{\nu})(1-2\widetilde{\nu})}{1-\widetilde{\nu}} \tag{3.46}$$

$$\widetilde{\eta}=\frac{\rho R}{nG}\left[(n-1)\frac{c_{\mathrm{S}}}{\alpha_{\mathrm{T}}}+\frac{c_{\mathrm{P}}}{\alpha_{\mathrm{N}}}\right]=\frac{2\rho R(1+\mu)}{nE}\left[(n-1)\frac{c_{\mathrm{S}}}{\alpha_{\mathrm{T}}}+\frac{c_{\mathrm{P}}}{\alpha_{\mathrm{N}}}\right] \tag{3.47}$$

式中，h 为等效边界单元厚度；$\widetilde{\nu}$ 为等效泊松比；n 为计算模型维数；等效阻尼系数取的是法向和切向的平均值。

考虑到实施的方便，实际计算中边界材料常采用各向同性材料，这时上述等效剪切模量和等效弹性模量之间存在隐含关系式 $\widetilde{E}=2(1+\widetilde{\nu})\widetilde{G}$。考虑到普通有限元材料泊松比应限制在 0～0.5,则该等效泊松比可按如下公式取值[5]：

$$\widetilde{\nu}=\begin{cases}\dfrac{\dfrac{\alpha_N}{\alpha_T}-2}{2\left(\dfrac{\alpha_N}{\alpha_T}-1\right)}, & \dfrac{\alpha_N}{\alpha_T}\geqslant 2\\ 0, & \text{其他}\end{cases} \tag{3.48}$$

即计算等效泊松比时应先确定 α_N/α_T 大小范围,再确定其计算式。

3) 静-动力统一人工边界

静-动力统一人工边界是在上述动力人工边界的基础上对上述人工边界参数 α 进行调整,其具体取值如表 3.10 所示[24]。

表 3.10　黏弹性静-动力统一人工边界中参数 α 的取值

模型类型	人工边界位置	方向	α
二维人工边界	模型底面	法向	$\alpha^*/3$
		切向	2/3
	模型侧面	法向	$\alpha^*/4$
		切向	1/8
三维人工边界	模型底面	法向	α^*
		切向	2
	模型侧面	法向	α^*
		切向	1/2

表 3.10 中参数 α^* 的具体计算公式为

$$\alpha^*=\frac{6}{2(1-\nu\mu)\left[1+\left(\dfrac{d}{R}\right)^2\right]^2+\left[1+\left(\dfrac{d}{R}\right)^2\right]} \tag{3.49}$$

式中,ν 为围岩泊松比;d 为位置坐标;R 为荷载作用点到人工边界点的距离。

对于底面人工边界,式中 d 取荷载作用点至边界单元的水平距离;对于侧面人工边界,式中 d 取荷载作用点至边界单元的垂直距离。

2. 有限元与无限元耦合边界

有限元和无限元的耦合法已成为处理无限区域静力问题边界条件的一种重要方法。由于一般的动力问题都是近波源能量和变形较大,而离波源较远处由于能量衰减,变形通常较小,所以在动力分析中,计算区域的中心必须考虑土体的非均质性、非线性及地形的不规则性,适合用有限元法进行计算。而远域由于变形较小,可以看作弹性介质,一般不会引起太大的误差,因此适合用无限元进行离散以描述波向无限远处传递的辐射边界条件。常用的无限单元与有限单元的耦合模型如图 3.18 所示。

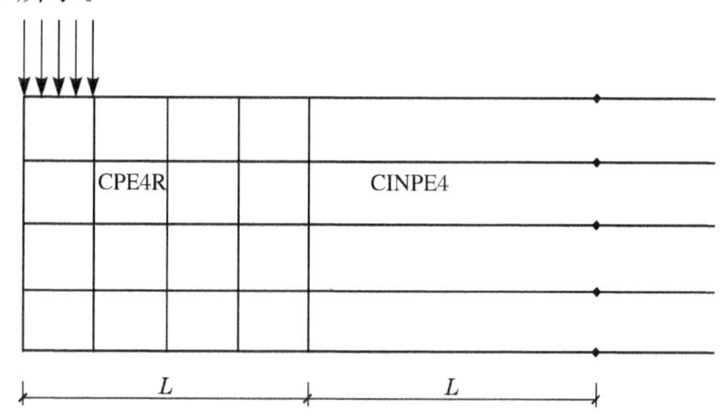

图 3.18　无限元与有限元耦合分析模型(图中 CINPE4 为平面无限单元)

由于无限元主要是通过 Lagrange 插值函数和衰减函数的乘积来构造形函数,对于有位移的无限元,一定要选择能反映位移衰减特征的衰减函数,以反映在介质中由近场至远场的位移分布规律,同时要满足在无穷远处位移为零的条件。然而目前对衰减函数的选取比较随意,对复杂波动场位移衰减特征的描述也有一定的局限性。

3. 静动力耦合人工边界

土木工程中的结构-地基体系是一个开放系统,静力分析和动力分析均涉及半无限地基的有限体边界切断模拟问题,因此合理设置人工边界成为解决 SSI 效应等问题的关键。广义上讲,人工边界可以分为静力人工边界和动力人工边界。其中静力人工边界由来已久,如固定边界、滚轴边界等。而目前广泛应用的动力人工边界主要是基于单侧波动概念的局部人工边界,如黏性边界、黏弹性边界、透射边界等,其中黏性边界概念清楚、简单方便,因而得到了广泛应用。

在 SUSI 系统中,SUSI 体系静动力耦合边界的处理技术主要有两种,一种是以刘晶波和李彬[22]提出的发展静动力统一人工边界的方法为代表,基于黏弹性动力人工边界和半无限空间中静力问题的基本解,建立了对动力问题和静力问题均适用的三维黏弹性静-动力统一人工边界。另一种静动力耦合边界处理技术较为简单,首先,在静力分析步中侧向边界采用水平向约束和竖向自由的滚轴边界,在动力分析步中侧向边界采用水平向自由和竖向约束的滚轴边界(只有侧向边界离地下结构的水平距离足够大,可以消除边界效应对地下结构动力反应的影响),在静力分析步向动力分析步转化过程中,把静力分析结束后侧向边界的水平向支座反力采用人工的方法以集中力施加于侧向边界面上的静力水平支座对应的单元节点上,以此来实现静力边界条件向动力边界条件的转化。根据楼梦麟等[25,26]的研究，为了尽可能地消除人工边界对车站结构动力反应的影响，地基的计算宽度应取地铁车站宽度的5倍以上为佳。

由于第二种方法概念明确且实施容易，因此本书中对静动力耦合作用下侧向边界的处理采用第二种方法。在静力分析中，计算模型(二维)的底部边界条件采用水平向和竖向约束边界条件，在动力分析中底部边界采用竖向约束和水平向以加速度形式施加的动力约束条件，计算过程中计算边界的变化过程如图3.19所示。

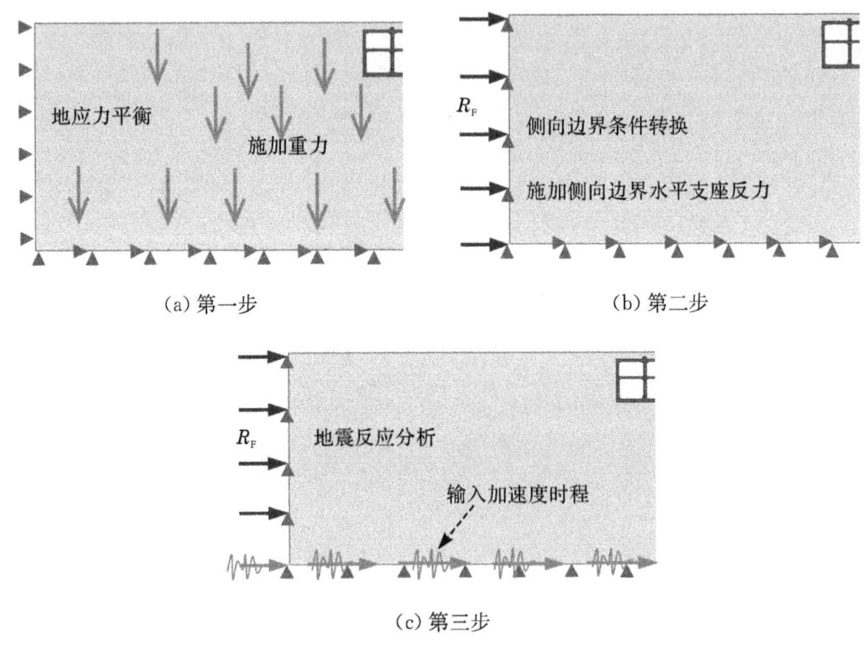

(a) 第一步　(b) 第二步

(c) 第三步

图3.19　计算模型边界条件的转换设置

3.7　地震基岩面的地震动输入

3.7.1　基岩地震动输入

在场地地震反应分析中，一般用水平成层场地模型来模拟工程场地，假设地震动从基岩面输入。但是在实际工程中基岩往往埋深很深，如上海地区的基岩深度为100～300m。如果地震动从基岩面输入，则模型过大，计算时间过长，并且对计算结果也不产生多少影响。因此，通常假设某一岩土界面作为地震动输入的基岩面，称为地震基岩面。根据陈国兴[27]对深软场地地震动输入界面选取的建议，选取剪切波速大于500m/s的土层作为地震基岩面。由于工程所在场地及其附近一般都没有实际地震记录，因而常规做法都是选择频谱特性具有一定差异的国内外现有的地震记录，并按当地的设防烈度进行调整后作为输入地震动。

3.7.2 输入地震动的选取

1. 近场地震动特性

近场地震动，通常指到断层距离不超过20km场地上的地震动。近场效应在距离断层一定距离后会逐渐减弱，此时由于受震级和场地条件等因素的影响，给出一个固定的界限值用以区分近场和远场并不符合实际情况，而给出一个区间是比较合理的。Stewart等[28]认为断层距的界限值应取在20～60km。目前从大量文献研究的结果来看，这一界限值范围是被趋于认同的。对于近场的名称目前有三种提法：近场(near-field)、近断层(near-fault)和近源(near-source)。本书中统一称为近场。

1958年Housner和Hudson[29]指出近场地震动中包含能量脉冲，这种地震动即使在里氏震级较小(M_s4.7)、峰值加速度较低(a_{PG}=0.78m/s^2)的情况下仍具有较强的破坏性。从此学界开始了对近场地震动的研究，经过50多年的发展，近场地震动的特性及其对土木工程的影响成为抗震研究中的热点[30]。

震源机制、断层破裂方向与场地的关系和断裂面相对滑动方向等因素，使近场地震动表现出与一般的从远场获得的地震动明显不同的性质。根据近场强震观测资料的分析、地震震源过程的反演和近场地震动的数值模拟[31～36]发现的近场地震动的基本特征主要有：上盘效应、近场强地震动的集中性、地表破裂和永久位移、破裂的方向性效应和近场的速度大脉冲等。

近场地震动对结构反应的影响具有以下特点：上盘效应使得位移反应谱长周期谱值增长，从而使长周期结构位移反应增大；在结构周期远大于脉冲周期时，高频模态在反应中的贡献增加，使用基频模态近似多模态的方法来估计结构的反应在某些情况下不准确；近场地震动作用下结构的非弹性反应有明显增大的趋势，某些情况下用平方和开平方组合(SRSS)以及绝对值组合(SAV)等方法估计结构的非弹性位移不保守。所以仅通过改变规范设计反应谱考虑近场效应的方法有一定的局限性，因为其不能考虑到近场地震动对结构非弹性反应的影响。

大部分研究者认为近场地震动对结构的破坏作用与其速度脉冲有关，从已有的研究结果来看：Hall等[37]认为与近场地震动中大的速度脉冲相比，在速度脉冲的时间段内所发生的地面位移更能表现地震动的破坏势。Makris和Black[38]认为与速度脉冲相比更应该重视近场地震动中包含的加速度脉冲，而一般情况下速度脉冲只对周期大于4s的结构才有影响。Iwan[39]认为结构在受到脉冲型地震动作用时，地震动将会以波动的形式在结构中扩散，所以基于传统反应谱的方法可能无法合理地描述脉冲对结构的影响，而基于剪切梁模型的层间位移谱方法会更好地解决这个问题。

目前,国际上只有美国的工程抗震规范(UBC2000 和 2000IBC)对近场地震动作用下的工程结构的抗震设计提出了专门的要求[40];总体而言,国内外对近场强地震动对结构影响的研究尚处于起步阶段。本书基于以上分析,后面章节对地下地铁结构输入大脉冲近场地震剪切波,研究地下地铁结构在近场地震动下的动力反应。

2. 远场地震动特性

虽然近场地震动的危害性非常大,但远场强地震动也可能造成严重的工程结构震害和惨重的人员伤亡,如墨西哥城的历次地震震害[41]。由于土体对高频成分的滤波作用,远场强地震动主要由中低频成分构成,在地表的浅层地基中瑞利波的能量占优,远场地震波经过软弱土层的放大以及盆地效应,有可能使地面地震动幅值达到基岩地震动幅值的 5 倍以上,且由于频率较低,易与结构发生类共振作用,进一步加重结构的地震损坏。远场地震动对建筑结构的破坏主要体现在两个方面:①软弱土对远场地震波中中长周期成分的放大作用,使得土体在地震波作用下,其峰值加速度可能被极度放大;②对湖积、海积盆地地区,远场地震波传入盆地后,在盆地中不断反射叠加,地震波能量不断积累从而对结构产生破坏作用;③远场地震波中中低频成分丰富,与城市中的中高层建筑的自振频率相近,因此远场地震波如果经过放大和叠加后,对城市建筑造成的危害往往十分巨大。

3.7.3 代表性的地震记录简介

1. Kobe 地震波

Kobe 地震波是 1995 年 1 月 17 日日本阪神地震(M_s6.9)中,神户海洋气象台在震中附近的加速度时程记录,该记录点距离震中约 1.0km,属典型的近源强震记录。这次地震是典型的城市直下型地震,记录所在的神户海洋气象台的震中距为0.4km。主要强震部分的持续时间为 7s 左右,记录全部波形长约 40s,原始记录离散加速度时间间隔为 0.02s,N-S 分量、E-W 分量和 U-D 分量峰值加速度分别为 818.02cm/s^2、617.29cm/s^2 和 332.24cm/s^2。试验中选用 N-S 分量作为 X 向输入,其加速度反应谱如图 3.20 所示。

2. El Centro 地震波

El Centro 地震波是 1940 年 5 月 18 日美国 Imperial 山谷地震(M_s6.9)在 El Centro台站记录的加速度时程,该台站距离震源约 12.8km,属典型的一般场地条件的近场强震记录。它是广泛应用于结构试验及地震反应分析的经典地震记录。其主要强震部分持续时间为 26s 左右,记录全部波形长为 54s,原始记录离散加速度时间间隔为0.02s,N-S分量、E-W分量和U-D分量峰值加速度分别为341.7cm/s^2、210.1cm/s^{2}和206.3cm/s^2。其加速度反应谱如图3.21所示。

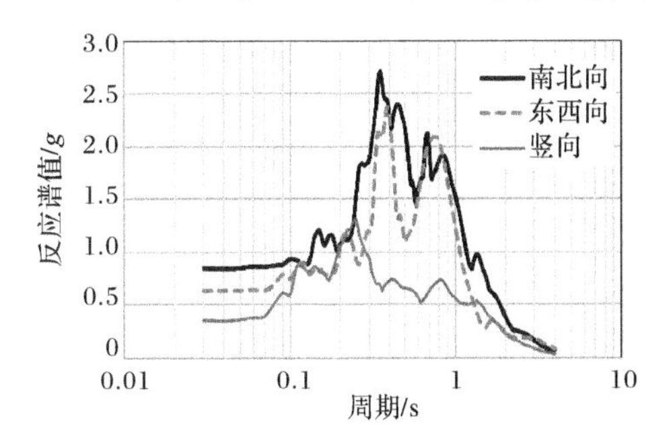

图3.20 Kobe地震波对应的加速度反应谱(阻尼比5%)

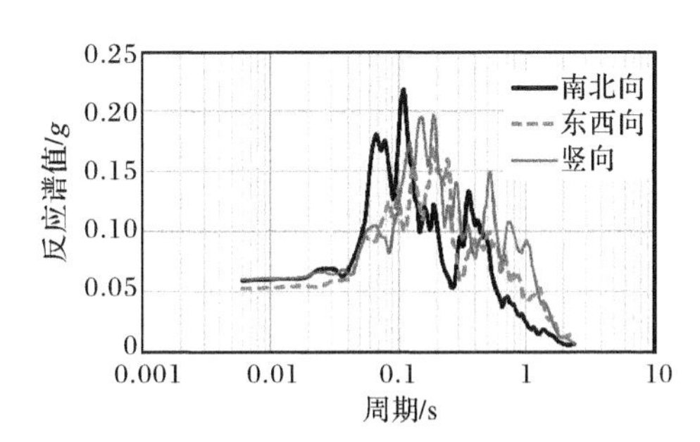

图3.21 El Centro地震波对应的加速度反应谱(阻尼比5%)

3. Loma Prieta 地震波

Loma Prieta地震波是1989年10月17日美国Loma Prieta地震(M_s7.0)某台站记录的加速度时程,该台站距离发震断层约2.8km,属典型的近源地震记录。其主要强震部分的持续时间为5s左右,记录全部有效波形长为25s,原始记录离散加速度时间间隔为0.02s,N-S分量、E-W分量和U-D分量峰值加速度分别为426.6cm/s^2、433.6cm/s^{2}和206.4cm/s^2。其加速度反应谱如图3.22所示。

4. Coalinga 地震波

Coalinga地震波是1983年7月22日美国加利福尼亚州Coalinga油田地震(M_s6.0)某台站记录的加速度时程,该记录点距离震源9.5km,属典型的近源地震记录。其主要强震部分的持续时间为5s左右,记录全部有效波形长为22s,原始记录离散加速度时间间隔为0.005s,N-S分量、E-W分量和U-D分量峰值加速度分别为1145.73cm/s^2、834.62cm/s^{2}和450.54cm/s^2。其加速度反应谱如图3.23所示。

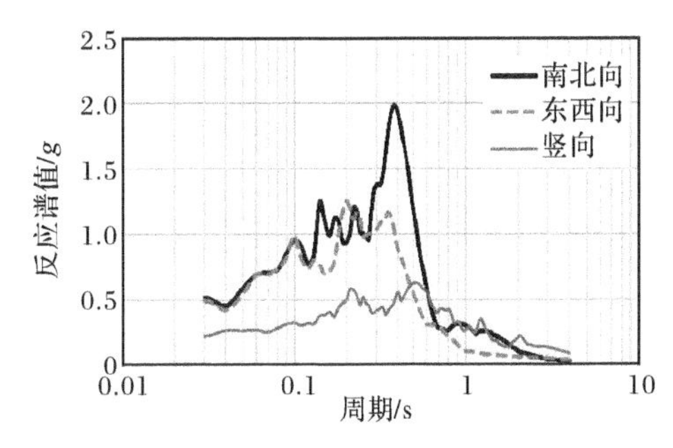

图3.22 Loma Prieta地震波对应的加速度反应谱(阻尼比5%)

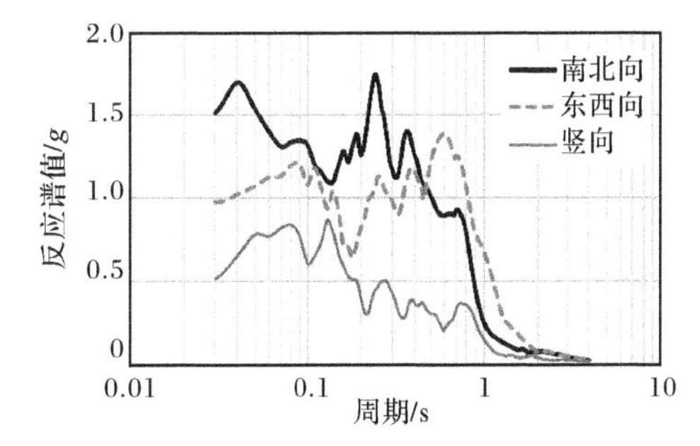

图3.23 Coalinga地震波对应的加速度反应谱(阻尼比5%)

5. Taft 地震波

Taft 地震波是 1952 年 7 月 21 日美国加利福尼亚州 Kern 县的地震(M_s7.5)在 Taft Lincoln 学校建筑 1 层结构处采集的记录,该记录点距离发震断层 36.2km,属于中远场地震动。其主要强震部分的持续时间为 5s 左右,记录全部有效波形长为 40s,原始记录离散加速度时间间隔为 0.02s,N21E 分量、S69E 分量和 U-D 分量峰值加速度分别为 175.95cm/s^2、152.7cm/s^2 和 102.85cm/s^2。其加速度反应谱如图 3.24 所示。

6. Mexico 地震波

Mexico 地震波是 1985 年 9 月 19 日墨西哥地震(M_s8.1)在 Michoacan 采集的记录,该记录点距离发震断层 247.9km,属于远场地震动。其主震部分的持续时间较长,记录全部有效波形长为 42s,原始记录离散加速度时间间隔为 0.005s,N-S分量、E-W 分量和 U-D 分量峰值加速度分别为 52.64cm/s^2、59.34cm/s^2 和 60.29cm/s^2。其加速度反应谱如图 3.25 所示。

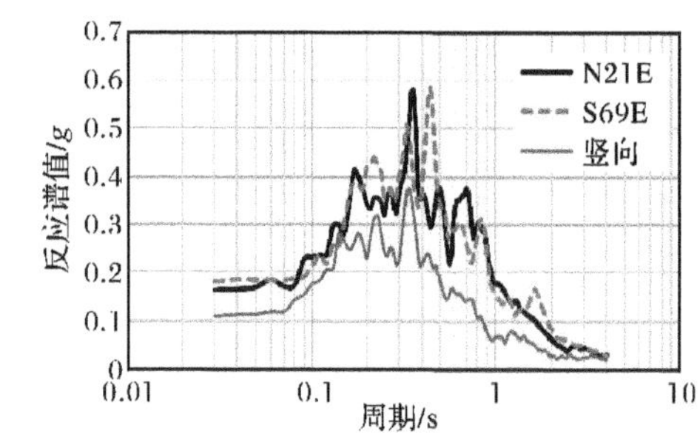

图 3.24 Taft 地震波对应的加速度反应谱(阻尼比 5%)

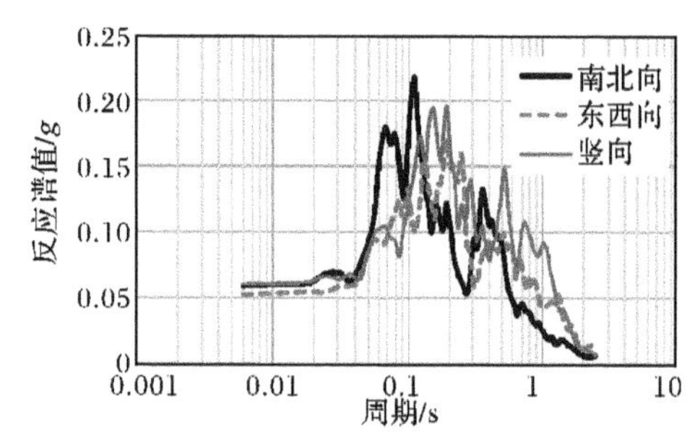

图 3.25 Mexico 地震波对应的加速度反应谱(阻尼比 5%)

7. Izmit 地震波

Izmit 地震波是 1999 年在土耳其 Ereglisi 一个钢筋混凝土结构基础部位记录的加速度时程,该记录点距离震源 160.9km,属于远场地震动。其主震部分持续 10s 左右,记录全部有效波形长为 102s,原始记录离散加速度时间间隔为0.005s,N-S分量、E-W 分量和 U-D 分量峰值加速度分别为 85.3cm/s^2、96.8cm/s^2 和 23.1cm/s^2。其加速度反应谱如图 3.26 所示。

8. 5.12 汶川地震波

5.12 汶川地震,发生于北京时间(UTC+8)2008 年 5 月 12 日(星期一)14 时 28 分 04 秒,震中位于中华人民共和国四川省阿坝藏族羌族自治州汶川县映秀镇

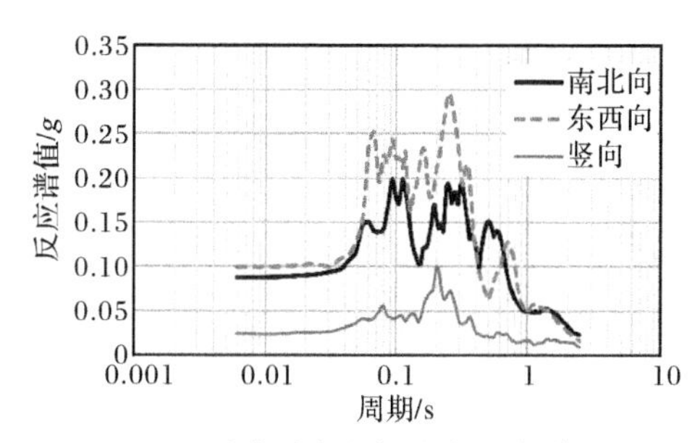

图 3.26　Izmit 地震波对应的加速度反应谱(阻尼比 5%)

与漩口镇交界处。根据中国地震局的数据,此次地震的面波震级达 M_s8.0、矩震级达 M_w8.3(根据美国地质调查局的数据,矩震级为 M_w7.9),地震烈度达到 9 度。地震波及大半个中国及亚洲多个国家和地区,北至辽宁,东至上海,南至香港、澳门、泰国、越南,西至巴基斯坦均有震感。汶川地震中记录的什邡八角波 N-S 分量、E-W 分量和 U-D 分量峰值加速度分别为 581.46cm/s^2、548.86cm/s^2 和 632.93cm/s^2,断层距为 10km,属于近场地震动;绵竹清平波 N-S 分量、E-W 分量和 U-D 分量峰值加速度分别为 802cm/s^2、803cm/s^2 和 623cm/s^2,距离震源约 14.1km,距发震断层约 2.0km,属于近源地震动;卧龙波 N-S 分量、E-W 分量和 U-D 分量峰值加速度分别为 629cm/s^2、957cm/s^2 和 948cm/s^2,距离震源约 23.6km,距发震断层约 19.0km,属于近场地震动。其加速度反应谱如图 3.27 所示。

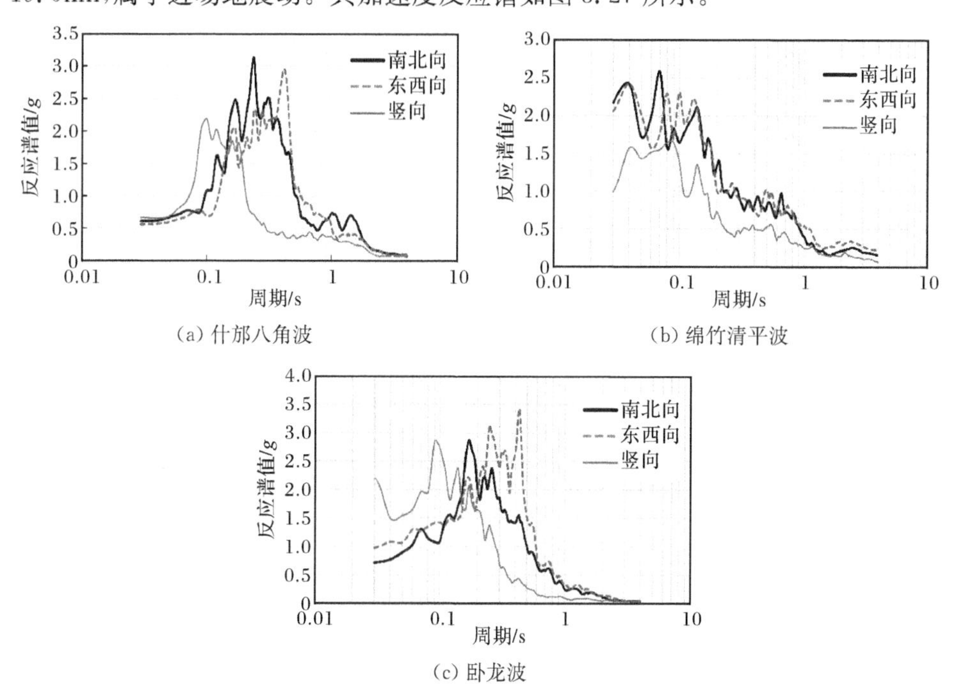

(a) 什邡八角波　(b) 绵竹清平波

(c) 卧龙波

图 3.27　汶川地震波对应的加速度反应谱(阻尼比 5%)

9. 南京人工波

南京市地处江苏省南部长江下游地区，经济发达、人口稠密，在全国特大城市中有着非常重要的地位。已有地质和物探资料表明，南京及其邻近地区发育有一系列北东向和近东西向的断裂。根据南京市活动断层地震危险性分析的结果，幕府山-焦山断裂可能发生 $M_s6.0$ 级地震。在此基础上，采用三维显式有限元技术和并行计算技术计算长周期地震动，利用等效线性化方法计算场地一维土层的非线性反应，获得目标区地表的加速度、速度和位移时程。针对南京地铁 1 号线场地情况，计算所得南京人工波小震、中震和大震对应的加速度峰值分别为 53cm/s^2、116cm/s^2 和 154cm/s^2。中震对应的加速度反应谱如图 3.28 所示。

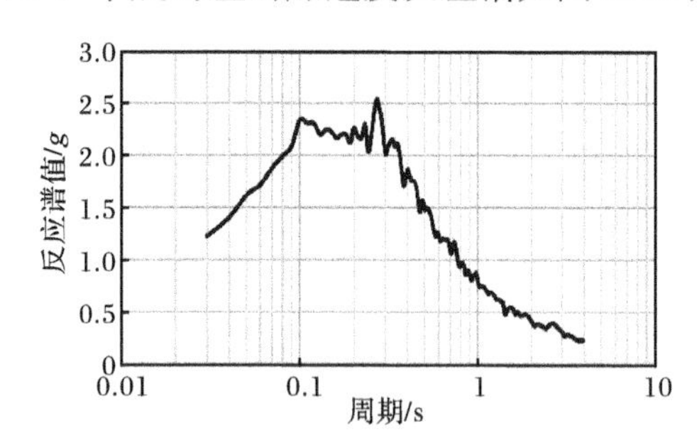

图 3.28　南京人工波对应的加速度反应谱(阻尼比 5%)

3.8　非线性动力相互作用平衡方程的求解

利用 ABAQUS 求解 SSI 问题时有两种积分方法可供求解动力平衡方程，一种是 Newmark 隐式积分法，另一种是显式中心差分法。这两种方法在处理非线性动力学问题时各有利弊，两种积分方法及其自动积分时间步长的确定方法分别介绍如下。

3.8.1　基于隐式算法的动力平衡方程积分法

时程分析法是对系统运动方程的求解采用逐步积分法完成的，SUSI 系统的动力平衡方程为[42,43]

$$[M][\ddot{u}]+[C][\dot{u}]+[K][u]=-[M][I]\ddot{x}_g(t) \tag{3.50}$$

式中，$[M]$为 $n\times n$ 的质量矩阵；$[C]$为 $n\times n$ 的阻尼矩阵；$[K]$为 $n\times n$ 的刚度矩阵；$\ddot{x}_g(t)$为体系输入的地震加速度时程；$[u]$为 $n\times 1$ 的结构相对位移向量；$[I]$为惯性力指示向量。

首先引入一个控制积分稳定性的参数 α，把式(3.50)改写为

$$[M][\ddot{u}]_{t+\Delta t}+(1+\alpha)([C]_{t+\Delta t}[\dot{u}]_{t+\Delta t}+[K]_{t+\Delta t}[u]_{t+\Delta t}+[M][I]\ddot{x}_g(t+\Delta t))$$
$$-\alpha([C]_t[\dot{u}]_t+[K]_t[u]_t+[M][I]\ddot{x}_g(t))+[L]_{t+\Delta t}=0 \quad (3.51)$$

式中，$[L]$为与自由度有关的拉格朗日因子力之和。

Newmark 法是一种将线性加速度法普遍化的方法，该方法假定某一时刻的位移和速度可表示为

$$[u]_{t+\Delta t}=[u]_t+[\dot{u}]_t\Delta t+\left(\frac{1}{2}-\beta\right)[\ddot{u}]_t\Delta t^2+\beta[\ddot{u}]_{t+\Delta t}\Delta t^2 \quad (3.52)$$

$$[\dot{u}]_{t+\Delta t}=[\dot{u}]_t+(1-\gamma)_t[\ddot{u}]_t\Delta t+\gamma[\ddot{u}]_{t+\Delta t}\Delta t \quad (3.53)$$

式中，

$$\beta=\frac{1}{4}(1-\alpha)^2,\quad \gamma=\frac{1}{2}-\alpha,\quad 且 -\frac{1}{3}\leqslant\alpha\leqslant 0 \quad (3.53a)$$

上述积分方法是无条件稳定的积分格式，当 $\alpha=0$ 时，该方法称为 Newmark-β 法。Hilber 和 Hughes[42] 对上述积分方法进行了讨论，讨论主要集中在如何通过计算参数 α 控制积分过程的稳定性，当采用自动计算时间步长调整时，时间步长的变化往往会对积分计算的稳定性和收敛性产生影响，采用微小的数值阻尼将会很好地消除这种影响，这种数值阻尼可通过参数 α 取非零值时提供，一般的 SSI 效应分析中取 $\alpha=-0.05$ 就能基本满足上述要求，同时对低频反应的影响甚小，当 α 取值太小时，将会引起过阻尼现象。

求解动力问题时自动计算时间步长的确定方法最早由 Hibbit[43] 提出，该方法通过在半积分时间步长时体系最小节点残差力的大小来调整计算时间步长的大小，假设加速度值在任一时间步长内是线性变化的，即

$$[\ddot{u}]_\tau=(1-\gamma)[\ddot{u}]_t+\tau[\ddot{u}]_{t+\Delta t},\quad 0\leqslant\tau\leqslant 1 \quad (3.54)$$

把式(3.54)、式(3.52)和式(3.53)联合求解，可得

$$[u]_\tau=[u]_t+\tau^3[\Delta u]_{t+\Delta t}+\tau(1-\tau^2)\Delta t[\dot{u}]_t+\tau^2(1-\tau)\frac{\Delta t^2}{2}[\ddot{u}]_t \quad (3.55)$$

$$[\dot{u}]_\tau=\frac{\gamma}{\beta\tau\Delta t}[\Delta u]_\tau+\left(1-\frac{\gamma}{\beta}\right)[\dot{u}]_t+\left(1-\frac{\gamma}{2\beta}\right)\tau\Delta t[\ddot{u}]_t \quad (3.56)$$

$$[\ddot{u}]_\tau=\frac{1}{\beta\tau^2\Delta t^2}[\Delta u]_\tau-\frac{1}{\beta\tau\Delta t}[\dot{u}]_t+\left(1-\frac{\gamma}{2\beta}\right)[\ddot{u}]_t \quad (3.57)$$

利用式(3.55)～式(3.57)就可以求出某点在某一时间步长内任一时刻的位移、速度和加速度值。

在某一积分步计算结束后，定义在该时刻的节点残差力为

$$[R]_{t+\Delta t}=[M][\ddot{u}]_{t+\Delta t}+(1+\alpha)$$
$$\cdot([C]_{t+\Delta t}[\dot{u}]_{t+\Delta t}+[K]_{t+\Delta t}[u]_{t+\Delta t}+[M][I]\ddot{x}_g(t+\Delta t))$$
$$-\alpha([C]_t[\dot{u}]_t+[K]_t[u]_t+[M][I]\ddot{x}_g(t))+[L]_{t+\Delta t}$$
$$(3.58)$$

当计算结果正确时，某节点残差力与外力相比是非常微小的，理论上该值应接近于零。而在某一积分时间步开始时的节点残差力为

$$
\begin{aligned}
[R]_t = & [M][\ddot{u}]_t + (1+\alpha)([C]_t[\dot{u}]_t + [K]_t[u]_t + [M][I]\ddot{x}_g(t)) \\
& - \alpha([C]_{t-\Delta t}[\dot{u}]_{t-\Delta t} + [K]_{t-\Delta t}[u]_{t-\Delta t} + [M][I]\ddot{x}_g(t-\Delta t)) + [L]_t
\end{aligned}
\tag{3.59}
$$

因此，在某一半时间步长时定义节点残差力的计算公式为

$$
\begin{aligned}
[R]_{t+\Delta t/2} = & [M][\ddot{u}]_{t+\Delta t/2} + (1+\alpha)([C]_{t+\Delta t/2}[\dot{u}]_{t+\Delta t/2} + [K]_{t+\Delta t/2}[u]_{t+\Delta t/2} \\
& + [M][I]\ddot{x}_g(t+\frac{\Delta t}{2})) \\
& - \frac{1}{2}\alpha([C]_t[\dot{u}]_t + [K]_t[u]_t + [M][I]\ddot{x}_g(t) + [C]_{t-\Delta t}[\dot{u}]_{t-\Delta t} \\
& + [K]_{t-\Delta t}[u]_{t-\Delta t} + [M][I]\ddot{x}_g(t-\Delta t)) + [L]_{t+\Delta t/2}
\end{aligned}
\tag{3.60}
$$

式中，

$$
[L]_{t+\Delta t/2} = \frac{1}{2}([L]_{t+\Delta t} + [L]_t) \tag{3.61}
$$

在计算中给定一个定值 $R_{t+\Delta t}$，若整个系统中节点的最大残差力大于该定值，在下一个计算增量步时将对时间步长自动调整，根据不同的精度要求对变量 $R_{t+\Delta t}$ 值的设定方法如下：

(1) 当 $R_{t+\Delta t} \approx 0.1P$ 时，设置的时间步长有很高的计算精度。

(2) 当 $R_{t+\Delta t} \approx P$ 时，设置的时间步长有一般的计算精度。

(3) 当 $R_{t+\Delta t} \approx 10P$ 时，设置的时间步长有较差的计算精度。

P 为整个系统中节点可能受到的最大外力。

在利用隐式积分模块分析非线性动力问题时，时间积分步长同时也将受到积分收敛性的限制，对于一个荷载增量，得到收敛解所需要的迭代步数量的变化取决于系统的非线性程度。在 ABAQUS 默认情况下，如果经过 16 次迭代的解仍不能收敛或者结果发散，ABAQUS 软件将放弃当前的时间增量步，并将时间步长调整为原来的 25%，重新开始计算。利用比较小的荷载增量来尝试找到收敛的解答。若此增量仍不能使其收敛，将再次减小计算时间步长继续计算，当尝试到 5 次(默认值，可调)减小时间步长仍不能收敛时，将中止计算。当在 5 次内能收敛时，在下一个增量计算时，把时间步长自动提高 50%进行计算。

3.8.2 基于显式算法的动力平衡方程积分法

对加速度在时间上进行积分采用中心差分法，在计算速度的变化时假定加速度为常数，应用这个速度的变化加上前一个增量步中点的速度来确定当前增量步

中点的速度，即

$$[\dot{u}]_{t+\Delta t/2}=[\dot{u}]_{t-\Delta t/2}+\frac{\Delta t_{t+\Delta t/2}+\Delta t_t}{2}[\ddot{u}]_t \tag{3.62}$$

速度对时间的积分加上在增量步开始时的位移以确定增量步结束时的位移：

$$[u]_{t+\Delta t}=[u]_t+\Delta t_{t+\Delta t}[\dot{u}]_{t+\Delta t/2} \tag{3.63}$$

在当前增量步开始时，计算加速度：

$$[\ddot{u}]_t=-[M]^{-1}([C][\dot{u}]+[K][u]+[M][I]\ddot{x}_g(t)) \tag{3.64}$$

当 $t=0$ 时，初始加速度和速度一般被设置为零。

利用中心差分法进行积分计算时是有条件稳定的，当计算无阻尼体系时，稳定时间步长需要满足

$$\Delta t\leqslant\frac{2}{\omega_{\max}} \tag{3.65}$$

式中，$\omega_{\max}$为体系的最高振动频率。

当计算有阻尼体系时，稳定时间步长需满足

$$\Delta t\leqslant\frac{2}{\omega_{\max}}(\sqrt{1+\xi^2}-\xi) \tag{3.66}$$

式中，ξ为最高模态的临界阻尼值。

在某个振动系统中的实际最高频率是基于一组复杂的相互作用因素而计算出的，因此，不大可能计算出确切的值。在 ABAQUS 中代替的方法是应用一个有效的和保守的简单估算，即以各个单元的最高单元频率 $\omega_{\max}^{\mathrm{el}}$ 的最大值作为模型的最高频率，即稳定时间步长为

$$\Delta t\leqslant\frac{2}{\omega_{\max}^{\mathrm{el}}} \tag{3.67}$$

在 ABAQUS 中还有更方便的计算稳定时间步长的经验公式为

$$\Delta t=\min\left(\frac{L_{\mathrm{e}}}{c_{\mathrm{d}}}\right) \tag{3.68}$$

式中，L_{e} 为单元的特征长度尺寸；c_{d} 为材料的有效膨胀波速。

3.8.3　动力相互作用体系两种算法的对比

1. 计算精度及效率比较[44]

对图 3.29 所示的二维均匀、各向同性弹性介质，矩形区域竖向尺寸 600m、水平向任意，网格尺寸为 2m×2m，侧向边界竖向固定，水平向自由，介质表面施加正弦波动荷载。介质的密度 $\rho=1000\mathrm{kg/m^3}$、弹性模量 $E=104\mathrm{MPa}$、泊松比 $\nu=0.3$、剪切波速 $c_{\mathrm{S}}=200\mathrm{m/s}$。由以上参数可知，正弦波从介质表面传至底面的时间需 3s，因此，对前 3s 的波动计算，只有下行波、没有从底面边界反射的上行波。该波

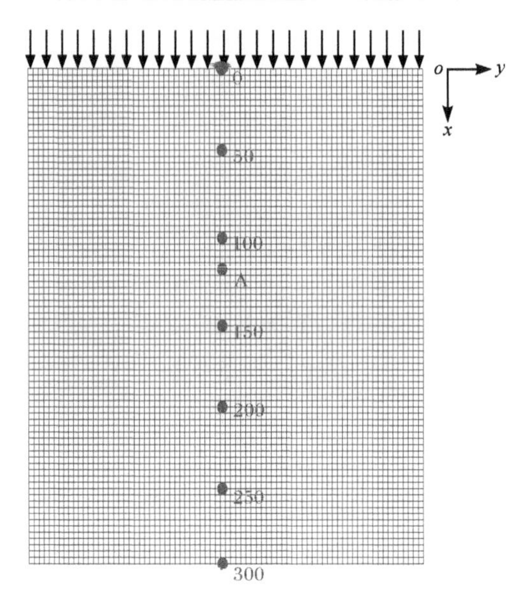

图 3.29　计算区域网格划分及节点编码

动问题的实质是一维波动问题，只是在将一维波动问题扩展到二维平面进行计算而已。因此，对水平向的任意 y 值，波动方程为

$$\frac{\partial^2 u}{\partial t^2}=c_S\frac{\partial^2 u}{\partial x^2} \tag{3.69}$$

初始条件为

$$u(x,0)=\dot{u}(x,0) \tag{3.70}$$

边界条件为

$$\sigma(x,t)\big|_{x=0}=-p(t)=-\sin(\lambda t) \tag{3.71}$$

前 3s 的波动解析解(仅含下行波，$x-c_St\leqslant 0$)：

$$u(x,t)=-\frac{c_s}{\lambda E}\left[\cos\lambda\left(t-\frac{x}{c_S}\right)-1\right](1+\nu) \tag{3.72}$$

为了比较显式算法和隐式算法的精度，本节选取了不同频率的两种正弦波(1Hz 和 10Hz)，用两种方法分别计算其作用下各节点在 3s 内各时间点上的位移。现定义相对误差为 $e=\left|\frac{u-\tilde{u}}{u_{\max}}\right|$，其中 u 为解析解，$\tilde{u}$ 为数值解，$u_{\max}$为解析解幅值。图 3.29 为计算区域的网格划分和节点编码，考虑增量步长对计算精度和效率的影响，将增量步长分为不同增量步长(显式算法 1×10^{-5}、隐式算法 1×10^{-2}，这是在实际使用中两种算法采用的增量步长)和相同增量步长(都为 1×10^{-3})进行计算比较。比较结果如图 3.30～图 3.33 所示(正弦波在 1s 时传至节点 100，1s 前节点 100 无位移反应)，两种算法的效率比较如表 3.11 所示。由以上分析可知，在均

匀各向同性弹性介质中，在不同增量步长下，采用中心差分显式算法的计算精度略高于采用 Hilber-Hughes-Taylor 隐式算法的计算精度。在相同增量步长下，显式算法的计算精度与隐式算法的计算精度相当，但显式算法的计算效率远远高于隐式算法。

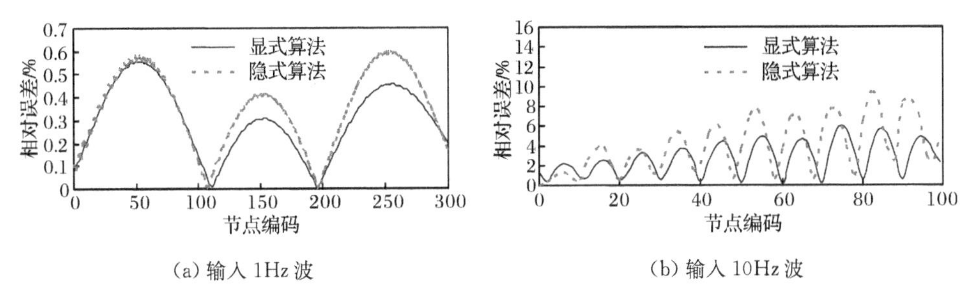

图 3.30　不同增量步长下 3s 时刻显式和隐式算法各节点的相对误差

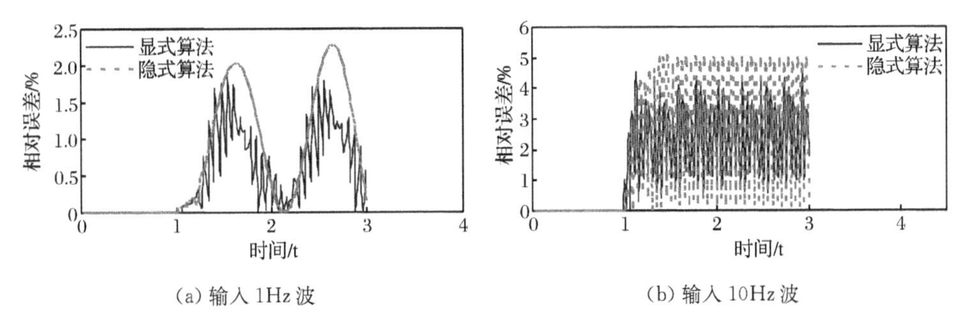

图 3.31　不同增量步长下节点 100 的显式和隐式算法相对误差

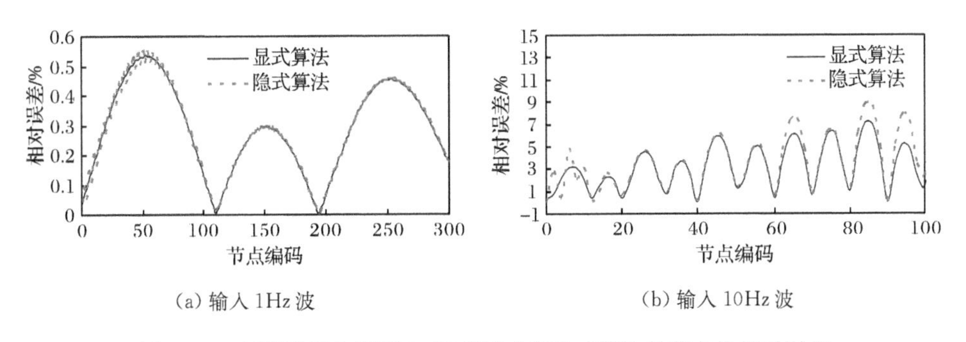

图 3.32　相同增量步长下 3s 时刻显式和隐式算法各节点的相对误差

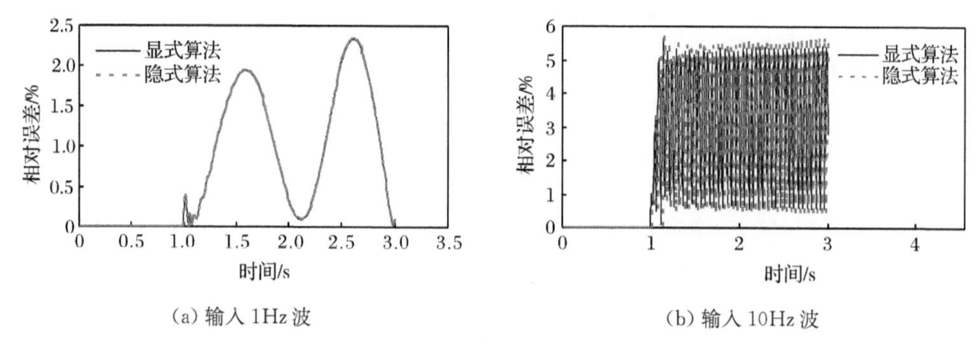

(a) 输入 1Hz 波　　(b) 输入 10Hz 波

图 3.33　相同增量步长下节点 100 的显式和隐式算法相对误差

表 3.11　相同增量步长下显式与隐式算法的效率比较

输入波	显式算法/min,s	隐式算法/min,s	显式/隐式
1Hz 正弦波	5,11	887,57	1/169.4
10Hz 正弦波	4,43	906,47	1/150.5

2. 对地铁地下结构地震反应的影响[45]

地铁地下结构动力反应的三维数值模拟是地铁地下结构动力反应数值模拟的发展方向。以南京地铁某三层两跨车站结构为模拟对象,地铁车站结构的宽度 22m、高度 18m,上覆土层厚 2m,车站结构底板厚度 1m,顶板厚度 0.8m,中板厚度 0.5m,侧墙厚度 1m,中柱采用 1.0m 的方柱模拟,柱横向间距为 5m、纵向间距为 9m。三维模型计算区域取为 100m×55m×50m。

地基土与车站结构单元均采用六面体实体单元,车站结构选用全积分单元 C3D8,地基土选用减缩积分单元 C3D8R,自由度总数为 387426。地震波从基岩面输入,计算域侧面采用竖向约束、水平向设置黏弹性边界。为降低边界效应对地铁地下结构地震反应的影响,对离地铁地下结构较远的土体,通过提高瑞利阻尼中与质量有关项的系数 α,适当增大土体的阻尼比,耗散反射波中的低频成分。按地震波主要频率范围及土体剪切波速大小,地铁车站结构的网格尺寸为 0.5m,土体的网格尺寸从地铁车站结构边缘到侧边界由 0.5m 逐渐增大到 2.0m。土体-地铁车站结构的三维有限元模型网格划分如图 3.34 所示。

土体动本构模型采用第 2 章介绍的修正 Martin-Seed-Davidenkov 黏弹性本构模型,车站结构 C30 混凝土的动本构模型采用 3.3 节的黏塑性动力损伤模型,土体及混凝土的模型参数值见文献[45]。

采用低频成分较丰富的 El Centro 波和高频成分丰富的 Loma Prieta 近场脉冲型地震波及周期 0.5s、幅值 $5m/s^2$ 的正弦波作为土体-地铁车站结构体系的水

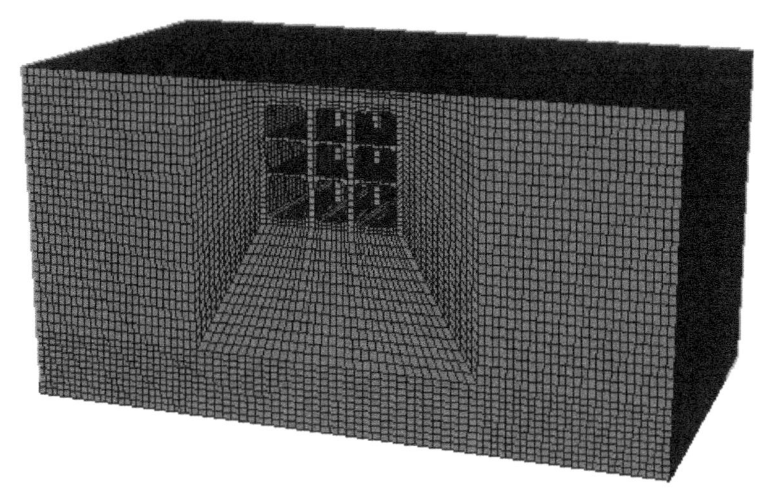

图 3.34　土体-地铁车站结构体系三维有限元网格

平向基岩输入地震动，以比较并行计算的显式和隐式算法对不同频谱特性地震波的适用性。在隐式算法中，初始增量步和最大增量步设为与地震波记录时间间隔一致的 0.01s；显式算法由于其增量步较小，一般都低于 10^{-4}s，采用自动增量步大小，以保证计算的收敛。

表 3.12 给出 3D 模型使用集群并行计算的时间，可以发现显式算法的效率要远高于隐式算法，在使用 8CPU 并行计算时，显式与隐式算法的耗时比大约为 0.2。

表 3.12　8CPU 并行计算时 3D 模型显式与隐式算法的计算耗时比

输入地震动	算法	计算时间/h,min	显式/隐式的耗时比
正弦波	隐式	89,45	0.199
	显式	17,52	
El Centro 波	隐式	94,19	0.219
	显式	20,39	
Loma Prieta 波	隐式	103,39	0.202
	显式	20,58	

图 3.35 给出了不同地震波作用下三维地铁车站结构底部的 Mises 应力时程。可以发现：在正弦波作用下显式和隐式算法的应力时程，除了在第一个波峰处有比较大的差异外，其余各处基本重合，且呈正弦状，这表明通过 VUMAT 接口开发的土体动本构子程序是正确的。在 El Centro 波和 Loma Prieta 波作用下Mises 应力时程的总体趋势是一致的，两种算法的峰值应力差在 9%以内。

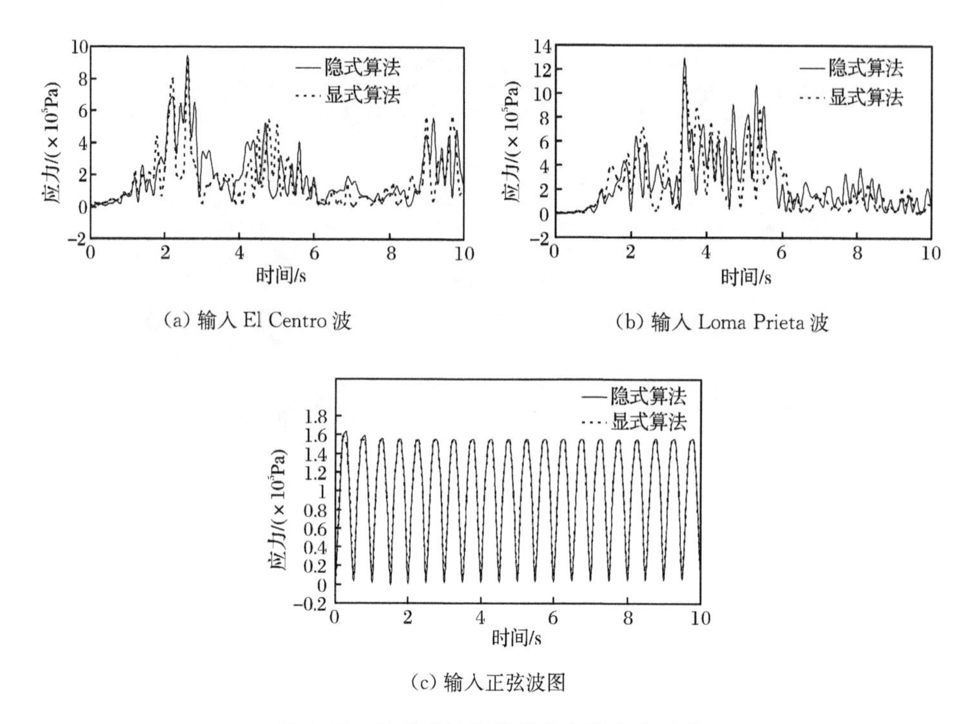

(a) 输入 El Centro 波

(b) 输入 Loma Prieta 波

(c) 输入正弦波图

图 3.35　地铁车站底部某节点处应力时程

由表 3.13 可知，3D 模型、8CPU 显式算法的耗时远小于隐式算法的耗时；随着 CPU 数的增加，显式算法的优势更加显著，8CPU、16CPU 和 32CPU 并行计算的显式算法相对隐式算法的耗时比依次为 21.89%、23.10%和 4.32%；16CPU、32CPU 显式算法相对 8CPU 显式算法的相对耗时比分别为 47.5%和 25.7%，而 16CPU、32CPU 隐式算法相对 8CPU 隐式算法的相对耗时比分别为 45%和 130%。因此，多 CPU 并行计算的显式算法适宜于求解大规模的数值计算问题，多 CPU 并行计算的隐式算法比较适宜于求解小规模的数值计算问题。

表 3.13　并行计算显式、隐式算法的计算耗时对比

模型类别	算法	CPU 数	计算时间/h,min
2D	隐式	1	0,53
2D	显式	1	2,8
3D	隐式	8	94,19
3D	显式	8	20,39

参 考 文 献

[1] Lamb H. On the propagation of tremors over the surface of an elastic solid[J]. Philosophical Transactions of the Royal Society of London. Series A,Containing Papers of a Mathematical or Physical Character,1904,203:1－42.

[2] Parmelee R A. Building-foundation interaction effects[J]. Journal of the Engineering Mechanics Division,ASCE,1967,93(EM2):131－152.

[3] Seed H B,Lysmer J. Soil-structure interaction analyses by finite elements—State of the art [J]. Nuclear Engineering and Design,1978,46(2):349－365.

[4] Wolf J P,Obernhuber P. Effects of horizontally travelling waves in soil-structure interaction [J]. Nuclear Engineering and Design,1980,57(2):221－244.

[5] 王哲,林皋. 混凝土的一种非相关流塑性本构模型[J]. 水利学报,2000,31(4):8－13.

[6] Winnicki A,Cichon C L. Plastic model for concrete in plane stress state. I:Theory[J]. Journal of Engineering Mechanics,1998,124(6):591－602.

[7] Balan T A,Filippou F C,Popov E P. Constitutive model for 3D cyclic analysis of concrete structures[J]. Journal of Engineering Mechanics,1997,123(2):143－153.

[8] 杜成斌,苏擎柱. 混凝土材料动力本构模型研究进展[J]. 世界地震工程,2002,18(2):94－98.

[9] 杜成斌,苏擎柱. 混凝土坝地震动力损伤分析[J]. 工程力学,2003,20(5):170－173.

[10] Lee J,Fenves G L. Plastic-damage model for cyclic loading of concrete structures[J]. Journal of Engineering Mechanics,1998,124(8):892－900.

[11] Lubliner J,Oliver J,Oller S,et al. A plastic-damage model for concrete[J]. International Journal of Solids and Structures,1989,25(3):299－326.

[12] 谭丁,姜忻良. 不同接触面模型对评估地下结构震害的影响[J]. 岩土工程技术,2003,17(2):77－80.

[13] 李守德,俞洪良. Goodman 接触面单元的修正与探讨[J]. 岩石力学与工程学报,2004,23(15):2628－2631.

[14] 金峰,邵伟,张立翔,等. 模拟软弱夹层动力特性的薄层单元及其工程应用[J]. 工程力学,2002,19(2):36－40.

[15] ABAQUS Inc. Analysis User's Manual. Volume Ⅴ:Prescribed Conditions,Constraints & Interactions. 2002.

[16] 刘书. 土木工程中动态接触问题的数值计算方法及试验研究[D]. 北京:清华大学,2000.

[17] 朱伯芳. 有限元法原理与应用[M]. 北京:中国水利水电出版社,1998.

[18] 张晓志,谢礼立,屈成忠. 一种基于多项式外推的局部透射边界位移解(外行波为平面波情形)[J]. 地震工程与工程振动,2003,23(5):17－25.

[19] 杨光,刘曾武. 地下隧道工程地震动分析的有限元-人工透射边界方法[J]. 工程力学,1994,11(4):122－130.

[20] 姜忻良，徐余. 地下隧道-土体系地震反应分析的有限元与无限元耦合法[J]. 地震工程与工程振动，1999，19(3)：22－26.

[21] Yu G Y，Lie S T，Fan S C. Stable boundary element method/finite element method procedure for dynamic fluid-structure interactions[J]. Journal of Engineering Mechanics，2002，128(9)：909－915.

[22] 刘晶波，李彬. 三维粘弹性静-动力统一人工边界[J]. 中国科学（E辑），2005，35(9)：966－980.

[23] Lysmer J. Finite dynamic model for infinite media[J]. Journal of the Engineering Mechanics Division，1969，95(4)：859－878.

[24] 高峰，赵冯兵. 地下结构静-动力分析中的人工边界转换方法研究[J]. 振动与冲击，2011，30(11)：165－170.

[25] 楼梦麟，陈清军. 侧向边界对桩基地震反应影响的研究[D]. 上海：同济大学，1999.

[26] 楼梦麟，朱彤. 土-结构体系振动台模型试验中土层边界影响问题[J]. 地震工程与工程振动，2000，20(4)：30－36.

[27] 陈国兴. 岩土地震工程学[M]. 北京：科学出版社，2007.

[28] Stewart J P，Chiou S J，Bray J D，et al. Ground motion evaluation procedures for performance-based design[J]. Soil Dynamics and Earthquake Engineering，2002，22(9)：765－772.

[29] Housner G W，Hudson D E. The Port Hueneme earthquake of March 18，1957[J]. Bulletin of the Seismological Society of America，1958，48(2)：163－168.

[30] Loh C H，Wan S，Liao W I. Effects of hysteretic model on seismic demands：consideration of near-fault ground motions[J]. The Structural Design of Tall Buildings，2002，11(3)：155－169.

[31] Abrahamson N A. Near-fault ground motions from the 1999 Chi-Chi earthquake[C]//Proceeding of US-Japan Workshop on the Effects of Near-Field Earthquake Shaking. 2000：11－13.

[32] Aagaard B T，Hall J F，Heaton T H. Characterization of near-source ground motions with earthquake simulations[J]. Earthquake Spectra，2001，17(2)：177－207.

[33] Bouchon M，Toksoz M N，Karabulut H，et al. Space and time evolution of rupture and faulting during the 1999 Izmit(Turkey)earthquake[J]. Bulletin of the Seismological Society of America，2002，92(1)：256－266.

[34] Olsen K B，Madariaga R，Archuleta R J. Three-dimensional dynamic simulation of the 1992 Landers earthquake[J]. Science，1997，278(5339)：834－838.

[35] Sekiguchi H，Iwata T. Rupture process of the 1999 Kocaeli，Turkey，earthquake estimated from strong-motion waveforms[J]. Bulletin of the Seismological Society of America，2002，92(1)：300－311.

[36] 刘启方，袁一凡，金星. 断层附近地面地震动空间分布[J]. 地震学报，2004，26(2)：183－192.

[37] Hall J F，Heaton T H，Halling M W，et al. Near-source ground motion and its effects on

flexible buildings[J]. Earthquake Spectra, 1995, 11(4): 569－605.
[38] Makris N, Black C. Dimensional analysis of inelastic structures subjected to near fault[R]. EERC 2003－05, 2003.
[39] Iwan W D. Drift spectrum: Measure of demand for earthquake ground motions[J]. Journal of Structural Engineering, 1997, 123(4): 397－404.
[40] Li S, Xie L. Progress and trend on near-field problems in civil engineering[J]. Acta Seismologica Sinica, 2007, 20: 105－114.
[41] Mendoza M J, Auvinet G. The Mexico earthquake of September 19, 1985-Behavior of building foundations in Mexico City[J]. Earthquake Spectra, 1988, 4(4): 835－853.
[42] Hilber H M, Hughes T J R. Collocation, dissipation and [overshoot] for time integration schemes in structural dynamics[J]. Earthquake Engineering & Structural Dynamics, 1978, 6(1): 99－117.
[43] Hibbit H D. Some follower forces and load stiffness[J]. International Journal for Numerical Methods in Engineering, 1979, 14(6): 937－941.
[44] 陈国兴，陈磊，景立平，等. 地铁地下结构抗震分析并行计算显式与隐式算法比较[J]. 铁道学报，2011，33(11)：111－117.
[45] 陈磊，陈国兴，毛昆明. 框架式地铁车站结构大地震近场地震反应特性的三维精细化非线性分析[J]. 岩土工程学报，2012，34(3)：490－496.

第4章 土-地下结构体系振动台试验方法与技术

4.1 引 言

随着试验条件的改善,模型试验技术也得到了很大的发展,已有众多学者采用振动台(1g)或离心机振动台(ng)模型试验研究地下结构的抗震性能[1~6]。现阶段1g或ng振动台地下结构试验主要集中在如下三方面的内容:①不同结构形式的地下结构地震反应;②不同地基中(主要指液化地基和软土地基)地下结构的动力学行为;③输入地震动特性对地下结构地震反应的影响。针对不同结构形式地下结构的地震破坏机理与模式的差异性,现阶段的1g或ng振动台试验主要围绕圆形隧道及框架式地铁地下车站结构进行研究,不同学者开展的模型试验对地铁地下结构的地震损伤机理与破坏过程的认识起到了重要的促进作用。

1g振动台试验可以很好地再现地震过程和进行人工地震波试验,是进行土-地下结构相互作用(简称SSI)动力特性、地震反应和破坏机理等研究的一种重要方法。与ng振动台模型试验相比,1g振动台试验中模型尺寸可以大一些,且不存在ng振动台试验中的所谓科里奥利效应问题。同时,1g振动台试验可在较短的时间内进行多次模型试验以消除一些随机因数的影响。

1g振动台地下结构试验按研究目的又可分为结构破坏性和非破坏性试验。结构非破坏性试验的研究范围仅限于结构弹性阶段,在试验过程中地下结构具有近似弹性的工作性态。结构破坏性试验是分析在地震作用下结构损伤过程和破坏机理的试验,以研究地下结构的塑性变形性能和破坏倒塌模式。以往的1g振动台地下结构试验均为结构非破坏性试验,属于地下结构线弹性模型的研究范畴,随着对地下结构抗震性能研究的进一步深入,开展地下结构的结构破坏性试验,探讨地下结构的地震破坏机理显得尤为重要,这对促进地下结构抗震及岩土地震工程的发展具有十分重要的意义。

在SSI体系的1g振动台试验中,能够合理反映自由场场地土层水平剪切变形特征和边界吸能效应的模型箱是获得高质量模型试验数据的关键;由于1g振动台试验中的相似性条件不易满足,适宜的相似关系也是SSI体系的1g振动台破坏性试验的一个关键技术。本章总结了作者多年来在考虑SSI效应的1g振动台系列模型试验研究方面积累的经验和模型试验技术的研发,设计了SSI体系的1g振动台试验用的两种模型箱装置:刚性模型箱、叠层剪切型模型箱;为解决模型试验数据采集大、数据采集控制及测试分析系统复杂的问题，设计了新型传感技术及数据采集与处理平台：非接触性动态位移测试技术、小尺寸母体材料应变测试技术、基于虚拟技术的数据动态采集系统及振动信号批处理技术；提出了 SSI 体系中多介质耦合的相似比设计方法、地下结构模型制作，实现了 $1g$ 振动台破坏性试验。该部分内容不仅能为本书中不同结构形式和地基的 $1g$ 振动台地铁地下结构模型试验数据测试与处理提供可靠的技术支撑，也可为其他土木工程的 $1g$ 振动台模型试验技术提供有益的技术指导。

4.2　多介质耦合模型试验体系相似比设计

4.2.1　相似比量纲分析方法

在一般动力问题中，可以通过量纲分析来确定各物理量之间的相似关系。在线弹性范围内可用式(4.1)表达：

$$f(\sigma,l,E,\rho,t,u,v,a,g,\omega)=0 \tag{4.1}$$

式中，σ、l、E、ρ、t、u、v、a、g、ω 依次为动应力、长度、弹性模量、密度、时间、位移、速度、加速度、重力加速度、频率。

以长度 l、密度 ρ 和弹性模量 E 为基本未知量，根据量纲分析理论，其他未知量可以用基本未知量来表示：

$$f\left(\frac{\sigma}{E},\frac{t}{l\sqrt{\rho/E}},\frac{u}{l},\frac{v}{\sqrt{E/\rho}},\frac{a}{E/\rho l},\frac{g}{E/\rho l},\frac{\omega}{l^{-1}E^{0.5}\rho^{-0.5}}\right)=0 \tag{4.2}$$

令 $\beta_1=\dfrac{\sigma}{E}$，$\beta_2=\dfrac{t}{l\sqrt{\rho/E}}$，$\beta_3=\dfrac{u}{l}$，$\beta_4=\dfrac{v}{\sqrt{E/\rho}}$，$\beta_5=\dfrac{a}{E/\rho l}$，$\beta_6=\dfrac{g}{E/\rho l}$，$\beta_7=\dfrac{\omega}{l^{-1}E^{0.5}\rho^{-0.5}}$为无量纲参数，这些参数要求保持原型与模型相等。

定义 λ 为原型与模型之间物理量的相似比，则根据 $\beta_1\sim\beta_7$ 共 7 个参数，可以得到各量相似比需满足的条件：

$$\begin{cases}\lambda_\sigma=\lambda_E\\ \lambda_t=\lambda_l\lambda_E^{-1/2}\lambda_\rho^{1/2}\\ \lambda_u=\lambda_l\\ \lambda_v=\lambda_E^{1/2}\lambda_\rho^{-1/2}\\ \lambda_a=\lambda_E\lambda_\rho^{-1}\lambda_l^{-1}=\lambda_g\\ \lambda_\omega=\lambda_E^{1/2}\lambda_\rho^{-1/2}\lambda_l^{-1}\end{cases}$$

式中，λ_l、λ_ρ、λ_E 分别为几何比尺、质量密度比尺、弹性模量比尺；λ_σ、λ_t、λ_u、λ_v、λ_a、λ_g、λ_ω 分别为应力比尺、时间比尺、变形比尺、速度比尺、加速度比尺、重力加速度比尺

和圆频率比尺。其中 $\lambda_l = l_p / l_m$，p 和 m 分别代表原型和模型。

实际上，全部满足式中所列的相似关系是困难的。因为 $\lambda_a = \lambda_g$，而重力加速度是不能改变的，即 $\lambda_g = \lambda_a = 1$。这样，$\lambda_E \lambda_\rho^{-1} \lambda_l^{-1} = 1$。$\lambda_t$、$\lambda_\rho$ 和 λ_E 三者不能独立选择。假设模型采用与原型相同的材料 $\lambda_E = 1$，有 $\lambda_\rho = 1/\lambda_l$。显然这给模型设计带来了极大的困难。为此，可视研究问题的不同，采用不同的方法加以解决。

对 β_4 两侧取平方，得到

$$\text{Cauchy value} = \beta_4^2 = \frac{\rho v^2}{E} \tag{4.3}$$

称 β_4^2 为 Cauchy 常数，将式(4.3)除以 β_6，可得

$$\text{Froude value} = \frac{\beta_4^2}{\beta_6} = \frac{v^2}{lg} \tag{4.4}$$

称式(4.4)为 Froude 常数。

Cauchy 常数和 Froude 常数是关于质量和重力相似的两个重要的无量纲参数。Cauchy 常数反映了原型与模型之间惯性力与弹性恢复力比值相等的要求，即弹性相似律。Froude 常数反映了原型与模型之间惯性力与重力的比值相等的要求，即重力相似律。在模型相似比设计中要求 Cauchy 常数或 Froude 常数与原型保持一致。

4.2.2 土-地下结构相互作用体系相似比设计原则

针对复杂地质环境下考虑 SSI 效应的 1g 振动台地下结构模型试验，需要考虑多种介质耦合模型体系的相似比确定方法，SUSI 体系模型试验的主要目的在于考察不同地基土的动力反应规律、地铁地下车站结构的地震破坏机理和动力反应规律等，据此确定的模型相似设计的基本原则如下：

(1) 该类试验的研究对象为地基土与地铁地下车站结构体系的 SSI 效应，因此，模型土层的有效上覆土压力和振动孔隙水压力对结构的影响是必须考虑的。

(2) 地下结构的地震反应主要受到周围地基的位移场控制，但自身惯性力的影响也不应忽略，应在结构上施加一定的附加质量配重。

(3) 为了在一定程度上模拟 SUSI 效应的特性，使多种介质材料的相似比相互匹配，土和结构尽量遵循相同的相似比。

(4) 考虑振动台的台面尺寸、性能、承载吨位及其试验能力。

根据上述原则，按 Bockingham π 定理导出各种物理量的相似关系，根据模型结构和模型土不同的特点，选取不同的基本物理量(模型结构以长度、弹性模量、加速度为基本物理量；模型土以剪切波速、密度、加速度为基本物理量)，分别推导出模型结构和模型土两种不同的相似比体系。

针对复杂场地上 1g 振动台地铁地下车站模型试验的目的，相似比设计应主

要遵循结构的相似比体系，但根据对于考虑地基液化时模型试验的特点，需要考虑时间效应对液化场地孔隙水压力的增长及消散的影响，因此时间相似比采用模型土的时间相似比，其余的相似比按模型结构的相似关系推导得出。模型土时间相似比的推导过程如下[7]。

根据量纲分析理论中 Froude 常数，该常数反映了惯性力与重力的比值相等的要求，即重力相似律，并且 Froude 常数可用土层剪切波速表示：

$$\text{Froude value} = \frac{v^2}{lg} = \frac{v_s^2}{lg} \tag{4.5}$$

重力相似律要求模型与原型的 Froude 常数一致，则

$$\text{Froude value} = \frac{(v_s)_p^2}{l_p g} = \frac{(v_s)_m^2}{l_m g} \tag{4.6}$$

故

$$\frac{l_m}{l_p} = \frac{(v_s)_m^2}{(v_s)_p^2} \tag{4.7}$$

可得

$$\lambda_l = \frac{(v_s)_m^2}{(v_s)_p^2} \tag{4.8}$$

故模型地基土的几何相似比是由模型场地和原型场地的剪切波速所确定。根据剪切波速试验，测得某次试验模型场地的剪切波速约为原型场地剪切波速的 $\frac{1}{2}$，可得模型土的几何相似比 λ_l 为 $\frac{1}{4}$，再根据时间相似关系 $S_t = \sqrt{\frac{S_l}{S_a}}$，可得模型地基土的时间相似比为：$S_t = \frac{1}{2}$。

4.3　振动台模型土箱的研制与测试

4.3.1　刚性模型土箱的研制与试验验证

1. 模型箱设计

已有的研究表明[8,9]，地基平面尺寸与结构平面尺寸之比大于 5 时，边界效应对结构的动力反应影响已很小，沿车站的纵向边界对车站结构内力的影响大概为距离地下结构纵向端部一倍结构宽度的范围内。据此，本书中设计的刚性模型箱净尺寸为 4.5m(振动方向)×3.0m(纵向)×1.8m(高度)。模型箱的整体设计如图 4.1 所示。

为了尽量减少振动方向上刚性边界对结构动力反应的影响，在模型箱振动方向的两侧壁内衬聚苯乙烯塑料泡沫板，其密度为 15kg/m^3，该型号塑料板的厚度

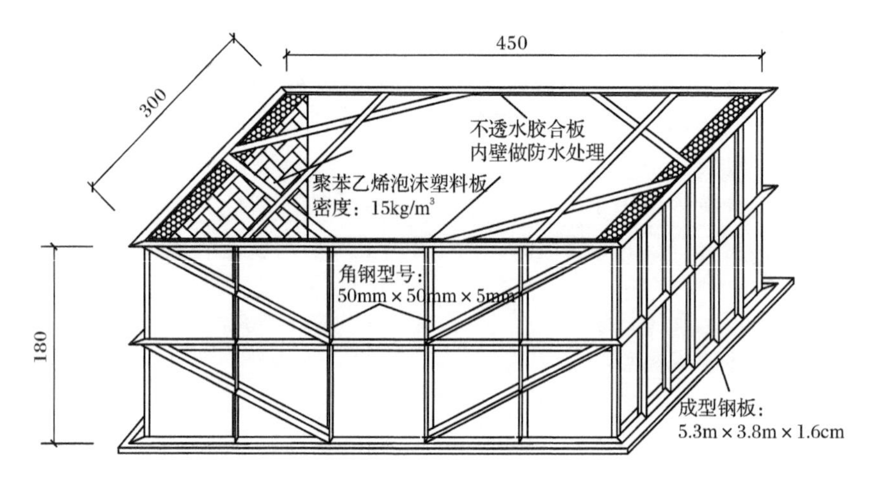

图 4.1　试验模型箱的结构设计(单位:cm)

压缩 10%时的动弹性模量为 4.13MPa。采用 ABAQUS 软件对模型箱进行频率分析,得到在振动方向上模型箱第一阶振型的自振频率为 100.4Hz,该自振频率远远超过模型地基体系的自振频率[10]。

2. 模型土箱动力特性试验验证

在模型试验中,沿模型地基地表振动方向分别布置加速度计 A1、A2、A3、A4 和 A5 来测试模型地表的加速度反应及其模型箱侧壁边界效应的影响程度,在垂直于振动方向的地表分别布置加速度计 A51、A52 和 A53 来测试模型箱平行于振动方向的侧壁的边界效应影响,布置方法如图 4.2 所示,通过比较各个测点测到的地震动特性来分析模型中的地基边界模拟效果。地震动特性一般包括地震动

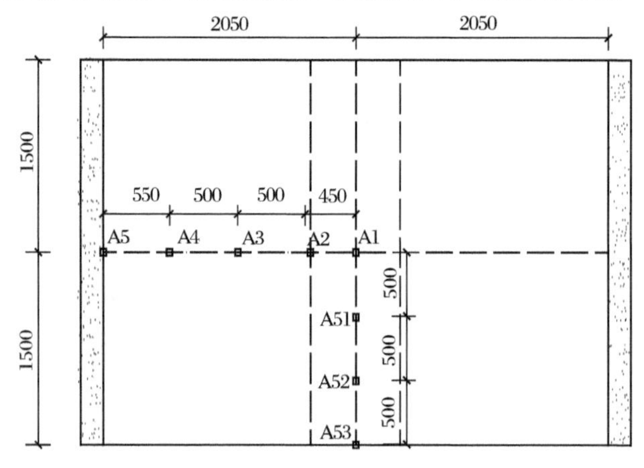

图 4.2　模型场地地表加速度计布置

强度、频谱特性及持时三个方面，就上述模型地表各测点测得的地震动进行比较分析，图 4.3 给出了模型地基地表沿振动方向布置的 5 个测点的加速度时程及其傅里叶谱(图中前两个字母组合代表工况，最后一个字母和数字的组合代表测点，下同)，图 4.4 给出了模型地基地表垂直于振动方向上测点 A51、A52 和 A53 的加速度时程及其傅里叶谱。

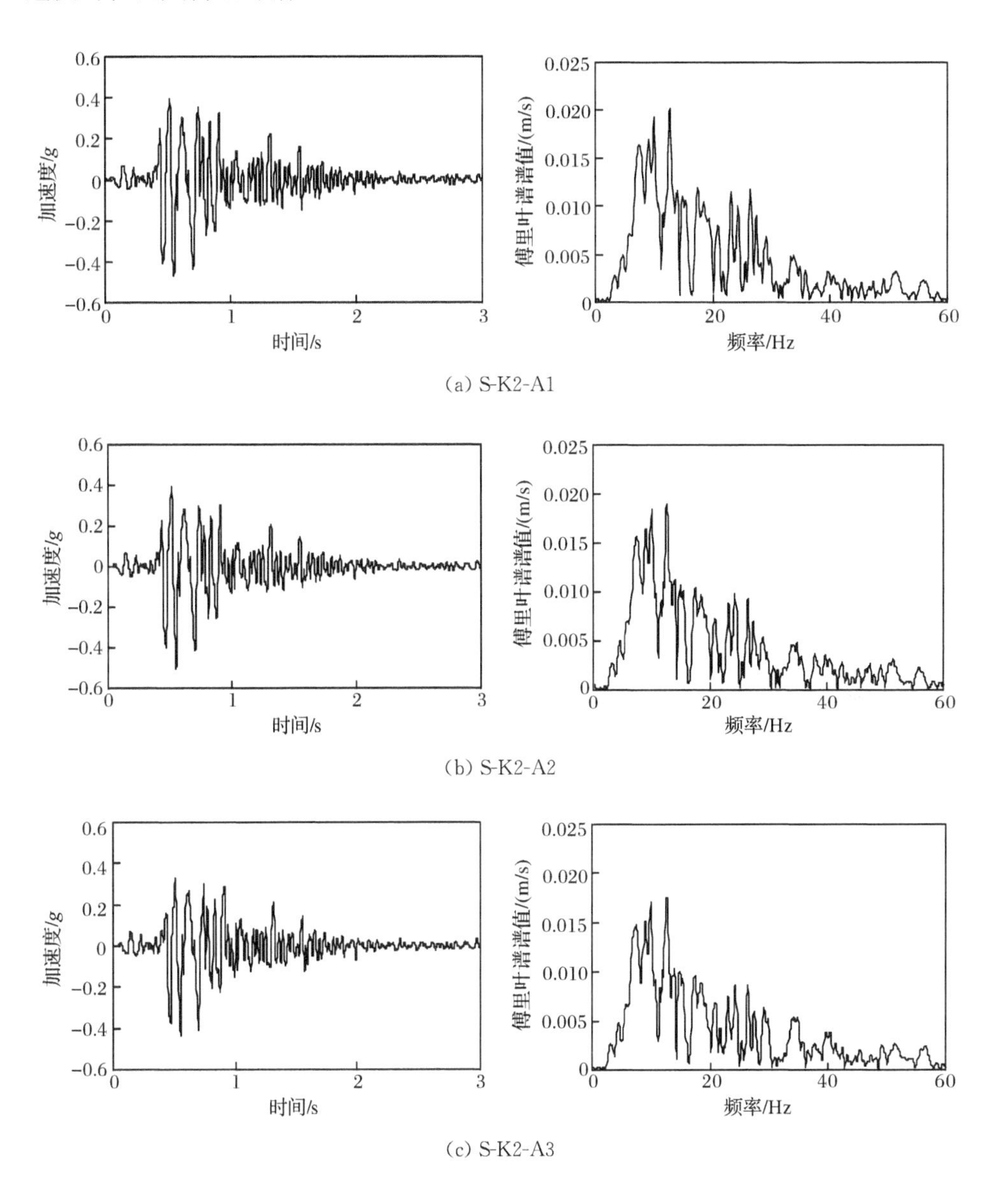

(a) S-K2-A1

(b) S-K2-A2

(c) S-K2-A3

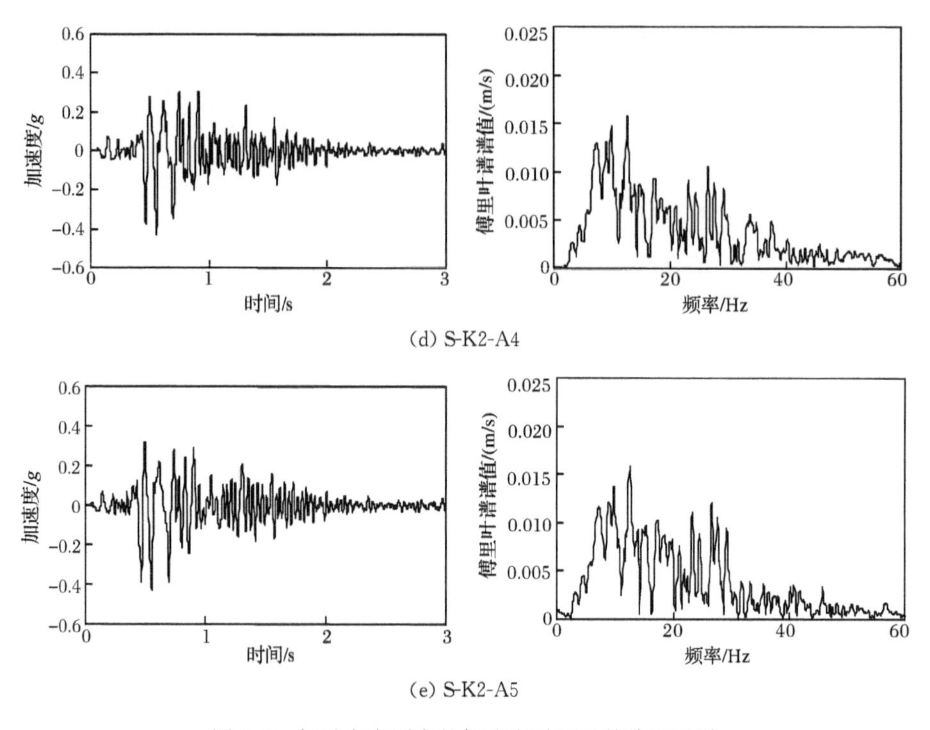

(d) S-K2-A4

(e) S-K2-A5

图 4.3　振动方向测点的加速度时程及其傅里叶谱

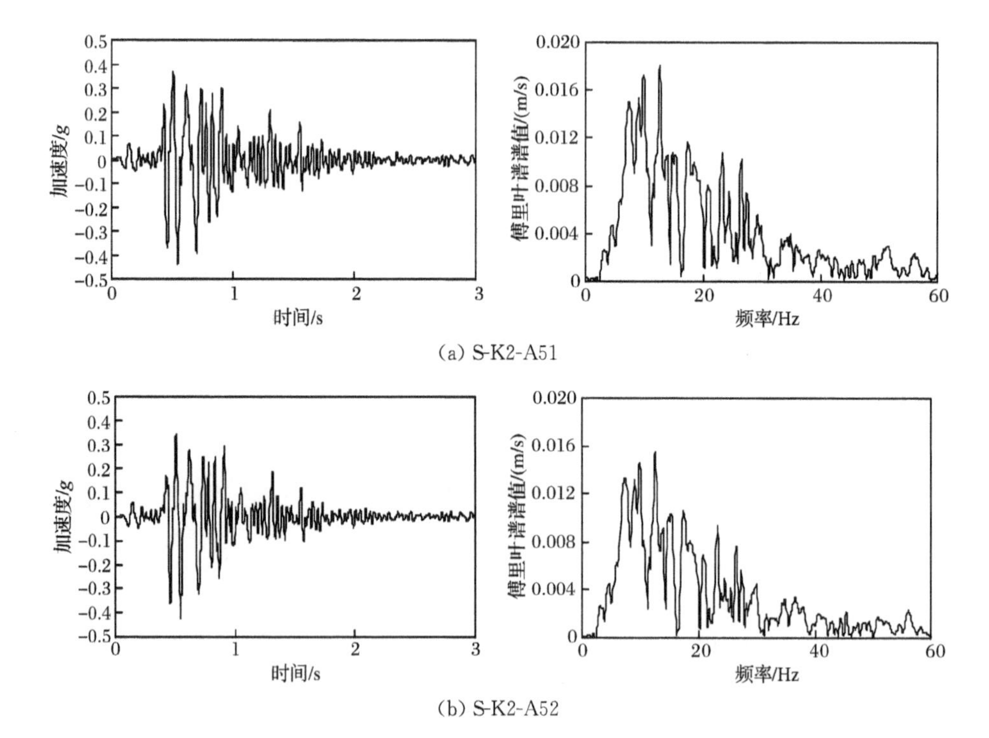

(a) S-K2-A51

(b) S-K2-A52

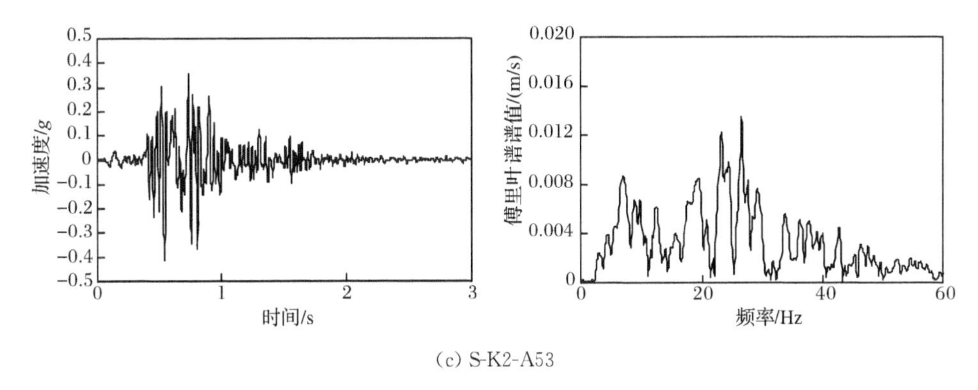

(c) S-K2-A53

图4.4　垂直于振动方向上测点的加速度时程及其傅里叶谱

通过对比模型场地地表地震动的特征能够反映模型箱边界的处理效果，在试验中地表加速度计A1～A5记录的峰值加速度如表4.1所示，由表可知，距离边界较近的加速度计A3～A5记录的峰值加速度基本相同，说明本试验中对振动方向边界效应的处理效果较好。根据图4.3中测点A1～A5的加速度时程及其傅里叶谱可知，测点A1～A3的加速度傅里叶谱的频谱特性基本相同，测点A4和A5的加速度傅里叶谱的频谱特性与其他三个测点的傅里叶谱频谱特性稍有区别，但是区别不明显，同时，加速度时程的强震段持时也基本相同。由以上分析可知，该刚性模型箱加聚氯乙烯板的方法对振动方向上模型地基边界的处理效果是非常可靠的。

在垂直于振动方向的模型地基地表分别布置加速度计A1、A51、A52和A53，四个测点的峰值加速度如表4.2所示，由表可知，从模型地基中心点到模型箱侧壁，加速度计记录的峰值加速度呈递减趋势，最大减小幅度约为4%，因此，从峰值加速度的变化看，平行于振动方向的模型地基边界效应基本可以忽略，从图4.4也可以看出测点A1、A51和A52的加速度时程的强震段持时基本相同，傅里叶谱的频谱特性也基本一致。

表4.1　振动方向上加速度计记录的峰值加速度

加速度计	峰值加速度/g
A1	0.468
A2	0.502
A3	0.435
A4	0.428
A5	0.425

表4.2　垂直振动方向上加速度计记录的峰值加速度

加速度计	峰值加速度/g
A1	0.468
A51	0.439
A52	0.424
A53	0.415

4.3.2 叠置柔性土箱的研制与试验验证

1. 模型箱设计

1) 构造要求

1g 振动台试验希望模型地基与原型地基在受激振动下具有相似的振动过程，并希望土箱在约束土体的同时对土体振动的影响控制在允许的范围。因此，柔性模型土箱的结构设计和制作需满足一定要求[11]：

(1) 控制模型土箱的边界效应。箱壁对模型地基的运动具有约束作用，限制箱壁周边土体在运动方向的自由振动；由于地震波在土体边界上无法向外传递，会在箱壁处产生反射波和散射波，对 SSI 体系的地震反应将产生重要影响。为此，设计的土箱应尽可能减小边界效应对研究对象的影响。

(2) 确保模型地基土的剪切变形特征。由于自由场原型地基的振动主要为剪切振动，其变形以剪切变形为主，试验应力求土箱内地基土振动特征与原型地基相似。这要求模型土箱在振动方向上的剪切刚度尽量小，箱壁材料的刚度和厚度需要满足一定的要求，以防止或控制土体的弯曲变形等现象。

(3) 模型土箱的尺寸、容积等参数应满足振动台设备台面尺寸和承载能力的要求。设计应综合考虑试验设备参数、结构模型的几何比尺、模型土材料和性质以及模型箱边界条件等因素。

2) 设计方案

根据南京工业大学的振动台台面尺寸及承重能力，模型土箱净尺寸设计为 3.5m(纵向)×2.0m(横向)×1.7m(竖向)。根据模型土箱几何尺寸及承重情况，采用 15 层叠层方钢管框架并辅之以双侧面钢板约束的方案。每层钢框架由四根口字形钢管焊接，口字形钢管截面尺寸为 100mm×100mm，壁厚 3mm。除最上一层框架外，其余框架间两侧分别焊接两片 200mm×80mm×10mm 不锈钢垫板。在不锈钢垫板上沿水平振动方向设置 V 形凹槽，凹槽内放置钢滚珠若干，形成可以自由滑动的支撑点。在垂直振动方向的两个侧面，分别贴铁皮并用螺母将其固定于两侧，模型土箱纵向两侧分别焊接两根圆形钢立柱，立柱上安装轴承，轴承外壁与土箱外壁接触，钢管立柱与箱底座通过焊接相连，采用两根钢管连接纵向两侧立柱并形成稳定框架，该框架有利于限制土箱垂直及平面扭转运动。模型土箱内壁贴厚度为 2mm 的橡胶膜，以防止土箱内土和水的漏出，模型土箱与振动台面之间用螺栓固定。研制的叠层剪切型模型土箱设计方案如图 4.5 所示，制成的模型箱如图 4.6 所示。

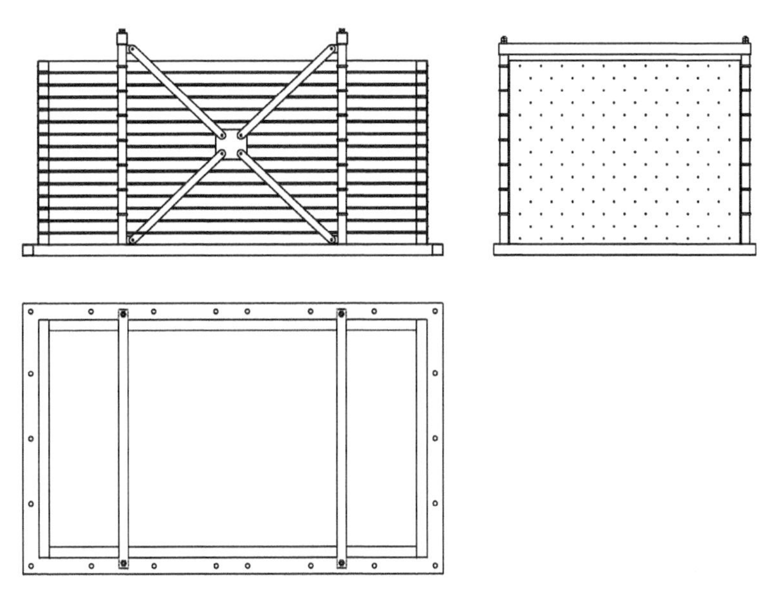

图 4.5　叠层剪切型模型试验箱设计图

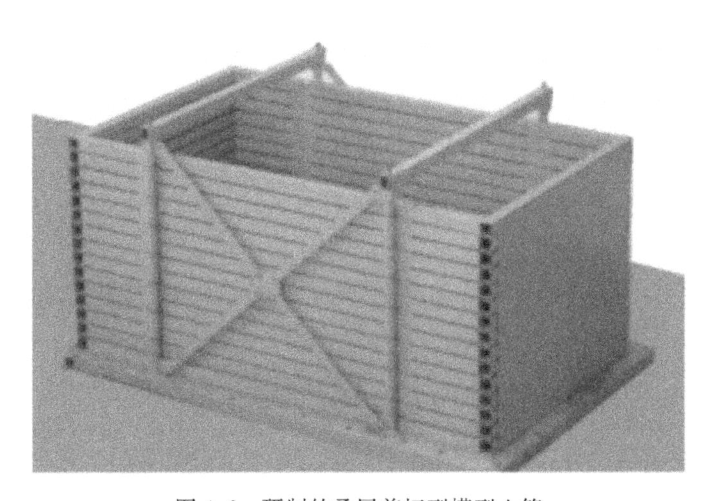

图 4.6　研制的叠层剪切型模型土箱

2. 模型土箱动力性能测试

1) 模型土箱的自振频率与阻尼比

模型地基是一个由模型土体和模型土箱组成的系统,各自的振动特性都会对系统的振动性态产生影响。由于模型地基是主要研究对象,为了使土箱本身的振动不致影响其内模型地基自身的动力反应,土箱的自振频率需远离模型土层的基频;同理,为避免土箱的阻尼对模型地基的影响,土箱的阻尼应低于模型土体的阻尼。

采用连续改变激振频率的测试方法(扫频法)测量模型土箱的自振频率。将土箱安装在振动台上,对振动台施加频率由低到高、连续而均匀变化的正弦波,使土箱产生强迫振动,当施加的正弦波频率与土箱的自振频率相等时,试验中土箱将产生共振现象,振幅具有最大值,这时激振振动台的正弦波频率即为土箱的自振频率,由此测得模型土箱的基频为 1.438Hz。

利用 ABAQUS 软件对模型土箱进行了振型分析,采用梁单元模拟口字形方钢和两侧的钢板,采用 SLOT 连接器单元模拟平面框架层间的垫板,允许每层框架在激振方向上发生位移,并限制其他方向的位移。由此计算出模型土箱在激振方向上的基频为 1.515Hz。计算与振动台试验得出的模型土箱的基频基本一致,彼此佐证了结果的可靠性。

从振动台台面输入脉冲信号,模型土箱框架沿振动方向相对底层产生一定位移,用加速度计测量模型土箱的自由振动衰减时程曲线,得出土箱的阻尼比为 4.09%。地震动作用下土体的阻尼比一般在 5%~25%,因此,在 1g 振动台模型试验中土箱的阻尼不会给模型土体的地震反应带来不良影响。

2) 自由场地振动台试验验证

试验采用南京细砂作为模型地基土,土层厚 1.6m,土体分层夯实,在试验前采用白噪声激振振动台台面,使土体密实,预振后的土样再放置 2 天,然后再开始正式试验。试验前,在土层表面及土层中布置加速度传感器,如图 4.7 所示。采用幅值 0.1g 的白噪声进行水平向激振,测得模型地基的基频为 8.893Hz。显然,土箱的基频远离模型地基的基频,土箱不会与模型地基发生共振现象。模型地基土的阻尼比为 6.58%,约为模型土箱的 1.6 倍,即振动中以模型地基自身的阻尼为主,土箱的阻尼不会明显影响模型地基的振动。

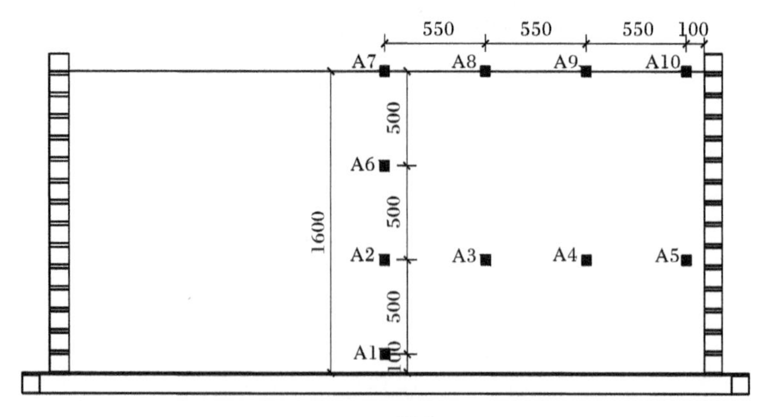

(a) 正视图

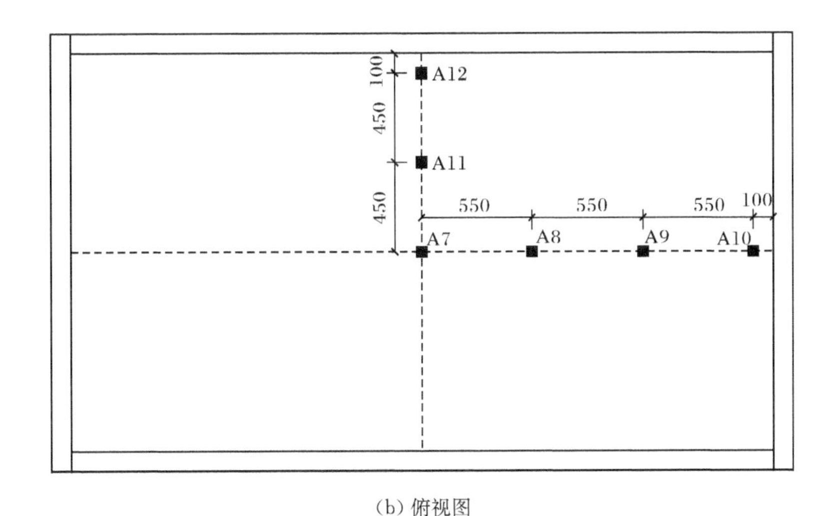

(b) 俯视图

图 4.7　加速度传感器布置图(单位:mm)

在 1g 振动台试验中,土箱箱壁不仅对模型地基的变形产生约束,而且使地震波传播到模型地基的边界时产生反射波和散射波,这些影响称为模型土箱的边界效应。为了验证叠层剪切型模型土箱模拟土体自由边界的能力,进行了自由场地的振动台模型试验。利用埋设于土层表面及土层中的加速度传感器(见图 4.7),可以验证叠层剪切型模型土箱模拟自由边界的效果。通过比较试验中同一深度处模型地基土从中心处到边界处各测点地震动特性的差异,可以得出模型地基中自由边界的模拟效果。比较模型地基中不同深度的两组测点(第一组中 A2、A3、A4、A5 和第二组 A7、A8、A9、A10)的加速度时程,可以给出模型土箱横向边界的影响;比较模型地基地表测点 A1、A11、A12 的加速度时程,可以给出模型土箱纵向边界的影响。

当振动台台面输入幅值 0.35g、频率 4Hz 的正弦波时,模型地基同一深度处各测点加速度记录的波形比较如图 4.8 所示。总体而言,同一深度各测点的加速度波形几乎相同,所设计的模型土箱的边界效应是比较小的。

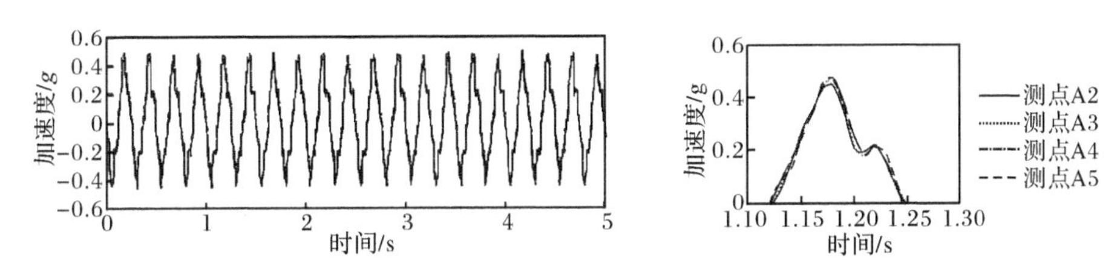

(a) 模型地基 1m 深处沿振动方向各测点加速度时程

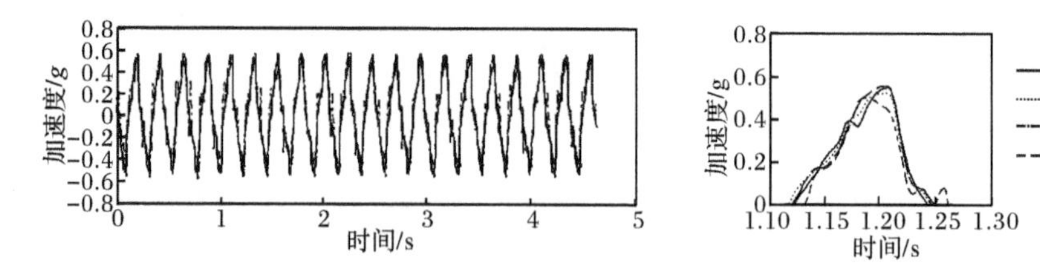

(b) 模型地基地表沿振动方向测点加速度时程

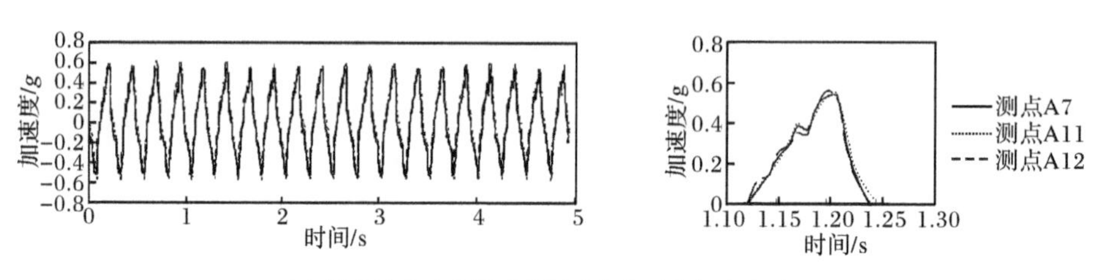

(c) 模型地基地表沿垂直振动方向测点加速度时程

图 4.8　0.35g 简谐波激励下模型地基同一深度处各测点加速度时程

当振动台台面输入峰值加速度 0.85g 的 El Centro 地震波时，模型地基土层表面记录的加速度时程和傅里叶谱如图 4.9 所示。以峰值加速度作为地震动强度指标，分别比较模型地基中不同深度处两组测点的加速度时程，发现在模型地基同一深度处各测点的加速度时程很接近，峰值加速度相差不大；模型地基 1m 深处各测点的加速度时程和峰值加速度更一致，而模型地基地表测点的一致程度要差一些，原因是表层土中的加速度计与模型地基土之间发生了相对位移，使得测量出现一定程度的误差。比较模型地基同一深度处离边界不同距离的各测点的傅里叶谱特性，发现各测点的频谱成分基本一致。这说明该模型土箱能较好地消除边界上地震波的反射或散射效应。

3) 模型土箱边界效应的定量比较

衡量模型土箱的边界效应，一般采用比较模型地基同一深度各测点峰值加速度的方法。但由于加速度传感器是按照固定的等时间间距采样，对于较高频率的振动，所取的最大值会与真实值不符；另外在加速度值的采集过程中可能会出现个别尖锐的峰值，也会影响对试验结果的分析。比较模型地基同一深度各测点有效峰值加速度的差异，可以更科学地获知边界效应影响；就整个加速度时程而言，仅仅比较峰值加速度值的边界效应是不全面的。

统计学中采用标准偏差的概念衡量数据值偏离算术平均值的离散程度，即

$$S=\sqrt{\frac{\sum (x_i-\bar{x})^2}{n-1}} \tag{4.9}$$

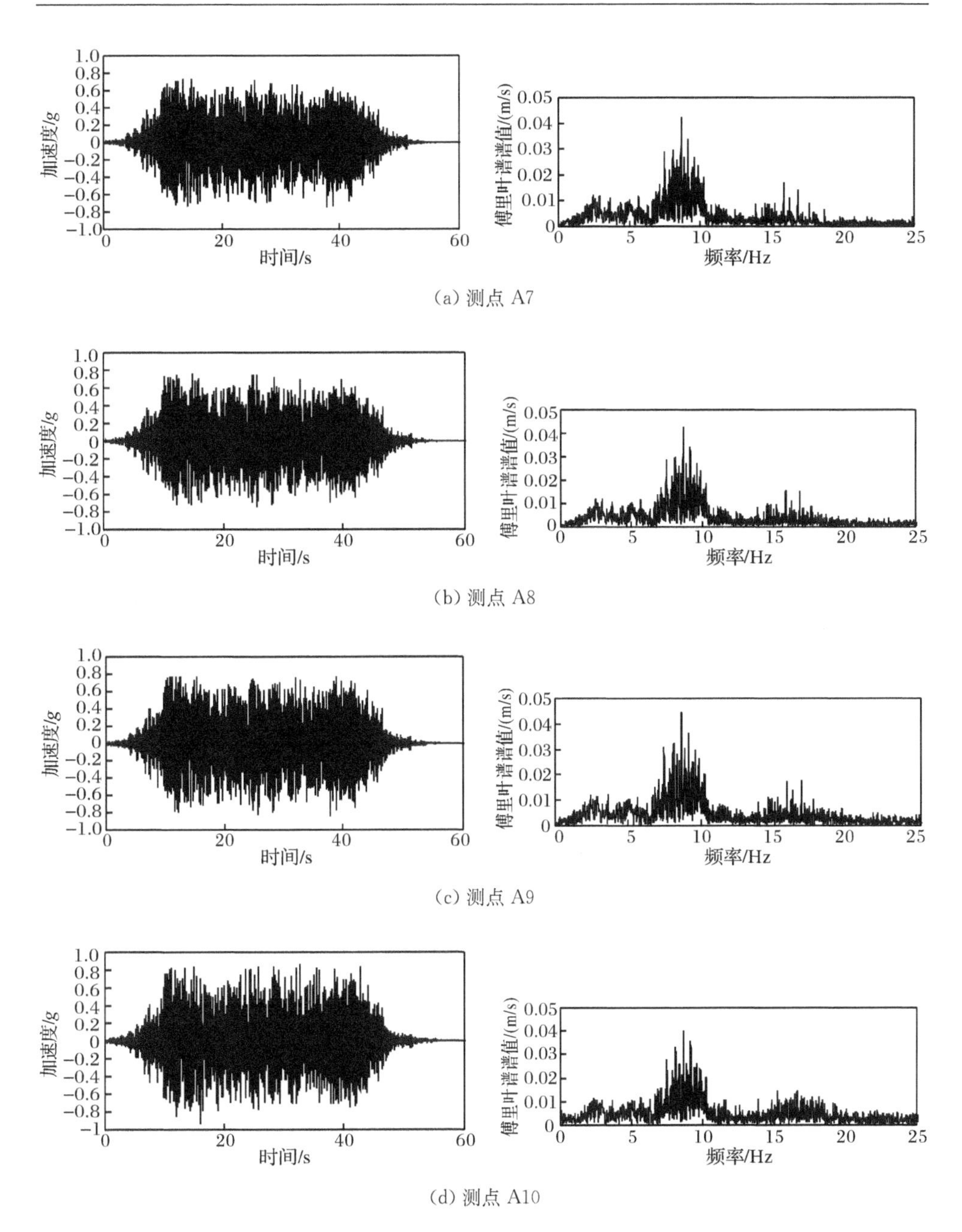

(a) 测点 A7

(b) 测点 A8

(c) 测点 A9

(d) 测点 A10

图 4.9　0.85g El Centro 波激励下模型地基地表沿振动方向各测点加速度时程及傅里叶谱

式中，x_i 表示信号数据；$\bar{x}$ 表示信号数据的算术平均值；n 表示数据个数。

按照这一基本概念，构造一标准偏差计算公式，以表征两组数据信号之间的离散程度。

$$S_{xy}=\sqrt{\frac{\sum (x_i-y_i)^2}{n-1}} \tag{4.10}$$

式中，x_i 为基准信号；y_i 为对比信号；n 表示采样个数。

将模型地基中心测点采集到的数据作为基准信号，模型地基同一深度处其他各测点作为对比信号，若两个信号的标准偏差 $S_{xy}=0$，则两个信号完全一致；S_{xy} 越大，说明基准信号 x_i 与对比信号 y_i 之间的差别越大。S_{xy} 值的大小所表征的物理意义为两个测点之间的波动效应。本节定义边界效应指数 μ 为标准偏差 S_{xy} 与中心测点有效峰值加速度的比值。

当振动台台面输入正弦波时，模型地基同一深度处各测点有效峰值加速度与中心测点有效峰值加速度的相对误差如表 4.3 所示；各测点的边界效应指数如表 4.4和图 4.10 所示。可以看出：各测点的有效峰值加速度较为一致，相对误差小于 5%。随着测点与边界距离的接近，边界效应指数逐渐增大，但其最大值也小于 10%；模型地基 1m 深处的边界效应比模型地基地表的边界效应更为轻微，其最大值小于 5%。究其原因，模型地基地表的加速度计与土之间发生了相对位移，使得测量出现一定程度的误差，但这种偏差也是较小的。

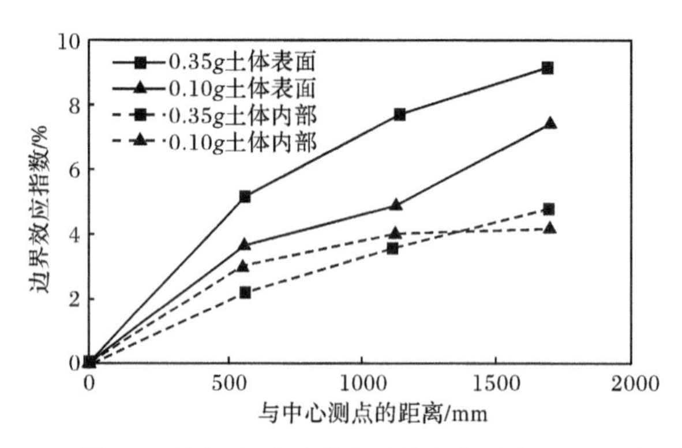

图 4.10　模型地基同一深度处沿振动方向各测点的边界效应指数

当振动台台面输入峰值加速度为 0.85g 的地震波时，各测点的边界效应指数如表 4.4 所示。可以发现，各测点的有效峰值加速度也非常一致，最大相对误差小于 6%；边界效应指数最大值也仅为 10.07%。

表 4.3　振动台面输入简弦波和地震波时模型地基同一深度处各测点的有效峰值加速度

输入峰值/g	测点位置	测点 A2	测点 A3	$\left\lvert\frac{A_3-A_2}{A_2}\right\rvert\times100/\%$	测点 A4	$\left\lvert\frac{A_4-A_2}{A_2}\right\rvert\times100/\%$	测点 A5	$\left\lvert\frac{A_5-A_2}{A_2}\right\rvert\times100/\%$
0.1	土层内部	0.132	0.131	0.76	0.132	0	0.133	0.76
0.35	（振动方向）	0.418	0.419	0.24	0.424	1.44	0.433	3.59

续表

输入峰值/g	测点位置	测点A7	测点A8	$\left\lvert\frac{A_8-A_7}{A_7}\right\rvert\times100/\%$	测点A9	$\left\lvert\frac{A_9-A_7}{A_7}\right\rvert\times100/\%$	测点A10	$\left\lvert\frac{A_{10}-A_7}{A_7}\right\rvert\times100/\%$
0.1	土层表面（振动方向）	0.146	0.144	1.37	0.150	2.74	0.145	0.68
0.35		0.504	0.500	0.79	0.518	2.78	0.482	4.37

输入峰值/g	测点位置	测点A7	测点A11	$\left\lvert\frac{A_{11}-A_7}{A_7}\right\rvert\times100/\%$	测点A12	$\left\lvert\frac{A_{12}-A_7}{A_7}\right\rvert\times100/\%$
0.1	土层表面（垂直振动方向）	0.146	0.146	0	0.143	2.05
0.35		0.504	0.523	3.77	0.497	1.39

表 4.4　振动台面输入简弦波和地震波时叠层剪切型模型土箱的边界效应指数

测点	测点位置	测点到模型土箱边界的距离/mm	输入正弦波时边界效应指数/%		输入地震波时边界效应指数/%
			0.1g	0.35g	0.85g
A3	土层内部（沿振动方向）	1200	3.03	2.18	3.42
A4		650	4.09	3.59	4.91
A5		100	4.24	4.78	5.51
A8	土层表面（沿振动方向）	1200	3.70	5.16	4.93
A9		650	4.93	7.74	8.71
A10		100	7.53	9.13	10.07
A11	土层表面（沿垂直振动方向）	550	1.92	7.14	6.19
A12		100	2.16	7.34	5.88

表 4.5 给出了该叠层剪切型模型土箱与我们已完成的 1g 振动台试验中所用模型土箱边界效应的试验结果比较，可以看出，该叠层剪切型模型土箱的边界效应指数明显较小，说明该模型土箱的边界效应明显较小，并且设计的模型土箱的边界效应显著优于刚性模型土箱和圆筒形柔性模型土箱。由此可见，研制的叠层剪切型模型土箱能比较理想地消除边界处地震波的反射或散射现象，其设计是成功的。

表 4.5　不同模型土箱中模型地基地表离边界最近点的边界效应指数对比

数据来源	土箱类型	输入波	输入波峰值/g	测点与边界距离/mm	边界效应指数/%
文献[12]	圆筒形柔性模型土箱	El Centro 波	0.10	500	18.23
文献[1]	刚性模型土箱	Kobe 波	0.32	550	27.71
		正弦波	0.10	100	7.53
文献[11]	叠层剪切型模型土箱	正弦波	0.35	100	9.13
		El Centro 波	0.85	100	10.07

4.4　模型地基和模型结构制作技术

4.4.1　模型地基制作技术

本书中所有 $1g$ 振动台模型试验主要采用细砂和粉质黏土作为试验模型土，分别模拟可液化场地和软弱场地。$1g$ 振动台地下结构试验的重点之一是考察地下结构周围场地土的动力反应，因此对于模型土的制备应该充分考虑影响模型土动力反应的各种因素，如密度、饱和度、级配和透水性等，模型地基可采用水沉法制备模型土，主要控制含水量和密实度，并对模型地基土取样进行室内试验，如图 4.11和图 4.12 所示。在模型箱装土之前，将土样晒干并过筛，模型土的制备过程如下：

(1) 在模型箱内倒入一定高度的水。

(2) 模型地基土分层，每层高度控制约为 0.25m，通过人工方式使之均匀洒落于水中。

(3) 每层土装好，用木板将土层表面扫平，并继续装下一层土。

(4) 对于砂土液化地基，细砂或粉质黏土加到预定高度(1.25m)后，在表面铺一层黏土层(0.15m)，在液化试验中黏土层可作为振动过程中液化土层的不透水覆盖层，铺设黏土层可以减缓超孔隙水压力的消散，得到更稳定的液化状态，便于试验的进行。

(5) 装样完毕后，细砂模型土在饱和状态下固结一段时间，约 60h；由于粉质黏土固结较慢，为了达到一定的固结效果，使其在饱和状态下固结 30 天。

在模型土及其模型结构装箱后，让模型地基固结后，可采用浅层地震仪对模型地基进行面波测探来确定模型土的剪切波速。例如，某模型地基地表数据采集各通道测得的地震波时程如图 4.13(a)所示，模型地基不同深度处剪切波速如图 4.13(b)所示，根据模型地基的波速试验结果可以确定模型地基的波速约为

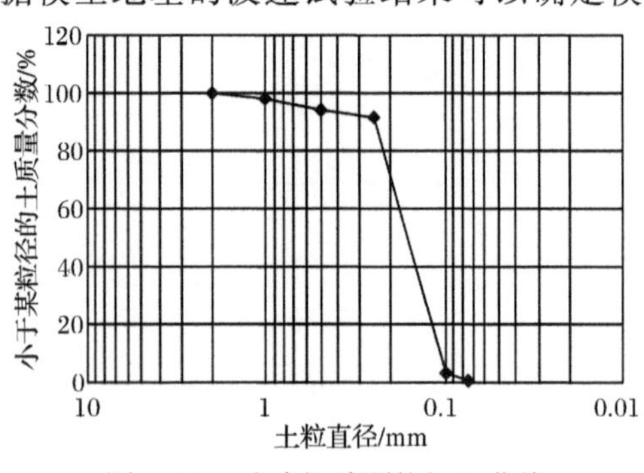

图 4.11　试验细砂颗粒级配曲线

65m/s,由该剪切波速确定模型土的动剪切模量约为 7.6MPa。

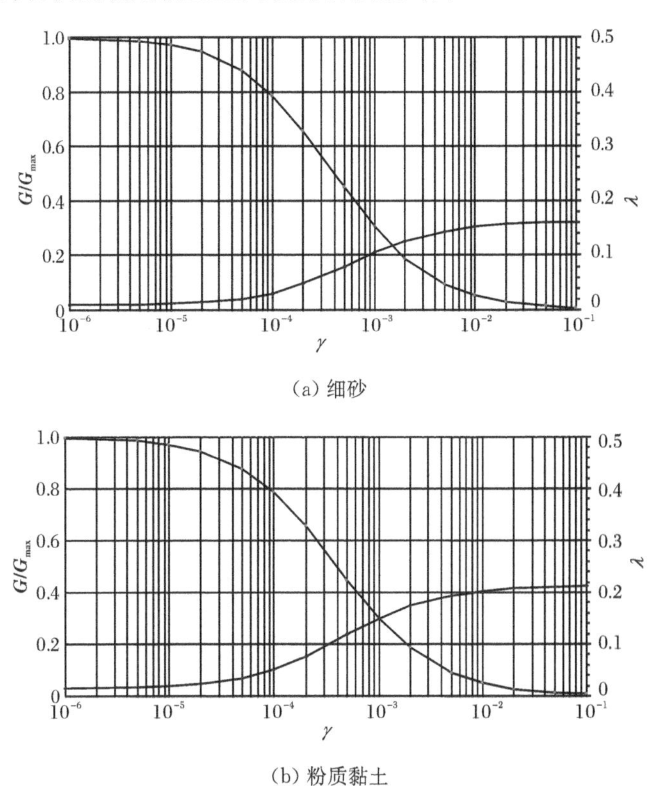

(a) 细砂

(b) 粉质黏土

图 4.12　模型土的 G/G_{max}-γ 和 λ-γ 曲线

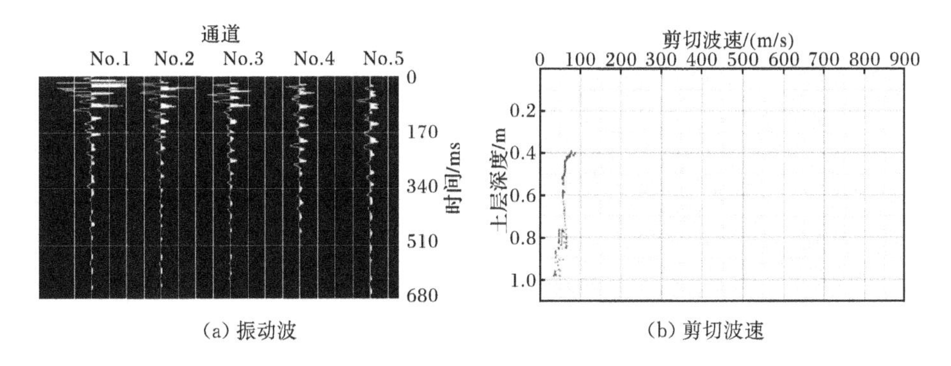

(a) 振动波　　(b) 剪切波速

图 4.13　模型地基的剪切波速测试结果

4.4.2　模型结构制作技术

本书中根据不同的试验目的,采用不同方法制作模型结构,第一种是微粒混凝土模型结构，第二种是中柱刚度弱化的微粒混凝土模型结构，第三种是石膏模型结构[13~15]。试验中非破坏试验采用微粒混凝土模型结构，破坏试验采用石膏模型结构和中柱刚度弱化的微粒混凝土模型结构。

微粒混凝土模型结构的材料主要由微粒混凝土和镀锌钢丝组成。微粒混凝土是一种模型混凝土，以较大粒径的砂砾作为粗骨料，以较小粒径的砂砾作为细骨料。由于微粒混凝土的施工方法、振捣方式、养护条件以及材料性能都与普通混凝土十分相似，在动力特性上与原型混凝土有良好相似关系，而且通过调整配合比，可以满足降低弹性模量的要求。对于第一种和第三种试验制作结构模型的微粒混凝土配合比接近表 4.6。

表 4.6　结构模型微粒混凝土的配合比

模型结构	水泥(425＃)	粗砂	石灰	水
隧道模型	1	5.2	0.6	0.5
车站模型	1	5.0	0.6	0.5

试验过程中对浇筑结构所用微粒混凝土的强度和弹性模量进行了试验，其中用于测定微粒混凝土强度的试样为 7.07cm×7.07cm×7.07cm 的立方体试块，用于测定弹性模量的试样为 10cm×10cm×30cm 的棱柱体试块，检测的试验结果如表 4.7 所示。

表 4.7　结构模型微粒混凝土的强度和弹性模量

结构模型		立方体强度/MPa	弹性模量/MPa
隧道模型		5.33	1.02×10^4
车站模型	上部结构	4.96	0.85×10^4
	下部结构	4.87	0.85×10^4

石膏模型结构的材料主要由石膏和镀锌钢丝组成。石膏是脆性材料，其抗压、抗拉和抗折强度都较低，在动力作用下，容易发生破坏现象，本次破坏试验选取这种材料制作车站结构模型，配合比为水∶石膏＝1∶0.85。

中柱刚度弱化的微粒混凝土模型结构也用微粒混凝土和镀锌钢丝制成，将结构中柱做成空心圆柱，达到减弱中柱强度的目的，使得中柱易于破坏。根据试验前期对地铁车站结构地震反应的数值分析，可知在地震动作用下，车站结构中柱的损伤最为严重，原因是中柱没有周围土体提供抗力，截面尺寸又较小，致使中柱成为抗震薄弱环节，导致整体结构的刚度弱化，尤其在结构竖直方向上刚度退化严重。在上覆土引起的动压力作用下进一步减弱了结构的竖向刚度，最终导致顶板竖向变形过大引起塌陷。因此，试验根据地下结构的破坏特性，弱化中柱刚度，从而得到整体的破坏效果。

4.5　模型试验动力测试技术

4.5.1　动态信号采集系统的研制

1. 采集系统的组成

由于大型地震模拟振动台的振动频率上限一般为 50Hz，对数据采集系统来说这是一个超低频信号，但是考虑到试验对象的振动频率会大于 50Hz，因此数据采集系统的工作频率范围应远大于振动台的最高频率，为保证采样精度，系统最大采样频率设定为 500Hz，实际的采样频率可根据模型试验对象的特点设定。

采集系统主要由 PXI 总线采集卡、PXI 机箱、信号调理模块(含滤波、激励等)、数据采集软件等组成[16]。结合现有振动台控制系统的特点，研制的动态信号采集系统的总体流程如图 4.14 所示。

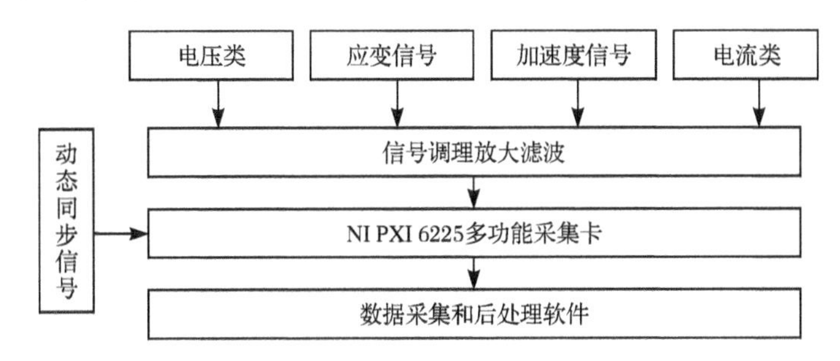

图 4.14　采集系统的总体设计流程

为保证 1g 振动台试验输出信号的同步性，动态信号采集系统的同步参考信号由振动台控制器直接输入。根据不同类型、不同型号传感器的特点和技术参数，设计动态信号采集系统的信号调理模块，这样易于匹配试验中遇到的各类传感器，且容易控制系统的研制成本，保证系统硬件的加工质量。

数据采集软件采用高效快捷的 Labview 编程语言平台开发。该软件由信号采集和离线分析两大模块组成。信号采集模块包括参数设置、实时采集、多通道信号时频分析、大容量信号存储等功能；信号离线分析模块包括信号滤波、截取、时域分析、FFT 频域分析、数据格式转换与输出等功能。

2. 采集系统的硬件

采集系统的硬件包括：PXI 机箱及控制器、1 块 80 通道多功能信号采集卡、2 个前端信号调理模块(含 18 通道的数字输入端口、2 路模拟输出通道)、80 个信号前端接线盒、1 个信号转换模块。

多功能信号采集卡选用 NI PXI 6225，具有模拟信号采集与输出、数字信号输入与输出、定时、计数等功能。信号采集部分包括 80 通道模拟信号输入、转换速度 250kS/s 的 16bit A/D 转换器，信号输入量程±10V、±5V、±1V、±0.2V；24 路数字 I/O，2 个 16bit D/A 模拟输出，数字触发；系统采用 PXI 总线结构，数据传输速度较快，且可即插即用。该采集卡完全满足土工结构振动台模型试验数据采集的性能要求。

信号调理单元是该系统的一个核心模块。对不同类型、不同型号的传感器，输入信号的类型、信号大小、激励方式等也不同。该系统采用接线盒独立设计的方法，针对不同类型的传感器设计不同的前端接线盒，其激励电源、桥路电阻等均由调理器提供，并对小信号在前端接线盒内进行预放大处理，以增强信号的抗干扰能力。以 ICP 加速度传感器为例，信号调理单元的电路结构如图 4.15 所示。

根据信号源的不同，前端的输入方式采用差分输入和电流输入，通过调理器后统一输出 0～10V 的电压信号。为了保证 80 个通道模拟信号输入，信号采用参考地单端接法。调理器机箱采用工业标准 19 英寸 4U 金属机箱，接地屏蔽，保证其强度和抗干扰性能，调理器及采集板卡如图 4.16 所示。

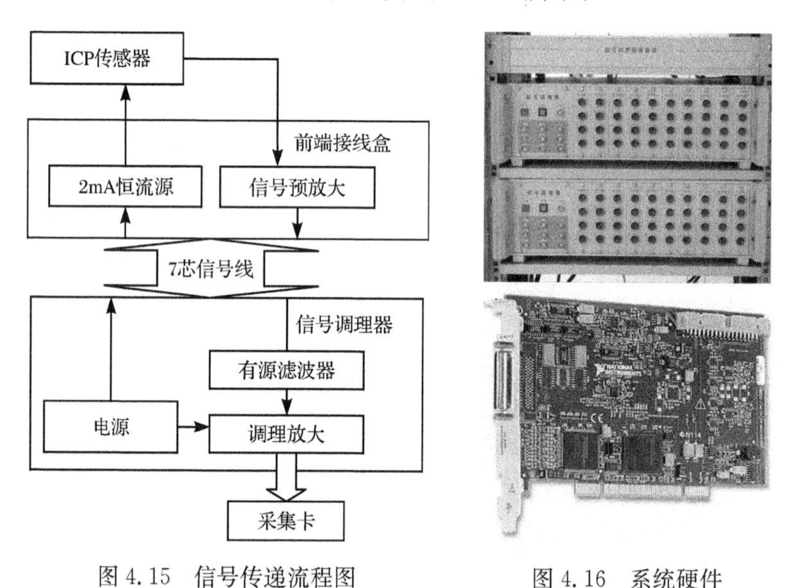

图 4.15　信号传递流程图　　　　图 4.16　系统硬件

3. 采集系统的软件

虚拟仪器技术是通过硬件板卡将采集信号输入计算机，然后根据实际需求，通过专门设计的软件完成特定的数据信号采集与处理[17]。采集系统的软件是基于 Labview 平台研发的[18]。Labview 平台是一种图形化开发环境，具有界面友好、数据采集函数库丰富、开发效率高的特点[19]。

该采集系统的软件分为数据采集模块和信号后处理模块，数据采集软件界面如图 4.17所示，数据采集模块流程如图 4.18 所示。为保证多通道动态信号的采样速度和精度，采用板卡自带的硬件定时器作为信号采集模块的计时器，信号采集过程中实时显示和保存，信号采集结束后可以对其进行回放。

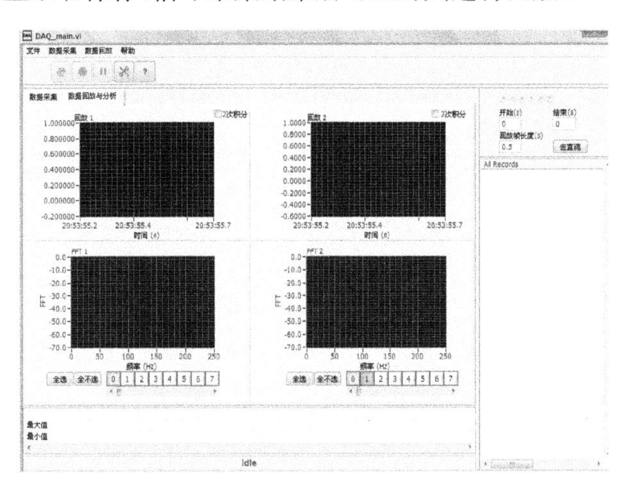

图 4.17　采集系统软件界面及整体结构代码

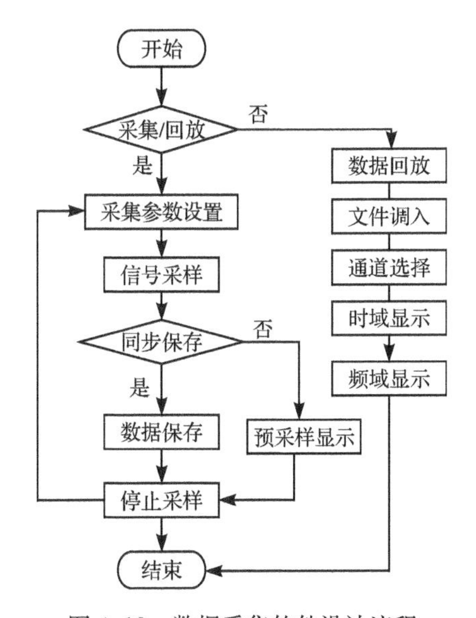

图 4.18　数据采集软件设计流程

数据采集软件整体结构采用“生产者-消费者”模式，将采集到的信号同步以

dtms数据流格式存储，这既可以保证信号的完整性，又可以提高数据采集速度[20]。数据采集软件的参数设置采用独立模块，通过属性节点设置，参数设置模块界面如图4.19所示。

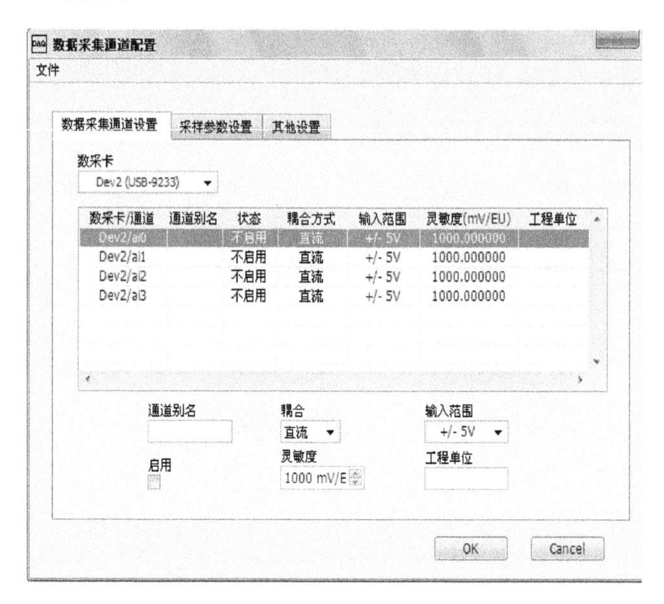

图4.19　数据采集软件的界面及代码

4.5.2　非接触性静、动态位移测试技术

1. 图像中标靶圆检测算法

1) 基于Hough变换的圆检测算法

Hough变换的基本原理为[20]：提取图像中直线、圆、椭圆甚至任意形状的边缘，实现从图像空间到参数空间的映射。如果试验的标靶采用圆，Hough变换圆检测的基本原理为：图像空间中圆心坐标为$O_1(a,b)$、半径为r的圆，可以采用式(4.11)表征：

$$(X-a)^2+(Y-b)^2=r^2 \tag{4.11}$$

将图像空间$[X \quad Y]^{\mathrm{T}}$中的标靶圆中任意点变换到参数空间$[a \quad b \quad r]^{\mathrm{T}}$，可以用下列方程组表征：

$$\begin{cases} a=x-r\cos\theta \\ b=y-r\sin\theta \\ r=r_0, \quad 0<r_0\leqslant r \end{cases} \tag{4.12}$$

式中，x和y为实际图像空间中点的坐标；a、b和r为其对应在参数空间中的坐标;θ 为检索角;极坐标参数 r、θ 可以表征图像空间圆内任意点。

通过方程组(4.12),圆所在的图像空间中的点可以映射到参数空间$[a \quad b \quad r]^{\mathrm{T}}$中,表现为参数空间中的三维锥面。由图 4.20(b)可知:图像空间中圆的圆周边缘点由于被圆心及半径约束,对应在参数空间中的三维锥面必交于一点,共同交点即为图像空间中圆的圆心及半径。

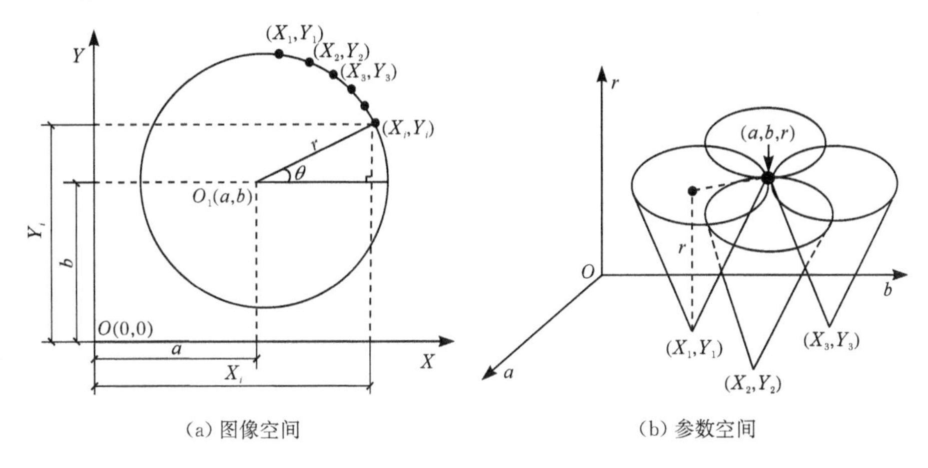

(a) 图像空间　　(b) 参数空间

图 4.20　Hough 变换圆检测的基本原理

Hough 变换圆检测算法需要对参数空间离散化,并对圆边缘点在三维参数空间内逐点比较、记录。算法的渐近时间复杂度为 $O(n^4)$。

2) 基于最优圆拟合算法的圆检测算法

最优圆拟合算法采用最小二乘法进行圆拟合,其基本原理为采用标靶圆边缘点拟合所得的圆逼近标靶圆的轮廓,使两者的残差平方和最小。

采用标靶圆边缘点拟合所得的圆与标靶圆边缘点组成的圆之间的残差表示为

$$\xi_i = (X_i - a)^2 + (Y_i - b)^2 - r^2 \tag{4.13}$$

残差平方和为

$$Q = \sum_{i \in \mathrm{edge}} \xi_i^2 = \sum_{i \in \mathrm{edge}} \left[(X_i - a)^2 + (Y_i - b)^2 - r^2 \right]^2 \tag{4.14}$$

式中,edge 为标靶圆边缘点集合;(X_i, Y_i)为图像标靶圆边缘点坐标。

残差平方和最小的数学表达为

$$\begin{cases}\dfrac{\partial Q}{\partial a}=2\sum\limits_{i\in \text{edge}}[(X_i-a)^2+(Y_i-b)^2-r^2](-2)(X_i-a)=0\\ \dfrac{\partial Q}{\partial b}=2\sum\limits_{i\in \text{edge}}[(X_i-a)^2+(Y_i-b)^2-r^2](-2)(Y_i-b)=0\\ \dfrac{\partial Q}{\partial r}=2\sum\limits_{i\in \text{edge}}[(X_i-a)^2+(Y_i-b)^2-r^2](-2)r=0\end{cases}\tag{4.15}$$

式(4.15)可化简为

$$\begin{cases}a^2\bar{x}-2a\,\overline{x^2}+b^2\bar{x}-2b\,\overline{xy}-r^2\bar{x}+\overline{x^3}+\overline{xy^2}=0\\ a^2\bar{y}-2a\,\overline{xy}+b^2\bar{y}-2b\,\overline{y^2}-r^2\bar{y}+\overline{x^2y}+\overline{y^3}=0\\ a^2-2a\bar{x}+b^2-2b\bar{y}-r^2+\overline{x^2}+\overline{y^2}=0\end{cases}\tag{4.16}$$

据此,可得关于 a、b 的非线性方程组:

$$\begin{cases}2[(\bar{x}\bar{x}-\overline{x^2})a+(\bar{x}\bar{y}-\bar{x}\bar{y})b]=\overline{x^2}\bar{x}+\bar{x}\,\overline{y^2}-\overline{x^3}-\overline{xy^2}\\ 2[(\bar{x}\bar{y}-\overline{xy})a+(\bar{y}\bar{y}-\overline{y^2})b]=\overline{x^2}\bar{y}+\bar{y}\,\overline{y^2}-\overline{x^2y}-\overline{y^3}\end{cases}\tag{4.17}$$

因此,a、b 和 r 可表示为

$$\begin{cases}a=\dfrac{(\bar{x}\,\overline{x^2}+\bar{x}\,\overline{y^2}-\overline{x^3}-\overline{xy^2})(\bar{y}\bar{y}-\overline{y^2})-(\bar{y}\,\overline{x^2}+\bar{y}\,\overline{y^2}+\overline{x^2y}-\overline{y^3})(\bar{x}\bar{y}-\overline{xy})}{2[(\bar{x}\bar{x}-\overline{x^2})(\bar{y}\bar{y}-\overline{y^2})-(\bar{x}\bar{y}-\overline{xy})^2]}\\ a=\dfrac{(\bar{y}\,\overline{x^2}+\bar{y}\,\overline{y^2}-\overline{x^2y}-\overline{y^3})(\bar{x}\bar{x}-\overline{x^2})-(\bar{x}\,\overline{x^2}+\bar{x}\,\overline{y^2}-\overline{x^3}-\overline{xy^2})(\bar{x}\bar{y}-\overline{xy})}{2[(\bar{x}\bar{x}-\overline{x^2})(\bar{y}\bar{y}-\overline{y^2})-(\bar{x}\bar{y}-\overline{xy})^2]}\\ r=\sqrt{a^2-2a\bar{x}+b^2-2b\bar{y}+\overline{x^2}+\overline{y^2}}\end{cases}\tag{4.18}$$

式(4.18)仅需采用标靶圆边缘点进行一次运算,即可获取标靶圆参数(圆心坐标及半径),算法的渐近时间复杂度为 $O(n)$。

3) 不同圆检测算法的标靶圆检测效果及适用范围

为验证不同圆检测算法的准确性,建立了如图 4.21(a)和(b)所示的由单圆及多圆组成的图像[21],采用 MATLAB 软件自带的 Canny 算法模块检测图像边缘[22],单圆圆心检测结果如图 4.21(c)和(d)所示。由图可知:采用 Hough 变换圆检测得到的圆心坐标(237.29,199.83)与采用最优圆拟合算法得到的圆心坐标(237.70,200.28)基本一致,两种算法均可以较好地检测到标靶圆的圆心位置。采用 Hough 变换圆检测算法计算得到的标靶圆半径为 196.85(像素),采用最优圆拟合算法计算得到的标靶圆半径为 191.16(像素),两者存在较小误差,这是由于:采用 Hough 变换进行圆检测,仅采用边缘点坐标进行计算,不考虑边缘是否是最优圆;而采用最优圆拟合算法计算时,采用标靶圆边缘点拟合所得的圆(见图 4.21(d)中的灰色圆)逼近标靶圆边缘(见图 4.21(d)中的白色圆),得到最优解。从识别精度角度,最优圆拟合算法更具有优势。

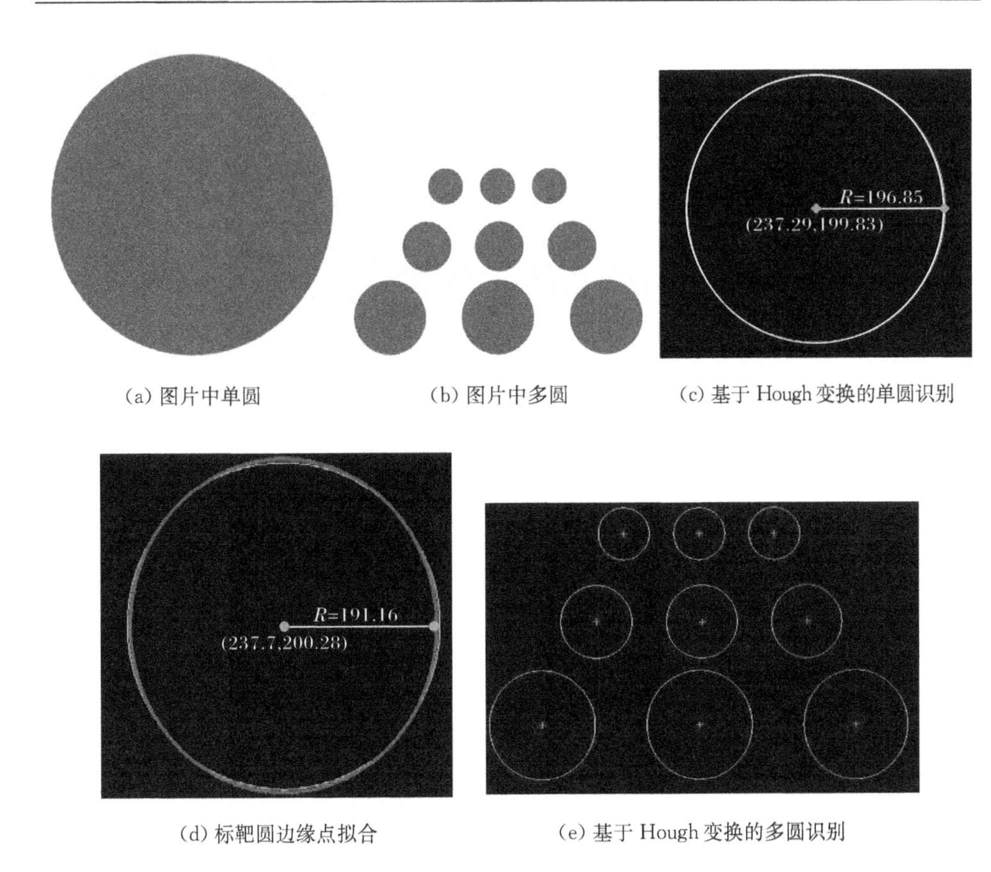

(a) 图片中单圆　(b) 图片中多圆　(c) 基于 Hough 变换的单圆识别

(d) 标靶圆边缘点拟合　(e) 基于 Hough 变换的多圆识别

图 4.21　不同圆检测算法的检测效果

采用最优圆拟合算法计算圆参数具备计算参数少、识别精度高的优点，但也存在“天生”的缺陷：在图像中存在多个标靶圆时，需要逐次进行单个圆参数的识别。如图 4.21(e)所示的图像，采用 Hough 变换进行圆参数识别时，可以单次识别出图中的 9 个单圆，若采用最优圆拟合算法，则需要将图像分为 9 个区域(每圆一个区域)，分次进行圆参数的计算，计算效率不够经济[23]。因此，实际进行位移测试时，若需单次识别多个标靶圆，建议采用基于 Hough 变换的非接触性位移测试方法，但需要用户自行对 Hough 变换三个重要参数进行反复试算：①标靶圆半径上、下界；②半径、角度的检测步长；③Hough 变换阈值，取(0,1)区间。若工况背景噪声较大，建议采用基于最优圆拟合算法的非接触性位移测试方法。

采用两种圆检测方法针对不同帧数图像量计算时间如图 4.22 所示。由图 4.22(a)可知：基于 Hough 变换圆检测算法研发的动态位移测试方法的计算时间与图片中标靶圆个数无显著联系。因此，若工况中需要测试的位移点位较多，则选取此方法。由图 4.22(b)和(c)可知：若图片中仅存单圆，达到相同精度时，基于最优圆拟合算法研发的动态位移测试方法的计算时间显著低于基于 Hough 变换圆检测研发的动态位移测试方法的计算时间,这与算法的渐近时间复杂度相关。随着图片中标靶圆数量的增加,基于最优圆拟合算法研发的动态位移测试方法的计算时间将大幅提高,这是由于标靶圆需单个逐次进行圆参数的识别。

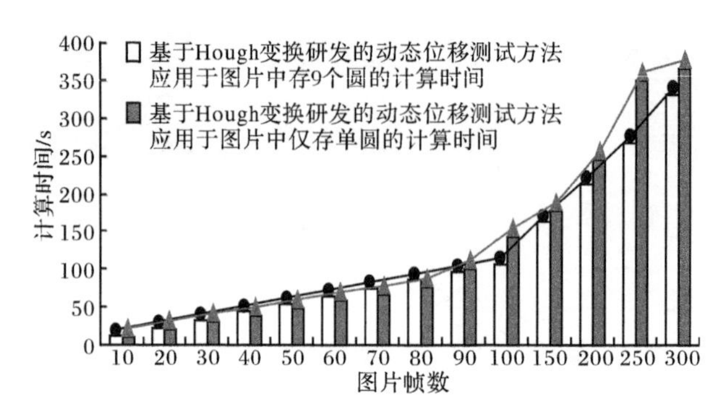

(a) 基于 Hough 变换研发的动态位移测试方法计算时间

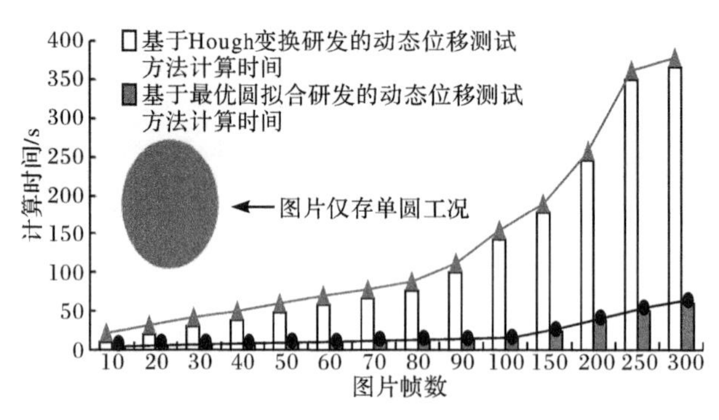

(b) 单圆工况下不同方法的计算时间

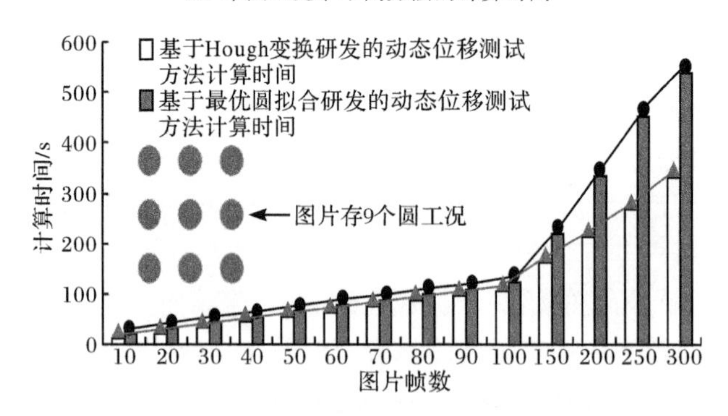

(c) 多圆工况下不同方法的计算时间

图 4.22 不同测试方法的计算时间对比

2. 非接触性动态位移测试方法核心技术问题

非接触性动态位移测试方法研发的基本思路:采用高速相机采集动态视频并对其进行分帧,并对分帧后连续静态图像进行预处理,包括:图像降噪与灰度处理、校正 RGB(表示红、绿、蓝)三原色的色彩比例等。通过调用 MATLAB 软件自带的边缘检测算法模块对图像进行边缘检测;在此基础上,外挂圆检测模块,识别出图像中的标靶圆,进而获取圆心坐标及半径,按连续静态图片的排列顺序依次存储检测到的标靶圆圆心坐标,即可获得图像空间中标靶圆圆心的水平、竖直位移时程曲线;再通过标定图像像素与实际物像坐标的关系,即可得到物像坐标下的真实位移。非接触性位移测试方法流程如图 4.23 所示。

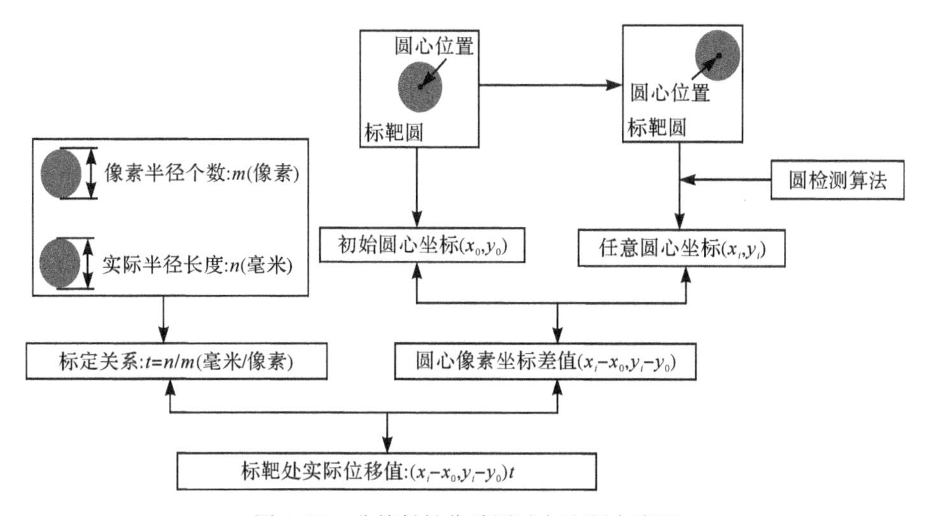

图 4.23　非接触性位移测试方法研发流程

实际应用此方法时,由于复杂工况下拍摄的图片色彩丰富,干扰物多,无法快速准确获取标靶圆边缘。采用颜色空间内加权欧氏距离作为判别指标,对分帧后的静态图片进行处理。算法原理为:颜色空间内,图片中各点与选取的 RGB 参考点的加权欧氏距离小于设置的阈值时,认为此点是标靶圆内的点。颜色空间内两点的加权欧氏距离采用式(4.19)表征:

$$D=\sqrt{r\,(R_i-R_j)^2+g\,(G_i-G_j)^2+b\,(B_i-B_j)^2} \tag{4.19}$$

式中,$r=\dfrac{R_i}{R_i+G_i+B_i}$;$g=\dfrac{G_i}{R_i+G_i+B_i}$;$b=\dfrac{B_i}{R_i+G_i+B_i}$;$(R_i,G_i,B_i)$代表选取的 RGB 参考点的红、绿、蓝分量值;$(R_j,G_j,B_j)$代表图片中各点的红、绿、蓝分量值。

以图 4.24 所示照片为例,论述颜色空间内加权欧氏距离理论的运用。选取图片中标靶圆内的 A 点作为 RGB 参考点,其(R,G,B)分量值分别为(240,52,

40)，图片中 B、C、D、E、F 各点与 A 点在颜色空间内的加权欧氏距离分别为 163.27、91.12、21.82、168.24、72.38。设置不同加权欧氏距离阈值并进行图像二值化，图片处理结果如图 4.25 所示。由图可知：当选取加权欧氏距离阈值为 50 时，图片仅标靶圆被显示出来；选取加权欧氏距离阈值为 80 时，F 点所在位置及标靶圆被显示出来；选取加权欧氏距离阈值为 170 时，图片不具有识别性。加权欧氏距离阈值对标靶圆边缘准确的检测起到了决定性作用。

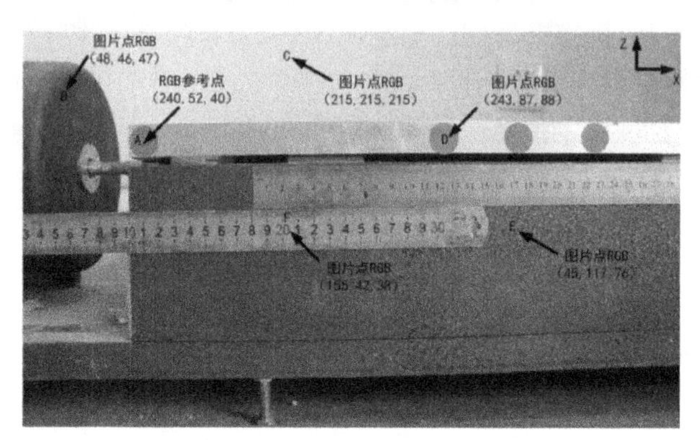

图 4.24　动态视频分帧得到的典型图片

像-物坐标系间的标定关系以物像空间中半径 1cm 的标准圆进行论述，像-物坐标系标定关系示意如图 4.26 所示。初始时刻，标靶圆圆心位于图像空间中(X_0,Y_0)位置处，τ 时刻，标靶圆圆心运动至(X_1,Y_1)位置。任意时刻圆心位置(X_i,Y_i)离开初始位置(X_0,Y_0)的相对像素距离 ΔX_i、ΔY_i 均可以获取。由于每一帧图片中标靶圆半径所占像素个数均可以通过圆拟合算法获取，则图像空间中标靶圆的半径可由式(4.20)表征：

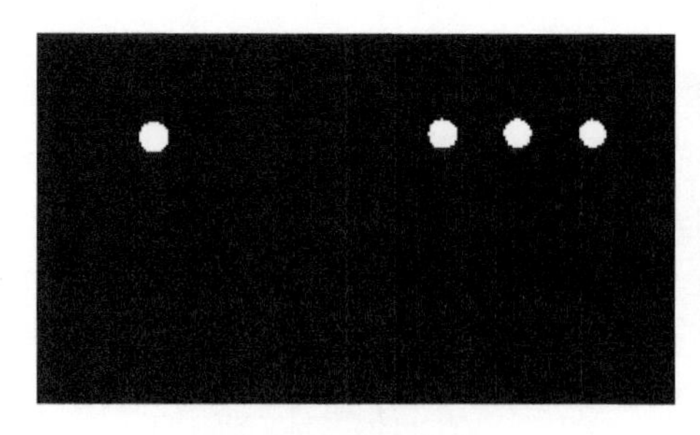

(a) 加权欧氏距离阈值：50

(b) 加权欧氏距离阈值：80

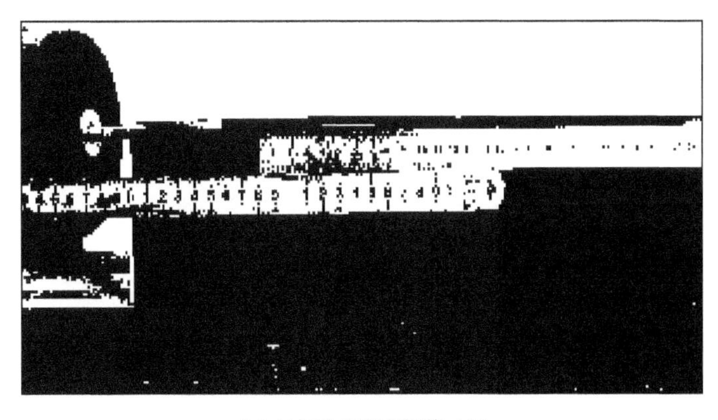

(c) 加权欧氏距离阈值:170

图 4.25　采用不同颜色阈值时标靶圆的响应

加权欧氏距离阈值的选取以标靶圆分辨度为准

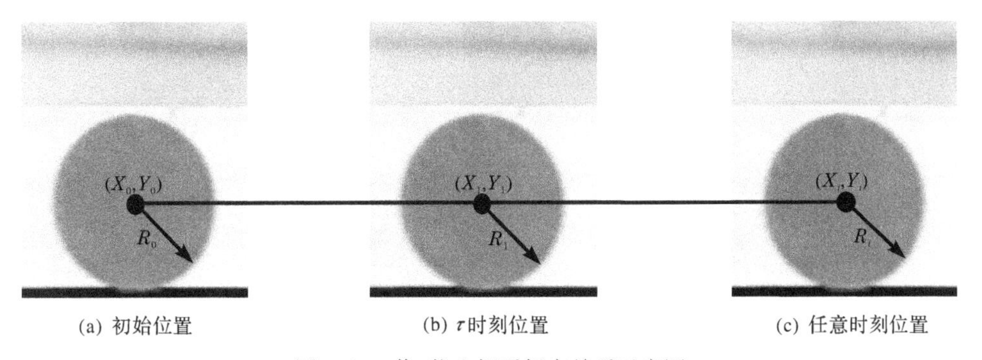

(a) 初始位置　(b) τ时刻位置　(c) 任意时刻位置

图 4.26　像-物坐标系标定关系示意图

$$R=\frac{1}{n}\sum_{i=1}^{n}R_i \tag{4.20}$$

式中,n 为连续分帧图片的总帧数;R_i 为每帧图片中标靶圆半径所占的像素个数。

因此,物像空间中 1cm 与图像空间像素的标定关系为:R(像素个数)=1cm,物像坐标系下,任意时刻圆心离开初始位置的水平位移为:$D_X=\Delta X_i/R$;竖直位移为:$D_Y=\Delta Y_i/R$。

3. 测试技术的验证

验证试验在南京工业大学土木工程与防灾减灾重点实验室开展[23]。验证试验体系如图 4.27 所示。振动台分别输入 1Hz、3Hz 简谐振动及复杂频率组成的地震动,以验证不同输入条件下研发方法的准确性。试验结果如图 4.28 和

图 4.29所示。由图 4.28 和图 4.29 可以看出:不同激励下,研发的测试方法与激光位移计测试结果位移形态一致。

图 4.27 验证试验体系

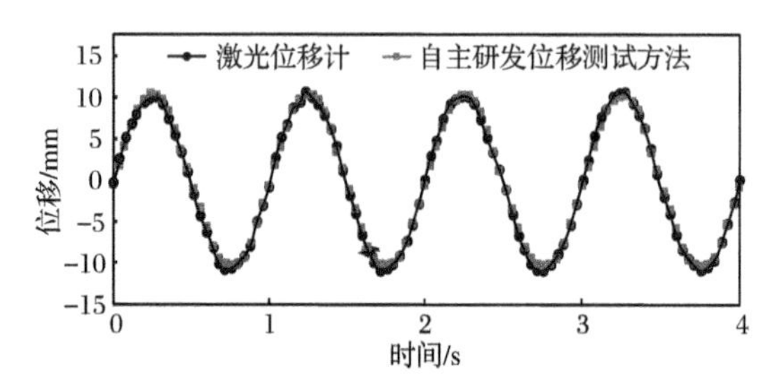

图 4.28 正弦波作用下位移对比

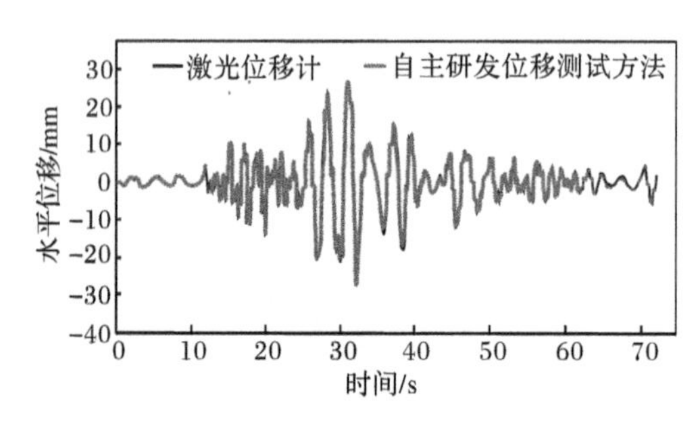

(a) 0～70s

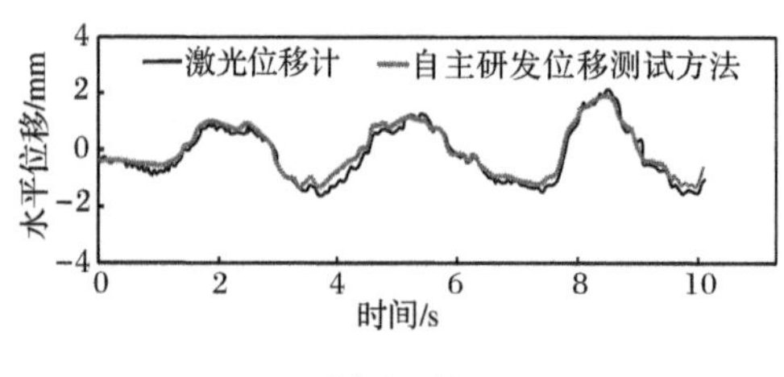

(b) 0～10s

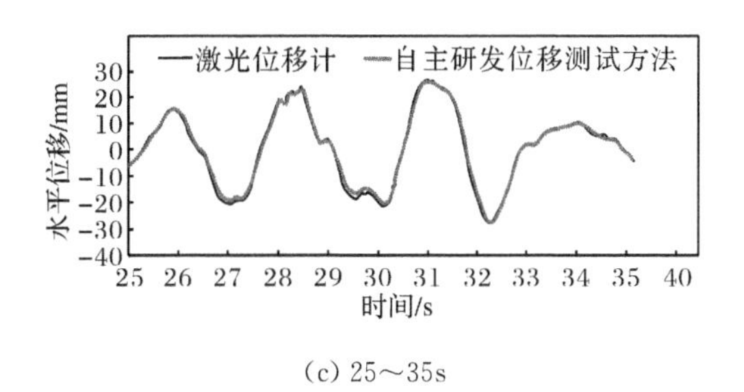

(c) 25～35s

图 4.29　地震动作用下位移对比

以百分误差(percent error)及均方根误差(RMSE)作为非接触性位移测试结果与位移计测试结果相似度的定量判别指标[24]。以激光位移计测试所得位移结果作为标准,各工况下非接触性位移测试方法识别所得位移与位移计测试位移的误差分析如表 4.8 所示。由表可知:采用非接触性位移测试方法测得的台面位移与位移计测得的位移的百分误差均小于1.8%;均方根误差均小于 1mm,验证了自行研发的非接触性动态位移测试方法对不同测试条件下均具有较好的测试效果。

$$\text{percent error} = \frac{\sum_{i=1}^{n} (V_i - M_i)^2}{\sum_{i=1}^{n} M_i^2} \tag{4.21}$$

$$\text{RMSE} = \sqrt{\frac{\sum_{i=1}^{n} (V_i - M_i)^2}{n}} \tag{4.22}$$

式中,V_i 为非接触性位移测试结果;M_i 为激光位移计测试结果。

表 4.8　非接触性位移测试方法识别位移与位移计测试位移误差分析

试验工况	输入振动	主频/Hz	百分误差/%	均方根误差/mm
1	1Hz 正弦	1	1.75	0.97
2	3Hz 正弦	3	0.65	0.31
3	松潘地震	6.3	0.90	0.52

为了满足用户的使用需求,基于 MATLAB 软件的 GUI 程序编写平台研发了面向对象、具备友好界面的可视化软件[23]。软件研发流程及软件初始界面如图 4.30 所示。软件主界面主要包括菜单项、图片信息区、参数设置区、滤波器设置区及辅助按钮区。菜单包括文件和位移两项。文件菜单包括图片路径、退出和帮助 3 个子菜单项;位移菜单包括水平位移时程、竖直位移时程和总位移时程 3 个子菜单项。图片信息区包括两个子项目:原始图片面板和图片信息面板。参数设置区包括两个子项目:RGB 阈值分割面板和参数设置面板。滤波器设置区采用了 3 种滤

波器形态，包括 Butterworth 滤波器、Chebyshev Ⅰ 型滤波器和椭圆滤波器。采用了 4 种滤波方法：低通滤波（lowpass）、高通滤波（highpass）、带通滤波（bandpass）、带阻滤波（bandstop）。

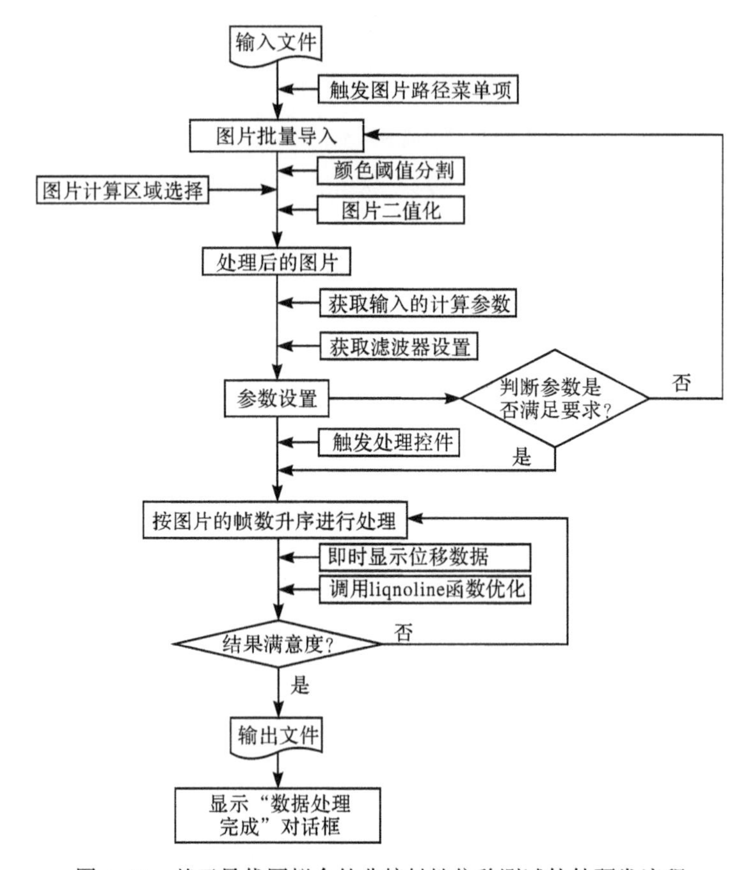

图 4.30　基于最优圆拟合的非接触性位移测试软件研发流程

图片前处理包括图片 RGB 阈值分割及标靶圆选取。用户可以通过鼠标在图片上获取输入 RGB 阈值分割的参数及初始圆心坐标参数，操作如图 4.31 所示。将鼠标获取的 RGB 参数输入 RGB 阈值分割面板相关输入控件中，单击刷新，即可获取处理后的图片，并显示在原始图片面板中，如图 4.32 所示；图片前处理完成后，软件自动激活“矩形区域”控件，提示用户进行标靶点选取；用户选择矩形区域后，单击“确认完成”控件，即可完成区域选择任务。

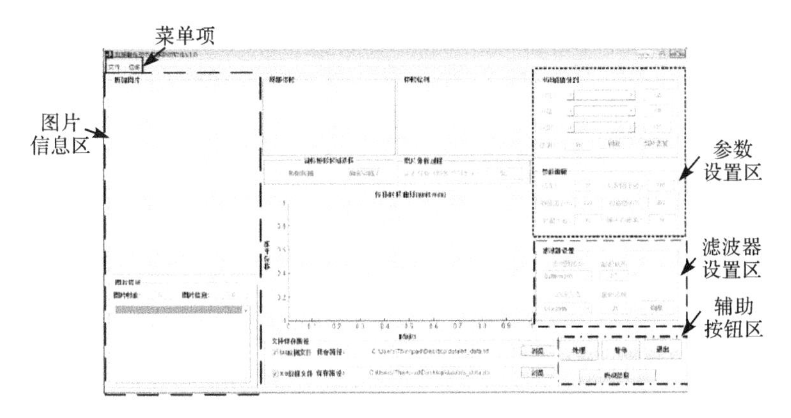

图 4.31　软件界面介绍

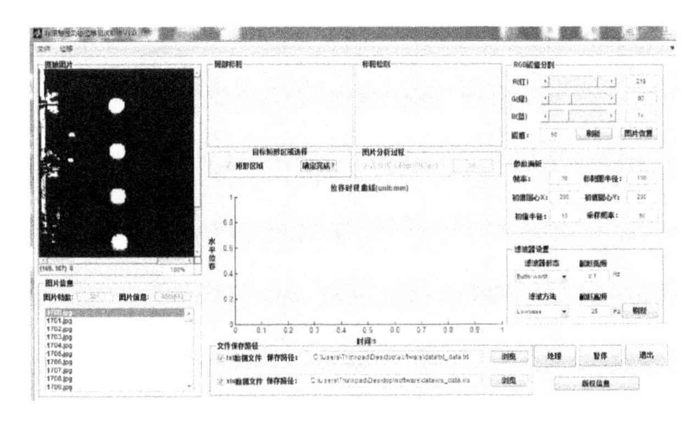

图 4.32　图片处理结果

4.5.3　光纤 Bragg 光栅应变测试技术

1. 光纤 Bragg 光栅应变测试原理

利用光纤材料的光敏性在纤芯内形成空间相位，光栅作用的实质是在纤芯内形成一个窄带的滤波器或反射镜，使得光在其中的传播行为得以改变和控制[25]，通过光谱分析反射光谱及透射光谱中心波长的改变量，根据标定关系间接获取目标测试物理量。大型振动台试验工况下，地震动引起光栅 Bragg 波长的移位，导致光栅周期 Λ 的变化，同时光纤本身所具有的弹光效应使得有效折射率 n_{eff} 随外部地震动激励的改变而改变，光栅 Bragg 波长可由式(4.23)表示：

$$\lambda_{\mathrm{B}} = 2n_{\mathrm{eff}}\Lambda \tag{4.23}$$

式中，λ_{B} 为入射光通过光纤 Bragg 光栅反射回来的中心波长；Λ 为光栅的周期；n_{eff} 为光纤纤芯针对自由空间中心波长的折射率。

根据已有研究[26]，光纤光栅弹光效应单位纵向应变引起的波长移位为1.22pm/με，因此中心波长改变量与应变值标定关系可由式(4.24)进行换算：

$$\varepsilon = \Delta_{\lambda_B} \times 1000 \div 1.22 \tag{4.24}$$

式中，ε 为应变值；Δ_{λ_B} 为中心波长改变量。

2. 光纤 Bragg 光栅传感器的封装与保护

光纤 Bragg 光栅主要由纤芯作为信号传输媒介，其抗剪性能极差，极易拉断和折断，裸纤为纤芯加包层加涂覆层，虽然有一定的抗拉、抗剪强度，但也很容易折断和缠绕，而光纤的光栅段作为传感的主要部分是由裸纤剥去涂覆层后用紫外光刻写而成，虽然刻写后会经过二次涂覆保护，但仍然很脆弱，在工程中粘贴在被测物体表面时需要一定的保护。

光纤 Bragg 光栅传感器的封装现在主要有粘贴式封装、管片式封装和植入式封装等。

(1) 粘贴式封装：主要适合对结构体表面进行监测，是最简便的封装方法，将裸光栅直接粘贴于混凝土、钢筋及土工合成材料表面，再用环氧树脂或硅橡胶等涂抹保护。由于保护较简单，所以存在保护强度不高，容易受压或者拉扯导致光栅破坏，胶体受水的渗入腐蚀而剥落导致光栅与被测物体表面部分或整体脱离以致影响监测效果，粘贴材料的性质与黏结方式也会影响光栅与被测物体的应变传递等缺陷。

(2) 管片式封装：该方法是将裸光栅附着在特制的管、片等传感媒介上，在外部使用强度较高的金属外套封装成独立的传感器，经过封装的光纤 Bragg 光栅传感器可以埋入岩土体或混凝土中，也可以与构件绑扎或焊接，进行应力应变、位移变形以及温度等的监测。由于外部保护强度比较高，防渗效果和防腐蚀能力也优于粘贴式传感器，目前实际工程中特别是施工环境比较恶劣或者需埋入结构体内部的监测项目一般采用此种封装好的光纤 Bragg 光栅传感器进行监测，当然，其价格远高于裸光栅的价格，而且由于中间层较多，封装材料极大地改变了光纤光栅的传感特性，应变传递率受到一定影响，所以每个传感器使用前必须经过必要的校准和标定，给出应变灵敏度系数或温度灵敏度系数等参数。

(3) 植入式封装：目前在岩土工程中已经有不少复合材料被应用于实际工程中，如碳纤维加筋或玻璃纤维加筋材料制成的锚杆，以及玻璃纤维土工格栅等，在生产或者加工这些复合材料时，将光纤 Bragg 光栅传感器植入其内部，形成智能加筋体，在发挥加筋作用的同时本身也可以作为传感器进行监测。这样封装的光栅与监测对象完全耦合，极大提高了成活率，也避免了渗入水的腐蚀，具有良好的应用前景，但是由于制作工艺还不是很成熟，在实际工程中还没有大规模的应用，也存在难以控制光纤初始应变等问题，需要开展更多的工作以研究其封装工艺。

在土与结构动力相互作用的模型试验中，模拟钢筋的镀锌钢丝直径微小，应变片及常规传感器均不能满足测试要求，因此采用裸光纤 Bragg 光栅进行测试。裸光纤形态纤细，容易拉断和折断，因此试验过程中需对其进行封装及保护，以保证光纤 Bragg 光栅的存活率；封装保护致使感受外界因素变化的纤芯与被测对象之间产生了中间层。根据已有对中间层的研究[27]及镀锌钢丝直径较小(直径1.2mm)的实际情况，本次试验采用粘贴式封装方法，封装示意如图 4.33 所示。粘贴前，首先采用酒精对测试点位进行杂质清理，酒精挥发后，采用 502 胶将 Bragg 光栅段粘贴在测试点位上，此部分胶凝固后，采用环氧树脂将已胶结在镀锌钢丝应变测点处的光栅段进行封装。光栅段两侧光纤按相同方法粘贴在测试点位两侧镀锌钢丝上，以避免光纤段拉扯脱离镀锌钢丝表面；待胶水凝固后，光纤引线套入细套管中，作为一次保护；为防止浇筑微粒混凝土过程中对光纤引线破坏，将穿越微粒混凝土段的光纤引线采用铠装光缆进行二次保护。

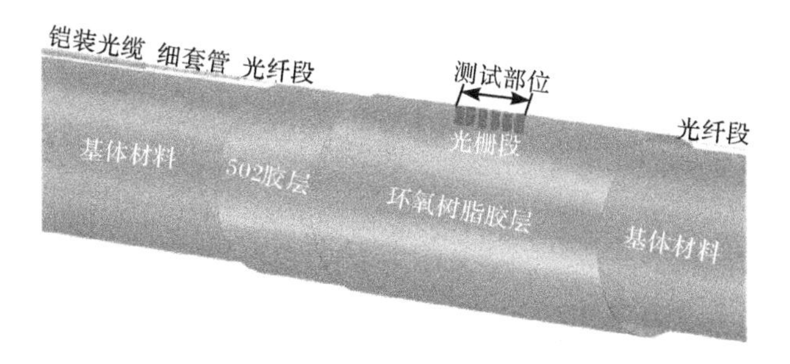

图 4.33　光纤 Bragg 光栅封装示意图

3. 振动台试验中镀锌钢丝应变测试方案

试验及震害调查表明：地震作用下地铁地下车站结构的中柱容易损伤或破坏，因此，本次试验的测试对象选取中柱；本次试验的模型结构纵轴向共三跨，选取模型结构的中跨中柱为应变测试的观测面，布设 4 个光纤 Bragg 光栅测点[27]。传感器编号 G 代表光纤 Bragg 光栅，S 代表应变片。传感器布设方法如图 4.34 所示。右侧中柱 Z2 的顶端、中部及底端依次采用光纤光栅(测点 G1、G2、G3)测试镀锌钢丝的应变时程，采用应变片(测点 S1-7、S1-8、S1-9)测试对应位置微粒混凝土的应变时程，通过比较两者的差异性分析其协同工作关系；左侧中柱 Z1 的顶端设置光纤光栅测点 G4 和应变片测点 S1-1，用以对比左、右侧中柱应变反应的差异性。

光纤 Bragg 光栅应变测试流程如图 4.35 所示。振动引起的光纤 Bragg 光栅中心波长的改变量信号，通过光纤传至动态光纤光栅传感解调仪 MOI SM130 中，将中心波长改变量转化成应变信号，解调后数据通过以太网实现与电脑终端的数据传递。

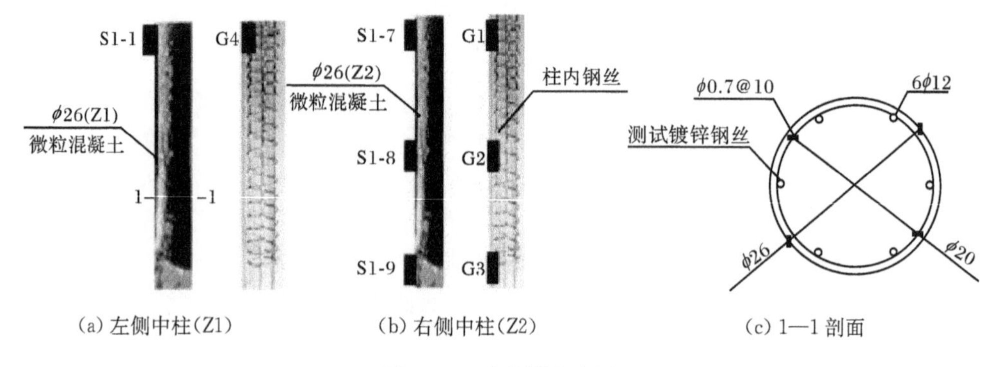

(a) 左侧中柱(Z1)　　(b) 右侧中柱(Z2)　　(c) 1—1 剖面

图 4.34　应变测点布置

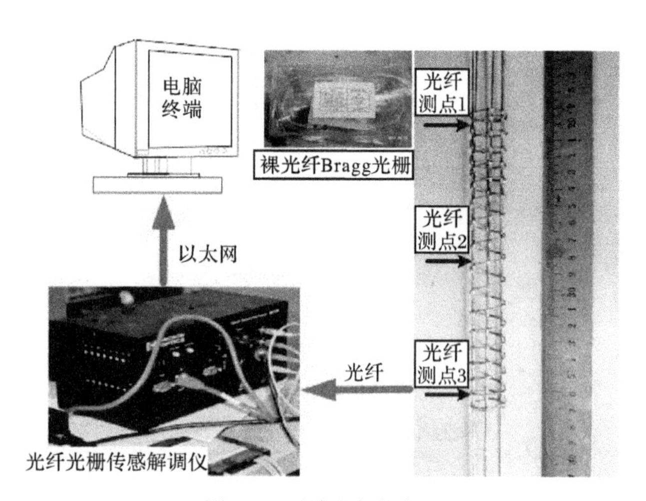

图 4.35　测试应变流程

由图 4.36 可知：光纤 Bragg 光栅测点 G2 测得的应变形态显著优于应变片测点 S1-8 的测试结果，这是由于地震模拟系统本身电磁干扰较大，而采用应变片测试存在易受噪声干扰、对较弱信号的捕捉能力较差等问题；光纤 Bragg 光栅具有强抗电磁干扰能力，在一定程度上克服了系统本身带来的应变测试误差，并在弱信号捕捉上具有先天优势。因此，在大型振动台模型结构试验中，建议对测试精度要求较高或信号较弱的测试部位，采用光纤光栅传感测试技术。

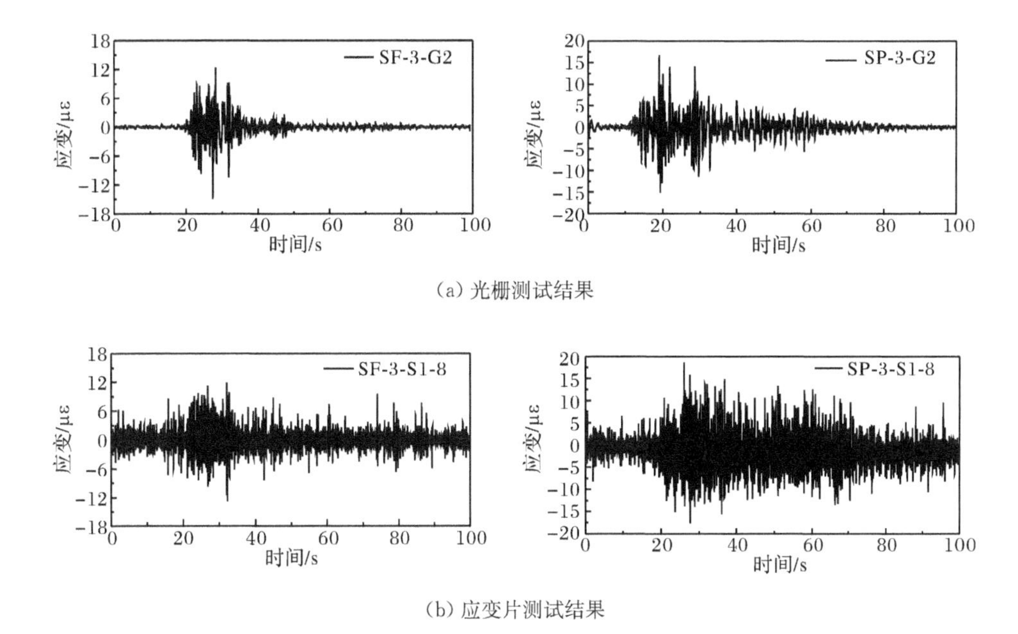

(a) 光栅测试结果

(b) 应变片测试结果

图4.36　不同地震动作用下光栅和应变片测试结果对比

参考文献

[1] 陈国兴,庄海洋,杜修力,等. 土-地铁隧道动力相互作用的大型振动台试验-试验结果分析[J]. 地震工程与工程振动,2007,27(1): 164—170.

[2] 陶连金,吴秉林,李积栋,等. Y形柱双层地铁车站振动台试验研究[J]. 铁道建筑,2014,(9): 36—40.

[3] 杨林德,季倩倩,郑永来,等. 软土地铁车站结构的振动台模型试验[J]. 现代隧道技术,2003,40(1): 7—11.

[4] Chen J,Shi X J,Li J. Shaking table test of utility tunnel under non-uniform earthquake wave excitation[J]. Soil Dynamics and Earthquake Engineering,2010,30(11): 1400—1416.

[5] Tsinidis G,Pitilakis K,Heron C,et al. Experimental and numerical investigation of the seismic behavior of rectangular tunnels in soft soils[C]//Computational Methods in Structural Dynamics and Earthquake Engineering Conference. Kos Island,2013.

[6] 刘晶波,刘祥庆,王宗纲,等. 土-结构动力相互作用系统离心机振动台模型试验[J]. 土木工程学报,2010,43(11): 114—121.

[7] Meymand P J. Shaking table scale model tests of nonlinear soil-pile-superstructure interaction in soft clay[D]. Berkeley:University of California,1998.

[8] 楼梦麟,陈清军. 侧向边界对桩基地震反应影响的研究[D]. 上海: 同济大学,1999.

[9] 楼梦麟,王文剑,朱彤. 土-结构体系振动台模型试验中土层边界影响问题[J]. 地震工程与工程振动,2000,20(4):30—36.

[10] 陈国兴,庄海洋,程绍革,等. 土-地铁隧道动力相互作用的大型振动台试验:试验方案设计[J]. 地震工程与工程振动,2006,26(6):178—183.

[11] 陈国兴,王志华,左熹,等. 振动台试验叠层剪切型土箱的研制[J]. 岩土工程学报,2010,32(1):89—97.

[12] 陈国兴,王志华,宰金珉. 考虑土与结构相互作用效应的结构减震控制大型振动台模型试验研究[J]. 地震工程与工程振动,2001,21(4):117—127.

[13] Chen G X,Wang Z H,Zuo X,et al. Shaking table test on the seismic failure characteristics of a subway station structure on liquefiable ground[J]. Earthquake Engineering & Structural Dynamics,2013,42(10):1489—1507.

[14] Chen G X,Chen S,Qi C Z,et al. Shaking table tests on a three-arch type subway station structure in a liquefiable soil[J]. Bulletin of Earthquake Engineering,2015,13(6):1675—1701.

[15] Chen G X,Chen S,Zuo X,et al. Shaking-table tests and numerical simulations on a subway structure in soft soil[J]. Soil Dynamic and Earthquake Engineering,2015,76:13—28.

[16] 韩晓健,左熹,陈国兴. 基于虚拟仪器技术的振动台模型试验 98 通道动态信号采集系统研制[J]. 防灾减灾工程学报,2010,30(5):503—508.

[17] 周润景,郝晓霞. 传感器与检测技术[M]. 北京:电子工业出版社,2009.

[18] 陈苏,陈国兴,戚承志,等. 振动信号批处理软件平台的搭建与应用[J]. 南京工业大学学报:自然科学版,2014,36(4):89—94.

[19] 陈锡辉,张银鸿. Labview 8. 20 从入门到精通[M]. 北京:清华大学出版社,2007.

[20] Hough P V C. Method and means for recognizing complex patterns: U. S. ,Patent 3 069 654 [P]. 1962—12—18.

[21] 陈苏,陈国兴,韩晓健,等. 基于最优圆拟合原理的非接触性动态位移测试方法及可视化软件的研发[J]. 岩土工程学报,2013,35(S2):369—374.

[22] Deriche R. Using Canny's criteria to derive a recursively implemented optimal edge detector [J]. International Journal of Computer Vision,1987,1(2):167—187.

[23] 陈苏,陈国兴,韩晓健,等. 非接触性动态位移测试方法的研发及应用验证[J]. 应用基础与工程科学学报,2013,21(4):725—734.

[24] 李川. 光纤光栅:原理、技术与传感应用[M]. 北京:科学出版社,2005.

[25] 王惠文. 光纤传感技术与应用[M]. 北京:国防工业出版社,2001.

[26] 薛泽利,吕国辉. 光纤光栅应变传感器表面粘贴工艺研究[J]. 哈尔滨师范大学自然科学学报,2011,27(1):29—32.

[27] 陈苏,陈国兴,徐洪钟,等. 光纤 Bragg 光栅应变测试技术在大型振动台模型试验中应用[J]. 振动与冲击,2014,33(10):113—118.

第5章　两层三跨框架式地铁地下车站结构抗震研究

5.1　引　　言

地下两层三跨岛式车站(见图5.1)为目前我国城市地铁地下车站结构普遍采用的结构形式,地下一层为站厅层,地下二层为站台层。该类型车站结构的主要特点:①适用于浅埋明挖或盖挖车站,能充分利用已开挖的空间,站厅(公共区)开阔,出入口开口灵活,有利于售、检票机的布置,功能分区灵活、合理;②站台利用率高,疏导乘客能力大;③相邻区间埋深适中,采用盾构法或暗挖法施工,车站和区间土建投资适中,综合投资适中,社会效益好。

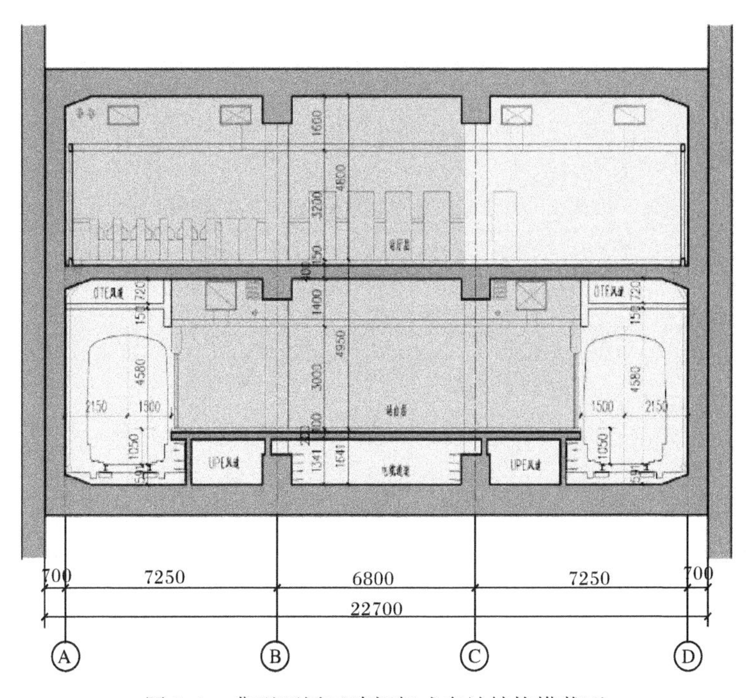

图5.1　典型两层三跨框架式车站结构横截面

本章基于南京地铁车站建设的实际背景,以软土地基中和可液化地基中的两层三跨岛式地铁车站为研究对象,基于1g振动台模型试验和数值模拟分析,考虑土-大型地铁车站的非线性动力相互作用,系统研究该类大型地铁地下车站结构的非线性地震反应规律和抗震性能。以《建筑抗震设计规范》(GB 50011—2016)中场地类别的分类方法,构造不同的场地类别,考虑土与结构的动力接触作用,对不同场地类别条件下典型的两层三跨岛式地铁车站结构的地震反应规律和抗震性能进行研究。同时,分析场地类别、覆盖层厚度和侧向地连墙的存在等因素对两层三跨岛式地铁车站结构抗震性能的影响。最后,总结和给出该类车站结构的地震反应规律、抗震性能及其抗震设计建议。

5.2 软土场地两层三跨地铁地下车站结构振动台模型试验

5.2.1 模型试验概况

1. 相似比设计

根据第 4 章土-地下车站结构模型相似设计的基本原则及其综合考虑振动台的制约,首先确定本次模型试验几何尺寸的相似比为 1/25。同时,采用微粒混凝土制备结构模型时模型材料的密度也与实际混凝土的材料密度相当,因此,整个模型体系的密度相似比定为 1.0,根据第 4 章内容,本次试验首先以深厚软弱场地上地下结构动力反应特征为试验中重点调查对象,模型体系各物理量的相似关系和相似比如表 5.1 所示。

表 5.1 模型体系各物理量的相似关系和相似比

物理特征	物理量	相似关系	相似比
几何特征	长度 l	λ_l	1/25
	位移 r	$\lambda_r=\lambda_l$	1/25
材料特征	弹性模量 E	λ_E	1/4
	密度 ρ	λ_ρ	1
	应变 ε	λ_ε	1
	应力 σ	$\lambda_\sigma=\lambda_E\lambda_\varepsilon$	1/4
	有效上覆压力 σ'_{v}	$\lambda_{\sigma'_{\mathrm{v}}}=\lambda_l$	1/25
动力特征	动孔压 u	$\lambda_u=\lambda_l$	1/25
	时间 t	$\lambda_t=\lambda_l\sqrt{\lambda_p/\lambda_G}$	1/12.5
	频率 $\bar{\omega}$	$\lambda_{\bar{\omega}}=1/\lambda_t$	12.5
	加速度 a	$\lambda_a=\lambda_l/\lambda_t^2$	6.25

2. 模型地基设计

在试验中,模型场地土层分三层,在场地的顶部和底部分别设置了一定厚度的黏土层，中间土层为粉细砂层，模型场地中从上到下各土层的厚度分别为16cm、120cm 和 24cm，各土层模拟原型场地土层从上到下的厚度分别为 4m、30m 和 6m，模型地基的总厚度为 1.6m，模拟原型场地土层的总厚度为 40m，模型地基的宽度为 4.1m，模拟原型地基的宽度为 102.5m，隧道结构两洞之间的距离为76cm，模拟实际的两洞之间的距离为 19m，隧道结构的原上覆土层厚度为 14m，车站结构的原上覆土层厚度为 2m，车站结构模型试验的装箱示意图如图 5.2 所示。

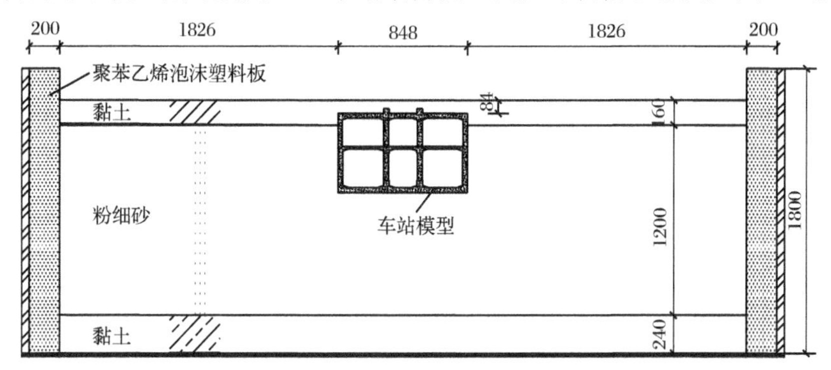

图 5.2　地铁车站模型装箱示意图(单位:mm)

3. 模型结构的制作

本次试验采用的微粒混凝土的配合比为：水泥（425＃）/粗砂/石灰/水＝1/5.0/0.6/0.5。试验过程中对浇筑结构所用微粒混凝土的强度和弹性模量进行了试验，其中用于测定微粒混凝土强度的试样为 7.07cm×7.07cm×7.07cm 的立方体试块，用于测定弹性模量的试样为 10cm×10cm×30cm 的棱柱体试块，检测的试验结果如第 4 章表 4.7 所示。根据模型试验几何相似比设计，模型结构尺寸如图 5.3 所示。

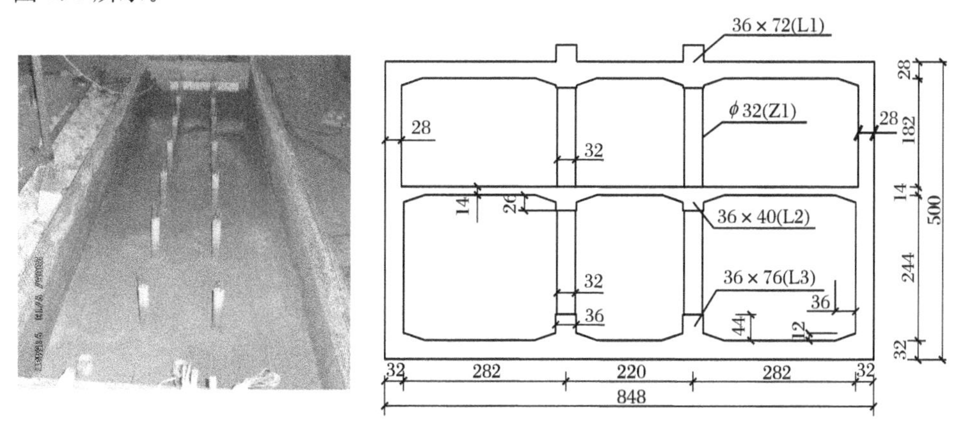

图 5.3　车站结构模型制作及其主要尺寸(单位 mm)

4. 试验加载工况

本次试验拟采用 El Centro 波、南京人工波和 Kobe 波作为振动台的输入波。南京人工波是由江苏省地震工程研究院对南京地铁某典型场地条件下采用人工合成的人工地震波，三种不同超越概率下该人工波的持时分别为 28s、30s 和 32s，对应的原始峰值加速度分别 0.053g、0.116g 和 0.154g；其他地震波的介绍见第 3 章。总体来看，三种地震波中 Kobe 波的傅里叶谱频宽最小，El Centro 波的频宽居中，而南京人工波的频宽最宽。试验中采用 X 向输入激振，原加速度时程的时间步长为 0.02s，根据时间的相似关系，试验中采用的时间步长被调整为 0.0016s，加速度时程的峰值根据加速度相似系数调整后按逐级递增的方式输入，在每一级荷载加载前，采用幅值为 0.05g 的白噪声扫描，以观测模型体系的动力特性的改变，最终地铁车站模型结构试验的加载工况如表 5.2 所示。

表 5.2　地铁车站模型结构试验的加载工况

工况序号	输入波类型	工况代号	X 向峰值加速度/g
1	白噪声	C-B1	0.05
2	El Centro 波	C-E1	0.376
3	南京人工波	C-N1	0.284
4	Kobe 波	C-K1	0.305
5	白噪声	C-B2	0.05
6	El Centro 波	C-E2	0.768
7	南京人工波	C-N2	0.638
8	Kobe 波	C-K2	0.619
9	白噪声	C-B3	0.05
10	El Centro 波	C-E3	9.04
11	南京人工波	C-N3	0.865
12	Kobe 波	C-K3	0.982
13	白噪声	C-B4	0.05
14	南京人工波	C-N4	1.13

5. 试验装置与传感器布置

对整个试验模型箱、模型土和模型结构的总重量进行粗略计算，整个试验模型的总重量约为 40t，在国内能够达到该承载力的振动台只有中国建筑科学研究院的试验机能够满足本试验的要求，该试验机是由美国 MTS 公司生产的三向六自由度大型高性能模拟地震振动台，其主要技术参数为：

台面尺寸：6m×6m；最大载重：80t；工作频率：Hz；

最大加速度：±1.5g(X)，±1.5g(Y)，±1.5g(Z)；

最大速度：±1.0m/s(X)，±1.2m/s(Y)，±0.8m/s(Z)；

最大位移：±15cm(X)，±25cm(Y)，±10cm(Z)；

最大倾覆力矩：180t·m。

在地震动作用下，地铁车站较大的动应力反应主要在各构件交叉部位附近发生，因此，车站结构模型的应变片主要布置在各构件的交叉部位附近，根据车站结构横断面的差异，在结构中间有柱的横断面上布置了一个主观测面，在没有柱的横断面上布置了一个次观测面，同时，也布置了辅助观测面和端部观测面，车站结构模型各观测面位置及传感器的布置如图5.4和图5.5所示。为了测定模型结构周围模型地基的加速度反应及其粉细砂土的动孔压变化规律，在模型土体中布置了一定数量的加速度传感器和孔压计，试验模型土中的传感器布置如图5.6所示，图中W代表孔压计。

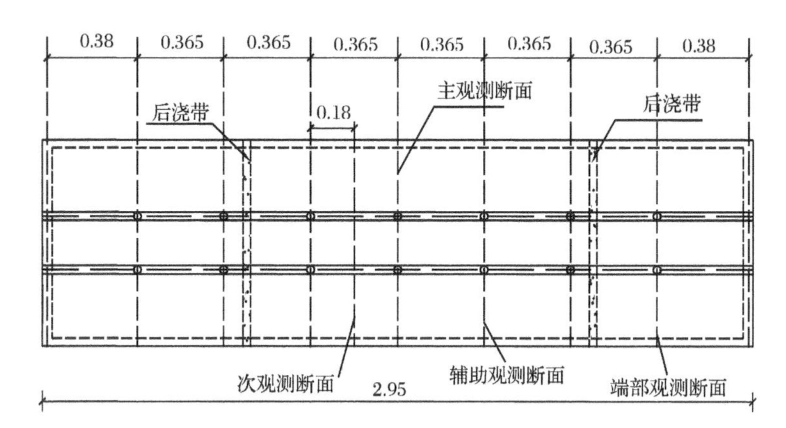

图5.4　车站结构模型各观测面位置(单位：m)

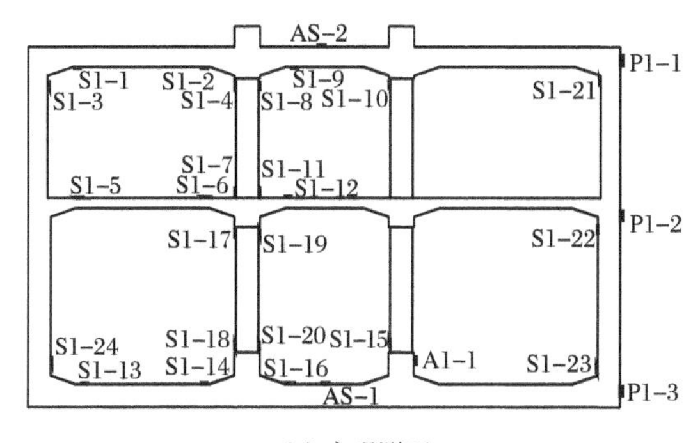

(a) 主观测面

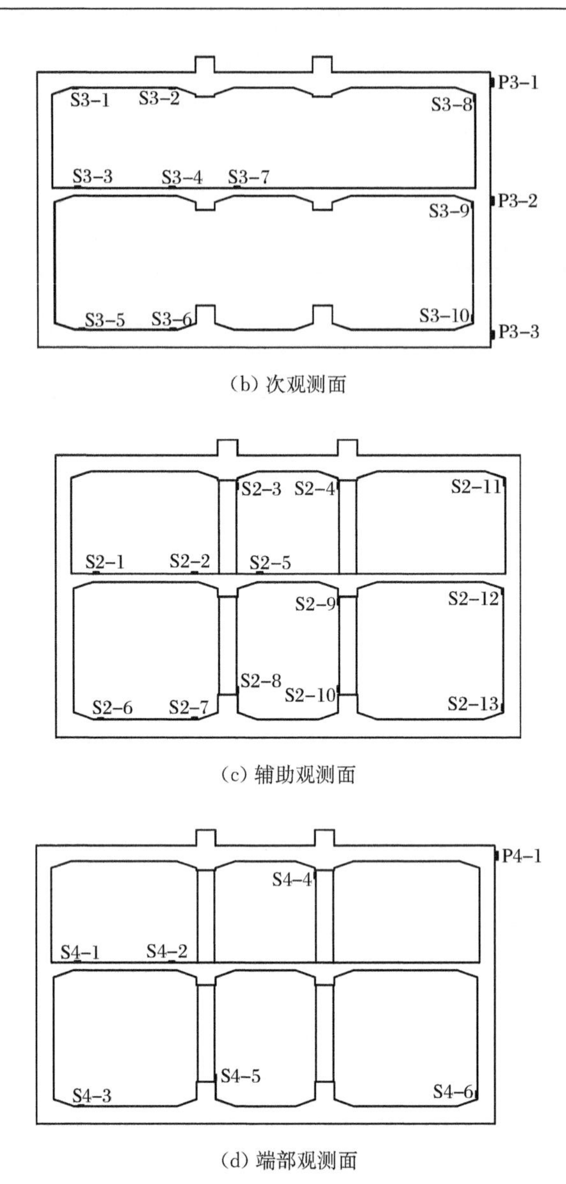

(b) 次观测面

(c) 辅助观测面

(d) 端部观测面

图 5.5　车站结构横断面上各观测面传感器布置

5.2.2　模型试验结果与分析

1. 相互作用体系的加速度反应

表 5.3 给出了不同工况下模型体系的加速度反应放大系数，由表可以看出，在台面输入同一种地震波时，随着输入峰值加速度的变大，除个别边界测点外，各

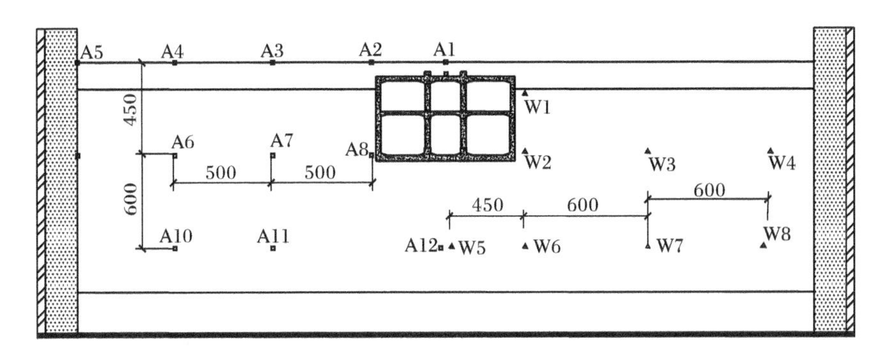

图5.6　模型场地土中传感器布置(单位:mm)

加速度计记录的加速度反应放大系数随之减小,尤其是在第二级荷载时加速度反应放大系数比第一级荷载时的对应值小得多,同时,结构及其周围近场的加速度放大系数明显受地下结构的影响。对车站结构的加速度反应来说,顶板处的加速度反应幅值明显大于底板处的加速度反应幅值。上述试验结果在下面章节的数值分析过程中也得到了验证[1~6]。

表5.3　不同工况下测点的加速度反应放大系数

工况	El Centro 波			南京人工波				Kobe 波		
	C-E1	C-E2	C-E3	C-N1	C-N2	C-N3	C-N4	C-K1	C-K2	C-K3
A1	0.64	0.21	0.18	0.72	0.28	0.22	0.19	0.69	0.17	0.10
A2	0.68	0.21	0.17	0.83	0.31	0.36	0.33	0.76	0.16	0.13
A3	0.84	0.43	0.56	0.94	0.81	0.88	0.96	1.29	0.72	0.49
A4	0.59	0.46	0.31	0.94	0.56	0.77	0.66	0.98	0.37	0.27
A5	0.65	0.46	0.41	0.61	0.41	0.72	0.72	0.86	1.01	0.57
A6	0.57	0.42	0.38	0.63	0.42	0.36	0.36	0.70	0.55	0.55
A7	0.58	0.35	0.44	0.58	0.29	0.34	0.41	0.76	0.59	0.49
A8	0.32	0.21	0.17	0.37	0.29	0.25	0.25	0.42	0.21	0.11
A10	0.69	0.51	0.45	0.73	0.59	0.47	0.43	0.86	0.72	0.60
A11	0.75	0.64	0.61	0.66	0.52	0.53	0.46	0.96	0.87	0.54
AS-1	0.59	0.20	0.18	0.71	0.28	0.21	0.20	0.69	0.16	0.09
AS-2	0.57	0.22	0.18	0.76	0.31	0.25	0.26	0.80	0.23	0.14

2. 车站结构的动应变反应

在车站结构的不同断面上共布置了53片应变片,由于结构在饱和土中放置时间太长,最终只有21片应变片能正常工作,其余应变片都因受潮而损坏,试验中能正常工作的应变片分布情况如图 5.7 所示。

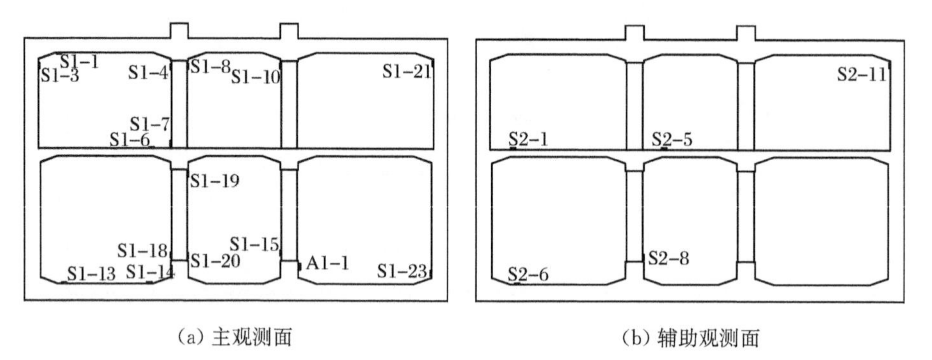

(a) 主观测面　　(b) 辅助观测面

图 5.7　试验中正常工作应变片的分布

表 5.4 给出了在不同工况下车站结构不同部位的应变片记录的应变幅值,由表可知地铁车站的动力反应规律如下:

(1) 车站结构中柱上的应变幅值明显大于结构其他构件测得的值,上中柱顶端的应变幅值明显大于上中柱底端的应变幅值,同时,下中柱顶端的应变幅值也明显大于下中柱底端的实测值。

(2) 在车站结构的主体结构构件中,板的实测应变幅值明显小于侧墙的实测值,中板在与中柱交叉部位的应变幅值明显大于中柱在与侧墙交叉部位的实测值,同时,侧墙顶部的应变幅值也明显小于侧墙底部的应变幅值。

(3) 除个别测点外,主要测点的实测应变幅值随着台面输入加速度幅值的变大而变大。

表 5.4　车站结构各构件的应变幅值　　(单位:με)

工况	C-E1	C-E2	C-E3	C-N1	C-N2	C-N3	C-N4	C-K1	C-K2	C-K3
顶板左跨左端(S1-1)	1.9	2.1	2.7	2.2	3.8	4.6	5.6	2.1	1.9	1.8
中板左跨右端(S1-6)	2.9	4.0	4.8	2.9	4.8	3.5	4.2	2.9	2.7	2.7
中板左跨左端(S10-1)	2.6	3.2	3.2	2.1	2.4	2.7	3.4	2.1	2.1	2.2
底板左跨左端(S1-13)	4.0	9.3	5.8	2.1	5.0	3.4	5.4	2.7	2.9	2.7
底板左跨右端(S1-14)	1.9	6.1	4.2	2.1	4.8	6.2	4.2	2.6	3.5	3.5
上柱顶端(S1-4)	19.5	23.7	24.6	18.9	21.4	23.8	27.0	16.0	21.0	23.5
上柱底端(S1-7)	14.2	16.8	18.9	11.5	14.9	17.6	20.6	12.2	13.4	13.9
下柱顶端(S1-19)	32.6	40.3	43.8	24.8	38.9	43.2	56.0	25.0	26.1	35.4
下柱底端(S1-20)	16.6	22.7	26.6	13.6	21.8	23.7	24.5	14.7	16.0	17.9
侧墙顶端(S10-11)	5.8	4.6	5.3	4.8	4.6	5.6	7.4	3.5	3.8	3.4
侧墙底端(S1-23)	6.4	7.7	9.1	5.4	5.9	6.7	11.0	5.9	7.2	5.9

(4) 在同一荷载级别下,在台面输入南京人工波时车站结构的应变反应明显大于在台面输入其他两种地震波时对应的值,地铁车站的动力反应大小对台面输入地震波的特性是有选择性的。

5.3　软土场地两层三跨框架式地铁地下车站结构地震反应数值模拟

5.3.1　地下车站结构的地震反应特征

1. 计算模型

在南京地铁 1 号线南北线中共有 8 座地下车站,这 8 座车站均为岛式地下车站,其中 6 座车站为两层双柱三跨岛式车站,该类型车站处于城市交通客流量较大的客流集散点。另两座车站为三层双柱三跨岛式车站,该类型车站处于重要的交通枢纽,一般又是轨道交通线网中的换乘站。本章所要研究的两层双柱三跨地铁车站的典型结构横断面尺寸如图 5.8 所示,地铁车站的宽度为 21.2m,车站的高度为 12.49m,取上覆土层厚度为 2m。车站结构的底板厚度为 0.8m,顶板厚度为 0.7m,中板厚度只有 0.35m,侧墙的厚度有两种尺寸,底层的侧墙厚度为0.8m,顶层的侧墙厚度为 0.7m,车站结构的中柱采用直径为 0.8m 的圆柱,中柱的间距为 9.12m。在中柱与顶、中和底板的连接处都设计有沿车站轴向的不同尺寸的纵梁,在板与侧墙及其纵梁相交处做了加掖处理。

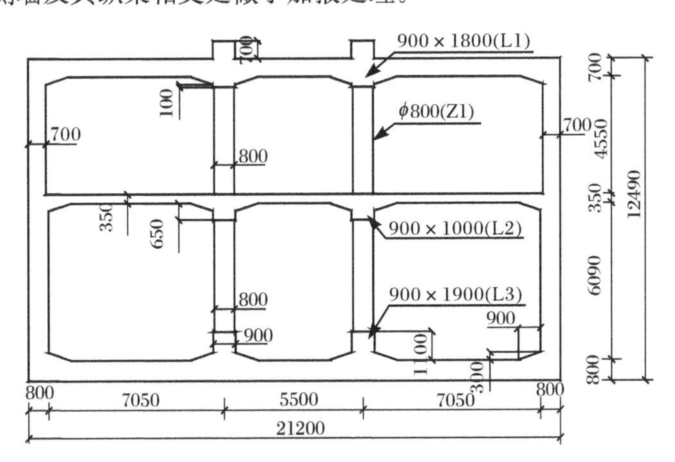

图 5.8　典型两层双柱三跨地铁车站结构横断面尺寸(单位:mm)

根据南京地铁 2 号线的线路规划,将有六个车站位于南京河西地区,而该地区属于长江漫滩地貌单元,该地区上覆土层达 60m 左右,且上部流塑状的淤泥质土及流塑～软塑状的粉质黏土较厚，该地区属抗震不利地段，该地区典型的深软场地条件如表 5.5 所示，即在地铁车站侧向的土层 2～土层 5 都为剪切波速较小的软土层，如图 5.9 所示。

表 5.5　某典型深软场地的土层剖面资料

层号	层厚/m	土层描述	重度/(kN/m³)	v_s/(m/s)
1	2.0	淤泥质土，灰色，软～流塑，饱和	19.0	114.0
2	2.0	淤泥质粉质黏土，灰绿色，软塑，饱和	17.8	129.1
3	4.0	粉土与粉砂互层，灰黄，中密，饱和	19.0	152.7
4	3.1	粉砂，灰黑，中密，饱和	20.5	137.1
5	3.0	淤泥质土，灰色，软～流塑饱和	19.3	128.5
6	9.0	细砂，灰黄，密实，饱和	18.9	172.7
7	12.5	粉细砂，灰黑，中密～密实，饱和	21.2	205.8
8	10.3	细砂，灰黄，密实，饱和	18.9	236.3
9	5.2	粉砂，灰黑，中密，饱和	20.5	263.2
10	10.0	黏土，灰～灰黑，硬塑	19.3	491.6

剪切波速/(m/s)　0　100　200　300　400　500　600
深度/m　0　10　20　30　40　50　60　70
剪切波速随土层深度的变化

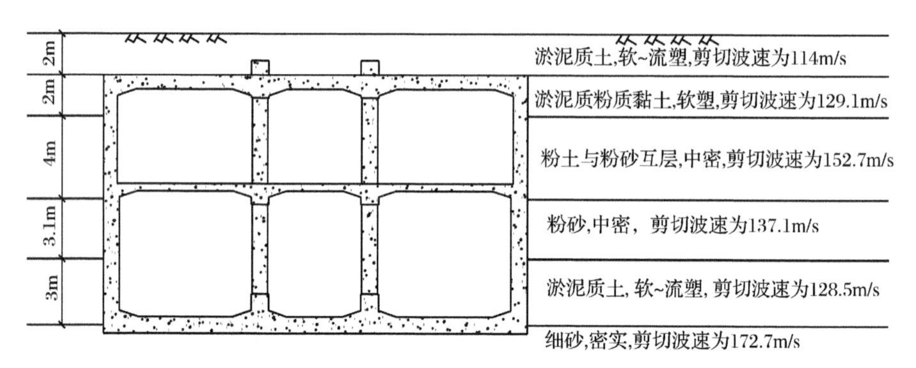

图 5.9　地铁车站侧向软土层分布示意图

采用四节点平面应变缩减积分单元模拟土体介质，土体的动力特性采用第 3 章介绍的记忆型嵌套面动力本构模型模拟，模型参数如表 5.6 所示。分别采用四节点平面应变全积分单元和两节点平面应变梁单元模拟车站结构，C30 混凝土的动力特性采用第 3 章介绍的黏塑性动力损伤模型模拟，C30 混凝土的模型参数如第 3 章中表 3.1 所示。把地铁车站结构等效为平面应变问题时采用同刚度折减弹性模量的方法来考虑以平面应变单元模拟三维中柱带来的影响，圆形中柱等效成厚度为 0.8m 连续墙后的混凝土黏塑性动力本构模型等效参数如表 5.7所示。土与地铁车站结构之间的接触面采用接触面对来模拟，为了尽可能地消除人工边界对车站结构动力反应的影响，地基的计算宽度取 200m，即计算地基的宽度为车站结构宽度的 10 倍。

表 5.6　某典型深软场地的记忆型黏塑性本构模型参数

层号	层厚/m	土层描述	重度/(kN/m³)	v_s/(m/s)	ν	φ/(°)	γ_0
1	2.0	淤泥质土，灰色，软～流塑，饱和	19.0	114.0	0.45	16	0.0004
2	2.0	淤泥质粉质黏土，灰绿色，软塑，饱和	17.8	129.1	0.45	16	0.0004
3	4.0	粉土与粉砂互层，灰黄，中密，饱和	19.0	152.7	0.35	26	0.00038
4	3.1	粉砂，灰黑，中密，饱和	20.5	137.1	0.30	30	0.00036
5	3.0	淤泥质土，灰色，软～流塑，饱和	19.3	128.5	0.45	16	0.0004
6	9.0	细砂，灰黄，密实，饱和	18.9	172.7	0.30	27	0.00036
7	12.5	粉细砂，灰黑，中密～密实，饱和	21.2	205.8	0.32	30	0.00036
8	10.3	细砂，灰黄，密实，饱和	18.9	236.3	0.30	27	0.00036
9	5.2	粉砂，灰黑，中密，饱和	20.5	263.2	0.32	30	0.00036
10	10.0	黏土，灰～灰黑，硬塑	19.3	491.6	0.42	21	0.00038

表 5.7　中柱混凝土动黏塑性损伤模型等效参数取值

模型参数	参数值	模型参数	参数值
弹性模量 E/MPa	1.55×10^3	初始屈服拉应力 σ_{t0}/MPa	0.1
泊松比 ν	0.15	w_t	0
密度 ρ/(kg/m³)	2500	w_c	1
扩张角 ψ/(°)	36.31	d_c	0
初始屈服压应力 σ_{c0}/MPa	0.74	ξ	0.1
极限压应力 σ_{cu}/MPa	1.04		

南京及周边地区处于中等地震活动区，由于没有地震记录，因此难以直接利用本地地震记录的统计分析来估计此区域场地的地震反应。多数学者进行此类研究采用的有效方法是通过勘探、测量和试验建立场地的分析模型，借用其他地区的基岩地震记录作为场地的地震输入，用理论计算的方法来分析此类场地的动力特征和地震反应。目前，通常采用以下几种方法来确定基底输入地震动：①利用已有的强震记录。当缺少本场地强震记录时，可采用地震地质条件类似的其他强震记录或小震记录。此时，通常要根据需要对记录的峰值加速度和卓越周期进行适当的调整。②采用满足设计反应谱的人工地震波。其基本思想是利用一个平滑的加速度设计反应谱（称其为目标谱）来模拟地震动的频谱特性，目标谱可以根据震级、震中距和场地土条件，利用加速度反应谱衰减关系推算给出；也可以把

不同场地类别的规范谱作为目标谱。

根据南京河西地区某软弱场地的条件及陈国兴等对河西地区场地设计地震动参数的研究成果,分别选取了加速度动力反应谱在中长周期内较为丰富的美国水平向强震记录 Loma Prieta 波和水平向南京人工地震波作为基岩输入地震动,各波的加速度时程及其动力反应谱见第 3 章介绍。在计算时,分别把各波的峰值加速度按表 5.8 中基岩地震动的峰值加速度进行调整,从基岩面输入地震动。

表 5.8　基岩地震动峰值加速度

100 年超越概率水平	63%(小震)	10%(中震)	3%(大震)
水平向峰值加速度	0.053g	0.116g	0.154g
竖向峰值加速度	0.035g	0.077g	0.103g

2. 地下车站结构静内力计算

在进行土-地铁车站结构动力相互作用分析之前,首先对静力荷载作用下地铁车站结构的内力反应进行分析,分析中地表超载取为 20kPa,在静力分析中不考虑混凝土和土体的非线性特性,图 5.10 给出了静力荷载作用下地铁车站结构的轴向力、剪力和弯矩的内力分布(中柱轴力图中数据 9.12 为中柱的间距)。根据车站结构的横截面内力及其截面尺寸,对车站结构的配筋情况如图 5.11 所示,在进行静力荷载下车站结构设计时,弯矩和剪力是控制地下车站主体结构设计的主要依据,而中柱的设计主要是由中柱的轴向力控制,由此估算出车站结构各构件的设计允许承载内力值如表 5.9 所示。

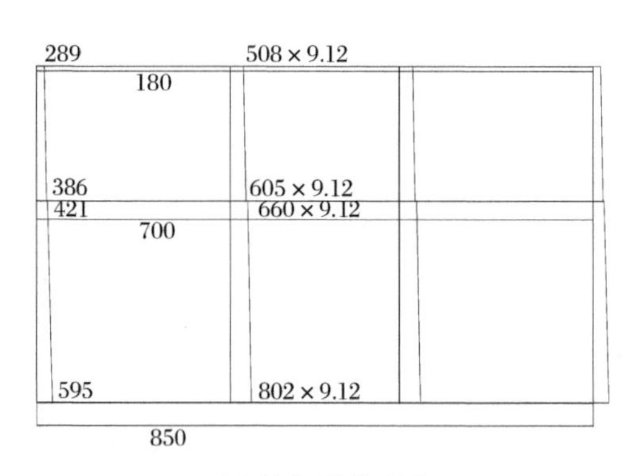

(a) 轴力(单位:kN)

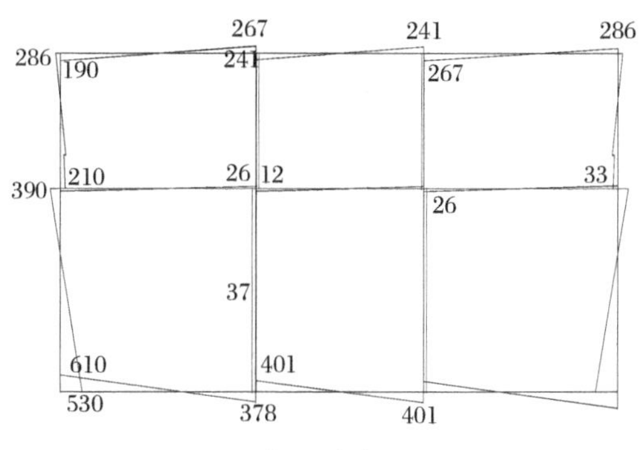

(b) 剪力(单位:kN)

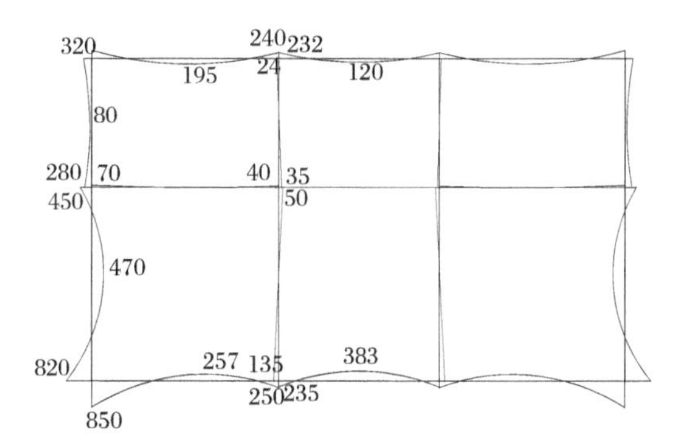

(c) 弯矩(单位:kN·m)

图 5.10　静力荷载下车站结构构件内力分布

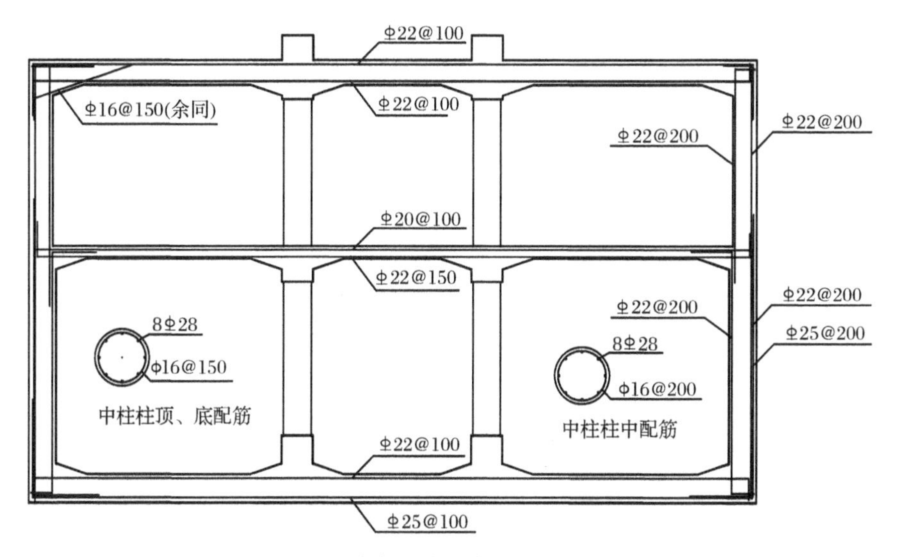

图 5.11　地铁车站结构横截面横向配筋情况

表 5.9 静荷载下地铁车站结构的内力允许承载力

结构内力	顶板	中板	底板	中柱	上侧墙	下侧墙
轴向力/kN	—	—	—	8394	—	—
剪力/kN	661	310	761	454	661	761
弯矩/(kN · m)	723	292	1120	648	376	936

3. 地下车站结构水平向位移反应

在土-地铁车站结构动力相互作用分析中,分别采用 Loma Prieta 波和南京人工波作为基岩水平向输入地震动,水平向地震下地铁车站结构的第一振型如图 5.12所示。由于车站结构周围土层的相对变形直接影响车站结构的内力反应,因此,本章首先对车站结构周围土层的相对水平位移反应进行分析[6,7]。

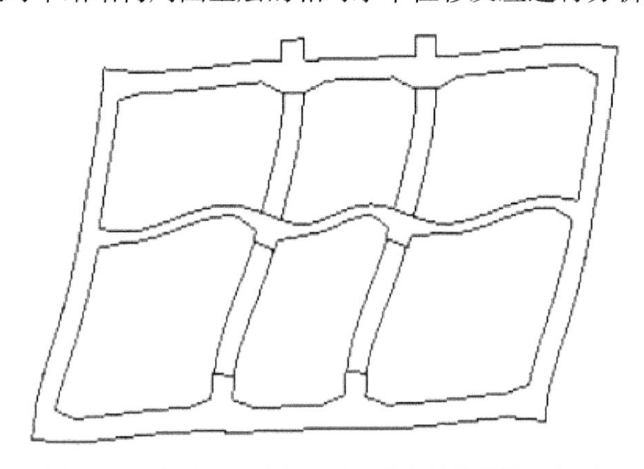

图 5.12 水平向地震作用下地铁车站结构第一振型

对于大震时基岩输入 Loma Prieta 波的情况,车站结构顶、底板之间的最大相对水平位移发生在车站结构右摆的时候,具体时刻为 7.942s,此时,车站结构顶、底板之间最大相对水平位移为 2.7cm;对于大震时基岩输入南京人工波的情况,车站结构顶、底板之间的最大相对水平位移发生在车站结构左摆的时候,具体时刻为 3.385s,此时,车站结构顶、底板之间最大相对水平位移为 1.4cm。在基岩输入不同地震动下车站结构顶、底板之间的最大相对水平位移如表 5.10 所示,总的来说,基岩输入 Loma Prieta 波时在同一超越概率下,车站顶、底板之间的最大相对水平位移比基岩输入南京人工波时的要大;基岩输入同一条地震波时,同一地震动水平下有车站时和自由场地在车站结构顶、底板位置土层的最大相对水平位移很接近,但车站侧向土层间相对水平位移随侧墙高度的变化趋势有明显的不同。

表 5.10 车站结构顶、底板位置土层的最大相对水平位移 (单位:cm)

地震动		小震	中震	大震
Loma Prieta 波	有车站	0.90	2.08	2.70
	自由场地	0.91	2.05	2.49
南京人工波	有车站	0.42	0.94	1.40
	自由场地	0.36	0.89	1.39

4. 地下车站结构加速度反应

从基岩输入的地震波经过土层介质后传到车站结构基底时其频谱特性将明显改变,同时,土-地铁车站结构动力相互作用也将改变传到车站结构基底的地震波频谱特性。在小震作用下,有车站时和自由场地在车站结构基底处峰值加速度基本相同;在中震和大震作用下有车站时结构基底处的峰值加速度明显比自由场地的要大,两者在结构基底处的峰值加速度之比为 1.2,有车站时结构基底处峰值加速度及其与基岩处输入峰值加速度的比值如表 5.11 所示。

表 5.11 车站结构基底处的峰值加速度及其与基岩输入峰值加速度的比值

基底处峰值加速度及与基岩的峰值加速度比值	Loma Prieta 波			南京人工波		
	小震	中震	大震	小震	中震	大震
车站结构基底处	0.057g	0.098g	0.128g	0.052g	0.085g	0.118g
基底处/基岩	1.07	0.84	0.83	0.98	0.73	0.77

图 5.13～图 5.15 给出了有车站时和自由场地在车站结构基底处的加速度和基岩输入加速度的动力系数 β 谱。在小震作用下,有车站时在短周期内同一周期下结构基底加速度动力系数明显比自由场地的要大,而在中震和大震作用下,同一周期下自由场地在结构基底处的加速度动力系数又明显比有车站时的要大。当

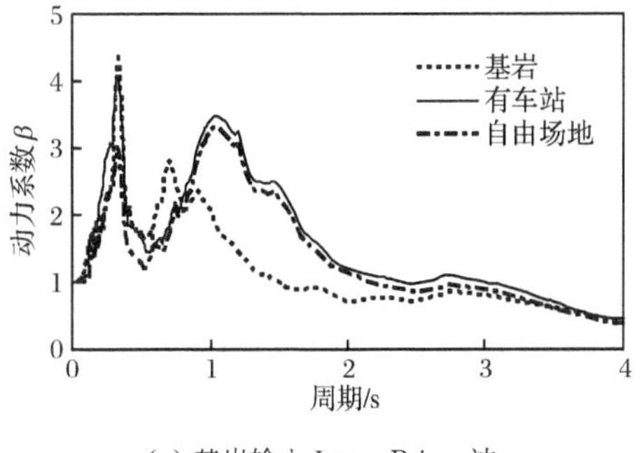

(a) 基岩输入 Loma Prieta 波

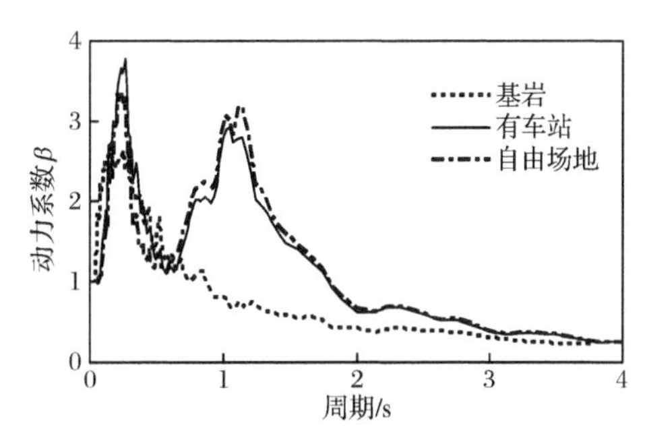

(b) 基岩输入南京人工波

图 5.13 小震时车站结构基底处及基岩的加速度反应 β 谱

基岩输入 Loma Prieta 波时，在周期为 0～0.8s 时，基岩加速度的动力系数明显比车站结构基底处的加速度动力系数要大，在长周期范围内，车站结构基底处的加速度动力系数又明显比基岩的要大，而在基岩输入南京人工波时，在短周期和长周期范围内车站结构基底处的加速度动力系数都比基岩的要大。

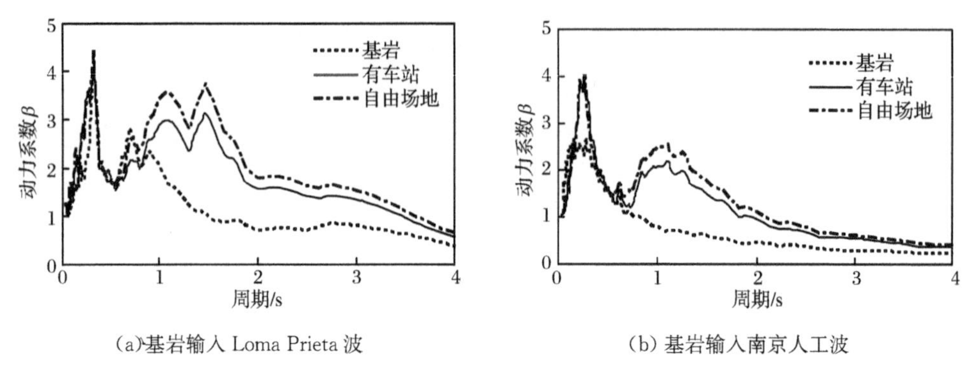

(a) 基岩输入 Loma Prieta 波　　(b) 基岩输入南京人工波

图 5.14　中震时车站结构基底处及基岩的加速度反应 β 谱

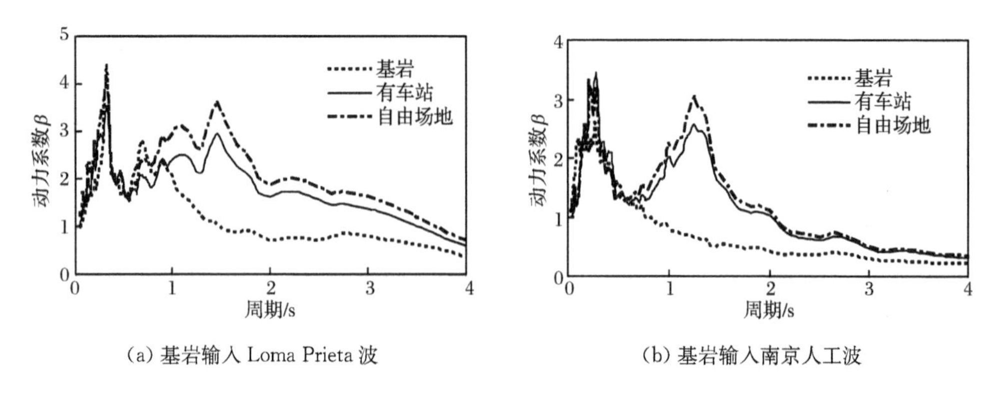

(a) 基岩输入 Loma Prieta 波　　(b) 基岩输入南京人工波

图 5.15　大震时车站结构基底处及基岩的加速度反应 β 谱

5. 地下车站结构的地震内力反应

在地震动作用下，车站结构的顶板、中板和底板的最大动轴向力主要出现在板与侧墙的连接处，侧墙的最大动轴向力反应出现在侧墙与底板的连接处，在整个车站结构构件中，中柱的动轴向力反应明显比别的构件大得多，中板的动轴向力反应最小；车站结构构件的较大动剪力反应部位基本与较大动轴向力出现的部位一致，而最大剪应力主要出现在下侧墙的底部及其上、下层中柱的底部，尤其是上层中柱底部的最大动剪力明显比下层中柱底部的要大；对于车站结构最大动弯矩反应，车站结构各构件的最大动弯矩都出现在各构件的连接点附近，其中侧墙与中板和底板的连接处及其中柱与顶、中、底板的连接部位的动弯矩反应明显大于别的构件的动弯矩反应。

表 5.12 给出了车站结构在静力荷载和地震动联合作用下车站结构各构件的剪力和弯矩最不利组合值及其中柱的轴向力最不利组合值。地震动作用下的结构内力影响系数 η 定义为

$$\eta = F_e / F_s \tag{5.1}$$

式中，F_e 为考虑地震作用影响的隧道结构最不利组合内力最大值；F_s 为静力荷载下隧道结构内力最大值。

表 5.12 静力荷载和地震动共同作用下地铁车站部分构件内力值

车站构件内力	Loma Prieta 波			南京人工波		
	小震	中震	大震	小震	中震	大震
顶板剪力/(kN/m)	301	317	372	298	305	346
中板剪力/(kN/m)	43	52	55	40	41	49
底板剪力/(kN/m)	712	725	755	690	715	739
中柱剪力/kN	132	194	231	122	146	199
上侧墙剪力/(kN/m)	239	242	265	215	250	295
下侧墙剪力/(kN/m)	651	725	727	603	674	681
顶板弯矩/(kN·m/m)	416	471	634	403	428	435
中板弯矩/(kN·m)	112	160	158	103	118	128
底板弯矩/(kN·m/m)	1166	1349	1331	1075	1234	1281
中柱弯矩/(kN·m/m)	431	528	646	386	417	456
上侧墙弯矩/(kN·m/m)	410	512	627	398	422	470
下侧墙弯矩/(kN·m/m)	1118	1268	1247	1050	1170	1225
中柱轴力/kN	7618	7925	7916	7426	7716	7861

根据式(5.1)定义的内力影响系数 η，表 5.13 和表 5.14 给出了车站结构各构件部分内力的 η 值，与车站结构在静力荷载下的内力相比，在地震动作用下中柱的剪力和弯矩的内力影响系数比其他结构构件的要大得多，这主要是因为在静力荷载下车站结构的中柱主要是受压，而在地震动作用下中柱的两端内力主要为剪力和弯矩的复合受力状态。

表 5.13 车站结构各构件的剪力影响系数 η 参考值

车站结构构件	Loma Prieta 波			南京人工波		
	小震	中震	大震	小震	中震	大震
顶板	1.05	1.11	1.30	1.04	1.07	1.21
中板	1.30	1.58	1.67	1.21	1.24	1.49

续表

车站结构构件	Loma Prieta 波			南京人工波		
	小震	中震	大震	小震	中震	大震
底板	1.17	1.19	1.24	1.13	1.17	1.21
中柱	3.57	5.24	6.24	3.30	3.95	5.38
上侧墙	1.14	1.15	1.26	1.02	1.19	1.40
下侧墙	1.23	1.37	1.37	1.14	1.27	1.28

表 5.14　车站结构各构件的弯矩影响系数 η 参考值

车站结构构件	Loma Prieta 波			南京人工波		
	小震	中震	大震	小震	中震	大震
顶板	1.30	1.47	1.98	1.26	1.34	1.36
中板	1.60	2.28	2.26	1.47	1.69	1.83
底板	1.37	1.59	1.57	1.26	1.45	1.51
中柱	3.19	3.91	4.79	2.86	3.09	3.38
上侧墙	1.28	1.60	1.96	1.24	1.32	1.47
下侧墙	1.36	1.55	1.52	1.28	1.43	1.49

在地震动作用下，车站主体结构构件的轴向力比在静力荷载下结构的轴向力小得多，因此，在这里不讨论车站主体结构构件的轴向力。表 5.15 和表 5.16 给出了车站结构构件的最不利剪力组合值和弯矩组合值与对应的允许承载力的比值，由表 5.15 可知，在车站结构的底板和下侧墙的连接部位附近构件的最不利组合剪力值很接近对应的允许剪力承载值。由表 5.16 可知，在基岩输入不同地震动时车站结构的底板、上侧墙和下侧墙的最不利组合弯矩值都超过了构件的允许弯矩承载值，这表明车站结构的侧墙和底部都已处于弹塑性工作状态。

表 5.15　车站结构构件的最不利组合剪力与允许承载剪力的比值

车站结构构件	Loma Prieta 波			南京人工波		
	小震	中震	大震	小震	中震	大震
顶板	0.46	0.48	0.56	0.45	0.46	0.52
中板	0.14	0.17	0.18	0.13	0.13	0.16
底板	0.94	0.95	0.99	0.91	0.94	0.97
中柱	0.29	0.43	0.51	0.27	0.32	0.44
上侧墙	0.36	0.37	0.40	0.33	0.38	0.45
下侧墙	0.86	0.95	0.96	0.79	0.89	0.89

表 5.16　车站结构构件的最不利组合弯矩与允许承载弯矩的比值

车站结构构件	Loma Prieta 波			南京人工波		
	小震	中震	大震	小震	中震	大震
顶板	0.58	0.65	0.88	0.56	0.59	0.60
中板	0.38	0.55	0.54	0.35	0.40	0.44
底板	1.04	1.20	1.19	0.96	1.10	1.14
中柱	0.67	0.81	1.0	0.60	0.64	0.70
上侧墙	1.09	1.36	1.67	1.06	1.12	1.25
下侧墙	1.19	1.35	1.33	1.12	1.25	1.31

根据文献[8],结构构件的截面抗震验算应采用下述表达式：

$$S \leqslant \frac{R}{\gamma_{RE}} \tag{5.2}$$

式中,S 为静力荷载和地震动作用下结构构件的截面内力;R 为结构构件的承载力设计值;γ_{RE}为承载力抗震调整系数。

这里,取 $\gamma_{RE}=0.8$ 时车站结构各构件的最不利组合弯矩与弯矩设计值的比值经抗震调整系数调整后的值如表 5.17 所示。由表 5.17 可知,在中震和大震时车站结构的上侧墙和下侧墙仍是不安全的,此时,车站结构的侧墙没有足够的抗震稳定性。

表 5.17　车站结构构件的最不利组合弯矩与考虑抗震时构件弯矩设计值的比值

车站结构构件	Loma Prieta 波			南京人工波		
	小震	中震	大震	小震	中震	大震
顶板	0.46	0.52	0.70	0.45	0.47	0.48
中板	0.31	0.44	0.43	0.28	0.32	0.35
底板	0.83	0.96	0.95	0.77	0.88	0.92
中柱	0.54	0.65	0.8	0.48	0.51	0.56
上侧墙	0.87	1.09	1.33	0.85	0.90	1.00
下侧墙	0.96	1.08	1.07	0.90	1.00	1.05

5.3.2　软弱层埋深对地下车站结构地震反应的影响

1. 软土层埋深条件

根据南京地区地铁车站所处的工程场地条件[9],构造了 1 个一般场地条件和 5 个含有不同埋深软土层的软场地作为常见的两层岛式地铁车站结构的工程场地,其中一般场地的场地条件如表 5.18 所示,共有 5 个土层,在计算中把土层又分为 24 个子土层,如图 5.16 所示。假设软土层为淤泥质粉质黏土,该土层的剪切波速为130m/s，密度为1.81t/m^3，其他物理参数同表5.18中的粉质黏土，软土层的设定方法如表5.19所示。由于地震作用时间短，孔隙水来不及排出，因此在动力总应力法计算中土的泊松比通常取0.49。

表5.18　一般场地的地质条件

土层号	土层名称	厚度/m	参考剪应变	剪切波速/(m/s)	密度/(t/m^3)	黏聚力/kPa	内摩擦角/(°)
1～3	粉质黏土	7.0	0.00041	160	1.91	15.2	15
4～9	粉质黏土	12.49	0.00041	180	1.91	15.2	15
10～15	粉质黏土	12.0	0.00041	200	1.91	15.2	15
16～21	细砂	12.0	0.00038	250	2.07	7	16
22～24	黏土	6.51	0.0004	300	1.89	20	14

表5.19　软场地的设定方法

软场地名称	软土层号(顶部埋深)	厚度/m	与地铁车站相对位置
软场地1	2、3(3m)	4	地铁车站侧墙顶部向下4m厚土层
软场地2	4、5(7m)	4	地铁车站中层楼板左右各2m厚土层
软场地3	6、7(11m)	4.5	地铁车站侧墙底部向上4.5m厚土层
软场地4	13、14(25.5m)	4	地铁车站底部10m深度处
软场地5	18、19(35.5m)	4	地铁车站底部20m深度处

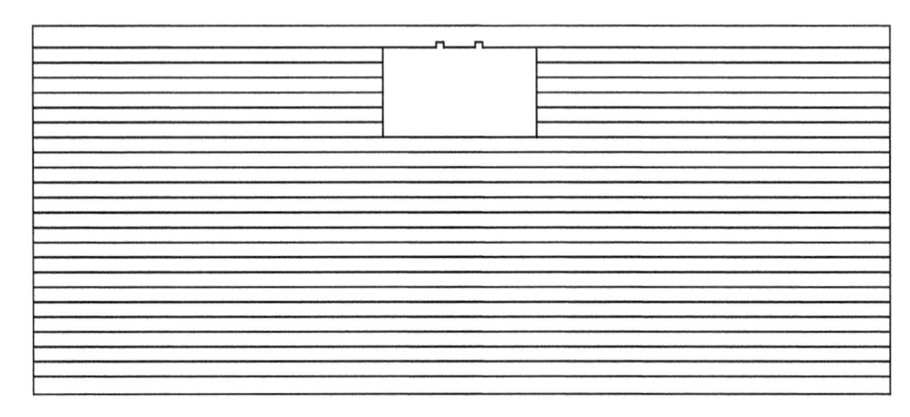

图5.16　工程场地子土层划分示意图

2. 软土层埋深对车站结构加速度反应规律的影响[10]

首先对地铁车站结构的加速度反应规律进行分析，给出了不同场地条件下地铁车站结构各层楼板处的峰值加速度，如表5.20和图5.17所示。与一般场地条件下车站结构各楼板处的峰值加速度相比较，软弱场地上地铁车站结构的加速度反应有如下的规律：

(1) 在软场地 1 条件下车站结构各层楼板的峰值加速度都有所增大，底板处峰值加速度增幅最大且为 9.1%。

(2) 在软场地 2 条件下车站结构顶板处的峰值加速度减小且减幅为 7.4%，底板处的峰值加速增大且增幅为 10.9%，中板处的峰值加速度基本不变。

(3) 在软场地 3 条件下车站结构顶板和中板处的峰值加速度都有所减小且减幅均为 11.2%，底板处的峰值加速度基本不变。

(4) 在软场地 4 和 5 条件下车站结构的顶、中和底板处的峰值加速度均有减小，底板处的减幅最大且分别为 13.5%和 27.7%。

表 5.20 地铁车站结构各层楼板处的峰值加速度 （单位：m/s^2）

位置	一般场地	软场地 1	软场地 2	软场地 3	软场地 4	软场地 5
顶板处	0.789	0.807	0.731	0.701	0.697	0.637
中板处	0.564	0.577	0.569	0.501	0.440	0.437
底板处	0.959	1.047	1.064	0.961	0.830	0.693

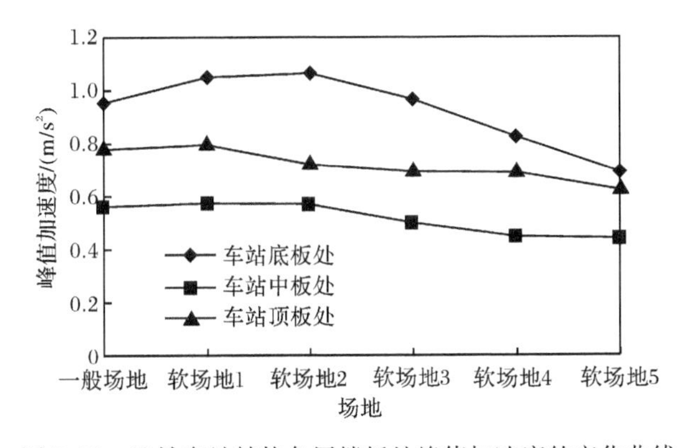

图 5.17 地铁车站结构各层楼板处峰值加速度的变化曲线

总体来说，在软场地 1～5 条件下，随着软土层的埋深增大，车站结构各层楼板处的峰值加速度都有减小的趋势。与一般场地条件下的计算结果相比，当车站结构楼板位置位于软土层上部时，峰值加速度都有所减小，当位于软土层下部时峰值加速度都有所增加，这主要是软土层发生动力非线性大变形时起到消能减振的效果造成的。

3. 软土层埋深对车站结构侧向位移反应规律的影响

在强地震发生时，软土必然会发生较大的动变形，这种动变形将直接作用于地铁车站结构的侧墙上，从而引起车站结构的局部大变形。因此，对不同软土场地条件下车站结构侧墙的相对侧向位移进行了分析，图 5.18 给出了不同软场地条件下地铁车站结构沿侧墙高度相对侧向位移分布情况，表 5.21 列出了车站结构顶底间最大正负相对侧向位移值及其对应的时刻和地震动结束时车站结构顶底间残余相对侧向变形值，地铁车站结构在不同软场地条件下侧向位移反应规律如下：

(1) 由图 5.18 和表 5.21 可知，在软场地 1～3 条件下，随着软土层埋深的增加，车站结构右摆侧向相对水平位移反应幅值的绝对值不断增大，都比一般场地条件下车站结构的对应反应幅值要大，在软场地 2 条件下左摆侧向相对水平位移反应幅值最大，从结构整体抗震角度来看，当软土层位于地铁车站结构侧向地基中时，车站结构动力侧向位移反应越强烈，越易造成车站结构的震害。

(2) 在软场地 4 和 5 条件下，随着软土层埋深的增加，车站结构侧向相对水平位移幅值的绝对值有减小的趋势，且都比一般场地条件下车站结构的对应反应幅值要小，这也表明车站结构左右摆动的幅度不断变弱，从结构整体抗震角度来看，当软土层位于地铁车站结构底部地基中时，软土层发生动力非线性大变形时起到消能减振的效果，随着埋深的增加，车站结构动力位移反应越不强烈，对车站结构的隔震减震效果越明显。

(3) 由表 5.21 可知，当地铁车站结构侧向有软土层时顶底板间存在不可恢复的残余侧向相对变形，且残余相对位移值都比一般场地条件下的对应值要大，这种残余变形将对地铁车站结构的长期安全运营造成不可忽视的安全隐患；相反，当软土层位于地铁车站结构底部地基中时，车站结构顶底板间的残余侧向相对位移比一般场地条件下对应值小得多，造成上述反应现象的主要原因是软土层本身的动力变形特性，当软土受到地震动作用时，将发生较大的塑性变形，地铁车站结构侧向软土层的这种残余变形将直接作用于车站结构上，从而引起车站结构不可恢复的残余变形；而当软土层位于车站结构底部时起到消能减振的作用，因此上部土层的地震反应强度被削弱，车站结构侧向土层的塑性变形减小，从而作用于地铁车站结构的残余变形也较小。

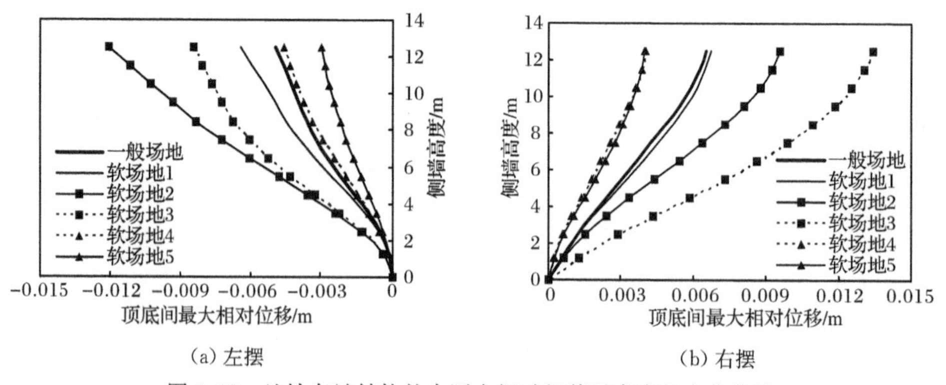

(a) 左摆　　　　(b) 右摆

图 5.18　地铁车站结构的水平向摆动幅值随高度的变化曲线

表 5.21　车站结构顶底间相对摆动幅值及其残余累积相对位移

参数		一般场地	软场地 1	软场地 2	软场地 3	软场地 4	软场地 5
右摆	幅值/mm	6.53	6.73	9.56	13.44	4.00	3.97
	出现时间/s	10.42	3.78	3.78	3.82	6.02	7.86
左摆	幅值/mm	4.91	6.42	12.02	8.45	4.55	2.94
	出现时间/s	16.26	18.38	18.37	11.73	15.40	16.26
残余相对位移/mm		1.70	3.00	7.60	4.60	0.50	0.50

4. 软土层埋深对车站结构应力反应规律的影响

根据地铁车站结构动应力反应过程的动画演示过程和以往对地铁车站结构动力反应规律的研究[11]，对地铁车站结构关键部位的动应力反应规律进行了分析，地铁车站结构输出应力反应的关键部位节点号如图 5.19 所示。

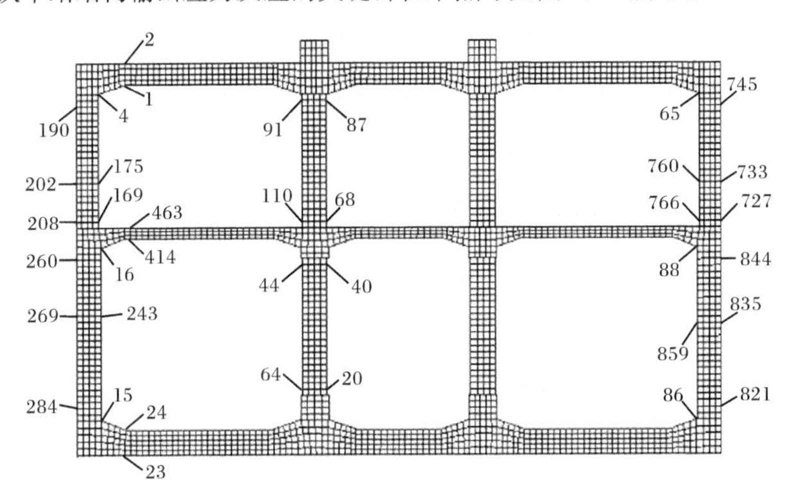

图 5.19　车站结构输出应力反应的单元节点位置

根据计算结果，给出了地铁车站结构动力反应较大部位的压应力和拉应力反应幅值，如表 5.22～表 5.25 所示，同时，给出了不同软场地条件下压应力和拉应力反应幅值与一般场地条件下应力反应幅值的比值(本书中称之为应力反应系数)随软土层埋深的变化关系，如图 5.20～图 5.23 所示。当软土层位于地铁车站结构底部时，由于其起到隔震减震的效果，因此，车站结构的应力反应比一般场地条件下的反应强度弱，尤其是对中柱的压应力反应削弱作用更加明显。当软土层位于车站结构侧向地基中时，软土层埋深对地铁车站结构应力反应的影响规律如下[11]：

(1) 在地铁车站结构侧墙部位，上侧墙顶部和下侧墙底部的应力反应明显大于侧墙其他部位的应力反应,下侧墙底部的应力反应又大于上侧墙顶部的应力反应。总的来说,除个别部位外,软场地 1 到软场地 3,随车站结构侧向软土层埋深的变大,地铁车站结构侧墙的应力反应系数有变大的趋势且多数大于 1。软场地 1 条件下侧墙的应力反应系数为 0.8～1.2,主要对上侧墙顶部和下侧墙底部的应力反应有较强的放大作用;软场地 2 条件下侧墙的应力反应系数为 0.84～2.6,主要对软土层顶底部附近的侧墙应力反应有较强的放大作用;软场地 3 条件下侧墙的应力反应系数为 0.5～3.5,主要对中板附近的侧墙应力反应有较强的放大作用。可以初步认定,当软土层位于车站结构侧墙中部和底部时对其局部的应力反应放大作用非常明显。

(2) 由表 5.25 可知,上层中柱的压应力反应要小于下层中柱的压应力反应。由图 5.22 可以看出,地铁车站结构侧向地基中软土层的位置对上层中柱的压应力反应影响明显大于对下层中柱的影响,软场地 1 条件下中柱的压应力反应系数为 0.96～1.32,软场地 2 条件下中柱的压应力反应系数为 1.13～1.93,软场地 3 条件下中柱的压应力反应系数为 1.12～1.63;软场地 2 对上层中柱压应力反应的影响明显大于软场地 1 和软场地 3 的影响,而随着侧向软土层埋深的变大,对下层中柱的压应力反应影响也逐渐变大。可以初步认定,当软土层位于地铁车站结构侧向中间位置时对上层中柱的压应力反应影响最大,而软土层位于侧墙底部位置时对下层中柱的压应力反应影响最大。

(3) 由表 5.23 可知,地铁车站结构中板和底板的应力反应明显比顶板的应力反应强烈。由图 5.23 可知,当软土层位于侧墙顶部时,车站水平向楼板的应力反应系数为 1.0～1.3,主要对中板的应力反应放大作用强烈;当软土层位于侧墙中部时,车站水平向楼板的应力反应系数为 1.0～2.0,且主要对中板应力反应的放大作用强烈;当软土层位于侧墙底部时,车站水平向楼板的应力反应系数为 0.77～2.3,主要对底板的应力反应放大作用强烈。

表 5.22 地铁车站结构左侧墙应力反应幅值 (单位:MPa)

节点	一般场地		软场地 1		软场地 2		软场地 3		软场地 4		软场地 5	
	拉	压	拉	压	拉	压	拉	压	拉	压	拉	压
190	0.462	−1.568	0.505	−1.697	0.681	−2.069	0.390	−1.987	0.476	−0.994	0.406	−0.637
202	0.487	−0.568	0.466	−0.616	1.001	−1.203	1.247	−1.656	0.437	−0.373	0.283	−0.449
208	0.676	−0.360	0.689	−0.316	0.813	−0.526	1.374	−1.250	0.418	−0.127	0.291	−0.303
260	0.681	−0.482	0.544	−0.529	0.580	−0.403	1.450	−1.561	0.401	−0.209	0.378	−0.386
269	0.332	−0.414	0.251	−0.763	0.610	−1.076	0.230	−0.543	0.171	−0.231	0.251	−0.131
284	1.233	−1.697	1.273	−2.033	1.760	−2.787	2.026	−3.095	0.870	−1.324	0.970	−0.839

续表

节点	一般场地		软场地 1		软场地 2		软场地 3		软场地 4		软场地 5	
	拉	压	拉	压	拉	压	拉	压	拉	压	拉	压
4	1.233	−0.376	1.245	−0.420	1.265	−0.779	1.262	−0.309	0.859	−0.386	0.567	−0.351
175	0.585	−0.394	0.677	−0.414	1.158	−0.821	1.721	−1.197	0.330	−0.370	0.451	−0.215
169	0.450	−0.964	0.580	−0.976	0.582	−1.036	1.720	−1.869	0.247	−0.620	0.426	−0.392
16	0.442	−0.458	0.407	−0.482	0.491	−0.567	1.256	−1.154	0.186	−0.329	0.346	−0.231
243	0.690	−0.398	1.116	−0.309	1.369	−0.716	0.839	−0.204	0.372	−0.244	0.216	−0.330
15	1.349	−1.246	1.343	−1.281	1.384	−1.570	1.345	−2.241	1.330	−0.924	0.906	−0.985

表 5.23　地铁车站结构各层楼板应力反应幅值　　(单位:MPa)

节点	一般场地		软场地 1		软场地 2		软场地 3		软场地 4		软场地 5	
	拉	压	拉	压	拉	压	拉	压	拉	压	拉	压
1	1.948	−0.518	1.962	−0.586	2.227	−0.509	2.222	−0.399	1.196	−0.584	0.833	−0.554
2	0.398	−1.509	0.461	−1.514	0.405	−1.810	0.309	−1.694	0.443	−0.909	0.386	−0.630
463	0.954	−2.047	1.244	−1.965	1.769	−2.579	1.382	−3.021	0.968	−1.545	0.736	−1.183
414	1.888	−1.346	1.958	−1.695	2.429	−2.640	2.449	−2.720	1.556	−1.192	1.280	−0.863
24	2.271	−2.094	2.478	−2.194	2.509	−2.409	2.506	−4.325	1.930	−1.399	1.267	−1.341
23	1.558	−1.805	1.644	−2.022	1.875	−2.652	2.265	−4.190	1.045	−1.494	1.059	−0.962

表 5.24　地铁车站结构右侧墙应力反应幅值　　(单位:MPa)

节点	一般场地		软场地 1		软场地 2		软场地 3		软场地 4		软场地 5	
	拉	压	拉	压	拉	压	拉	压	拉	压	拉	压
65	1.222	−0.559	1.256	−0.644	1.303	−0.836	1.280	−0.662	1.058	−0.534	0.551	−0.430
760	0.446	−0.568	0.452	−0.522	0.857	−1.097	1.222	−1.695	0.411	−0.336	0.221	−0.429
766	0.208	−0.761	0.270	−1.591	0.154	−1.387	0.550	−1.971	0.277	−0.556	0.240	−0.447
88	0.192	−0.477	0.133	−0.789	0.130	−0.741	0.744	−1.339	0.238	−0.324	0.192	−0.364
859	0.530	−0.257	0.567	−0.720	0.951	−0.956	0.577	−0.321	0.364	−0.194	0.383	−0.212
86	1.342	−0.853	1.333	−0.809	1.345	−1.227	1.325	−2.221	1.170	−0.863	0.984	−0.737
745	0.678	−1.452	0.814	−1.931	1.190	−2.765	1.062	−2.149	0.623	−1.249	0.542	−0.658
733	0.566	−0.508	0.576	−0.495	1.187	−0.984	1.724	−1.182	0.371	−0.457	0.451	−0.267
727	0.549	−0.112	0.953	−0.120	1.025	−0.136	1.505	−0.480	0.387	−0.171	0.369	−0.147
844	0.582	−0.194	1.077	−0.156	0.913	−0.163	1.707	−0.898	0.403	−0.261	0.464	−0.281
835	0.197	−0.439	0.642	−0.444	1.037	−0.871	0.235	−0.473	0.170	−0.298	0.137	−0.331
821	0.785	−1.778	0.804	−1.712	1.029	−1.989	1.419	−2.526	0.822	−1.169	0.667	−1.012

表 5.25　地铁车站结构中柱应力反应幅值　　（单位：MPa）

节点	一般场地		软场地 1		软场地 2		软场地 3		软场地 4		软场地 5	
	拉	压	拉	压	拉	压	拉	压	拉	压	拉	压
91	1.149	−4.168	1.149	−5.490	1.158	−6.001	1.149	−4.706	1.149	−3.639	1.167	−2.535
110	1.140	−3.748	1.140	−4.615	1.094	−6.840	1.167	−5.527	1.167	−3.529	1.158	−2.271
44	1.149	−3.484	1.104	−4.432	1.122	−6.721	1.122	−5.664	1.140	−3.456	1.140	−2.107
64	1.140	−4.004	1.131	−4.925	1.140	−5.445	1.122	−4.496	1.131	−3.730	1.140	−2.389
87	1.158	−5.901	1.113	−6.247	1.140	−7.022	1.131	−7.287	1.158	−3.785	1.158	−3.238
68	1.140	−6.074	1.094	−5.992	1.140	−7.661	1.158	−8.208	1.149	−4.797	1.158	−3.292
40	1.085	−6.658	1.158	−6.393	1.149	−7.643	1.140	−8.764	1.149	−6.056	1.113	−3.165
20	1.094	−6.357	1.158	−6.348	1.140	−7.196	1.140	−7.405	1.149	−5.016	1.149	−3.630

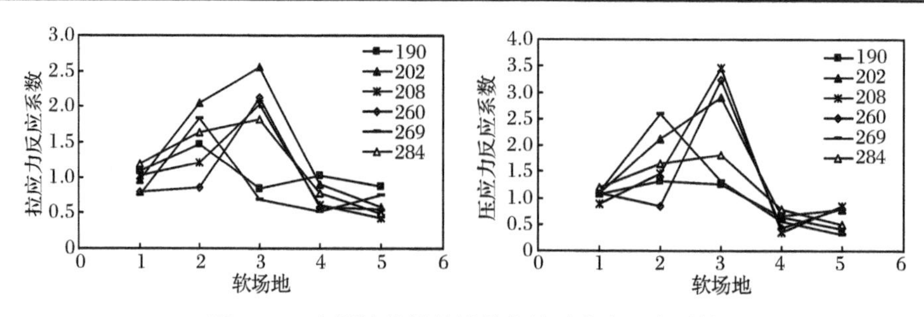

图 5.20　左侧墙外侧关键节点处动应力反应系数

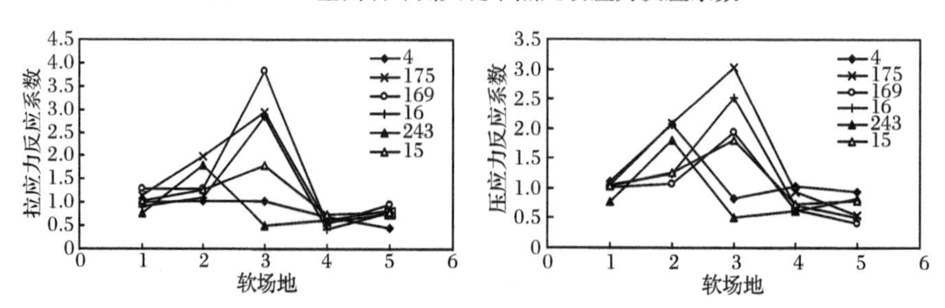

图 5.21　左侧墙内侧关键节点处动应力反应系数

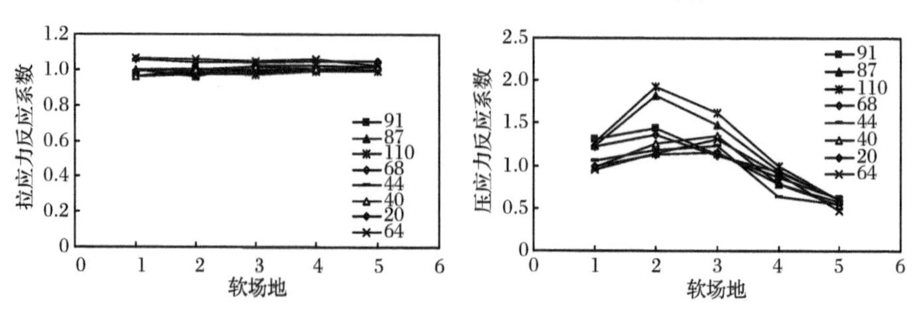

图 5.22　中柱关键节点处动应力反应系数

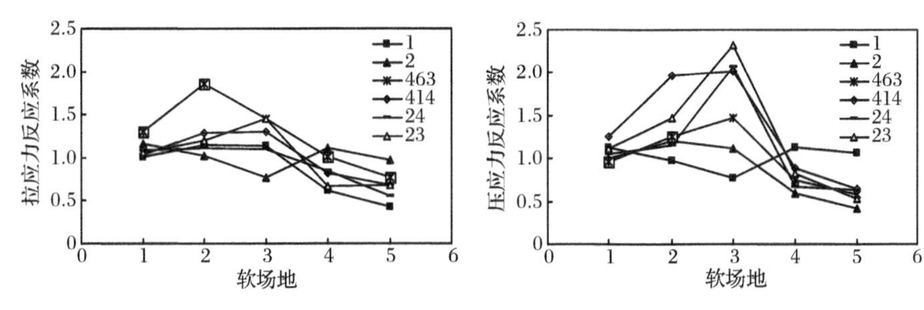

图 5.23　水平向顶、中和底板关键节点处动应力反应系数

5.3.3　软弱层厚度对地下车站结构地震反应的影响

1. 软土层厚度变化情况

根据南京地区地铁车站所处的工程场地条件，9 个含有不同位置和厚度的软土层的设定方法如表 5.26 所示。由于地震作用时间短，孔隙水来不及排出，因此在动力总应力法计算中土的泊松比通常取 0.49。

表 5.26　9 种软场地的设定方法

软场地名称	软土层号	厚度/m	与地铁车站相对位置
软场地Ⅰ	2	2	地铁车站侧墙顶部向下 2m 厚土层
	2、3	4	地铁车站侧墙顶部向下 4m 厚土层
	2、3、4	6	地铁车站侧墙顶部向下 6m 厚土层
软场地Ⅱ	5、6、7	6	地铁车站侧墙底部向上 6m 厚土层
	6、7	4	地铁车站侧墙底部向上 4m 厚土层
	7	2	地铁车站侧墙底部向上 2m 厚土层
软场地Ⅲ	13	2	离地铁车站底部 10～12m
	13、14	4	离地铁车站底部 10～14m
	13、14、15	6	离地铁车站底部 10～16m

2. 对加速度反应的影响规律

图 5.24 给出了软土层厚度变化时车站结构加速度反应幅值的变化，表 5.27 给出了地铁车站结构各楼板处峰值加速度值。从图 5.24 和表 5.27 可以看出如下的规律：①在地铁车站结构底板处，在软场地Ⅲ条件下峰值加速度明显小于其他两个场地同厚度软土层条件下的对应值，在同类软场地条件下，底板处的峰值加速度随软土层厚度变化的规律并不一致；②在地铁车站结构顶板和中板处，在软场地Ⅱ和Ⅲ条件下峰值加速度明显小于软场地Ⅰ条件下的对应值，在车站结构顶

板处，随着软土层厚度的变大，软场地Ⅰ和Ⅱ条件下的峰值加速度有减小的趋势，而在车站结构中板处有增大的趋势，但这种变化不是很明显。因此，从计算结果看，软土层厚度的变化对地铁车站结构水平向楼板处的加速度反应强度没有太大的影响。

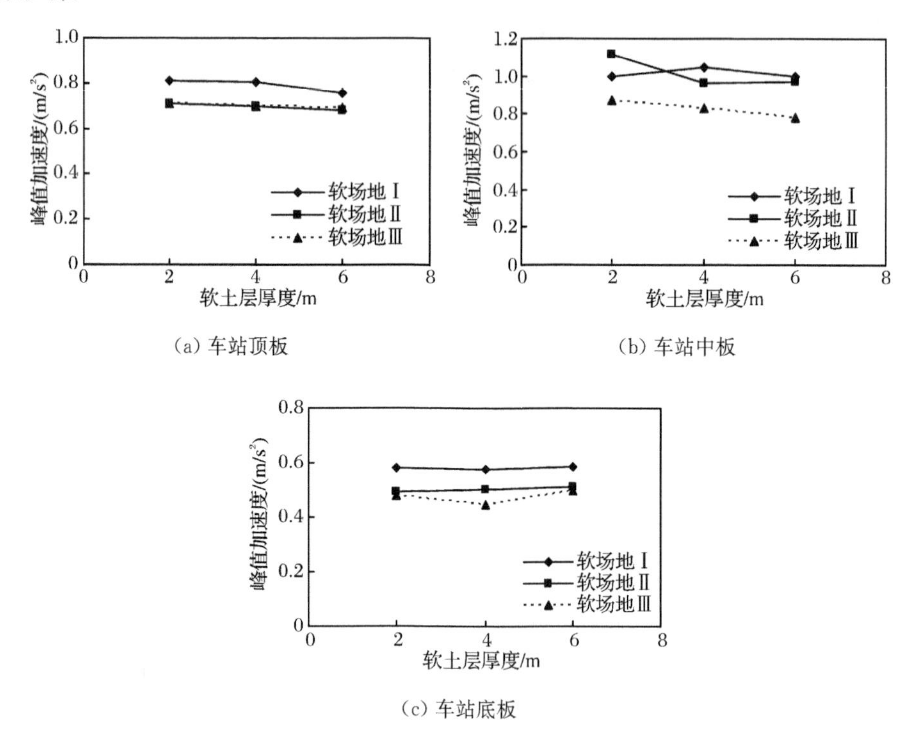

(a) 车站顶板

(b) 车站中板

(c) 车站底板

图 5.24　地铁车站结构各楼板处峰值加速度与软土层厚度的关系

表 5.27　地铁车站结构各楼板处峰值加速度　　(单位:m/s²)

位置	一般场地	软场地Ⅰ			软场地Ⅱ			软场地Ⅲ		
		2m	4m	6m	2m	4m	6m	2m	4m	6m
顶板	0.789	0.810	0.807	0.756	0.711	0.701	0.678	0.712	0.697	0.693
中板	0.564	0.580	0.577	0.584	0.491	0.501	0.513	0.480	0.447	0.500
底板	0.959	1.000	1.047	1.000	1.114	0.962	0.972	0.871	0.831	0.778

3. 对侧向位移反应的影响规律

图 5.25～图 5.27 给出了地铁车站结构左侧摆和右侧摆摆幅最大时侧墙的侧向变位曲线。可得出软土层厚度对地铁车站结构左右摆动侧向位移的影响规律，具体如下：

(1) 在软场地Ⅰ和Ⅱ条件下，即软土层位于地铁车站结构侧向地基中时，地铁车站结构都存在左摆不可恢复的水平向侧移，当软土层位于地铁车站结构侧向地基顶部时，随着软土层厚度变厚，地铁车站结构的左摆不可恢复的残余侧移量也变大，当软土层位于地铁车站结构侧向地基底部时，软土层厚度的这种影响规律并不明显；而当软土层位于地铁车站结构的底部地基中时，地铁车站结构水平向左右摆动基本能够恢复到初始静零位移状态。

(2) 在软场地Ⅰ条件下，即软土层位于地铁车站结构侧向地基顶部时，随着软土层厚度变厚，地铁车站结构左右侧摆的幅度也不断增大且都大于一般场地对应的左右侧摆幅度，但左侧摆的幅度增长速度明显大于右侧摆的增长速度，且当软土层厚度为6m时，左侧摆的幅度明显大于右侧摆的幅度，车站结构左侧摆顶底间最大相对位移达10.2mm，是一般场地对应相对位移值的2.08倍。

(3) 在软场地Ⅱ条件下，即软土层位于地铁车站结构侧向地基底部时，随着软土层厚度变厚，地铁车站结构右侧摆的幅度不断增大，而当软土层厚度为4m时左侧摆的幅度最大，当软土层厚度为6m时左侧摆的幅度最小，但此时的地铁车站结构左右摆的幅度都大于一般场地对应的左右摆幅度。同一软土层厚度下，右侧摆的幅度也都明显大于左侧摆的幅度，车站结构顶底间右摆最大相对位移达15.3mm，是一般场地对应相对位移值的2.34倍。

(4) 在软场地Ⅲ条件下，即软土层位于地铁车站结构底部地基中时，随着软土层厚度变厚，地铁车站结构右侧摆的幅度不断减小，而当软土层厚度为4m时左侧摆的幅度最大，但此时的地铁车站结构左右摆的幅度都小于一般场地对应的左右摆幅度。同一软土层厚度下，右侧摆的幅度也都明显大于左侧摆的幅度。

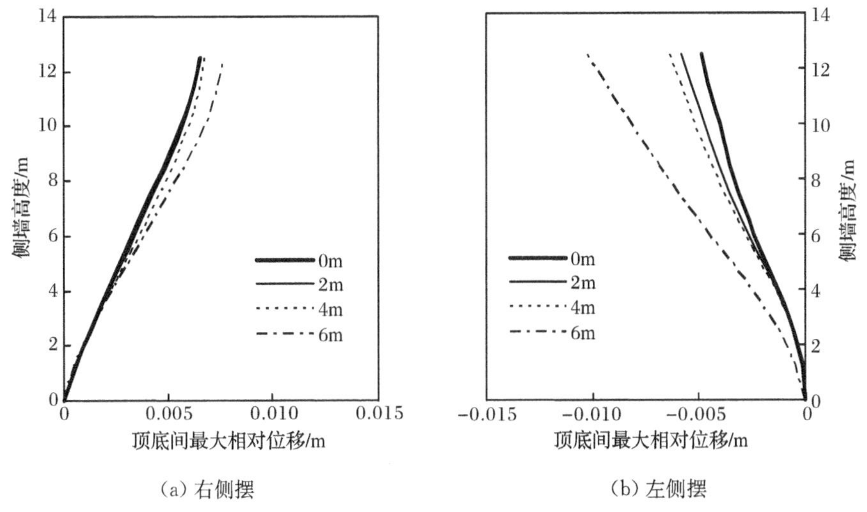

(a) 右侧摆　　(b) 左侧摆

图5.25　软场地Ⅰ地铁车站结构左右侧摆幅最大时侧向相对位移曲线

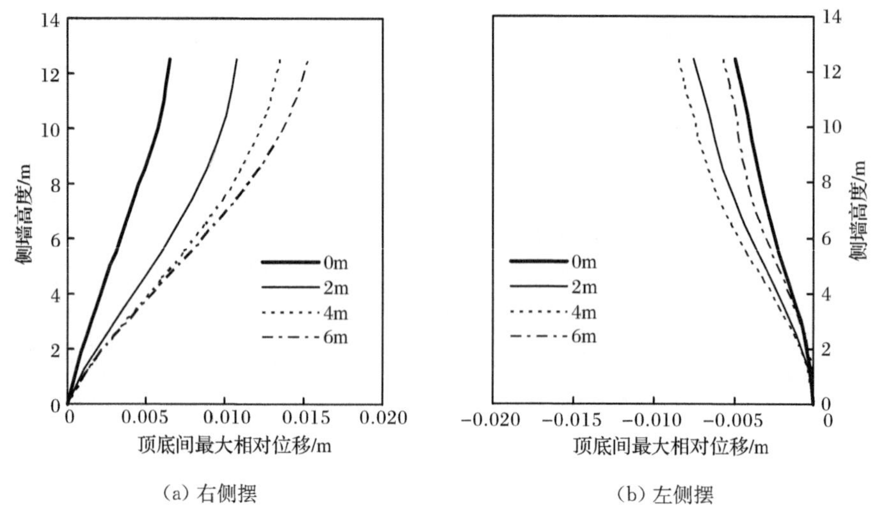

图 5.26 软场地Ⅱ地铁车站结构左右侧摆幅最大时侧向相对位移曲线

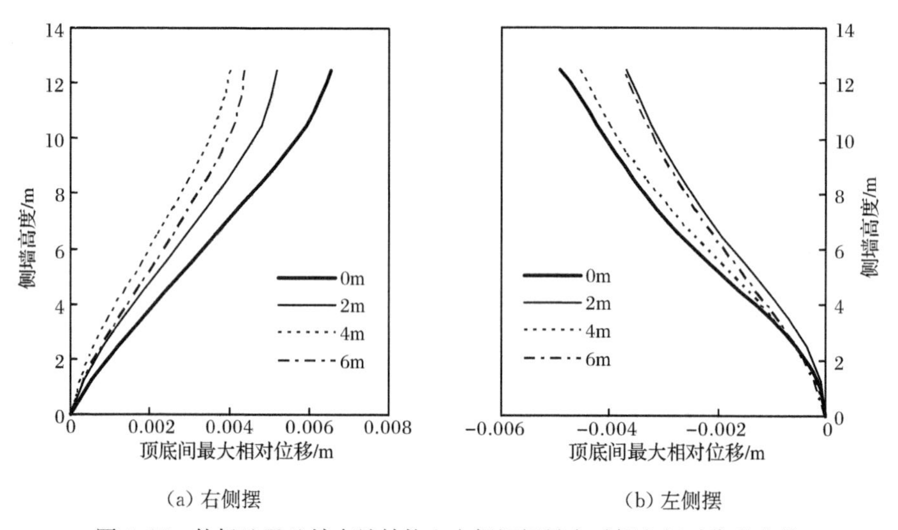

图 5.27 软场地Ⅲ地铁车站结构左右侧摆幅最大时侧向相对位移曲线

4. 对结构应力反应的影响规律

图 5.28～图 5.30 给出了不同软场地上不同厚度软土层条件下地铁车站结构关键部位节点处的动应力反应系数,本书中动应力反应系数的含义为软场地条件下地铁车站结构的动应力反应最大值与一般场地条件下对应位置的动应力反应最大值的比值,一般场地条件下地铁车站结构关键部位节点的应力反应最大值如表 5.28所示,图中和表中的节点号在地铁车站结构上所处的位置如图 5.19 所示。

根据图5.28～图5.30，可以得出软土层厚度对地铁车站结构不同位置处的动应力反应的影响规律如下[12]：

（1）在软场地Ⅰ条件下，即软土层位于地铁车站结构侧向地基顶部时，软土层厚度对地铁车站结构侧墙应力反应的影响规律并不一致，但软土层厚度从4m变化到6m时大部分节点处的动应力反应系数明显变大，下侧墙上中部节点269的动应力反应系数变化幅度最大且达2.18，而软土层厚度从2m变化到4m时各节点的动应力反应系数变化幅度相对较小；随着软土层厚度的变化，中柱的压应力

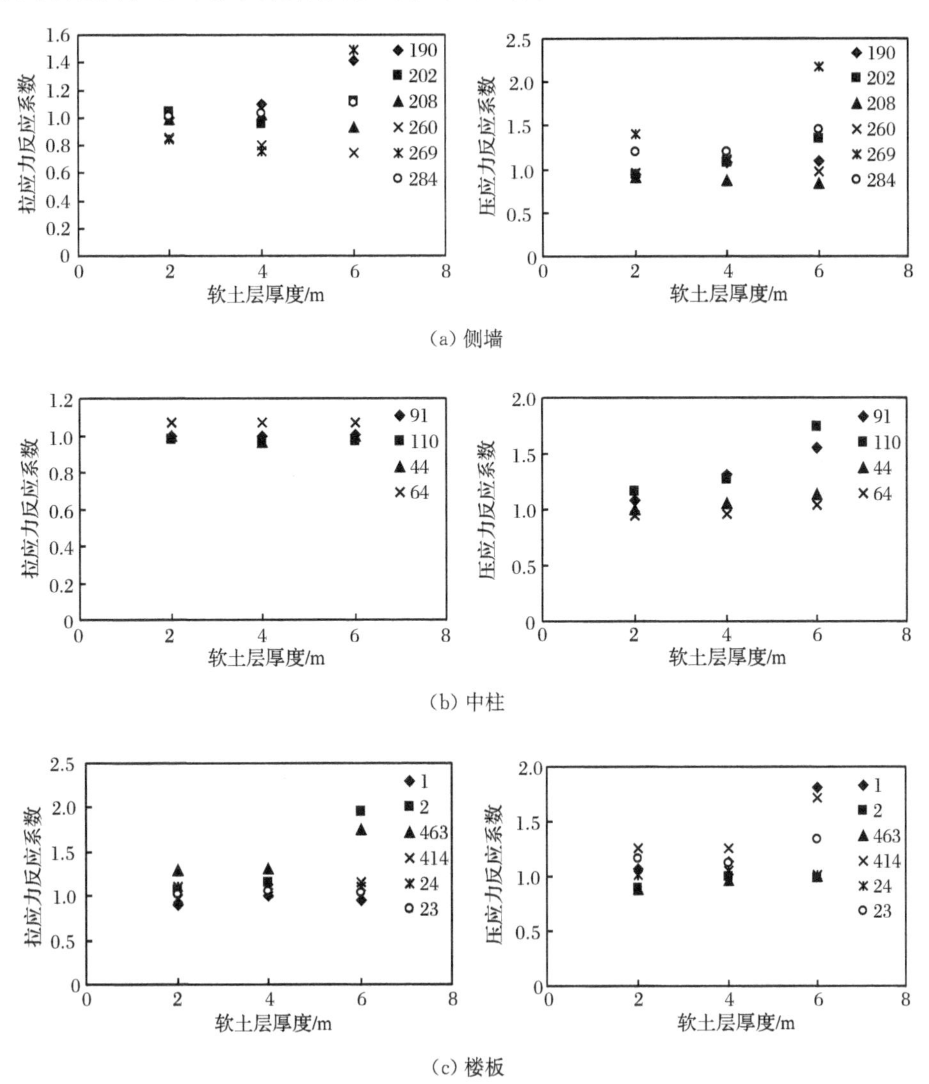

(a) 侧墙

(b) 中柱

(c) 楼板

图5.28　软场地Ⅰ条件下地铁车站结构不同部位处动应力反应系数随软土层厚度的变化

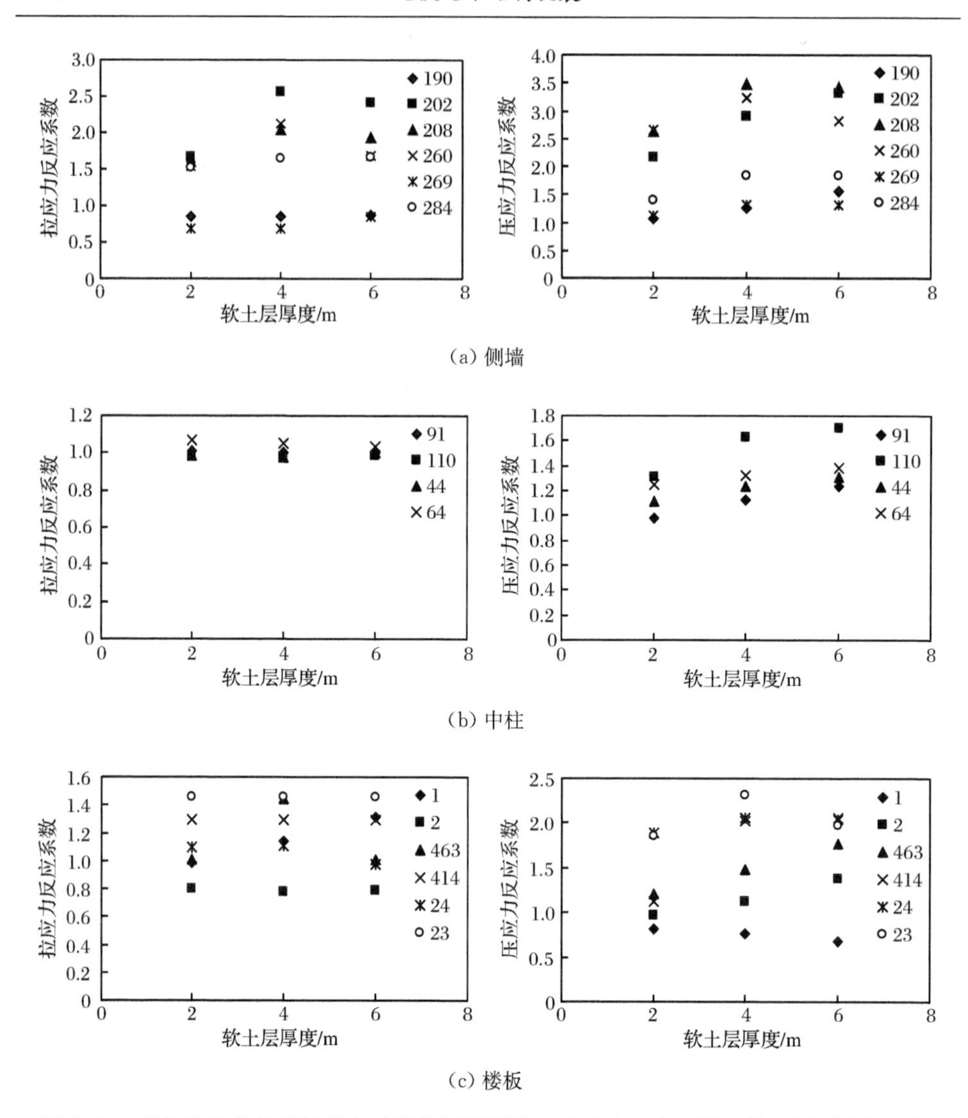

(a) 侧墙

(b) 中柱

(c) 楼板

图 5.29　软场地Ⅱ条件下地铁车站结构不同部位处动应力反应系数随软土层厚度的变化

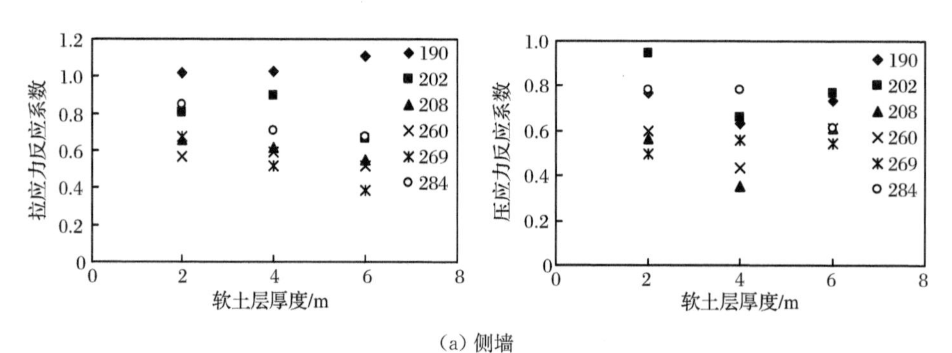

(a) 侧墙

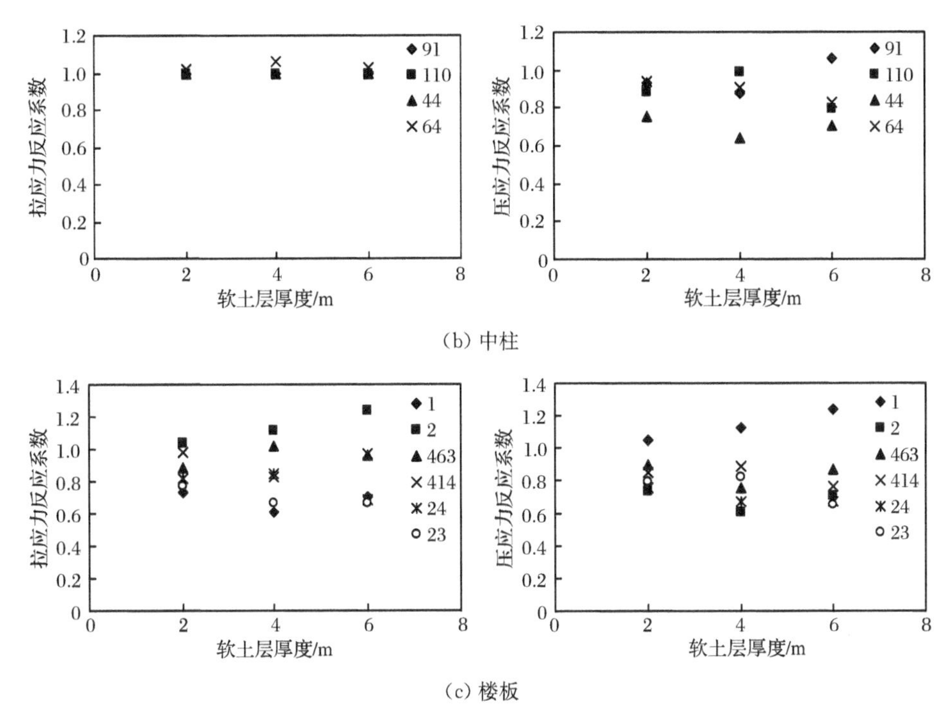

图 5.30　软场地Ⅲ条件下地铁车站结构不同部位处动应力反应系数随软土层厚度的变化

反应系数明显增大,尤其是对上中柱的影响更为明显且增大的幅度也越来越大,而软土层厚度的变化对中柱的拉应力反应系数的影响并不明显;软土层厚度的变化对地铁车站结构楼板节点处动应力反应系数的影响规律基本与对侧墙动应力反应系数的影响规律一致,当软土层厚度从 4m 变化到 6m 时,主要是对顶板和中板节点处的动应力反应系数影响较大且最大值达 1.95。

(2) 在软场地Ⅱ条件下,即软土层位于地铁车站结构侧向地基下部时,软土层厚度从 2m 变化到 4m 时,地铁车站结构侧墙上大部分节点的动应力反应系数都有所增大,尤其是中板附近的节点 202、208 和 260 处的动应力系数增幅明显且最大动应力系数达 3.47,当软土层厚度从 4m 变化到 6m 时,侧墙上除节点 190 外其他节点处的动应力反应系数都有所减小;随着软土层厚度的变化,中柱的压应力反应系数明显增大,尤其是对上中柱的影响更为明显且增大的幅度也越来越大,而软土层厚度的变化对中柱的拉应力反应系数的影响并不明显且有微弱的减小趋势;软土层厚度的变化对地铁车站结构楼板节点处动应力反应系数的影响规律基本与对侧墙动应力反应系数的影响规律一致。

(3) 在软场地Ⅲ条件下,即软土层位于地铁车站结构底部地基时,地铁车站结构除个别节点处以外动应力反应系数都小于 1,在地铁车站结构侧墙顶部节点 190 处和顶板节点 1 和 2 处的动应力反应系数大于 1,且随软土层厚度的变大而变大,其他节点处动应力反应系数随软土层厚度的变大而变化的规律并不明显。

表 5.28 一般场地条件下地铁车站结构不同位置处动应力反应幅值

(单位:MPa)

侧墙			中柱			楼板		
节点号	拉应力	压应力	节点号	拉应力	压应力	节点号	拉应力	压应力
190	0.462	1.568	91	0.126	0.457	1	1.948	0.518
202	0.487	0.568	110	0.126	0.382	2	0.398	1.509
208	0.676	0.360	44	0.127	0.647	463	0.954	2.047
260	0.681	0.482	64	0.119	0.730	414	1.888	1.346
269	0.332	0.414	—	—	—	24	2.271	2.094
284	1.233	1.697	—	—	—	23	1.558	1.805

5.4 可液化场地两层三跨框架式地铁地下车站结构振动台模型试验

5.4.1 模型试验概况

1. 工程背景

根据南京地铁规划,基本每条地铁线路都途经长江阶地形成的河漫滩相沉积地层,该地层主要含新近沉积的松散细砂层。在强地震发生时,该地层土体的液化必然会对南京地铁的抗震性能产生不可预测的影响。鉴于此,本次试验以南京地铁 2 号线兴隆大街站的工程地质条件为背景,在该车站深基坑的开挖施工过程中现场取土,经长途运输到北京中国建筑科学研究院大型振动台试验中心,以便更有针对性地模拟地铁车站结构现场可液化土体的实际物理特性。

2. 相似比设计

在土-结构动力相互作用的振动台模型试验中,使模型的设计参数和原型参数完全满足相似关系通常十分困难,故常需根据动力问题的特点确定模型对原型的相似程度。根据本次试验的目的和砂土液化的特性,模型土层的有效上覆土压力和振动孔隙水压力是模拟的重点对象,因此,要近似考虑重力不失真。在地铁车站结构模型顶部采用局部配重法,本次试验是对地基大变形和结构临近动力破坏的试验研究,还应保持地铁地下结构模型材料抗力的相似性,模型材料的阻尼特性和应力-应变关系与原型材料的相似。模型体系各物理量的相似关系和相似比如表 5.29所示。

表 5.29　模型体系各物理量的相似关系和相似比

物理特征	物理量	相似关系	相似比
几何特征	长度 l	λ_l	1/25
	位移 r	$\lambda_r=\lambda_l$	1/25
材料特征	弹性模量 E	λ_E	1/4
	密度 ρ	λ_ρ	1
	应变 ε	λ_ε	1
	应力 σ	$\lambda_\sigma=\lambda_E\lambda_\varepsilon$	1/4
	有效上覆压力 σ'_v	$\lambda_{\sigma'_v}=\lambda_l$	1/25
动力特征	动孔压 u	$\lambda_u=\lambda_l$	1/25
	时间 t	λ_t	1
	频率 $\bar{\omega}$	$\lambda_{\bar{\omega}}=1/\lambda_t$	12.5
	加速度 a	λ_a	1

3. 模型土的制备及其装箱

为了使模型场地条件尽量与原型场地条件相似，模型所用的原状土取自南京地铁 2 号线车站结构基坑中埋深 4～9m 的粉细砂，采用汽车把粉细砂土运到北京实验室后自然风干，采用筛除法对风干状的粉细砂除去杂质，对该类型的粉细砂进行了颗粒级配试验，如表 5.30 所示，该土重塑样的最大孔隙比为 1.09，最小孔隙比为 0.70。根据室内采用水沉法制样时测得的土样饱和密度约为19.0kg/m^3，采用该密度的粉细砂重塑样进行共振柱试验，重塑样的 G/G_{max}-γ 和 D-γ 试验曲线如图 5.31 所示，其最大剪切模量 G_{max}与试样围压的关系如图 5.32所示。

表 5.30　南京粉细砂的颗粒级配

粒径	>0.25mm	0.25～0.1mm	0.1～0.075mm	0.075～0.05mm	<0.05mm
百分含量/%	0.4	55.9	39.5	7.6	4.8

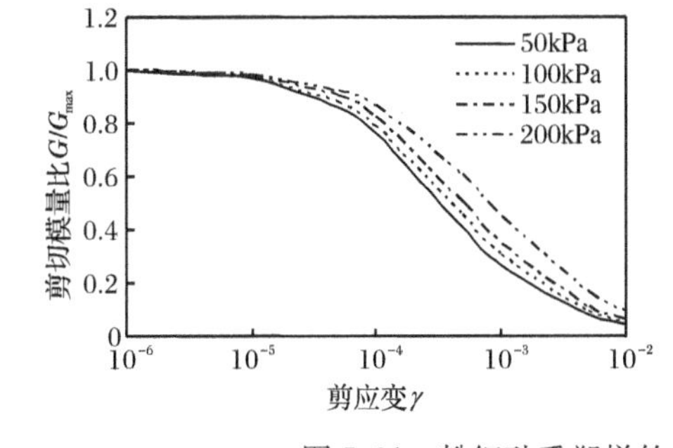

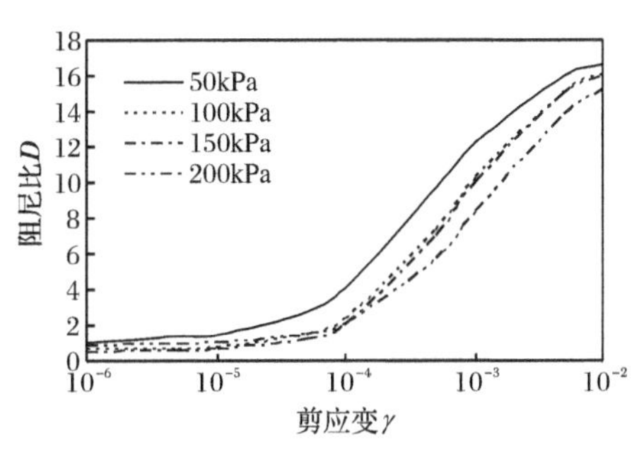

图 5.31　粉细砂重塑样的 G/G_{max}-γ 和 D-γ 试验曲线

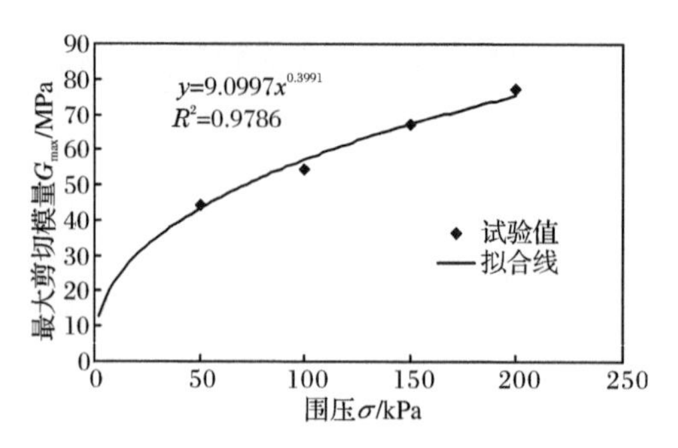

图 5.32　粉细砂重塑样的最大剪切模量与围压的关系

在试验中,模型土箱采用第 4 章介绍的刚性模型土箱。模型场地土层分三层,在场地的顶部和底部分别设置了一定厚度的黏土层,中间土层为饱和粉细砂层,模型场地中从上到下各土层的厚度分别为 8cm、120cm 和 24cm,各土层模拟原型场地土层从上到下的厚度分别为 8m、30m 和 6m,模型地基的总厚度为 1.52m,模拟原型场地土层的总厚度为 38m,模型地基的宽度为 4.1m,模拟原型地基的宽度为 102.5m,车站结构的原上覆土层为 1.6m。本次试验采用的微粒混凝土的配合比仍为:水泥(425#)∶粗砂∶石灰∶水=1∶5.0∶0.6∶0.5。具体模型结构的制作和尺寸如图 5.3 所示。

4. 地震输入和试验加载方法

本次试验拟采用 El Centro 波。为了实现饱和砂土在试验中液化,此次试验采用较少的振动次数,具体加载工况如表 5.31 所示。

表 5.31　液化试验加载工况

工况序号	输入波类型	工况代号	X 向峰值加速度/g
1	白噪声	B1	0.03
2	El Centro 波	E1	0.110
3	El Centro 波	E2	0.166
4	El Centro 波	E3	0.266
5	El Centro 波	E4	0.328
6	El Centro 波	E5	0.511

5. 试验装置及其传感器的布置

本次试验仍在中国建筑科学研究院的试验机上完成,其具体试验性能参数见 5.2.1 节介绍。根据本试验的主要目的,本试验所需的传感器有加速度传感器、应变传感器、孔隙水压力传感器和土压力传感器。本次试验主要测试模型地基土的振动孔压变化规律、加速度反应规律及其地铁车站结构的动力学行为。模型体系的加速度计和孔压计的布置方案如图5.33所示。在试验中发现，大部分应变片因受潮而失效，同时，土压力盒和加速度计也各有一个不能正常工作，车站结构上有效的传感器位置如图5.34所示。

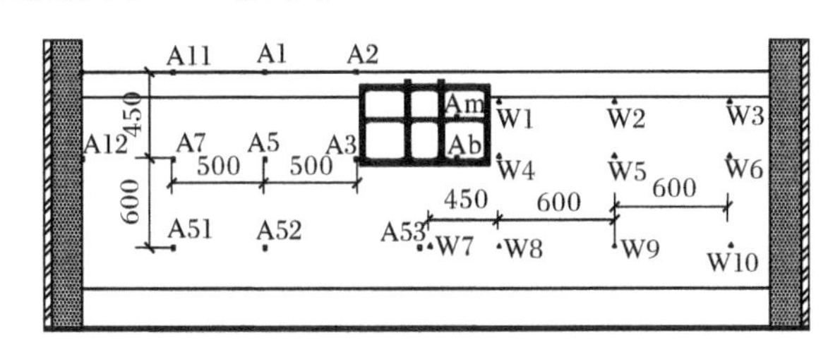

图5.33 模型地基中加速度计和孔压计的布置(单位:mm)

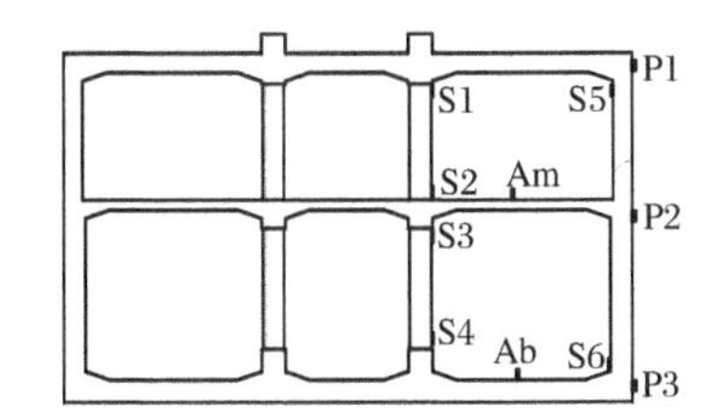

图5.34 地铁车站结构有效传感器的位置

5.4.2 模型试验结果与分析

1. 模型地基土的动孔压反应规律

在沿振动方向的模型地基中间剖面上三个不同深度共布置了10个孔压计，如图5.33所示，在试验中，除孔压计W5和W10不能正常工作外，其他8个孔压计均正常工作。在不同工况下各孔压计记录的孔压变化时程如图5.35所示。

由图5.35可以得出模型地基液化的规律如下[5]：

(1) 在试验工况E1和E2下，模型地基没有发生液化现象。但是，在试验工况E3下，孔压计W1～W4记录的孔压比比其他试验工况下都要大，且接近于1，表明在试验工况E3条件下，地铁车站结构侧向地基顶部土体发生了明显的液化现象。随着振动台台面输入峰值加速度的变大，地基土的孔压比随之增大；试验工况E3的孔压比曲线最高，此时这些测点的模型地基土发生液化，因此，在试验工况E3后的两种试验工况下，孔压比曲线随台面输入峰值加速度的变大而不再上移，反而有向下移的发展趋势，也就是说地基土发生液化后，地基土的孔压比不会再随着台面输入峰值加速度的变大而变大。

(2) 在试验工况E4下，W4和W6测点处模型地基土的孔压比基本接近于1，表明此时地铁车站整个侧向地基基本处于液化状态。在试验工况 E5 下，W8 和 W9 测点处模型地基土的孔压比接近或达到 1，表明该处地基土也发生了液化。此时，试验模型地基从上到下基本处于完全液化状态。

(3) 在各试验曲线中都存在输入加速度最初峰值是由车站结构与侧向地基瞬时分离作用而引起的“瞬时负孔压”，在测点 W1～W3 处，在试验工况 E3 中液化后记录的孔压比曲线显示的“瞬时负孔压”甚至比正孔压大得多，造成这种现象的主要原因可能是模型地基上层土液化后地铁车站结构上浮。

(4) 从整个试验过程来看，模型地基上部和地铁车站结构侧向附近的地基土在 E3 试验工况下最先发生液化，接着在 E4 试验工况下离地铁车站较远的侧向地基土整体发生液化；最后，在 E5 试验工况下模型地基下部 W8 和 W9 处的地基土最终液化。在整个试验过程中，处于地铁车站正下方的 W7 测点处的地基土孔压比接近于 0.8，表明该处地基土在试验过程中一直尚未液化，主要原因可能是地铁车站结构正下方的土体在试验过程中受到由车站结构上浮，造成在地铁车站结构下部地基有效围压明显比进行孔压比计算时估算的有效围压要小，因此该处地基孔压比虽然未达到 1，但该处土体很可能已经发生液化。

在试验过程中，地铁车站结构发生了明显的上浮现象，在 E3 工况下略有上浮，模型地基地表开始冒水，如图 5.36(a)所示。在 E4 工况下地铁车站结构的上浮量达 1.2cm，在 E5 工况下地铁车站结构的上浮量达 3.1cm 左右，如图 5.36(b)所示。

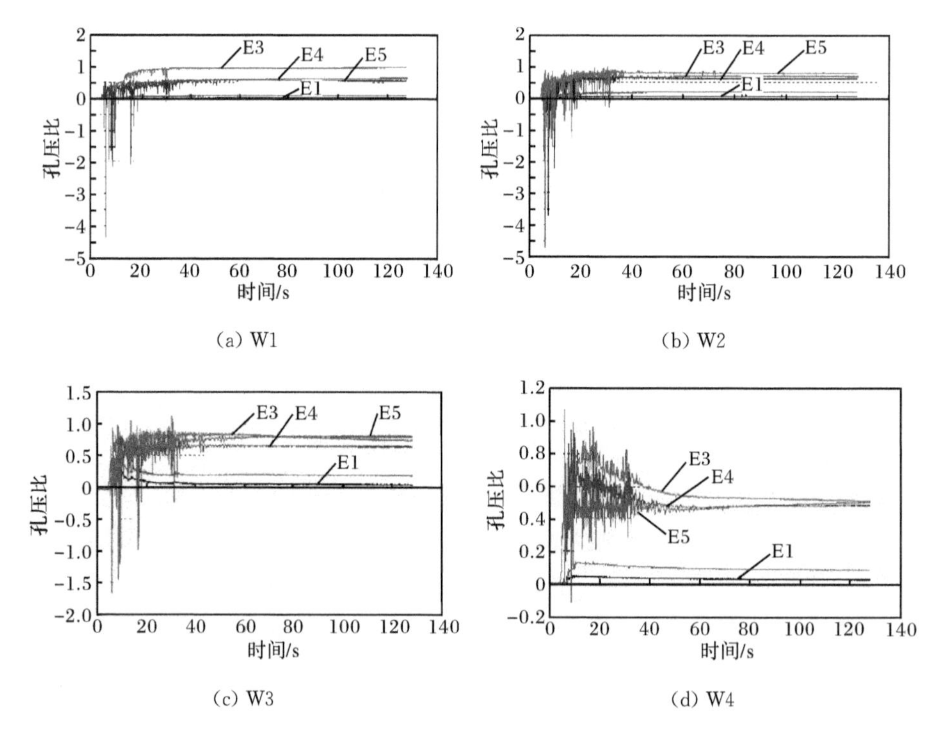

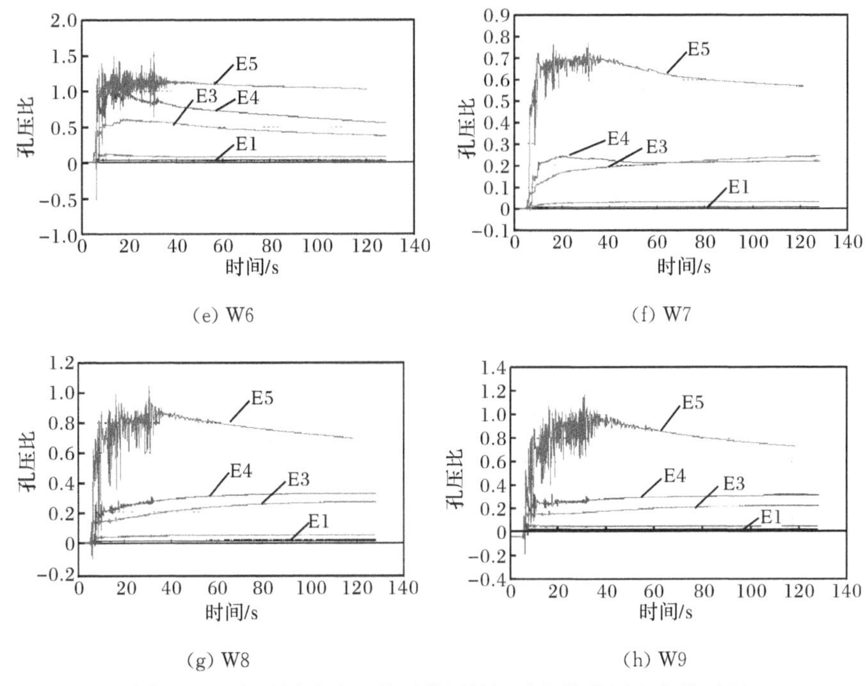

(e) W6　　(f) W7

(g) W8　　(h) W9

图 5.35　在不同试验工况下孔压计记录点的孔压比变化时程

(a) 模型地基地表冒水、冒砂照片　　(b) 地铁车站上浮照片

图 5.36　模型地基喷水冒砂与车站结构上浮照片

2. 地铁车站结构的应变反应

根据不同工况下模型地基的液化状态，分别给出了试验工况 E2(地基未液化)、E3(侧向地基上部液化)和 E4(整个侧向地基液化)时地铁车站结构中柱和侧墙的应变反应时程(见图 5.37～图 5.39)，可以看出：

(1) 在试验加载工况 E2(地基未液化)时，中柱和侧墙的局部位置发生残余变形，但残余变形量较小，基本可以忽略不计。总体来看，当车站结构周围地基土未液化时，上层柱端应变明显大于下层柱端应变，各层柱底应变明显大于柱顶应变。但是，侧墙底部应变明显大于侧墙顶部应变。

(2) 在试验加载工况 E3(侧向地基上部液化)时，车站结构中柱和侧墙都有较大的残余变形，车站上层中柱和下层中柱柱顶的残余变形明显大于柱底的残余变形，同时，车站结构侧墙底部的残余变形也明显大于顶部的残余变形。总体来看，当车站结构侧向地基顶部土层发生液化时，上层柱端应变仍明显大于下层柱端应变。但与侧向地基未液化相比，各层柱底应变反而明显小于柱顶应变。

(3) 在试验加载工况 E4(整个侧向地基液化)时，车站结构中柱和侧墙的应变反应时程曲线基本又回归零位置附近，即车站结构的残余变形非常小，造成这一现象的主要原因是当车站结构的侧向地基完全液化时，车站结构侧向地基对车站结构的约束作用有所减小，使得车站结构在地震减弱时能够部分恢复初始平衡位置，进而减小车站结构的残余变形。总体来看，当车站结构侧向地基完全液化时，车站结构中柱和侧墙的应变反应规律与侧向地基未液化时的结果完全相同。

(4) 对比图 5.37 和图 5.38 中中柱的应变时程，可以看出在试验工况 E4 时中柱的应变反应幅值明显大于在试验工况 E3 时的对应值，而在试验工况 E4 时对应的残余变形又明显小于试验工况 E3 时的对应值，这说明在试验工况 E3 时车站结构中柱和侧墙的残余变形并非主要是由车站结构材料本身的塑性特性造成的，而主要是由侧向土体液化后地基土的液化大变形直接作用于车站结构造成的。

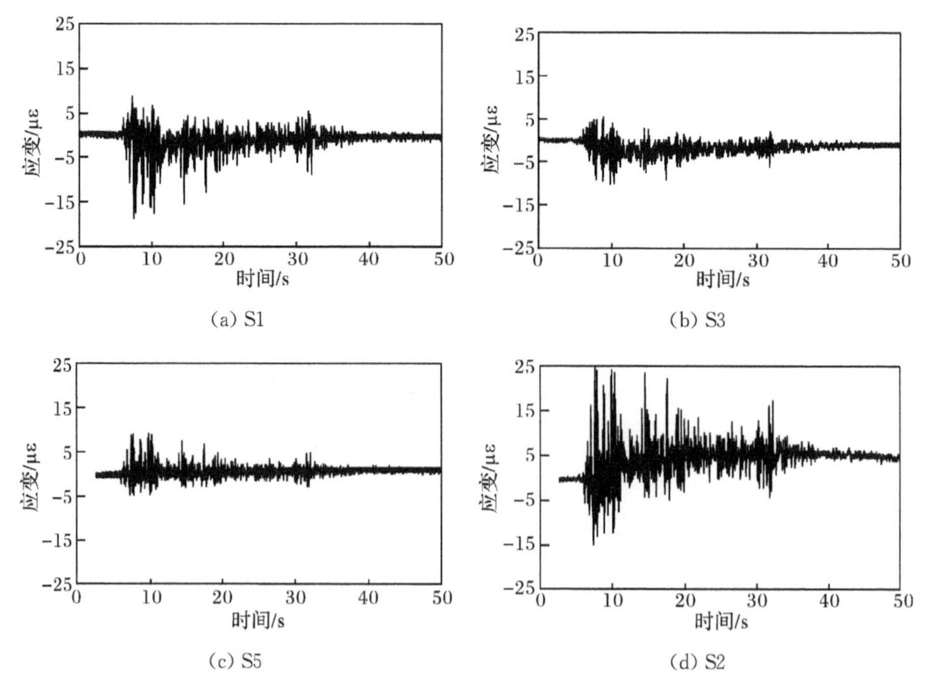

(a) S1　(b) S3

(c) S5　(d) S2

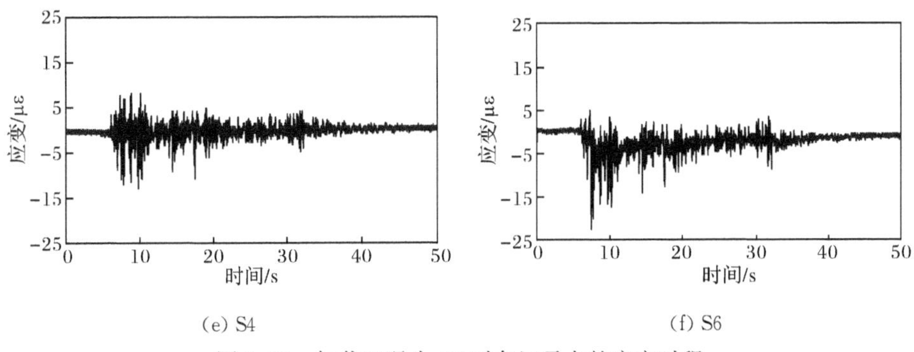

(e) S4　(f) S6

图5.37　加载工况为E2时各记录点的应变时程

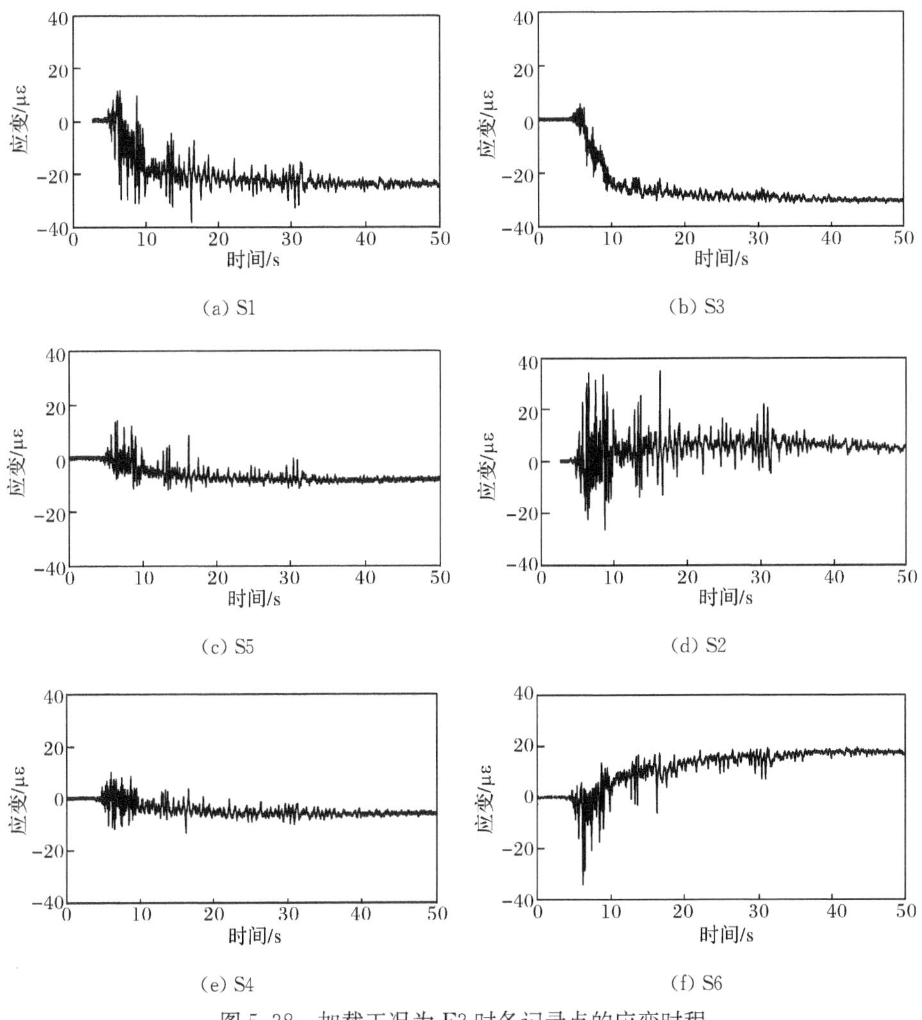

(a) S1　(b) S3

(c) S5　(d) S2

(e) S4　(f) S6

图5.38　加载工况为E3时各记录点的应变时程

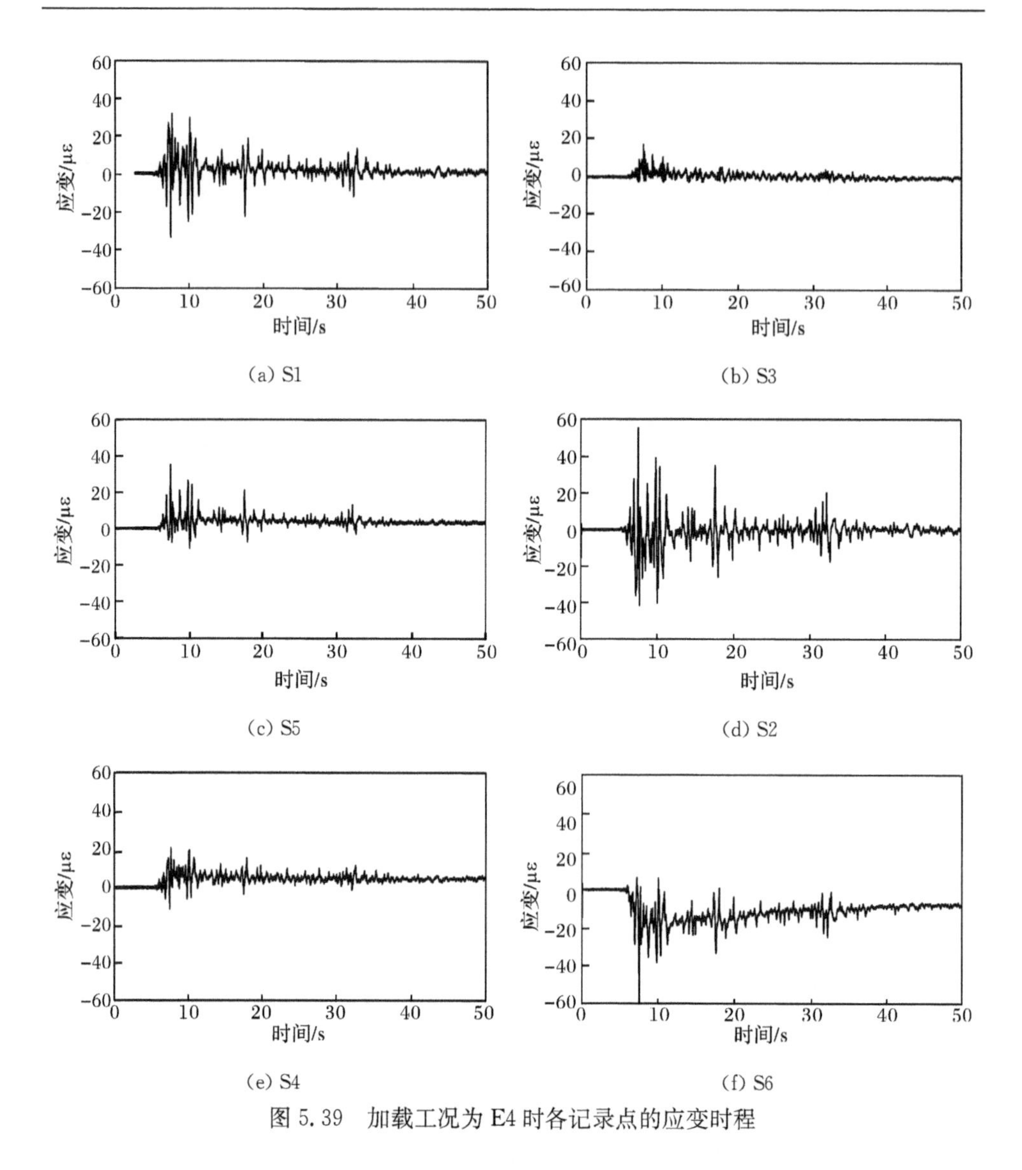

(a) S1　(b) S3　(c) S5　(d) S2　(e) S4　(f) S6

图 5.39　加载工况为 E4 时各记录点的应变时程

综上所述,当车站结构侧向地基上部液化而下部不液化时,对车站结构应变的反应影响最大,主要体现在车站结构最终的残余变形与构件的应变反应规律上,尤其是车站结构的残余变形将导致震后液化地基中地铁车站结构保留很大的地震附加内力,对结构的长期安全会产生明显的影响。

各加载工况下的应变反应幅值如表 5.32 所示。由表可知,从试验加载工况 E1 到 E3,随着输入地震动峰值加速度的增大,各点记录的应变幅值也随之增大,而当车站结构侧向地基土发生液化后,个别测点(S1-3、S1-7)记录的应变幅值反而变小。

表 5.32　不同记录点记录的应变幅值　（单位：$\times 10^{-6}$）

应变	工况 E1	工况 E2	工况 E3	工况 E4	工况 E5
S1-3(上柱顶)	16.1	18.6	38.1	33.0	51.8
S1-4(上柱底)	20.8	25.0	34.3	54.5	74.0
S1-7(下柱顶)	7.97	10.1	30.3	16.8	16.2
S2-8(下柱底)	11.4	12.9	13.0	20.8	24.1
S2-11(侧墙顶)	7.51	9.07	13.9	34.8	36.6
S1-14(侧墙底)	17.3	22.7	34.2	59.4	69.8

3. 模型体系加速度反应规律

在沿振动方向的模型地基中间剖面上三个不同深度共布置了 10 个加速度计，如图 5.33 所示，在试验中，除加速度计 A12 不能正常工作外，其他 9 个加速度计均正常工作。在试验工况 E1、E3 和 E5 中测得的加速度时程如图 5.40～图 5.42 所示。从模型地基中记录的加速度时程曲线可知，在试验工况 E1 时，模型地基土还未出现液化现象；在试验工况 E2 时，模型地基最上层的加速度计测得的时程曲线明显发生畸变，造成这种现象的主要原因是模型地基上部砂土已发生液化，造成加速度计与地基土之间发生明显的相对位置错动；在试验工况 E5 时，在模型地基的上、中部砂土也都发生了液化，而模型地基的下部砂土仍未发生液化现象。

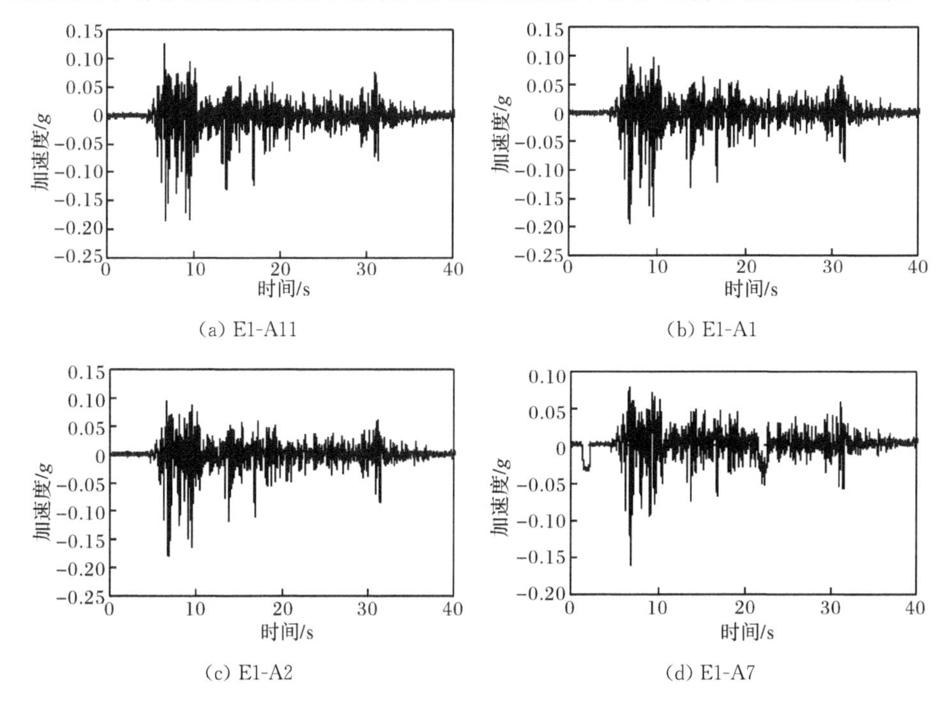

(a) E1-A11　(b) E1-A1

(c) E1-A2　(d) E1-A7

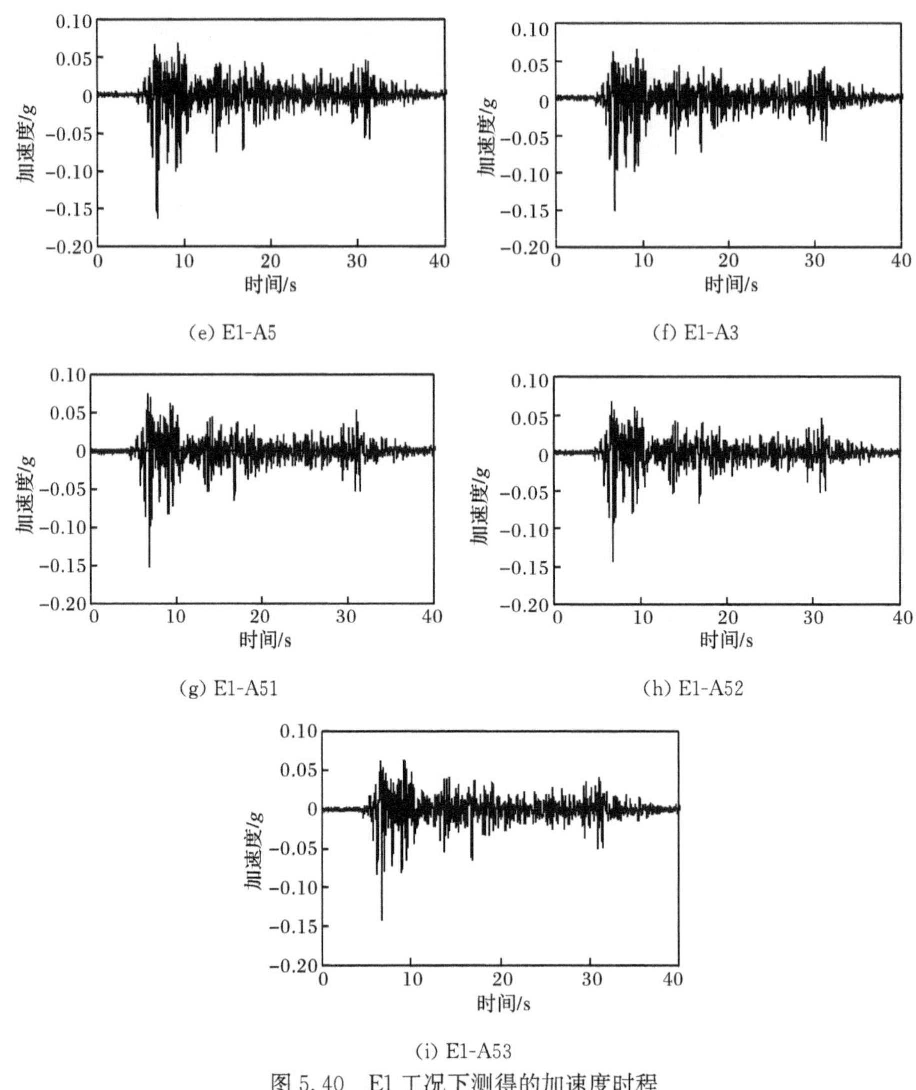

图 5.40 E1 工况下测得的加速度时程

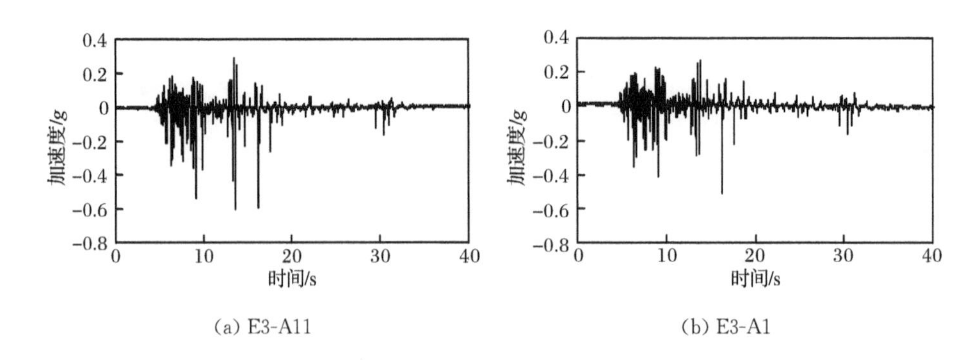

(a) E3-A11　　(b) E3-A1

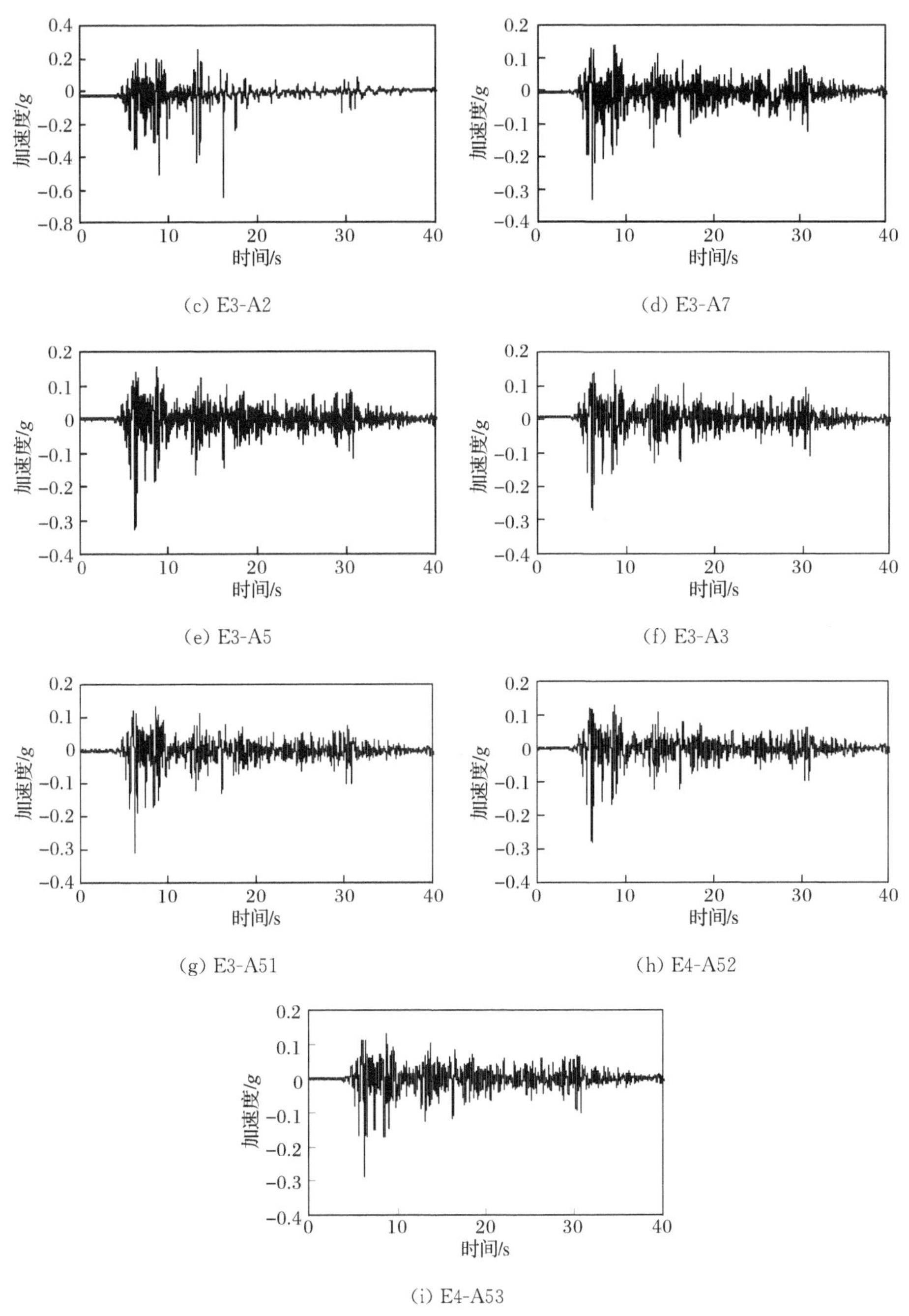

图 5.41　E3 工况下测得的加速度时程

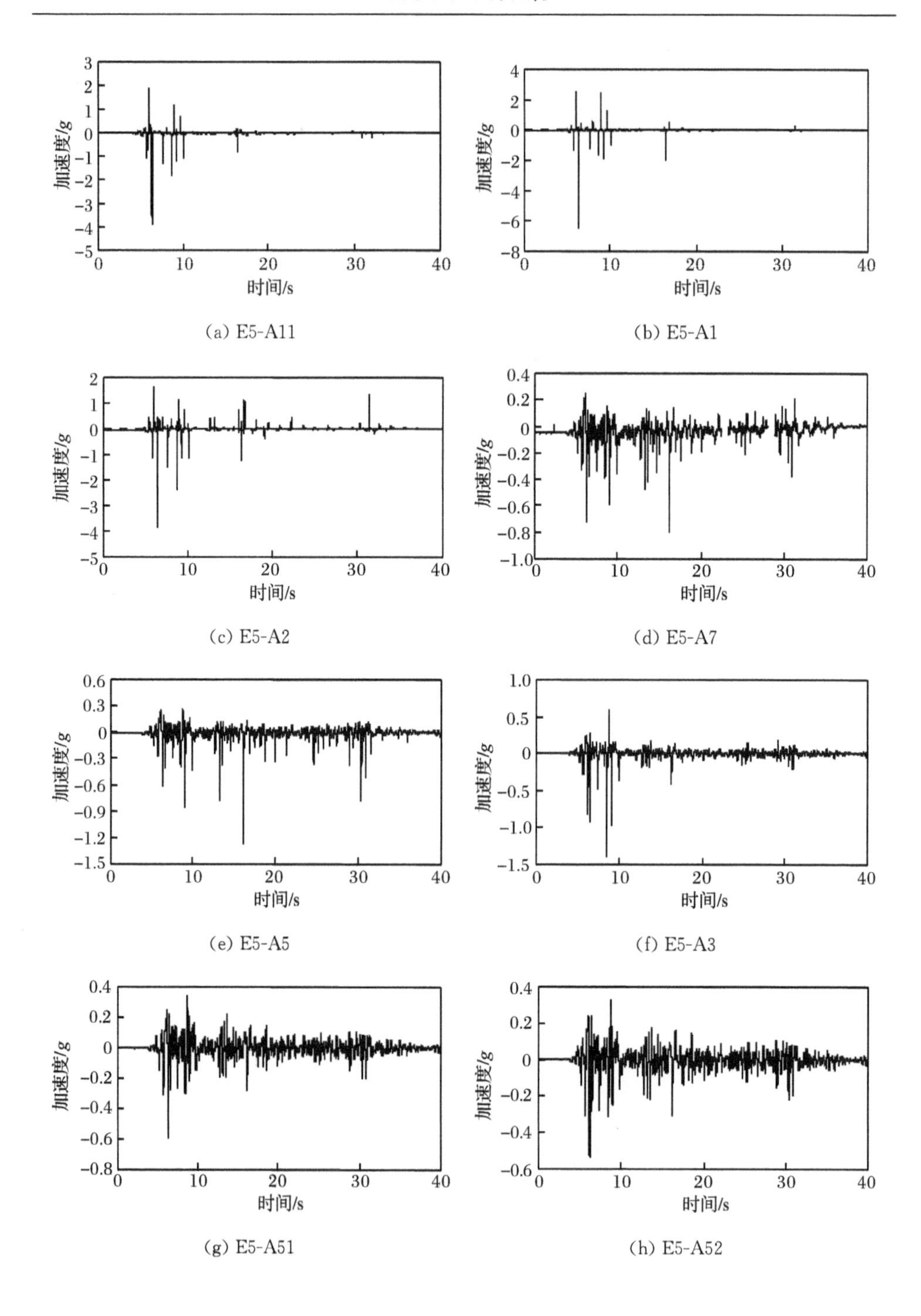

(a) E5-A11　(b) E5-A1

(c) E5-A2　(d) E5-A7

(e) E5-A5　(f) E5-A3

(g) E5-A51　(h) E5-A52

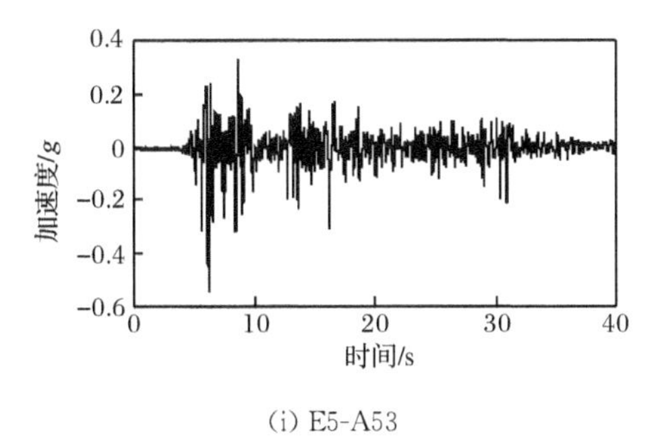

(i) E5-A53

图 5.42 E5 工况下测得的加速度时程

由于模型土液化后埋在其中的加速度计测得的加速度与地基的实际加速度反应不同，因此，这里仅给出地基土未液化的 E1 和 E2 试验工况下加速度计记录的峰值加速度随埋深的变化曲线，如图 5.43 所示。

由图 5.43 可知：模型地基中上部土层的加速度反应明显受到地铁车站结构的影响，在模型地基中间层位置，离车站结构较近处的峰值加速度较小，而在模型地基地表处离车站结构有一定距离的加速度计 A1 测得的峰值加速度最大。在试验工况 E5 时，记录的加速度时程对应的傅里叶谱如图 5.44 所示，由此看出，由于模型地基土上、中部发生了液化，加速度记录的加速度频谱特性已发生严重失真，尤其是地表的加速度记录。

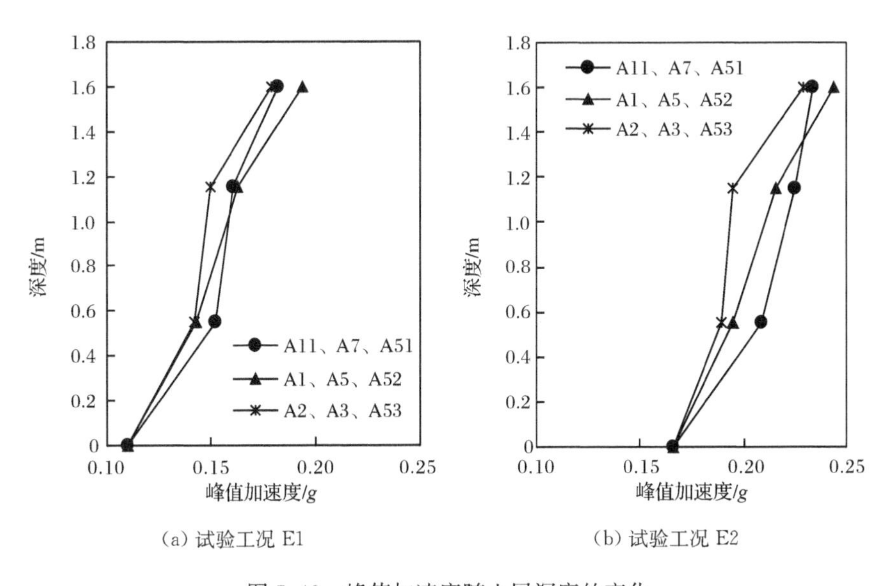

(a) 试验工况 E1 (b) 试验工况 E2

图 5.43 峰值加速度随土层深度的变化

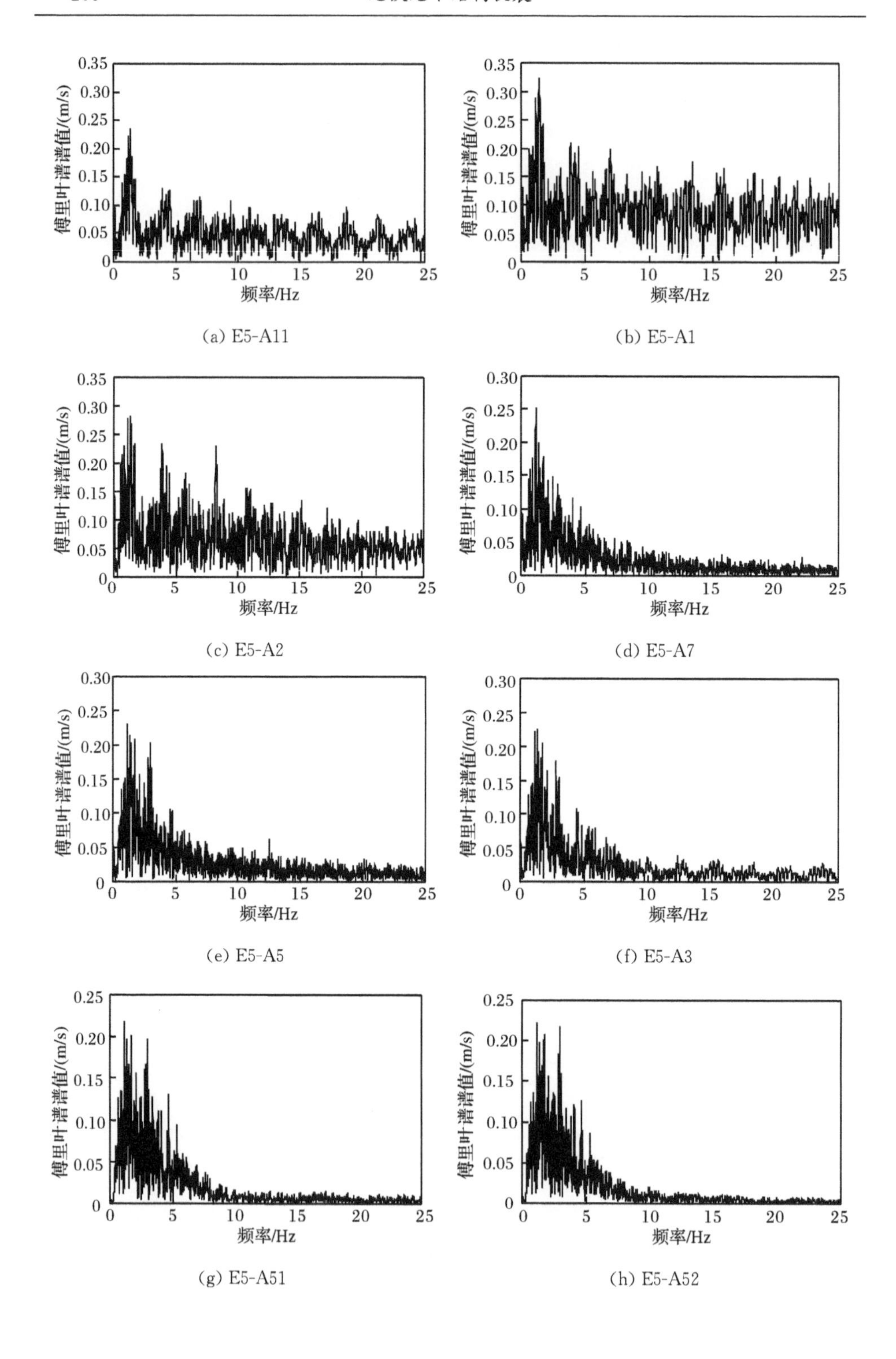

(a) E5-A11　　(b) E5-A1

(c) E5-A2　　(d) E5-A7

(e) E5-A5　　(f) E5-A3

(g) E5-A51　　(h) E5-A52

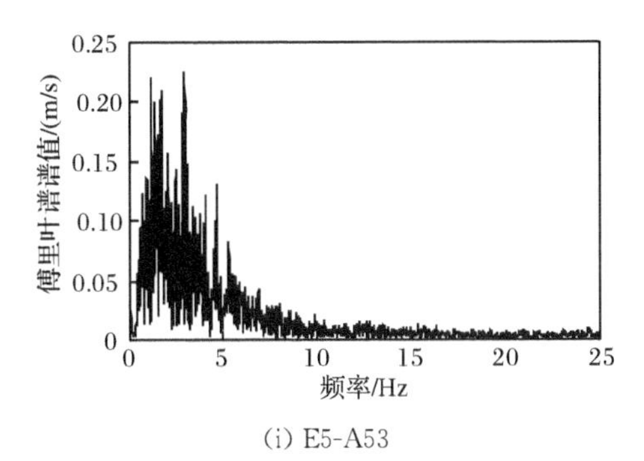

(i) E5-A53

图 5.44 E5 工况下测得的加速度傅里叶谱

因地铁车站结构顶板处的加速度传感器失灵，表 5.33 给出了各工况下车站结构中板处与底板处的峰值加速度，图 5.45 给出了地铁车站结构底部加速度的反应时程，图 5.46 给出了车站结构中板和底板处峰值加速度与台面输入地震动峰值加速度的比值（本节简称为放大系数）随加载工况的变化趋势线，图 5.47 给出了车站结构底部加速度反应对应的反应谱。

表 5.33 地铁车站结构中板和底板处的峰值加速度 （单位：g）

位置	工况 E1	工况 E2	工况 E3	工况 E4	工况 E5
中板	0.168	0.223	0.307	0.427	0.652
底板	0.155	0.207	0.291	0.399	0.624
台面	0.110	0.166	0.266	0.328	0.511

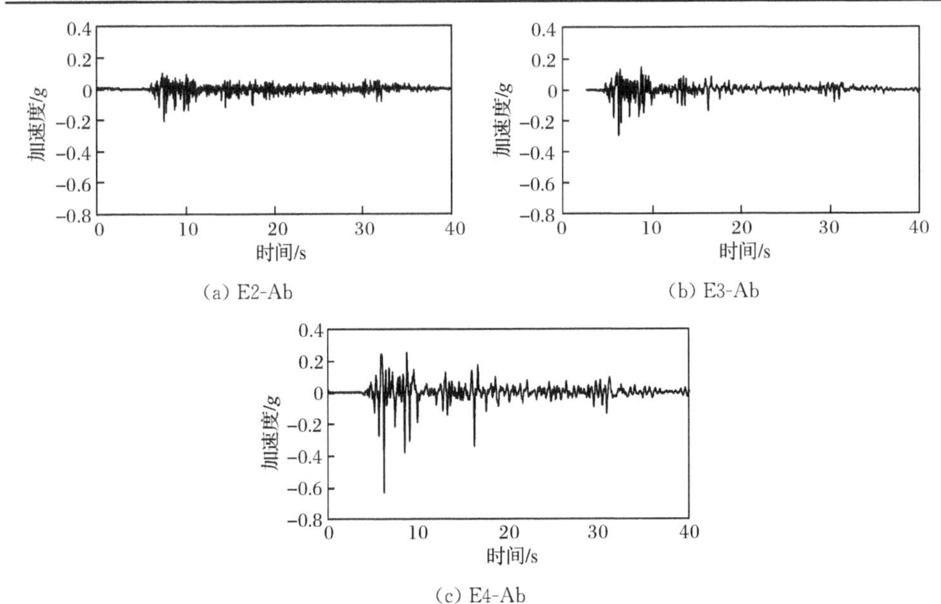

图 5.45 车站结构底部加速度的反应时程

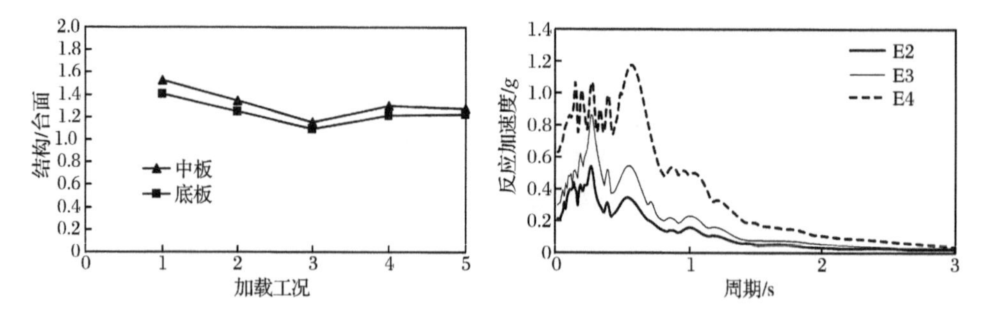

图 5.46　车站结构底板和中板处加速度放大系数　　图 5.47　车站结构底部加速度反应谱

由表 5.33 可以看出，在各加载工况下，中板处的峰值加速度都比底板处的对应值要大，随着输入地震动峰值加速度的增大，中板和底板处的峰值加速度也变大。由图 5.46 可以看出，从试验加载工况 E1 到 E3，随着输入地震动强度的增大，中板和底板处的加速度放大系数都变小；当地基液化后，从工况 E3 到 E4，随着输入地震动强度的增大，中板和底板处的加速度放大系数都变大。

由车站结构的反应时程变化可知，在试验工况 E4 中，当地铁车站结构侧向地基内土体完全液化后，地铁车站与周围液化地基发生了明显的相对不同步振动，根据车站结构底部加速度反应谱的对比分析可知，随着输入峰值加速度的变大，主振动对应的周期分布区间模型变宽，且主要向长周期段扩宽，尤其是在试验工况 E4 中，这种影响尤为明显，这将必然增加地铁地下车站结构地震破坏的概率及其程度。

4. 车站结构侧墙上动土压力反应

在地震作用下，地下结构侧墙所受的动土压力是地下结构抗震设计拟静力法的重要荷载类型，直接影响到地下结构动内力计算结果的正确与否。图 5.48(a)给出了各种加载工况下车站结构侧向土与侧墙之间的动土压力反应幅值，由图可知，在侧墙底部记录的动土压力幅值明显比中部和顶部处记录的值要大，中部记录的动土压力值又比顶部记录的值要略大；随着输入地震动峰值加速度的增大，动土压力幅值也随之增大。同时，图 5.48(b)也给出了各种加载工况下车站结构侧墙上静动总土压力幅值与静土压力值的比值(简称动土压力系数)随输入峰值加速度的变化，由图可知，动土压力系数随墙高的变化规律正好与动土压力变化规律相反，车站结构顶部的动土压力系数较大，中间部位的动土压力系数较小。总体来看，随着输入地震动峰值加速的变大，动土压力系数呈接近于线性的增加。

图 5.49 给出了试验工况 E3 对应的地铁车站结构侧墙动土压力反应时程，结果表明，在车站结构侧向地基中只有上部土体液化时，地铁车站侧墙上动土压力时程明显偏移横坐标轴，表明在车站侧墙上发生了不可恢复的动土压力，尤其是

在车站结构侧墙中下部，这种残余动土压力更为明显，这种残余动土压力的存在必然会增加地铁车站结构的内力，具体在地铁地下结构抗震设计中如何考虑该因素尚需进一步深入研究。

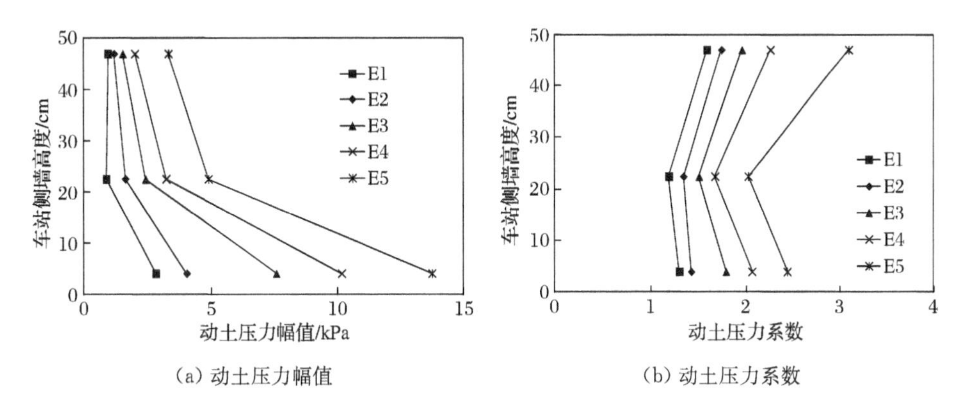

(a) 动土压力幅值　　(b) 动土压力系数

图5.48 地铁车站侧墙上动土压力幅值与动土压力系数

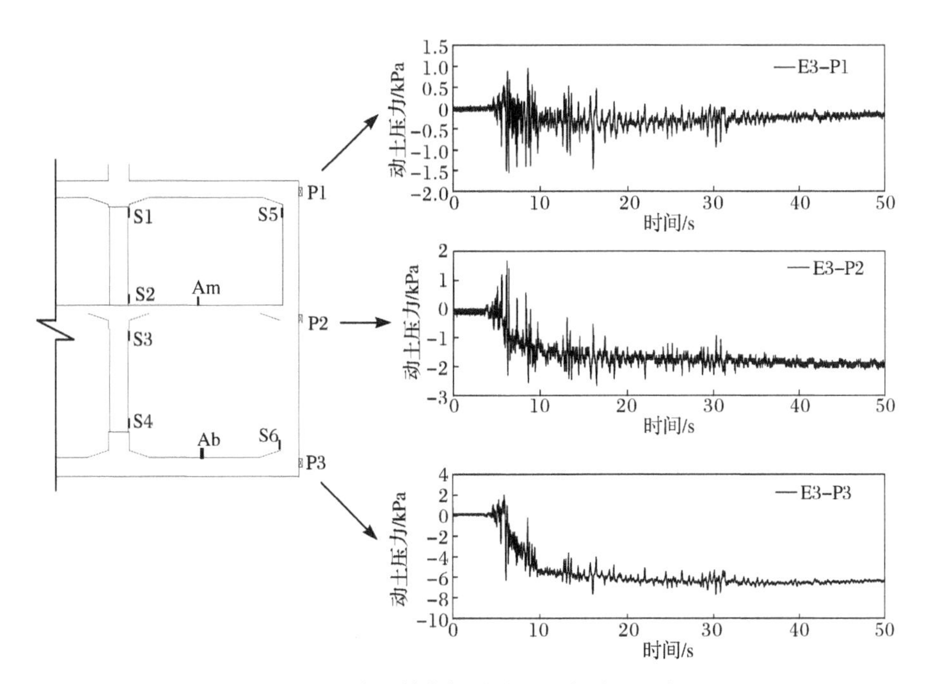

图5.49 车站结构侧墙动土压力时程反应

5.5 可液化场地两层三跨框架式地下车站结构地震反应数值模拟

5.5.1 计算模型

基于ABAQUS计算平台，考虑初始地应力条件对地铁地下结构周围不均匀地基中土体初始动力学特性的影响，建立了土-地铁车站结构非线性静动力耦合相互作用的有限元计算模型[11]。在该分析模型中，砂性土采用上述砂土液化大变形的弹塑性本构模型模拟其动力学特性，场地工程地质情况如表5.34所示，地下水位位于地表以下2m，土层主要模型参数如表5.34所示。车站结构的材料采用弹塑性本构关系模拟，弹性模量$E=3\times10^4$MPa，泊松比$\nu=0.18$，采用等效刚度的办法把车站中柱由三维等效为二维平面问题，等效后中柱混凝土的等效弹性模量$E=1.55\times10^3$MPa，关于模型的其他参数见本书第3章中相关章节。土体和车站结构均采用四节点平面缩减积分单元模拟，钢筋采用植入混凝土的杆单元模拟。地震波采用具有明显近场地震波频谱特性的Kobe波作为基岩水平向输入地震动，峰值加速度分别采用原值和原值的2倍输入，基岩输入地震动持时为30s。

表5.34 场地条件与模型参数

层号	土层描述	层厚/m	G_0/MPa	γ/(kN/m³)	p_0/kPa	φ/(°)	φ_{pt}/(°)	E/MPa	ν	n
1	淤泥质土	2.0	25.2	19.0	—	16	—	1.0	0.45	—
2	淤泥质粉质黏土	2.0	30.3	17.8	—	16	—	1.0	0.45	—
3	粉细砂	46.1	39.3	19.0	80.0	35	31	7.5	0.422	0.474
4	黏土	10.0	476.0	19.3	—	21	—	3.2	0.42	—

注：泊松比ν为静力步总应力法水土合算时的换算值。

5.5.2 车站结构周围地基的液化特性

图5.50和图5.51给出了两种不同输入地震动强度下地铁车站结构周围地基孔压比分布情况[13]。根据孔压比的反应值(SDV52)，当输入地震波的峰值加速度为0.1g时，只有靠近地铁车站侧墙的很小范围内土体产生了液化现象。当输入地震波的峰值加速度变为0.2g时，地铁车站周围场地的液化区域明显变大。同时，由图可知，地铁车站的存在明显加重了周围土体的液化程度。在地铁车站结构底部地基中，由于受到地铁车站结构上浮的影响，地铁车站结构底部地基的孔压比明显比同标高条件下其他部位地基的孔压比要大，因此，对于地铁车站结构底部地基土层的液化判别方法要进行专门的研究。

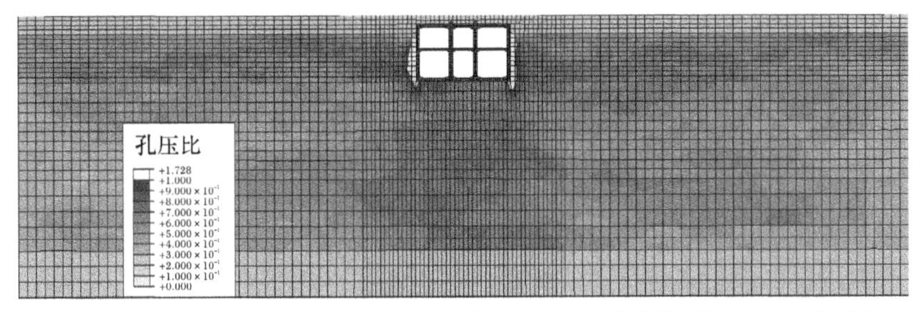

图 5.50　基岩输入地震动峰值加速度为 0.1g 时车站结构周围地基液化情况

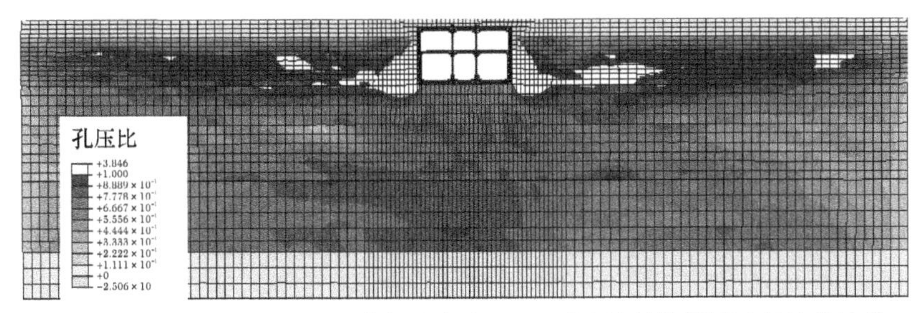

图 5.51　基岩输入地震动峰值加速度为 0.2g 时车站结构周围地基液化情况

图 5.52 给出了车站结构中板标高处水平面上离侧墙不同距离点的地基动孔压增长时程和孔压比时程。由图可知，随着各点与车站结构侧墙水平距离的增加，各点处的孔压增长速度也越来越快，最终的动孔压值也越来越大；然而，孔压比在距离车站结构侧墙 5m 处增长速度最快，然后随着各点与车站结构侧墙水平距离的增加，各点处的孔压比的增长速度也越来越快，这主要是由地铁车站结构对紧邻的侧向地基应力场的改变造成的。分析孔压的变化过程可以发现，0～5s 为孔压增长速度较慢阶段，5～13s 为孔压迅速增长阶段，13s 后为孔压趋于平稳阶段。与 Kobe 波的振动强度变化过程相比，车站结构周围地基的孔压迅速增长阶段基本与输入地震动的强震阶段相一致。

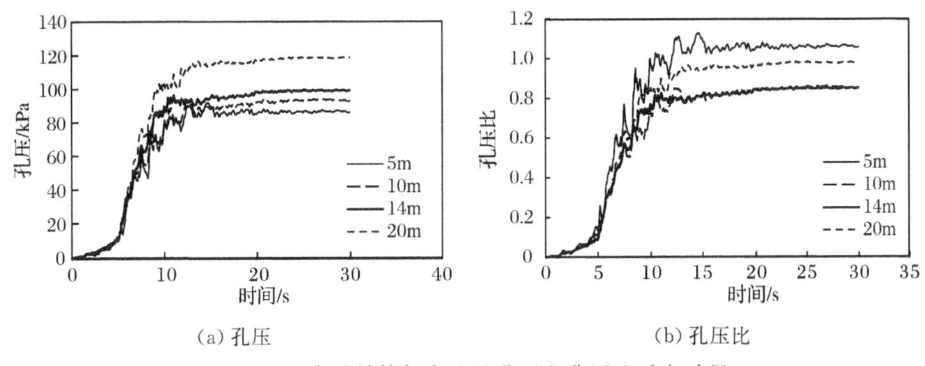

(a) 孔压　　(b) 孔压比

图 5.52　车站结构侧向地基孔压和孔压比反应时程

5.5.3 液化场地车站结构的上浮行为及其影响

图 5.53 分别给出了车站结构顶部上浮位移时程和侧向地基地表最大沉降点的竖向位移反应时程。由图可知，地铁车站结构相对地震前初始位置上浮 10.2cm，侧向地基地表最终沉降量为 12.48cm。总体来看，0～5s 车站结构顶部的上浮和侧向地基地表的沉降都很小，5～20s 为车站结构上浮和地表沉降的稳步增长阶段，20s 后为车站结构上浮和地表沉降的平稳阶段。与输入地震动的强震阶段和孔隙水压力的迅速增长阶段相比，车站结构的上浮明显滞后于上述两种主要发展阶段。

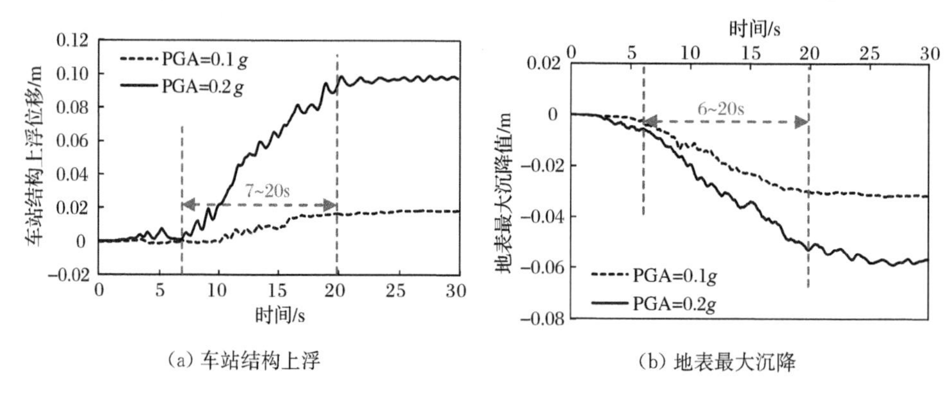

(a) 车站结构上浮 (b) 地表最大沉降

图 5.53 车站结构上浮位移和侧向地基地表最大沉降点竖向位移反应时程

图 5.54 给出了距离车站结构侧墙不同水平距离处的地表最终竖向位移变化曲线和对应的地表沉降曲线梯度(两点最终沉降差除以两点间的水平距离定义为沉降曲线梯度)。由图可知，地铁车站结构相对于侧向地基产生了明显的上浮，导致周围地基的地表处产生明显的不均匀沉降，根据地表各点的沉降曲线梯度变化可知，在距离地铁车站结构 10m 范围内的地表差异沉降尤为突出，这将对紧邻地铁车站结构的地面建筑物的地基稳定性产生严重的威胁，根据《地基基础设计规范》(GB 50007—2011)第 5.3.4 条关于建筑物的地基变形容许值相关规定，当基岩输入南京人工波时，在距离地铁车站侧墙 65m 左右的地表沉降差仍超出规范对应的规定容许值，即对地表砌体承重结构基础、框架结构相邻柱基和单层排架结构柱基等基础的稳定性都会产生明显的影响。

图 5.55 给出了地铁车站结构周围场地位移矢量图。由图可知，车站结构侧墙地基的土体向车站结构底部方向发生流动，车站底部地基土体受到侧向地基的挤压而产生向上的位移，对车站结构产生明显的浮托作用，紧邻车站结构侧墙的土体在车站结构侧墙上浮的过程中受到侧墙的摩阻力而跟随车站结构向上产生位移，从而在车站左侧地基和右侧地基中分别产生逆时针和顺时针的土体环向

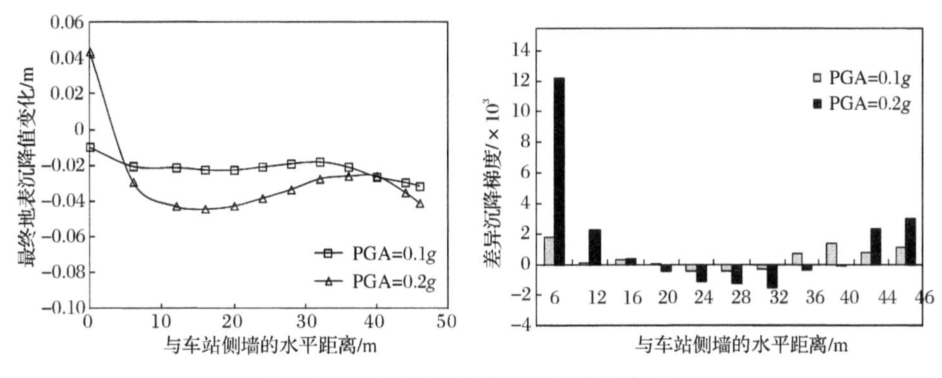

图5.54　地表最大沉降分布及其沉降梯度

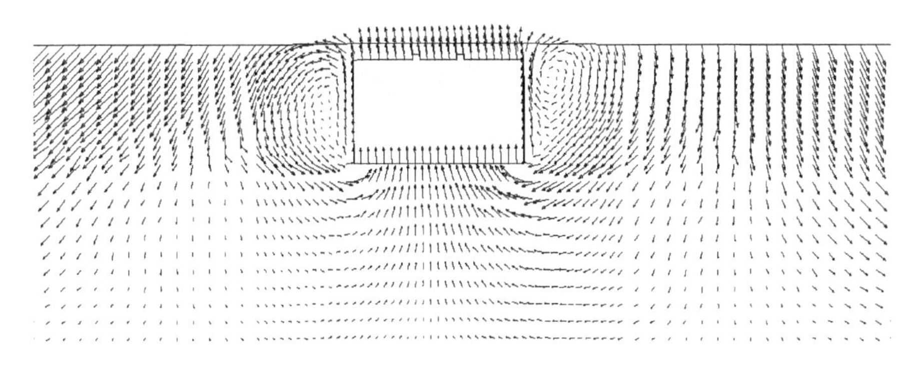

图5.55　地铁车站结构周围场地位移矢量图

位移流动。地铁车站周围地基的位移矢量图将为研究控制地铁车站结构在地震液化中的抗浮措施提供有效的指导。

综上所述，本节认为，可液化地基中地铁车站结构的上浮可能是由地铁车站底部地基土的动孔压上升而产生的浮力、侧向地基液化而引起的侧向土体对车站结构侧墙的摩阻力减小和侧向地基土体向底部地基产生位移而引起的上托力共同作用的结果，关于上述三个方面对地铁车站结构上浮的贡献程度还有待做进一步的深入研究。

5.5.4　液化场地车站结构的地震反应特征

1. 加速度反应特征

图5.56给出了地铁车站结构各层的加速度反应时程。总体来看，随着输入峰值加速度的增大，地铁车站结构各层的加速度反应也变强。同时，从车站结构底部到顶部各层的加速度反应也依次增强。但是，与输入峰值加速度对比，随着

输入峰值加速度的增大，地铁车站各层的加速度放大效应都将减小，这主要是地铁车站结构底部地基中土体随输入地震动强度变强而发生强度弱化造成的。

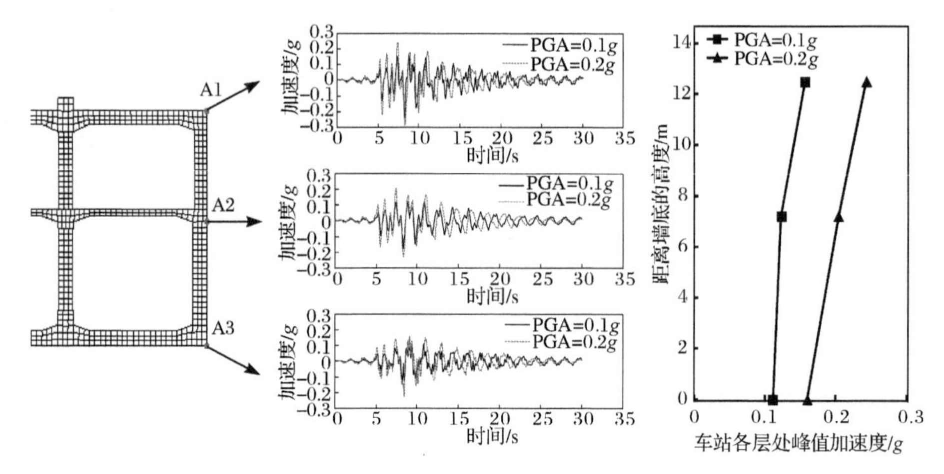

图 5.56　车站结构各层的加速度反应时程及其峰值加速度

图 5.57 给出了地铁车站各层加速度反应对应的反应谱(计算阻尼比 5%)。与输入地震动对应的反应谱相比，当输入地震波的峰值加速度为 0.1g 时，车站结构加速度反应谱主要在 0.2～3s 周期范围内发生明显的放大效应；当输入地震波的峰值加速度为 0.2g 时，车站结构加速度反应谱主要在 0.4～3s 周期范围内发生明显的放大效应。若进行细分，则车站结构反应谱的放大效应主要集中在 0.6～0.8s 和 1.0～1.2s 两个周期段。总体来看，最大反应加速度谱值位于周期 0.7s 左右。

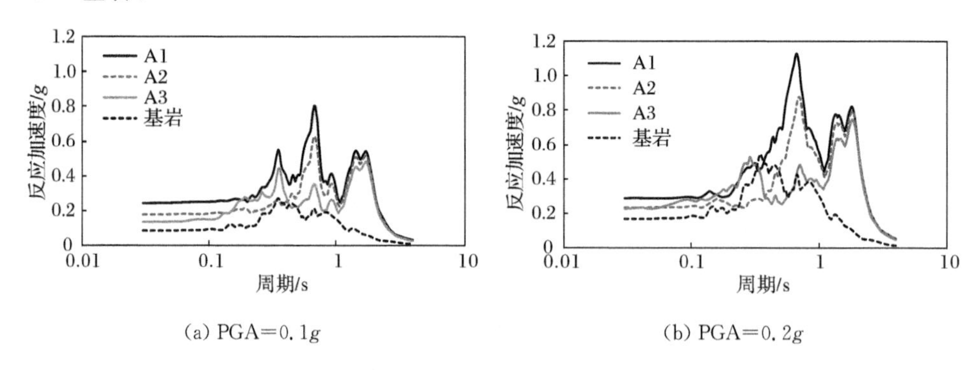

(a) PGA=0.1g　　(b) PGA=0.2g

图 5.57　车站结构各层加速度反应对应的反应谱(计算阻尼比 5%)

2. 应力反应特征

根据车站主体结构的动力损伤计算结果，表 5.35 给出了损伤较为严重处节点(见图5.58)的Mises应力最大值,由表可知,车站结构Mises应力幅值反应较大处从大到小的顺序为:侧墙底部内侧节点N625处>左侧底板左端上侧节点N84处>左侧中板左端上侧节点N82处>左侧底板左端下侧节点N577处>左侧中板右端下侧节点N72处,其他节点处的Mises应力幅值相对上述节点处的值要小得多。因此,初步可以认为:首先,液化地基中地铁地下车站在车站结构的侧墙和底板的连续部位的应力明显大于其他点的值,同时内侧节点应力值大于外侧对应处的应力值;其次,车站结构中板侧跨板与侧墙和中柱的连接部位的应力反应也相对其他部位的反应要大。

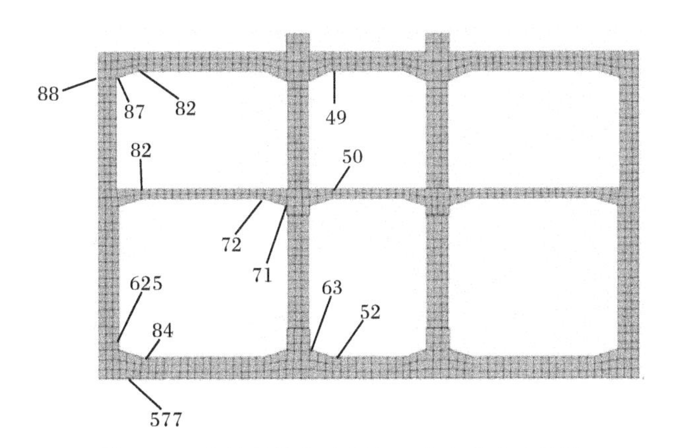

图5.58　车站结构输出Mises应力的节点位置

表5.35　结构关键节点Mises应力幅值　(单位:MPa)

工况	节点号												
	N49	N50	N52	N63	N71	N72	N81	N82	N84	N87	N88	N577	N625
KB-1	4.0	5.4	2.0	2.3	2.4	8.3	4.6	9.6	11.5	3.7	4.1	9.3	11.8
KB-2	4.1	7.6	2.1	2.6	2.5	8.9	4.8	10.7	12.1	4.1	4.3	9.8	12.1
NJ-1	4.1	4.9	2.0	2.0	2.0	7.3	3.9	8.1	10.4	2.9	3.2	8.4	11.1
NJ-2	4.5	6.4	2.8	2.6	2.7	9.0	5.3	10.9	12.0	4.3	4.6	10.1	12.5

图5.59给出了车站结构关键部位的应力反应时程,总体来看,随着输入峰值加速度的变大,车站结构关键部位的应力反应在前半段明显变大,但在应力反应的后半段明显要减小,主要原因可能是地铁车站结构周围地基液化后土层对地铁车站结构的地震反应起到明显的隔震作用。

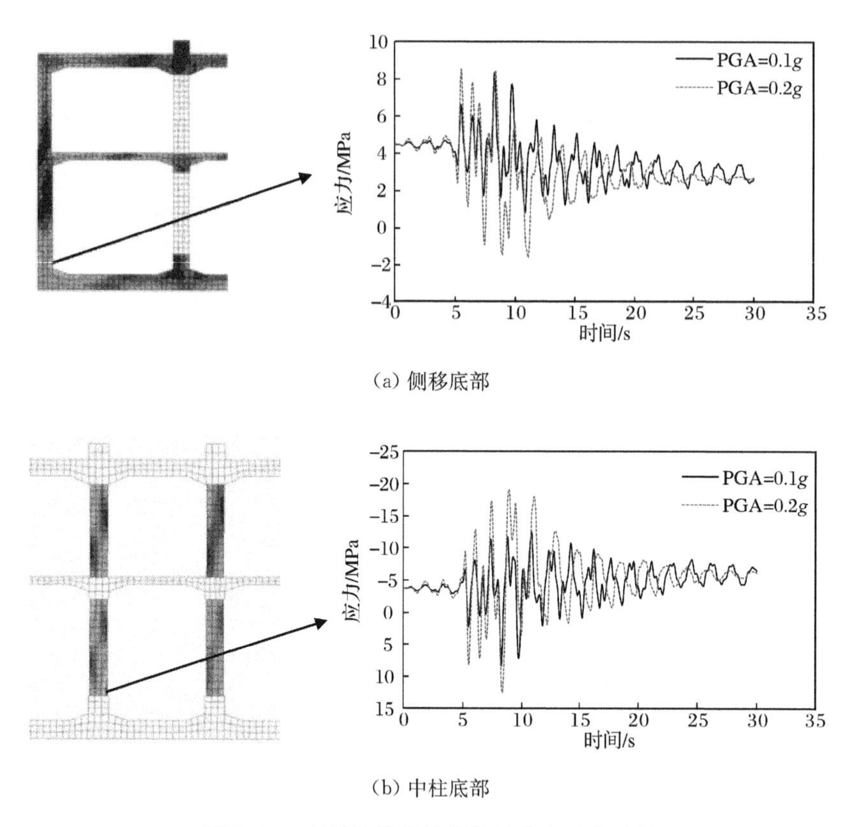

(a) 侧移底部

(b) 中柱底部

图 5.59　车站结构关键部位的应力反应时程

5.6　覆盖层厚度对地铁地下车站结构地震反应的影响

根据《建筑抗震设计规范》(GB 50011—2016)中工程场地类别划分条文的相关规定,通过保持等效剪切波速为 220m/s 不变,改变场地覆盖层厚度,初步设计了覆盖层厚度为 30m、40m、50m、60m、70m、80m 的六类场地,各类场地的土层剪切波速大小分布范围为 220～500m/s。按照规范中的场地划分方法可知,前两个场地属于场地类别Ⅱ,后两个场地属于场地类别Ⅲ。本节所研究的对象仍然是典型的两层三跨地铁地下车站,车站尺寸、计算模型的边界条件、混凝土材料属性、土与结构相互作用方式以及体系的网格划分等详细信息见本书相关章节介绍。根据南京某地区工程的典型地质条件,本部分所模拟的一般场地类型土体参数如表 5.6 所示。采用 Kobe 波作为基岩水平向输入地震波,在基岩输入地震动时,把峰值加速度分别调整为 0.5m/s^2、1.0m/s^2、2.0m/s^2,基岩输入地震动持续时间为 30s。

5.6.1　覆盖层厚度对车站结构加速度反应的影响

为便于表述，以 H-30 表示场地覆盖层厚度为 30m，其他类似。分别选取地铁车站结构中跨中间部位底板、中板和顶板上的节点，分析地震作用下不同覆盖层厚度对车站结构加速度的影响。

图 5.60 是地铁车站结构峰值加速度随场地覆盖层厚度变化的关系，总体来看，随着场地覆盖层厚度逐渐增加，地铁车站结构底板、中板和顶板的峰值加速度变化均较小，例如，结构中板在 0.2g 情况下，峰值加速度在纵坐标值为 1.98m/s^2 的趋势线(图中虚线所示)上下轻微波动；当基岩输入峰值加速度相同时，不同场地覆盖层厚度情况下，均表现为顶板峰值加速度＞中板＞底板。

当场地覆盖层厚度从 70m 变为 80m 时，车站结构不同位置的峰值加速度均出现一定程度的下降，随着基岩输入峰值加速度的增加，这种下降幅度较为明显。以顶板为例，当输入峰值加速度为 0.05g 时，从 H-70 变化到 H-80 时，结构峰值加速度仅减小了0.1m/s^2，而在 0.2g 情况下减小了0.4m/s^2；造成这一现象的原因可能是当覆盖层厚度较大(大于 70m)时，场地深厚的土层对地震加速度体现出一定程度的“衰减”，当基岩输入峰值加速度增加时，“衰减”程度也随之增加。

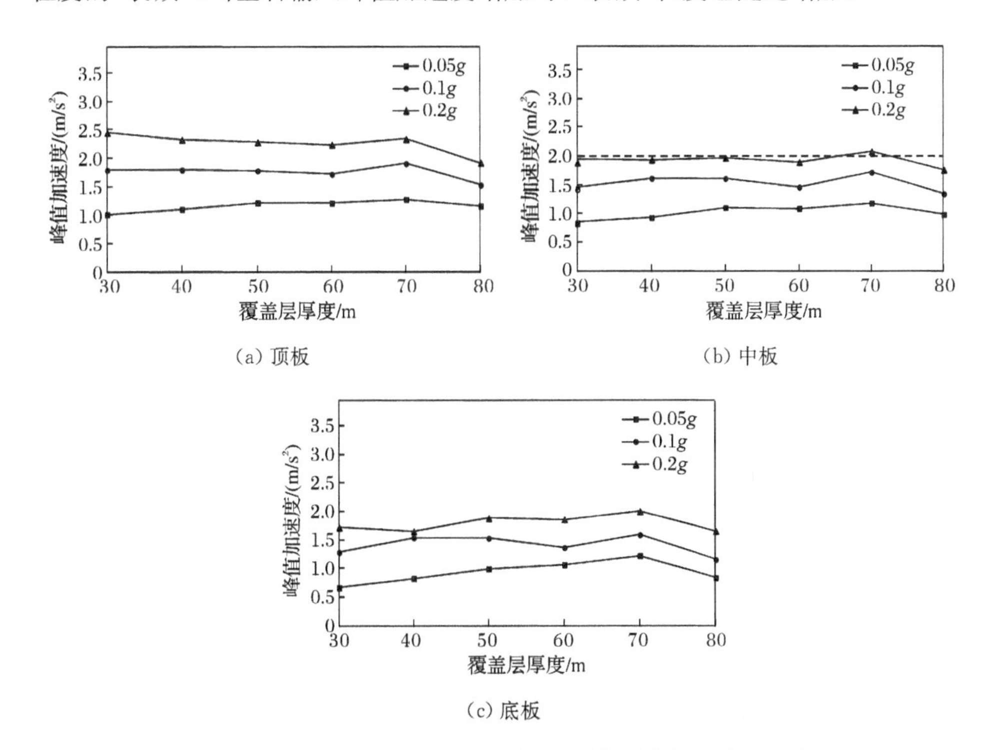

(a) 顶板　(b) 中板　(c) 底板

图 5.60　场地覆盖层厚度对地铁车站结构峰值加速度的影响

为了看出场地覆盖层厚度变化对地铁车站结构峰值加速度与基岩输入峰值加速度之间关系的影响,图 5.61 给出了车站结构峰值加速度放大系数(结构峰值加速度与基岩峰值加速度的比值)随覆盖层厚度变化的关系。从图中可以看出,当基岩输入峰值加速度为 0.05g,场地覆盖层厚度为 30～70m 时,加速度放大系数呈单调增加趋势并在厚度为 70m 时达到最大值,当场地覆盖层厚度超过 70m 时,放大系数开始有所减小;当基岩输入峰值加速度为 0.1g 时,随着覆盖层厚度的增加,加速度放大系数呈现波浪式的变化,但总体变化幅度不大;当基岩输入峰值加速度为 0.2g 时,加速度放大系数变化不大,受场地覆盖层厚度变化的影响较小,仅在小范围内波动。

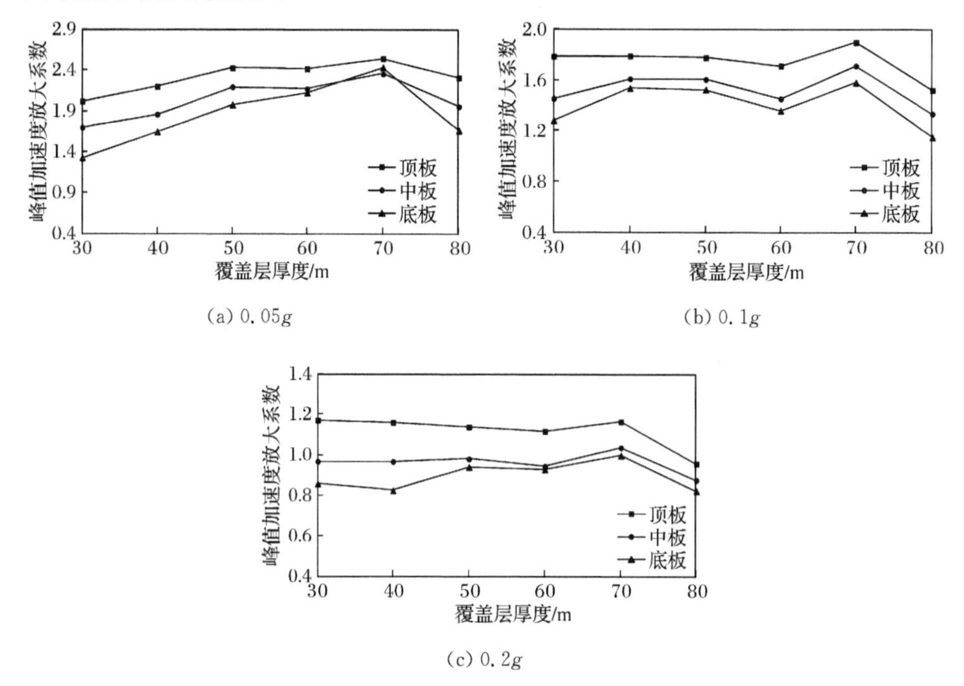

图 5.61　场地覆盖层厚度对地铁车站结构峰值加速度放大系数的影响

为了进一步看出不同场地覆盖层厚度下,地铁车站结构峰值加速度的变化情况,图 5.62 给出了基岩输入峰值加速度为 0.1g 时,底板的加速度反应动力系数 β 谱。从图中可以看出,随着场地覆盖层厚度的增加,车站结构底板的动力系数谱有向长周期移动的趋势,当覆盖层厚度大于 60m 时,这种移动趋势比较明显,这一现象的原因是土层的滤波、放大作用使地震动的长周期部分被放大;同时,相比较基岩输入加速度动力系数谱而言,不同覆盖层厚度下,底板动力系数谱谱值在周期 0.7～1.5s 范围内均有所增大,当场地覆盖层厚度为 80m 时,动力系数谱谱值在 1～2.5s 范围内有显著增大。

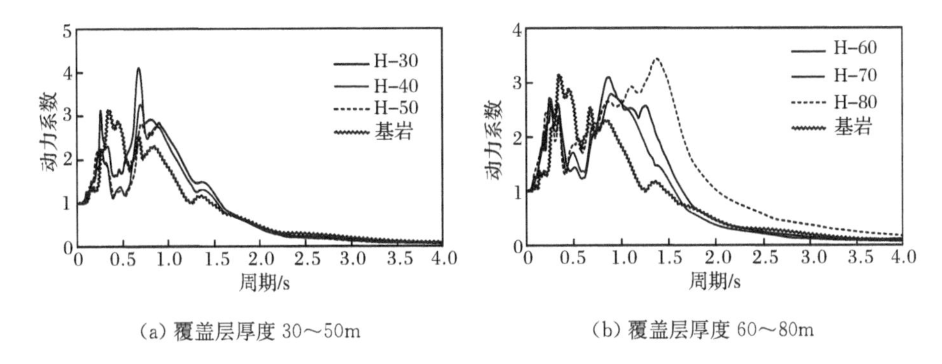

(a) 覆盖层厚度 30～50m (b) 覆盖层厚度 60～80m

图 5.62 不同场地覆盖层厚度下地铁车站结构底板加速度反应动力系数 β 谱

5.6.2 覆盖层厚度对车站结构侧向变形的影响

地震作用下地铁车站结构的最大水平相对位移是抗震设计中的主要依据之一，因此图 5.63 给出了不同场地覆盖层厚度下地铁车站结构顶底间相对水平位移最大值，图 5.64 是车站结构顶底和下层的层间位移角。从图中可以看出如下反应规律：①当场地覆盖层厚度由 30m 增加到 50m 时，地铁车站结构最大水平相对位移值基本在 23mm 左右，当覆盖层厚度在 60～80m 时，该值基本在 27mm 左右，总体来看，场地覆盖层厚度的增加对车站结构最大相对位移影响较小；②不同覆盖层厚度对层间位移角的影响也基本较小，小震时(0.05g)时，车站结构下层层间位移角约为 1/1700 且基本没有变化，大震(0.2g)时，下层层间位移角增大至 1/520左右且随覆盖层厚度的增加略微变大。总结起来，可以初步认为基岩峰值加速度对车站结构层间位移角的影响程度比覆盖层厚度的影响要明显。此外，不同场地覆盖层厚度下均表现为下层层间位移角最大，主要是因为下层层高较高从而使得下层整体线刚度较小。

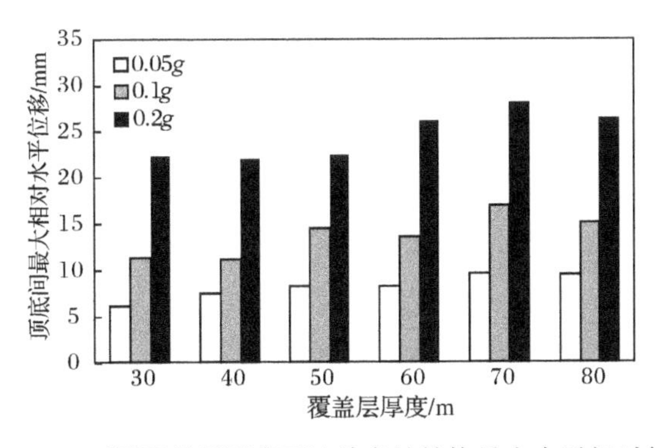

图 5.63 不同覆盖层厚度下地铁车站结构最大水平相对位移

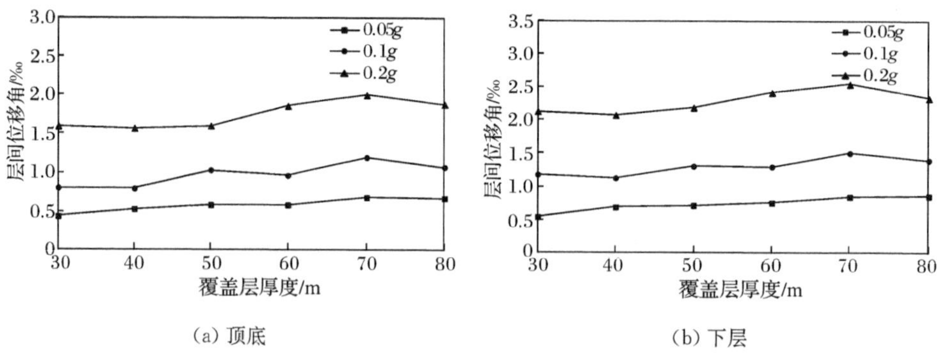

(a) 顶底　　(b) 下层

图 5.64　场地覆盖层厚度对地铁车站结构层间位移角的影响

5.6.3　覆盖层厚度对车站结构应力反应的影响

根据地铁车站结构在各工况下计算结果的动态演示和车站结构动力反应的对比分析需要,需要输出应力反应的节点位置分布为:上柱顶端 A 和 B、上柱底端 D 和 C、下柱顶端 E 和 F、下柱底端 H 和 G。同时根据本节前面的研究可知,地震荷载作用下车站结构柱端是整个结构中最重要的部位。因此,表 5.36～表 5.38 给出了不同场地覆盖层厚度下地铁车站结构墙板和柱端关键节点应力幅值。从表中可以看出:KB0.5 的情况下随着场地覆盖层厚度的增加,柱端多处于始终受压状态,各节点应力幅值相差较小;KB1.0 的情况下下层柱底部节点 G、H 在不同覆盖层厚度下均接近于 C30 混凝土抗拉极限值,其余节点应力幅值随覆盖层厚度也无明显变化;KB2.0 时不同覆盖层厚度下柱端节点基本均接近抗拉极限值,下层柱底端接近或达到抗压极限值,即破坏部位与程度基本一致。综上所述,场地覆盖层厚度变化对地铁车站结构应力状态无显著影响。

表 5.36　KB0.5 时地铁地下车站结构柱端应力幅值　　(单位:MPa)

节点	30m		40m		50m		60m		70m		80m	
	最大	最小	最大	最小	最大	最小	最大	最小	最大	最小	最大	最小
A	1.67	−6.56	1.32	−8.59	1.85	−8.25	1.31	−9.71	1.19	−9.37	−0.66	−11.31
B	−1.54	−9.50	0.47	−8.96	−0.31	−10.17	1.10	−9.58	0.85	−9.33	1.42	−9.24
C	−0.20	−6.59	−0.51	−8.18	0.09	−7.99	−0.57	−9.04	−0.70	−8.85	−2.81	−10.89
D	−3.23	−9.46	−1.74	−9.11	−2.44	−10.10	−1.33	−9.60	−1.56	−9.45	−1.38	−9.59
E	−0.50	−10.10	−0..83	−12.71	0.07	−11.77	−1.21	−14.27	−0.79	−13.41	−2.34	−16.41
F	−2.33	−11.03	0.23	−10.34	−0.74	−11.77	0.99	−11.20	0.39	−11.17	1.32	−12.22
G	−2.07	−11.53	−2.41	−14.13	−1.60	−13.87	−2.76	−15.75	−2.35	−14.85	−4.07	−17.96
H	−3.41	−11.71	−1.00	−11.15	−1.82	−12.38	−0.23	−11.90	−0.82	−11.91	−0.20	−13.01

表 5.37　KB1.0 时地铁地下车站结构柱端应力幅值　(单位:MPa)

节点	30m		40m		50m		60m		70m		80m	
	最大	最小	最大	最小	最大	最小	最大	最小	最大	最小	最大	最小
A	2.08	−12.24	1.84	−13.35	1.84	−13.80	1.83	−13.52	1.88	−13.02	1.84	−12.35
B	−1.87	−11.11	2.00	−14.22	1.96	−15.33	2.01	−14.62	1.87	−16.69	1.75	−13.07
C	−0.57	−9.04	1.95	−10.78	1.93	−11.40	2.00	−10.71	2.03	−10.54	0.88	−11.29
D	1.87	−16.50	0.66	−11.87	1.17	−12.25	0.60	−12.57	0.10	−14.70	−0.62	−12.19
E	2.30	−15.35	2.18	−18.38	2.35	−17.73	1.88	−18.30	2.33	−17.60	0.97	−18.62
F	2.23	−19.19	2.26	−16.96	2.24	−19.11	2.24	−15.81	2.25	−18.81	2.23	−14.98
G	2.31	−16.92	0.71	−19.66	2.29	−19.07	0.25	−19.53	2.38	−18.88	−0.83	−20.05
H	1.46	−18.96	2.43	−15.44	2.41	−17.64	2.40	−14.79	2.41	−17.80	2.25	−15.55

表 5.38　KB2.0 时地铁地下车站结构柱端应力幅值　(单位:MPa)

节点	30m		40m		50m		60m		70m		80m	
	最大	最小	最大	最小	最大	最小	最大	最小	最大	最小	最大	最小
A	2.05	−21.71	2.12	−22.26	1.95	−21.27	1.89	−19.83	2.13	−22.51	2.03	−16.85
B	1.99	−22.51	1.94	−21.96	2.00	−21.66	2.08	−25.52	1.96	−21.63	1.78	−21.29
C	2.48	−15.35	2.22	−15.66	2.30	−14.62	2.11	−19.35	2.46	−17.02	1.90	−13.09
D	1.76	−17.27	1.51	−16.39	1.54	−16.38	1.43	−19.35	1.53	−16.50	0.18	−17.31
E	2.24	−25.93	2.36	−25.91	2.30	−25.59	2.35	−24.60	2.38	−23.98	2.37	−22.40
F	2.12	−28.21	2.19	−31.55	2.25	−26.86	2.27	−27.74	2.38	−26.38	2.19	−24.92
G	2.35	−26.55	2.29	−25.61	2.36	−25.59	2.35	−23.43	2.27	−23.55	2.38	−22.16
H	2.39	−24.95	2.30	−29.29	2.31	−25.26	2.39	−27.55	2.43	−23.93	2.44	−24.36

5.7　侧向地连墙对地铁地下车站结构地震反应的影响

现行的地下结构抗震分析方法中认为地连墙的存在将对地铁车站结构的抗震起到一定的有利作用,因此在相关分析和抗震设计中忽略地连墙的存在,把它作为地下结构抗震设计的安全储备[14~17],这种做法是否存在问题并没有太多学者去质疑。曾有学者考虑过地连墙的存在对液化地基中地下结构上浮的影响,但对地连墙对车站主体结构本身的变形特征及其地震损伤等反应的影响并未进行具体研究[18]。综上所述,以实际地铁工程为背景,建立土-地连墙-地下车站结构静动力耦合非线性相互作用体系的有限元分析模型和计算方法,系统地研究典型地铁地下车站结构侧向地连墙对地下车站主体结构的地震变形特征、动力反应特征、底部输入地震动和地震损伤破坏模式等的影响规律，初步给出一些有价值的研究结论和新发现，这些研究结果能为地铁地下结构的地震安全性评价和抗震设计等提供重要的科学依据和指导。

5.7.1 数值计算方法

土体仍采用本书第 2 章介绍的软土记忆型黏塑性嵌套面动力本构模型。根据本节选取的南京地铁地下车站所处的工程场地条件，土体主要模型参数如表 5.39所示。地下车站结构所用的混凝土强度为 C30，混凝土采用本书第 3 章介绍的黏塑性动力损伤模型，具体混凝土材料参数见 3.3.3 节。

表 5.39 工程场地条件及其参数

土层编号	土性	重度/(kN/cm³)	弹性模量/MPa	层厚/m	动泊松比	黏聚力/kPa	内摩擦角/(°)	剪切波速/(m/s)
1	素填土	18.4	8.0	3.1	0.49	13.5	16	140.0
2	软黏土	19.0	10.0	5.9	0.49	15.4	26	152.7
3	粉细砂	20.5	14.5	6.0	0.49	7.0	30	167.1
4	黏土	19.4	12.0	8.0	0.49	18.8	16	158.5
5	中砂	20.9	21.0	7.0	0.49	5.0	28	172.7
6	中砂	21.2	27.8	10.7	0.49	5.0	30	205.8
7	粉质黏土	18.9	33.0	10.8	0.49	12.3	28	236.3
8	砂土	20.5	29.0	13.5	0.49	6.2	30	263.2
9	老黏土	19.3	35.0	15.0	0.49	21.0	21	491.6

土与地下结构之间的动力接触通过建立接触面力传递的力学模型和接触方程，通过接触算法求解接触方程。本节选用地震波为 El Centro 波和 Kobe 波。在水平基岩上输入地震波时，把两条地震波的峰值加速度分别调整为 0.5m/s²、1.0m/s²、2.0m/s²，基岩输入地震波持续时间为 40s。

基于第 3 章的有限元建模方法和土-地连墙-地下结构之间的连接方式，采用 ABAQUS 建立的有限元分析模型，如图 5.65 所示。根据已有的研究，为了尽量消除截取边界的影响，模型地基的宽度取 200m，厚度取 80m，土体采用四节点平面缩减积分单元来离散，车站结构和地连墙均采用四节点平面全积分单元来离散，车站结构和地连墙内的配筋采用植入的建模方法，钢筋采用等效的二维梁单元进行离散，所有有限单元的特征长度尺寸在 1～2m 内变化。

5.7.2 地连墙对车站结构底部地震动的影响

地铁车站结构侧向地连墙的埋深通常较大，在土层内将会起到加强体的作

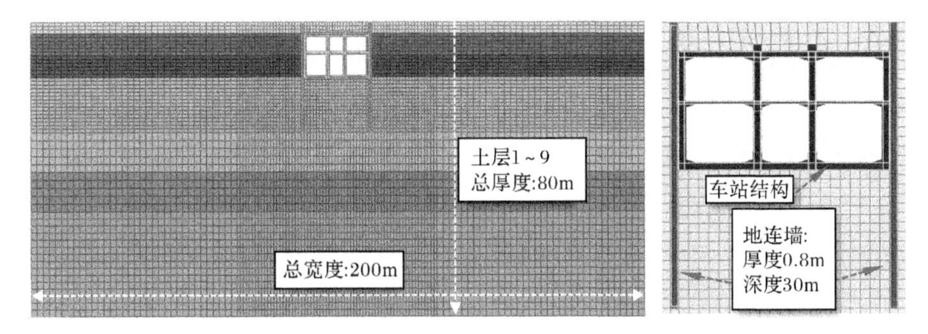

图5.65 土-地连墙-地下结构相互作用体系的有限单元模型

用,必然对其间地下结构底部地基的地震反应产生一定的影响。因此,图5.66给出了有墙和没墙时车站主体结构底板底面处的加速度反应谱对比(计算用阻尼比为0.05)。由图5.66可知,地连墙主要对车站结构底部加速度反应谱的短周期范围内(高频成分,大于2.5Hz)的谱值有较大的削弱作用,而低频成分(小于2.5Hz)的反应基本不受地连墙的影响。总体来看,随着输入地震动的变强,地连墙的影响也越来越明显。图5.67给出了车站结构底板底面的加速度反应峰值的对比。由图5.67可知,地连墙的存在对加速度反应峰值也有明显的削弱作用,且这种削弱作用随着输入地震动的变强而略有变强。

综上所述,造成上述影响规律的主要原因应为车站主体结构底部的地连墙对其间土层的地震反应起一定的约束作用,随着基岩输入地震动的变强,该部位土体的动力软化程度越高(表现在反应谱长周期段的放大效应明显),因此造成地连墙对其间土层的约束加强作用越明显。综上所述,从对车站结构底板处加速度反应的影响规律来看,地连墙对地铁车站主体结构的地震反应起到一定的保护作用。

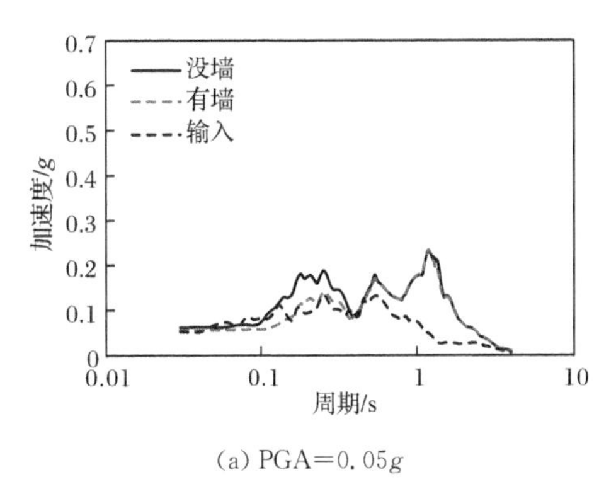

(a) PGA=0.05g

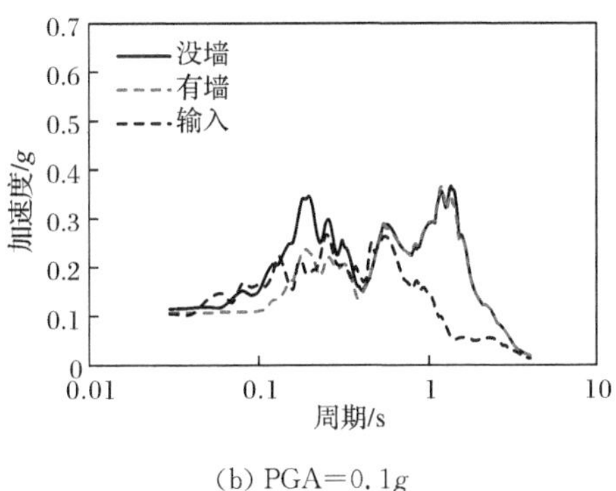

(b) PGA=0.1g

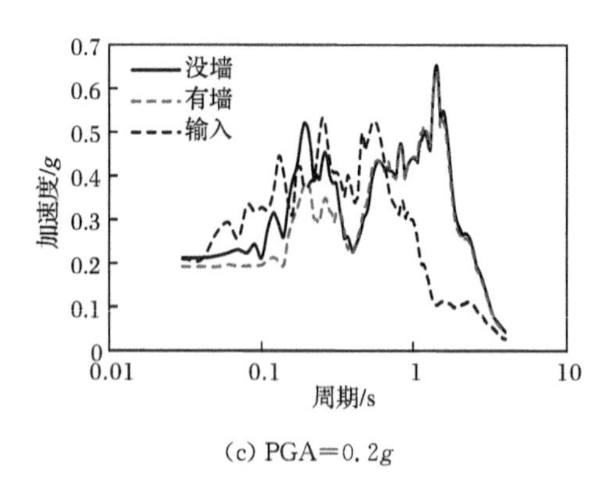

(c) PGA＝0.2g

图 5.66　车站主体结构底板跨中处的加速度反应谱对比

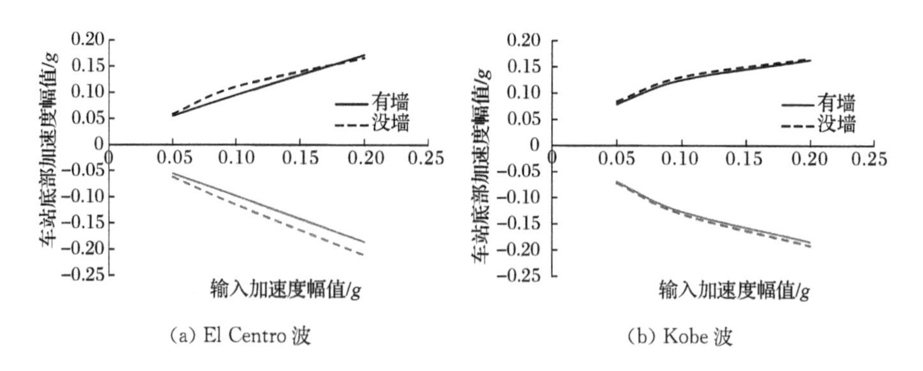

(a) El Centro 波　　(b) Kobe 波

图 5.67　车站结构底板跨中加速度反应时程幅值

5.7.3　地连墙对车站主体结构侧向变形的影响

侧向地连墙的存在必然加强地铁车站主体结构的抗侧移刚度，同时也将改变侧向地基土层与车站主体结构的动力相互作用。上述影响应主要体现在对地铁车站主体结构侧向变形的影响上。因此，图 5.68 给出了有无地连墙时地铁车站主体结构顶底间左右摆动相对位移最大时所对应的结构侧移沿结构高度的变化曲线。由图可知，当地连墙存在时，车站结构侧移曲线明显接近于直线，而无地连墙时车站主体结构的侧移曲线明显呈反 S 形，上述变化随结构摆动幅值的变大而更加明显。造成上述变化的主要原因应为地连墙与车站主体结构侧墙叠合固接后将对侧墙抗侧移刚度和接点部位的变形起到明显的约束作用，进而导致板与墙在连接点处节点的变形传递出现了明显的改变，即连接点处板的弯曲变形明显增大。

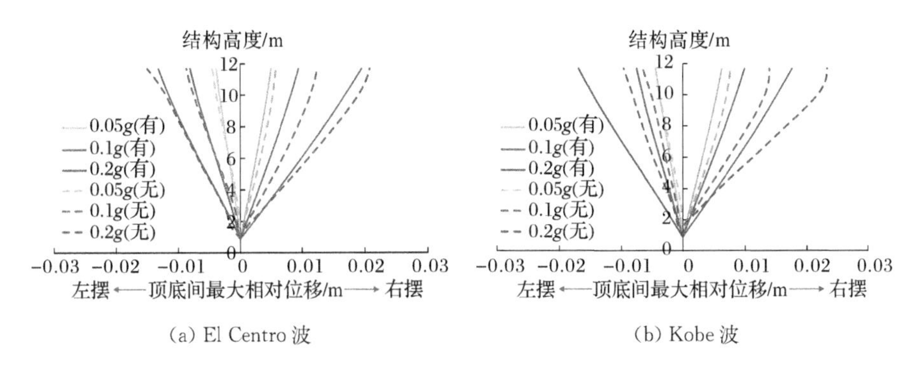

(a) El Centro 波　　(b) Kobe 波

图 5.68　地铁车站结构左右摆动时顶底间最大相对位移反应

总体来看，当结构右摆相对位移最大时，地连墙明显减小车站主体结构的最大侧移量，而当结构左摆时，地连墙存在时车站主体结构的最大左侧相对位移接近甚至明显超过地连墙不存在时对应的最大左侧相对位移，造成上述现象的机理应与车站结构惯性力和侧向地层与地下结构的相对动刚度比有关，具体原因还有待进一步深入调查和研究。

图 5.69 给出了有无地连墙时车站结构的上下层对应的最大层间位移角随输入峰值加速度的变化曲线，由图可知，地连墙对车站主体结构下层位移角的影响较大，即有效地减小了下层的层间位移角，这将对下层结构的水平向抗震性能有很大的提高。且随着输入地震动变强，上述有利影响越明显。但是，地连墙对上层抗震性能的提高明显不如对下层结构的影响，尤其是基岩输入 El Centro 波时，小震时(输入峰值加速度 0.05g)甚至出现有墙时上层结构的层间位移角大于无墙时对应的值。

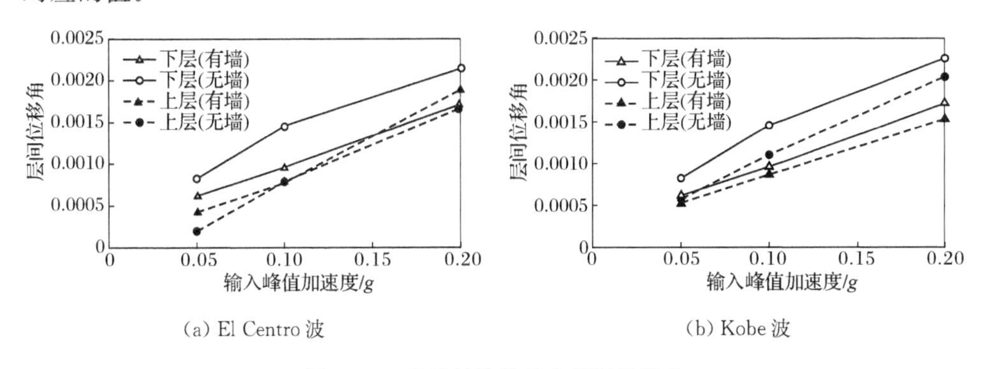

(a) El Centro 波　　(b) Kobe 波

图 5.69　车站结构的最大层间位移角

5.7.4　地连墙对车站结构顶底接触面摩擦剪力的影响

从理论上讲，地连墙对车站结构顶部和底部土体的约束作用将会改变车站结构顶底面与土体间的动力接触相互作用。根据车站结构顶底面上的摩擦剪力反应特征，图 5.70 和图 5.71 给出了大震时(0.2g)车站结构顶底接触面中间位置具有代表性的中间点的接触面摩擦剪力反应时程。由图可知，地连墙存在时车站结构顶板处土与结构接触面上的相对摩擦反应明显大于没有地连墙时对应点的反应。但是，在车站结构底部土与结构接触面上的相对摩擦反应比不考虑地连墙时有减弱的现象。

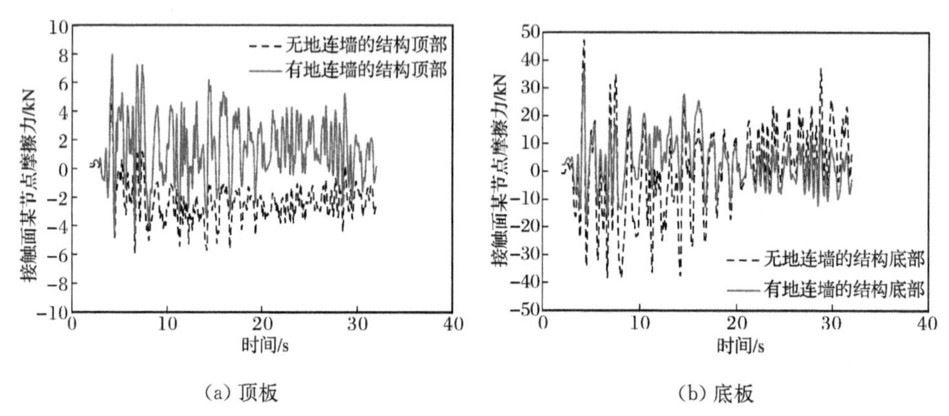

(a) 顶板　　(b) 底板

图 5.70　基岩输入 0.2g 的 El Centro 波时车站结构顶底部接触面上中间点的摩擦剪力时程

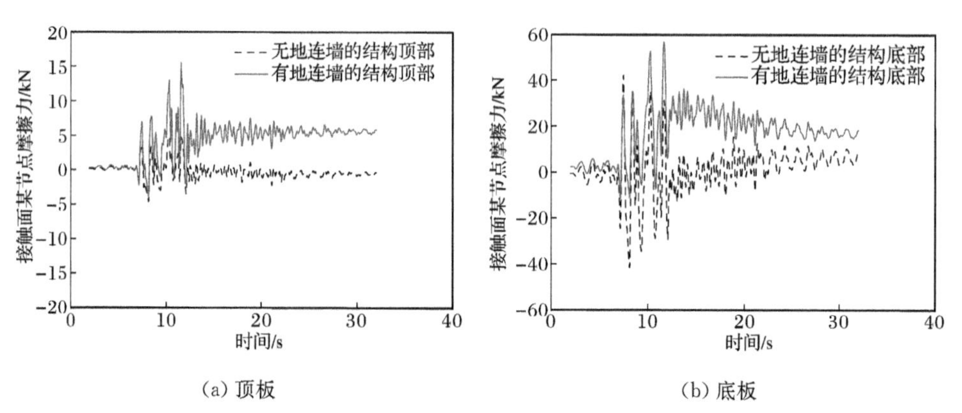

(a) 顶板　　(b) 底板

图 5.71　基岩输入 0.2g 的 Kobe 波时车站结构顶底部接触面上中间点的摩擦剪力时程

从理论上讲，地连墙的存在对土体与车站结构之间的相对滑动起到一定的约束作用，因此土体与车站结构顶底部接触面上的相对摩擦反应都应有减弱的趋势，这一观点可以用来解释为什么考虑地连墙存在时车站结构底部接触面上相对摩擦反应有减弱的现象。但是，由于车站结构上覆土体与侧向地基被地连墙完全隔开，再加上由于高出车站结构顶部的那部分地连墙的侧向变形(受下部车站结构的侧向变形的传递)强加于中间土体上，使得上覆土体与结构的接触面动力学行为发生了本质的变化，很难确定是哪一个具体影响因素导致结构顶板接触面上相对摩擦反应的增强现象。

5.7.5 地连墙对车站结构地震破坏模式的影响

为了进一步研究分析地连墙对地铁车站结构局部构件抗震性能的影响，图5.72给出了有无地连墙时车站主体结构的受拉地震损伤云图（损伤因子接近于1时代表混凝土发生完全受拉开裂破坏）。由图可知，总体上地连墙的存在对地铁车站主体结构侧墙和中柱的地震受拉损伤起到很好地减轻作用。对于车站结构的顶、中和底板的地震受拉损伤，小震时（输入峰值加速度为0.1g）地连墙的存在对板与侧墙和中柱的连接部位处板端的受拉损伤还是有利的。但是，随着输入地震动变强，地连墙对车站主体结构板端地震损伤的有利作用消失，尤其是在大震时（输入峰值加速度为0.2g）地连墙的存在使得车站结构顶板和底板靠近侧墙的两端下部的地震受拉损伤反而比无墙时更为严重。同时，车站结构中板中间跨两端的地震受拉损伤也更为严重，当考虑地连墙存在时上述板端的地震受拉损伤基本都贯穿结构构件的整个横截面，表明这些位置都发生了严重的地震受拉破坏。造成上述现象的主要原因仍应为地连墙的存在对车站结构侧墙变形的约束作用，即地连墙大大增加了车站主体结构侧墙端部的抗弯刚度，进而导致车站主体结构侧向变形时顶板和底板端部的弯曲变形无法通过节点传递到侧墙上来减轻自己的受弯变形，进而加重车站结构板端的地震损伤。

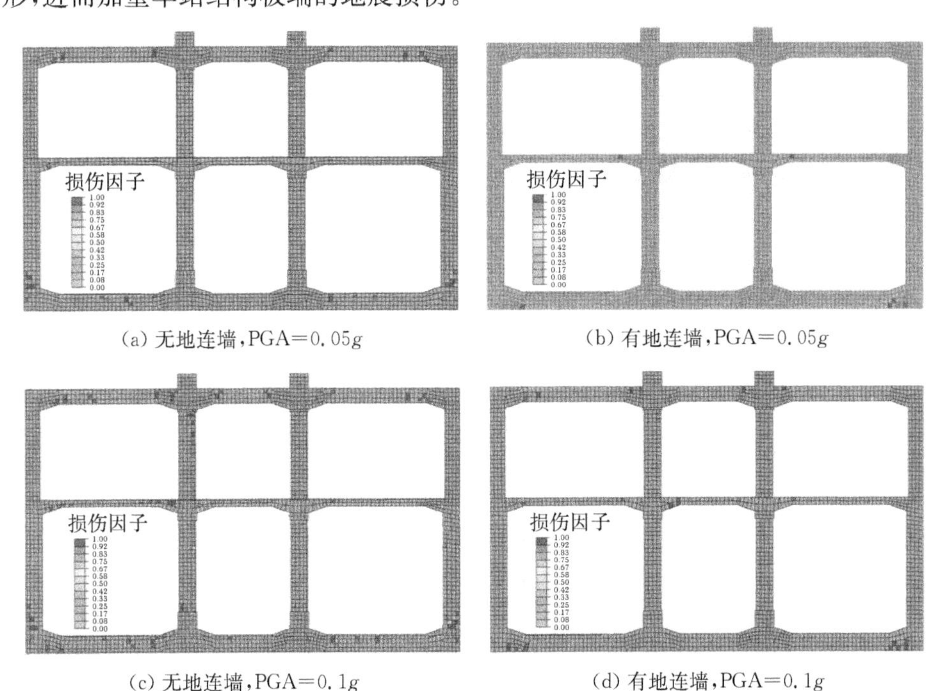

(a) 无地连墙，PGA=0.05g　(b) 有地连墙，PGA=0.05g

(c) 无地连墙，PGA=0.1g　(d) 有地连墙，PGA=0.1g

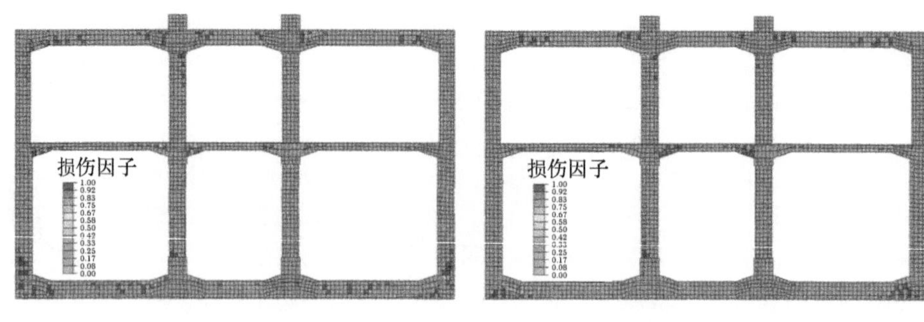

(e) 无地连墙，PGA=0.2g　　(f) 有地连墙，PGA=0.2g

图 5.72　有无地连墙时车站结构地震受拉损伤云图(El Centro 波)

上述计算结果表明，已有把不考虑地连墙存在看成地铁地下结构抗震设计的安全储备并不合理，尤其是在强地震作用下地铁地下结构的抗震分析中更应考虑地连墙对车站结构地震反应的影响，加强地铁地下结构板端的抗震性能，提高地铁车站主体结构的整体抗震性能。

图 5.73 给出了地连墙自身的地震受拉损伤云图，可以发现车站主体结构底板标高以上的地连墙基本没有受到地震受拉损伤。但是，车站结构底板处地连墙的地震受损尤为严重，且完全受拉破坏贯穿整个横截面。同时，该截面以下地连墙的地震受拉损伤也较为明显。造成车站结构底板附件地连墙严重地震损伤破坏

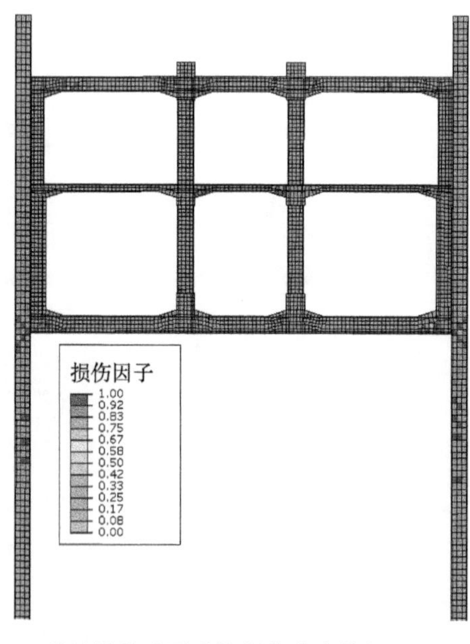

图 5.73　地连墙的地震受拉损伤分布特征(El Centro 波)

的主要原因应为：地铁车站结构的存在使得该处上下地层的刚度将发生明显的突变，进而导致该处地连墙将会发生明显的动应力集中现象，以致该处的地连墙发生较为严重的地震受拉损伤。这一计算结果提醒我们，在进行该类地铁地下车站结构抗浮验算中如果考虑了地连墙的抗浮作用，地震中地连墙下端的严重地震受拉破坏将会导致其抗震性能大大降低，甚至完全丧失（车站结构底部地连墙断裂时），这将导致地震中由于地基土体孔隙水压力上升而造成地铁车站结构更易发生上浮震害，这一现象应在该类地铁车站结构的上浮验算中进行必要的考虑。

5.8　两层三跨框架式地铁地下车站结构抗震设计建议

本章基于南京地铁工程建设情况，以浅埋于深厚软土场地和可液化地基中典型两层双柱三跨的地铁车站结构为研究对象，通过大型振动台模型试验和数值分析，对地铁车站结构的水平向非线性地震反应规律进行了研究，对两层双柱三跨框架式地铁地下车站结构的地震反应规律与抗震设计建议总结如下。

5.8.1　软土场地地下车站结构抗震设计建议

考虑 SSI 效应时，传递到车站结构基底处的峰值加速度反应明显大于自由场地对应点处的峰值加速度反应，与自由场地的加速度反应谱相比，车站结构基底处的加速度反应动力系数 β 在短周期内略大于自由场地对应位置的计算值，而在长周期部分略小于自由场地对应位置的计算值。因此，在进行软土场地地下车站结构的抗震设计时，应进行专门的场地地震效应分析，给出地下车站结构处的峰值加速度及其设计反应谱。

在水平向地震作用下，地下车站结构各构件的交叉部位动内力反应较大，且地下车站结构侧墙与底板交叉部位及其中柱的动内力反应尤为显著。与地下车站结构构件的承载力设计值相比，在静力荷载和地震动的共同作用下，中震和大震时地下车站结构的侧墙和中柱为抗震的薄弱部位。因此，强地震区的地下车站结构各构件连接部位应进行加腋处理，并适当加强配筋以提高结构的延性。

软弱土层位于地下车站结构侧向地基中时，与一般场地条件下的计算结果相比，呈现出如下特征：当车站结构水平向楼板位于软土层上部时峰值加速度都有所减小，当位于软土层下部时峰值加速度都有所增加；车站结构侧向相对水平位移幅值有所增大，且随着软土层埋深的增加，车站结构侧向相对水平位移幅值的绝对值及左右摆动的幅度不断增大；地下车站结构关键部位的动应力反应有较大的放大效应，软土层的相对埋深影响地下车站结构不同部位的动应力放大效应，局部的动应力反应放大系数可达 3～4 倍；地下车站结构顶、底板间不可恢复的残余侧向相对变形增大。总体来看，软土层位于地下车站结构侧向地基中对地下车站结构的抗震是非常不利的，地下车站结构的动力变形反应强烈，更易造成地下车站结构的震害，且可能导致地下车站结构产生严重的局部地震破坏，顶底板间的残余侧向变形有可能对震后地下车站结构的长期运营造成不可忽视的安全隐患，尤其是软土层位于地下车站结构侧向地基底部时最为不利。因此，对于该类软土场地的地下结构抗震分析，计算地下车站结构各构件的惯性力时，不应统一采用其中心处的场地峰值加速度，而应采用各构件所处位置的场地峰值加速度；应适当增加地下车站结构的抗侧移刚度，以提高地下车站结构的整体抗震性能。

当软土层位于地铁车站结构侧向地基顶部时，随着软土层厚度的增大，对地下车站结构抗震性能的不利影响增大；软土层位于地下车站结构底部地基中时，软土层厚度的变化对地铁车站结构抗震性能不利影响的规律不明显。从抗震角度来看，地下车站结构底部地基中的软土层可起到一定的减震效果，有利于地下车站结构的抗震。为安全起见，在该类场地的地下车站结构抗震设计中，不应考虑其下部软土层的减震作用，可视其为地下车站结构抗震性能的安全储备。

场地覆盖层厚度对地下车站结构的峰值加速度及其放大系数影响较小，随着场地覆盖层厚度的增大，土层的滤波、放大作用使地震动的长周期成分被放大，地下车站结构底板的动力系数谱有向长周期移动的趋势；覆盖层厚度对地下车站结构峰值相对水平位移及层间位移角的影响较小，可以忽略仅有覆盖层厚度变化时对地下车站结构抗震的不利影响。

侧向地连墙对地下车站结构抗震起到明显的有利作用：明显减小车站结构底部的峰值加速度反应和车站结构顶底板的峰值侧向变形；但地连墙与地下车站结构侧墙的叠合作用使地下车站结构侧移刚度的大幅提高会导致顶底板和侧墙连接处板端的动力变形的大小发生明显的变化，使大震作用下顶底板与侧墙连接部位板端的拉伸损伤明显要比没有地连墙时严重，且中板中跨两端的地震损伤也明显加重。

5.8.2 可液化场地地下车站结构抗震设计建议

地下车站结构侧向地基上部液化时对车站结构动应变反应的影响最大，主要体现在车站结构的残余变形与构件的动应变反应上，车站结构的残余变形将导致震后液化地基中车站结构保留很大的地震附加内力，对地下车站结构的长期安全会产生明显的影响。

离地下车站结构较近的侧向地基的孔压反应小于较远处相同标高地基的孔压反应，这表明地下车站结构的存在明显改变地基的液化特性；但数值模拟结果表明，由于地下车站结构的上浮，造成车站结构附近侧向地基的动应力反应明显区别于远场地基的反应，据此计算出的孔压比反应表明，地下车站结构附近侧向地基比远处地基更容易产生液化。

液化地基中地下车站结构底板处加速度反应卓越振动频带所对应的主震周期分布区间变宽，且主要向长周期段扩宽，这将必然增加地下车站结构地震破坏的概率及其程度；同时，液化地基中车站结构各楼层的峰值加速度反应呈现出随楼层的埋深变浅而增大的趋势。

车站结构侧向地基的液化土体会向车站结构底部方向流动，车站底部地基土体受到侧向地基的挤压而产生向上的位移，对车站结构产生明显的浮托作用，紧邻车站结构侧墙的土体在车站结构上浮的过程中受到侧墙摩阻力的作用并随车站结构的上浮而产生向上位移，从而在车站结构左侧和右侧地基中分别产生逆时针和顺时针的土体环向流动的位移。液化地基中车站结构的上浮可能是由于其底部地基土的超静孔压上升而产生的浮力、车站结构侧墙的摩阻力因侧向地基液化而减小及侧向的液化地基土向底部地基方向流动引起的上托力共同作用的结果。采用地连墙支护时，地下车站结构侧向下部的地连墙能够有效地阻止上侧向的液化土向底部地基方向流动，减小液化地基中地下车站结构的上浮反应。液化地基中车站结构的上浮导致其周围地基地表处产生明显的不均匀沉降，离地下车站结构10m范围内的地表差异沉降尤为突出，这对紧邻地铁车站结构的地面建筑物和浅层埋地管线的安全运行产生严重的威胁。

综上，当地铁地下车站结构侧向存在可液化地基时，尤其是存在局部严重液化地基时，应采取必要的地基抗液化处理工程措施；同时，当液化土层较厚时，应采用侧向可液化地基全厚度抗液化处理的工程措施。

参 考 文 献

[1] 陈国兴，庄海洋，程绍革，等. 土-地铁隧道动力相互作用的大型振动台试验：试验方案设计[J]. 地震工程与工程振动，2006，26(6)：178－183.

[2] 陈国兴，庄海洋，杜修力，等. 土-地铁隧道动力相互作用的大型振动台试验-试验结果分析[J]. 地震工程与工程振动，2007，27(1)：164－170.

[3] 陈国兴，庄海洋，杜修力，等. 土-地铁车站结构动力相互作用大型振动台模型试验研究[J]. 地震工程与工程振动，2007，27(2)：171－176.

[4] 陈国兴，庄海洋，杜修力，等. 液化场地土-地铁车站结构大型振动台模型试验研究[J]. 地震工程与工程振动，2007，27(3)：163－170.

[5] Zhuang H Y，Chen G X，Hu Z H，et al. Influence of soil liquefaction on the seismic response of a subway station in model tests[J]. Bulletin of Engineering Geology and the Environment，2016，75(3)：1169－1182.

[6] 庄海洋，陈国兴，胡晓明. 两层双柱岛式地铁车站结构水平向非线性地震反应分析[J]. 岩石力学与工程学报，2006，25(S1)：3074－3079.

[7] 庄海洋，陈国兴，左熹. 水平向地震下双层岛式地铁车站结构的动力变形特性[J]. 地震工程

与工程振动,2007,27(6):140－147.

[8] Gil L M,Hernandez E,Fuente P D L. Simplified transverse seismic analysis of buried structures[J]. Soil Dynamics and Earthquake Engineering,2001,21(8):735－740.

[9] 程建军,严三保,蒋建平,等. 南京地铁南北线主要工程地质问题认识与评价[J]. 地球科学与环境学报,2004,26(1):46－51.

[10] 庄海洋,陈国兴,王修信. 软土层厚度对地铁车站结构地震反应的影响规律研究[J]. 地震工程与工程振动,2008,28(6):245－253.

[11] 庄海洋. 土-地下结构非线性动力相互作用及其大型振动台试验研究[D]. 南京:南京工业大学,2006.

[12] 庄海洋,王修信,陈国兴. 软土层埋深变化对地铁车站结构地震反应的影响规律研究[J]. 岩土工程学报,2009,31(8):1258－1266.

[13] Zhuang H Y,Hu Z H,Wang X J,et al. Seismic responses of a large underground structure in liquefied soils by FEM numerical modelling[J]. Bulletin of Earthquake Engineering, 2015,13(12):3645－3668.

[14] 杨林德,王国波,郑永来,等. 地铁车站接头结构振动台模型试验及地震响应的三维数值模拟[J]. 岩土工程学报,2007,29(12):1892－1898.

[15] 刘晶波,王文晖,赵冬冬,等. 复杂断面地下结构地震反应分析的整体式反应位移法[J]. 土木工程学报,2014,47(1):134－142.

[16] 庄海洋,龙慧,陈国兴. 复杂大型地铁地下车站结构非线性地震反应分析[J]. 地震工程与工程振动,2013,33(2):192－199.

[17] 王刚,张建民,魏星. 可液化土层中地下车站的地震反应分析[J]. 岩土工程学报,2011,33(10):1623－1627.

[18] Zhuang H Y,Hu Z H,Chen G X. Numerical modeling on the seismic responses of a large underground structure in soft ground[J]. Journal of Vibroengineering,2015,17(2):802－815.

第6章　三层三跨框架式地铁地下车站结构的抗震研究

6.1 引　　言

随着我国大城市轨道交通的快速发展和线网的不断加密,区间盾构隧道的埋深也越来越深。同时,线网间的连接换乘站也越来越多,进而导致地铁地下车站结构的埋深增加,且结构层数也随之增加。因此,三层三跨框架式地下车站结构(见图6.1)的采用也越来越常见。该类地下车站结构站型一般地下一层为站厅层,地下二层为设备层,地下三层为站台层。该类地下车站结构的主要特点:相邻区间埋深较深,采用盾构法或暗挖法施工,车站投资较大,综合投资较高。该类车站结构的适用条件为相邻线路下穿湖、河等,埋深深或与远期站采用节点换乘并且同期实施的情况。例如,已建南京地铁1号线新街口站、已建广州地铁3号线番禺广场站、在建天津地铁2号线建国道站、在建西安地铁3号线韩森寨站等均采用此结构形式。

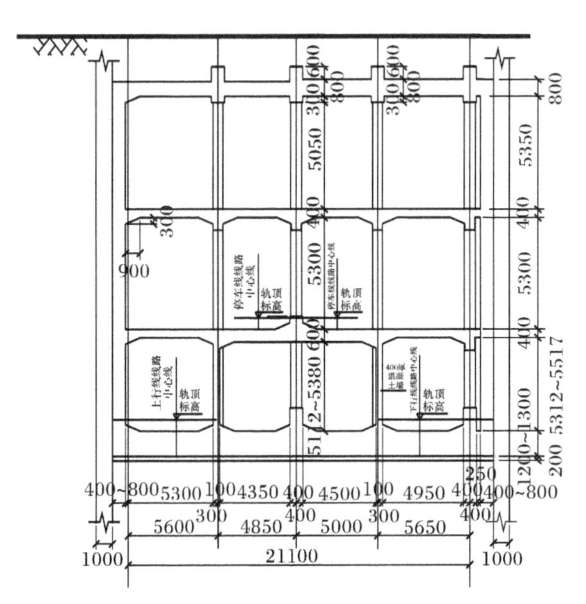

图6.1　常用三层三跨框架式地铁地下车站结构

本章以南京地铁 1 号线新街口站三层三跨框架式车站结构为研究对象，通过大型振动台系列模型试验和数值模拟分析，研究软弱地基和可液化地基中该地下车站结构的地震反应规律及其抗震性能，以及结构构件的动态损伤演化规律[1~7]。该部分内容对提高该类地铁车站结构抗震性能的认识及其抗震设计水平提供了合理的参考与有力的指导。

6.2 软弱场地三层三跨框架式车站结构振动台模型试验

6.2.1 模型试验设计

模型地基以剪切波速、密度和重力加速度为基本物理量；模型结构以几何长度、弹性模量、加速度为基本物理量，为对比分析不同条件下模型试验的差异性，地铁地下车站模型结构的几何比例均选为 1∶30，模型地基-模型结构体系的相似比设计详见第 4 章介绍。

模型地基土分为 2 层：表层土为黏土，厚 15cm，其余为饱和粉质黏土，厚 125cm；模型结构的上覆土层厚度为 12cm。采用分层法制备模型地基土，每层土厚度控制为 25cm，每层土装好后，用木板将土层表面扫平；为使粉质黏土充分固结，装样完毕后，模型地基土在饱和状态下静置 30 天；在振动台试验前取土样进行室内试验，测得土样密度为 1.764g/cm^3，动剪切模量比 G/G_{max}、阻尼比 λ 与剪应变幅值 γ 的关系曲线如图 6.2 所示，试验前模型地基平均剪切波速为 67.9m/s，试验后模型地基平均剪切波速为 83.3m/s。

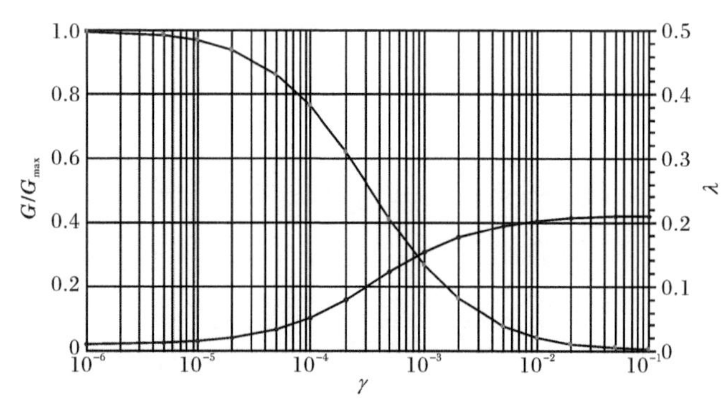

图 6.2 模型地基中粉质黏土的 G/G_{max}-γ 和 λ-γ 曲线

按相似比计算的模型结构强度和刚度要求，确定了微粒混凝土的配合比及镀锌钢丝的使用量，模拟钢筋的镀锌钢丝直径为 0.7～1.4mm（梁：1.4mm，柱：0.9mm，箍筋：0.7mm，板：0.9mm），模拟原型混凝土的微粒混凝土配合比为水∶水泥∶石灰∶粗砂＝0.5∶1∶0.58∶5。为考虑原型结构的惯性力效应，根据模型结构的承载能力，采用不完全配重法在模型结构每层楼板各均匀布置 120kg 铅块，共计 480kg，附加配重约占完全配重的 50%。

模型地基、模型结构的传感器布置如图 6.3 和图 6.4 所示，试验共设置加速度计 17 个、孔压计 17 个、位移计 6 个、应变片 32 个。

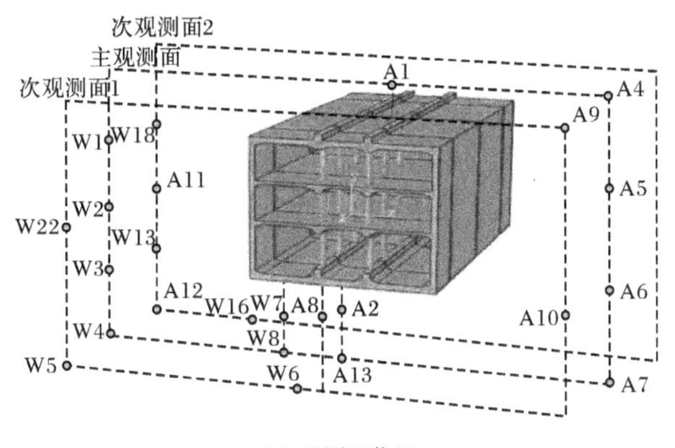

(a) 观测面位置

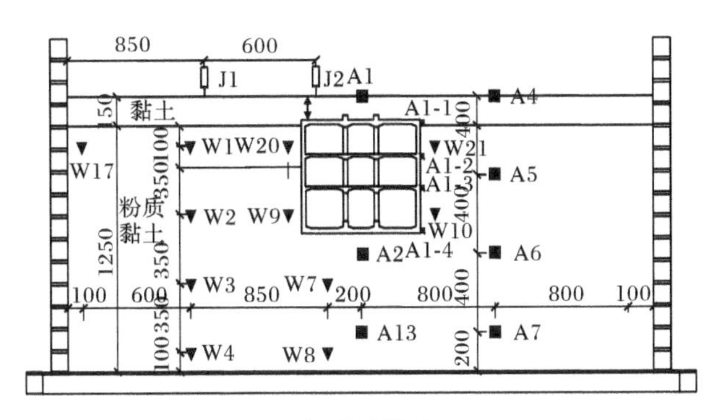

(b) 主观测面

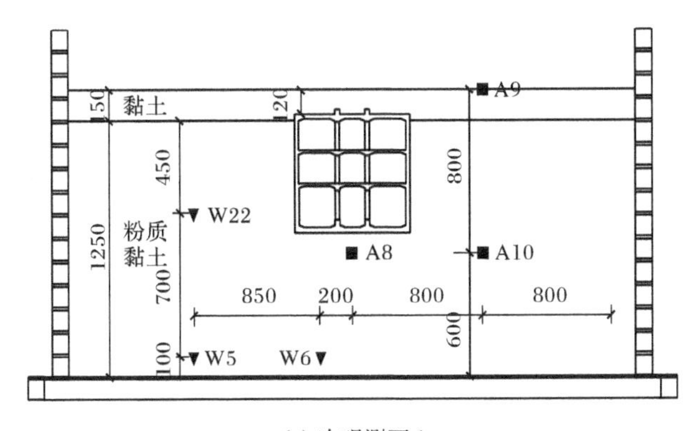

(c) 次观测面 1

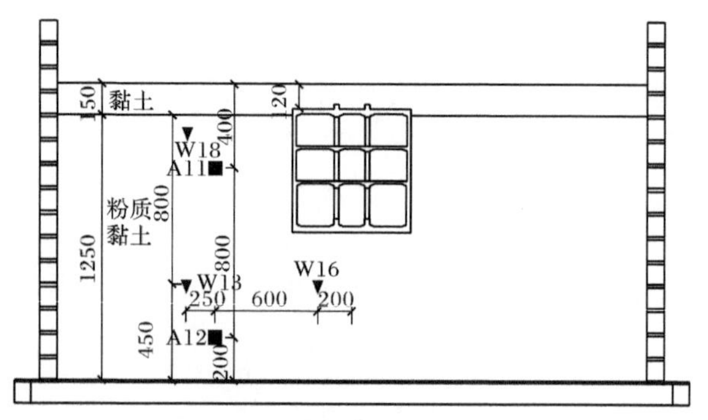

(d) 次观测面 2

图 6.3　模型地基土中主、次观测面的传感器布置(单位:mm)

A. 加速度计;W. 孔压计;J. 激光位移计

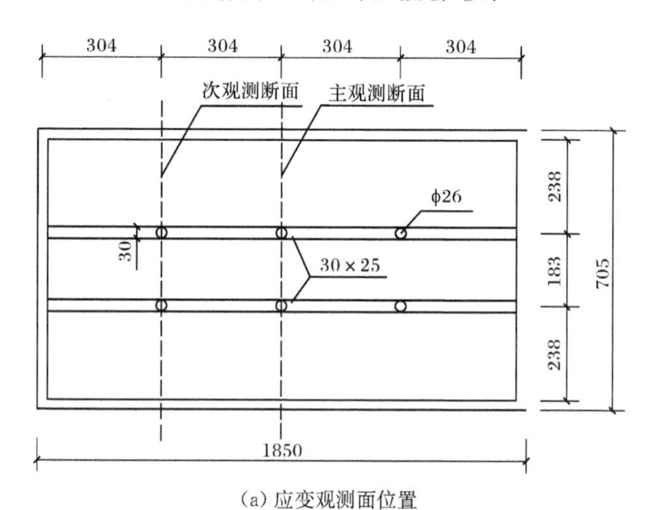

(a) 应变观测面位置

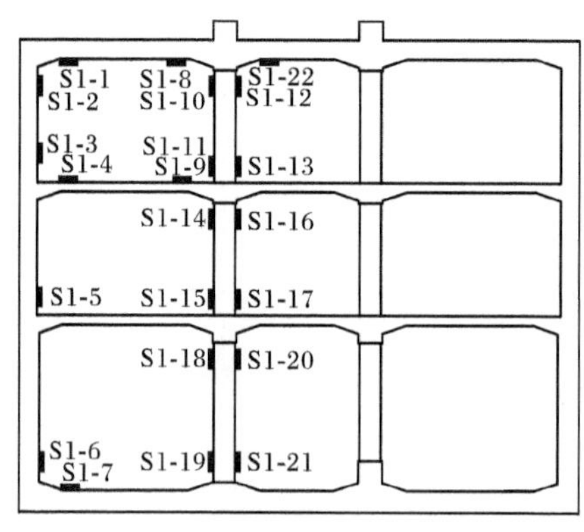

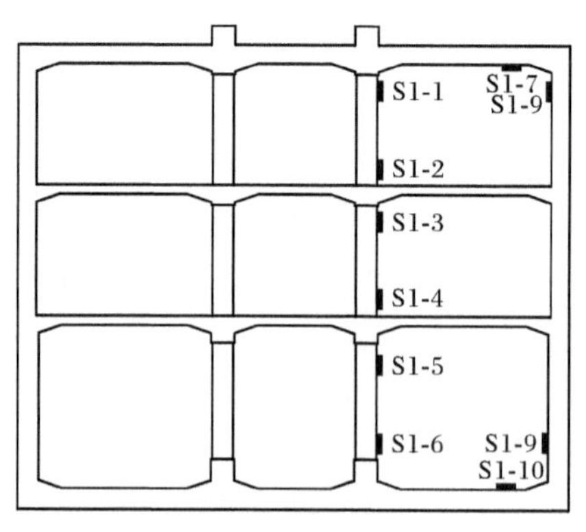

(b) 主观测面　　(c) 次观测面 1

图 6.4　地铁地下车站模型结构横断面上各观测面应变片布置(单位:mm)

S. 应变片

为研究近、远场强地震动特性对软土场地地铁地下车站结构地震反应的影响，选择有代表性的输入地震动为什邡波、松潘波和 Taft 波，地震动特性见第 3 章介绍。具体加载工况如表 6.1 所示。

表 6.1　大型振动台模型试验的加载工况

工况序号	输入地震动	工况代号	峰值加速度/g	持续时间/s
1	白噪声	B1	0.02	180
2	松潘波	SP-1	0.1	100
3	Taft 波	TA-1	0.1	15
4	什邡波	SF-1	0.1	100
5	白噪声	B2	0.02	180
6	什邡波	SF-2	0.3	100
7	白噪声	B3	0.02	180
8	什邡波	SF-3	0.5	100
9	松潘波	SP-3	0.5	100
10	Taft 波	TA-3	0.5	15
11	白噪声	B4	0.02	180

6.2.2　振动台试验结果与分析

1. 地基土加速度反应及其空间效应

模型地基加速度放大系数如图 6.5 所示。在 PGA 为 0.1g 的不同地震动作用下，模型地基的地震动放大效应较为相近，地表 PGA 放大系数介于 1.15～1.25。在 PGA 为 0.5g 的不同地震动作用下，模型地基土对频谱特性不同的近、远场地震动的 PGA 放大效应存在明显差异；什邡波作用时模型地基的地震动放大效应明显较小，地表 PGA 的放大系数仅为 0.578，而松潘波和 Taft 波作用时地表 PGA 放大系数分别为 0.854 和 0.968，即频谱特性相近、低频成分比较发育的远场地震动松潘波、中地震动 Taft 波作用时模型地基的地震动放大效应相近，且比近场地震动什邡波作用时模型地基的地震动放大效应更为显著。这也说明：输入地震动的强度越大，软土地基的软化程度越大，地基土的滞回耗能也越大，软土地基对地震动的放大效应减弱；反映出地下结构对周边软弱地基地震反应的影响与输入地震动的频谱特性有关。

图 6.6 给出了模型地基 PGA 空间分布图。可以看出：模型地基中主观测面地表测点 A1、A2 及浅层土测点 A5 的地震动 PGA 值依次明显小于次观测面 1 地表测点 A9 及次观测面 2 浅层土测点 A11 的地震动 PGA 值。对于深层的模型地

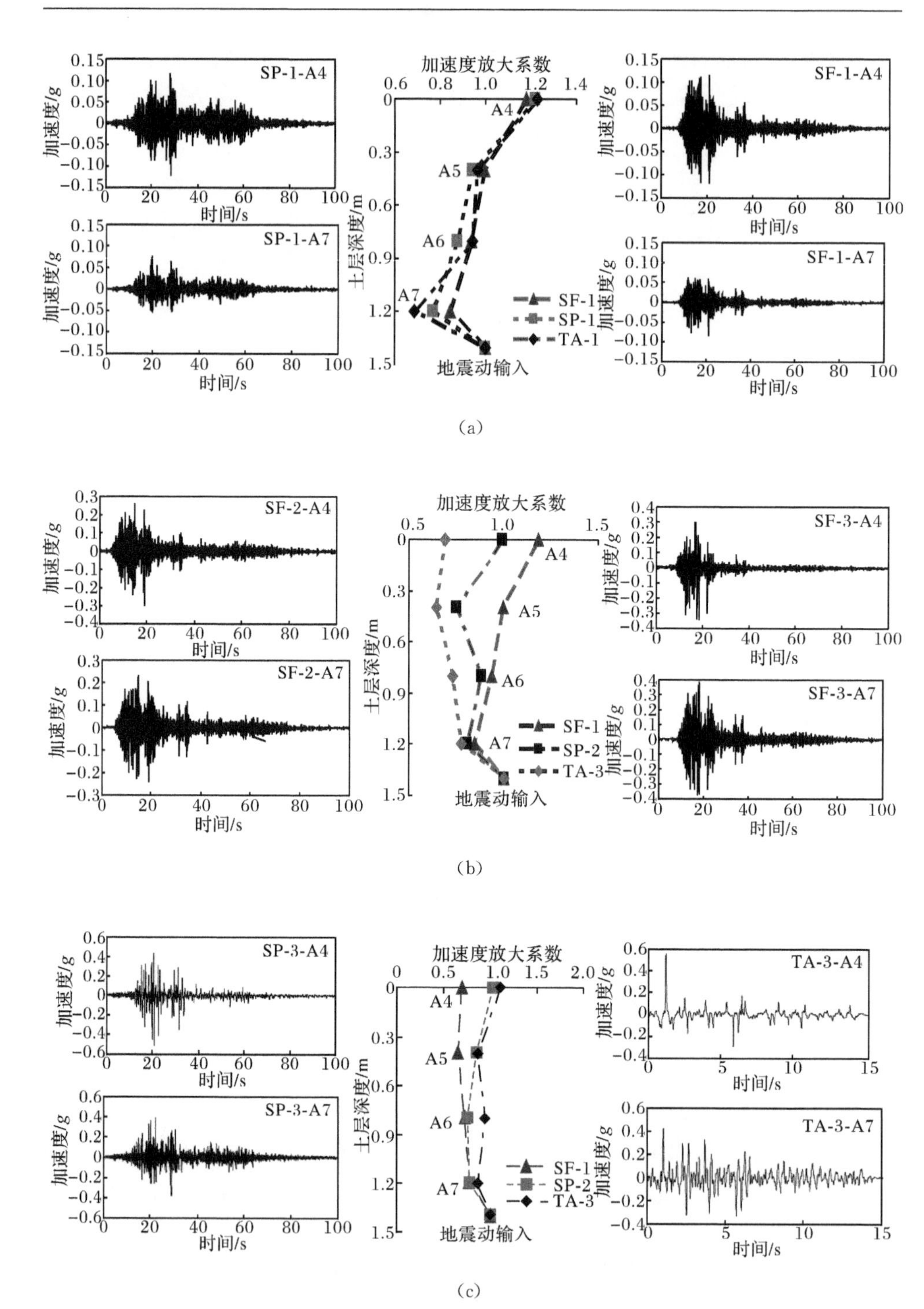

图 6.5　输入 0.5g 的松潘波时地基主观测面各测点的加速度时程和傅里叶谱

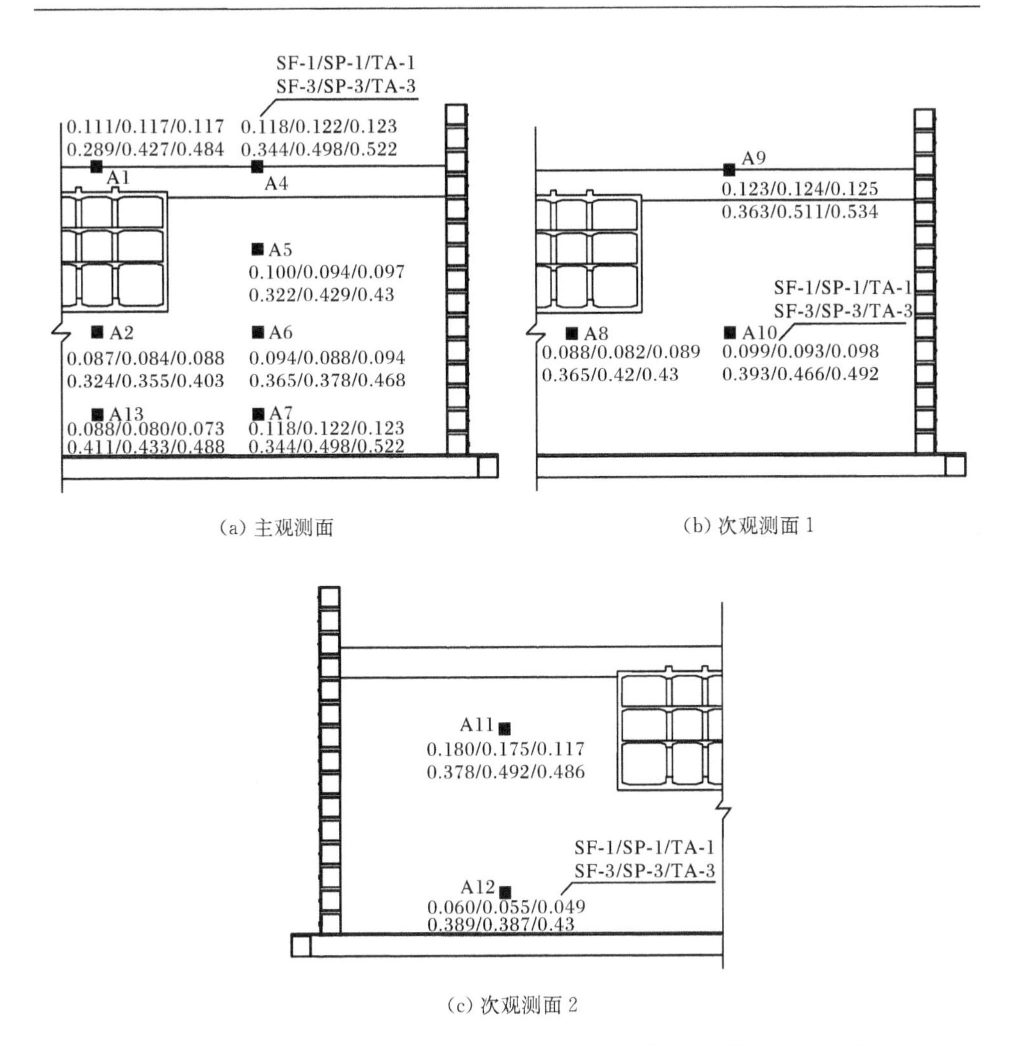

(a) 主观测面 (b) 次观测面 1

(c) 次观测面 2

图 6.6 不同地震动作用下模型地基主、次观测面各测点的峰值加速度(单位:g)

基土,PGA 为 0.1g 的不同地震动作用下,主、次观测面相同深度各测点的 PGA 值基本相近;PGA 为 0.5g 的不同地震动作用下主观测面各测点的地震动 PGA 值明显小于次观测面相同深度处各测点的 PGA 值。这说明地下结构对软土地基地震反应的影响具有显著的空间效应。

不同地震动作用下,模型地基加速度傅里叶谱如图 6.7 和图 6.8 所示。由图可知:地震动从土体底部向上传播的过程中,随着输入地震动峰值加速度的增加,相同测点位置处,土体加速度高频成分逐渐减少,这是由于土体在地震动作用中不断软化,滤波效应更加显著。不同 0.1g 地震动作用下,输入什邡波时,模型地基不同深度测点 A4、A6 记录的加速度频谱特性自下而上呈现出明显的变化,低频成分逐渐增大、高频成分逐渐减小；与输入什邡波的测试结果相比，输入松潘波时地基土各测点记录的傅里叶谱频谱变化规律较为类似，但地基土地震动的频率范围较窄，放大效应更为显著。其次，0.1g 松潘地震动作用下，加速度主频位置约为 4.2Hz，而 0.1g 什邡地震动作用下，存在 2.9～4.5Hz 的集中频带。0.5g 地震动作用下，这种现象则未发生。不同地震动作用下，加速度频谱均在 2Hz 位置出现了集中、放大现象。这是由于强震作用下，土体内积聚孔压上升，土体刚度衰减现象显著，因此，土体内加速度频谱出现了单一频率的集中与放大现象。

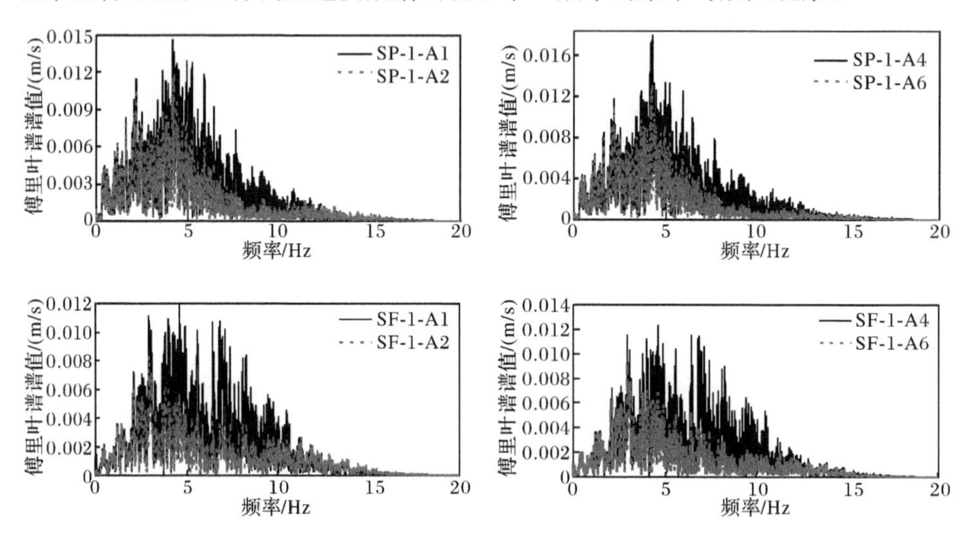

图 6.7 输入 PGA 为 0.1g 时地震动模型地基主观测面各测点的加速度傅里叶谱

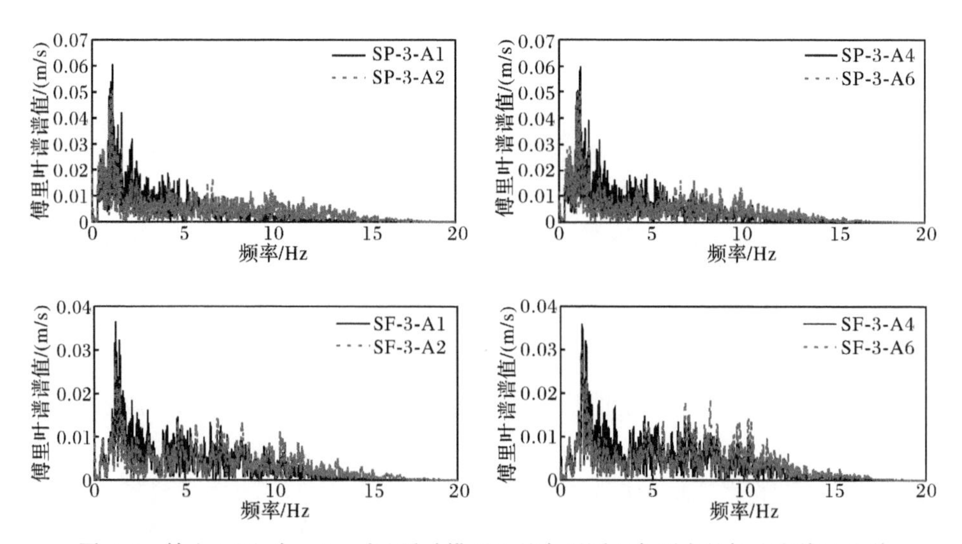

图 6.8 输入 PGA 为 0.5g 时地震动模型地基主观测面各测点的加速度傅里叶谱

2. 地下车站结构的峰值加速度反应

不同地震动作用下模型结构的PGA反应如图6.9所示。随着输入地震动PGA的增大，模型结构底层的PGA显著增大，但SF-2和SF-3工况下模型结构顶部的PGA相差甚微；在PGA为0.1g的不同地震波作用下，输入地震动的频谱特性对模型结构的PGA反应影响很小；而在PGA为0.5g的不同地震波作用下，模型结构对频谱特性不同的近、远场地震动的反应存在明显差异，频谱特性相近、低频成分比较发育的远场松潘波和中远场Taft波作用时模型结构的PGA明显大于近场什邡波作用时模型结构的PGA值，且Taft波作用时模型结构顶部的PGA最大。

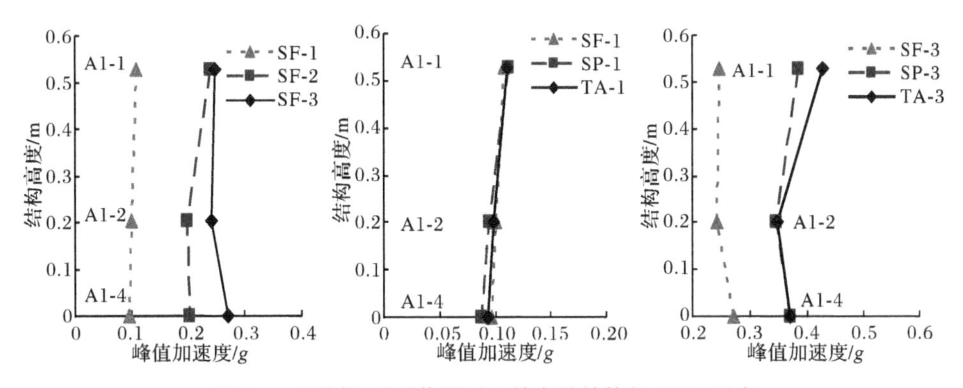

图6.9　不同地震动作用下地铁车站结构的PGA反应

3. 模型地基孔压发展规律及其空间效应

不同地震动作用下模型地基各测点的峰值孔压比分布和时程曲线分别如图6.10和图6.11所示。可以看出：由于粉质黏土的渗透性较差，地基土的孔压增长较小，除SF-3工况下测点W3外，孔压比均小于0.5；且在不同特性（强度和频谱）的地震动作用下模型地基的孔压比发展过程存在较大的差异，呈现出不同程度的波动效应，并显示出显著的空间效应特征。总体而言，模型地基的孔压比在近场什邡波作用时最大，远场松潘波作用时次之，中远场Taft波作用时最小；对于深层土，主观测面测点W3的孔压比大于次观测面2测点W13的孔压比；对于浅层土，主观测面测点W2的孔压比小于次观测面1测点W12的孔压比；随着输入地震动PGA值的增加，地基土的孔压比逐渐增长，但孔压比的增长总体较小，这是由于粉质黏土的渗透性弱，导致孔隙水压力的发展程度较低。采用Surfer软件中Kriging网格化方法对主观测面孔压场分布进行预测与分析，结果如图6.12所示。由图可知：0.1g地震动作用下，孔压场分布均匀，结构周边孔压梯度差较小；

0.5g 地震动作用下,孔压场出现了不均匀分布的现象;0.5g 松潘地震动作用下,结构底部与结构侧部出现了较大的孔压梯度差,相对应结构的上浮量也达到最大(12.7mm)。

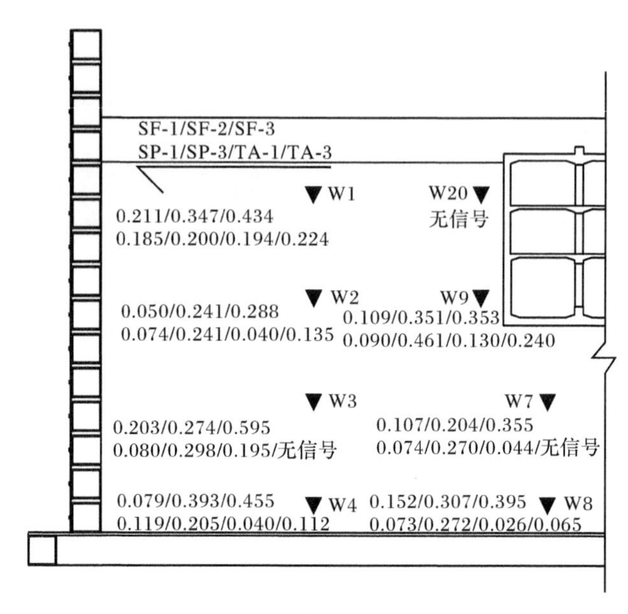

(a) 主观测面

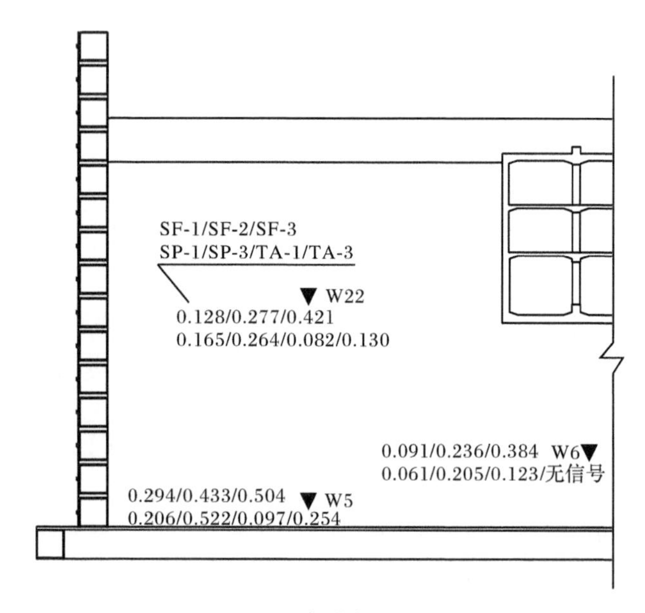

(b) 次观测面 1

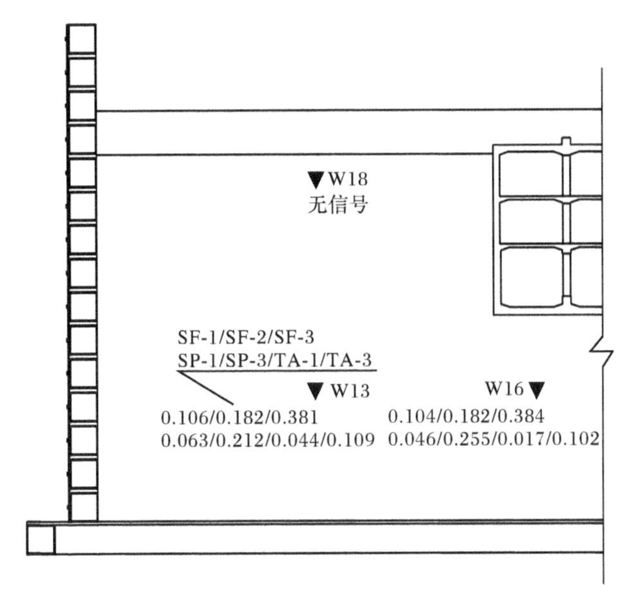

(c) 次观测面 2

图 6.10　主、次观测面地基土各测点的孔压比

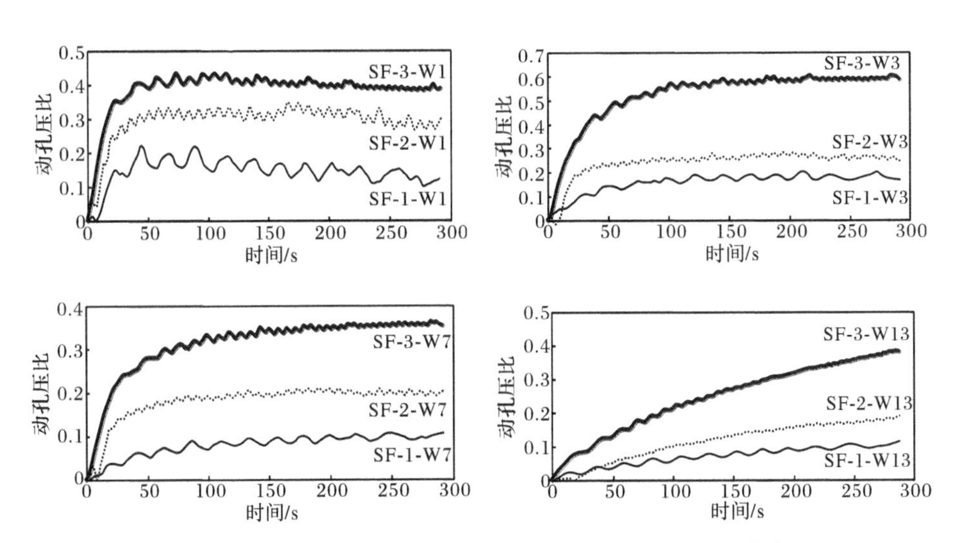

图 6.11　什邡地震动作用下地基土各测点的孔压比时程曲线

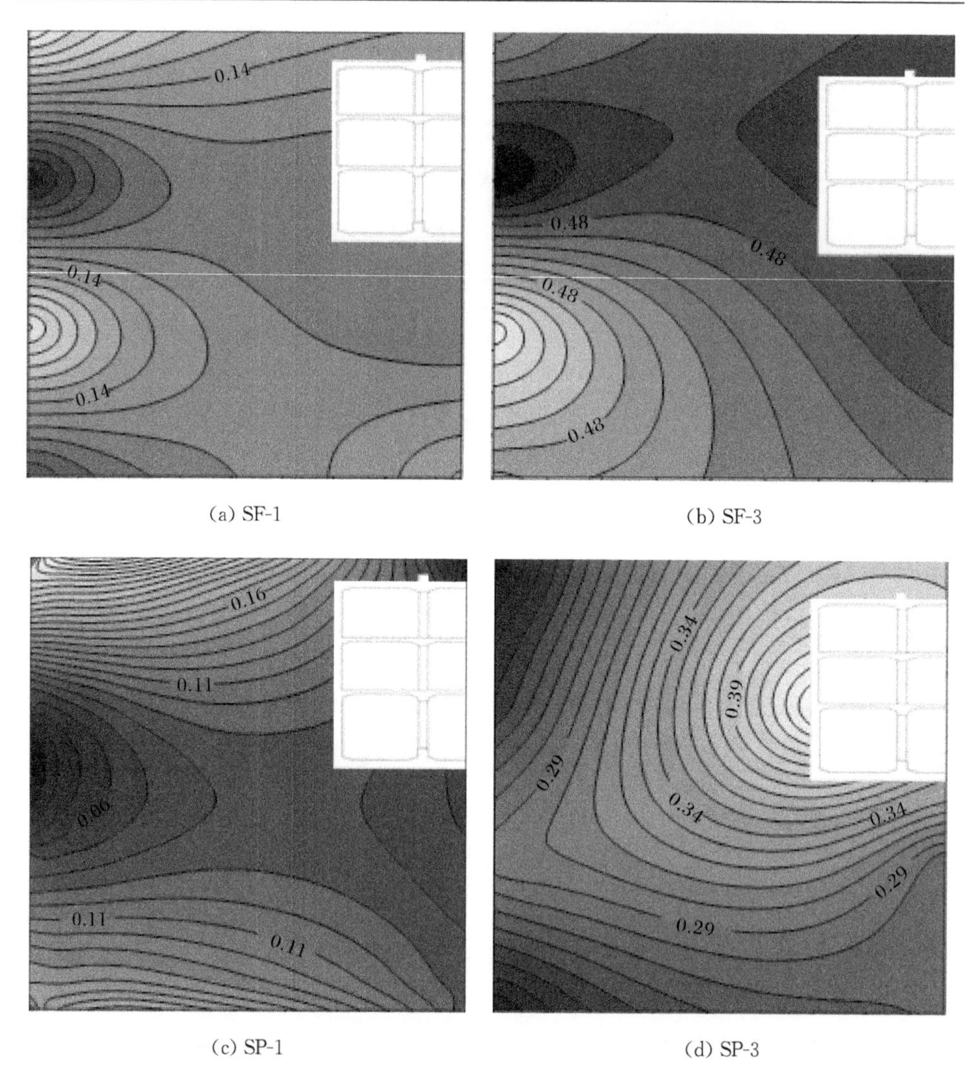

(a) SF-1　　(b) SF-3

(c) SP-1　　(d) SP-3

图 6.12　主观测面地基土各测点的孔压比分布

4. 地表震陷特征分析

不同的地震动作用下模型地基的地表震陷时程曲线及地表震陷值如图 6.13 及表 6.2 所示。当输入 0.1g 地震动时，未观察到模型地基的地表震陷现象；当输入 0.5g 地震动作用时，宏观上可以观察到模型地基发生了较明显的地表震陷及地表裂缝现象。试验后地表宏观现象如图 6.14 所示，远场地震动松潘波作用时地表震陷值最大，中远场地震动 Taft 波作用时次之，近场地震动什邡波作用时最小；且在模型地基的震陷过程中，发生了模型结构的上浮现象，使模型结构上方地基土的地表震陷呈现出先快速下沉、后持续波动上浮的特征，模型结构上浮的最大值达 10mm；模型结构侧边的地基土也存在先震陷、后隆起的波动现象；从而使模型结构上方和侧边的地基土地表震陷程度差别不大。

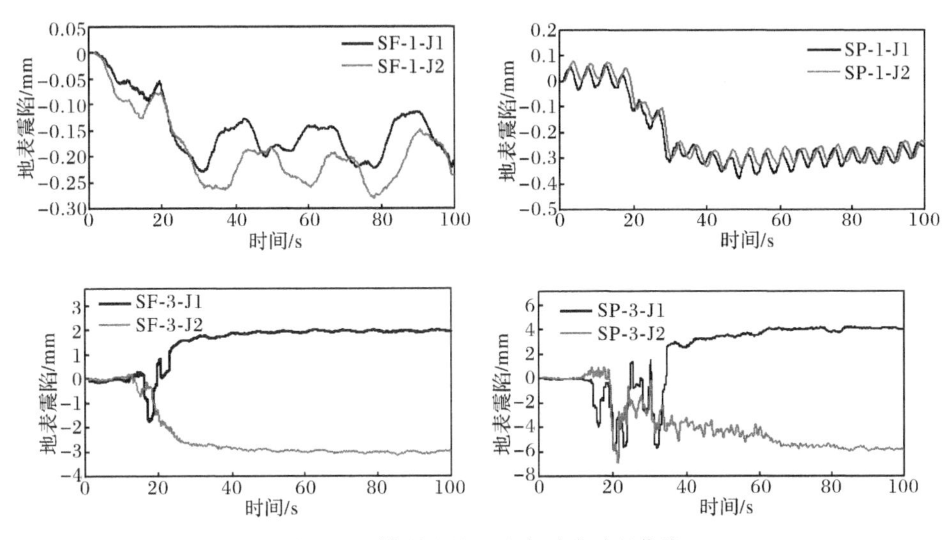

图 6.13　模型地基土地表震陷时程曲线

表 6.2　不同地震动作用下地表震陷量　(单位：mm)

传感器	试验工况						
	SF-1	SF-2	SF-3	SP-1	SP-3	TA-1	TA-3
J1	−0.23	−0.54	2.02	−0.38	5.72	−0.28	4.73
J2	−0.28	−1.21	−3.15	−0.35	−7.00	−0.34	−5.06
结构上浮量	0.05	0.67	5.17	−0.03	12.72	0.06	9.79

方向约定：⊕（向上）；⊖（向下）

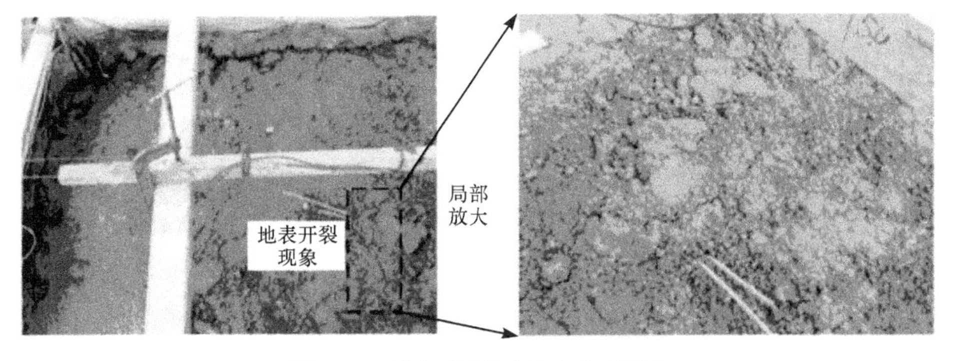

图 6.14　试验后地基土地表宏观现象

5. 地下车站结构侧墙位移反应

不同的地震动作用时模型结构侧墙各测点的水平向相对位移反应时程曲线及侧向位移峰值如图 6.15 及表 6.3 所示。可以看出：框架式地下车站结构整体刚度大、相对变形小；地震波的频谱特性对模型结构侧墙的变形模式和大小存在显著的影响；远场松潘波作用引起的侧墙水平向相对位移反应要比近场什邡波作用引起的侧墙水平向相对位移反应大 1 倍以上；输入地震动的 PGA 为 0.5g 时，中远场 Taft 波作用引起的侧墙水平向相对位移反应要比近场什邡波作用引起的侧墙水平向相对位移反应大 50%，且 Taft 波作用时侧墙发生了 45～50mm 的不可恢复的单向变形；输入地震动的 PGA 为 0.1g 时，近场什邡波和中远场 Taft 波作用引起的侧墙水平向相对位移反应的大小相差很小。

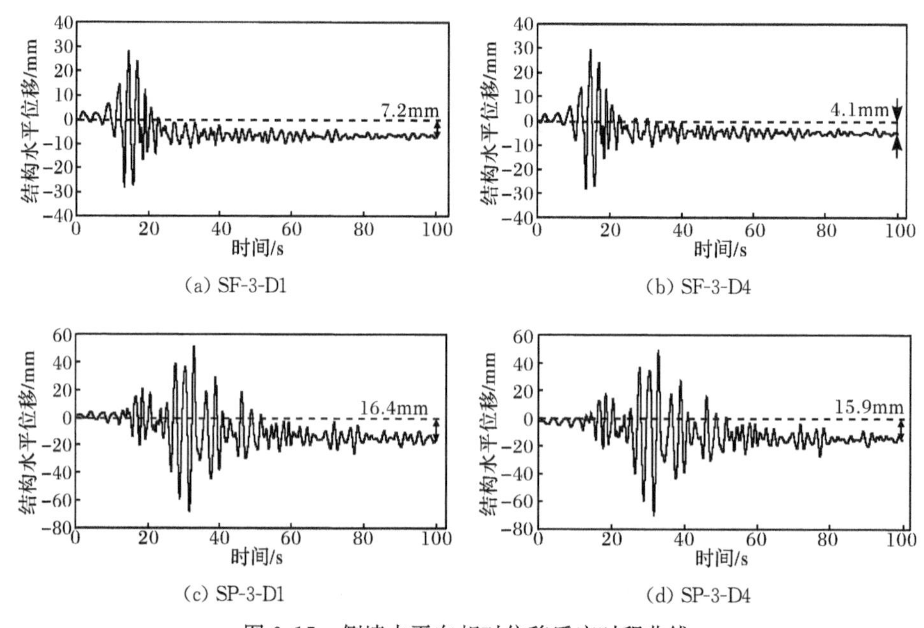

图 6.15 侧墙水平向相对位移反应时程曲线

表 6.3 模型结构侧向位移峰值 (单位：mm)

传感器	试验工况						
	SF-1	SF-2	SF-3	SP-1	SP-3	TA-1	TA-3
D1	6.10	15.11	28.16	12.83	68.00	5.74	42.87
D2	6.50	15.02	28.54	13.12	66.42	6.66	40.50
D3	6.23	15.36	28.81	13.04	65.50	7.07	42.11
D4	6.91	15.09	29.26	12.75	69.97	6.70	42.72

6. 地下车站结构的峰值应变反应及其空间效应

图 6.16 比较了不同工况下模型结构主、次观测面各测点的峰值应变反应。中柱左、右侧面的峰值应变反应大小呈现出不对称现象，侧墙、楼板、柱的峰值应变反应大小呈现出显著的空间效应，这很可能是由于地基土的不均匀沉降引起了模型地下结构的倾斜与扭转。对于框架式地铁地下车站结构，中柱的应变反应大于楼板和侧墙的应变反应，这与此类型地下结构为柱承重模式相关，中柱水平侧向刚度小，使得地震动作用下，中柱的附加弯矩大。其次，输入地震动的频谱特性和持续时间对模型地下车站结构峰值应变的反应有影响。

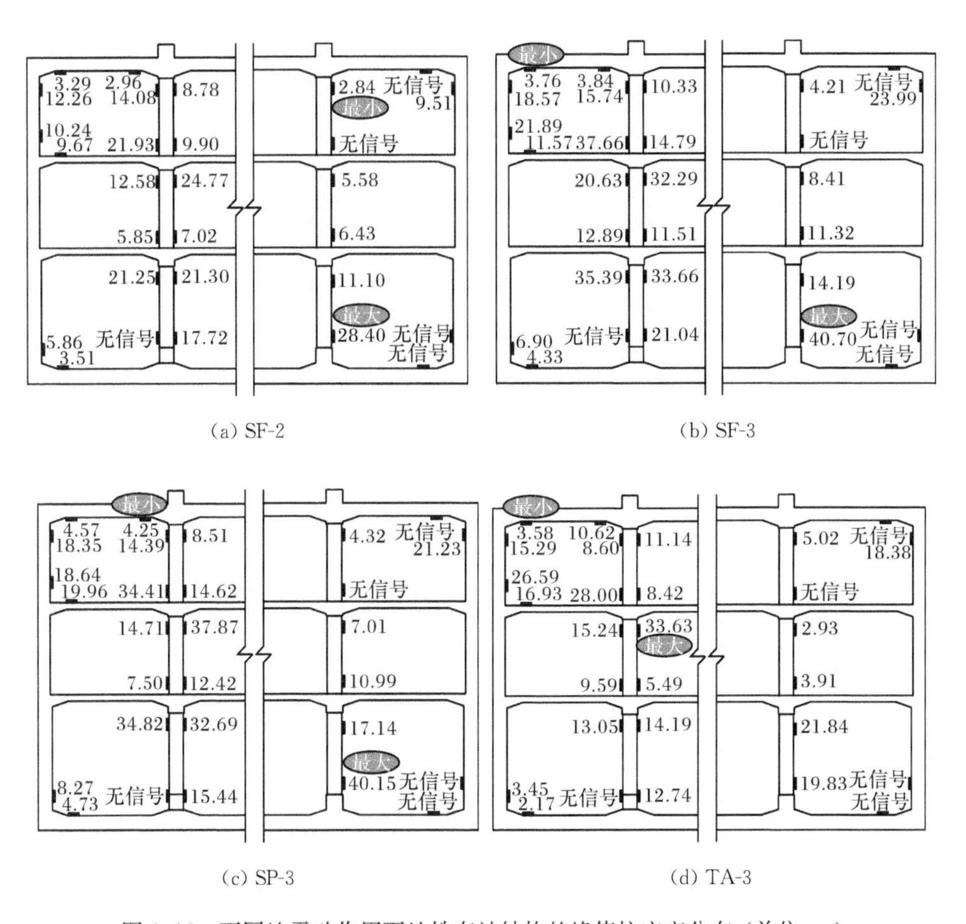

(a) SF-2　(b) SF-3

(c) SP-3　(d) TA-3

图 6.16　不同地震动作用下地铁车站结构的峰值拉应变分布（单位：με）

6.2.3　模型试验与数值分析结果的对比

1. 数值分析模型的建立

根据第 3 章介绍的内容，本章模型地基土仍采用土体记忆型黏塑性嵌套面动力本构模型。采用动力塑性损伤模型模拟车站结构混凝土的动力特性。车站结构采用微粒混凝土，根据相似律确定模型参数，原型结构 C30 混凝土的模型参数如表 6.4 所示。

表 6.4　模型土的物理与力学参数

土层	厚度/m	密度 ρ/(g/cm^3)	剪切波速 v_s/(m/s)	泊松比 ν	摩擦角/(°)
黏土	0.15	1.93	40	0.49	15
粉质黏土	0.25	1.78	40	0.49	20
粉质黏土	0.25	1.78	50	0.49	20
粉质黏土	0.25	1.78	60	0.49	20
粉质黏土	0.25	1.78	70	0.49	20
粉质黏土	0.25	1.78	80	0.49	20

模型地基计算区域范围与模型箱尺寸一致。三维模型沿激振方向的净长为 3.5m，宽 2.0m，深 1.5m。基于上述网格划分原则，在保证计算精度并最大减少计算时间，本节采用 C3D8 单元模拟模型结构，网格尺寸为 0.01m，采用 C3D8R 单元模拟土体单元，网格尺寸为 0.03m，沙漏刚度取 0.01，以保证计算过程中网格变形过大、畸变问题，模型单元划分如图 6.17 所示。

模拟振动台试验应充分考虑到模型体系的边界条件和土-结构接触面选取问题。本次振动台试验采用叠层剪切箱。因此，边界条件应满足：①地震动输入沿

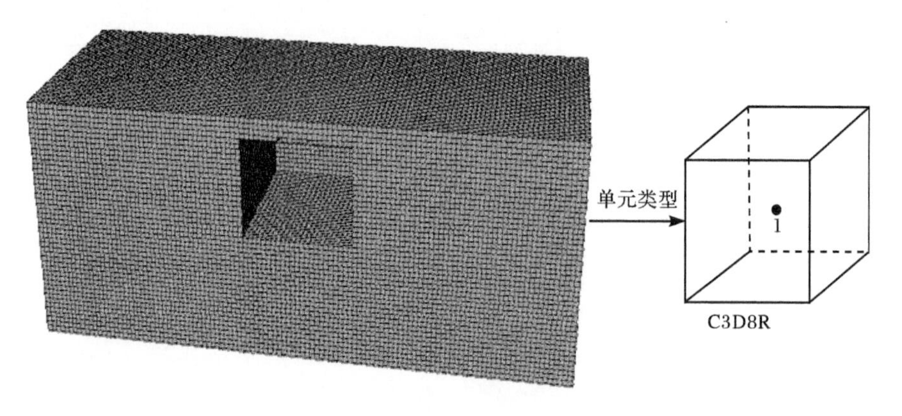

(a) 土体单元网格划分

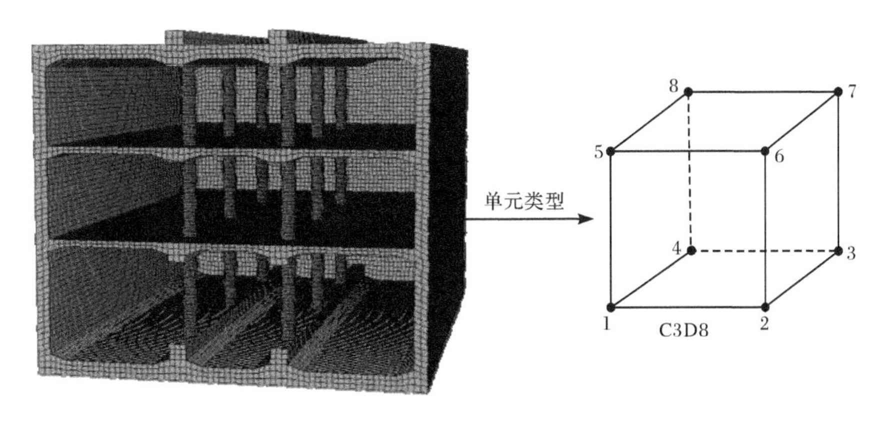

(b) 结构单元网格划分

图 6.17　模型地基-模型结构体系网格划分

着模型体系长边方向;②试验中,由于叠层土箱刚度远大于内部土体水平刚度,因此,数值模拟时,土体内部任何深度,同层土体水平位移相同;③模型地基土-模型结构体系顶部自由,水平;④底部、水平边界不透水。

试验时车站结构为整体浇筑,因此,车站结构中的圆柱和车站侧墙、楼层面采用 tie 接触条件;考虑到试验尺度较小,且由试验数据可以发现:场地竖向变形较小,因此,模型地基土主要发生水平侧向变形,模型结构可以认为和模型地基协同变形,因此,模型结构模型土和车站结构也采用法向 tie 接触。

2. 模型地基土加速度对比

图 6.18～图 6.20 为 0.1g、0.5g 地震动作用下,模型地基土中不同深度位置处加速度时程及傅里叶谱对比结果。由图可知:0.1g 地震动作用下,数值模拟结果与试验结果在时域和频域均保持一致,这验证了数值模拟方法的同时,证明了试验结果的准确性。其次,0.5g 地震动作用下,时域角度:数值模拟结果均出现了大于试验结果的现象,频域角度:数值模拟结果在低频带出现了显著的放大与聚集效应,这是由于数值模拟时,选取的土体动力本构是总应力分析方法,试验为饱和黏土,土体孔压问题在数值模拟时没有考虑进来。土体介质本身具有抗剪和压缩能力,在小震时,土体主要体现出弹性特征,数值模拟假设条件与试验条件基本相同,因此两者结果基本相同,随着地震动峰值加速度的增加,土体中动孔隙水压力增加,对土体软化程度而言,数值模拟小于试验过程中实际的土体软化,土体滤波效应出现差异。因此,大震作用下,时域角度:出现数值模拟结果大于试验结果,频域角度:数值模拟结果在低频带更加聚集。

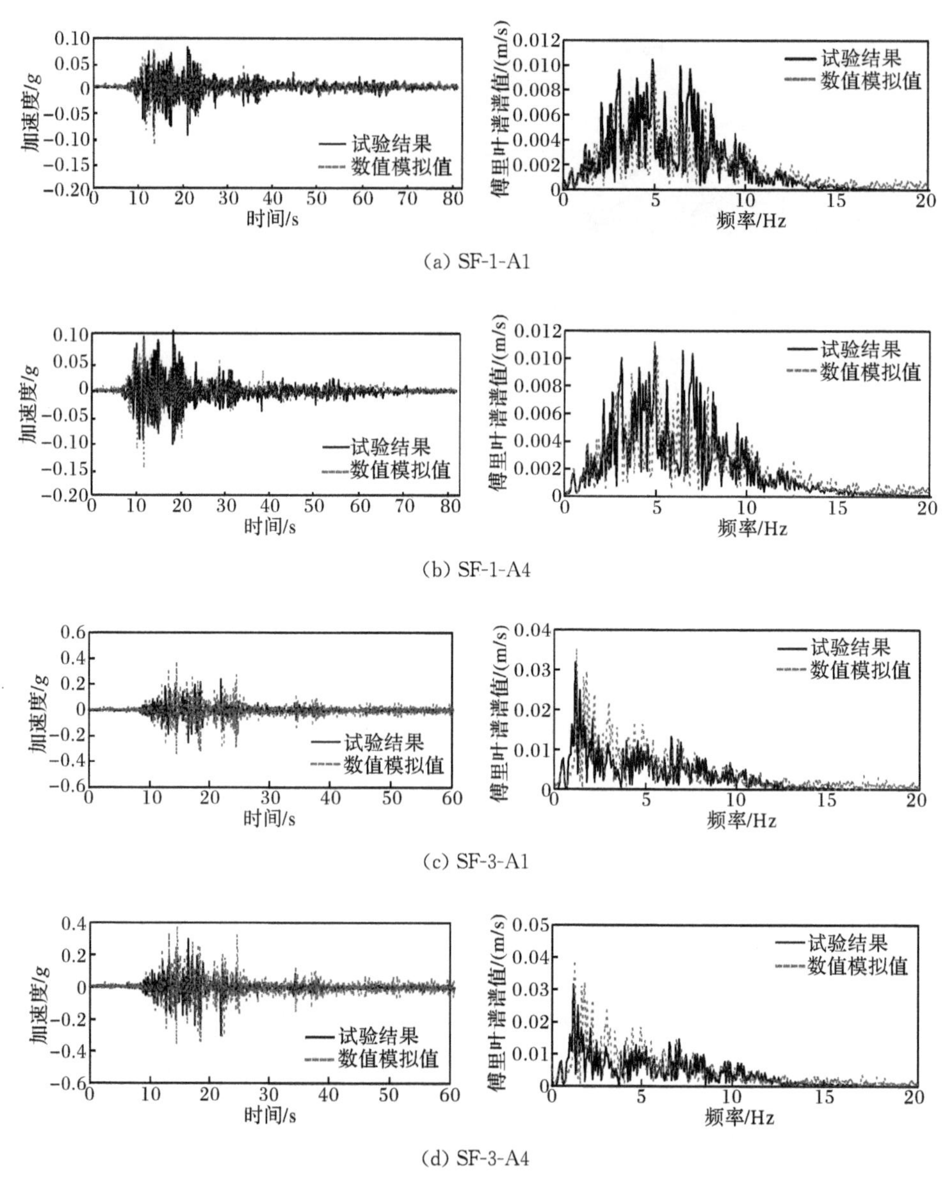

(a) SF-1-A1

(b) SF-1-A4

(c) SF-3-A1

(d) SF-3-A4

图 6.18　什邡地震动作用下模型地基土不同深度处加速度时程及傅里叶谱数值模拟结果与试验结果对比

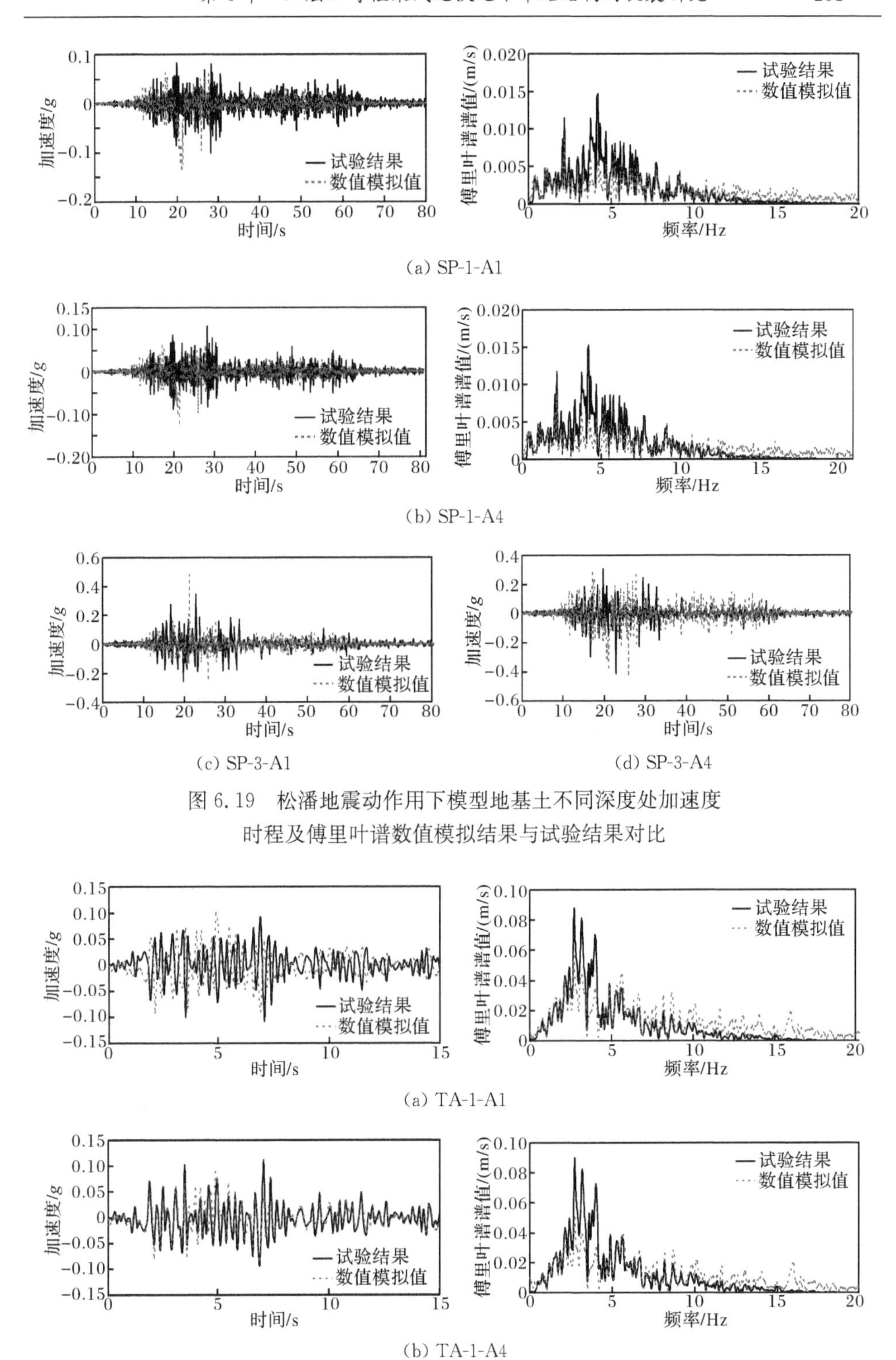

(a) SP-1-A1

(b) SP-1-A4

(c) SP-3-A1　　(d) SP-3-A4

图 6.19　松潘地震动作用下模型地基土不同深度处加速度时程及傅里叶谱数值模拟结果与试验结果对比

(a) TA-1-A1

(b) TA-1-A4

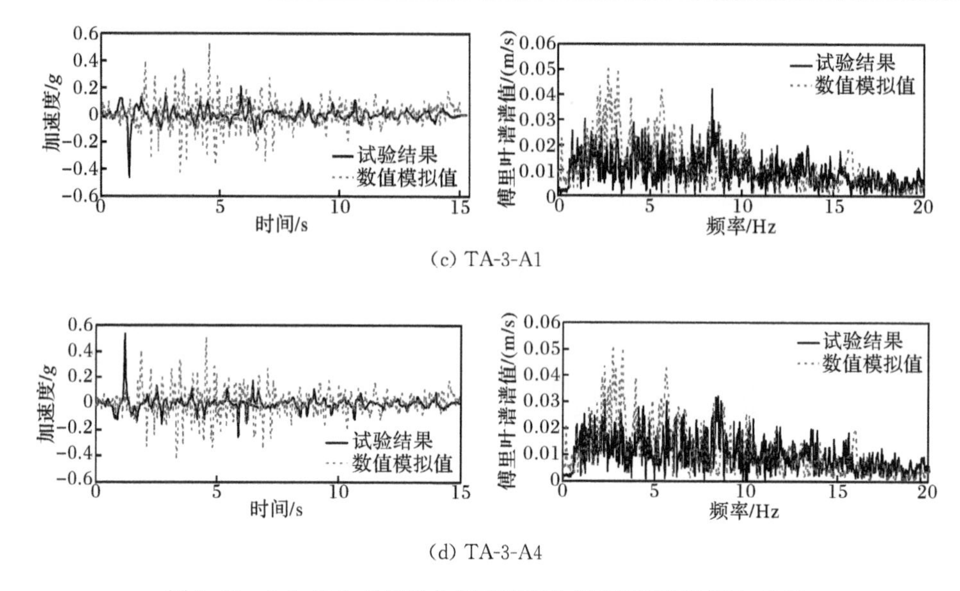

(c) TA-3-A1

(d) TA-3-A4

图 6.20 0.5gTaft 地震动作用下模型地基土不同深度处加速度时程及傅里叶谱数值模拟结果与试验结果对比

图 6.21 为不同地震动作用下，模型地基加速度放大系数数值模拟结果与试验结果对比。由图可知，0.1g 地震动作用下，数值模拟结果与试验实测结果基本相同；而 0.3g、0.5g 地震动作用下，出现了数值模拟结果大于试验结果的现象。这是由于在强地震动作用下，土体出现了显著的非线性特征，若把土体定义为“滤波器”，则数值模拟时滤波器的截断频率与实际土体存在差异，使得数值模拟结果在时域上出现峰值放大效益，频域上出现滤波效应。

3. 模型结构加速度对比

图 6.22～图 6.24 为不同地震动作用下，模型结构加速度数值模拟结果与试验结果对比。小震作用下，数值模拟结果与试验结果基本相同，这是由于模型结构在小震时，损失程度较低，可以认为在线弹性范围内工作，数值模拟可以很好地模拟试验工况。大震时，数值模拟结果略大于试验结果，这是由于大震时，结构出现损伤现象，模型计算采用的混凝土损伤模型的计算参数与实际试验过程中模型结构损伤参数存在差异性，使得数值模拟结果与试验结果产生了差异性。

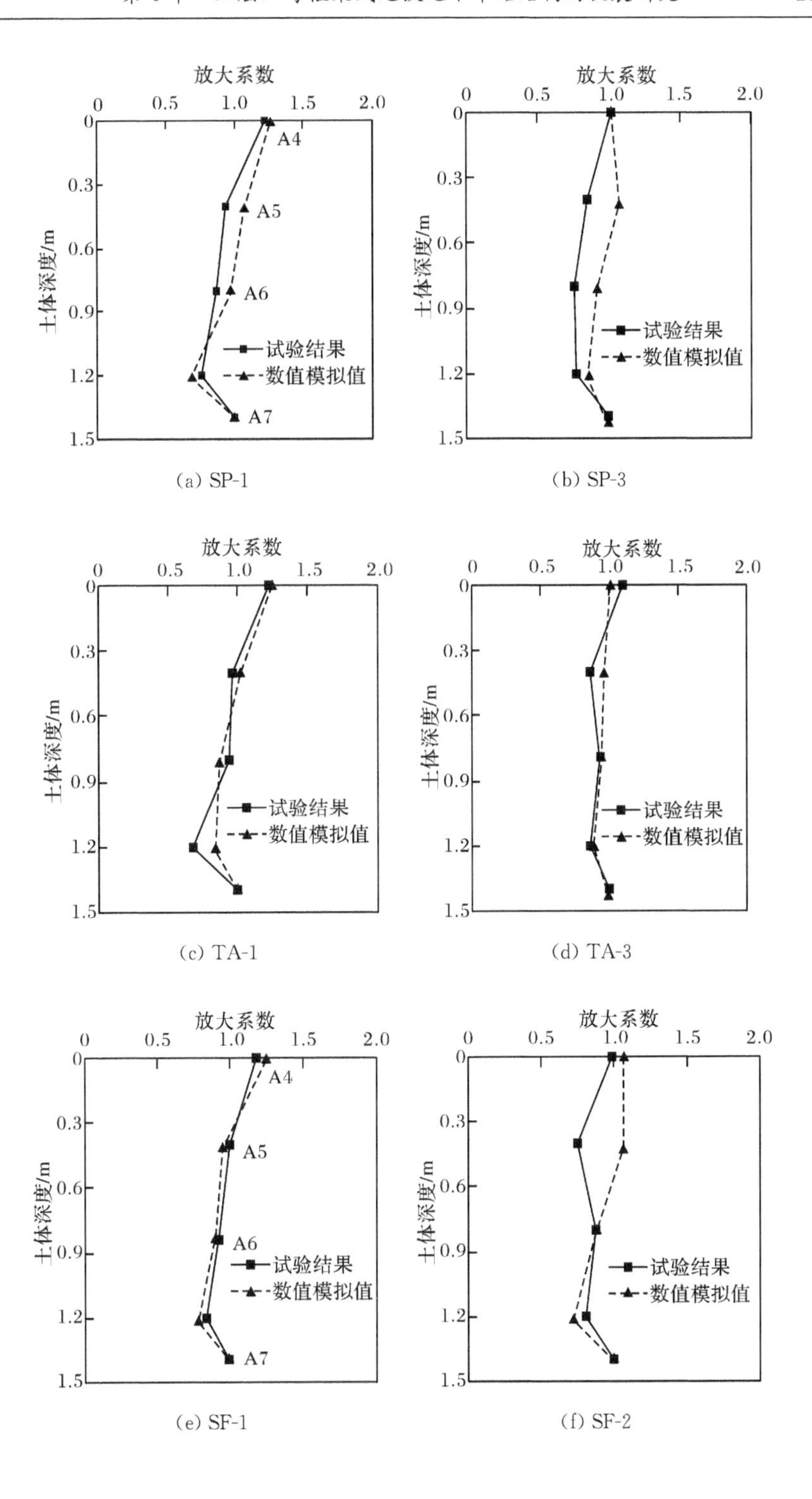

(a) SP-1　(b) SP-3

(c) TA-1　(d) TA-3

(e) SF-1　(f) SF-2

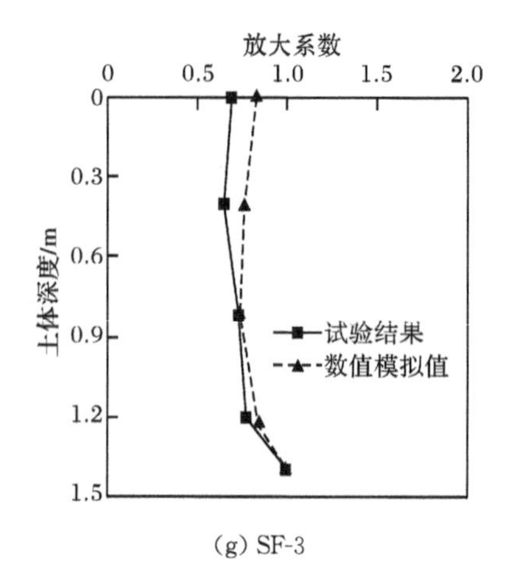

(g) SF-3

图 6.21　不同地震动作用下模型地基加速度放大系数数值模拟结果与试验结果对比

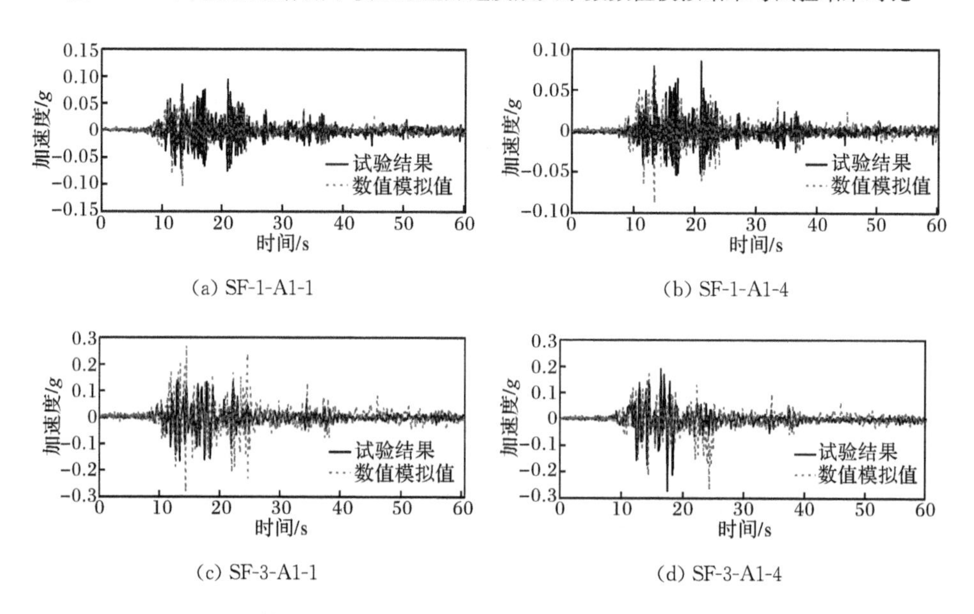

(a) SF-1-A1-1　　(b) SF-1-A1-4

(c) SF-3-A1-1　　(d) SF-3-A1-4

图 6.22　什邡地震动作用下模型地基加速度数值模拟与试验对比

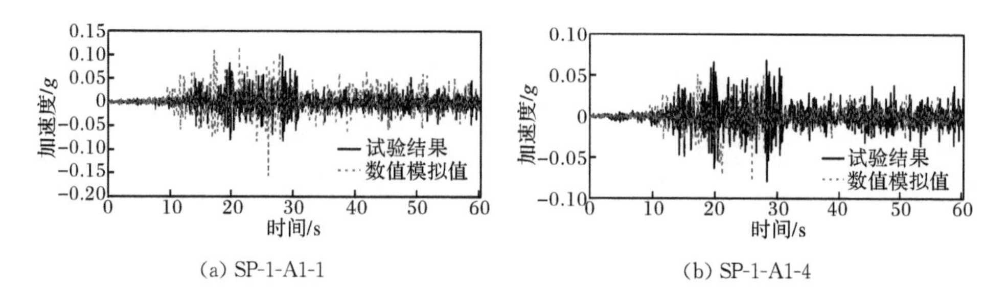

(a) SP-1-A1-1　　(b) SP-1-A1-4

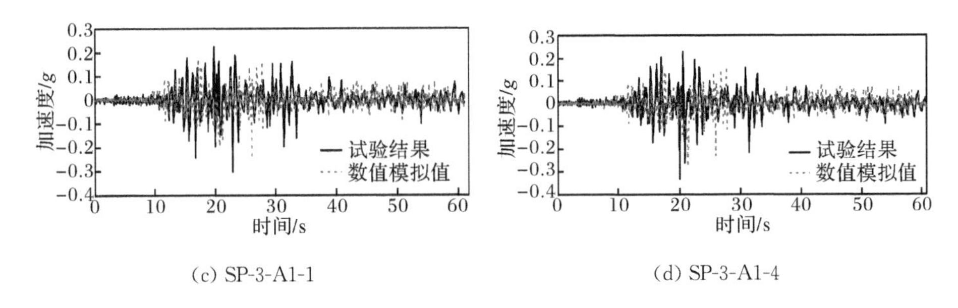

图6.23　松潘地震动作用下模型地基加速度数值模拟结果与试验结果对比

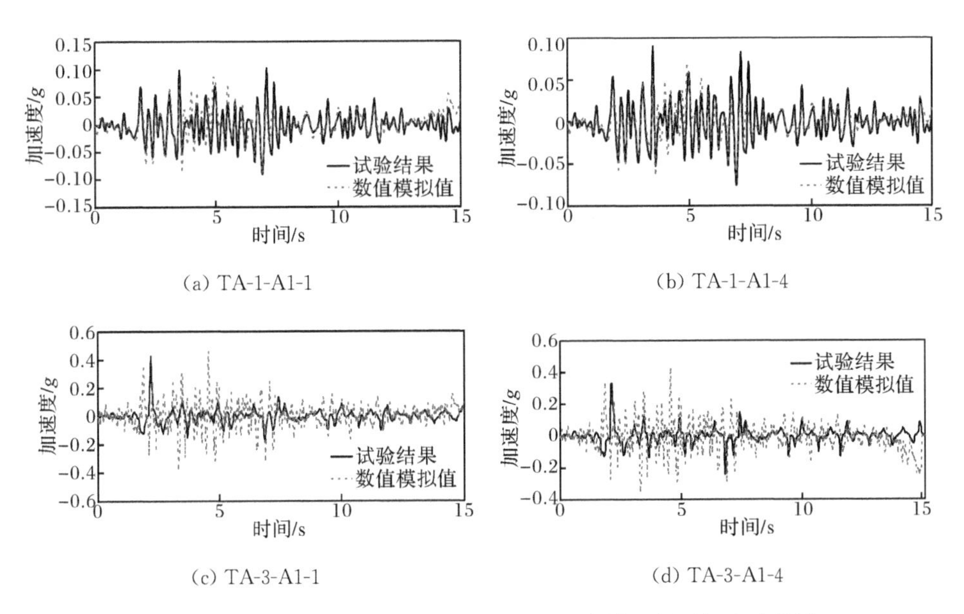

图6.24　Taft 地震动作用下模型地基加速度数值模拟结果与试验结果对比

引入相对误差概念对比试验结果与数值模拟结果，相对误差可由式(6.1)表示：

$$u=\frac{|V_i-M_i|}{M_i}\times 100 \tag{6.1}$$

式中，u 为相对误差，%；V_i 为数值模拟结果；M_i 为试验测试结果。

什邡地震动作用下，测点 A1-1、A1-3、A1-4 数值模拟结果与试验结果相对误差分析如表6.5所示。可以发现，0.1g 什邡地震动作用下，两者相对误差较小，均小于8%，0.3g、0.5g 地震动作用下，数值模拟结果略大于试验结果，这是由于：数值模拟过程中，土体软化程度小于实际试验时的土体软化，换言之，试验时土体的滞回耗能能力强于数值模拟中土体滞回耗能能力，因此数值模拟结果将出现放大效应。

表 6.5 不同地震动作用下模型结构加速度数值模拟结果与试验结果对比

传感器	SF-1			SF-2			SF-3		
	试验结果	数值模拟值	相对误差/%	试验结果	数值模拟值	相对误差/%	试验结果	数值模拟值	相对误差/%
A1-1	0.110	0.102	7.27	0.240	0.271	12.92	0.250	0.320	28.00
A1-3	0.100	0.093	7.00	0.200	0.193	3.50	0.240	0.413	72.08
A1-4	0.100	0.092	8.00	0.200	0.287	43.50	0.270	0.275	1.85

4. 模型结构应变分布对比

大型振动台模型试验中，准确测试应变反应是测试难题。这主要是由于两个因素：①应变片测试精度较低，小震作用下，应变测试结果不理想；②应变片线路，特别是焊接点易损，且极易受到噪声干扰。因此，测试数据需要进行信号处理工作，一般采用滤波器对高低频噪声进行滤波。本节选取了模型结构中柱和侧墙相关测试点，对比了数值模拟结果与试验结果，如表 6.6 所示。由表可知：数值模拟结果与试验结果规律相似，应变最大值均出现在结构中柱位置处。这是由于：柱承重模式地下结构，中柱水平侧向刚度小，在地震动作用下容易受到较大的水平剪切，并在柱-板节点位置出现应力集中现象。其次，模型结构应变峰值随着地震动峰值加速度的增加而增加，数值模拟结果略小于试验结果。这是由于试验测试数据处理过程中，滤波器形态参数设置存在不确定性；另外，由于试验过程复杂，模型地基和模型结构在试验过程中的参数是随着时间变化的连续函数，而数值模拟结果在材料特性和边界效应等参数的设置是相对单一的，因此，数值模拟结果与试验结果存在差异性。

表 6.6 不同地震动作用下模型结构应变分布数值模拟结果与试验结果对比

测点位置	应变测点	SF-2		SF-3		SP-3		TA-3	
		试验结果	数值模拟值	试验结果	数值模拟值	试验结果	数值模拟值	试验结果	数值模拟值
柱子	S1-12	10.33	9.45	8.78	12.23	8.51	11.23	11.14	10.32
	S1-13	9.90	8.98	14.79	11.14	14.62	9.89	8.42	10.14
	S1-16	32.29	14.50	22.77	15.53	37.87	30.21	33.63	25.50
	S1-17	7.02	9.80	11.51	10.52	12.42	14.20	5.49	9.83
	S1-20	21.30	15.20	33.66	26.34	32.69	29.90	14.19	12.30
	S1-21	21.04	12.30	17.72	19.21	15.44	15.22	19.74	11.11

续表

测点位置	应变测点	SF-2		SF-3		SP-3		TA-3	
		试验结果	数值模拟值	试验结果	数值模拟值	试验结果	数值模拟值	试验结果	数值模拟值
侧墙	S1-1	3.29	3.52	3.76	4.12	4.57	4.46	3.58	2.55
	S1-2	18.57	9.54	12.26	9.85	18.35	9.85	15.29	9.99
	S1-3	21.89	9.09	10.24	9.12	18.64	9.54	26.59	15.25
	S1-4	21.67	12.40	11.57	9.32	19.96	10.52	16.93	10.42
	S1-6	6.90	4.52	5.86	4.56	8.27	7.25	3.45	3.56
	S1-7	3.51	3.45	4.33	4.11	4.13	4.02	2.17	2.32

6.3 软土场地地下车站结构地震反应数值模拟

6.3.1 计算模型

根据数值模型的简化原则，对南京三层双柱三跨地铁车站结构进行了必要的近似处理，车站结构模型横断面尺寸如图6.25所示。车站宽22m、高18m，上覆土层厚3m。车站结构的底板厚1m、顶板厚0.8m、中板厚0.5m、侧墙厚1m，中柱截面尺寸为0.8m×0.8m、横向间距5m、纵向间距9.12m。在中柱与顶板、层间楼板和底板的连接处都设有沿车站结构轴向的纵梁，在板与侧墙及其纵梁相交处做了加掖处理，混凝土柱和梁均采用C30混凝土；钢筋采用热轧钢筋HRB400；车站墙体与板采用Φ22、Φ25的钢筋，柱子采用直径28mm的钢筋。车站结构的横截面尺寸和配筋情况如图6.25所示。土-地铁车站结构体系的计算模型尺寸取为100m×61.1m×55m，采用八节点缩减积分实体单元模拟土体介质，采用八节点全积分实体单元模拟车站结构，采用杆单元模拟钢筋。三维有限元网格划分如

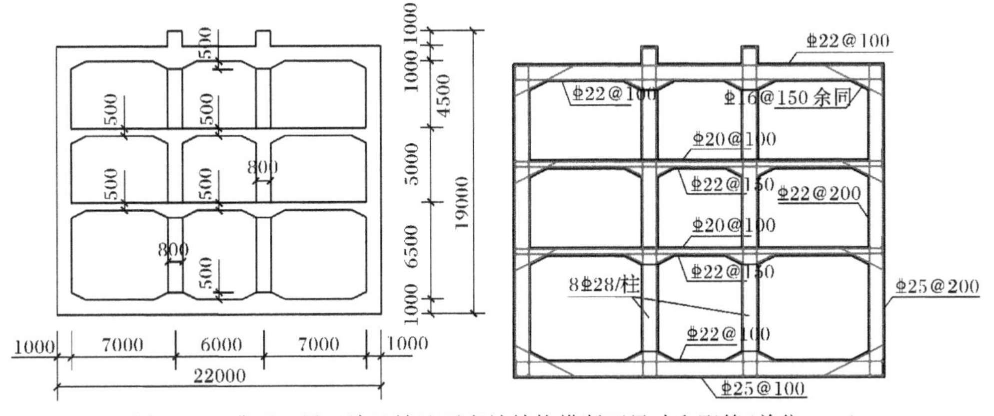

图6.25　典型三层三跨地铁地下车站结构横断面尺寸和配筋(单位:mm)

图 6.26所示，模型总自由度数为 1184352。场地的侧向边界采用竖向约束、水平向加弹簧阻尼器的黏弹性边界，下部基岩面为地震动输入界面。

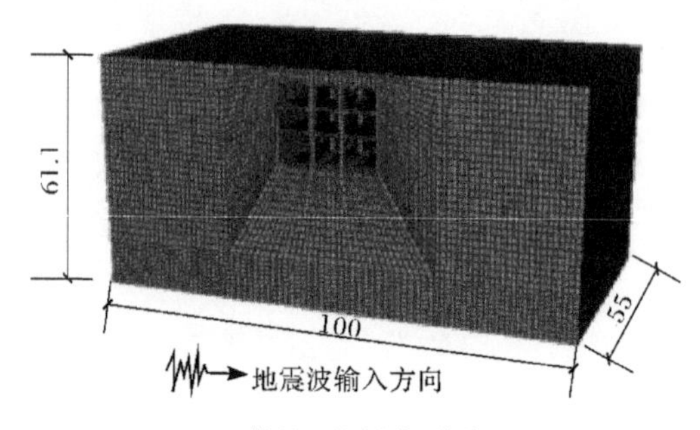

(a) 土体的网格划分(单位：m)

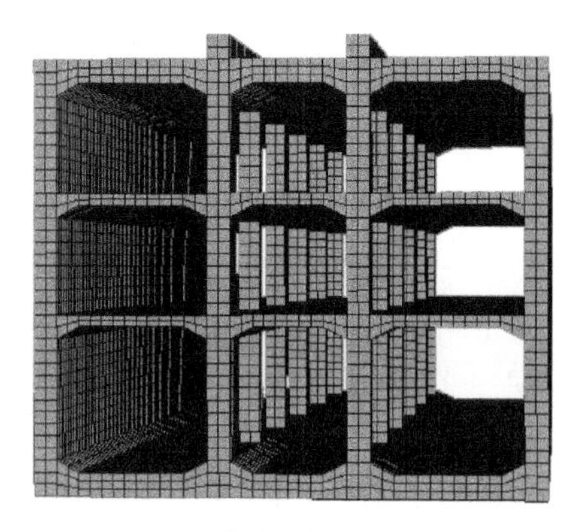

(b) 车站混凝土结构

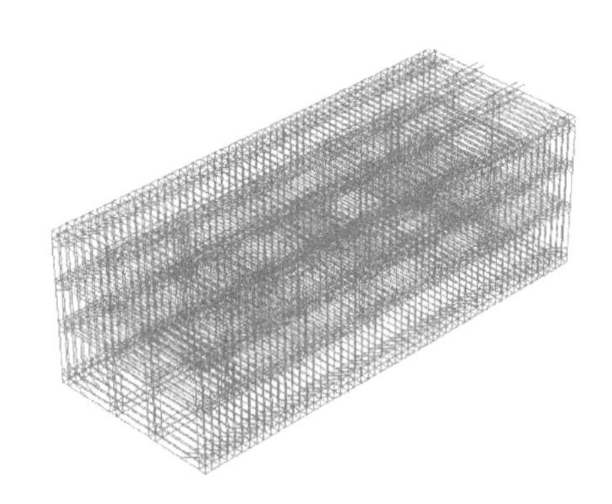

(c) 车站钢筋网

图 6.26　土-地铁地下车站结构体有限元网格划分

土体的动力本构模型采用第 2 章介绍的修正 Davidenkov 黏弹性本构模型；混凝土的动力本构模型采用第 3 章介绍的黏塑性动力损伤模型，假设钢筋满足理想弹塑性应力-应变关系。在地铁车站结构的三维分析模型中，考虑混凝土和钢筋的共同作用，可以较真实地反映混凝土在受拉受压下的损伤特性；根据南京地铁建设背景，选取一个具有代表性的软弱场地作为地铁车站结构的场地条件，场地参数详见第 5 章表 5.5。混凝土的黏塑性动力损伤模型参数详见本书 3.3.3 节。

输入地震波采用 100 年超越概率 3%的某南京地铁车站基岩人工波、汶川卧龙波和绵竹清平波。汶川卧龙波中低频成分相对丰富，南京人工波低频成分的比例较大，而绵竹清平波的频率成分比较均匀。

6.3.2　车站结构的地震损伤及应力

图 6.27 给出了基岩输入不同地震波时地铁地下车站结构损伤云图。通过对

地铁地下车站结构损伤指数的分析，不仅能发现车站结构的损伤部位，还能对损伤的发展情况进行评估。从地铁车站结构的损伤指数云图可见：框架式地铁地下车站结构边墙顶部、底部，各层中柱的顶部、底部以及两侧楼板与边墙连接处的损伤指数明显大于其他部位，中柱的顶部、底部损伤最为严重，这与阪神地震中大开地铁车站结构的地震破坏位置相吻合。中柱的损伤比边墙大，这是中柱在纵向不连续、受力面积小造成的。

虽然绵竹清平波的峰值加速度要比汶川卧龙波的小很多，但由于绵竹清平波的峰值速度、峰值位移要比汶川卧龙波的大，从而使地铁车站结构在绵竹清平波作用下的损伤指数和地震应力峰值(见表6.7)比汶川卧龙波作用下的要大一些。这说明近断层地铁车站结构的地震反应除了和地震波的峰值加速度有关，大地震近断层地震波的频谱成分对地铁车站结构的地震反应有很大影响，地铁车站结构在离断层较近、峰值加速度较小的地震波作用下的地震损伤可能比离断层较远、峰值加速度较大的地震波作用下的地震损伤还要大。

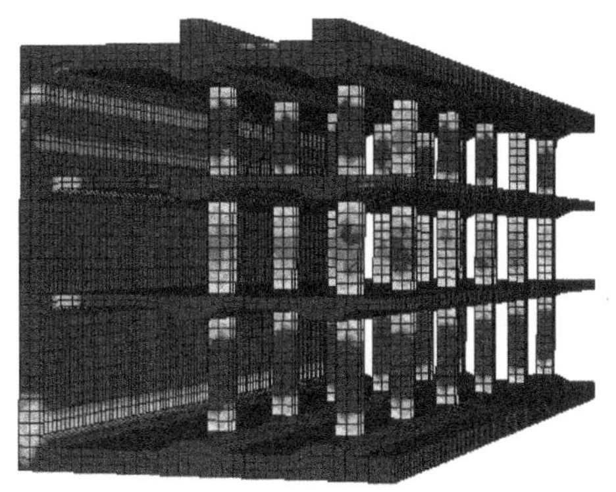

(a) 南京人工波

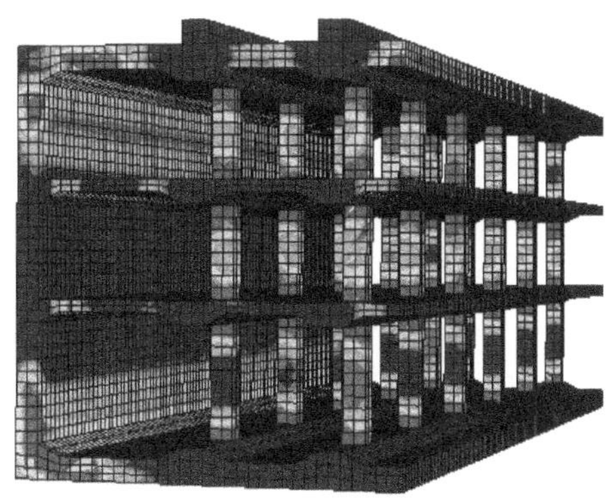

(b) 绵竹清平波

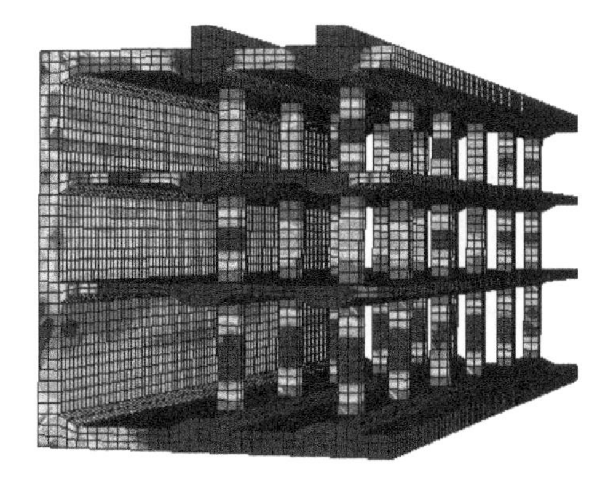

(c) 汶川卧龙波

图6.27　基岩输入不同地震波时地铁地下车站结构损伤云图

表 6.7　不同地震波作用下地铁地下车站结构的最大地震拉应力

输入地震波	最大地震拉应力
南京人工波	1.337
绵竹清平波	4.212
汶川卧龙波	3.937

在同一条地震波作用下，框架式地铁地下车站结构第二层中柱的损伤比一、三层中柱损伤严重。这是因为第二层中柱由上、下两层楼板约束，相对于顶板、底板的约束，楼板对中柱的约束较薄弱。

汶川大地震近断层地震动作用下地铁车站结构的地震应力远比 100 年超越概率 3%的南京人工地震波作用下的地震应力大，100 年超越概率 3%的南京人工地震波作用下地铁车站结构没有发生严重破坏，而在汶川大地震近断层的绵竹清平波和汶川卧龙波作用下，地铁车站结构的板、柱以及边墙的拉伸损伤指数都达到了 1，承载力完全丧失，发生破坏。因此，采用常规方法按罕遇地震水平进行抗震设防的框架式地铁地下车站结构，受到罕遇特大地震近断层地震动作用时，仍然有可能发生严重破坏。

根据地铁地下车站结构动力反应过程的动画演示过程和地铁地下车站结构动力反应的研究，对地铁车站结构关键部位的动应力反应规律进行了分析，地铁车站结构输出应力反应的观测面和关键部位节点号如图 6.28 所示。主观测面为车站纵向中间截面，前观测面、后观测面离主观测面 22m。限于篇幅，表 6.8～表 6.10给出了主观测面车站侧墙和中柱的应力反应幅值。根据所有计算数据的对比分析可得：地铁框架式车站侧墙部位、上侧墙顶部和下侧墙底部的应力反应明显大于侧墙其他部位的应力反应，下侧墙底部的应力反应又大于上侧墙顶部的应力反应。在近场地震波作用下的应力反应明显大于南京人工波作用下的应力反应，除了在车站上侧墙顶部分外，其他侧墙在绵竹清平波作用下的应力反应都要大于汶川卧龙波作用下的应力反应。

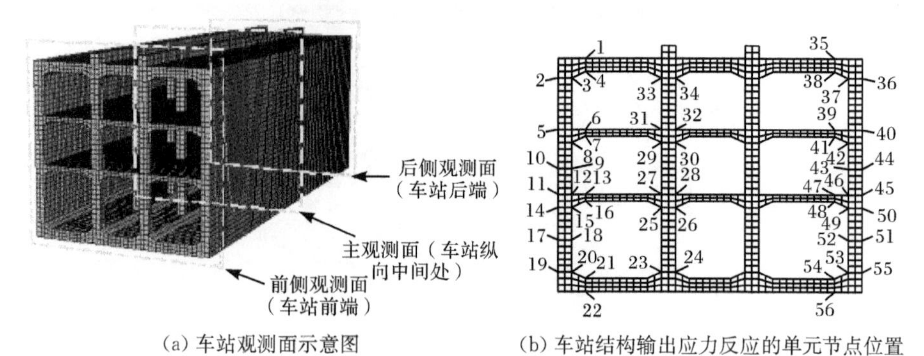

(a) 车站观测面示意图　　(b) 车站结构输出应力反应的单元节点位置

图 6.28　车站输出节点示意图

表6.8 地铁地下车站结构主观测面左侧墙应力幅值 (单位:MPa)

节点	南京人工波		绵竹清平波		汶川卧龙波	
	拉	压	拉	压	拉	压
2(主观测面)	0.227	−1.086	0.471	−2.165	0.513	−2.322
5(主观测面)	0.301	−0.180	0.613	−0.385	0.593	−0.360
10(主观测面)	0.195	−0.180	0.463	−0.421	0.387	−0.357
11(主观测面)	0.230	−0.133	0.529	−0.316	0.504	−0.308
14(主观测面)	0.319	−0.292	0.683	−0.598	0.601	−0.541
17(主观测面)	0.196	−0.192	0.412	−0.406	0.372	−0.382
19(主观测面)	1.213	−1.512	2.084	−2.567	1.789	−2.120
3(主观测面)	0.617	−0.113	1.986	−0.374	2.054	−0.394
8(主观测面)	0.284	−0.297	0.683	−0.72	0.619	−0.630
9(主观测面)	0.300	−0.156	0.863	−0.455	0.800	−0.413
12(主观测面)	0.204	−0.386	0.638	−1.156	0.550	−0.955
15(主观测面)	0.305	−0.326	0.563	−0.599	0.499	−0.542
18(主观测面)	0.413	−0.280	0.768	−0.521	0.648	−0.458
20(主观测面)	1.022	−0.927	2.151	−1.965	2.102	−1.879

表6.9 地铁地下车站结构主观测面右侧墙应力幅值 (单位:MPa)

节点	南京人工波		绵竹清平波		汶川卧龙波	
	拉	压	拉	压	拉	压
36(主观测面)	0.186	−0.696	0.612	−1.883	0.622	−1.911
40(主观测面)	0.396	−0.160	0.668	−0.374	0.663	−0.320
44(主观测面)	0.289	−0.195	0.591	−0.391	0.524	−0.324
45(主观测面)	0.183	−0.159	0.574	−0.373	0.461	−0.365
50(主观测面)	0.350	−0.199	0.894	−0.554	0.732	−0.453
51(主观测面)	0.158	−0.130	0.376	−0.386	0.361	−0.347
55(主观测面)	0.243	−0.745	0.789	−2.168	0.671	−2.004
37(主观测面)	1.075	−0.144	2.005	−0.362	2.16	−0.396
42(主观测面)	0.200	−0.273	0.631	−0.694	0.533	−0.631
43(主观测面)	0.389	−0.152	0.924	−0.434	0.892	−0.394
46(主观测面)	0.307	−0.772	0.679	−1.269	0.633	−1.198
49(主观测面)	0.262	−0.297	0.599	−0.643	0.559	−0.582
52(主观测面)	0.386	−0.282	0.742	−0.569	0.628	−0.467
53(主观测面)	0.822	−0.569	2.196	−0.968	2.141	−0.919

表 6.10　地铁地下车站结构主观测面中柱应力幅值　（单位：MPa）

节点	南京人工波		绵竹清平波		汶川卧龙波	
	拉	压	拉	压	拉	压
33(主观测面)	0.983	−2.526	1.983	−5.834	2.053	−4.943
31(主观测面)	1.037	−2.266	1.906	−4.231	1.562	−3.553
29(主观测面)	0.802	−1.912	2.176	−4.079	2.023	−3.752
27(主观测面)	0.845	−3.053	2.039	−5.573	1.880	−6.227
25(主观测面)	0.720	−1.392	1.973	−3.989	1.598	−3.595
23(主观测面)	0.779	−2.828	1.890	−5.637	1.780	−4.915
34(主观测面)	0.874	−2.385	1.868	−6.383	1.523	−5.492
32(主观测面)	1.016	−3.074	1.811	−6.259	1.601	−5.419
30(主观测面)	1.263	−3.426	2.219	−6.261	2.336	−6.515
28(主观测面)	0.693	−3.427	1.996	−6.420	1.785	−6.630
26(主观测面)	0.730	−2.249	1.796	−6.638	1.920	−7.422
24(主观测面)	1.003	−2.441	1.729	−6.449	1.492	−5.093

由表 6.10 可知，下层中柱的压应力反应最大，其次是中层中柱，上层中柱的压应力最小。而对于拉应力，中层中柱的拉应力最大，上层和下层中柱拉应力相差不大。

从各观测面的应力结果比较可知，主观测面上的应力反应最大，主观测面的应力反应是前、后观测面的 1.4～2 倍；前观测面的应力反应又比后观测面稍大，这是模型后侧中柱不在模型最外缘所致。

6.3.3　车站结构的变形

将地铁车站结构不同深度处的水平位移幅值与车站底部水平位移幅值的差定义为车站结构的相对水平位移。不同地震波作用下地铁车站边墙中截面相对水平位移沿高度的变化曲线如图 6.29 所示；图 6.30 为地铁车站结构的相对水平位移沿纵向的变化曲线；地铁车站结构相对水平位移的最大值如表 6.11 所示，可以发现：

(1) 在汶川大地震近场的绵竹清平波和汶川卧龙波作用下的最大相对位移比 100 年超越概率 3%的南京人工地震波作用下的位移大得多，两者相对位移的比值达到 6 倍以上。

(2) 边墙相对位移曲线在 100 年超越概率 3%的南京人工地震波作用下近似呈抛物线；绵竹清平波作用下结构进入塑性，相对位移曲线近似呈直线；而汶川卧龙波作用下，楼板与边墙连接处产生塑性铰(见图 6.29)，相对位移曲线呈波浪线。

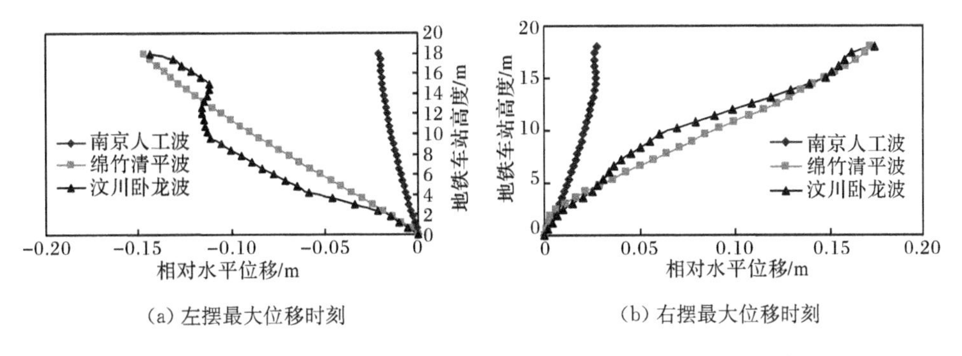

(a) 左摆最大位移时刻　　(b) 右摆最大位移时刻

图 6.29　基岩输入不同地震波时地铁地下车站结构的相对水平位移

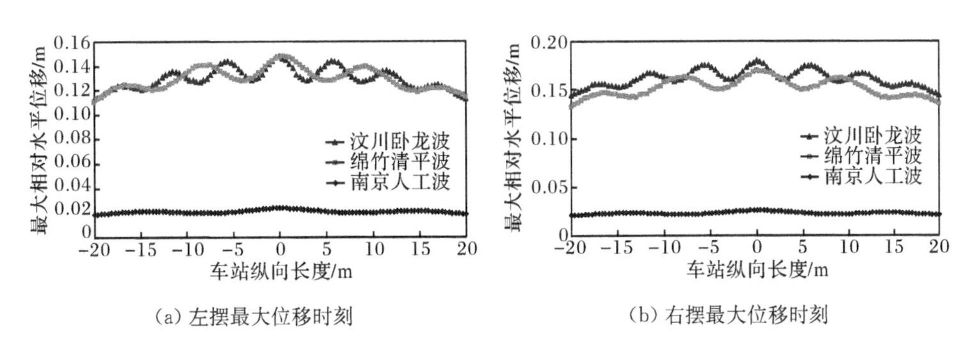

(a) 左摆最大位移时刻　　(b) 右摆最大位移时刻

图 6.30　地铁地下车站结构的相对水平位移沿纵向的变化曲线

表 6.11　基岩输入不同地震波时地铁地下车站结构的相对水平位移最大值

(单位:m)

输入地震波	南京人工波	绵竹清平波	汶川卧龙波
右摆方向	0.028	0.171	0.174
左摆方向	0.021	0.146	0.144

(3) 绵竹清平波和汶川卧龙波产生的最大相对位移大体相等,但曲线形状却相差很大,这可能是两条地震波的频谱成分不同造成的,汶川卧龙波的中低频成分比绵竹清平波的更丰富,但绵竹清平波的频谱比汶川卧龙波的均匀,从而使地下结构的变形形状产生较大的差异。

(4) 左摆曲线和右摆曲线形状相似,但从幅值上比较,右摆时刻的最大幅值都大于左摆时刻,这说明由于强地震动作用下地铁地下结构会产生单向累积的永久位移,在地铁地下结构抗震设计中应考虑这一现象的影响。

(5) 地下车站结构纵向中间截面处的相对水平位移最大,沿地下车站结构纵向的相对水平位移曲线呈现出波浪形状,具有显著的空间效应,中间截面处的相对水平位移比两端部的要大 1/4～1/3；且在不同地震波作用下，输入地震波的高频成分越多，地下车站结构纵向位移曲线波浪形的变化频率越高。

从地铁地下车站结构的整体变形分析可以发现：在绵竹清平波作用下，地铁地下车站结构第二层顶板发生了严重的变形，中柱扭曲成 S 形(实际情况下，可能被剪断)，车站两侧由于开间较大，楼板的变形亦比中间跨变形明显。而在南京人工波和汶川卧龙波作用下的车站变形并不十分明显。虽然框架式地铁地下车站二层和三层顶板的尺寸、材料都相同，但在绵竹清平波作用下，二层顶板的水平变形远远大于三层顶板的水平变形；虽然三层的层高较大，但三层中柱的水平变形远小于二层的水平变形，这说明三层框架式地铁地下车站顶层楼板的地震损伤更大。

6.3.4 车站结构加速度反应

图 6.31 比较了地铁地下车站结构顶板与底板的水平向地震动加速度时程；图 6.32 比较了地铁地下车站结构顶板、底板和基岩的水平向地震动加速度反应

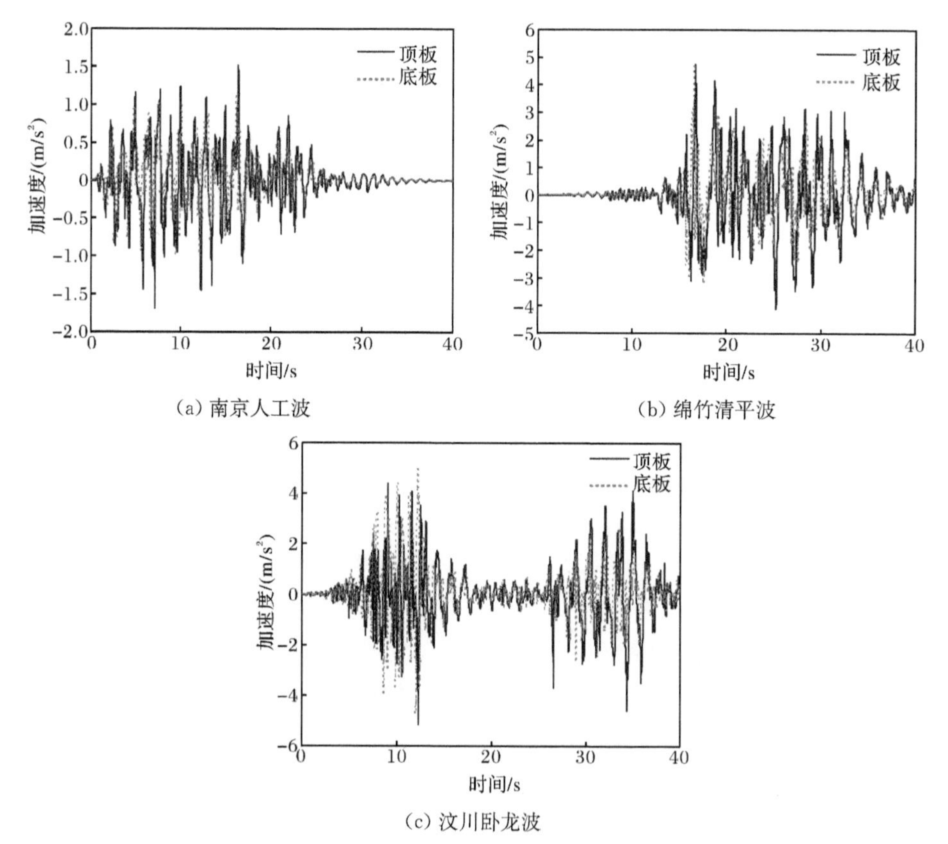

(a) 南京人工波　　(b) 绵竹清平波

(c) 汶川卧龙波

图 6.31　基岩输入不同地震波时地铁地下车站结构顶板和底板的加速度时程比较

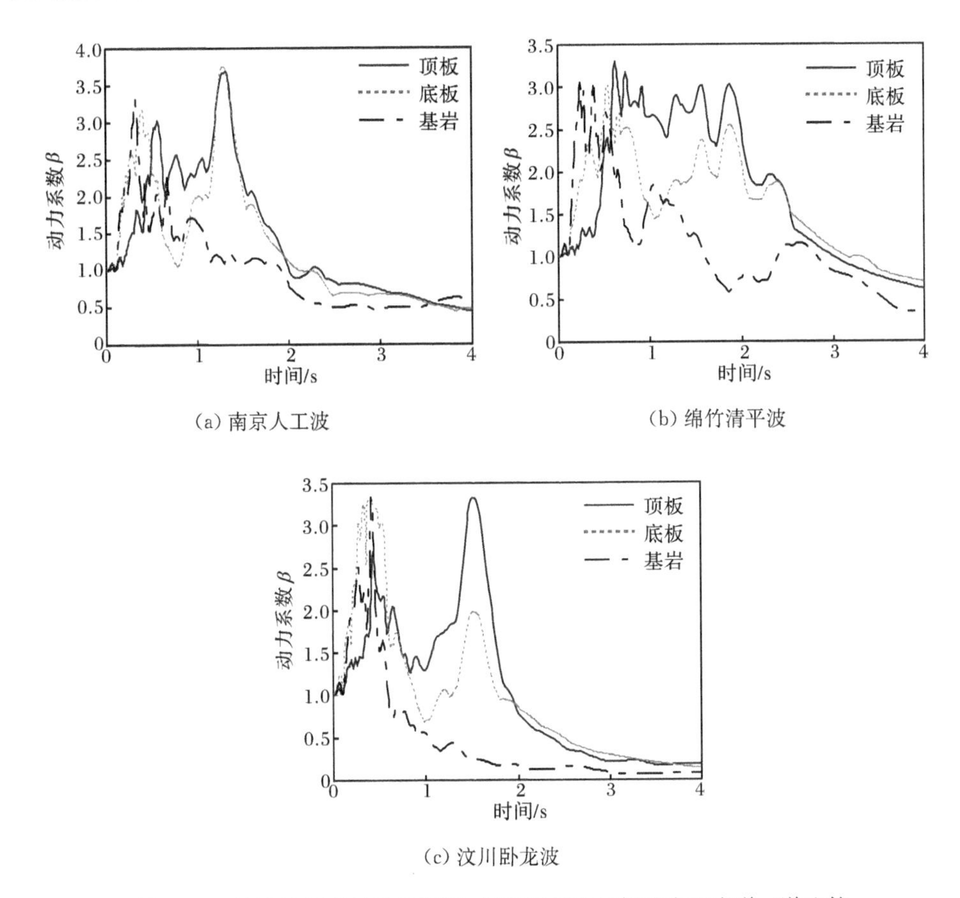

(a) 南京人工波

(b) 绵竹清平波

(c) 汶川卧龙波

图 6.32　地铁地下车站结构顶板、底板和基岩的加速度反应谱 β 谱比较

谱 β 谱，可以得出：在同一条地震波作用下，顶板的加速度时程形状与底板加速度时程形状相似，但顶板的地震动峰值加速度比底板大，如表 6.12 所示。这与 Hashash 等[8]给出的浅埋地下结构比深埋地下结构危险的结论是一致的。

在三条地震波作用下，与基岩输入波反应谱 β 谱相比，车站顶板与底板的加速度反应谱 β 谱明显向长周期方向移动。

表 6.12　基岩输入不同地震波时地铁地下车站结构顶板和底板峰值加速度

（单位：m/s^2）

输入地震波	南京人工波	绵竹清平波	汶川卧龙波
地铁车站顶板	1.668	4.687	5.112
地铁车站底板	1.153	4.613	4.962

6.4 可液化场地地下车站结构地震反应模型试验

6.4.1 模型试验设计

针对本次地铁车站振动台模型试验的目的,相似比设计应主要遵循结构的相似比体系,但根据本试验的特点,需要考虑时间效应对液化场地孔隙水压力的增长及消散的影响,因此时间相似比采用模型土的时间相似比,其余的相似比按模型结构的相似关系推导得出。模型土时间相似比的推导方法见第 4 章。模型体系各物理量的相似关系和相似比体系如表 6.13 所示。

表 6.13 模型体系各物理量的相似关系和相似比

物理特征	物理量	相似关系	相似比	
			模型结构	模型地基土
几何特征	长度 l	S_l	1/30	1/4
	线位移 r	$S_r=S_l$	1/30	1/4
	惯性矩 I	$S_I=S_l^4$	1.2×10^{-6}	—
材料特征	等效密度 ρ	$S_\rho=S_E/S_lS_a$	15/2	1
	弹性模量 E	S_E	1/4	—
	土的剪切波速 v_s	S_v	—	1/2
	土的剪切模量 G	S_G	—	1/4
	抗弯刚度 EI	$S_{EI}=S_ES_l^4$	3.1×10^{-7}	—
	抗压刚度 EA	$S_{EA}=S_ES_l^2$	2.8×10^{-4}	—
	重力加速度 g	S_g	1	1
	有效上覆土压力 σ'	$S_{\sigma'}=S_lS_gS_\rho$	—	1/4
动力特性	质量 m	$S_m=S_\rho S_l^3$	2.8×10^{-4}	—
	力 F	$S_F=S_\rho S_l^3S_a$	8.3×10^{-4}	—
	振动频率 ω	$S_\omega=1/S_t$	5.4794	2
	输入振动加速度 a	S_a	1	1
	输入振动持时 t	$S_t=\sqrt{S_l/S_a}$	0.1825	1/2
	动力响应应力 σ	$S_\sigma=S_lS_aS_p$	1/4	1/4
	动力响应位移 r	$S_r=S_l$	1/30	1/4
	动力响应应变 ε	$S_\varepsilon=S_lS_aS_p/S_E$	1	1
	动力响应加速度 a	S_a	1	1
	动力响应孔隙水压力 u	$S_u=S_lS_aS_p$	—	1/4

本章模型地基的制作方法如第 4 章中介绍，本次试验用饱和细砂的密度为 1.820g/cm³，相对密度约为 46%，粉质黏土密度为 1.750g/cm³。本次试验中非破坏试验采用微粒混凝土模型结构，破坏试验采用石膏模型结构和中柱刚度弱化的微粒混凝土模型结构。制作的地铁车站模型结构如图 6.33 和图 6.34 所示。

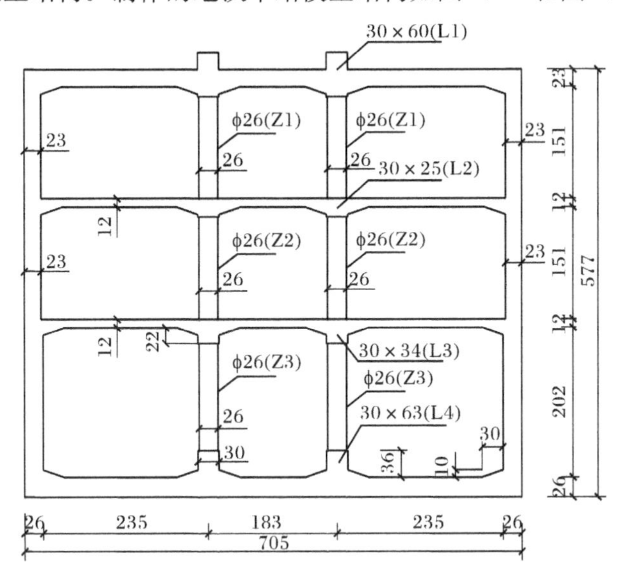

图 6.33　地铁车站模型结构横截面设计图

(a) 微粒混凝土模型结构

(b) 石膏模型结构

图 6.34　地铁车站模型结构

对于土与结构相互作用体系，水平地震动作用下产生的水平惯性力是由模型土和模型结构共同引起的，本试验的配重设计主要考虑以下几个方面：

(1) 模型土不易施加配重，若在模型地基土中加入铁砂等物质，使得模型土满足配重要求，会使地基土性质改变，达不到液化效果，影响可液化场地条件下的地下结构动力反应结果的真实性，故模型土未施加附加配重。

(2) 由于模型地基采用的是截断区域，无法模拟无限区域的地基土惯性力对地下结构的影响，通过对结构施加配重，可以在一定程度上弥补这部分的不足。

(3) 本次试验为结构破坏性试验，为达到破坏效果，结构的惯性力作用不应完全忽视。

结构配重质量可由式(6.2)得出：

$$m_{配重} = m_{总} - m_{模型} = S_l^2 S_E m_{原型} - m_{模型} \tag{6.2}$$

计算得出微粒混凝土模型结构需要的配重约980kg，石膏模型结构共需要的配重约250kg，但在实际配重过程中一方面要考虑材料承受荷载的能力，另一方面要考虑在地震动作用下结构的整体受力性能，故采用不完全配重法。试验中微粒混凝土模型结构实际配重质量为480kg，约为完全配重质量的50%；石膏模型结构实际配重质量为60kg，约为完全配重质量的25%。微粒混凝土模型结构中将质量铅块分别均匀布置于结构的每一层楼板上，在一定程度上满足结构的惯性力要求和结构振型特征。考虑到石膏模型结构中间楼板厚度小、强度低，将质量铅块均匀布置于结构顶部，可部分满足结构的惯性力要求。

本次试验拟采用第3章介绍的5.12汶川地震记录的什邡八角波、松潘波和Taft波作为振动台的输入波。系列试验总体安排如表6.14所示，各试验的加载工况分别如表6.15～表6.17所示。在开始激振前用小振幅的白噪预振，使土体模型密实，其后每次改变加速度输入峰值时亦均输入白噪扫描，观测体系模型动力特性的改变情况。每一工况之间的地震波输入的间隔时间为60min，以测试孔隙水压力的增长与消散的情况。

表6.14 地铁车站结构振动台系列模型试验总体安排

试验顺序	试验类型	模型结构材料	模型土	加载工况
1	结构非破坏性试验	微粒混凝土	南京细砂	0.1*g*、0.3*g*、0.5*g*
2	结构破坏性试验	微粒混凝土	南京细砂	0.8*g*、0.3*g*
3	结构破坏性试验	石膏	南京细砂	0.8*g*、0.3*g*
4	结构非破坏性试验	微粒混凝土	粉质黏土	0.1*g*、0.3*g*、0.5*g*

表6.15 可液化场地上结构非破坏性振动台模型试验加载工况

工况序号	输入地震动	工况代号	输入地震动持续时间/s	输入地震动峰值加速度/*g*
1	白噪声	B1	—	0.02
2	松潘波	SP-1	100	0.1
3	Taft波	TA-1	15	0.1
4	什邡八角波	SF-1	100	0.1

续表

工况序号	输入地震动	工况代号	输入地震动持续时间/s	输入地震动峰值加速度/g
5	白噪声	B2	—	0.02
6	什邡八角波	SF-2	100	0.3
7	白噪声	B3	—	0.02
8	什邡八角波	SF-3	100	0.5
9	松潘波	SP-3	100	0.5
10	Taft 波	TA-3	15	0.5
11	白噪声	B4	—	0.02

表 6.16　微粒混凝土模型结构破坏性振动台模型试验加载工况

工况序号	输入地震动	工况代号	输入地震动持续时间/s	输入地震动峰值加速度/g	说明
1	白噪声	B1	—	0.02	—
2	什邡八角波	SF-1	100	0.8	模拟主震
3	Taft 波	TA-1	15	0.3	模拟余震
4	白噪声	B2	—	0.02	—

表 6.17　石膏模型结构破坏性振动台模型试验加载工况

工况序号	输入地震动	工况代号	输入地震动持续时间/s	输入地震动峰值加速度/g	说明
1	白噪声	B1	—	0.02	—
2	什邡八角波	SF-1	100	0.8	模拟主震
3	Taft 波	TA-1	15	0.3	模拟余震
4	白噪声	B2	—	0.02	—

图 6.35 为本次试验主观测面地基中的传感器布置图。模型结构的传感器布置方法同图 6.4。

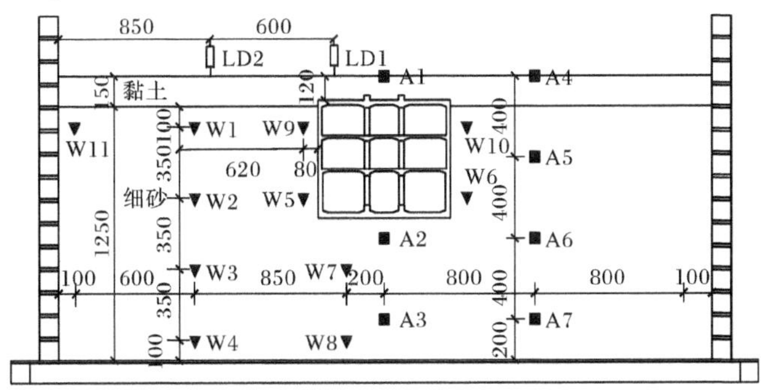

图 6.35　模型场地土中及车站结构中传感器布置

6.4.2 非破坏性振动台试验的结果与分析

1. 模型地基地震反应特性

1) 地基土加速度反应规律

图 6.36～图 6.38 给出各工况下的模型地基土各测点的加速度时程和傅里叶谱。可以看出:输入地震波在模型土介质的传播过程中,其频谱特性发生了改变。输入什邡波时,土层中由上到下各测点 A4、A5、A6、A7 记录的傅里叶谱出现了明显的多峰值;测点 A1、A3、A4 的傅里叶谱的频谱存在明显差异,说明地下结构的存在对周边地基的地震动频谱特性有显著影响。输入松潘波和 Taft 波时地基土各测点记录的傅里叶谱频谱较为类似,与输入什邡波时相比,地基土强震动的频率范围较窄,但放大效应更为显著。在输入什邡波、松潘波和 Taft 波时,位于地下结构上、下部土层测点 A1、A3 记录的傅里叶谱差异较大,均呈现出明显的低频放大现象,相同高度的测点 A3、A7 的峰值加速度和傅里叶谱特性也有明显差异。这进一步说明地下结构的存在将影响周边土层的地震动特性。

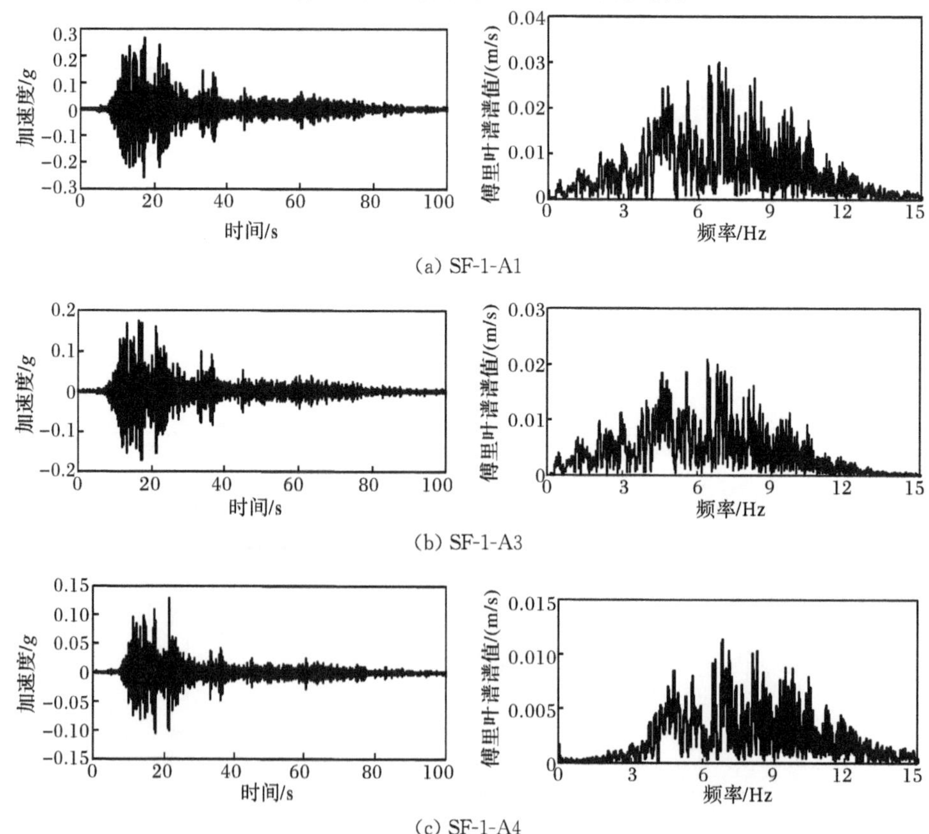

(a) SF-1-A1

(b) SF-1-A3

(c) SF-1-A4

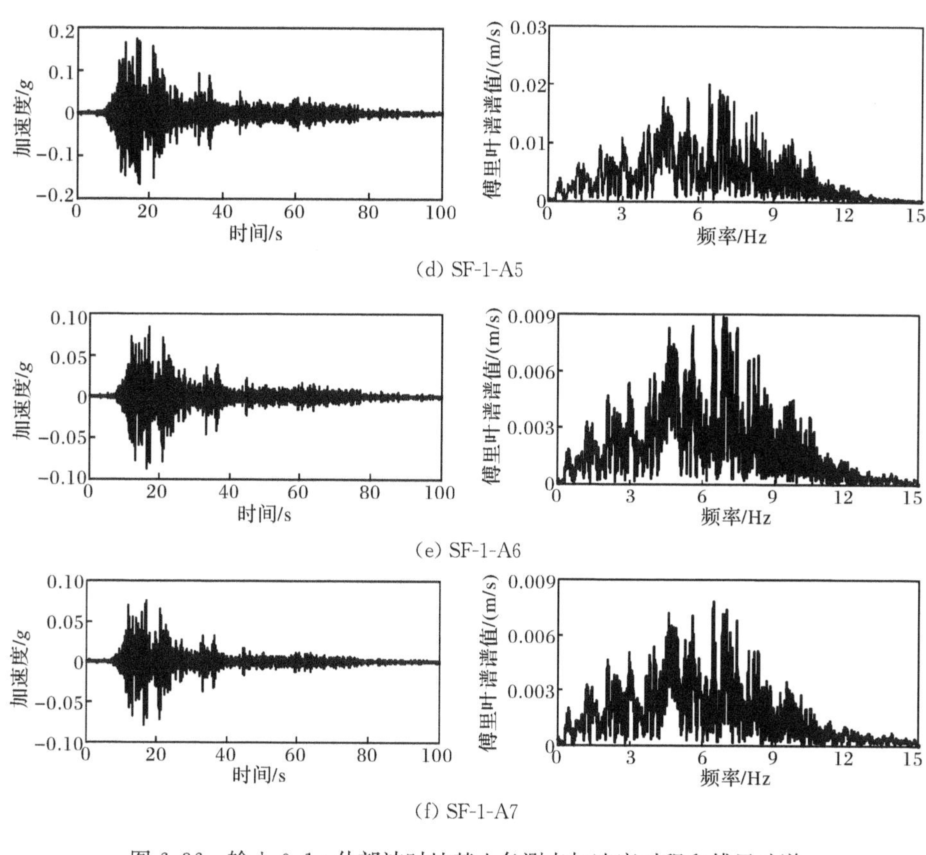

(d) SF-1-A5

(e) SF-1-A6

(f) SF-1-A7

图 6.36　输入 0.1g 什邡波时地基土各测点加速度时程和傅里叶谱

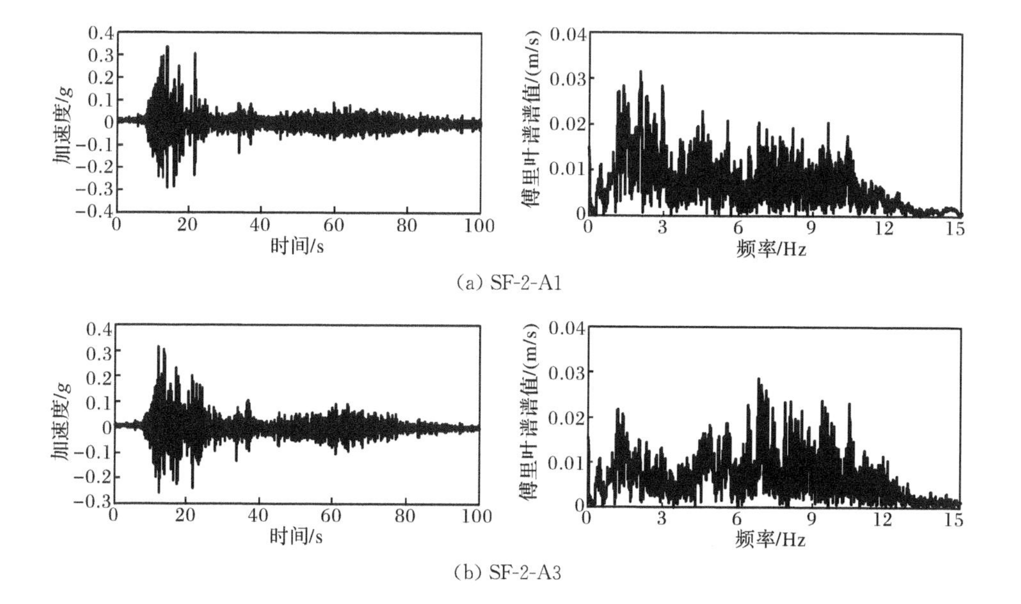

(a) SF-2-A1

(b) SF-2-A3

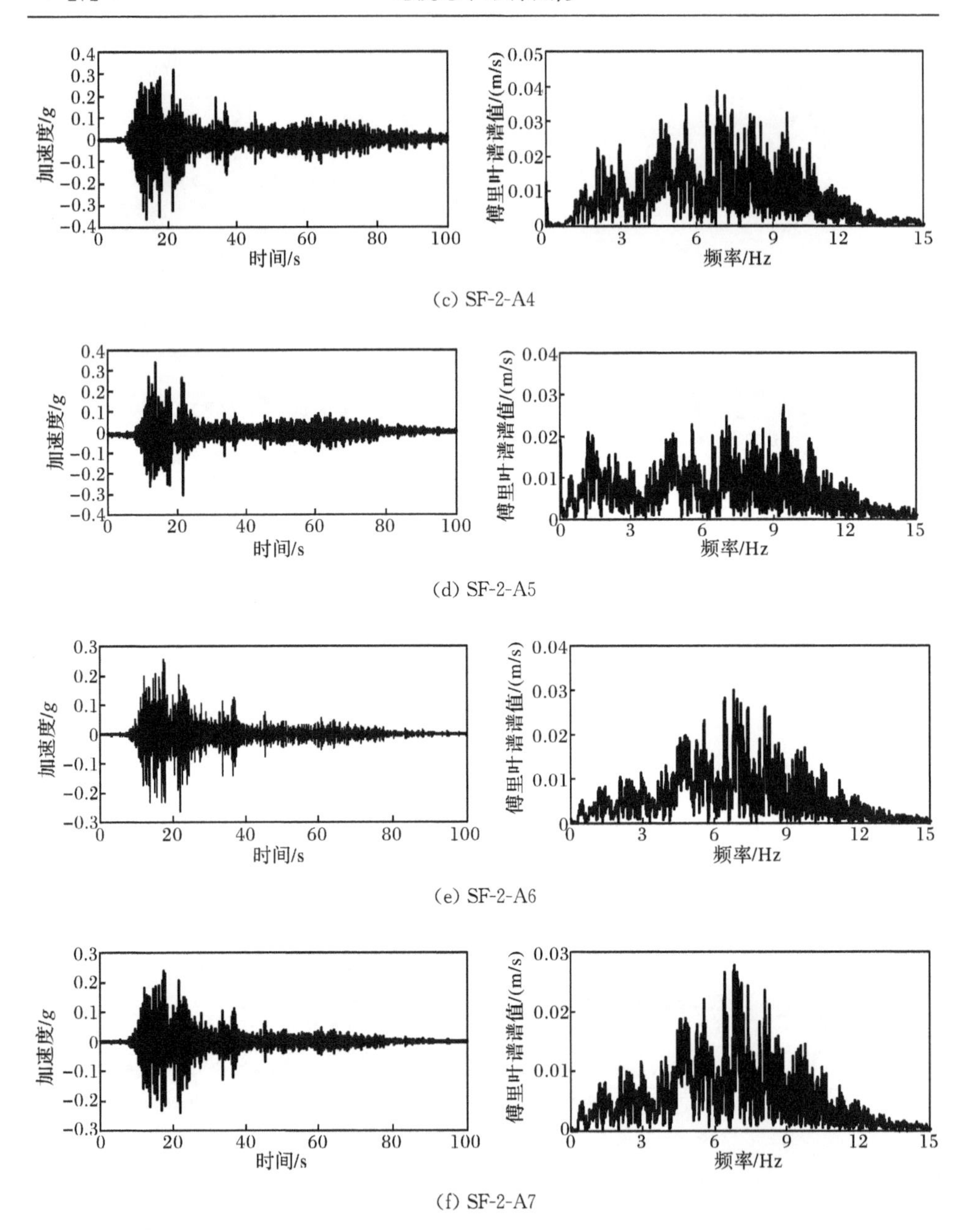

(c) SF-2-A4

(d) SF-2-A5

(e) SF-2-A6

(f) SF-2-A7

图 6.37　输入 0.3g 什加波时地基土各测点加速度时程和傅里叶谱

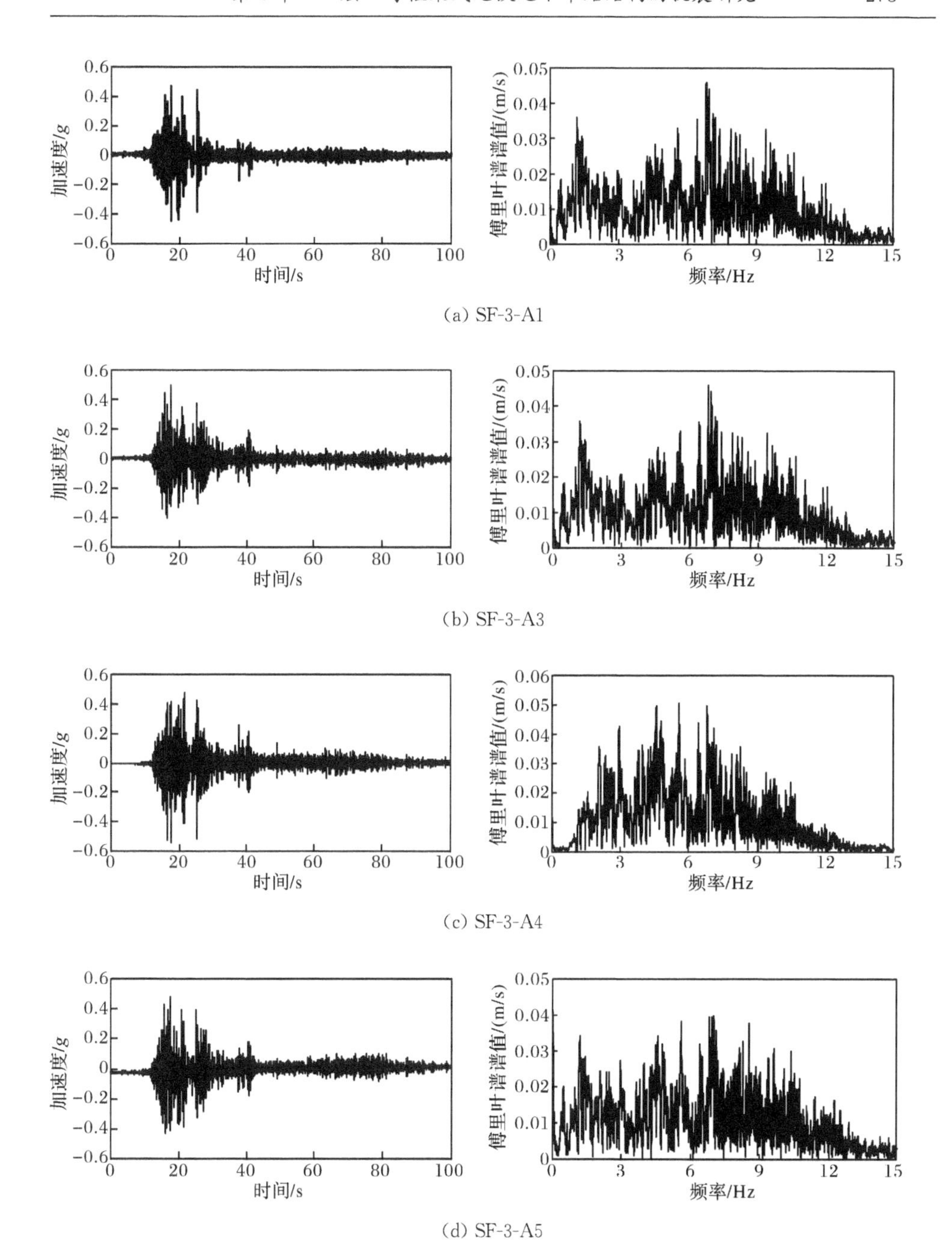

(a) SF-3-A1

(b) SF-3-A3

(c) SF-3-A4

(d) SF-3-A5

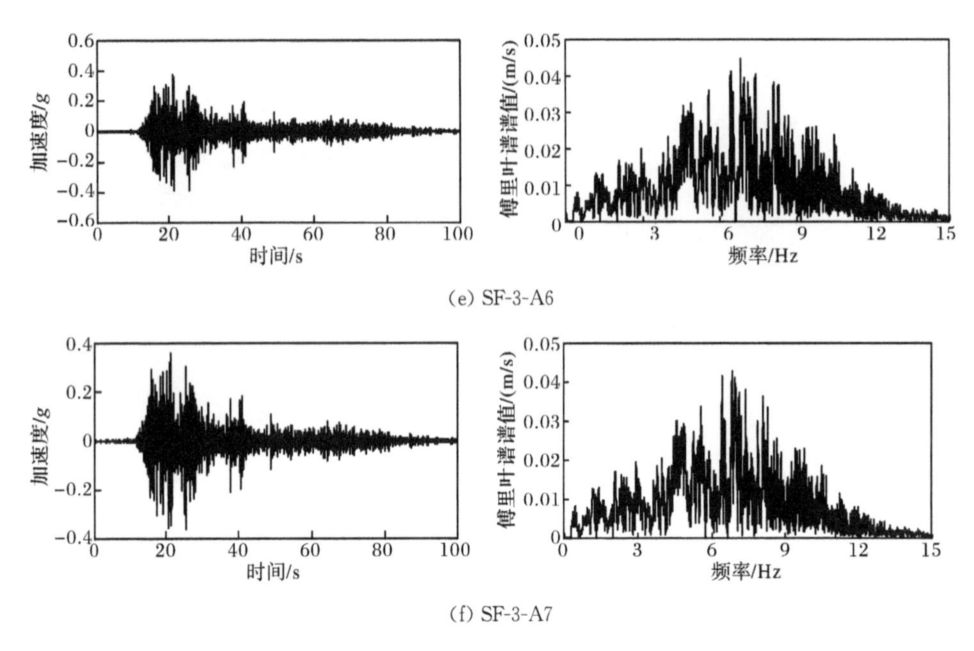

(e) SF-3-A6

(f) SF-3-A7

图 6.38　输入 0.5g 什邡波时地基土各测点加速度时程和傅里叶谱

输入什邡波时模型地基土的峰值加速度放大系数随深度的变化如图 6.39(a)所示。可以发现:随着输入地震动峰值加速度的增大,地表测点 A4 的峰值加速度放大系数略有降低,而细砂层上部测点 A5 的峰值加速度放大系数降低明显。这是由于在小震激励下,孔隙水压力增长较少,土的结构性破坏小,土体基本上处于弹性状态,土体的耗能较小,因而对输入地震波的放大效应比较明显;随着地震动激励逐渐增强,测点 A5 处的孔隙水压力逐步增长,土体逐步软化,非线性特性明显,土体传递地震波的能力减弱,使地震波的放大效应减弱。

随着输入峰值加速度的增大,输入松潘波和 Taft 波时细砂层上部测点 A5 的峰值加速度放大系数变化与输入什邡波时该点的峰值加速度放大系数变化较为一致,但地表测点 A4 处的加速度放大系数显著不同,如图 6.39(b)和(c)所示。在 0.1g 松潘波和 Taft 波作用下,地表的地震动放大效应不明显,峰值加速度放大系数明显小于 1.0;但在 0.5g 松潘波和 Taft 波作用下,地表的地震动放大效应显著,峰值加速度放大系数接近 2.0。这可能是由于在强地震动作用过程中,覆盖黏土层的刚度退化,基频降低,使黏土层的基频与松潘波和 Taft 波的主频成分接近,从而使地表的地震动放大效应显著增加。

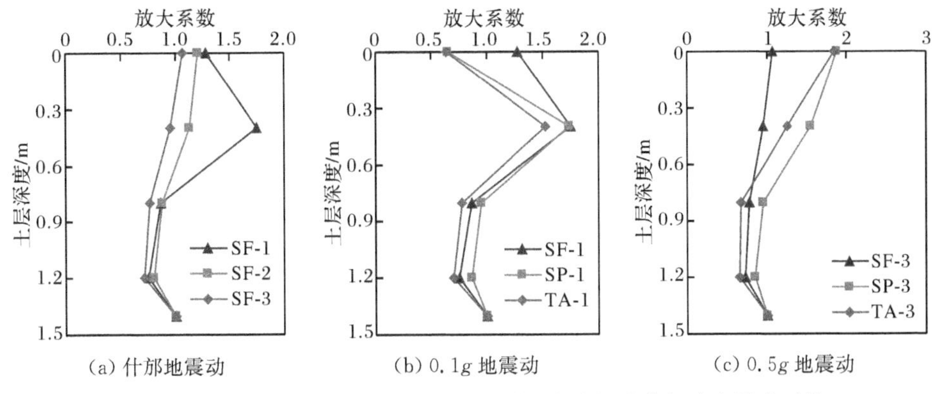

(a) 什邡地震动　(b) 0.1g 地震动　(c) 0.5g 地震动

图 6.39　输入不同地震动时地基土不同深度处的峰值加速度放大系数

综上所述，频谱特性相近的松潘远场地震动和中远场 Taft 地震动产生的场地放大效应相近，且比什邡近场地震动的放大效应更加显著。这说明，在频谱特性不同的近场和远场地震动作用下，土层的地震反应有所不同，主要频谱成分接近模型地基土基频的远场地震动，对土层的放大效应更为明显。

2) 地基土孔隙水压力发展规律

各工况下模型地基土中各测点的孔压比峰值及达到峰值的时刻如表 6.18 所示，可以看出：在近场和远场地震动作用下，孔压比的变化规律较为一致，在地基土未完全液化时，模型地基土中自上而下各测点的孔压比依次递减，这与土层不同深度各测点的应力状态有关，土体围压越大，液化程度越低；模型结构侧墙两侧的测点 W9 和 W10、W5 和 W6 的孔压比分别大于同高度土层中的测点 W1 和 W2 的孔压比，这是由于在地震动作用下模型结构侧面与地基土之间的接触面形成了排水通道，使得模型结构两侧的液化程度有所提高。随着土层深度的增加，孔压比增长达到峰值所需的时间逐渐减少，液化所需的时间越短，且结构附近液化土体的孔压比达到峰值的时刻早于远离结构的相同深度土层的孔压比达到峰值的时刻。

表 6.18　各工况下各测点的孔压比和孔压比稳定时刻

测点	试验工况									
	SF-1		SF-2		SF-3		SP-1		SP-3	
	孔压比峰值	最大值时刻/s	孔压比峰值	最大值时刻/s	孔压比峰值	最大值时刻/s	孔压比峰值	最大值时刻/s	孔压比峰值	最大值时刻/s
W1	0.64	168.4	1.00	51.4	1.00	31.8	0.31	96.9	1.00	64.5
W2	0.29	28.3	1.00	29.2	1.00	31.1	0.11	91.5	1.00	42.6
W3	0.26	24.4	1.00	15.4	1.00	19.2	0.22	35.6	0.88	28.3
W5	0.33	27.8	1.00	25.4	1.00	29.2	0.18	35.2	1.00	33.6
W6	0.31	24.5	1.00	20.9	1.00	30.1	0.19	35.4	1.00	39.7

续表

测点	试验工况									
	SF-1		SF-2		SF-3		SP-1		SP-3	
	孔压比峰值	最大值时刻/s	孔压比峰值	最大值时刻/s	孔压比峰值	最大值时刻/s	孔压比峰值	最大值时刻/s	孔压比峰值	最大值时刻/s
W7	0.14	29.2	1.00	28.8	1.00	31.1	0.21	39.5	1.00	41.6
W8	0.15	27.3	0.90	25.4	1.00	30.4	0.18	36.5	0.88	37.9
W9	0.65	34.8	1.00	47.3	1.00	27.3	0.29	63.4	1.00	39.3
W10	0.74	36.1	1.00	21.1	1.00	24.7	0.26	72.4	1.00	31.5
W11	0.82	30.8	1.00	27.8	1.00	33.1	0.26	73.7	1.00	36.7

不同工况下地基中不同位置测点得到的孔压比时程变化如图 6.40～图 6.44 所示，可以得出模型地基液化的规律如下：

(1) 在峰值加速度 0.1g 的地震动作用下，孔压比增长较小，孔压消散不明显，且输入什邡波时孔压的增长速率比输入松潘波时的孔压增长速率快；在峰值加速度 0.3g 和 0.5g 的地震动作用下，地基土中各测点的孔压瞬间增长到最大值，说明在小震作用下孔压的增长过程与地震动特性有关，在大震作用下孔压瞬间达到最大值，与输入地震动特性的关系不大。

(2) 在峰值加速度 0.1g 的地震动作用下，地基土相同深度不同位置的孔压比明显不同，模型结构下方测点 W7 的孔压比小于离模型结构较远地基测点 W3 的孔压比，因为模型结构的自重大于同体积的土体，使得模型结构底部土体的固结应力和围压较大，在地震动的作用下土颗粒微观运动较弱，土的结构性破坏程度较低，因此模型结构底部地基土的液化程度小于相同深度离模型结构较远地基土的液化程度。

(3) 不同深度测点的孔压比差异较大，土层中测点 W1、W2 的孔压比明显大于测点 W3 的孔压比，说明浅层地基土比深层地基土更容易液化。浅层地基中测点 W1、W9、W10 的孔压比在瞬间达到 1，并持续了一段时间后孔压开始消散，而深部地基土测点的孔压比在达到 1 后，立刻开始消散，这是由于深部地基土的孔隙水比较容易在结构性已遭破坏的砂土中向上运移，但浅层砂土的孔隙水难以很快透过上覆黏土向外排泄，且又有来自深部地基土中孔隙水的一定补给，所以地基土中孔压的消散速度自下而上呈逐渐减慢的趋势。

(4) 在 SF-3 和 SP-3 工况下，模型结构邻近地基中的测点 W5、W6、W9、W10 的孔压比都达到 1，说明模型结构周边的土层已经全部达到液化状态。不同地震动作用下，模型结构两侧同深度的测点 W5 和 W6、W9 和 W10 的孔压峰值及变化过程均不一致，这是由于地震动作用的方向性，模型结构对其两侧土体的作用效应有所不同，从而使两侧土体孔压的增长和消散过程也有所差异。

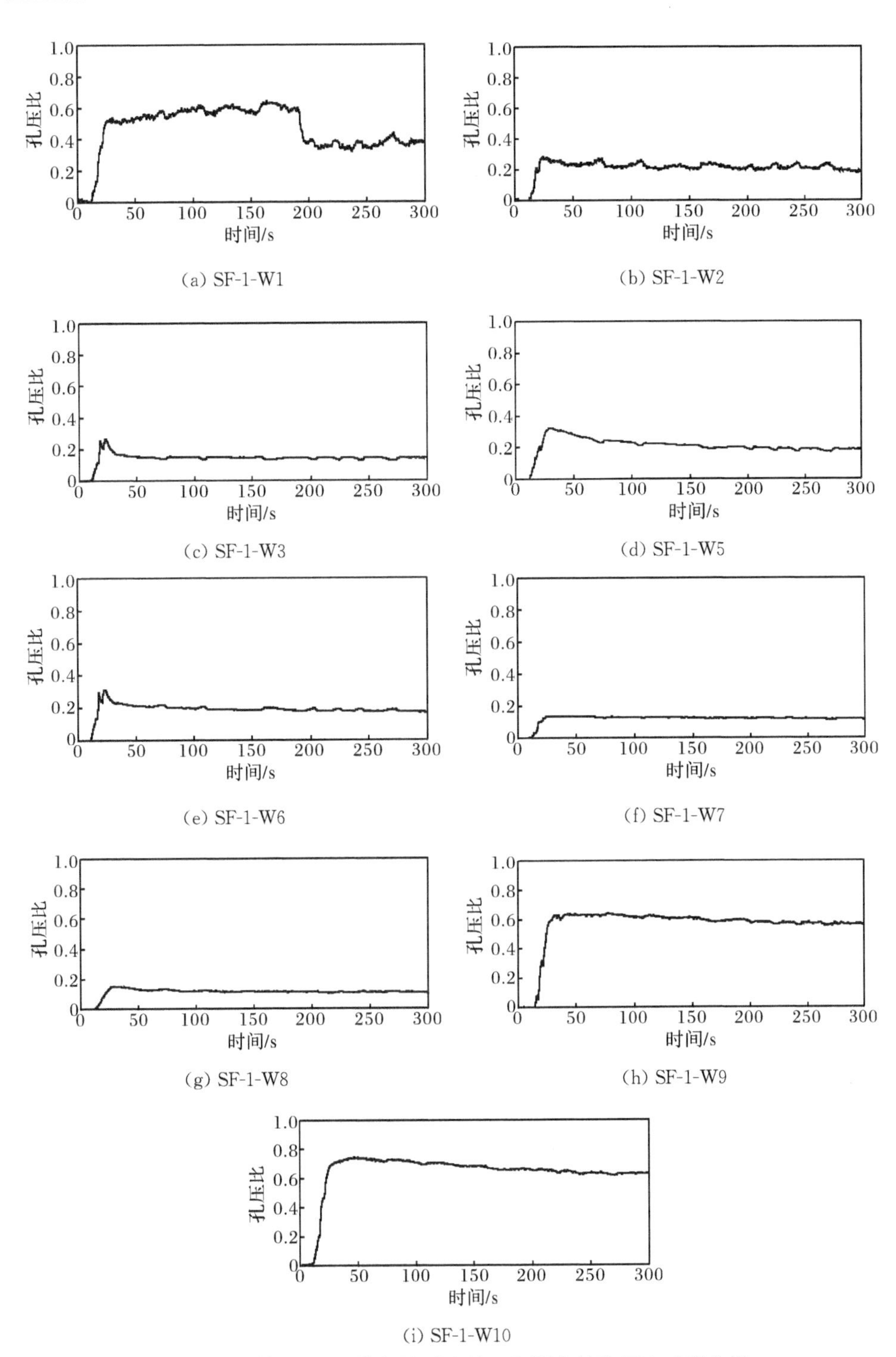

图 6.40　输入 0.1g 什邡波时地基土各测点的孔压比时程曲线

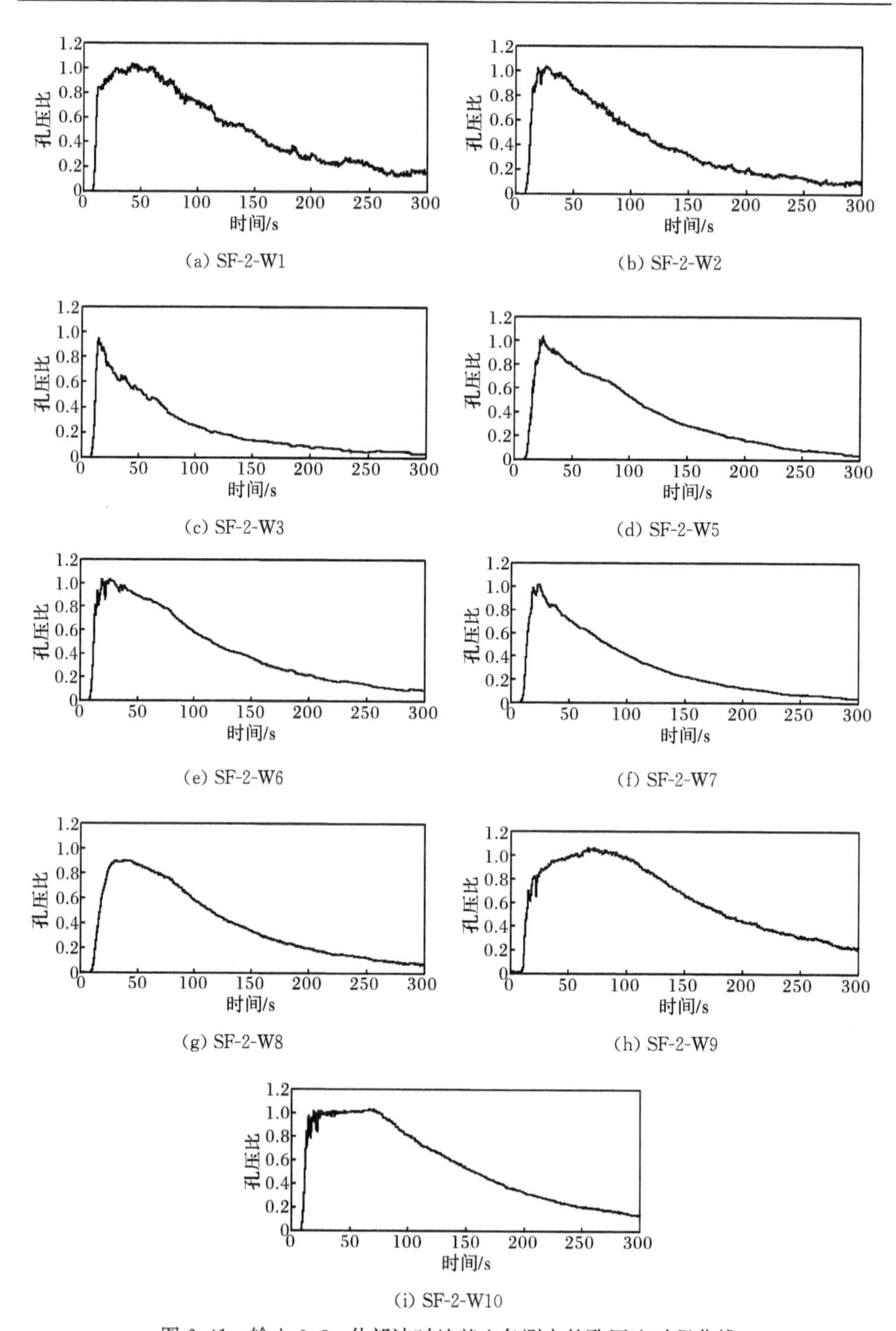

图 6.41　输入 0.3g 什邡波时地基土各测点的孔压比时程曲线

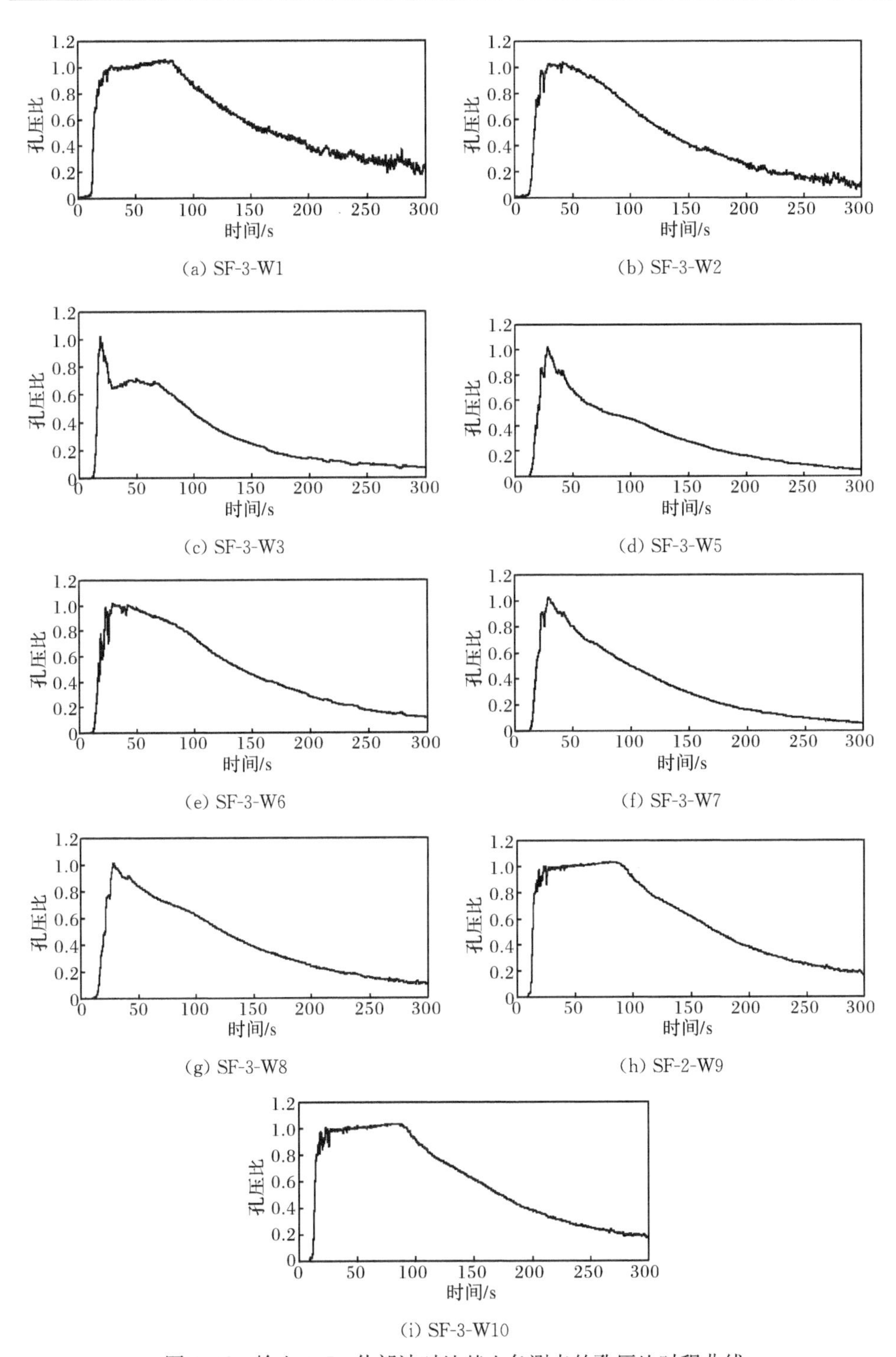

(a) SF-3-W1　(b) SF-3-W2

(c) SF-3-W3　(d) SF-3-W5

(e) SF-3-W6　(f) SF-3-W7

(g) SF-3-W8　(h) SF-2-W9

(i) SF-3-W10

图 6.42　输入 0.5g 什邡波时地基土各测点的孔压比时程曲线

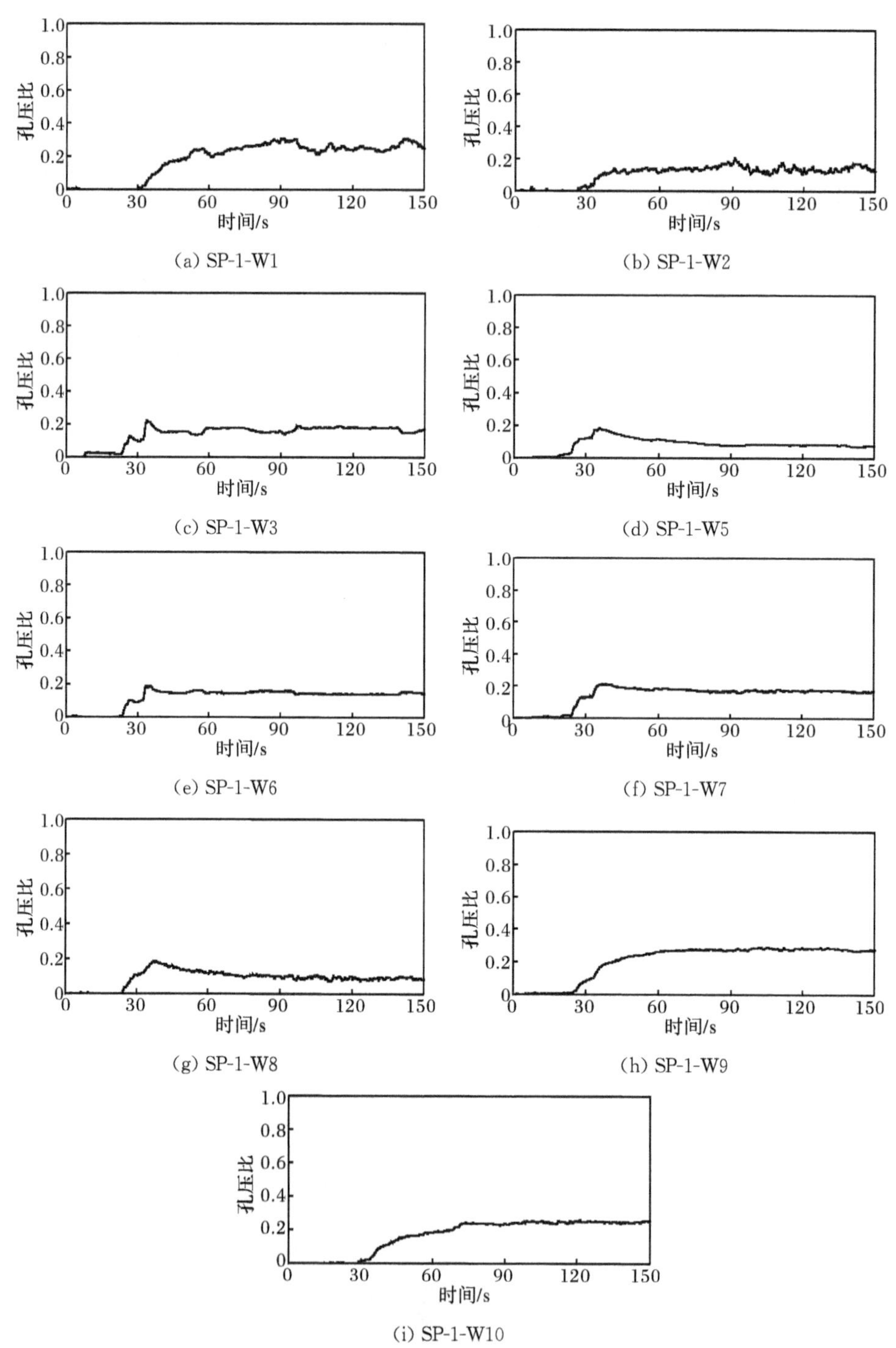

图 6.43　输入 0.1g 松潘波时地基土中不同位置的孔压比时程曲线

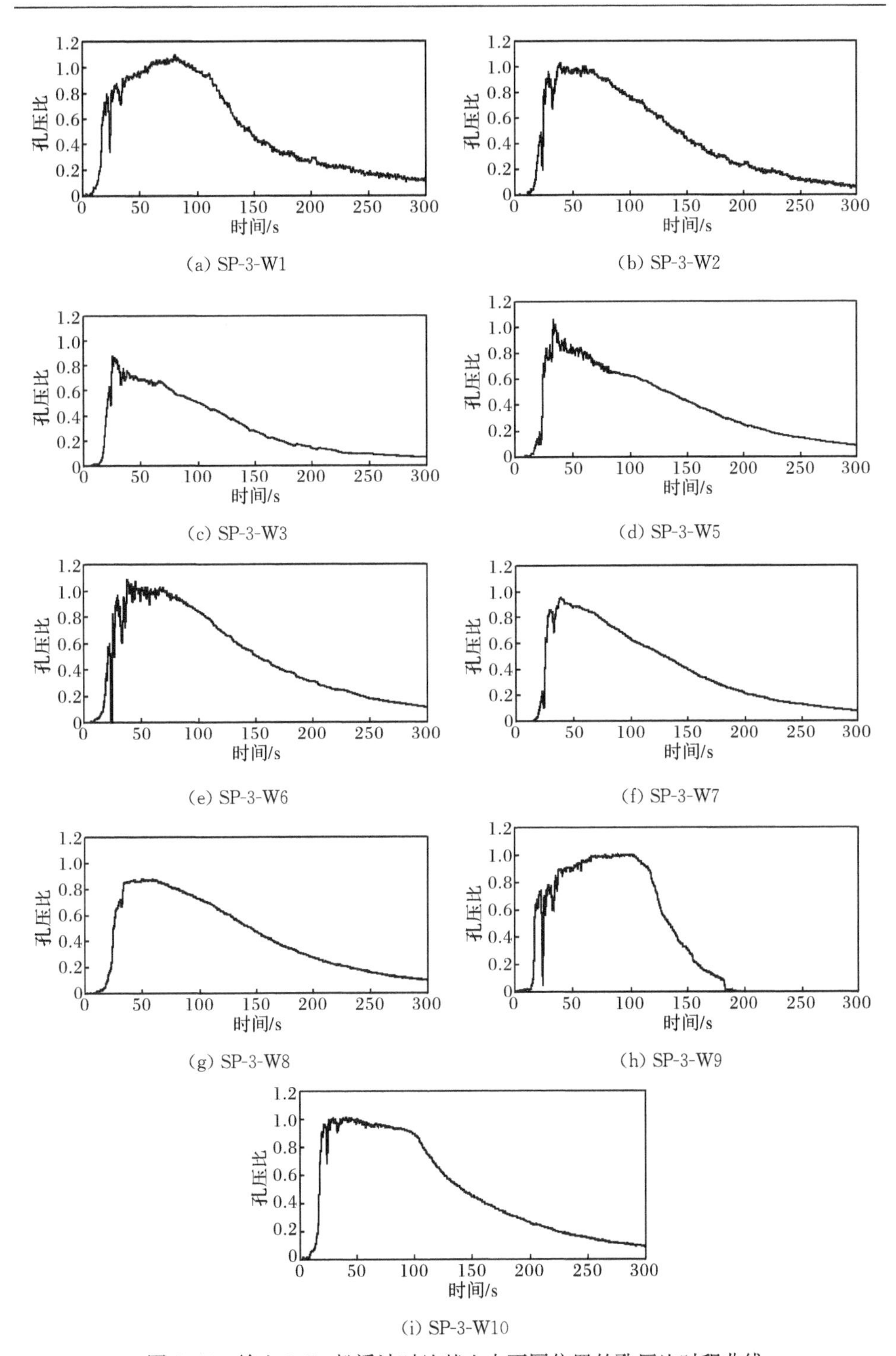

(a) SP-3-W1　(b) SP-3-W2

(c) SP-3-W3　(d) SP-3-W5

(e) SP-3-W6　(f) SP-3-W7

(g) SP-3-W8　(h) SP-3-W9

(i) SP-3-W10

图 6.44　输入 0.5g 松潘波时地基土中不同位置的孔压比时程曲线

3) 地表震陷特征

随输入地震动峰值加速度的增大，模型结构上方和邻近地基地表之间的震陷差值增大，各工况的地表震陷值如表 6.19 所示，可以发现：模型结构上方地表的震陷值明显小于模型结构邻近地基地表的震陷值，说明模型结构产生了向上的相对运动，在强地震动作用下的上浮现象更为明显。

表 6.19 各工况下地表震陷值 (单位：mm)

地表震陷测点	试验工况						
	SP-1	TA-1	SF-1	SF-2	SF-3	SP-3	TA-3
J1(结构上部地表)	0.87	0.46	0.75	2.76	1.47	1.50	2.74
J2(结构侧边地表)	3.18	0.71	1.52	7.48	8.49	17.54	10.10

2. 地铁车站结构试验结果与分析

1) 结构加速度反应

图 6.45(a)比较了不同工况下结构侧墙上不同高度测点的峰值加速度，可以发现：在不同峰值加速度的什邡八角地震动作用下，结构不同高度的峰值加速度反应存在差异，结构中下部的峰值加速度反应明显大于其他位置。图 6.45(b)和(c)比较了相同幅值不同地震动作用下地铁车站的峰值加速度反应，可以看出：在 0.1g 地震激励下，各工况下结构的峰值加速度反应一致，并且结构中下部的反应较大；在 0.5g 地震激励下，结构在各工况下的峰值加速度反应有所差异，在松潘地震动作用下结构的峰值加速度反应最大；输入近场什邡波时，结构的峰值加速度反应相对较小，但结构中下部的峰值加速度较为显著。由于远场松潘波和中远场 Taft 波的地震动特性较相似，结构的峰值加速度反应沿高度的变化趋势较一致。

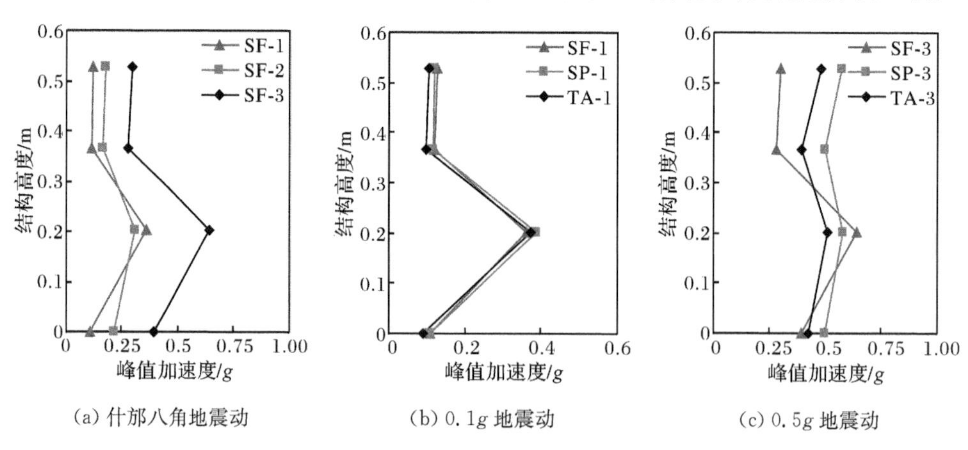

(a) 什邡八角地震动 (b) 0.1g 地震动 (c) 0.5g 地震动

图 6.45 不同工况下车站结构不同高度处峰值加速度

表6.20比较了结构侧墙上不同高度测点和结构侧边地基土中测点的峰值加速度，可以看出：液化场地条件下，结构某些部位的峰值加速度反应可能比周围场地的峰值加速度反应要大。比较结构顶板和底板的峰值加速度反应，可以发现：在小震作用下，结构顶板和底板的峰值加速度差距不大，随着输入地震动峰值加速度的增加，在SF-2和SF-3工况下结构底板的峰值加速度反应逐渐大于顶板的峰值加速度反应；但在SP-3和TA-3工况下，结构的峰值加速度变化规律有所不同，结构顶板的峰值加速度反应大于底板的峰值加速度反应。

表6.20 结构加速度反应与周围场地土加速度反应比较 (单位：g)

测点位置		加载工况						
		SP-1	TA-1	SF-1	SF-2	SF-3	SP-3	TA-3
结构	A1-1	0.121	0.104	0.128	0.178	0.302	0.578	0.483
	A1-2	0.118	0.098	0.120	0.166	0.283	0.498	0.394
	A1-3	0.386	0.373	0.362	0.315	0.646	0.584	0.512
	A1-4	0.119	0.096	0.115	0.219	0.394	0.497	0.423
场地土	A4	0.065	0.063	0.128	0.364	0.535	0.940	0.919
	A5	0.174	0.153	0.174	0.341	0.478	0.778	0.631
	A6	0.095	0.078	0.086	0.264	0.385	0.471	0.340

2) 结构侧墙动土压力反应

在地震动作用过程中，模型结构侧墙受到动土压力的作用，动土压力随深度的分布如图6.46所示。可以发现：随着台面输入地震动峰值加速度的增大，动土压力也随之增大；对于不同工况，动土压力随深度增大而减小，侧墙顶部的动土压力最大；输入地震动特性对动土压力的大小有显著影响，在峰值加速度为0.1g的地震动作用下，输入什邡波时的动土压力反应较大，而在峰值加速度为0.5g的地震动作用下，输入松潘波时的动土压力反应更为显著，这与模型结构周边地基土的峰值加速度反应特征较为一致。

3) 结构侧墙水平位移反应

随着输入地震动峰值加速度的增加，结构的水平位移反应增加，结构不同测点的位移反应幅值如表6.21所示，可以看出：模型结构底部的位移反应大于顶部的位移反应；不同地震动作用下结构的位移反应差异较大，结构的水平位移反应在输入松潘波时最大，输入什邡波时次之，输入Taft波时最小。

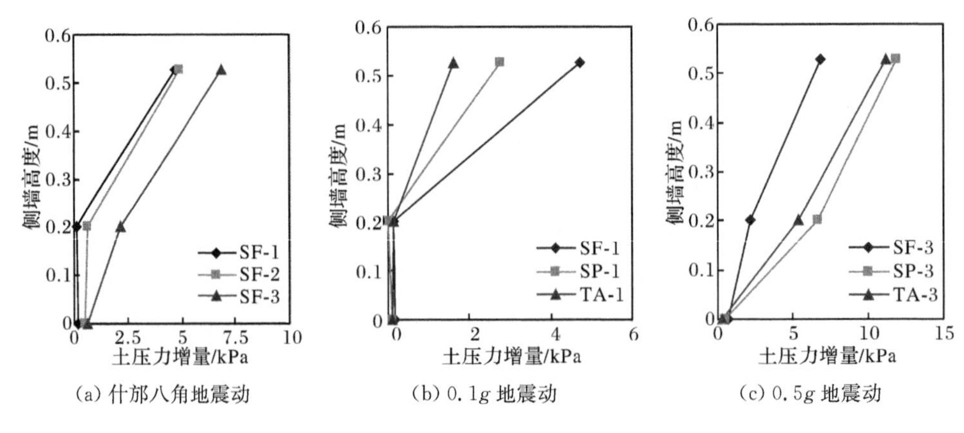

(a) 什邡八角地震动　(b) 0.1g 地震动　(c) 0.5g 地震动

图 6.46　不同地震动作用下结构侧墙不同高度处土压力增量

表 6.21　不同工况下车站结构不同高度处水平位移反应幅值(单位:mm)

水平位移测点	试验工况						
	SF-1	SF-2	SF-3	SP-1	SP-3	TA-1	TA-3
D1	8.15	24.89	32.21	14.59	60.40	7.28	11.85
D3	9.47	29.14	34.95	17.44	69.82	8.47	14.64
D4	10.10	31.42	43.05	18.93	83.01	9.24	17.30

4) 结构应变反应

(1) 动应变幅值分析。

表 6.22 给出了在不同工况下车站结构不同部位的应变幅值,可以发现:结构上各测点的应变幅值随着台面输入峰值加速度的增大而增大,在小震作用下,结构各测点的应变幅值较小,应变反应规律不明显,但随着台面输入峰值加速度增大,各测点的应变反应规律逐渐明显。车站结构中柱的应变幅值明显大于结构中其他构件的应变幅值,顶层中柱的顶端、底层中柱的底端比中柱其余位置的应变幅值要大,总体而言,底层中柱的应变反应大于顶层和中层中柱的应变反应;结构侧墙的应变反应总体大于板的应变反应,侧墙下部的应变幅值明显大于侧墙上部和中部的应变幅值;在靠近侧墙处,底板和中板的应变幅值略大于顶板的应变幅值。

(2) 动力损伤分析。

采用应变损伤度衡量结构构件在地震作用下的破坏程度,定义应变损伤度为等效应变与基准应变的比值,即

$$SD = \frac{ES}{RS} \tag{6.3}$$

式中,SD 为应变损伤度;ES 为等效应变;RS 为基准应变。

表 6.22 不同工况下车站结构各部位的应变幅值 (单位:με)

应变位置	试验工况									
	TA-1		SF-1		SF-2		SF-3		SP-3	
	拉	压	拉	压	拉	压	拉	压	拉	压
顶层中柱顶端(S1-12)	5.14	−5.36	9.34	−8.51	11.44	−12.51	22.48	−22.11	30.82	−35.03
顶层中柱底端(S1-13)	3.82	−3.92	4.17	−4.44	6.01	−6.76	8.09	−12.26	13.65	−28.41
中层中柱顶端(S2-3)	5.08	−5.05	5.74	−5.28	6.39	−6.16	9.57	−14.59	30.69	−32.29
中层中柱底端(S2-4)	4.58	−4.42	6.76	−7.89	7.45	−8.61	7.65	−12.65	11.38	−20.6
底层中柱顶端(S2-5)	6.36	−5.89	7.23	−6.37	5.33	−8.33	15.95	−28.22	28.69	−51.16
底层中柱底端(S2-6)	15.06	−17.76	16.62	−19.71	22.75	−26.86	22.67	−35.55	30.59	−54.36
顶板靠近侧墙处(S1-1)	2.09	−2.39	4.24	−3.55	4.82	−5.25	5.15	−6.41	6.71	−8.83
中板靠近侧墙处(S1-4)	2.81	−2.37	2.95	−2.07	5.66	−6.52	8.42	−8.82	10.87	−17.39
底板靠近侧墙处(S2-10)	2.35	−1.78	3.59	−3.33	4.95	−4.49	7.38	−9.59	15.86	−14.74
侧墙靠近顶板处(S1-2)	3.81	−3.92	2.05	2.11	6.88	−6.53	9.65	−8.64	11.03	−17.08
侧墙靠近中板处(S1-3)	1.98	−2.02	2.53	−2.67	3.61	−2.95	6.34	−5.91	8.21	−8.94
侧墙靠近底板处(S2-9)	2.01	−1.81	3.05	−3.21	7.79	7.34	12.14	12.73	20.53	−18.24

结构构件在地震动作用下产生了瞬间的拉伸与压缩的随机变形,构件材料在拉伸情况下引起微裂纹损伤,在压缩情况下由于压胀效应也可引起损伤的产生和发展,因此构件的等效应变采用拉伸应变和压缩应变的线性叠加,即

$$\mathrm{ES} = \alpha S_{\mathrm{t}} + (1-\alpha) S_{\mathrm{c}} \tag{6.4}$$

式中,S_{t} 为拉伸应变;S_{c} 为压缩应变;α 为比例因子。α 为一个小于 1 的正数,针对不同拉压对材料的力学行为影响,α 取不同的值。对于钢筋混凝土材料的构件,考虑混凝土和钢筋的共同作用效应,在应变损伤分析中 α 取 0.7。当应变损伤度达到 0.7 时,认为材料达到破坏,以此作为结构的破坏判据。

表 6.23 给出了不同工况下结构构件的损伤度,可以发现:在地震作用下结构底层中柱底端的损伤程度最为严重,说明该处刚度退化明显,属于结构的最薄弱部分;大部分构件的损伤程度都较小,结构基本上处于弹性变形阶段,以可恢复的弹性应变为主;不同地震动作用下,结构动力损伤程度差异较大,输入松潘波时,结构的动力反应最大,构件的损伤程度也最大。

表 6.23 不同工况下车站结构各部位的应变损伤度

损伤位置	试验工况				
	TA-1	SF-1	SF-2	SF-3	SP-3
顶层中柱顶端(S1-12)	0.04	0.08	0.10	0.19	0.27
顶层中柱底端(S1-13)	0.03	0.04	0.05	0.08	0.15
中层中柱顶端(S2-3)	0.04	0.05	0.05	0.09	0.26

续表

损伤位置	试验工况				
	TA-1	SF-1	SF-2	SF-3	SP-3
中层中柱底端(S2-4)	0.04	0.06	0.06	0.08	0.12
底层中柱顶端(S2-5)	0.05	0.06	0.05	0.16	0.30
底层中柱底端(S2-6)	0.13	0.15	0.20	0.22	0.31
顶板靠近侧墙处(S1-1)	0.02	0.03	0.04	0.05	0.06
中板靠近侧墙处(S1-4)	0.02	0.02	0.05	0.07	0.11
底板靠近侧墙处(S2-10)	0.02	0.03	0.04	0.07	0.13
侧墙靠近顶板处(S1-2)	0.03	0.01	0.06	0.08	0.11
侧墙靠近中板处(S1-3)	0.02	0.02	0.03	0.05	0.07
侧墙靠近底板处(S2-9)	0.02	0.03	0.03	0.04	0.17

3. 地震反应的空间效应分析

1) 地基土液化的空间效应

不同工况下模型地基中主、次观测面上相同位置各测点的孔压比时程曲线如图6.47所示。可以发现:地基土相同深度的主、次观测面上各测点的孔压比发展规律基本相同,且主观测面各测点的孔压比大于次观测面各测点的孔压比;但输入地震动的强度和频谱特性对主、次观测面各测点孔压比发展规律的影响有所不同,例如,对于松潘波,0.1g时主观测面的W7与次观测面的W16、0.5g时主观测面的W8与次观测面的W19的孔压比差异最显著,且主观测面地基土的孔压比明显大于次观测面地基土的孔压比;对于什邡波,0.1g和0.5g时主观测面的W7与次观测面的W16、0.3g时主观测面的W8与次观测面的W19的孔压比差异最显著,也是主观测面地基土的孔压比大于次观测面地基土的孔压比,但松潘波作用时主、次观测面地基土孔压比的差异程度要比什邡波作用时的差异程度大一些。这可能是由于地铁地下车站结构的存在,使相同深度、不同空间位置上地基土的应力状态有所不同,在不同强度和频谱特性的地震动作用下,使得相同深度、不同空间位置地基土孔隙水的排水条件并不相同,主观测面处于地铁地下车站结构正中间剖面的位置,其排水条件最差,因而主观测面地基土的孔压比要比次观测面地基土的孔压比大一些。

主、次观测面上地基土各测点的孔压比峰值和孔压比最大值时刻如表6.24所示。可以看出:主观测面各测点的地基土孔压比增长到峰值所需的时间大于次观测面各测点的地基土孔压比增长到峰值所需的时间,即由于地铁地下车站结构的存在改变了地基土应力状态的空间分布特征,使主、次观测面上地基土孔压比的增长存在时滞现象。

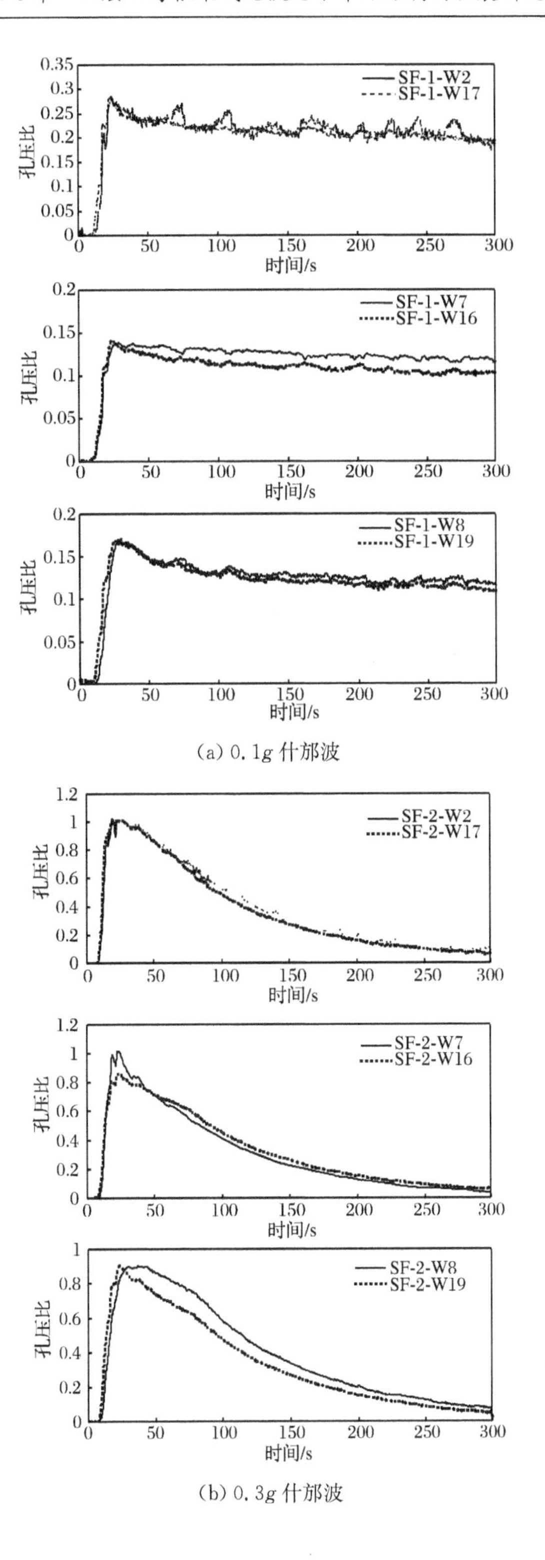

(a) 0.1g 什邡波

(b) 0.3g 什邡波

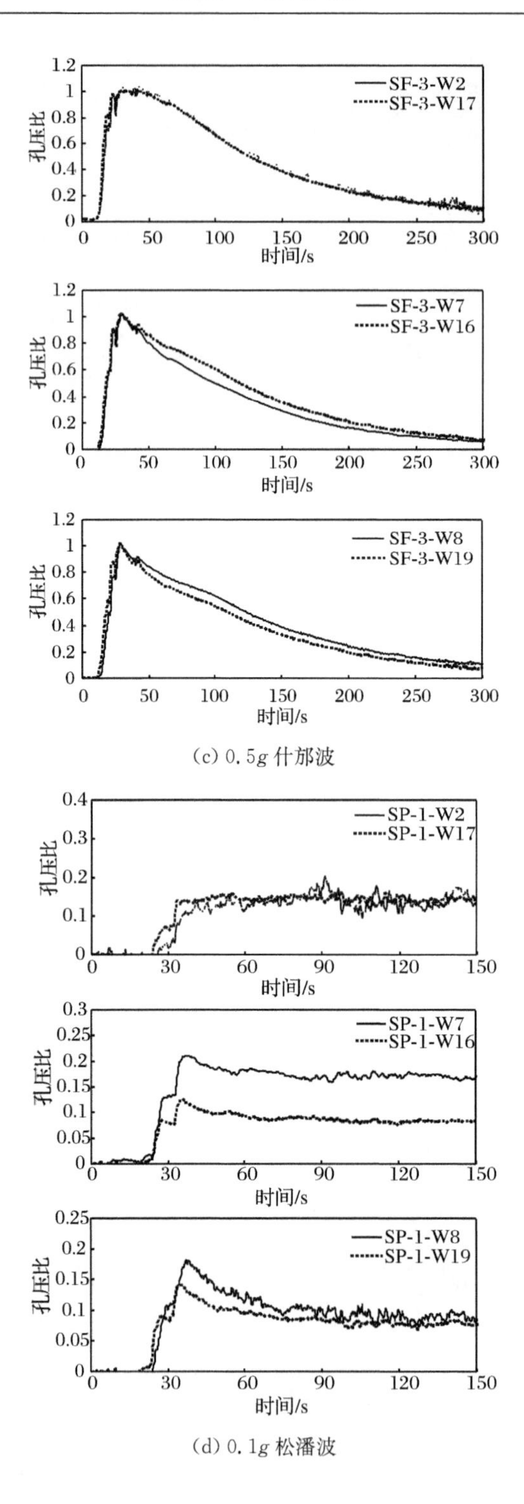

孔压比
时间/s
SF-3-W2
SF-3-W17
SF-3-W7
SF-3-W16
SF-3-W8
SF-3-W19
(c) 0.5g 什邡波
SP-1-W2
SP-1-W17
SP-1-W7
SP-1-W16
SP-1-W8
SP-1-W19

(d) 0.1g 松潘波

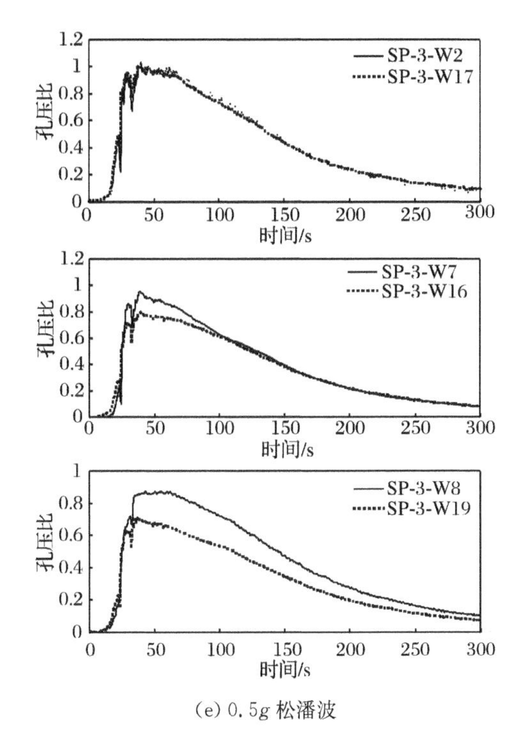

(e) 0.5g 松潘波

图 6.47　不同观测面上相同位置各测点的孔压比时程曲线

表 6.24　不同观测面上各测点的孔压比和孔压比峰值时刻

位置/埋深	观测面	测点	试验工况									
			SF-1		SF-2		SF-3		SP-1		SP-3	
			孔压比峰值	最大值时刻/s	孔压比峰值	最大值时刻/s	孔压比峰值	最大值时刻/s	孔压比峰值	最大值时刻/s	孔压比峰值	最大值时刻/s
地基土中部/0.6m	主面	W2	0.29	28.3	1.00	29.2	1.00	34.1	0.11	91.5	1.00	42.6
	次面1	W17	0.28	27.2	1.00	24.9	1.00	32.1	0.16	35.2	1.00	40.3
模型结构下方/0.95m	主面	W7	0.14	29.2	1.00	28.8	1.00	31.1	0.21	39.5	1.00	41.6
	次面2	W16	0.13	28.6	0.85	25.1	1.00	30.74	0.12	38.5	0.79	41.3
地基土深部/1.3m	主面	W8	0.16	29.3	0.90	29.4	1.00	30.4	0.18	36.5	0.88	37.9
	次面1	W19	0.15	28.9	0.89	28.9	1.00	29.3	0.14	34.6	0.69	36.7

2) 地基土峰值加速度场的空间分布特征

不同观测面上地基土测点的峰值加速度如表 6.25 所示，可以发现：主、次观测面地基土各测点的峰值加速度随输入地震动峰值加速度的增大而增大，但不同埋深、不同观测面上地基土峰值加速度的变化规律存在较大的差异，呈现出显著的空间效应。对于地表测点，输入地震动峰值加速度 0.1g 时主观测面测点 A4 的峰值加速度小于次观测面测点 A9 的峰值加速度；输入地震动峰值加速度 0.3g 和 0.5g 时主观测面测点 A4 的峰值加速度大于次观测面测点 A9 的峰值加速度，两者的差异正好相反。对于地基土浅层测点，除工况 SF-3 外，主观测面测点 A5 的峰值加速度显著大于次观测面测点 A11 的峰值加速度。对于地基土中部测点，输入地震动峰值加速度 0.1g 和 0.3g 时次观测面测点 A8、A10 的峰值加速度稍大于主观测面测点 A6 的峰值加速度；输入地震动峰值加速度 0.5g 时，则主观测面测点 A6 的峰值加速度稍大于次观测面测点 A8、A10 的峰值加速度。对于地基土深部测点，主观测面测点 A3、A7 的峰值加速度大于次观测面测点 A13、A12 的峰值加速度，测点 A7、A13、A12 的值大致相近，但主观测面车站结构正下方测点 A3 的值远远大于车站结构侧面测点 A7 的值，也远远大于次观测面测点 A13、A12 的值，这说明地下车站结构的存在显著影响周边地基的地震动特性。输入地震动峰值加速度 0.5g 时，对于不同的输入地震动，主观测面上各测点的峰值加速度大于次观测面各测点的峰值加速度值，这可能是由于结构的阻尼效应小于土的阻尼效应，而主观测面的测点受结构影响较大，故主观测面上各测点处产生的能量损耗小于次观测面上各测点的能量损耗，所以主观测面的峰值加速度相对较大。

表 6.25 不同观测面上各测点的峰值加速度 （单位：g）

位置/埋深	观测面	测点	试验工况						
			SF-1	SF-2	SF-3	SP-1	SP-3	TA-1	TA-3
地表/0m	主观测面	A4	0.128	0.364	0.535	0.065	1.002	0.069	0.919
	次观测面 1	A9	0.145	0.199	0.300	0.122	0.864	0.106	0.792
浅层土/0.4m	主观测面	A5	0.174	0.341	0.478	0.187	0.778	0.163	0.631
	次观测面 2	A11	0.118	0.235	0.435	0.115	0.584	0.098	0.412
地基土中部/0.8m	主观测面	A6	0.086	0.264	0.429	0.095	0.500	0.081	0.351
	次观测面 1	A8	0.091	0.288	0.427	0.102	0.471	0.082	0.342
	次观测面 1	A10	0.093	0.294	0.389	0.103	0.471	0.083	0.340
地基土深部/1.2m	主观测面	A3	0.175	0.315	0.493	0.192	0.844	0.168	0.676
	次观测面 2	A13	0.079	0.239	0.363	0.085	0.412	0.074	0.324
	主观测面	A7	0.079	0.241	0.365	0.087	0.425	0.075	0.323
	次观测面 2	A12	0.076	0.228	0.352	0.081	0.384	0.071	0.308

工况 SF-1、SF-3、SP-1 和 SP-3 的不同观测面上模型地基土各测点的加速度时程和傅里叶谱如图 6.48～图 6.51 所示。可以看出：主、次观测面各测点的加速度频谱特性存在比较明显的差异。例如，输入近场地震动什邡波时，由于地表面波效应，对 10Hz 以上的高频成分，地表主观测面测点 A4 比次观测面测点 A9 的更

为丰富，对 3.5Hz 以下的低频成分，地表次观测面测点 A9 比主观测面测点 A4 的更为发育；输入近场地震动 0.5g 什邡波时，地基土深部主观测面测点 A3 的频谱明显宽于次观测面测点 A13 的频谱，且对频率 3.5Hz 以下的低频和 10Hz 以上的高频反应，测点 A3 的反应明显大于测点 A13 的反应。又如，输入远场地震动松潘波时，主观测面各测点的频谱明显宽于次观测面各测点的频谱，且对于 0.1g 松潘波，地表次观测面测点 A9 在 5Hz 以下的频率成分明显比主观测面测点 A4 的丰富，主观测面测点 A4 在 7.5Hz 以上的频率成分明显比次观测面测点 A9 的丰富。

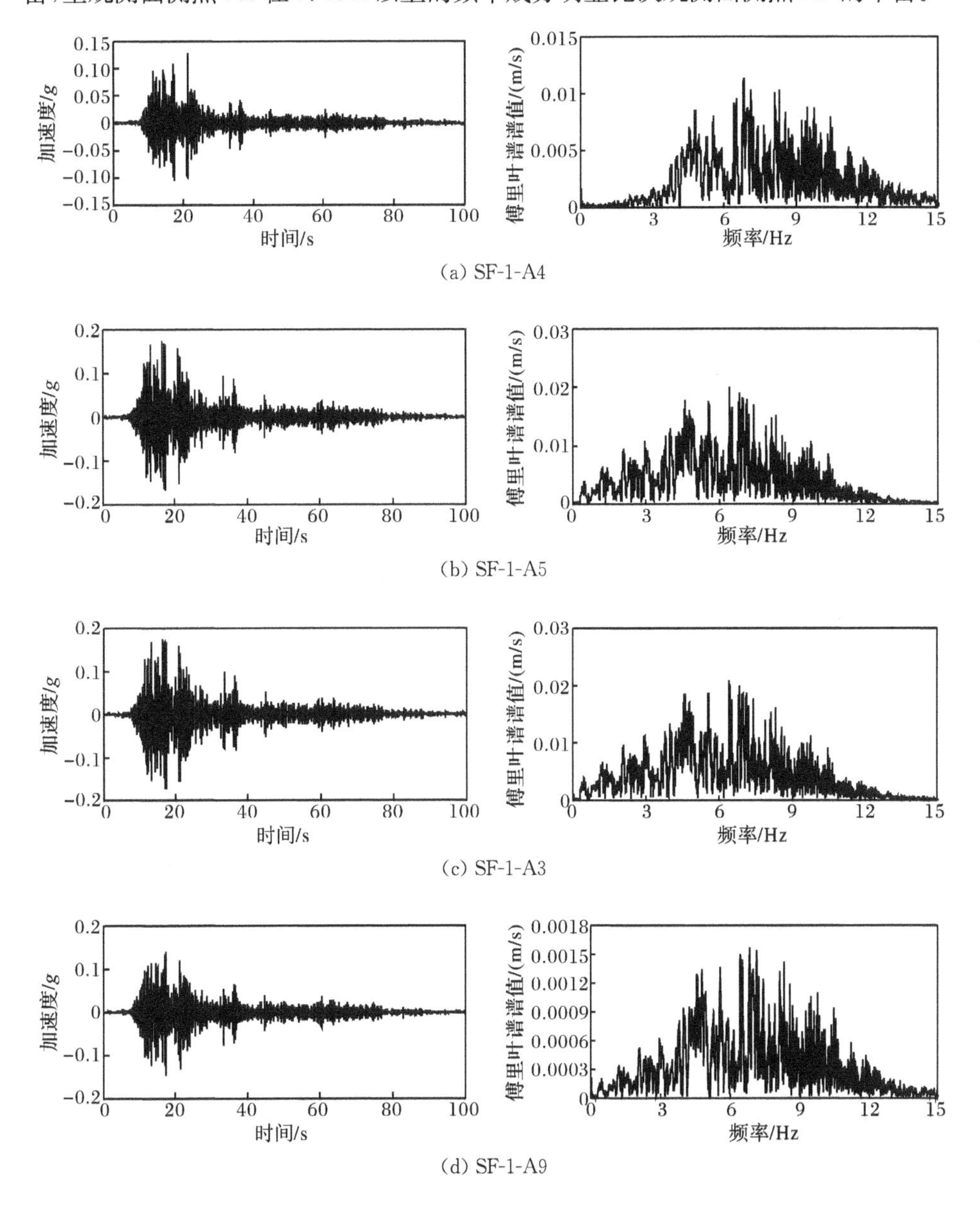

(a) SF-1-A4

(b) SF-1-A5

(c) SF-1-A3

(d) SF-1-A9

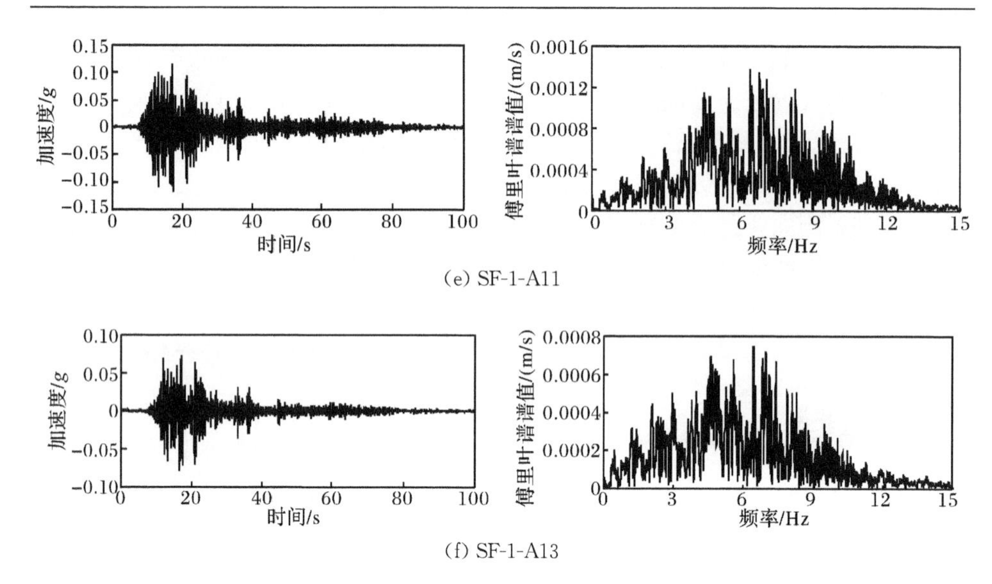

(e) SF-1-A11

(f) SF-1-A13

图 6.48　输入 0.1g 什邡波时不同观测面上地基土各测点加速度时程和傅里叶谱

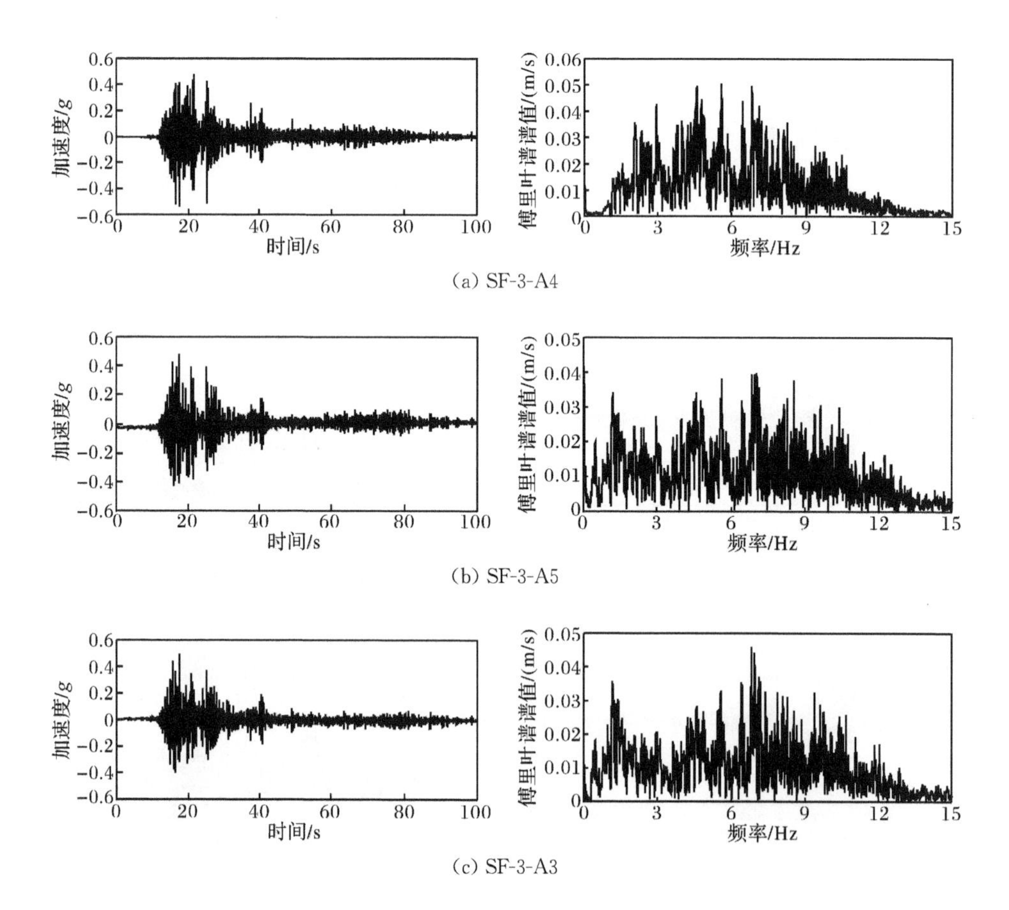

(a) SF-3-A4

(b) SF-3-A5

(c) SF-3-A3

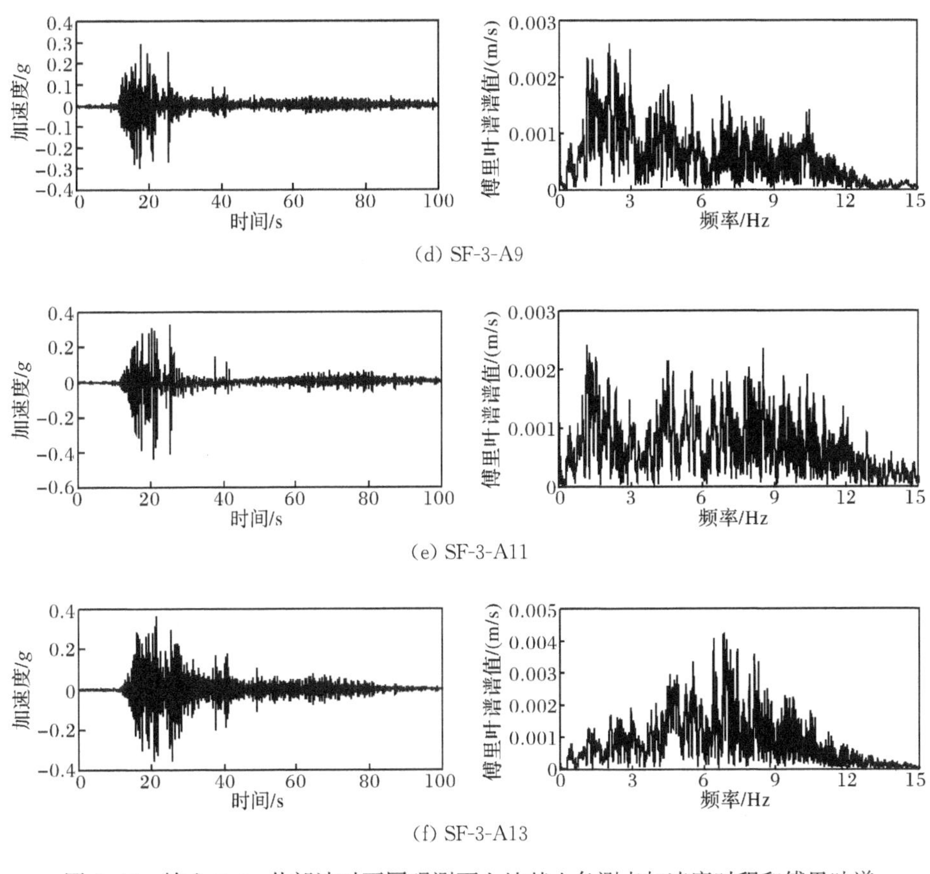

(d) SF-3-A9

(e) SF-3-A11

(f) SF-3-A13

图 6.49　输入 0.5g 什邡波时不同观测面上地基土各测点加速度时程和傅里叶谱

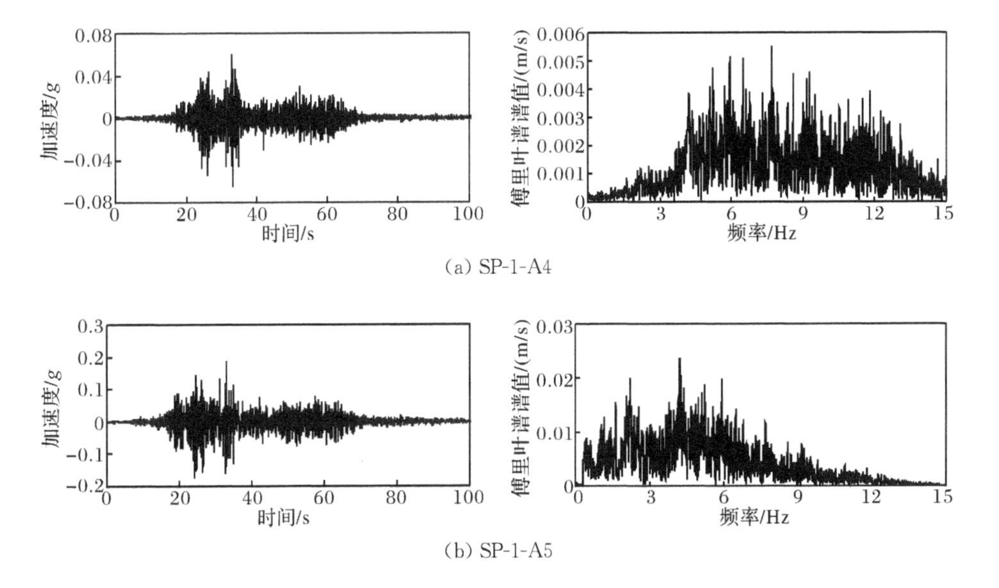

(a) SP-1-A4

(b) SP-1-A5

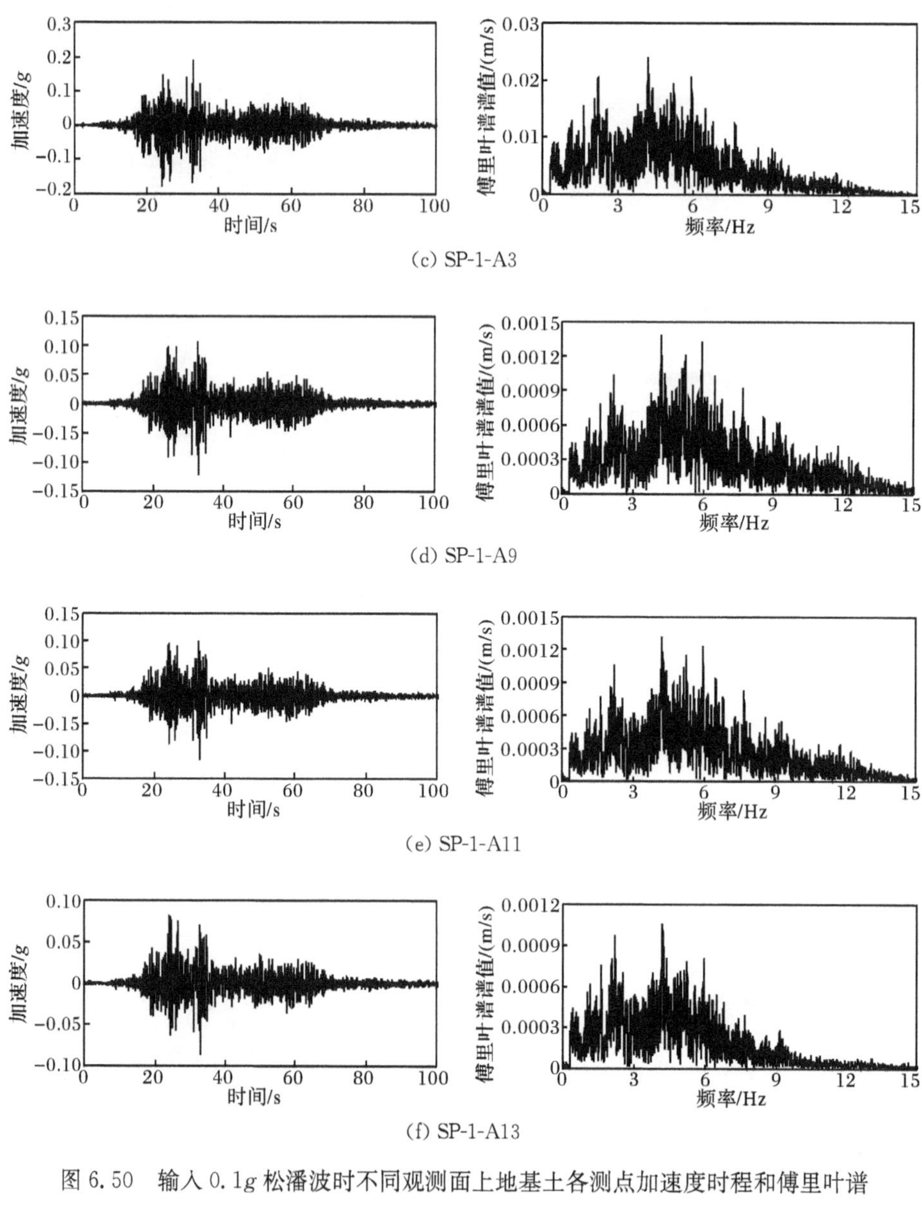

(c) SP-1-A3

(d) SP-1-A9

(e) SP-1-A11

(f) SP-1-A13

图 6.50　输入 0.1g 松潘波时不同观测面上地基土各测点加速度时程和傅里叶谱

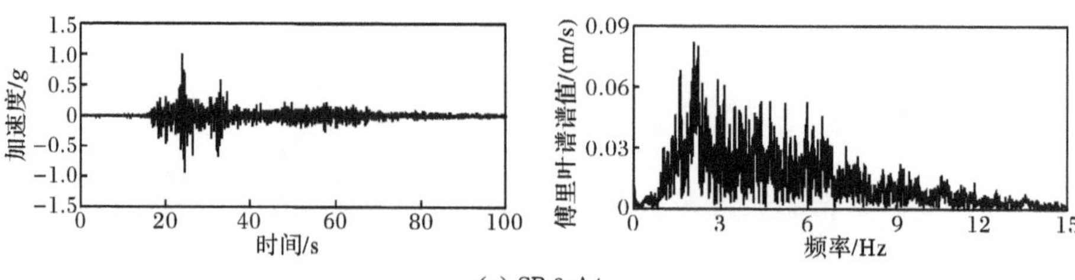

(a) SP-3-A4

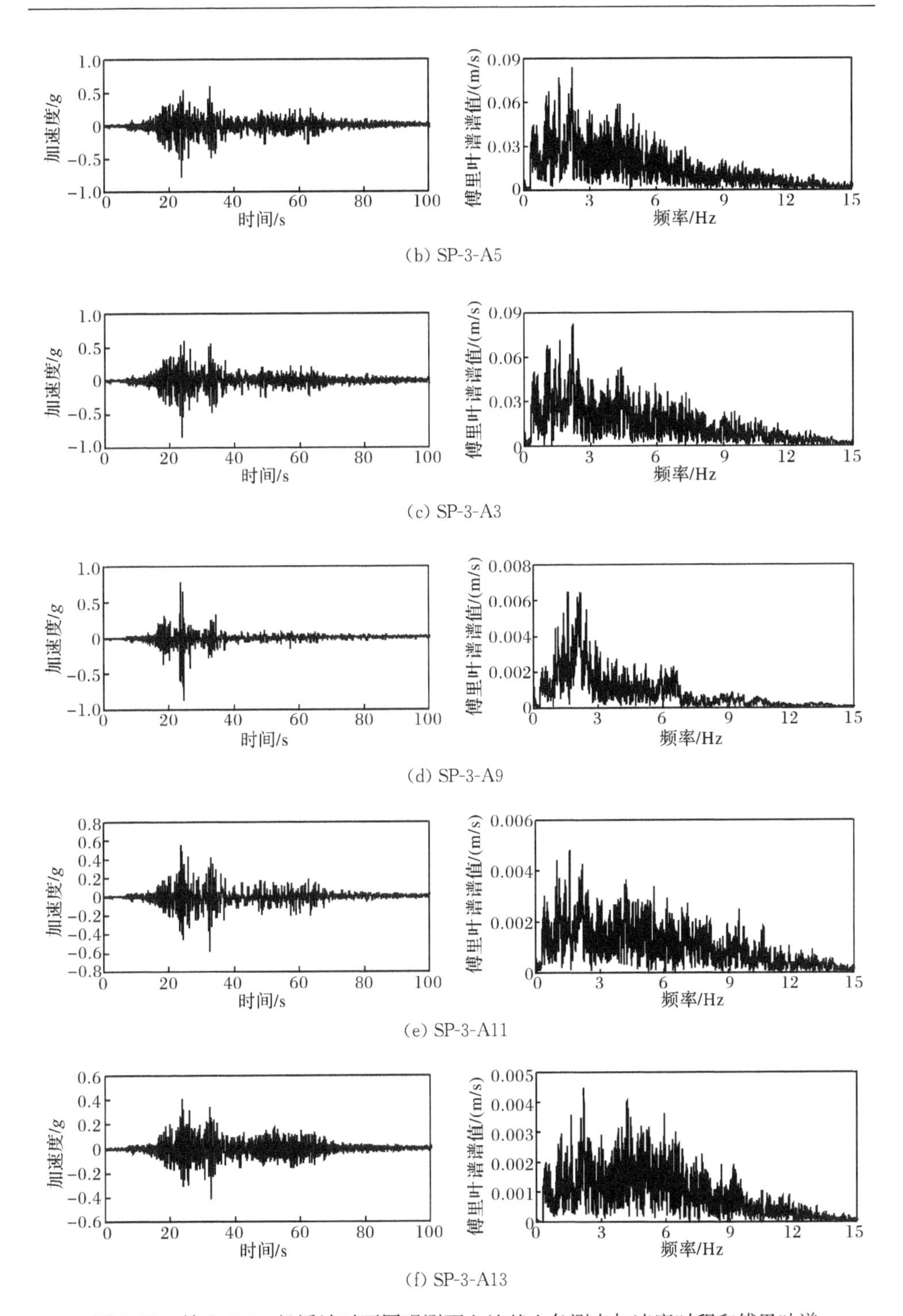

图6.51　输入0.5g松潘波时不同观测面上地基土各测点加速度时程和傅里叶谱

3）地铁车站结构峰值应变反应的空间效应

不同观测面上地铁地下车站结构中柱和侧墙应变反应的峰值如表 6.26 所示，可以发现：主、次观测面上中柱峰值应变的反应规律基本一致，主观测面上顶层和中层中柱顶端应变反应的峰值显著大于次观测面上顶层和中层中柱顶端应变反应的峰值；除 SF-1 和 SP-3 工况的压应变反应外，主观测面底层中柱底端应变反应的峰值略大于次观测面底层中柱底端应变反应的峰值。主、次观测面上底层中柱应变反应的峰值显著大于顶层和中层中柱应变反应的峰值，但主、次观测面上顶板和侧墙靠近角点位置的应变反应规律不明显，这是由于在强地震动作用下，地基土产生的不均匀沉降导致地下车站结构发生了倾斜与扭转，使得地下车站结构不同空间位置角点处的应变反应有所差异。

表 6.26 不同观测面上车站结构各部位的应变幅值 （单位：με）

应变位置		试验工况									
		TA-1		SF-1		SF-2		SF-3		SP-3	
		拉	压	拉	压	拉	压	拉	压	拉	压
顶层中柱顶端	主面(S1-12)	5.14	−5.36	9.34	−8.51	11.44	−12.51	22.48	−22.11	30.82	−35.03
	辅面(S2-1)	3.82	−3.66	4.30	−6.97	6.97	−3.92	8.26	−15.46	15.6	−25.64
中层中柱顶端	主面(S1-16)	8.49	−7.32	13.25	−18.31	21.97	−18.05	23.03	−24.65	41.14	−46.99
	辅面(S2-3)	5.08	−5.05	5.74	−5.28	6.39	−6.16	9.57	−14.59	30.69	−32.29
底层中柱底端	主面(S1-21)	16.36	−19.99	17.29	−29.3	24.35	−27.66	24.61	−37.7	41.11	−73.61
	辅面(S2-6)	15.06	−17.76	16.62	−19.71	22.75	−26.86	22.67	−35.55	30.59	−54.36
顶板靠近侧墙处	主面(S1-1)	2.09	−2.39	4.24	−3.55	4.82	−5.25	5.15	−6.41	6.71	−8.83
	辅面(S2-7)	3.24	−2.45	4.01	−7.32	2.33	−2.47	2.32	−7.32	9.46	−21.97
侧墙靠近顶板处	主面(S1-2)	3.81	−3.92	2.05	2.11	6.88	−6.53	9.65	−8.64	11.03	−17.08
	辅面(S2-8)	3.23	−7.32	3.45	−14.65	5.49	−7.26	10.34	−9.84	20.31	−19.32

4. 试验宏观现象

在 0.1g 地震动作用下，地基发生轻微液化，地表出现小裂缝，上部土层开始液化且有少量水冒出，随着输入地震动幅值的增加，土层液化程度逐渐加大，在 0.5g 地震动作用下，地基强烈冒水。试验前后模型场地表面状态比较如图 6.52(a)和(b)所示，地表出现的喷砂现象如图 6.52(c)所示，地铁车站结构发生明显的上浮现象如图 6.52(d)所示，由于结构的上浮运动，侧边土层产生拉裂作用，土层表面有明显的裂缝，如图 6.52(e)所示。

(a) 试验前模型场地表面状态

(b) 试验后模型场地表面状态

(c) 土层表面有喷砂现象

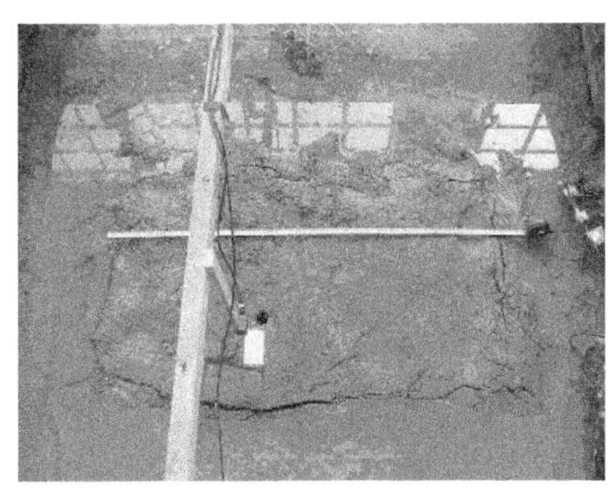

(d) 结构产生明显上浮现象

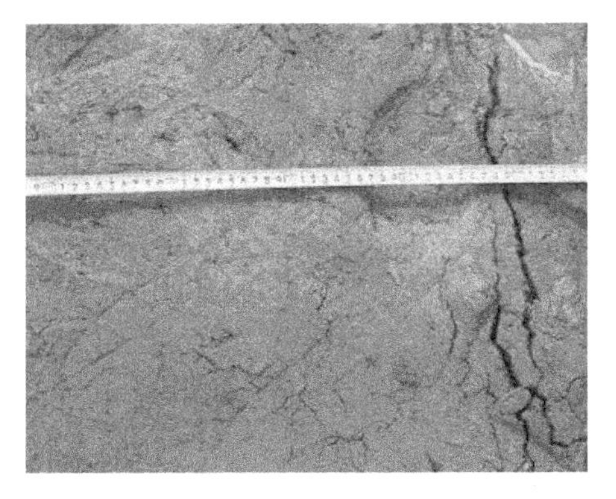

(e) 结构侧边土层产生明显的裂缝

图6.52　振动台试验过程中发生的宏观现象

6.4.3 破坏性振动台试验的结果与分析

1. 结构加速度反应

不同刚度结构的加速度反应变化规律基本一致，如图 6.53 和图 6.54 所示，在主震和余震作用下，结构侧墙各测点的峰值加速度沿高度向上方向依次增大。比较而言，石膏结构的加速度反应更大，约为微粒混凝土结构加速度反应的 1.6 倍。由此可见，地下结构的刚度对加速度反应影响较大，弱刚度结构的加速度反应更为显著。

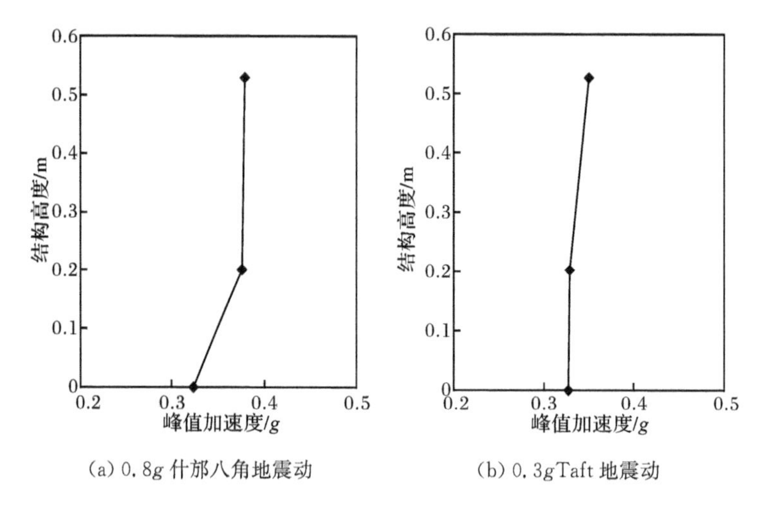

图 6.53　微粒混凝土结构破坏性试验中不同工况下车站结构不同高度处峰值加速度

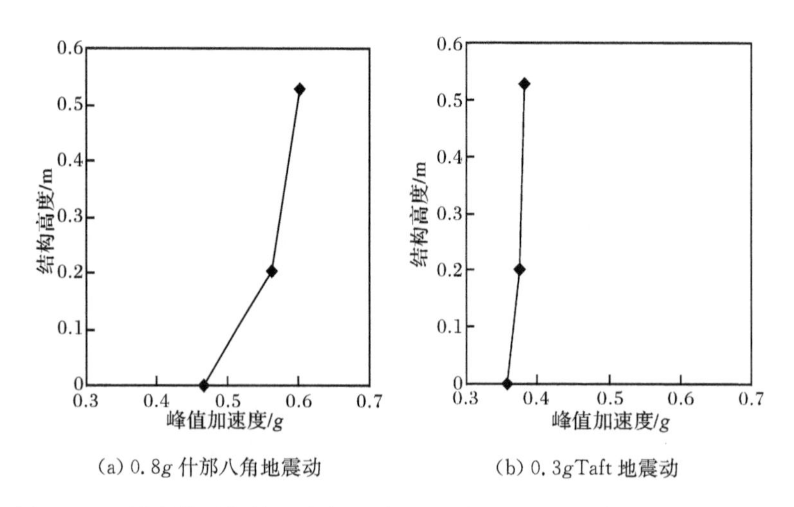

图 6.54　石膏结构破坏性试验中不同工况下车站结构不同高度处峰值加速度

表 6.27 比较了结构侧墙上不同高度测点和结构侧边地基土中测点的峰值加速度，可以看出：在余震 Taft 地震动作用下，两次试验中的结构与周围场地的加速度反应差异不大；在主震什邡地震动作用下，微粒混凝土结构的加速度反应明显比周围场地的加速度反应小，而石膏模型的加速度反应比周围场地的加速度反应大。这是由于在强震作用下，刚度较弱的石膏结构更易于达到强非线性状态，产生了更大的动力反应。

表 6.27　不同试验中结构加速度反应与周围场地土加速度反应比较　（单位：g）

测点位置		微粒混凝土结构破坏性试验		石膏结构破坏性试验	
		SF-1	TA-1	SF-1	TA-1
结构	A1-1	0.379	0.251	0.601	0.382
	A1-3	0.376	0.229	0.562	0.376
	A1-4	0.323	0.228	0.467	0.358
场地土	A4	0.717	0.39	0.483	0.387
	A5	—	—	0.545	0.363
	A6	0.521	0.205	0.647	0.368

2. 结构侧墙动土压力反应

两次结构破坏性试验中，结构侧墙的动土压力反应差异较大，如图 6.55 和图 6.56所示，微粒混凝土结构破坏性试验中的动土压力反应明显小于石膏结构破坏性试验中的动土压力反应，并且两次试验中结构侧墙上动土压力的分布模式也

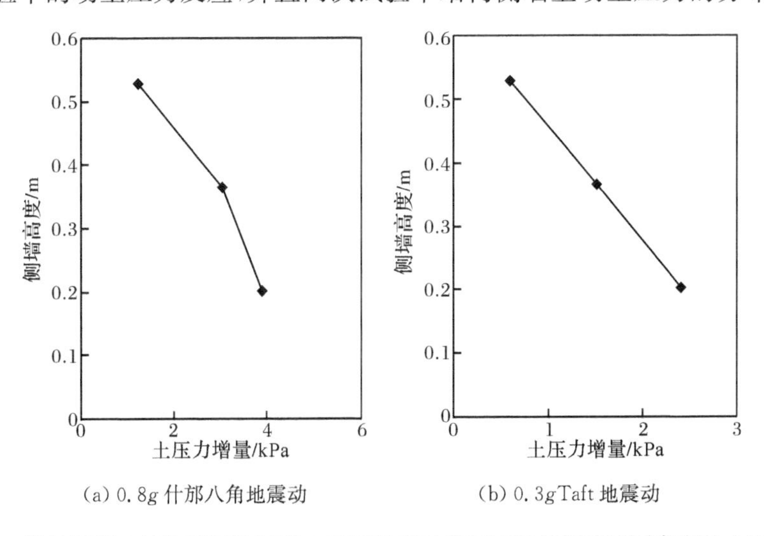

(a) 0.8g 什邡八角地震动　　(b) 0.3gTaft 地震动

图 6.55　微粒混凝土结构破坏性试验中不同地震动作用下结构侧墙不同高度处土压力增量

不相同，微粒混凝土结构侧墙中间部位的动土压力较大，而结构端部的动土压力反应较小，总体上沿高度方向呈中间大、端部小的分布模式；而石膏结构的动土压力反应相反，结构顶部和底部的动土压力反应较大，中间部位的动土压力较小，沿高度方向呈中间小、两端大的分布模式，说明在液化场地上不同刚度的地下结构侧墙的土压力反应影响差异较大。

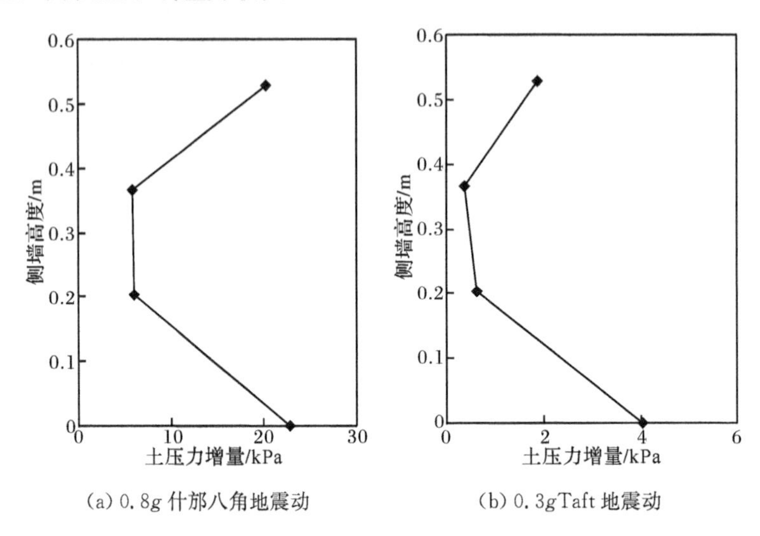

(a) 0.8g 什邡八角地震动　　(b) 0.3gTaft 地震动

图 6.56　石膏结构破坏性试验中不同地震动作用下结构侧墙不同高度处土压力增量

3. 结构侧墙水平位移反应

表 6.28 列出了不同试验中结构顶部和底部的水平位移幅值，从表中可以看出，地铁车站结构侧墙顶部和底部的位移有所差异，模型结构顶部的位移反应大于底部的位移反应，但在两次结构破坏性试验中两者的差异程度不同。微粒混凝土模型顶部的位移反应明显大于底部的位移反应，而石膏模型结构顶部的位移反应略大于底部的位移反应。这是由于石膏是一种脆性材料，其变形能力远小于微粒混凝土的变形能力，因此在地震动作用下，石膏结构的顶部和底部的相对位移较小。

表 6.28　不同试验中各工况下车站结构不同高度处水平位移反应幅值　(单位：mm)

水平位移测点	微粒混凝土结构破坏性试验		石膏结构破坏性试验	
	SF-1	TA-1	SF-1	TA-1
D1	77.40	34.21	83.96	31.67
D4	60.13	19.49	83.81	31.56

4. 结构应变反应

1）动应变幅值分析

表6.29比较了不同试验中车站结构各测点的应变反应幅值，在主震0.8g什邡八角地震动作用下，各测点的应变反应规律明显，微粒混凝土结构应变反应最大处在结构底层中柱顶端右侧，拉应变幅值为58.25με；石膏结构上多处部位已达到破坏状态，应变反应最大处在结构底层中柱顶端左侧，拉应变幅值为113.2με。总体而言，中柱是结构刚度最薄弱的构件，并且结构底层中柱的应变反应最大。

表6.29　不同试验中各工况下车站结构各部位的应变幅值　（单位：με）

应变片位置	微粒混凝土结构破坏性试验				石膏结构破坏性试验			
	SF-1		TA-1		SF-1		TA-1	
	拉	压	拉	压	拉	压	拉	压
顶层中柱顶端右侧(S1-12)	22.93	−28.96	19.13	−29.94	31.76	−47.41	18.37	−24.27
顶层中柱底端右侧(S1-13)	22.71	−24.12	20.08	−12.98	55.21	−68.73	14.91	−15.93
中层中柱顶端右侧(S1-16)	31.74	−39.97	18.47	−30.22	12.61	−18.78	8.38	−11.15
中层中柱底端右侧(S1-17)	38.95	−54.72	35.17	−20.27	23.29	−34.37	8.31	−13.03
底层中柱顶端右侧(S1-20)	41.93	−46.29	30.19	−48.22	48.28	−32.6	13.95	−15.93
底层中柱底端右侧(S1-21)	58.25	−67.14	44.83	−29.76	56.82	−55.63	29.96	−26.25
顶层中柱顶端左侧(S1-10)	23.35	−31.51	23.75	−14.33	56.02	−66.54	26.53	−32.21
顶层中柱底端左侧(S1-11)	15.75	−17.49	11.19	−17.03	14.14	−24.08	9.25	−15.93
中层中柱顶端左侧(S1-14)	35.15	−42.22	23.14	−15.6	28.36	−32.89	10.54	−17.58
中层中柱底端左侧(S1-15)	34.88	−38.62	18.04	−29.22	13.56	−19.96	12.86	−17.29
底层中柱顶端左侧(S1-18)	42.93	−51.16	30.13	−19.17	113.81	−66.12	16.85	−16.41
底层中柱底端左侧(S1-19)	35.06	−33.92	25.71	−39.69	21.82	−27.28	19.98	−27.48
顶板靠近侧墙处(S1-1)	2.56	−2.08	2.41	−2.01	10.21	−8.76	5.95	−5.75
中板靠近侧墙处(S1-4)	10.72	−9.79	7.81	−5.27	86.91	−98.18	29.49	−44.58
底板靠近侧墙处(S1-7)	6.13	−8.06	9.95	−6.91	62.13	−86.52	34.13	−26.38
侧墙靠近顶板处(S1-2)	10.61	−10.58	5.61	−9.28	19.43	−20.01	17.18	−15.76
侧墙靠近中板处(S1-5)	1.55	−2.16	0.83	−1.77	18.23	−16.34	12.94	−10.28
侧墙靠近底板处(S1-6)	13.95	−15.87	4.61	−4.23	15.39	−19.49	3.09	−3.08

在主震和余震作用下，微粒混凝土结构的楼板和侧墙的应变反应较小，中板和底板的应变反应大于顶板的应变反应，侧墙顶部和底部的应变反应大于中部的应变反应。石膏结构的楼板应变反应较大，结构中板和底板的应变反应明显大于顶板的应变反应，结构侧墙的应变反应相对较小，在主震作用下，侧墙不同高度处

的应变反应幅值较为相似；在余震作用下，由于结构已严重损坏，导致石膏结构侧墙的应变反应规律与微粒混凝土结构侧墙的应变反应规律有所不同，侧墙顶部和中部的应变反应大于底部的应变反应。

2）动力损伤分析

根据式(6.3)和式(6.4)得出结构各应变测点的损伤度，如表6.30所示，可以发现：在主震作用下，微粒混凝土结构中柱的地震损伤程度最大，其中底层中柱底端右侧的损伤最为严重，已达到临近破坏状态，但结构楼板和侧墙的地震损伤程度较小；石膏结构的中柱上大部分位置已破坏，顶层和底层的中柱破坏尤为严重，结构顶板和中板的相应位置也发生了破坏，结构整体已达到完全破坏状态。

表6.30　不同试验中各工况下车站结构各部位的应变损伤度

应变片位置	微粒混凝土结构破坏性试验		石膏结构破坏性试验	
	SF-1	TA-1	SF-1	TA-1
顶层中柱顶端右侧(S1-12)	0.25	0.22	0.91	0.50
顶层中柱底端右侧(S1-13)	0.23	0.18	1.00	0.38
中层中柱顶端右侧(S1-16)	0.34	0.22	0.36	0.23
中层中柱底端右侧(S1-17)	0.44	0.31	0.67	0.24
底层中柱顶端右侧(S1-20)	0.43	0.36	1.00	0.36
底层中柱底端右侧(S1-21)	0.61	0.40	1.00	0.72
顶层中柱顶端左侧(S1-10)	0.26	0.21	1.00	0.71
顶层中柱底端左侧(S1-11)	0.16	0.13	0.43	0.28
中层中柱顶端左侧(S1-14)	0.37	0.21	0.74	0.32
中层中柱底端左侧(S1-15)	0.36	0.21	0.39	0.35
底层中柱顶端左侧(S1-18)	0.45	0.27	1.00	0.42
底层中柱底端左侧(S1-19)	0.35	0.30	0.59	0.56
顶板靠近侧墙处(S1-1)	0.02	0.02	0.24	0.15
中板靠近侧墙处(S1-4)	0.10	0.07	1.00	0.85
底板靠近侧墙处(S1-7)	0.07	0.09	1.00	0.80
侧墙靠近顶板处(S1-2)	0.11	0.07	0.49	0.42
侧墙靠近中板处(S1-5)	0.02	0.01	0.44	0.30
侧墙靠近底板处(S1-6)	0.15	0.04	0.42	0.08

在两次破坏性试验中，中柱均为结构损伤破坏最严重的构件，由于地震动的不对称性，结构中柱的左侧和右侧的动力损伤反应表现出不对称性，比较中柱两侧对应的损伤度，较大值依次为：顶层中柱顶端左侧、顶层中柱底端右侧、中层中柱顶端左侧、中层中柱底端右侧、底层中柱顶端左侧、底层中柱底端右侧，由此发

现结构中柱两侧的损伤度中较大值从上向下呈 S 形分布。在余震 0.3gTaft 地震动作用下，微粒混凝土结构的中柱损伤反应也体现出同样的变化规律，但石膏结构的中柱损伤反应的 S 形分布规律不明显，这是因为在 0.8g 什邡八角地震动结束后，结构已处于严重损伤破坏状态，部分构件完全屈服，结构刚度分布不均，导致规律不明显。

5. 试验破坏宏观现象

微粒混凝土结构破坏性试验过程中土层表面出现局部冒水现象，试验结束后地表出现大面积积水现象，并且结构有上浮现象，如图 6.57(a)所示；地面震动后地表出现了明显的地裂缝，如图 6.57(b)所示，试验结束后，将结构模型切割，发现结构部分中柱出现裂缝，如图 6.57(c)所示。

(a) 地表积水和结构上浮现象

(b) 地表地裂缝

(c) 结构中柱出现裂缝

图 6.57　微粒混凝土结构破坏性试验中发生的宏观现象

石膏结构破坏性试验过程中土层表面出现局部冒水现象，但没有大面积出水现象，挖去上覆黏土层后，发现砂土层上部有很多积水，如图 6.58(a)和(b)所示，这是由于黏土层较干燥，砂土层液化后，孔隙水未能大量排出地表；地面震动后地表出现了明显的地裂缝，如图 6.58(c)所示；地下结构出现了明显的破坏现象，中柱和楼板都发生明显扭曲，侧墙出现裂缝，结构中柱破坏最为严重，如图 6.58(d)～(h)所示。

(a) 地表局部冒水

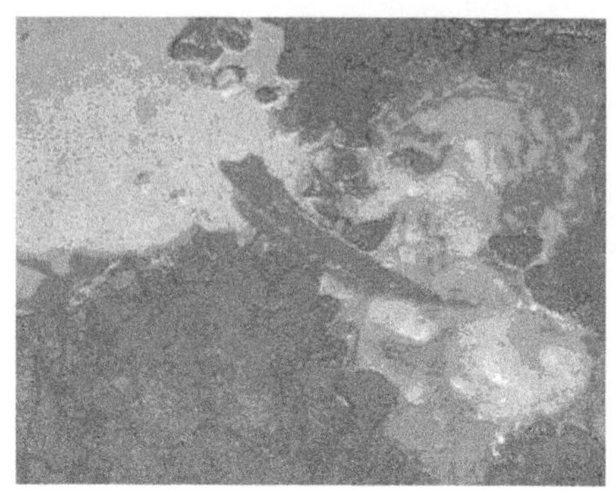

(b) 砂土层积水

(c) 地表地裂缝

(d) 试验前结构

(e) 试验后结构

(f) 结构内部破坏情况

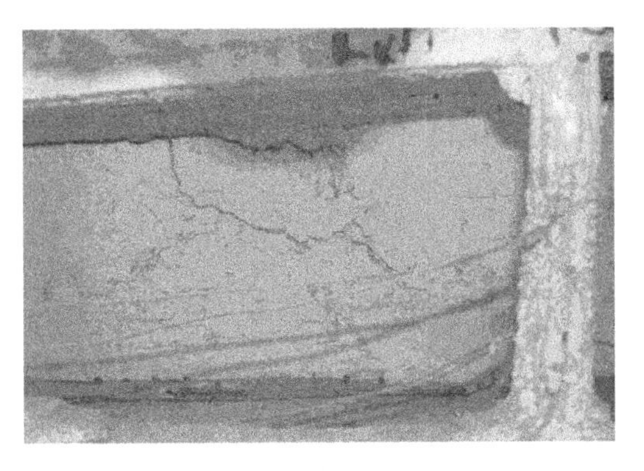

(g) 结构侧墙裂缝

(h) 结构中柱破坏

图 6.58　石膏结构破坏性试验中发生的宏观现象

6.4.4　模型试验与数值模拟的结果对比

1. 数值计算模型

在对可液化场地上框架式地铁车站结构振动台模型试验进行数值建模时，把土-地下结构体系按平面应变问题处理。计算区域范围与振动台模型箱尺寸一致，模型沿激震方向的长度为 3.5m，高度为 1.4m。根据等效刚度原则，把车站结构的中柱等效为一面纵墙。根据第 3 章所述网格单元划分原则，模型地基土-车站结构体系的网格划分如图 6.59 所示，车站结构的网格划分如图 6.35 所示。其中采用四节点平面应变单元模拟地基土与车站结构，车站结构采用全积分单元，模型土采用缩减积分单元，单元总数为 4409，自由度总数为 11254。按照地震波的主要频率范围以及土体剪切波速大小，土体的网格尺寸为 0.04m，车站结构的网格尺寸为 0.015m。

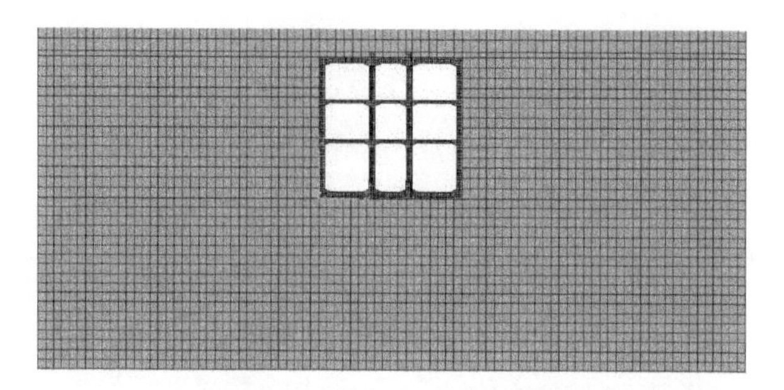

图 6.59 地基土-车站结构相互作用有限元整体网格

2. 地基土的加速度反应对比

在振动台试验中,根据试验方案的要求,将加速度计分别埋设在模型土的不同位置处,如图 6.35 所示。图 6.60 比较了工况 TA-1 时加速度计 A1、A3、A4、A5、A6、A7 记录的试验结果与数值模拟结果,工况编号的字母 TA、SF 和 SP 分别表示输入 Taft 波、什邡八角波和松潘波,数字 1、2、3 表示加载等级,下同。图 6.61给出了工况 TA-1、SF-1、SP-1 时地基土不同深度测点处的峰值加速度放大系数。表 6.31 为工况 TA-1、SF-1、SP-1 时各测点的峰值加速度。

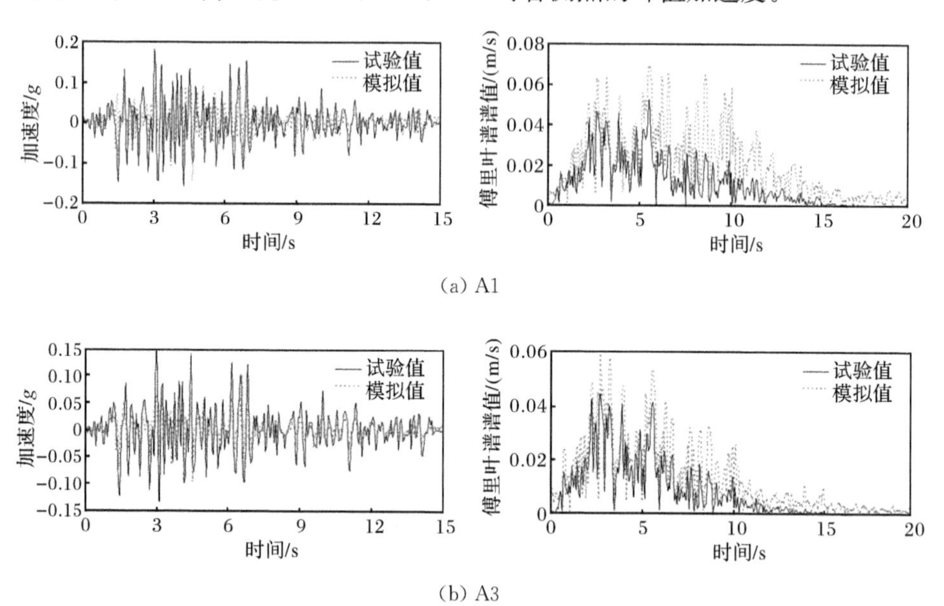

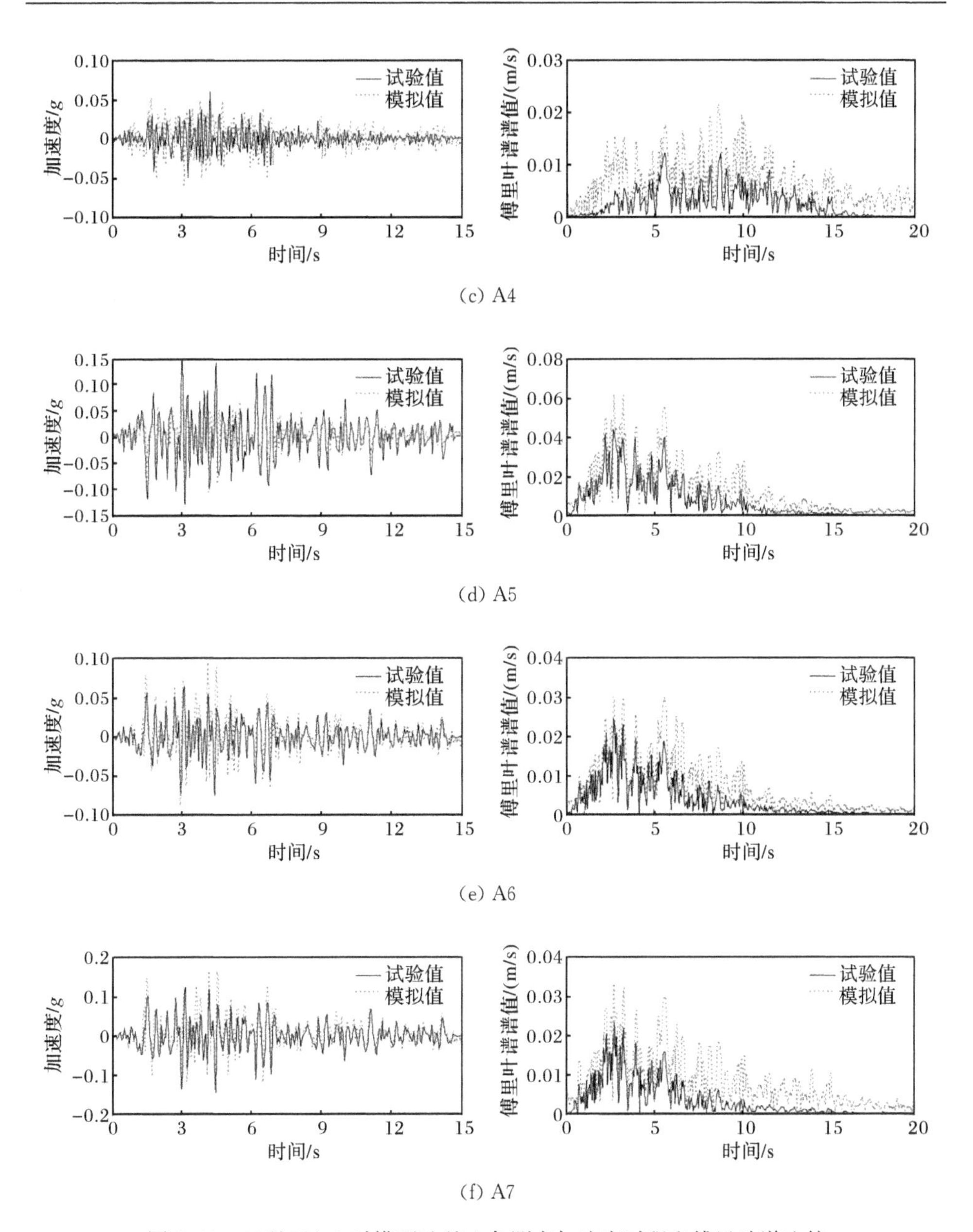

(c) A4

(d) A5

(e) A6

(f) A7

图 6.60　工况 TA-1 时模型地基土各测点加速度时程和傅里叶谱比较

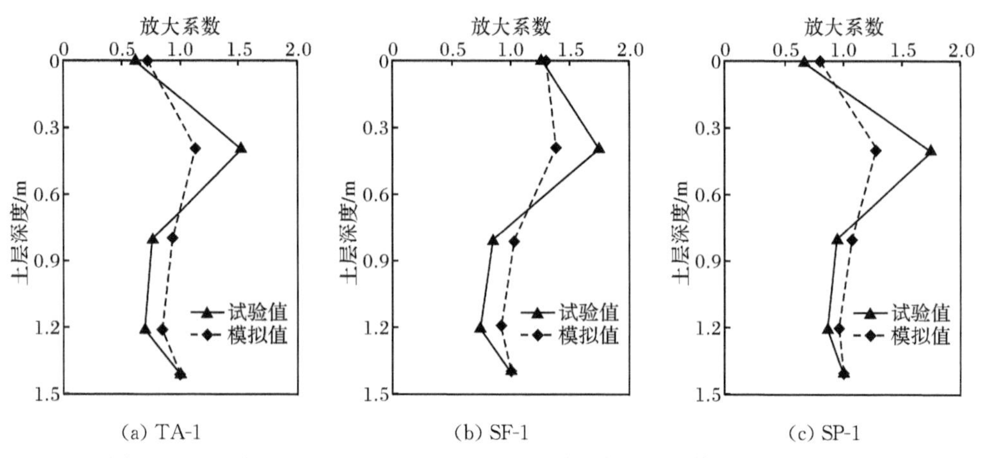

(a) TA-1　　(b) SF-1　　(c) SP-1

图 6.61　工况 TA-1、SF-1、SP-1 时地基土不同深度处的峰值加速度放大系数

表 6.31　工况 TA-1、SF-1、SP-1 时各测点峰值加速度　　(单位:g)

测点	TA-1			SF-1			SP-1		
	试验值	模拟值	相对误差/%	试验值	模拟值	相对误差/%	试验值	模拟值	相对误差/%
A1	0.178	0.144	19.10	0.265	0.214	19.25	0.219	0.176	19.63
A3	0.155	0.125	19.35	0.148	0.115	22.30	0.154	0.119	22.73
A4	0.063	0.073	15.87	0.128	0.130	1.56	0.065	0.080	23.08
A5	0.153	0.118	22.88	0.174	0.139	20.11	0.174	0.131	24.71
A6	0.078	0.093	19.23	0.086	0.104	20.93	0.095	0.107	12.63
A7	0.071	0.085	19.72	0.075	0.091	21.33	0.087	0.096	10.34

从图 6.60 可以看出,加速度的波形吻合度较高,幅值略有差异,加速度的频率分布也很接近,仅在地表测点 A4 处,试验结果与数值模拟结果的加速度时程与傅里叶谱差异稍大。在试验结果与数值模拟结果中均可以看出,测点 A1、A3、A4 的傅里叶谱存在明显差异,说明地下结构的存在对周边地基的地震动频谱特性有影响。位于结构下方测点 A3 与相同高度测点 A7 的峰值加速度和傅里叶谱成分有所差异,原因是地下结构的存在使得测点 A3、A7 位置的围压不同,在液化状态下土层软化程度不同。这进一步说明地下结构的存在将影响周围土层的地震动特性。

从图 6.61 可以看出,在 0.1g 地震动作用下,土体结构没有发生破坏,土体加速度试验值和模拟值均表现出自下而上的放大趋势,且在砂土层中上部的放大效应最为明显。在不同输入地震动作用下,地表 A4 处的放大系数显著不同,在 Taft 波和松潘波作用下的地表放大系数小于 1.0。从图 6.60 显示的规律来看,在砂土层下部,模拟的峰值加速度放大系数大于实测的放大系数,在浅层砂土中,数值模拟结果小于试验结果,在地表处两者相差不大。

表 6.32 比较了三种工况作用下土体各测点峰值加速度的试验结果与数值模拟结果，相对误差均保持在 25%以内，吻合度较为理想。在地表处，结构正上方测点 A1 与结构侧向上方测点 A4 相比，峰值加速度均相差很大，说明地下结构影响了邻近土体的地震动加速度特性。测点 A7 的数值模拟结果比试验结果要大一些，这是因为数值模拟中在土层底部直接输入地震动，但在振动台试验中，振动台台面与箱底以及箱底与土体之间会产生一定的相对移动，从而减小了地震动输入幅值。

表 6.32　工况 TA-3、SF-3、SP-3 时各测点峰值加速度　(单位：g)

测点	TA-3			SF-3			SP-3		
	试验值	模拟值	相对误差/%	试验值	模拟值	相对误差/%	试验值	模拟值	相对误差/%
A1	0.688	0.453	34.16	0.430	0.350	18.60	0.796	0.474	40.45
A3	0.578	0.412	28.72	0.446	0.361	19.06	0.494	0.443	10.32
A4	0.919	0.553	39.83	0.535	0.506	5.42	0.940	0.615	34.57
A5	0.631	0.433	31.38	0.478	0.427	10.67	0.778	0.495	36.38
A6	0.340	0.414	21.76	0.385	0.446	15.84	0.471	0.494	4.88
A7	0.323	0.430	33.13	0.360	0.441	22.50	0.425	0.476	12.00

图 6.62 比较了工况 TA-3 时加速度计 A1、A3、A4、A5、A6、A7 记录的试验结果与数值模拟结果。图 6.63 给出了工况 TA-3、SF-3、SP-3 时地基土不同深度测点处的峰值加速度放大系数。

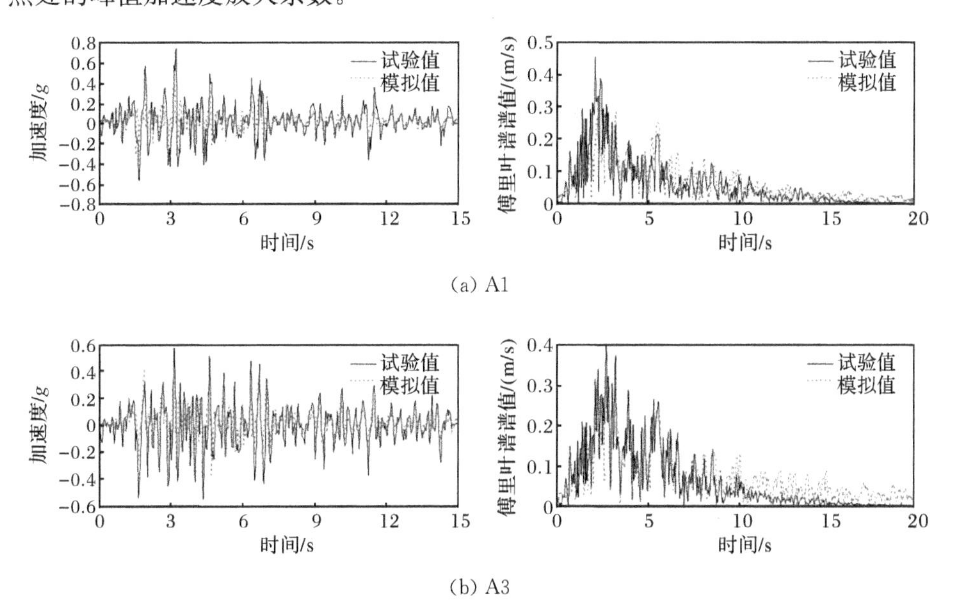

(a) A1

(b) A3

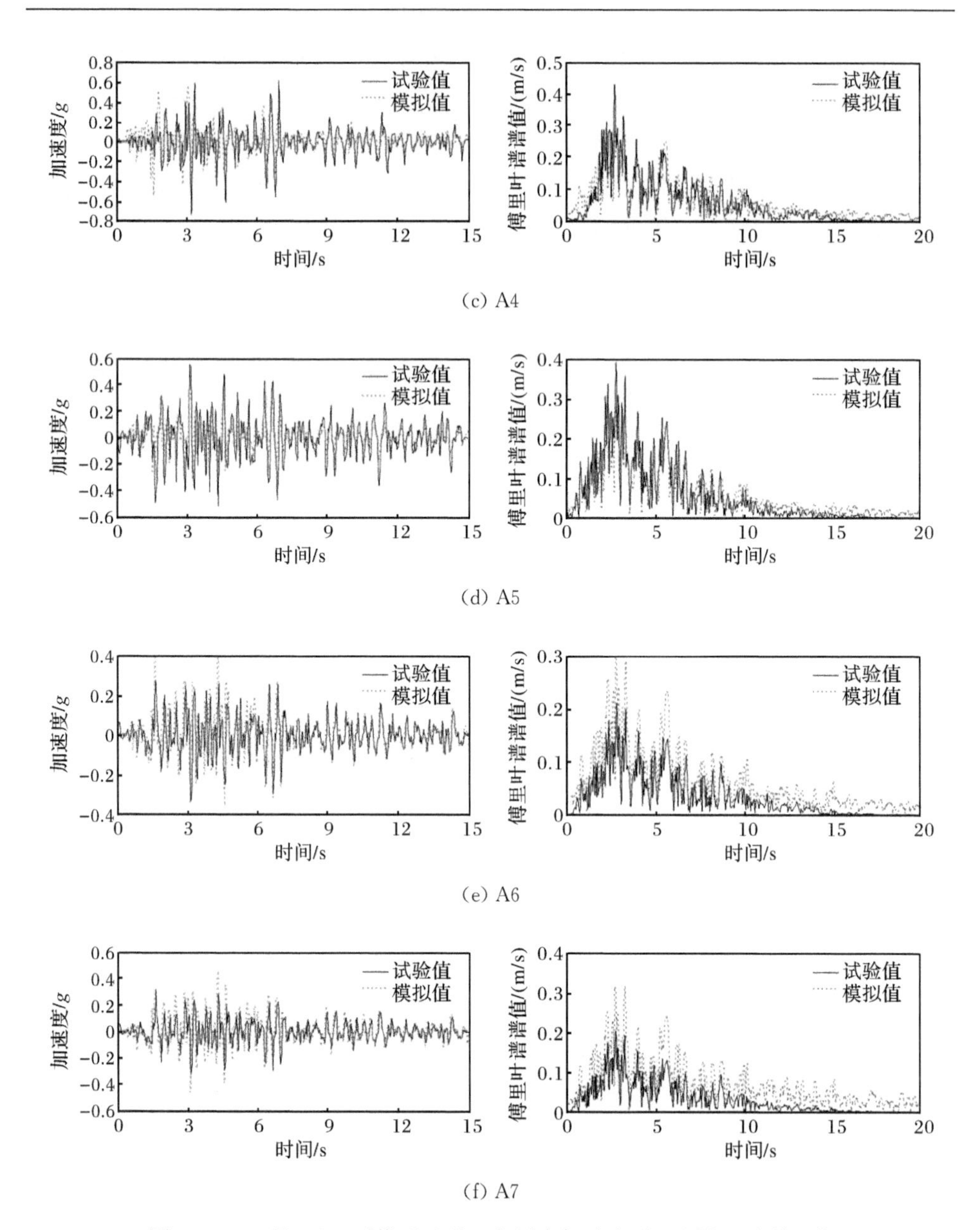

图 6.62　工况 TA-3 时模型地基土各测点加速度时程和傅里叶谱比较

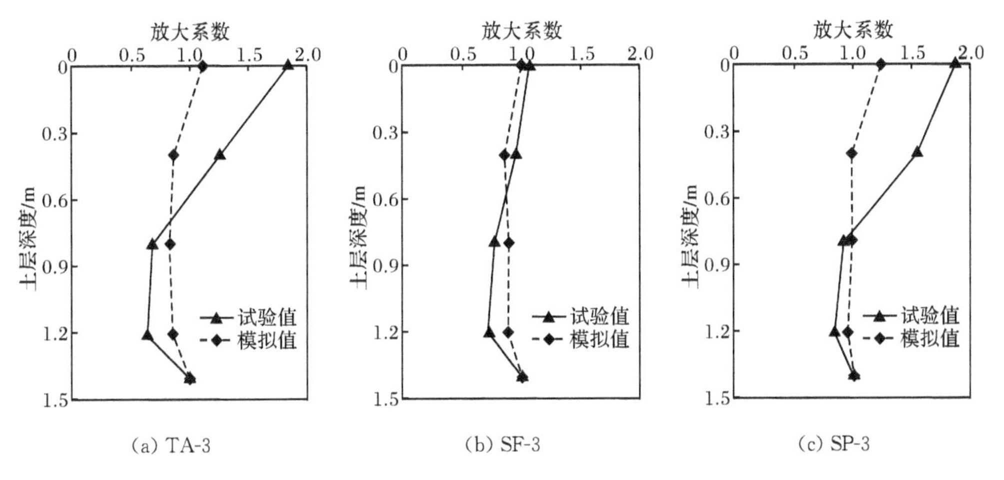

(a) TA-3　(b) SF-3　(c) SP-3

图 6.63 工况 TA-3、SF-3、SP-3 时地基土不同深度处的峰值加速度放大系数

从图 6.63 可以看出，在 0.5g 地震动作用下，土层加速度的试验结果与数值模拟结果的总体变化趋势基本一致，均表现出低频放大、高频滤波现象。还可以看出，在 0.5g 地震动作用下，土体加速度试验结果和数值模拟结果均表现出自下而上的放大趋势，在 Taft 波和松潘波作用下，地表测点的地震动放大系数的试验值增加明显，这可能是由于在地震动作用过程中，上覆黏土层刚度退化，基频降低，使得上覆黏土层的基频与 Taft 波和松潘波的主频成分接近，产生共振，导致地表黏土层的放大作用显著增加；但模拟值的放大效应却不明显，这可能是土体软化后的动力非线性增强，但本节数值模拟中所选用的土体动力本构模型不能充分描述这一特性引起的。从图 6.63 及表 6.32 均可以看出，在什邡八角波作用下，数值模拟结果与试验结果的吻合度较高；在 Taft 波和松潘波作用下，吻合度差一些，相对误差基本控制在 40%以内。

3. 地基土的孔压比时程

在振动台试验中，根据试验方案的要求，将孔隙水压力计埋设在砂土层的不同位置处。图 6.64～图 6.66 分别比较了工况 SF-1、SF-2、SF-3 时孔压计 W1、W2、W3、W5、W7、W8、W9、W11 试验与数值模拟得到的孔压比时程曲线。

从图 6.64～图 6.66 可以看出，试验结果和数值模拟结果总体趋势吻合较好，可以得出如下规律：

(1) 无论输入什邡八角波还是松潘波，砂土层中各测点孔压比均随着输入峰值加速度的增大而迅速增大。

(2) 在峰值加速度 0.1g 的什邡八角波和松潘波作用下，孔压比增长较小，各测点均未达到 1，砂土尚未发生液化，且输入什邡波时孔隙水压力的增长速率比输

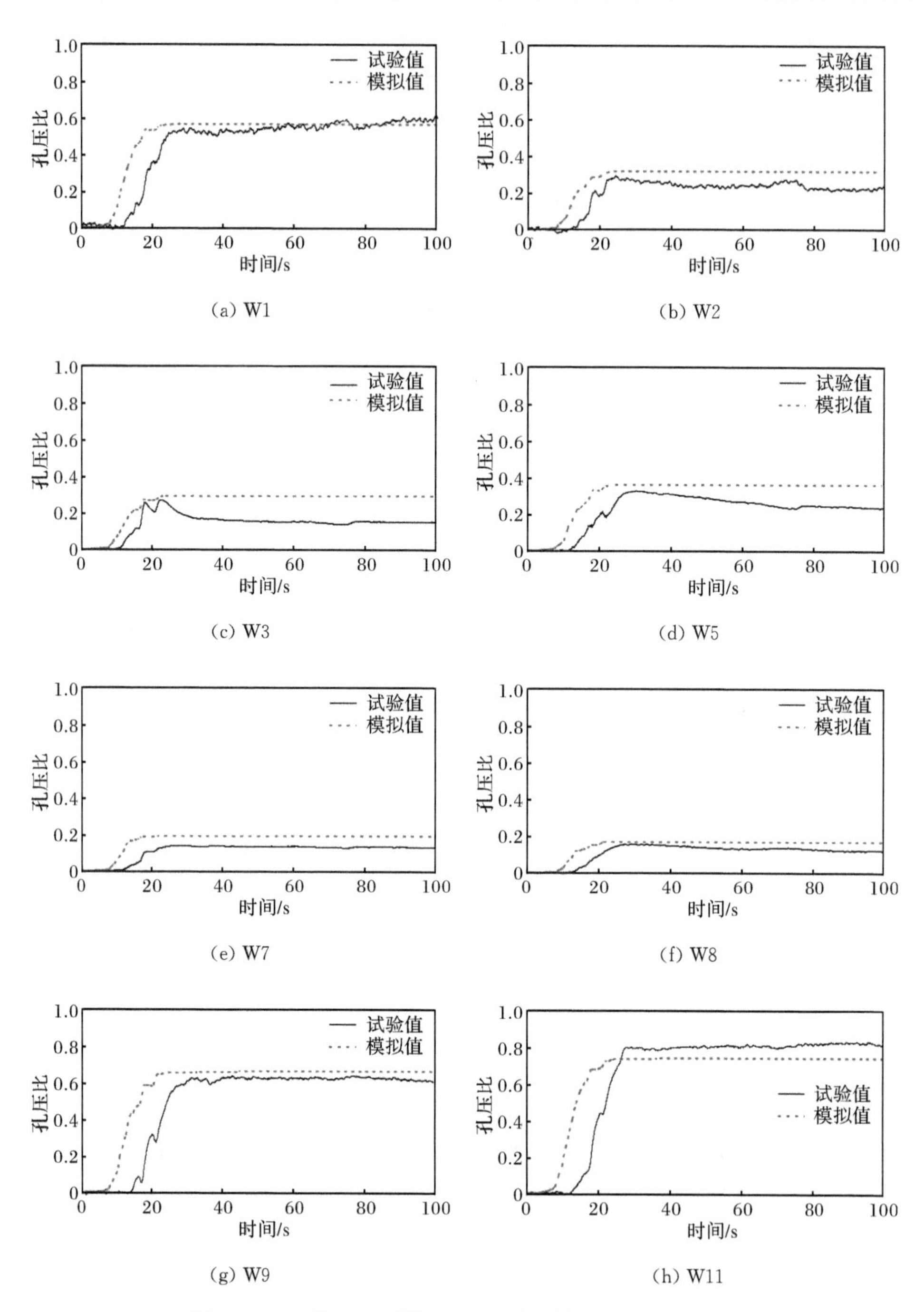

图 6.64　工况 SF-1 时模型地基土各测点孔压比时程比较

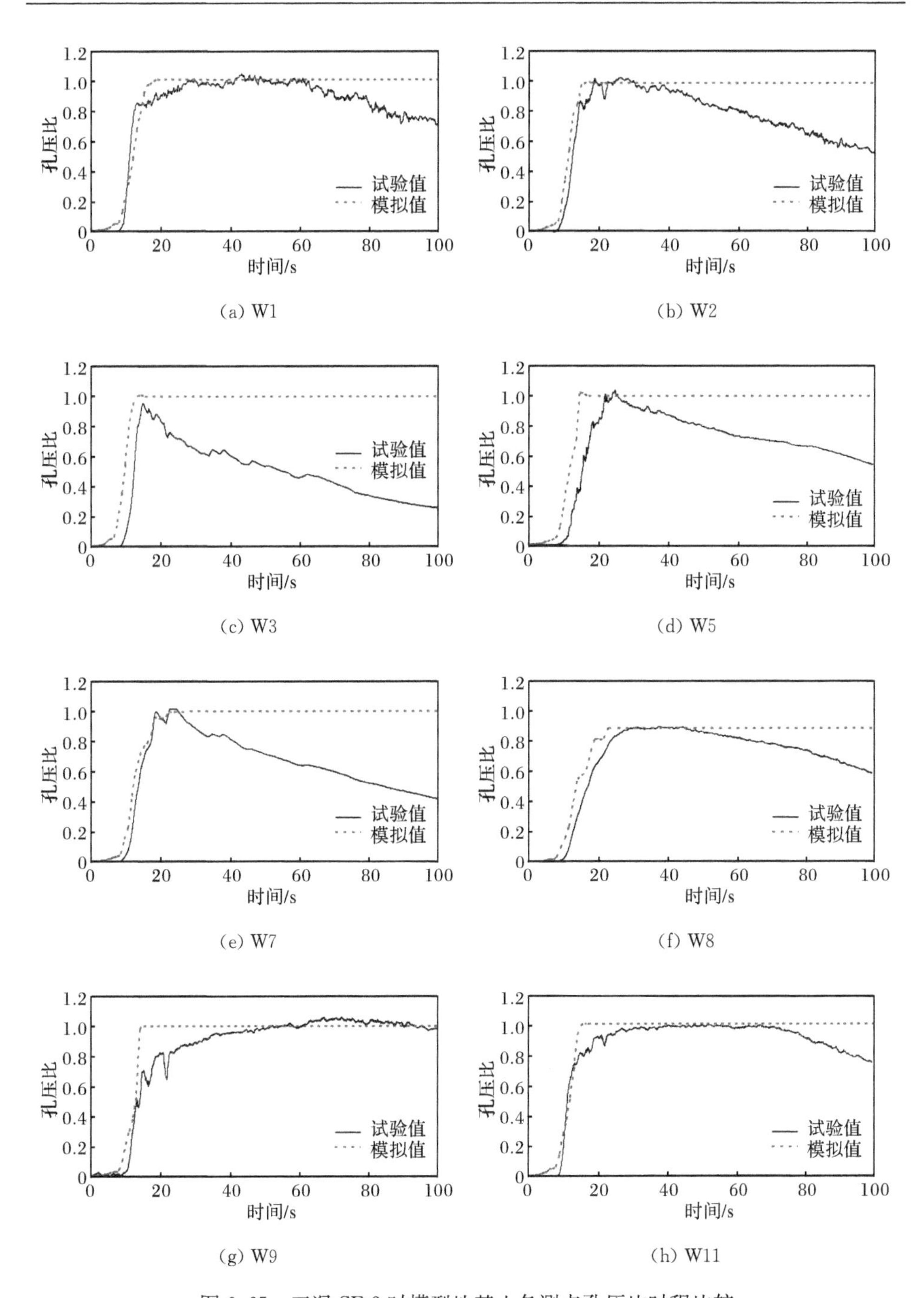

图 6.65　工况 SF-2 时模型地基土各测点孔压比时程比较

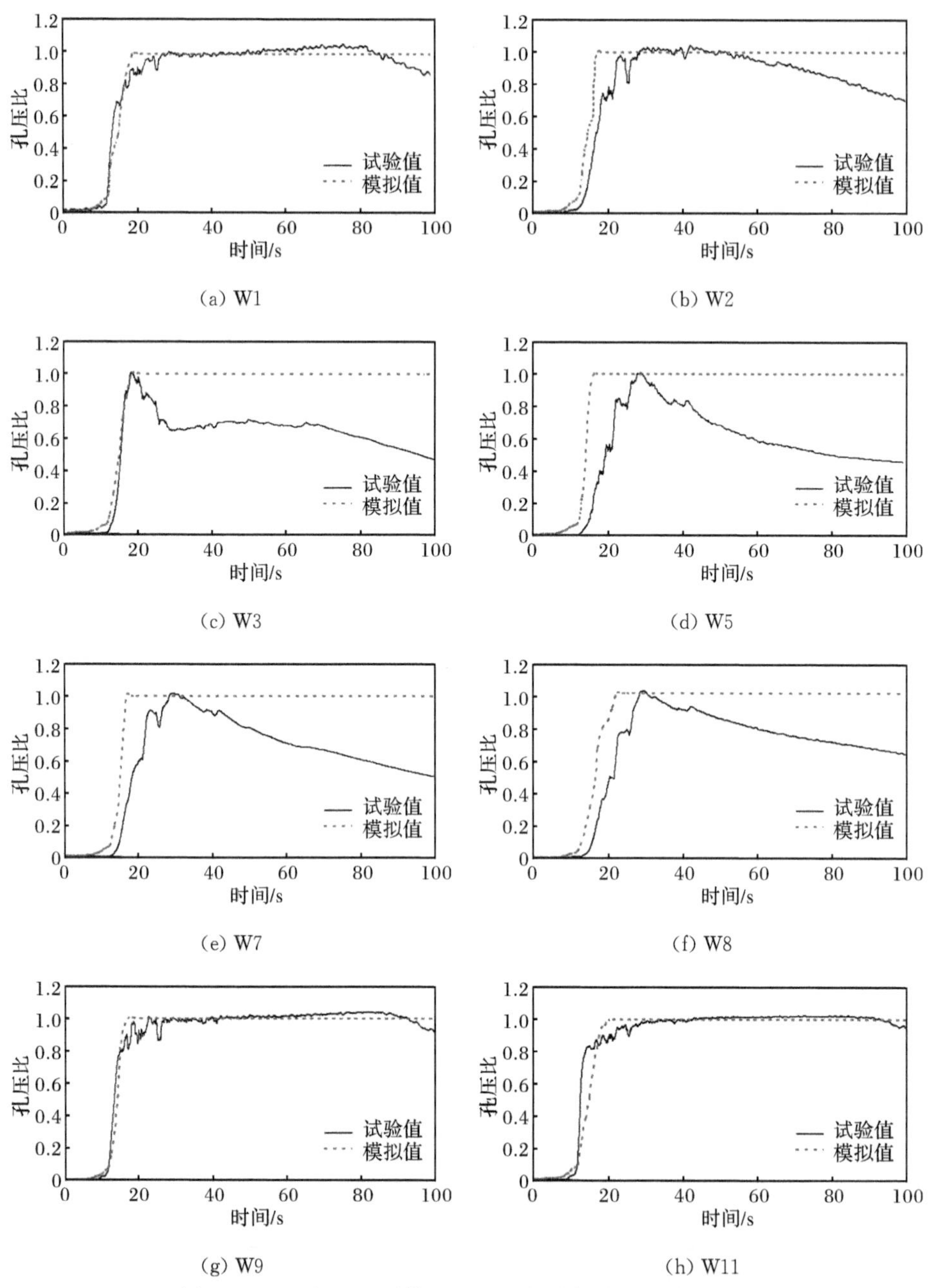

图 6.66　工况 SF-3 时模型地基土各测点孔压比时程比较

入松潘波时孔隙水压力的增长速率快；当输入的地震动幅值为 0.3g 及 0.5g 时，各测点孔压比均接近或达到 1，说明砂土层已经液化。

(3) 不同深度测点的孔压比有所差异，这种现象在小震作用下更明显。从测点 W1、W2、W3 可以看出，孔压比随着埋深的增加逐渐减小，说明土层上部更容易发生地震液化。究其原因，随着土层深度的增大，土体地震反应减小，土体围压随之增大，而孔压比与土体围压成反比，与地震反应成正比，所以自上而下各测点的孔压比逐渐减小。

(4) 相同深度不同位置测点的孔压比有所差异，这种现象在小震作用下更明显。取结构下部土体中同一水平面处的两个测点来比较，可以看出，测点 W3 处的孔压比大于 W7 处的孔压比，究其原因，相同体积的情况下，土体的自重要小于模型结构的自重，导致模型结构底部砂土的初始围压较大，所以结构下部砂土难以液化。比较 W1、W9、W11 测点的孔压比可以看出，相同埋深的情况下，离模型结构越近，孔压比越大，地基土越容易液化。这主要是因为在地震动作用下，模型结构与地基土的运动差异，使得模型结构两侧与地基土的接触面之间形成了排水通道，所以距离模型结构近的地基土液化程度较高，对模型结构的地震反应产生影响。

(5) 在输入什邡地震动作用下，在地震输入的前 9s，孔隙水压力几乎没有变动且近似于零，在 9s 左右孔压比迅速增长，在 20s 左右孔压比达到最大值。在输入松潘地震动作用下有与什邡地震动作用下相同的趋势，在地震输入的前 10s，孔压比无明显变化，在 10s 左右孔压比迅速增长，在 28s 左右孔压比达到最大值。且孔压比达到峰值的时刻均迟于加速度达到峰值的时刻。

孔压比的振动台试验结果与数值模拟结果存在两点差异：

(1) 数值模拟得到的孔压比比试验记录的孔压比大，这主要可能是因为在试验时不可能为完全不透水界面，土体中的孔隙水可从地表流出，导致了孔压试验值偏小，而数值模拟中假定地基土边界为不透水边界，数值模拟值偏大。

(2) 从试验结果可以看出，孔压比时程曲线在达到峰值之后有消散趋势，而在模拟曲线中，孔压比未呈现消散趋势，这主要是因为数值模拟选用的孔压模型只能描述孔压比的增长过程。

4. 地表的震陷值

在地震作用下，由地基土液化作用引起的地下结构上浮是一种比较严重的破坏现象。在振动台试验中，在地铁车站结构正上方土体地表以及侧上方土体地表处埋设了激光位移计，测量在地震动作用下各测点的竖向位移，如图 6.35 所示。表 6.33 比较了不同工况下各测点的地表震陷值的试验结果与模拟结果。由表可见，试验结果与模拟结果表现出的规律较为一致：车站结构上方地表的震陷值小于结构侧上方地表的震陷值，说明车站结构相对于周围地基土产生了向上的运动；随着地震动峰值的增大，各测点的震陷值增大，而且震陷差值变大，说明在大震作用下，地下结构的上浮现象更为明显。地下结构产生上浮的原因可能是地铁车站结构底部地基土的动孔隙水压力上升产生上浮力以及车站结构侧向地基土体发生液化导致地基土与车站结构之间接触面的摩擦力减小等。

表 6.33 各工况下地表震陷值 (单位:mm)

地表震陷测点		工况						
		SP-1	TA-1	SF-1	SF-2	SF-3	SP-3	TA-3
试验值	J1(结构上部地表)	0.87	0.46	0.75	2.76	1.47	1.5	2.74
	J2(结构下部地表)	3.18	0.71	1.52	7.48	8.49	17.54	10.1
模拟值	J1(结构上部地表)	2.32	1.59	2.08	2.96	5.11	3.55	3.79
	J2(结构下部地表)	2.96	2.37	4.25	6.33	10.9	9.68	11.2

在课题组完成的振动台试验以及本节的数值模拟中,可液化砂土层均是水平成层分布的,地铁地下车站结构在地震作用下产生了均匀的上浮现象。可以推断,在实际工程中,由于地铁结构延伸范围宽广,地基土层复杂多变,地基液化将会导致地铁工程不均匀上浮及沉降,对地铁结构造成严重的破坏。

5. 车站结构地震反应特性的对比

1) 模型结构的加速度反应

在车站结构侧墙的不同高度处埋设了加速度计,如图 6.35 所示。图 6.67 比较了工况 TA-1 时加速度计 A1-1、A1-2、A1-3、A1-4 记录的试验结果与数值模拟结果。图 6.68 给出了工况 TA-1、SF-1、SP-1 时车站结构不同高度测点处的峰值加速度。

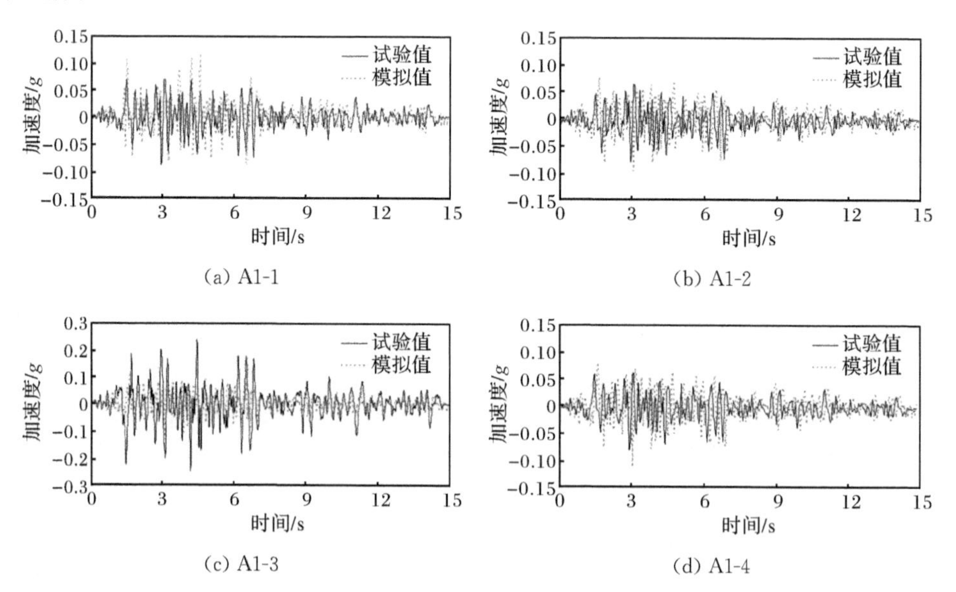

图 6.67 工况 TA-1 时车站结构各测点加速度时程比较

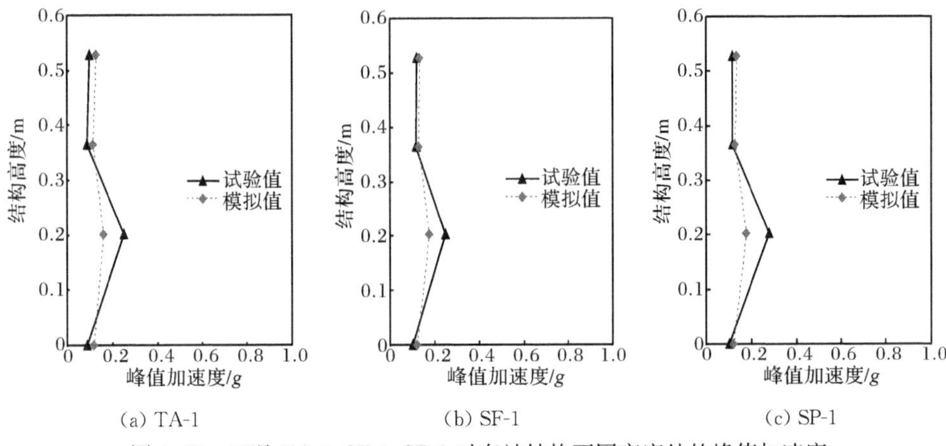

(a) TA-1　(b) SF-1　(c) SP-1

图 6.68　工况 TA-1、SF-1、SP-1 时车站结构不同高度处的峰值加速度

从图 6.67 可以看出，在 0.1g 地震动作用下，试验记录的车站结构侧墙不同位置测点的加速度时程和数值模拟的吻合度较好，峰值加速度的反应规律也较为相似。由图 6.68 可知，在输入峰值加速度为 0.1g 地震动作用下，三种工况下车站结构不同部位的峰值加速度反应规律一致，均表现为结构中下部的反应较大，这是由于该处属于结构的最薄弱处，在地震作用下产生的反应也较为明显，且结构底板和结构顶板处的反应差距不大。

图 6.69 比较了工况 TA-3 时加速度计 A1-1、A1-2、A1-3、A1-4 记录的试验结果与数值模拟结果。图 6.70 给出了工况 TA-3、SF-3、SP-3 时车站结构不同高度测点处的峰值加速度。

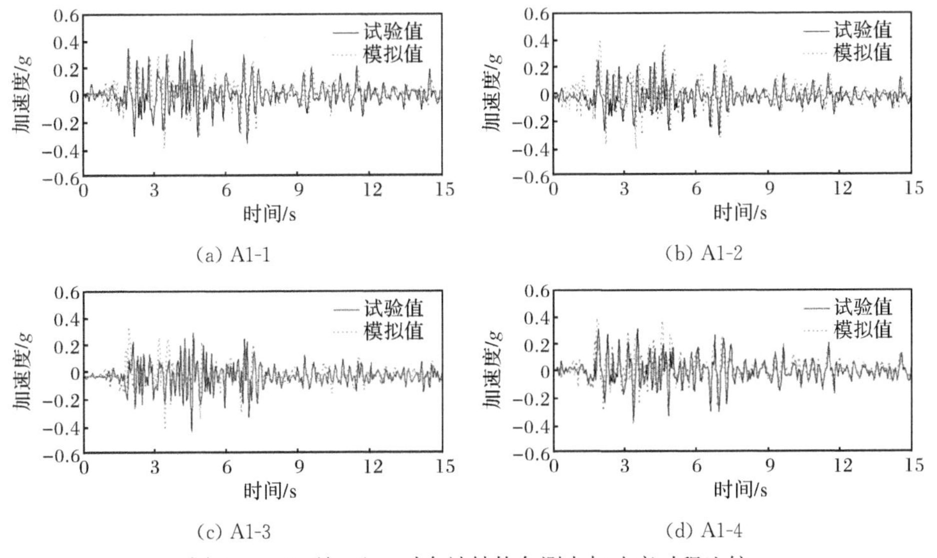

(a) A1-1　(b) A1-2

(c) A1-3　(d) A1-4

图 6.69　工况 TA-3 时车站结构各测点加速度时程比较

从图 6.69 可以看出，在 0.5g 地震动作用下，试验记录的车站结构侧墙不同位置测点的加速度时程和数值模拟的吻合度较好，峰值加速度的反应规律也较为相似。在输入峰值加速度为 0.5g 地震动作用下，三种工况下车站结构的峰值加速度反应规律有所差异。在输入 Taft 波和松潘波作用下，车站结构的峰值加速度反应规律较一致，车站结构顶板处的峰值加速度较大，这是由于这两种地震波的地震动特性较相似，导致车站结构的地震反应也较为相似；而在输入什邡地震动时，车站结构中下部的峰值加速度反应较大。

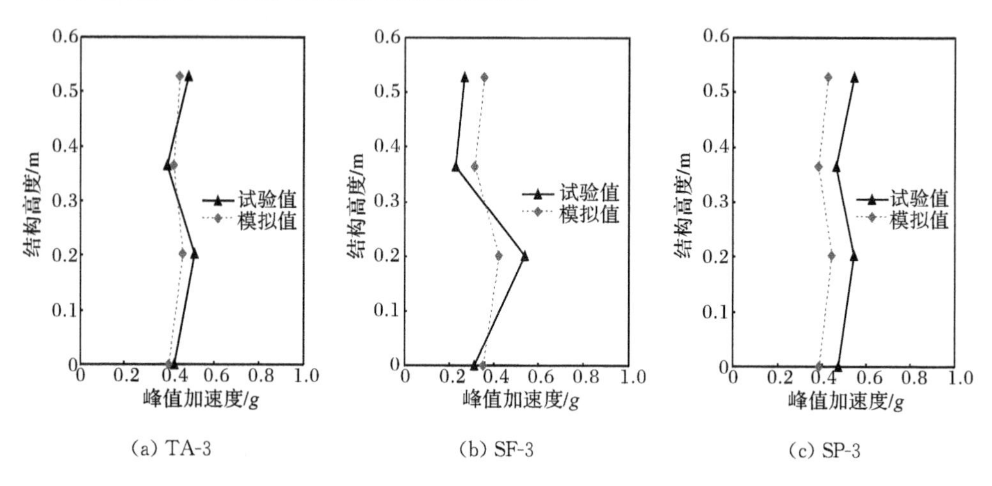

图 6.70　工况 TA-3、SF-3、SP-3 时车站结构不同高度处的峰值加速度

通过以上对比分析可知，数值模拟的结构加速度反应与振动台试验实测的结构加速度反应在总体规律上较为一致，但在结构中下部存在差异。此处的数值模拟结果比试验结果偏小，主要可能是因为在地震动作用下，试验时砂土地基发生液化，结构侧墙处的土体发生流动现象，引起结构不同位置的峰值加速度有较大的差异，而数值模拟却不能模拟土体流动性。

2) 模型结构的应变反应

在车站结构的不同部位设置了应变片，如图 6.4 所示。表 6.34 和表 6.35 分别比较了在不同加载工况下，模型结构各测点应变幅值的试验结果与数值模拟结果。不难看出，数值模拟结果与振动台试验结果的总体趋势比较一致，只是在数值大小上有差异。试验结果与数值模拟结果均表明：随着基底输入地震动峰值加速度的增大，车站结构上各测点的动应变幅值逐渐增大；在小震作用下，车站结构上各测点的动应变幅值较小，没有较为明显的规律；在大震激励下，各测点的应变幅值较大，呈现出的总体规律也比较明显。结构动应变反应最大处发生在中柱处，且底层中柱的应变幅值大于顶层中柱及中层中柱处的应变幅值。顶板靠近中柱处的应变幅值大于顶板靠近侧墙处的应变幅值。在靠近侧墙的部位，中板的应变幅值比顶板的应变幅值偏大。侧墙处的反应规律与中柱的反应规律相似，也是底层比顶层偏大。总体而言，模型结构应变反应的最大值出现在中柱处，结构侧墙处的应变幅值总体大于板处的应变幅值。

表 6.34　工况 TA-1、SF-1、SP-1 时车站结构各测点的应变幅值（单位：με）

应变片位置	应变类型	工况					
		TA-1		SF-1		SP-1	
		试验值	模拟值	试验值	模拟值	试验值	模拟值
顶层中柱顶端 (S1-10)	拉应变	5.1	6.6	9.3	8.1	10.7	15.1
	压应变	−5.4	−7.4	−8.5	−10.7	−11.3	−10.4
顶层中柱底端 (S1-11)	拉应变	3.8	4.5	4.2	5.1	8.5	12
	压应变	−3.9	−6.1	−4.4	−5.6	−9.8	−14.6
中层中柱顶端 (S1-14)	拉应变	5.2	16.5	7.4	8.6	9.3	9.4
	压应变	−7.3	−14.4	−11.0	−19.8	−14.0	−17.9
中层中柱底端 (S1-15)	拉应变	5.8	10.3	7.0	5.4	11.5	14.2
	压应变	−14.6	−25.0	−14.6	−11.4	−17.9	−21.1
底层中柱顶端 (S1-20)	拉应变	14.3	25.1	21.1	32.8	24.9	36
	压应变	−15.8	−18.8	−20.4	−29.9	−24.7	−25.7
底层中柱底端 (S1-21)	拉应变	10.4	18.8	13.3	20.2	13.0	11.6
	压应变	−11.0	−14.5	−29.3	−21.3	−24.7	−20.8
顶板靠近侧墙处 (S1-1)	拉应变	2.1	3.8	4.2	9.7	5.9	7.1
	压应变	−2.4	−8.5	−3.6	−5.5	−7.3	−6.5
中板靠近侧墙处 (S1-4)	拉应变	2.8	7.9	3.0	2.9	7.1	8.9
	压应变	−2.4	−2.2	−2.1	−3.3	−7.9	−9.1
顶板靠近中柱处 (S1-8)	拉应变	2.9	3.1	4.7	7.1	4.6	5
	压应变	−2.7	−8.0	−14.6	−19.3	−4.7	−9.9
侧墙靠近顶板处 (S1-2)	拉应变	3.8	6.0	2.1	7.2	2.9	7.4
	压应变	−3.9	−5.5	2.1	−7.6	−5.4	−8.2
侧墙靠近中板处 (S1-3)	拉应变	2.0	3.8	2.5	4.4	4.3	3.1
	压应变	−2.0	−2.7	−2.7	−3.6	−3.2	−5.5

表 6.35 工况 SF-2、SF-3、SP-3 时车站结构各测点的应变幅值（单位：με）

应变片位置	应变类型	工况					
		SF-2		SF-3		SP-3	
		试验值	模拟值	试验值	模拟值	试验值	模拟值
顶层中柱顶端(S1-10)	拉应变	11.4	18.7	22.5	29.9	30.8	38.6
	压应变	−12.5	−20.6	−22.1	−14.5	−35.0	−45.9
顶层中柱底端(S1-11)	拉应变	6.0	7.9	8.1	10.3	13.7	18.7
	压应变	−6.8	−11.7	−12.3	−19.5	−28.4	−25.9
中层中柱顶端(S1-14)	拉应变	22.0	20.4	16.8	22.9	27.2	33.6
	压应变	−17.0	−28.5	−22.3	−42.3	−40.3	−56.0
中层中柱底端(S1-15)	拉应变	3.7	6.5	7.0	13.6	13.7	11.0
	压应变	−2.5	−5.2	−9.6	−15.5	−22.0	−26.9
底层中柱顶端(S1-20)	拉应变	24.1	28.3	36.2	49.3	50.8	64.7
	压应变	−22.1	−36.9	−37.4	−56.6	−50.7	−77.2
底层中柱底端(S1-21)	拉应变	22.4	30.4	21.6	35.0	41.1	37.1
	压应变	−27.7	−33.1	−37.7	−53.2	−73.6	−61.1
顶板靠近侧墙处(S1-1)	拉应变	4.8	8.5	5.2	6.7	6.7	6.1
	压应变	−5.3	−14.0	−6.4	−8.0	−8.8	−11.6
中板靠近侧墙处(S1-4)	拉应变	5.7	4.7	8.4	10.7	10.9	17.8
	压应变	−6.5	−12.9	−8.8	−11.4	−17.4	−23.1
顶板靠近中柱处(S1-8)	拉应变	5.5	6.9	4.8	6.8	6.5	6.4
	压应变	−5.0	−15.1	−14.6	−19.9	−11.0	−11.3
侧墙靠近顶板处(S1-2)	拉应变	6.9	8.6	9.7	4.8	11.0	10.6
	压应变	−6.5	−8.4	−8.6	−7.5	−17.1	−20.4
侧墙靠近中板处(S1-3)	拉应变	3.6	5.3	6.3	6.2	8.2	12.1
	压应变	−3.0	−3.6	−5.9	−3.5	−8.9	−8.4

6.5 不同场地条件下模型试验结果的对比

6.5.1 地基加速度反应的对比

不同地震动作用下，模型地基加速度放大系数如图 6.71 所示。由图可知：0.1g地震动作用下，软弱场地上加速度放大规律一致，可液化场地上，砂土层测点自下而上（A7、A6、A5）呈现出逐步放大的趋势，而在土层顶部测点位置（A4）出现了加速度放大系数骤减现象，这可能是由于土体固结过程中，饱和砂土层与上部黏土层形成了薄水层，小震作用下地震动能量无法通过薄水层向上传播，使得地震动能量均积聚在可液化土层中，这也解释了可液化场地上测点A5的加速度放大系数远大于软弱场地上A5的加速度放大系数的现象。随着输入地震动峰值加速度的增加，地震动能量逐渐提高，场地内积聚孔压不断增加，0.5g地震动作用下，则出现了不同程度场地软化现象，浅层土体测点A5位置处，加速度放大系数均出现了降低现象，这体现了场地软化特性。据图6.72，从测点A5加速度频谱可以发现：可液化地基对地震动高频成分滤波效应高于软弱场地。其次，可液化地基在测点A4位置出现了加速度放大效应，这是由于地震动作用过程中，黏土层刚度退化，基频降低，使得上覆黏土层的基频与松潘波和Taft波的主频成分接近，产生了共振现象，导致地表黏土层的放大作用显著增加。

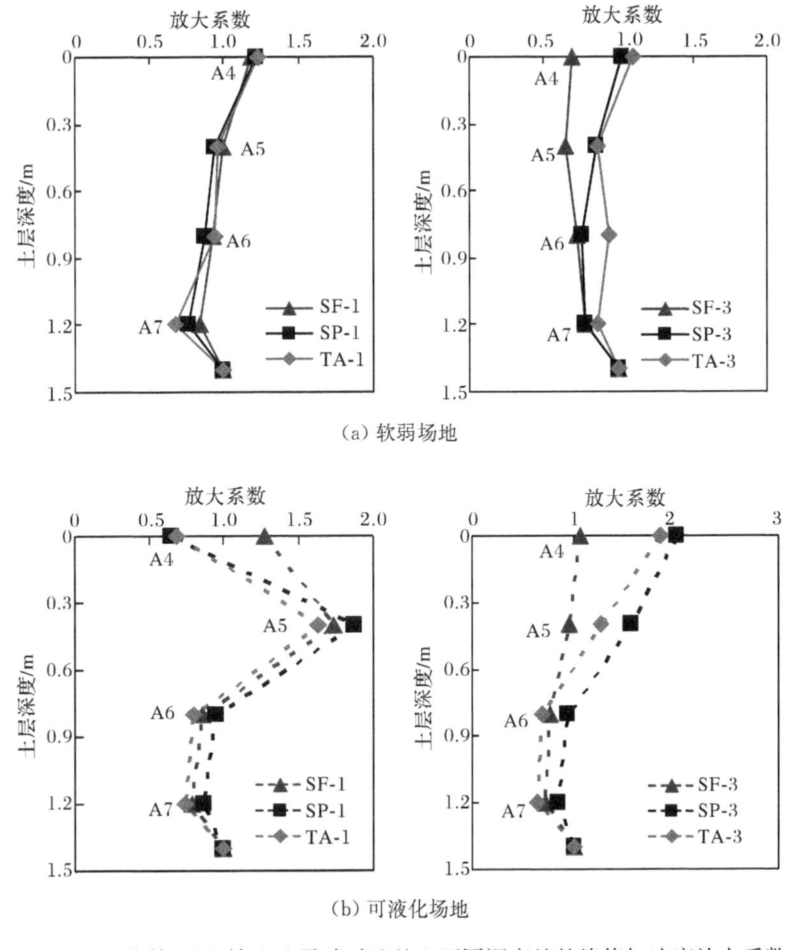

图6.71　不同场地上输入地震动时地基土不同深度处的峰值加速度放大系数

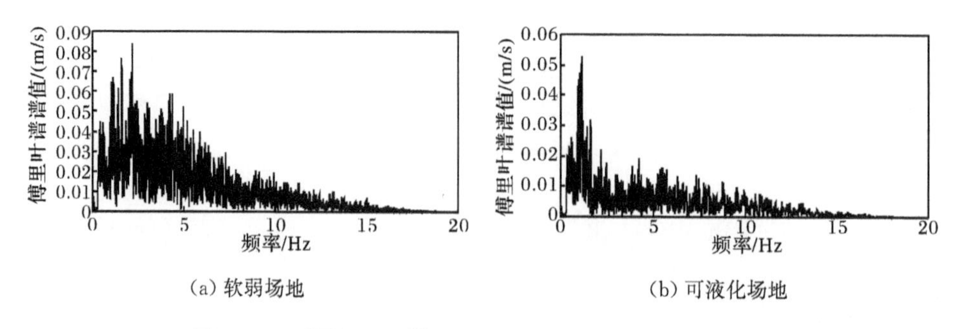

(a) 软弱场地　　(b) 可液化场地

图 6.72　不同场地上输入 0.5*g* 地震动时地基土频谱特性

6.5.2　地下车站结构侧向变形的对比

可液化场地和软弱场地的结构非破坏性试验中,结构顶部和底部的水平位移反应幅值如表 6.36 所示。由表可知:可液化场地上结构顶部和底部之间的相对位移大于软弱场地上结构顶部和底部的相对位移,并且随着输入地震动幅值的增加,位移差异量逐渐增大,说明在液化条件下结构的侧向变形更大。抗震设计时,应加强可液化场地上结构水平侧向刚度,保证结构具有较强的抵御侧向变形的能力。

表 6.36　试验中结构水平位移反应幅值　　(单位:mm)

水平位移测点	可液化场地						
	SF-1	SF-2	SF-3	SP-1	SP-3	TA-1	TA-3
D1	8.15	24.89	32.21	14.59	60.4	7.28	11.85
D4	10.1	31.42	43.05	18.93	83.01	9.24	17.3
水平位移测点	软弱场地						
	SF-1	SF-2	SF-3	SP-1	SP-3	TA-1	TA-3
D1	6.10	15.11	28.16	12.83	68.00	5.74	25.76
D4	6.91	15.09	29.26	12.75	69.97	6.70	28.14

6.5.3　地表震陷特征

不同地震动作用下,可液化地基与软弱地基地表震陷量如表 6.37 所示。由表可知:地震动作用下,场地均发生了不同程度的震陷现象。随着输入地震动峰值加速度的增加,地基震陷量增加。可液化地基中结构上浮量远大于软弱场地上结构上浮量,可液化地基建设地铁地下结构应充分考虑由于地基震陷给结构附加的内力,结合已开展试验可以发现:可液化地基上,在地震动作用下,地铁地下车站结构将发生水平向和竖直向的双向变形,导致结构出现空间扭转效应。

表 6.37　不同试验中输入什加地震波时地表震陷值　（单位：mm）

震陷测点	可液化地基			软弱地基		
	SF-1	SF-2	SF-3	SF-1	SF-2	SF-3
J1（结构上部地表）	−0.75	−2.76	1.47	−0.23	−0.54	2.02
J2（结构侧边地表）	−1.52	−7.48	−8.49	−0.28	−1.21	−3.15
结构上浮量	0.77	4.72	9.96	0.05	0.67	5.17

6.6　三层三跨框架式地下车站结构抗震设计建议

本章以三层三跨框架式地下车站结构为研究内容，基于振动台模型试验和数值模拟分析，分别介绍该类地下车站结构的地震反应特性及其抗震性能。总体来看，三层三跨框架式地下车站结构的地震反应特性除了与第 5 章介绍的两层三跨框架式车站结构的地震反应特性有相似点外，也有一些不同之处，现总结如下。

6.6.1　软土场地地下车站结构抗震设计建议

近场强地震动作用将对深软地基上三层三跨框架式地铁地下车站结构造成严重损伤，甚至发生塑性破坏或坍塌；中柱的地震损伤比边墙的严重，且中间楼层柱体的损伤尤为严重；柱端与楼板、顶板和底板与侧墙的结合部位是抗震的不利位置；近场强地震动的强度和频谱成分对地下车站结构的地震反应及损伤均有很大影响。

三层三跨框架式地铁地下车站结构纵向中间截面处的侧向相对位移反应最大，沿车站结构纵向的水平位移曲线呈现出波浪形状，具有明显的空间效应；且在近场强地震动作用下地下车站结构会产生单向累积的永久位移。

近场强地震动作用下地下车站结构的地震反应远大于 100 年超越概率 3%的南京人工地震波作用下的地震反应，即按常规方法的罕遇地震水平进行抗震设防的地下车站结构，受到罕遇特大地震近场地震动作用时有可能发生严重破坏；地下车站结构顶板的峰值加速度反应要比底板的峰值加速度反应大，浅埋部分地下车站结构的地震损伤比深埋部分的更大。

在软土场地条件下，频谱特性不同的近、远场地震动作用下地下车站结构的峰值加速度反应存在明显差异，框架式地下车站结构侧向相对变形小，未出现明显上浮现象，输入地震动的频谱特性对其侧墙的变形模式和大小存在显著的影响。

中柱是三层三跨框架式地下车站结构抗震的最不利构件，中柱的地震破坏可能导致整体结构的严重地震破坏。鉴于此，有必要对该类地下车站结构的中柱采用必要的加强设计，除了在尺寸上提高中柱的承载能力，应针对极罕遇特大震的作用,采取必要的结构措施以改善中柱端部的受力特征。

6.6.2 可液化场地地下车站结构抗震设计建议

在近、远场地震动作用下,模型地基土加速度反应的振动台试验结果与数值模拟结果的总体特征较为一致,加速度傅里叶谱均表现为低频放大、高频滤波现象;地基土对加速度有放大作用,但地基土对不同频谱特性地震动作用的加速度放大效应不同,地下车站结构的存在对其周围地基土的加速度有明显的影响。

在地基土超静孔压反应特性方面,振动台试验结果与数值模拟结果的总体趋势较为一致,饱和砂土地基各测点的超静孔压比随着输入地震动峰值加速度的增大而增大,孔压比随着地基土深度的减小而增大,孔压反应达到峰值的时刻滞后于加速度反应达到峰值的时刻;地下车站结构对其周围可液化土的孔压场分布有明显的影响。

在不同地震动作用下,地下车站结构地震反应特性的振动台试验结果与数值模拟结果基本一致,车站结构侧墙中下部的峰值加速度反应较大;随着输入地震动峰值加速度的增大,不同频谱特性的地震动作用下车站结构的峰值加速度反应差异增大,车站结构各测点的峰值应变增大,且中柱的峰值应变最大。

在小震作用下,地下车站结构不同高度的峰值加速度反应较为相近,侧墙中下部的反应稍大;随着输入地震动峰值加速度的增大,不同地震动作用下地下车站结构的峰值加速度反应差异增大;由于地下车站结构受侧向地基土液化的影响,不同地震动作用下车站结构不同部位的位移反应差异较大,底部的位移反应大于顶部的位移反应;就车站结构各构件的峰值应变反应而言,中柱的反应最大,侧墙的反应次之,板的反应最小,且底层中柱的反应大于顶层和中层中柱的反应,同高度的中柱左右两侧中损伤较严重的一侧沿车站结构高度呈 S 形分布,底层中柱底端的损伤最为严重,这一规律与软土场地地下结构的分析结果稍有区别。

参考文献

[1] 陈国兴,左熹,王志华,等.地铁车站结构近远场地震反应特性振动台试验[J].浙江大学学报:工学版,2010,44(10):1955－1961.

[2] 陈国兴,左熹,王志华,等.近远场地震作用下液化地基上地铁车站结构动力损伤特性的振动台试验[J].土木工程学报,2010,43(12):120－126.

[3] 陈国兴,左熹,王志华,等.可液化场地地铁车站结构地震破坏特性振动台试验研究[J].建筑结构学报,2012,33(1):128－137.

[4] Chen G X, Wang Z H, Zuo X, et al. Shaking table test on the seismic failure characteristics of a subway station structure on liquefiable ground[J]. Earthquake Engineering and Structural Dynamics, 2013, 42(10): 1489－1507.

[5] 陈磊,陈国兴,毛昆明.框架式地铁车站结构大地震近场地震反应特性的三维精细化非线性分析[J].岩土工程学报,2012,34(3):490−496.
[6] 陈磊,陈国兴,陈苏,等.三拱立柱式地铁地下车站结构三维精细化非线性地震反应分析[J].铁道学报,2012,34(11):100−107.
[7] 陈磊.地铁地下结构近远场地震反应特性的数值模拟研究[D].南京:南京工业大学,2011.
[8] Hashash Y M A, Hook J J, Schmidt B, et al. Seismic design and analysis of underground structures[J]. Tunnelling & Underground Space Technology, 2001, 16(4): 247−293.

第7章　特殊结构形式的地铁地下车站结构抗震研究

7.1　引　　言

随着我国城市轨道交通的快速发展，城市轨道交通规划与城市商业规划的关系越来越紧密，城市地铁地下车站不仅要满足其最主要的交通性能的需要，还要满足其城市商业开发与运营的需要，这方面也正是解决目前我国乃至全球城市轨道交通运营亏损的重要手段之一。然而，由此造成的地铁地下车站结构形式也更加复杂。例如，上海地铁4号线的南浦南站（见图7.1）、苏州地铁1号线的星海站（见图7.2）等地铁车站的结构明显比一般地铁车站结构要复杂得多。同时，在复杂工程场地进行地铁地下车站结构建造时，受到施工环境的约束，采用暗挖法的连拱式地铁地下车站结构具有明显的优势，如莫斯科地铁圣彼得堡站。

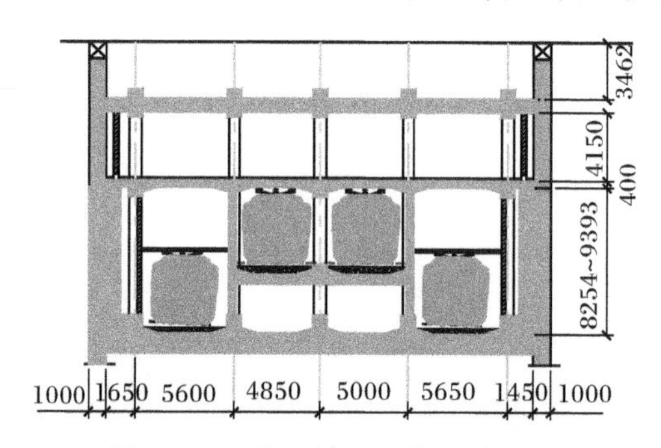

图7.1　上海地铁4号线南浦南站

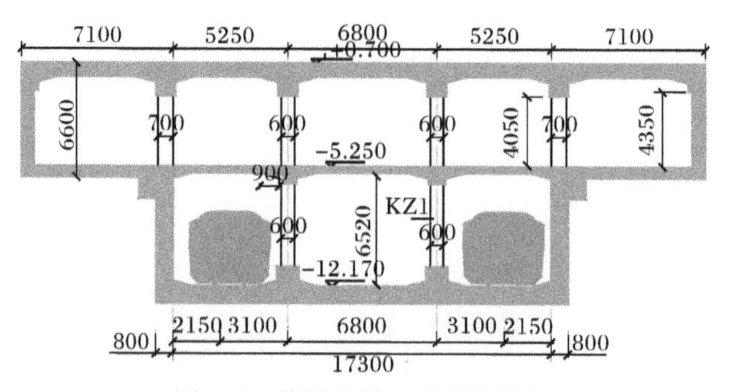

图7.2　苏州地铁1号线星海站

目前,对地铁地下车站结构抗震性能的研究还处于初级阶段。已有的研究主要对简单结构形式的地铁车站结构的抗震性能进行研究,如单层单跨、单层双跨、双层双跨和双层三跨地铁等结构形式较为规整的"火柴盒型"地铁地下车站结构[1~4]。对复杂结构形式的大型地铁车站结构抗震性能的研究较少,已有的研究还远远不能满足复杂大型地铁车站结构抗震性能与抗震设计的需求。

综上所述,本章分别以苏州地铁 1 号线的星海站、上海地铁 4 号线的南浦南站和某三拱立柱式车站(见图 7.3)为工程背景,对具有特殊结构形式的大型地铁车站结构的抗震性能进行数值计算或模型试验,分析该类结构的层间位移反应特征和结构构件连接部位的应力反应规律等,以及结构构件的动态损伤演化规律[5~10]。该部分内容对提高该类地铁车站结构抗震性能的认识及其抗震设计水平能够提供合理的参考与有力的指导。

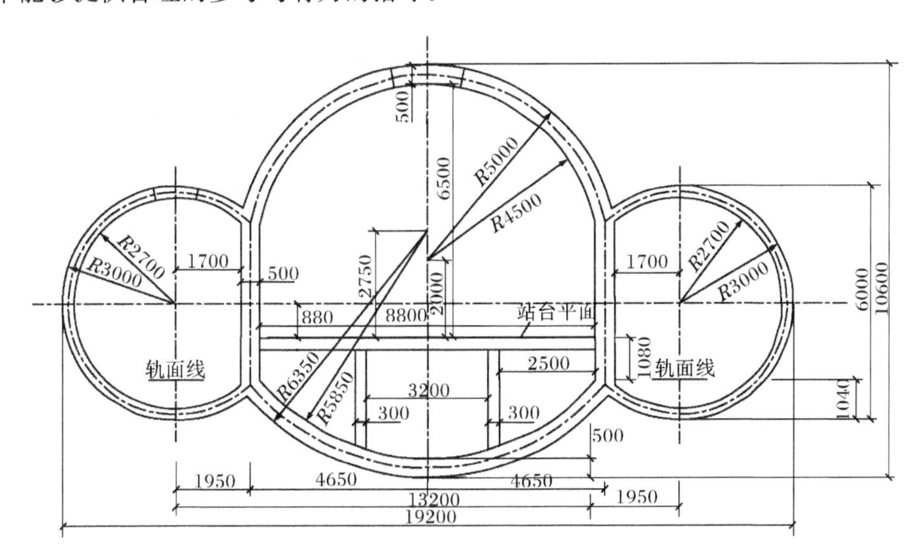

图 7.3　三拱立柱式地铁地下车站结构

7.2　三拱立柱式地下车站结构的振动台模型试验

7.2.1　振动台模型试验设计

1. 试验体系相似比设计

采用第 4 章介绍的 15 层叠层剪切型土箱安装模型地基土和基于虚拟仪器技术研发的 98 通道动态信号采集系统采集各类型传感器的测试数据。相似比设计根据 Bukinghan π 定理,选取长度、弹性模量、加速度为模型结构相似比设计的基本物理量；选取剪切波速、密度、加速度为模型地基土相似比设计的基本物理量，并按照量纲分析原则推导其余各物理量的相似比关系。模型地基-模型结构体系各物理量的相似关系和相似比详见表 7.1。

表 7.1 模型地基-模型结构体系各物理量的相似关系和相似比

物理特征	物理量	相似关系	相似比	
			模型结构	模型地基土
几何特征	长度 l	S_l	1/20	1/4
	惯性矩 I	$S_I=S_l^4$	6.25×10^{-6}	—
材料特征	等效密度 ρ	$S_\rho=S_E/(S_lS_a)$	5	1
	弹性模量 E	S_E	1/4	—
	土的剪切波速 v_s	S_v	—	1/2
	力 F	$S_F=S_\rho S_l^3S_a$	9.38×10^{-4}	—
动力特性	输入振动加速度 a	S_a	1	1
	输入振动持时 t	$S_t=\sqrt{S_l/S_a}$	0.2236	1/2
	动力响应应力 σ	$S_\sigma=S_lS_aS_p$	3/8	1/4
	动力响应孔隙水压力 u	$S_u=S_lS_aS_p$	—	1/4

2. 模型地基和模型结构设计

模型地基土分为 2 层：表层为厚 15cm 的黏土，其下为厚 125cm 的饱和南京细砂。采用分层法制备模型地基土，每层模型地基土的制备高度控制在 20cm 左右，每层土制备完成后，均用光滑木板将土层表面扫平；为使模型地基充分固结，装样完毕后，模型地基土在实验室自然状态下静置 7 天；振动台试验前，测试了模型地基土中表层黏土及试验用砂的相关参数。表层黏土的土样密度为 1660kg/m^3，含水量为 15.6%，液限 $L_L=36.84\%$，塑限 $P_L=18.75\%$；试验用砂土样密度为 1780kg/m^3，土粒相对密度 $G_s=2.70$，最大孔隙比 $e_{max}=1.14$，最小孔隙比 $e_{min}=0.62$；内摩擦角为 20.6°，相对密度 $D_r=0.43$，渗透系数为 1.25×10^{-4}m/s，南京细砂相关材料参数见表 5.6。试验前后分别采用德国 SUMIT 浅层地震仪测定模型地基土剪切波速[11]。模型地基试验前、后平均剪切波速分别为 90.9m/s、113.2m/s。

按照原型结构强度和刚度的要求及试验要求确定微粒混凝土的配合比及镀锌钢丝的使用量，微粒混凝土设计配合比为水∶水泥∶石灰∶粗砂＝0.5∶1∶0.58∶5，测得采用此配合比配置的微粒混凝土，在标准养护条件(标准温度 20±2℃、相对湿度 95%以上)下边长 70.7mm 的立方体 28 天龄期的抗压强度值为 7.5MPa，弹性模量为 7.9GPa，泊松比为 0.165；模拟钢筋的镀锌钢丝直径为 0.7～

1.2mm(箍筋:0.7mm,柱、拱:1.2mm),模型结构典型截面及构件配筋示意如图7.4(a)所示。测得Φ1.2mm镀锌钢丝的抗拉强度为1190MPa;扭转次数在55次以上,反复弯曲在40次以上,这保证了振动过程中可以排除镀锌钢丝的疲劳累积效应。采用10mm厚有机玻璃封口模型结构的端头,采用环氧树脂胶结有机玻璃与模型结构。采用有机玻璃作为模型端头,除了有密封功能外,保证了振动过程中仅对模型结构产生较小的端部阻力,对结构刚度的影响很小,保证了应变测试的准确性。为考虑模型结构与原型结构的惯性力匹配问题,采用不完全配重法、集中质量配重,在模型结构表面粘贴铅块,每块铅块重2kg,尺寸为长14cm×宽7cm×高3cm,共配重236kg,占完全配重的40.6%。模型结构配重布置示意如图7.5所示。

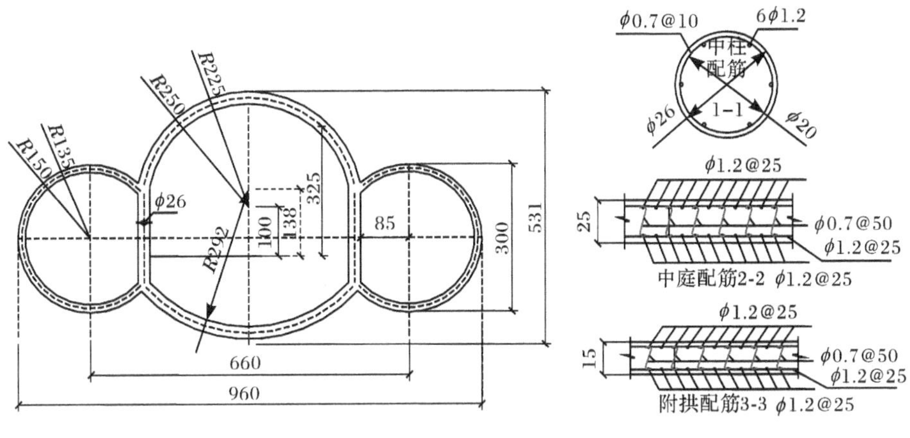

(a) 模型结构典型截面及构件配筋

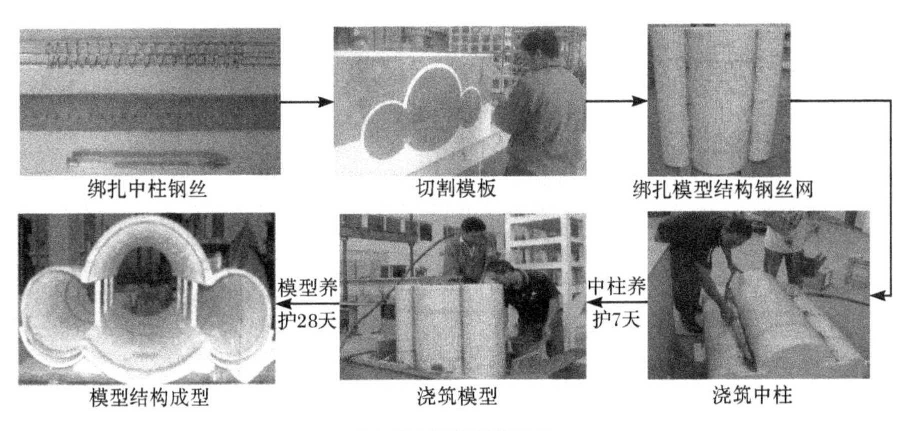

(b) 模型结构制作流程

图7.4　三拱立柱式地铁地下车站模型结构施工图及模型制作过程

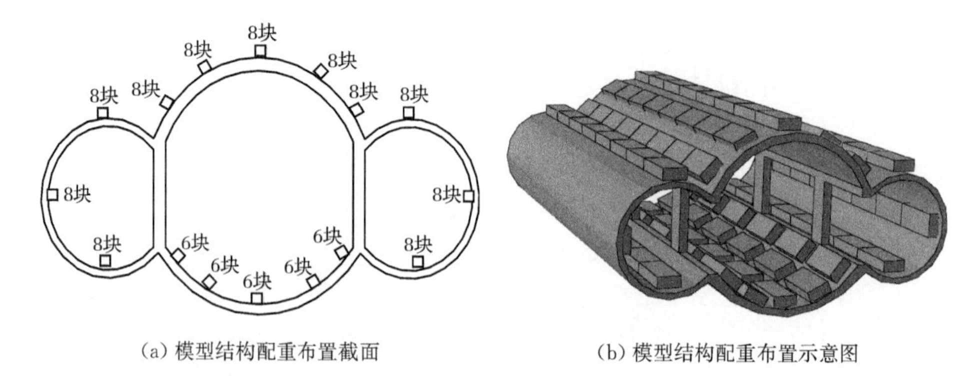

(a) 模型结构配重布置截面　　(b) 模型结构配重布置示意图

图 7.5　三拱立柱式地铁地下车站模型结构配重布置示意图

3. 台面地震动输入及测试方案

为了考虑输入地震动特性对试验结果的影响，振动台模型试验中选用了 3 条地震记录，分别为 2008 年中国汶川 M_s8.0 级地震什邡八角波、松潘波和 Taft 波。试验加载工况设计如表 7.2 所示。

表 7.2　地铁车站结构振动台模型试验加载工况

工况序号	输入地震动	工况代号	幅值加速度/g	持续时间/s
1	白噪声	B1	0.02	180
2	松潘波	SP-1	0.1	100
3	Taft 波	TA-1	0.1	15
4	什邡八角波	SF-1	0.1	100
5	白噪声	B2	0.02	180
6	什邡八角波	SF-2	0.3	100
7	松潘波	SP-2	0.3	100
8	Taft 波	TA-2	0.3	15
9	白噪声	B3	0.02	180
10	什邡八角波	SF-3	0.5	100
11	松潘波	SP-3	0.5	100
12	Taft 波	TA-3	0.5	15
13	白噪声	B4	0.02	180

试验主要测量的物理量为模型结构不同位置处的应变、模型地基土和模型结构不同部位处的加速度、模型地基土各测点位置处的孔隙水压力及地表震陷、地基土与结构的接触压力等。选取模型地基中间截面为观测面，模型地基、模型结构的传感器布置如图 7.6 和图 7.7 所示，共设置加速度计 17 只、孔压计 17 只、激光位移计 2 只、光纤光栅应变传感器 4 个、动态位移标靶 8 个、土压力计 7 只及应

变片32个。加速度计、激光位移计、土压力传感器及孔压传感器均进行现场标定,其测量精度优于±0.5%F.S.,应变片电阻值为(120±0.2)Ω。

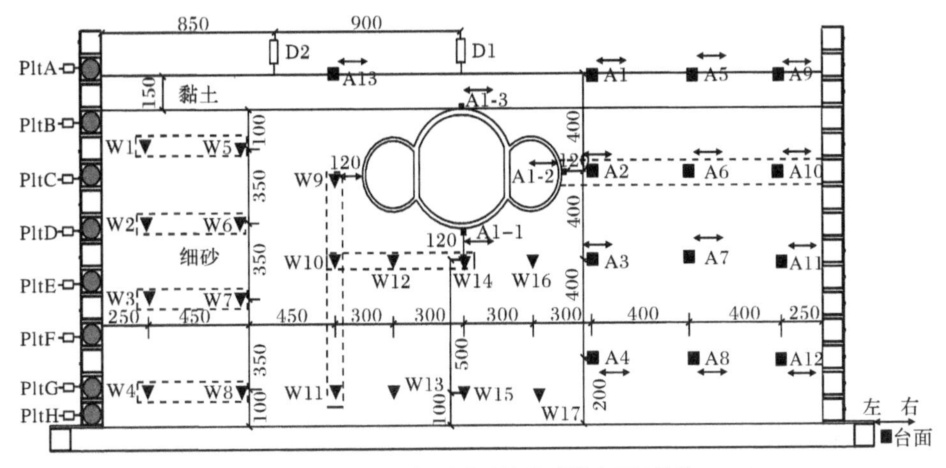

图7.6 模型地基土中观测面的传感器布置(单位:mm)

A. 加速度计;D. 激光位移计;Plt. 动态位移标靶;S. 应变片;W. 孔压计

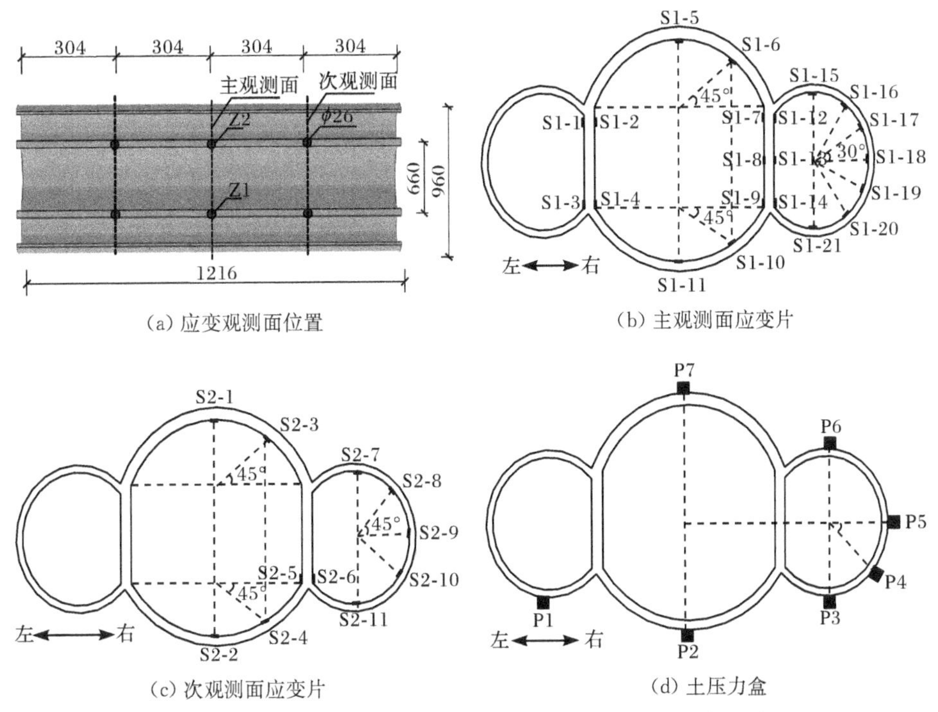

(a) 应变观测面位置

(b) 主观测面应变片

(c) 次观测面应变片

(d) 土压力盒

图7.7 地铁地下车站模型结构横断面上各观测面测试仪器布置

P. 土压力计;S. 应变片

4. 试验的基本假定及数据处理约定

试验建立在如下假定条件下进行：模型地基的颗粒分布均匀，模型地基与模型土箱的内膜接触光滑；模型结构刚度分布均匀，不考虑施工过程中的管片接头等问题；由于模型土箱底部与振动台台面采用高强螺栓固定，可视为两者协同变形，没有相对位移；传感器测试不存在线路导致的采集时滞问题。

加速度、应变数据滤波选取 Butterworth 滤波器；截断低频 0.10Hz、高频 50Hz。基线校正采用最小二乘法去除趋势项；时-频转化采用 FFT 方法；孔压、土压力数据的平滑处理采用五点滑动平均法。模型地基的坐标及标高约定为：模型地基土观测面所在截面的箱体左侧底部为坐标原点，建立如图 7.8 所示坐标系，±0.00m 处于土层地表位置。

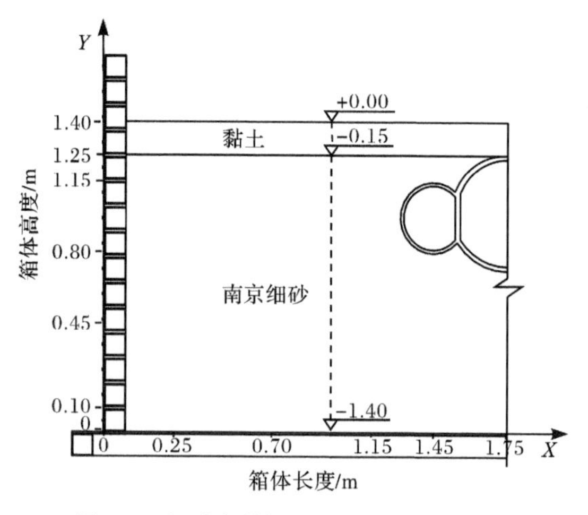

图 7.8　振动台数据处理坐标及标高约定

7.2.2　振动台模型试验结果与分析

1. 试验过程的宏观现象

试验前模型地基南视角如图 7.9(a)所示，试验后模型地基南、北视角观测如图 7.9(b)和(c)所示。可以看出：模型地基发生了大量冒水并累积在地表的试验现象。模型地基局部位置发生了明显的喷砂现象，如图 7.9(d)所示，喷砂区域内的少量气泡为喷砂冒水过程中带出的地基土内残留的空气所致。地表开裂如图 7.9(e)所示，由图可以清晰地观察到模型结构上浮引起的模型结构上方地表的显著开裂。

(a) 试验前模型地基表面南视角观测

(b) 试验后模型地基表面北视角观测

(c) 试验后模型地基表面南视角观测

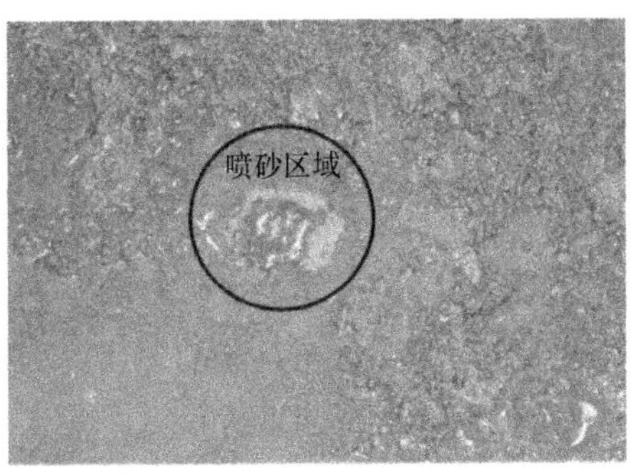

(d) 模型地基喷砂冒水现象

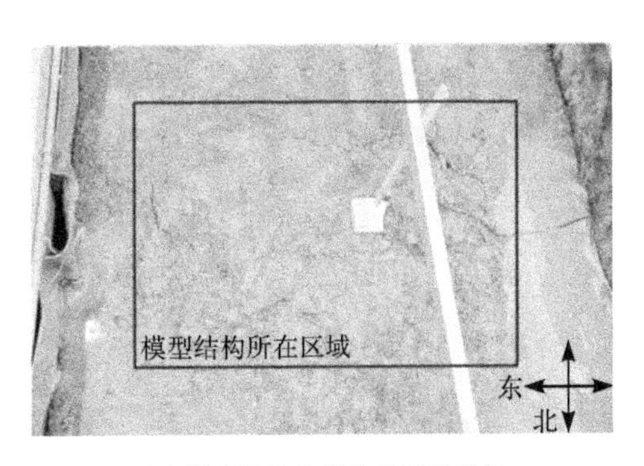

(e) 模型结构上部地表开裂现象

图7.9 振动台试验过程中模型地基发生的宏观现象

试验结束后将模型结构挖出，通过肉眼观测发现柱底部出现了一些混凝土剥落的现象，但结构总体上裂缝较少，未发现有较大尺寸的裂缝。试验后模型结构中应变较大的中柱顶底、附拱侧墙的局部微距如图7.10所示。通过对试验采集的连续白噪声激励时模型结构加速度数据的分析(MATLAB软件的PSD工具箱，选取汉宁窗作为窗函数)发现:随着输入地震动峰值加速度的增加,模型结构自振频率逐渐降低。震前模型结构的自振频率为 9.63Hz,峰值加速度 0.1g 的各地震动激励后模型结构自振频率仍然为 9.63Hz,这表明:在峰值加速度 0.1g 的地震动激励下,模型结构没有发生损伤现象;峰值加速度 0.3g、0.5g 的各地震动激励后,模型结构的自振频率分别衰减至 8.97Hz、8.06Hz,比振动前分别衰减了 6.8%、16.3%。

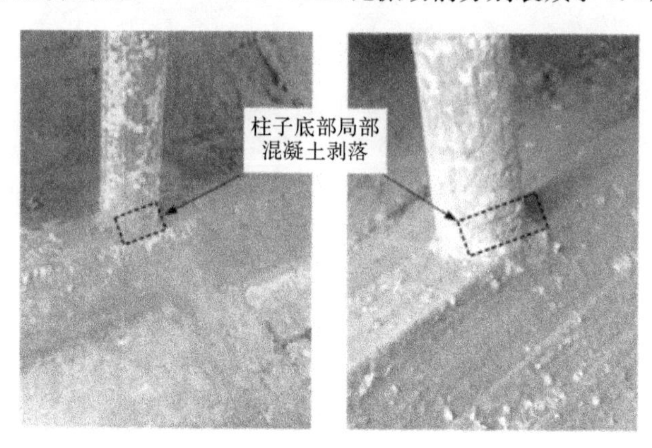

图 7.10 振动台试验后模型结构应变较大部位局部微距放大

2. 模型地基孔压发展机理及场分布

1987 年美国 M_s6.6 级 Superstition Hills 地震中,California 地区的 Wildlife 液化台阵场地发生了典型的砂土液化现象。USGS(美国地质调查局)采集到了地震过程中 Wildlife 液化台阵场地的加速度及孔压记录,场地的传感器布设及从孔压记录经数据处理获得的孔压比增长曲线如图 7.11 所示[12]。按照 Wildlife 液化台阵中传感器布设的位置,选取了本次试验中砂土层从顶部至底部各测点的孔压记录(传感器编号:W5、W6、W8)与 Wildlife 液化台阵孔压记录(传感器编号:P5、P2、P3)进行了孔压发展模式的对比。为了较显著地体现场地液化特性,选取峰值加速度 0.5g 的各地震动作用时的孔压发展模式作为研究对象。0.5g 不同地震动作用下,模型地基不同测点位置的孔压发展曲线如图 7.12 所示。由图 7.11 和图 7.12可知:Wildlife 液化台阵实测的孔压累积与试验中模型地基测得的孔压累积均主要经过两个阶段。第一阶段:土体表现出弹性特征,孔压比增长缓慢,并维持在较低水平的缓慢增长阶段。第二阶段:由于地震动作用的累积效应,呈现出饱和砂土颗粒间相对滑移产生孔隙体积减小的趋势,但由于饱和砂土地基处于不排水状态,这种矛盾通过孔压上升、有效应力降低的形式实现饱和砂土体积不变的瞬态平衡,从而使孔压急剧发展。试验测试的孔压记录还包括孔压发展的第三阶段:积聚在饱和砂土地基内的孔压消散。

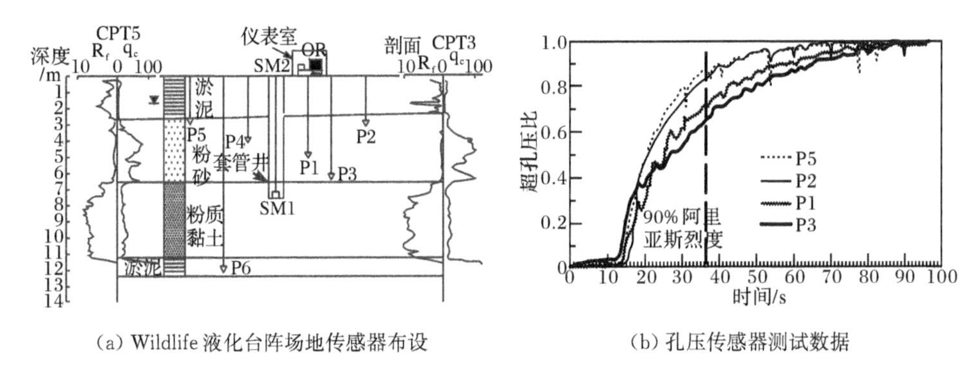

(a) Wildlife 液化台阵场地传感器布设　(b) 孔压传感器测试数据

图 7.11　Superstition Hills 地震传感器布设及孔压数据

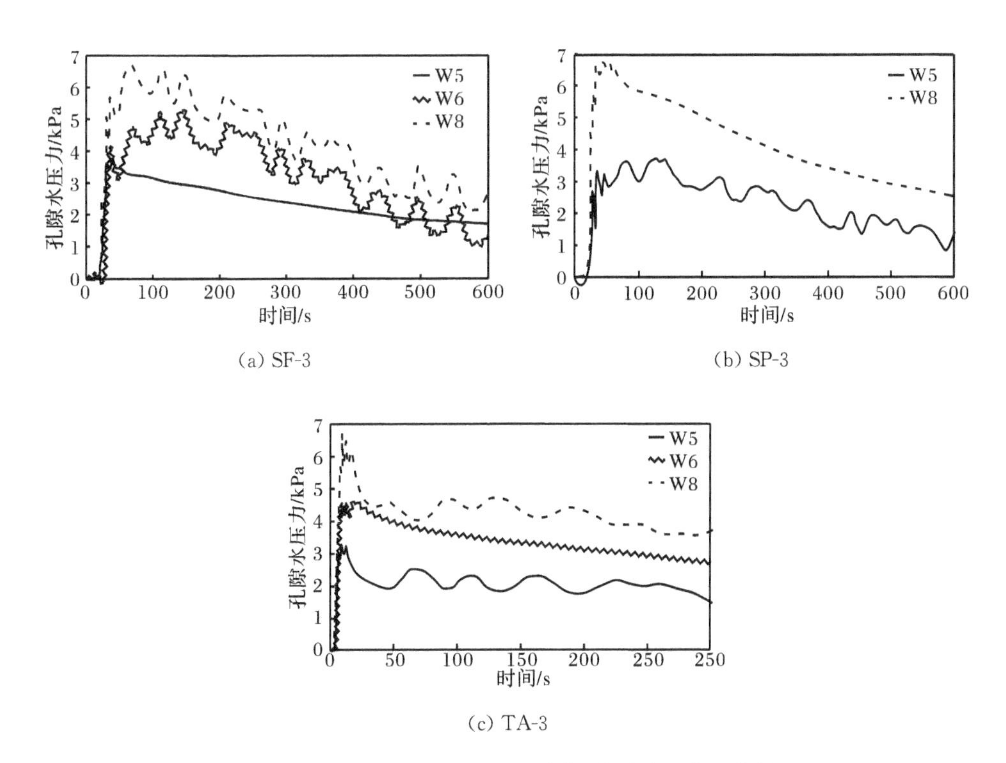

(a) SF-3　(b) SP-3

(c) TA-3

图 7.12　试验测试所得地基不同深度处孔压发展曲线

3. 模型地基土加速度 Arias 强度与孔压发展模式的关系

加速度 Arias 强度 I_A 是地震动总强度的重要指标，它综合了地震动的振动幅度、频率及持续时间等因素，反映了模型地基土传感器所在位置通过振动释放出的总地震能量。I_A 采用式(7.1)表征：

$$I_{\mathrm{A}}=\frac{\pi}{2g}\int_{0}^{T_{\mathrm{d}}}a(t)^{2}\mathrm{d}t \tag{7.1}$$

式中，$a(t)$为记录的加速度时程；T_{d} 为加速度持时；g 为重力加速度。

不同地震动作用下，通过加速度传感器 A7 测试的加速度时程计算的 Arias 强度与同标高处孔压传感器 W16 测试的孔压比发展模式关系如图 7.13 所示。由图可知：不同地震动作用下，模型地基的加速度 Arias 强度释放时刻与孔压比发展第二阶段起点时刻均基本相同；另外，模型地基加速度的 Arias 强度峰值在 SP-3 作用时最大，SF-3 作用时次之，TA-3 作用时最小；对应地，测得模型地基孔压比峰值也是 SP-3 作用时最大，SF-3 作用时次之，TA-3 作用时最小。这说明可液化地基孔压上升是由地基内积聚的地震动总能量的不断累积造成的。但由于 Arias 强度描述的是地震动总能量的累积过程，因此不能反映出孔压瞬降的内在机理。

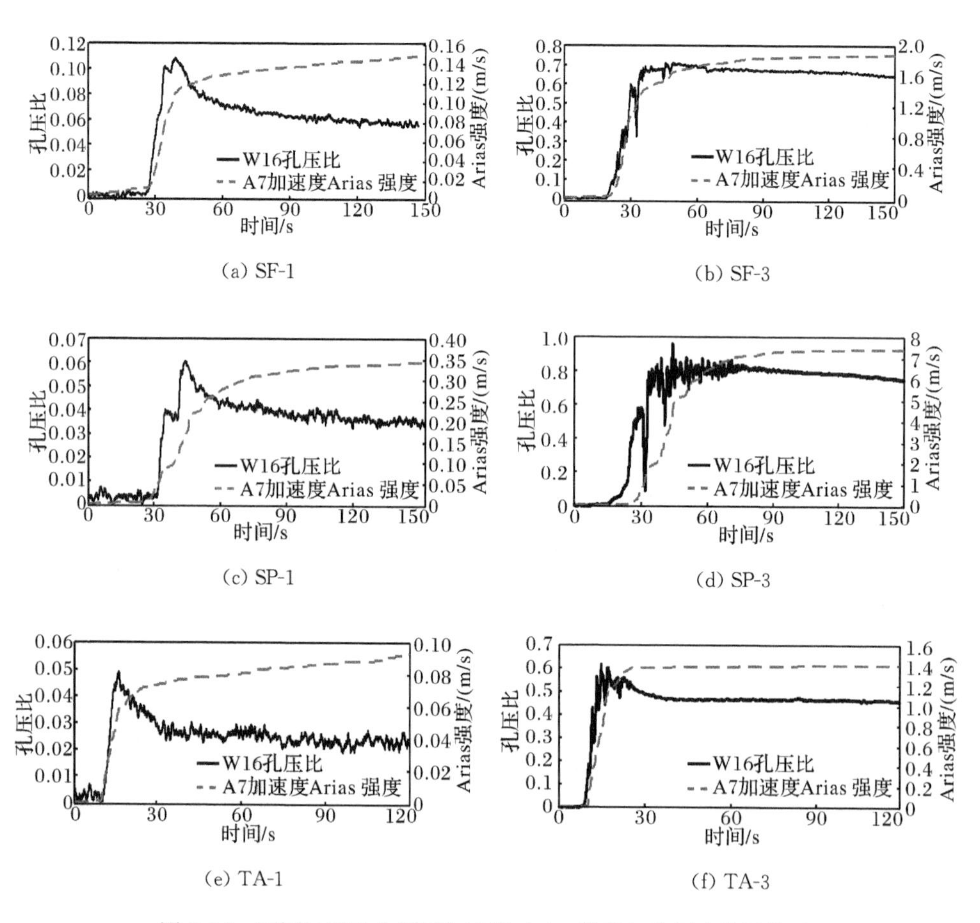

(a) SF-1　(b) SF-3

(c) SP-1　(d) SP-3

(e) TA-1　(f) TA-3

图 7.13　不同地震动作用下加速度 Arias 强度与孔压比发展关系

4. 模型地基孔压场分布特性

采用约定坐标系为横、纵轴；以各孔压传感器测得的孔压比峰值为目标样本，采用 Surfer 软件中的 Kriging 网格化方法推测了地震动作用过程中孔压比峰值的场分布，灰度越高表示液化程度越低。如图 7.14 所示：0.1g 地震动作用下，模型地基的孔压比峰值均小于 1，地基处于未液化状态；模型结构下方区域的灰度最大，表征此区域的液化程度最低，这是由于地震动水平较低时，土颗粒间的相对运动能力较弱，土的结构性受损程度较低，孔压累积量也较小，影响孔压场分布的主要因素是模型地基土的静应力状态。0.3g、0.5g 地震动作用下，灰度最大值位置出现在地基土底部，整个模型地基土已发生或接近液化，浅层土比深层土更易液化；同时，Taft 地震波作用时模型地基土的孔压比峰值最小。

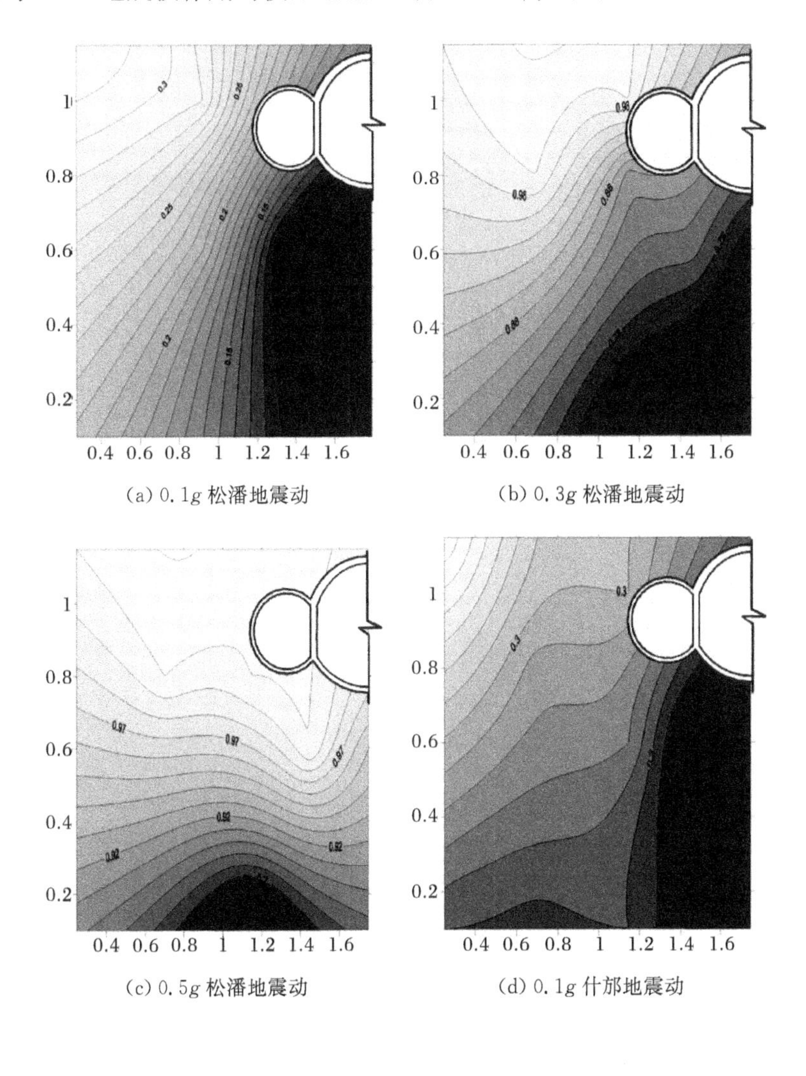

(a) 0.1g 松潘地震动

(b) 0.3g 松潘地震动

(c) 0.5g 松潘地震动

(d) 0.1g 什邡地震动

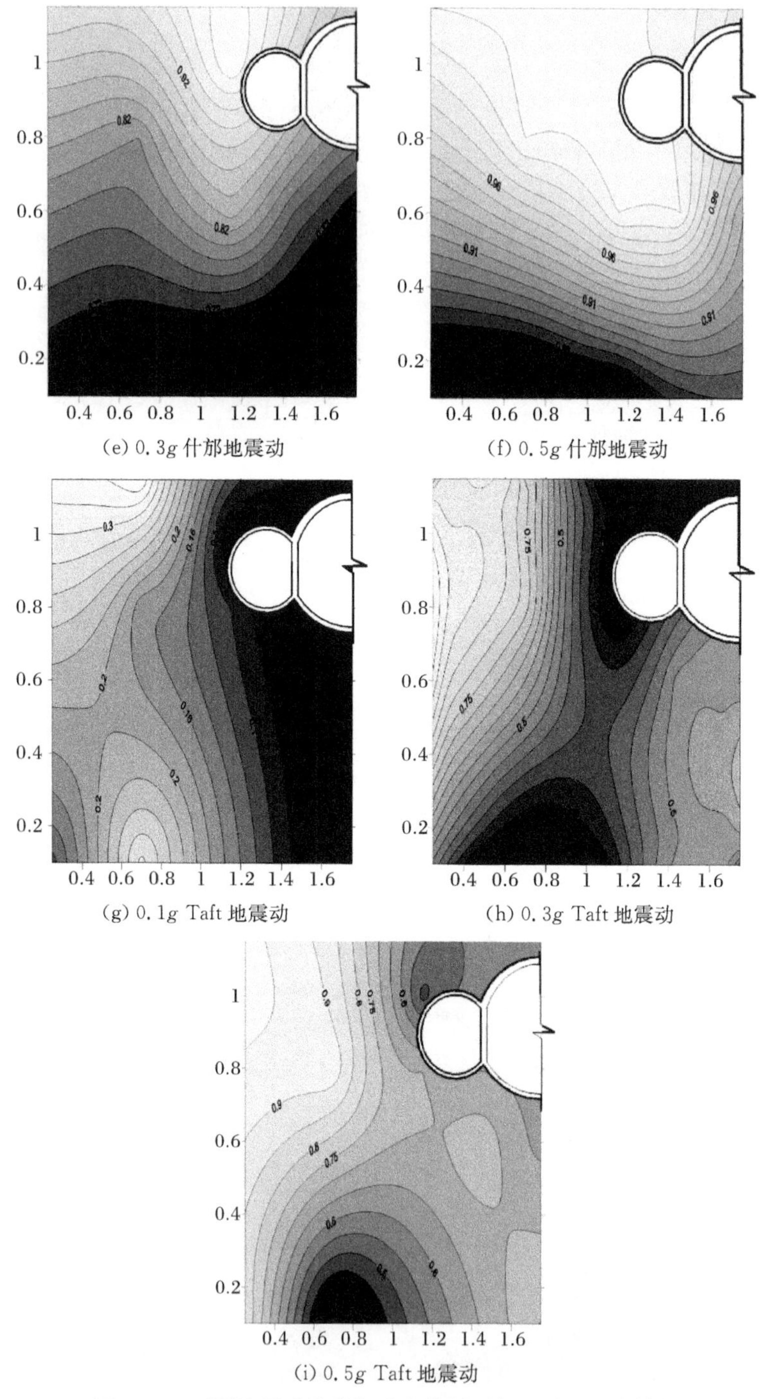

(e) 0.3g 什邡地震动　　(f) 0.5g 什邡地震动

(g) 0.1g Taft 地震动　　(h) 0.3g Taft 地震动

(i) 0.5g Taft 地震动

图 7.14　不同地震动峰值加速度作用下场地孔压比峰值场

横坐标为箱体长度，纵坐标为箱体高度，目标值为孔压比峰值

5. 模型地基震陷机理

不同地震动作用下，各激光位移计测得的地表震陷时程曲线如图7.15～图7.17所示。0.1g地震动作用下，不同地震波作用引起的模型地基的地表震陷量均小于1mm，模型结构正上方测点D1与模型结构侧边测点D2的地表震陷规律基本一致，地表震陷量也基本相同。0.3g地震动作用下，模型结构正上方测点

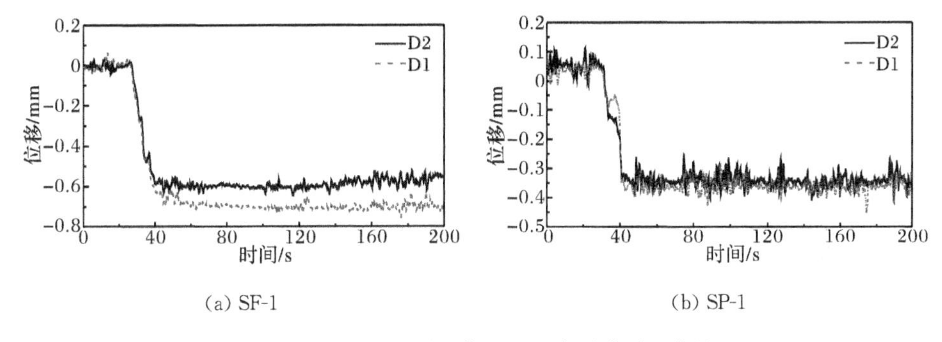

(a) SF-1　　(b) SP-1

图7.15　0.1g地震动作用下地表震陷时程曲线

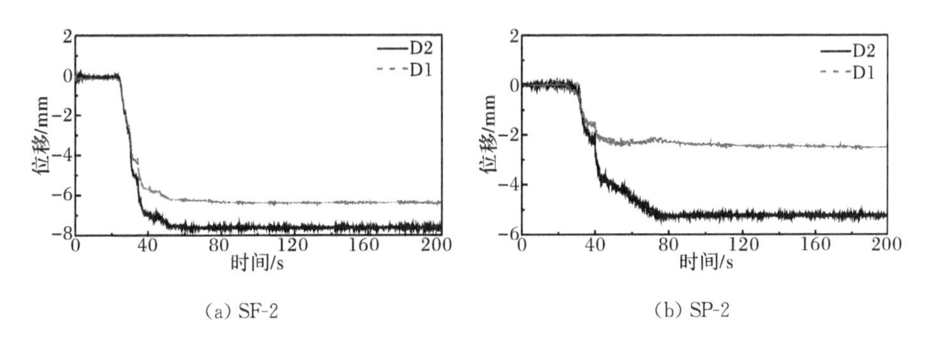

(a) SF-2　　(b) SP-2

图7.16　0.3g地震动作用下地表震陷时程曲线

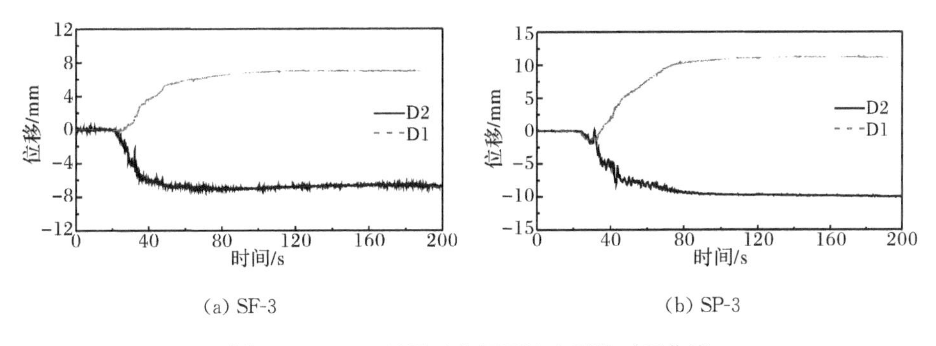

(a) SF-3　　(b) SP-3

图7.17　0.5g地震动作用下地表震陷时程曲线

D1 的地表震陷量显著小于模型结构侧边测点 D2 的地表震陷量，这表明模型结构发生了相对向上的运动。0.5g 地震动作用下，伴随着模型地基的震陷，模型结构发生了显著上浮，呈现出模型结构正上方地表的明显隆起；松潘地震波作用下，模型结构正上方地基的地表隆起量最大，其值为 11.04mm；什邡波作用时次之，其值为 7.14mm；Taft 地震波作用下，模型结构出现了先下沉再上浮的现象，最终的地表隆起量为 0.89mm。

模型地基地表震陷的宏观现象主要由两个物理过程引起：①试验制备的饱和砂土地基在地震动作用下被震密；②模型结构与模型地基土竖向不一致的运动过程。第一物理过程可以通过试验前、后模型地基剪切波速得到验证；第二物理过程直观地体现在模型结构上各土压力传感器测得的动土压力值。各测点测得的动土压力幅值如表 7.3 所示。由表可知：模型结构底部测点 P2 动土压力增量显著大于模型结构顶部测点 P7 的动土压力增量；模型结构顶、底的动土压力差值提供了模型结构竖向运动的力(模型结构底部孔压、侧壁摩擦力等因素的合力)。不同地震动作用下，模型结构顶、底动土压力增量差值与模型结构上浮量的关系如表 7.4 所示，可以发现：模型结构顶、底动土压力增量差值较小时，模型结构上浮量也较小；随着输入地震动峰值加速度的增大，模型结构顶、底动土压力增量差值逐渐增加，在 0.5g 松潘地震动作用下，模型结构顶、底动土压力增量差值达到最

表 7.3　结构各测点土压力增量幅值　　　　(单位：kPa)

土压力传感器位置		试验工况					
		SF-1	SF-2	SF-3	SP-1	SP-2	SP-3
	P2	0.69	2.36	3.89	0.46	2.36	5.84
	P3	0.24	0.68	2.65	0.17	1.02	3.37
	P4	0.20	1.01	1.68	0.12	0.64	0.99
	P5	0.35	2.45	2.49	0.19	1.47	1.96
	P6	0.18	0.11	0.18	0.15	0.26	0.84
	P7	0.07	0.61	0.59	0.13	0.33	0.89

表 7.4　不同地震动作用下模型结构顶、底动土压力增量差值与模型结构上浮量关系

测试量	试验工况						拟合曲线
	SF-1	SF-2	SF-3	SP-1	SP-2	SP-3	
模型结构上浮量/mm	0.11	1.26	14.3	0.03	2.81	21.4	
模型结构顶、底动土压力增量差值/kPa	0.62	1.75	3.3	0.33	2.0	4.95	
相关系数 R	0.959						

大，模型结构上方地表隆起量同时也达到最大。采用数据分析软件Spss定量分析模型结构顶、底动土压力增量差值与模型结构上浮量的相关性，由于考虑到样本容量偏小，难以判断是否服从二元正态分布，因此，采用Spearman分析方法[14]，两者的相关系数R=0.959，由于相关系数的大小表征了两个变量之间的密切程度及变换方向，这表明两者之间存在密切的正相关关系。0.3g、0.5g地震动作用下，模型结构顶、底动土压力增量差值Δp与上浮量之间的关系，可用二次多项式表示：

$$y=-1.26\Delta p^2+14.903\Delta p-21.39 \tag{7.2}$$

式中，Δp为模型结构顶、底动土压力差值，kPa；y为模型结构上浮量，mm。

6. 模型地基-模型结构体系加速度反应特性

不同地震动作用下模型结构上各测点的加速度时程曲线如图7.18～图7.20所示。随着输入地震动峰值加速度的增加，模型结构各测点的峰值加速度均显著增加；模型结构中部测点的峰值加速度相对较大。0.1g地震动作用下，输入地震动的不同频谱特性对模型结构反应的影响很小；0.3g、0.5g地震动作用下，频谱特性明显不同的近、远场地震动时模型结构的地震反应存在显著差异，由于强地震动作用过程中模型结构发生了损伤，致使模型结构的固有频率降低，对低频成分比较发育的地震动作用更加敏感，从而使低频成分比较发育的松潘波、Taft波作用下模型结构的峰值加速度反应要更大一些。不同地震动作用下地铁车站模型结构的加速度放大系数如图7.21所示。

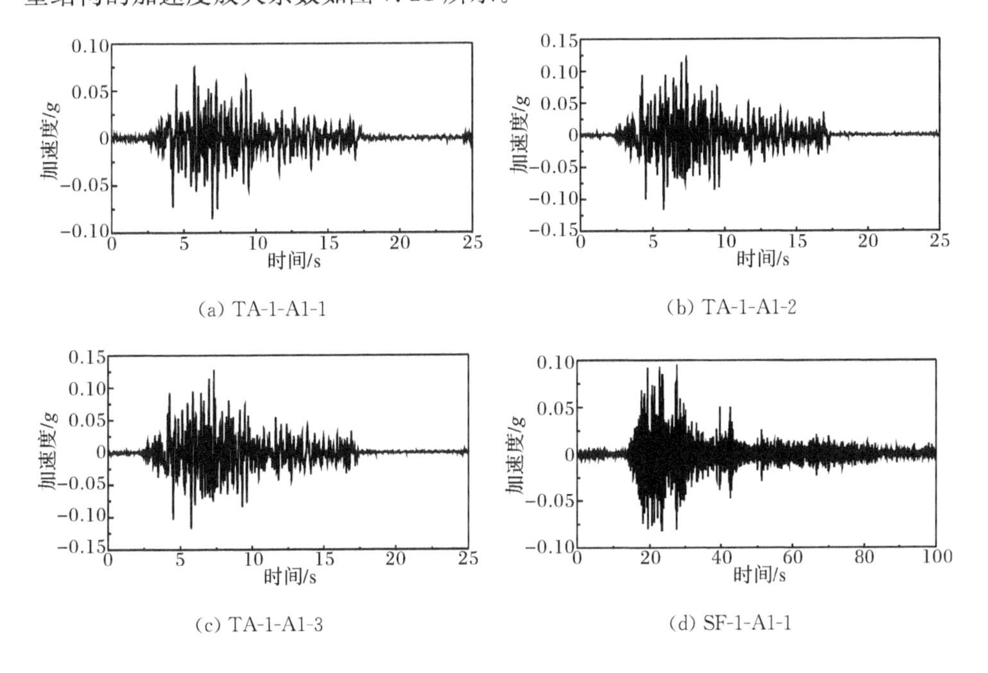

(a) TA-1-A1-1　(b) TA-1-A1-2

(c) TA-1-A1-3　(d) SF-1-A1-1

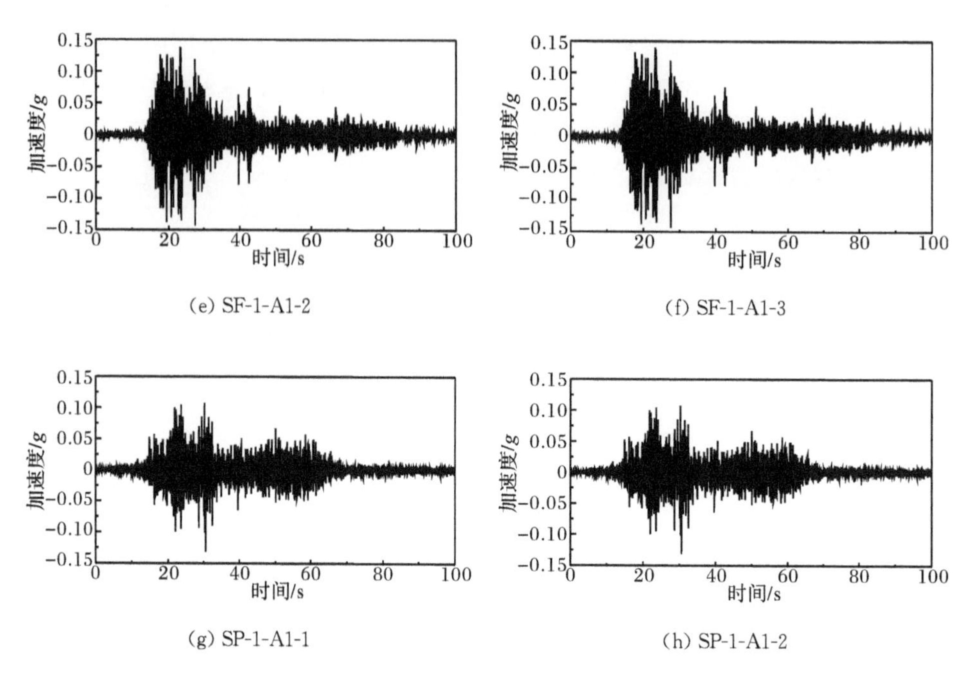

(e) SF-1-A1-2　　(f) SF-1-A1-3

(g) SP-1-A1-1　　(h) SP-1-A1-2

图 7.18　输入 PGA 为 0.1g 不同地震波时地铁车站模型结构加速度时程曲线

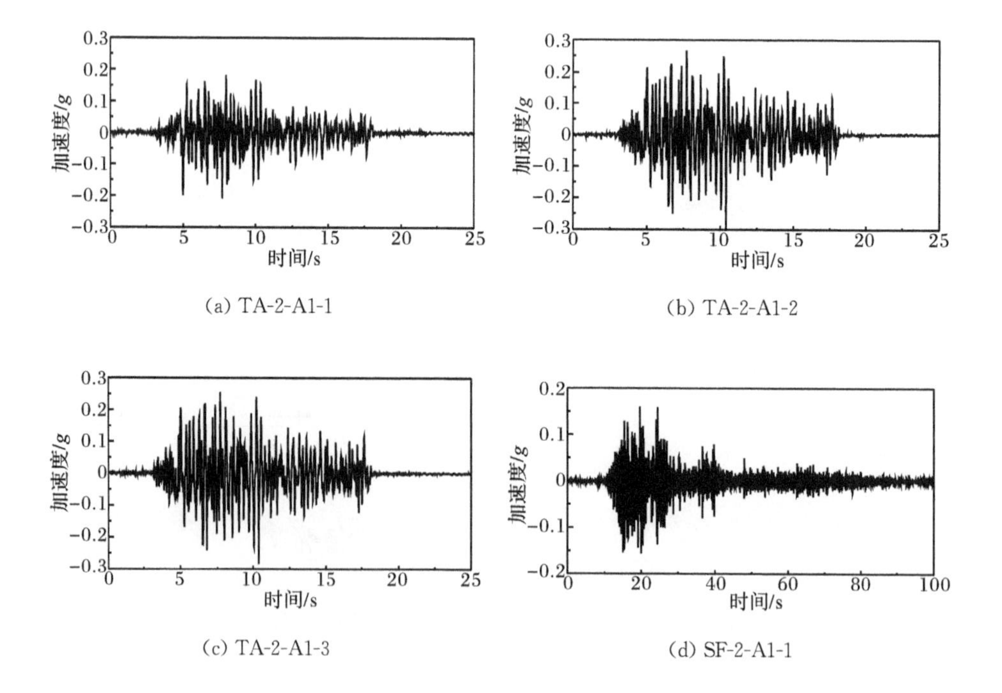

(a) TA-2-A1-1　　(b) TA-2-A1-2

(c) TA-2-A1-3　　(d) SF-2-A1-1

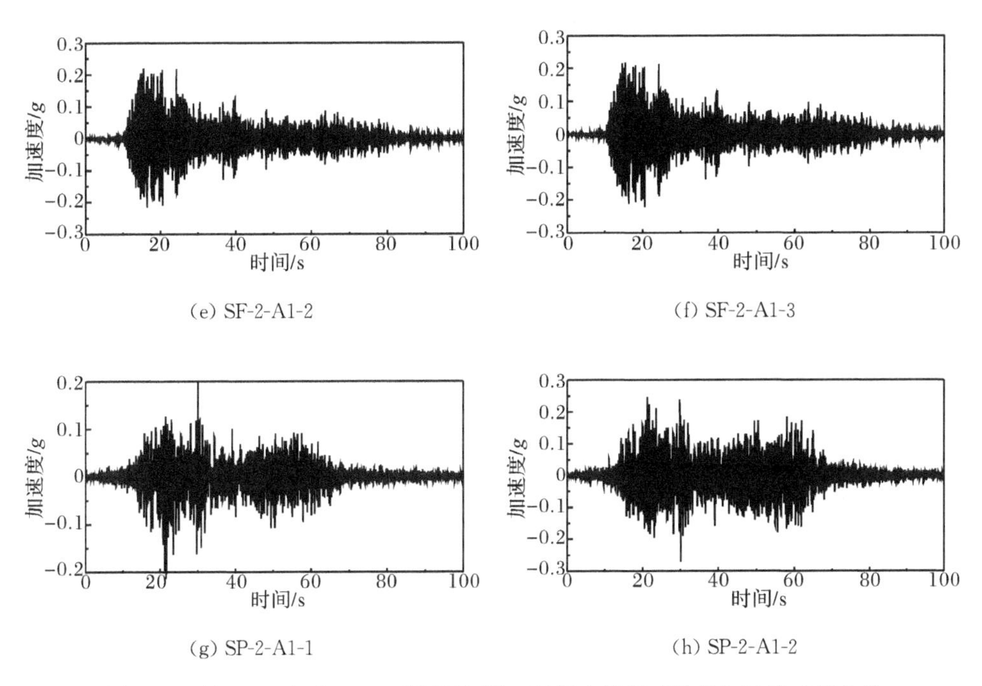

(e) SF-2-A1-2 (f) SF-2-A1-3

(g) SP-2-A1-1 (h) SP-2-A1-2

图 7.19 输入 PGA 为 0.3g 不同地震波时地铁车站模型结构加速度时程曲线

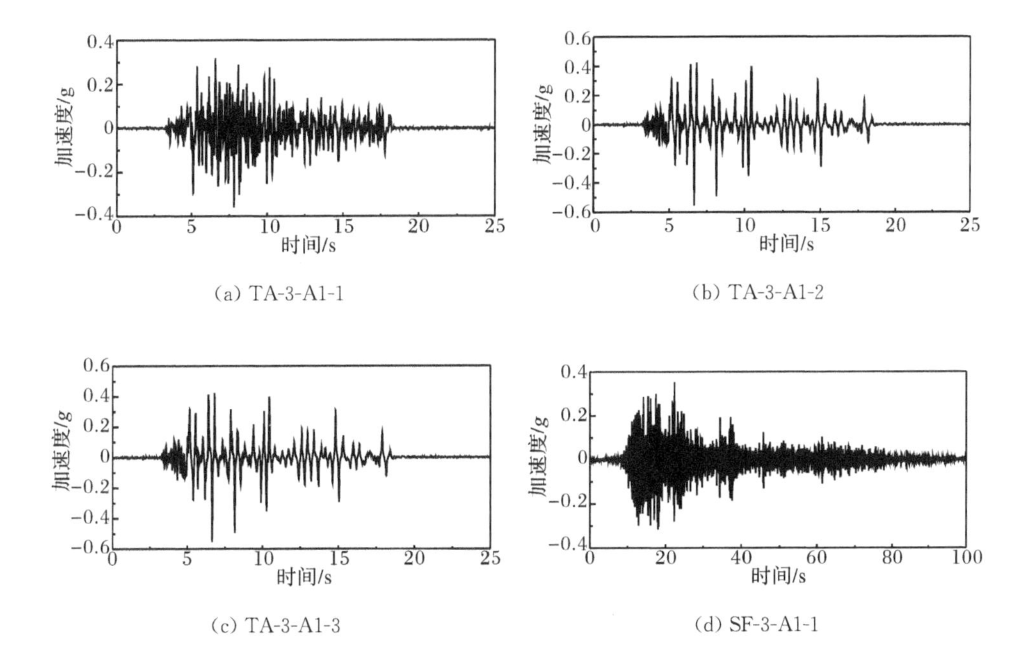

(a) TA-3-A1-1 (b) TA-3-A1-2

(c) TA-3-A1-3 (d) SF-3-A1-1

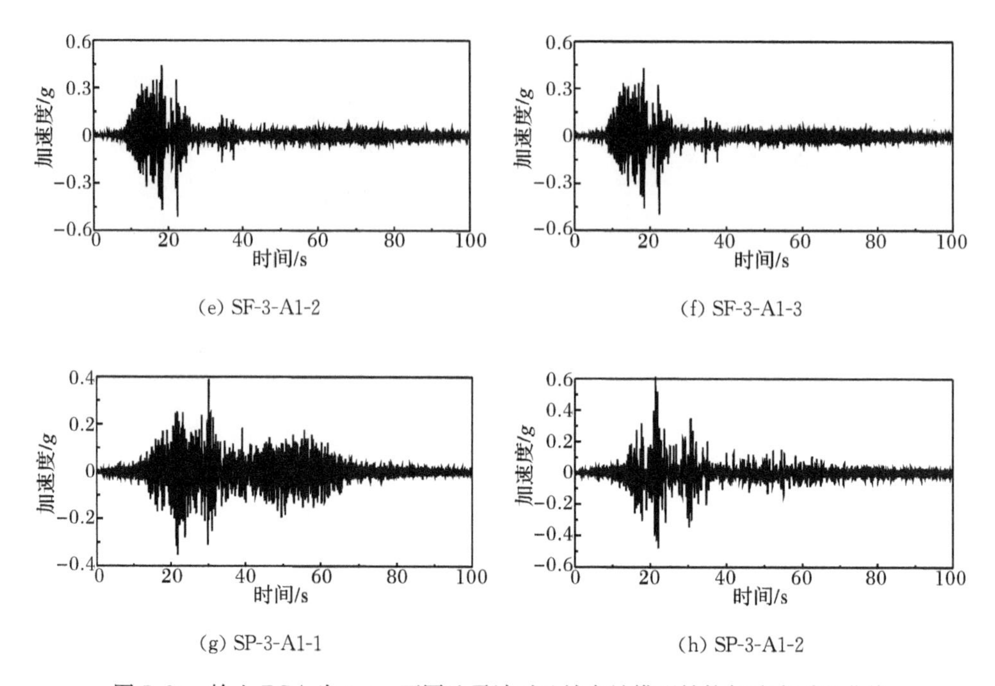

图 7.20　输入 PGA 为 0.5g 不同地震波时地铁车站模型结构加速度时程曲线

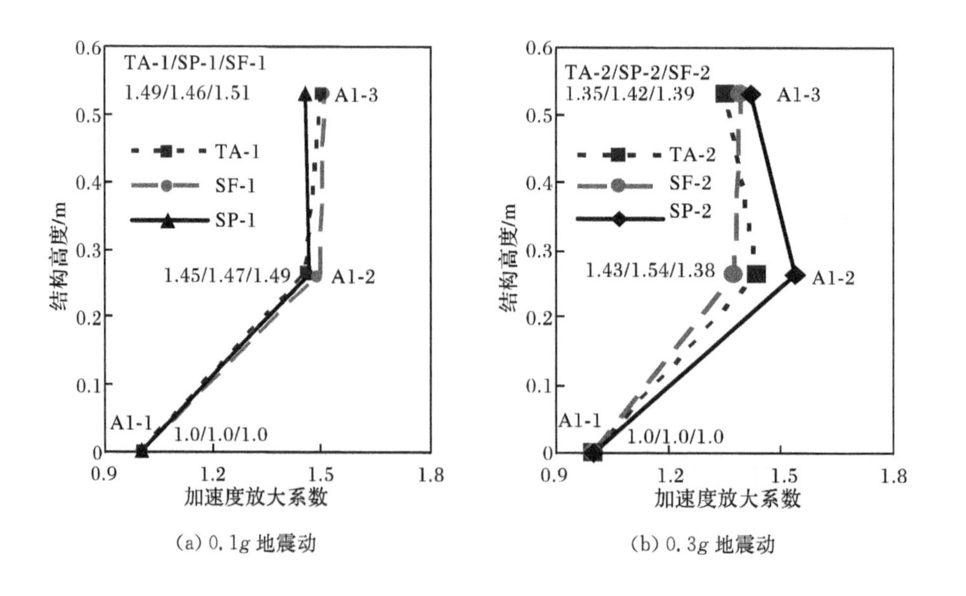

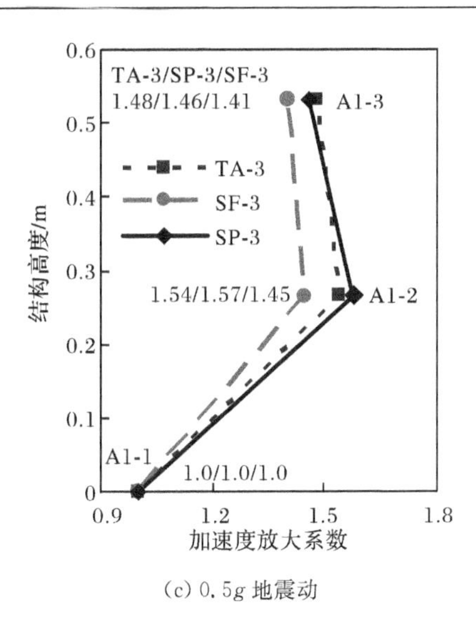

(c) 0.5g 地震动

图 7.21　不同地震动作用下地铁车站模型结构的加速度放大系数

图 7.22 和图 7.23 给出了不同地震动作用下模型地基各测点的加速度时程曲线。可以看出:0.5g 地震动作用下,伴随着浅层地基土的液化现象,测点 A6 的峰值加速度出现了瞬时急增的"尖峰"信号,这与 2010 年新西兰地震 SPSC 台站及 2011 年东日本大地震中 Inage 台站 NS 向的记录相似[15,16]。这可能是由于在强地震动作用下,浅层地基土呈现出循环流动性,模型地基土出现了瞬时的卸载现象,从而使地基土液化时刻呈现出剪切刚度急增的特性。

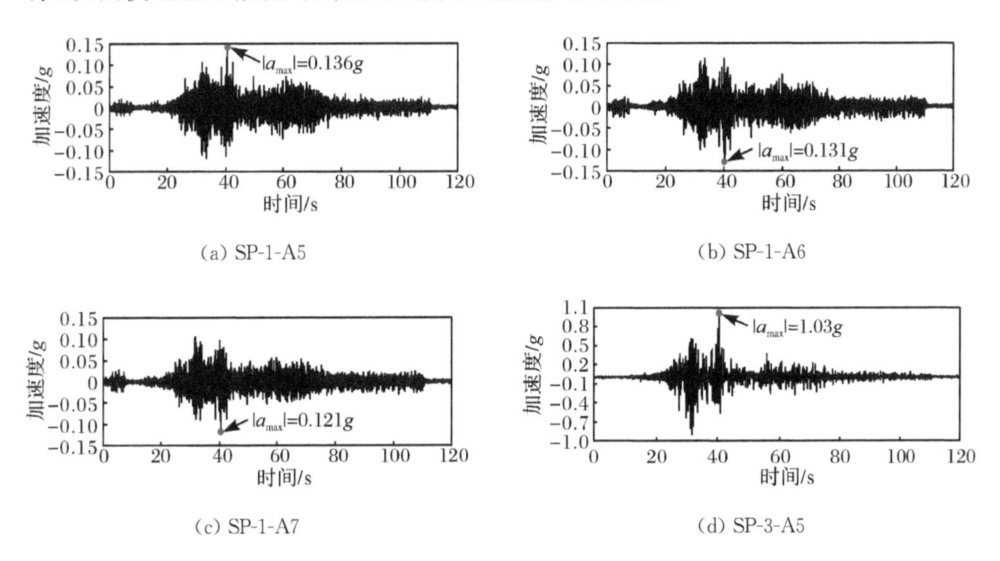

(a) SP-1-A5　(b) SP-1-A6

(c) SP-1-A7　(d) SP-3-A5

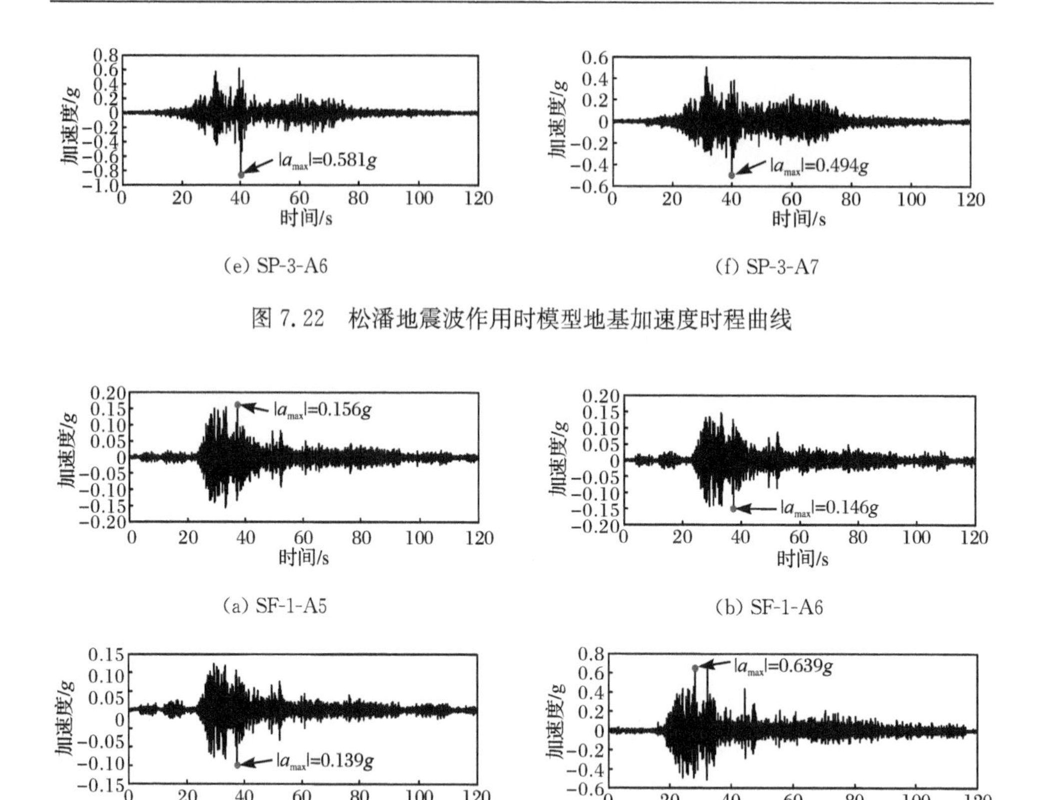

(e) SP-3-A6　　(f) SP-3-A7

图 7.22　松潘地震波作用时模型地基加速度时程曲线

(a) SF-1-A5　　(b) SF-1-A6

(c) SF-1-A7　　(d) SF-3-A5

(e) SF-3-A6　　(f) SF-3-A7

图 7.23　什邡地震波作用时模型地基加速度时程曲线

0.5g 地震动作用下,加速度与孔压比发展曲线关系如图 7.24 所示。由图可知:浅层可液化土体加速度峰值与孔压比发展存在关系。可以发现:加速度达到峰值的时刻与孔压比达到 1 的时刻基本相同,0.5g 松潘地震动下,峰值加速度出现时刻为 40.2s,孔压比达到 1 的时刻为 40.18s;0.5g 什邡地震动作用下,峰值加速度出现时刻为 31.9s,孔压比达到 1 的时刻为 32.7s。类似规律出现在 0.3g 松潘地震动作用下,土体峰值加速度出现在 39.7s,对应孔压比达到 0.95。这说明土体液化时刻，加速度也会出现峰值现象，这是由于浅层地基土液化时，呈现出循环流动性，使地基土出现了瞬时的卸载现象。0.5*g*Taft 地震动作用下，由于地基土液化程度不高，在加速度出现峰值时，孔压比仅达到 0.63。

不同地震动作用下，模型地基 A5、A6、A7、A8 的加速度动力系数β谱如图 7.25 所示(阻尼比取 0.05)。由图可知：0.1*g* 地震动作用下，浅层土体(测点 A5、A6)体现出短周期积聚放大现象，且不同地震动作用下，放大的周期段相似。什邡与松潘地震动作用下，均是在 0.06～0.16s 内体现出放大效应。随着输入地震动峰值加速度的增加，可以发现不同地震动作用下，加速度动力系数β出现了不同频段积聚效应，并且出现了信号高频被滤波的规律。0.3*g* 地震动作用下，反应谱出现了

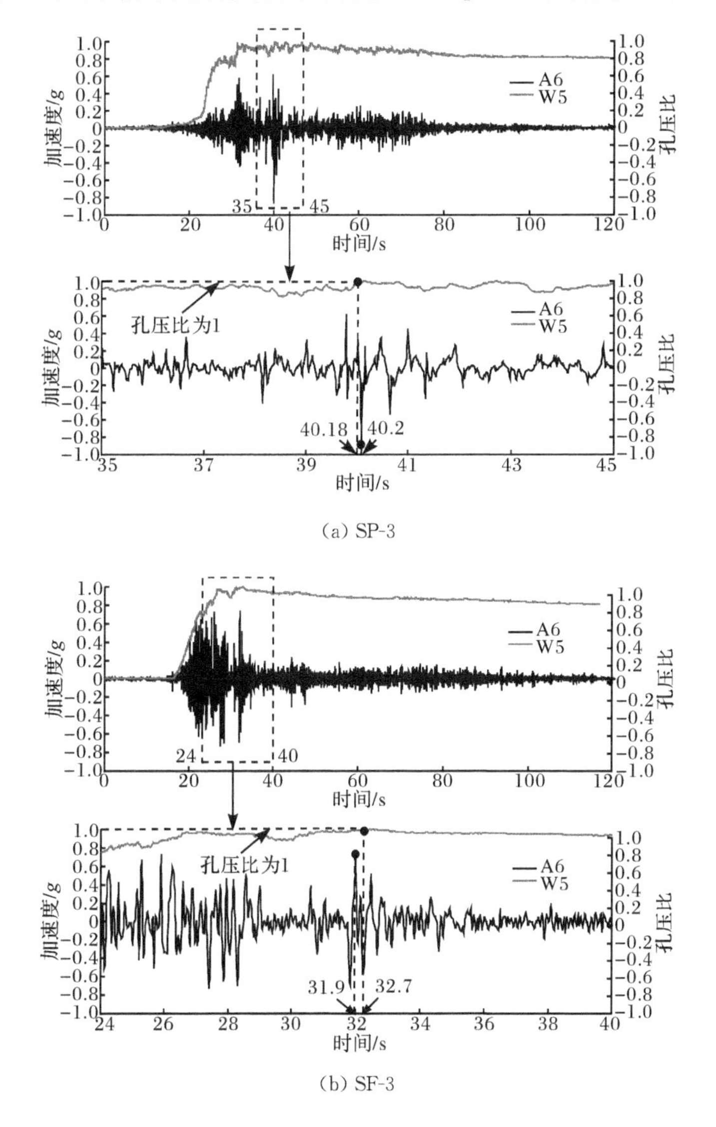

(a) SP-3

(b) SF-3

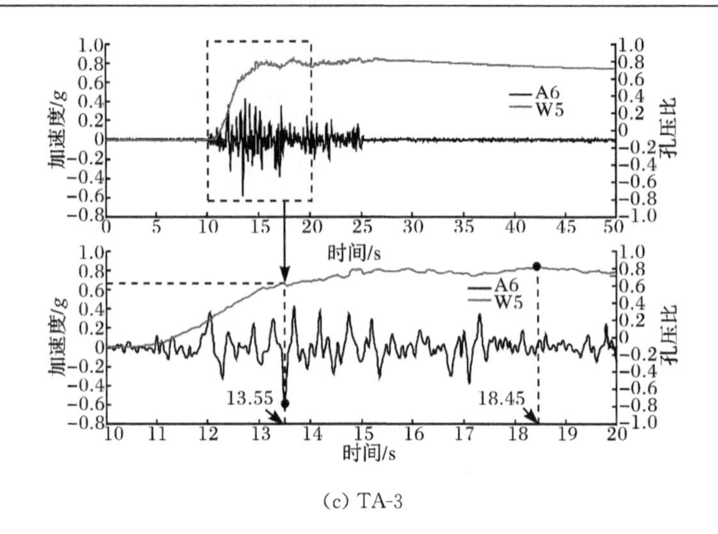

(c) TA-3

图 7.24　不同地震动作用下加速度与孔压比关系

多峰现象，对于什邡地震动作用下，各测点在反应谱上出现了 0.08s、0.12s 及 0.22s三个峰值点；0.3g 松潘地震动作用下，峰值点则出现在 0.16s、0.24s 和 0.44s位置。这是由于随着输入地震动峰值加速度的增加，土体发生了显著的软化和液化现象，土体刚度降低，使得加速度高频成分被滤掉。0.5g 地震动作用下，滤波现象更为显著，通过图 7.25(e)和(f)可以发现：浅层土体(测点 A5、A6)加速度动力系数 β 的短周期成分滤波效应显著，动力系数出现了向长周期偏移的现象，这也体现出土体液化后出现的低频积聚、高频滤波的特点。

7. 模型结构变形机理

不同地震动作用下模型结构主观测面各测点处的拉应变幅值分布如图 7.26 所示。可以看出：在不同地震动作用下，模型结构中柱顶、底位置处的拉应变幅值最大，附拱次之，中庭上拱相对于中柱及附拱较小。中柱应变反应较大，是由于其

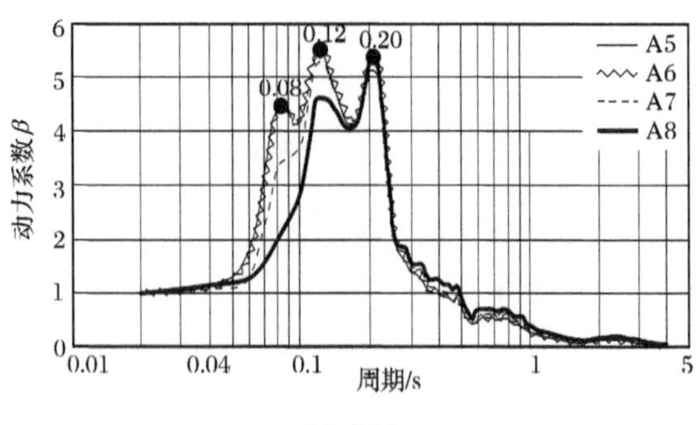

(a) SF-1

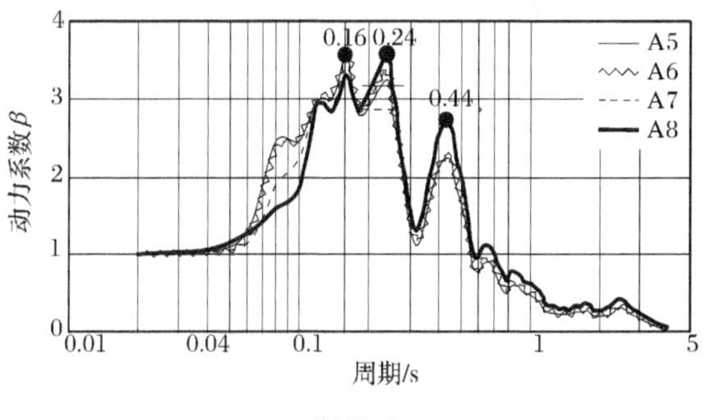

(b) SP-1

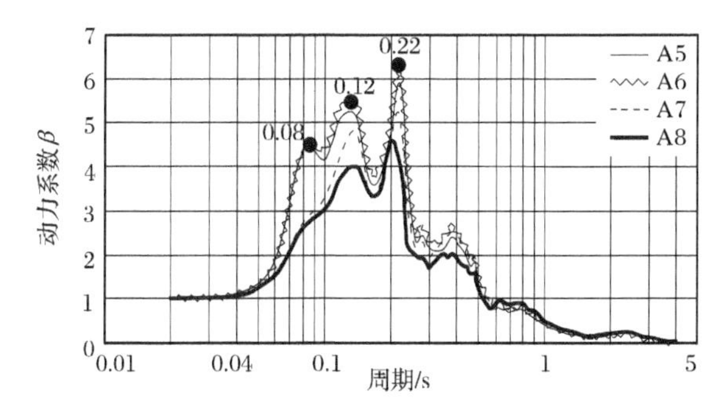

(c) SF-2

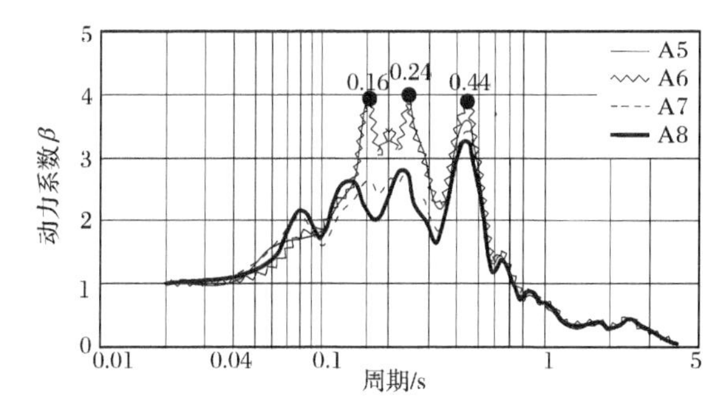

(d) SP-2

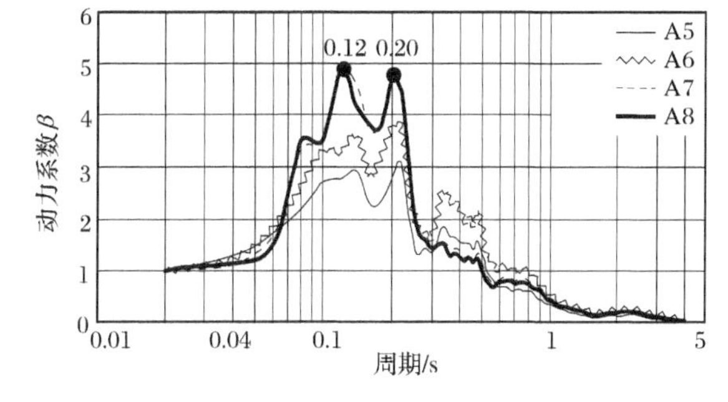

(e) SF-3

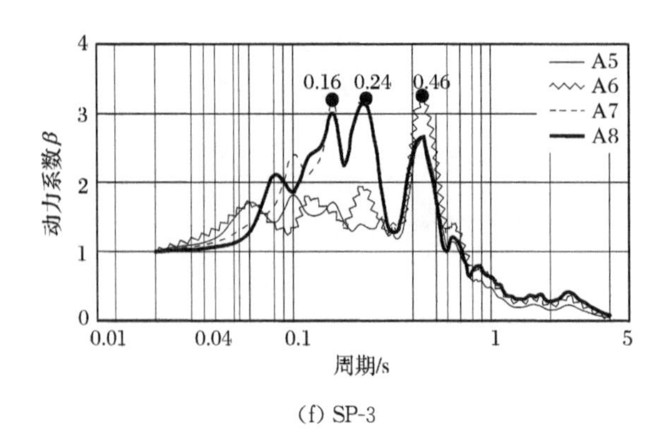

(f) SP-3

图 7.25　不同地震动作用下模型地基加速度反应谱分析

水平侧向刚度小，抵御水平地震动作用的能力差，拱-柱节点处将承受较大的剪力、弯矩。由于中柱中部近似为中柱的反弯点位置，此位置处的附加弯曲应力最小，使得中柱中部的拉应变幅值显著小于中柱顶、底部；由于输入地震动正、负波幅的不对称及场地不均匀震陷引起模型结构的倾斜与扭转，左、右侧中柱同高度处的拉应变幅值存在差异。中庭上拱在 45°位置处的拉应变幅值大于上拱拱顶，仰拱布设的应变片 S1-10、S1-11、S2-2 和 S2-4 可能是由于受配重块的压迫，出现了应变超量程的现象。附拱结构中，与竖向成±(30°～60°)区域出现了应力集中区，此区域的拉应变幅值显著大于附拱其余部位，该特征与地下圆形隧道结构在±45°位置处的内力最大存在明显的差异[12,13]，这是由于车站中庭的存在使附拱受荷路径与地下圆形隧道不同，应力集中位置向附拱上、下两侧偏移。采用 ABAQUS 软件进行了三拱立柱式地铁地下车站结构的振型分析，模型结构及模型地基土的相关参数采用实测值，采用平面应变四边形单元(CPE4)模拟模型地基土与地下车站结构，边界条件约定为：土层计算区域两侧竖向约束、水平向自由，模型底部全约束，数值分析得到的前三阶振型如图 7.27 所示。对比模型结构振型与实测的变形可以发现：在水平地震动作用下模型结构的变形主要受一阶振型的影响。

根据测得的微粒混凝土抗压强度及弹性模量，计算得到微粒混凝土的极限拉应变约为 95με(取极限压应变的 1/10)。因此，当模型结构某部位的拉应变幅值大于 95με 时，该部位将发生损伤现象。据此判断 0.3g 地震动作用下模型结构的中柱已发生损伤。模型结构自振频率的变化也表征了模型结构的损伤。模型结构自振频率与拉应变幅值之间的关系如图 7.28 所示。0.1g 地震动作用下，拉应变幅值最大值出现在什邡地震波模型结构右中柱的右侧柱顶处，其值为65.3με，远小于极限拉应变(95με)，结构自振频率也未发生衰减；0.3g、0.5g 地震动作用下，中柱顶、底部均出现了拉应变幅值大于 95 με 的现象，模型结构的自振频率分别从 9.63Hz 衰减至 8.63Hz、8.06Hz。

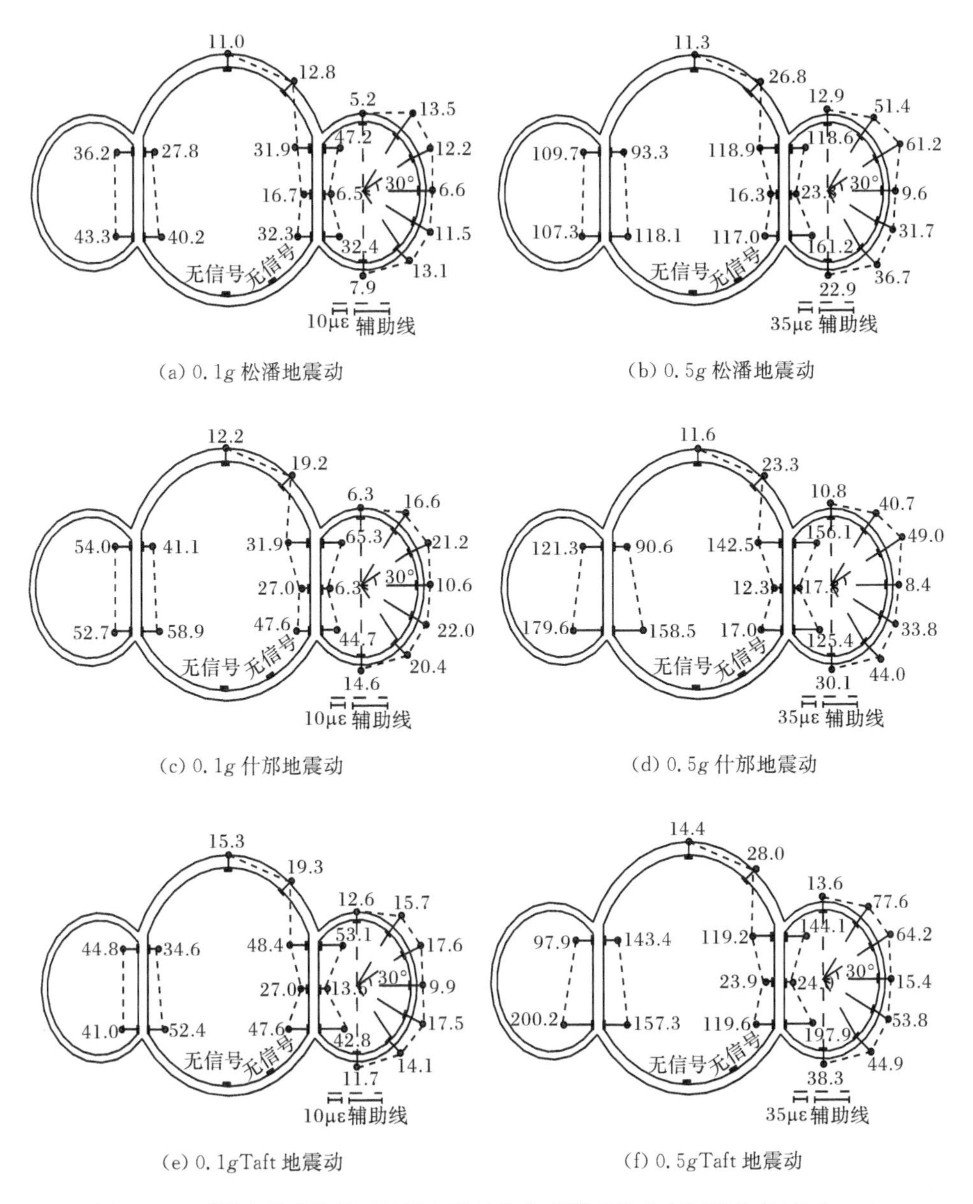

(a) 0.1g 松潘地震动 (b) 0.5g 松潘地震动

(c) 0.1g 什邡地震动 (d) 0.5g 什邡地震动

(e) 0.1gTaft 地震动 (f) 0.5gTaft 地震动

图 7.26 不同地震动作用下地铁车站结构主观测面拉应变幅值分布(单位：με)

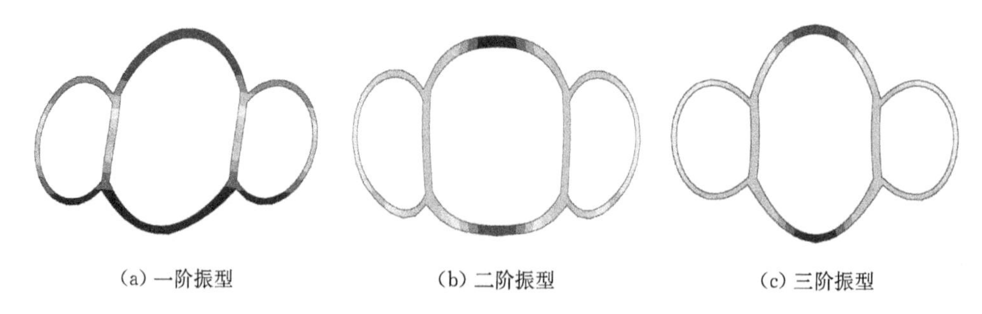

(a) 一阶振型　(b) 二阶振型　(c) 三阶振型

图 7.27　模型结构的前三阶振型

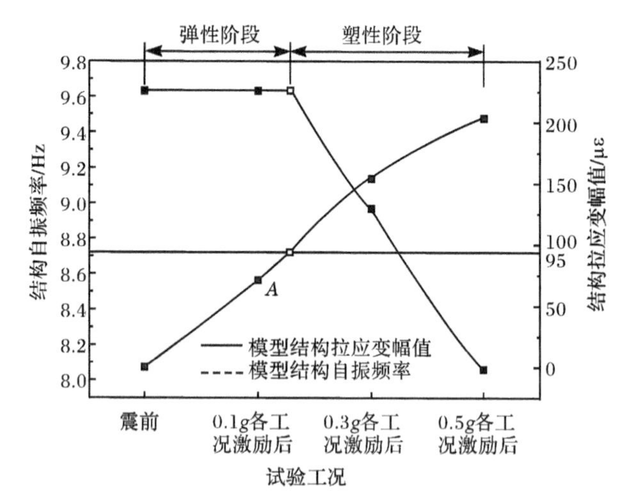

图 7.28　模型结构自振频率与拉应变幅值关系曲线

A 点物理意义:微粒混凝土模型结构拉应变幅值达到极限抗拉应变值

主、次观测面相同位置处的拉应变分布如图 7.29 所示。可以发现:主观测面测点的拉应变幅值与次观测面测点的拉应变幅值均存在不同程度的差异,这说明模型结构的应变反应存在空间效应。这可能是在试验条件下,模型结构周边地基土的液化程度不同造成的,靠近模型土箱内膜的地基土液化程度大于模型土箱中部地基土的液化程度。模型地基的孔压场表征了模型地基横向不同部位液化程度的定量差异;从观察到的地表宏观现象可以发现模型地基纵向不同部位液化程度的定性差异:靠近内膜部位的 A、B 区域的液化程度显著大于模型结构所在位置处的地基土,如图 7.30(a)所示。模型地基不同部位液化程度的差异使得模型结构产生了如图 7.30(b)所示的纵向“内包型”、横向“外掰型”的附加应力,导致了模型结构不同截面位置处的应力分布差异,由于模型结构纵向刚度较大,应力不均匀分布对模型结构的危害并不明显，但在实际工程中，地铁隧道结构施工过程中存在管片接头问题，纵向柔度较大，结构纵向应力不均匀分布引起的不利影响不容忽视。

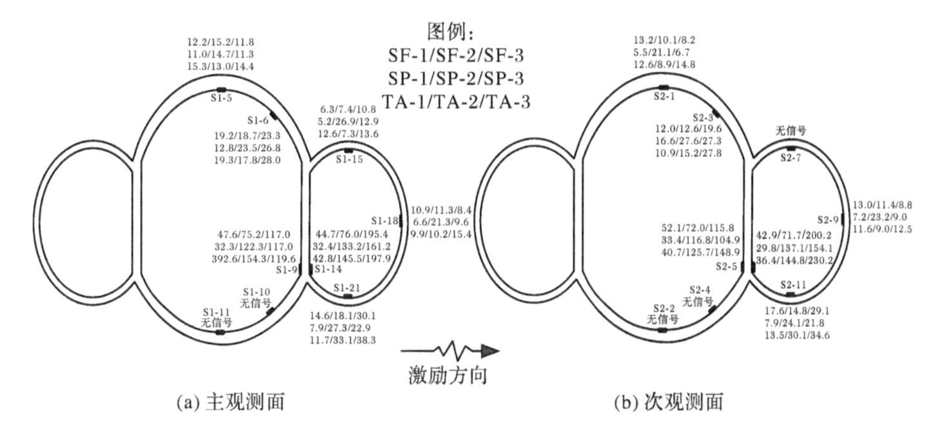

(a) 主观测面　　　　(b) 次观测面

图 7.29　模型结构不同观测面拉应变幅值分布(单位:με)

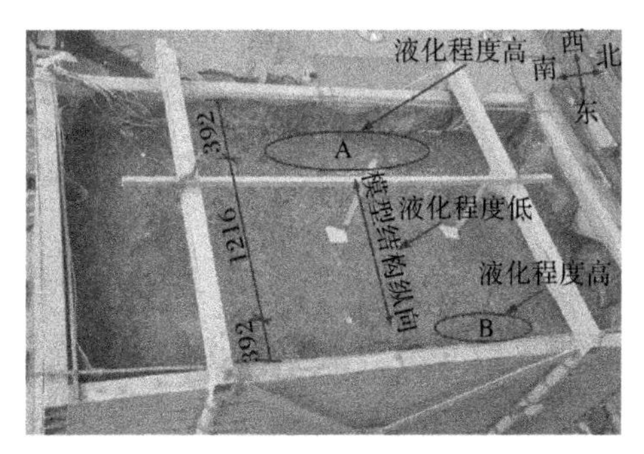

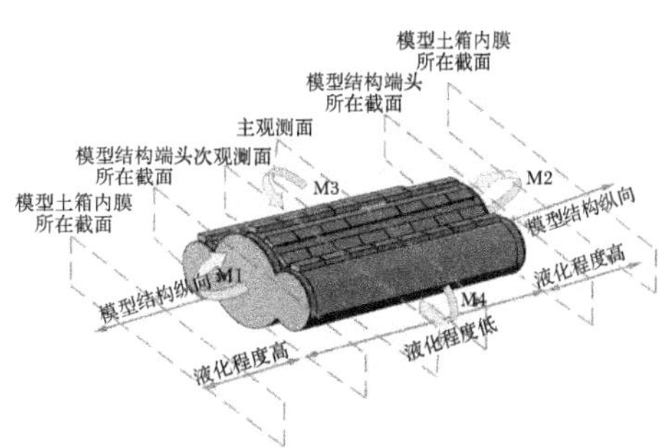

(a) 模型地基土宏观现象　　　　(b) 液化差异引起的结构附加应力示意图

图 7.30　场地液化过程引起的模型结构附加应力示意图(单位:mm)

考虑到试验测得的主观测面应变分布受模型结构端头的影响最小，以主观测面的应变分布作为基准，主、次观测面测点拉应变幅值的相对误差定义为

$$\delta=\frac{\text{次观测面拉应变幅值}-\text{主观测面拉应变幅值}}{\text{主观测面拉应变幅值}}\times 100\% \tag{7.3}$$

式中，$\delta<0$ 时，主观测面拉应变幅值>次观测面拉应变幅值；$|\delta|$ 越大，则主、次观测面应变分布差异越大。

由表 7.5 可知：没有出现主观测面的应变均大于或小于次观测面应变的现象。$|\delta|>25\%$的测点对均出现在主、次观测面测点对 S1-5、S2-1 及 S1-6、S2-3 上。这与模型结构的受力特性相关，由于试验条件下地基土分布不均匀等因素使

得模型结构的纵向“内包”(M1、M2)及横向“外掰”(M3、M4)产生的附加应力并非完全对称,使得模型结构在顶部不同观测面间的应变分布产生较大差异。

表 7.5 不同观测面上模型车站结构各部位的拉应变相对误差(%)

应变片测点对	试验工况									区间分布	测点对数
	SF-1	SF-2	SF-3	SP-1	SP-2	SP-3	TA-1	TA-2	TA-3		
S1-5(S2-1)	8.19	−33.55	−30.50	−50.00	43.53	−40.71	−17.65	−31.54	2.77	0~10	27
S1-6(S2-3)	−37.50	−32.62	−15.87	−48.43	17.44	1.86	−43.52	−14.60	−0.71	10~20	15
S1-9(S2-5)	9.45	−4.25	−1.03	3.41	−4.49	−10.34	3.82	−18.53	24.49	20~30	2
S1-14(S2-6)	−4.02	−5.65	2.45	−8.02	2.92	−4.40	−14.95	−0.48	16.32	30~40	5
S1-18(S2-9)	19.26	0.88	4.76	9.09	8.92	−6.25	17.17	−11.76	−18.83	40~50	5
S1-21(S2-11)	20.54	−18.23	−3.32	0	−11.72	−4.80	15.38	−9.06	−9.66	0~50	54

7.3 三拱立柱式地下车站结构地震反应的数值模拟

7.3.1 计算模型

三拱立柱式车站分离岛式车站的人流量与框架车站基本相当,该类车站由于方便采用矿山法或盾构法施工,因此,该类车站结构在特定工程场地和地质环境下具有明显的优点。本节研究对象为总宽度 22.041m,中间主拱高度 11.064m,两侧副拱高度 6.880m,上覆土层厚 4m;主拱混凝土壁厚 0.5m、副拱混凝土壁厚 0.35m,考虑有限元模拟的方便性,将圆形立柱折算成截面尺寸 0.9m×0.9m 的方柱,纵轴向柱-柱中轴线间距 5m。立柱和拱壁采用 C30 混凝土、热轧钢筋 HRB400:拱壁采用直径为 22mm 和 25mm 的钢筋,柱子采用直径为 2mm 的钢筋。

地基土-地铁地下车站结构体系的三维有限元计算模型尺寸取为 150m×61.1m×100m。在地铁地下车站结构的三维有限元分析中,考虑混凝土和钢筋的共同作用,可以更真实地反映混凝土受拉受压状态下的损伤特性,因此,采用八节点减缩积分实体单元模拟地基土、八节点全积分实体单元模拟车站混凝土结构、杆单元模拟钢筋,车站结构的横截面尺寸如图 7.31 所示。三维精细化有限元模型的网格划分如图 7.32 所示,总自由度数为 3041961。根据计算比较:垂直于输入地震动方向的地基土侧面设置竖向约束、水平向加弹簧-阻尼器的黏弹性人工边界,平行于输入地震动方向的地基土侧面仅约束竖向位移。下部基岩面为水平向地震动的输入界面。

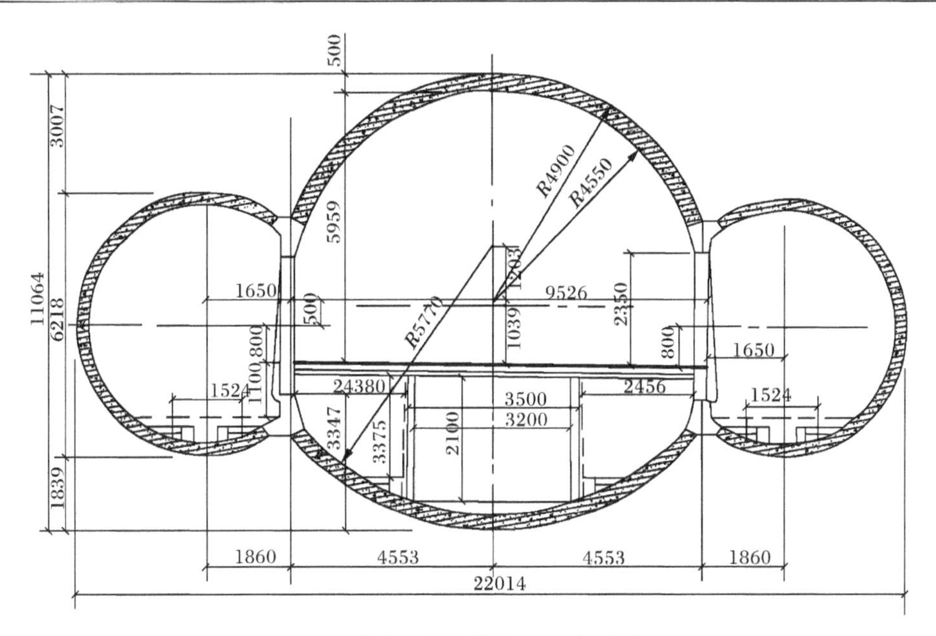

图 7.31　地铁车站结构横断面尺寸(单位:mm)

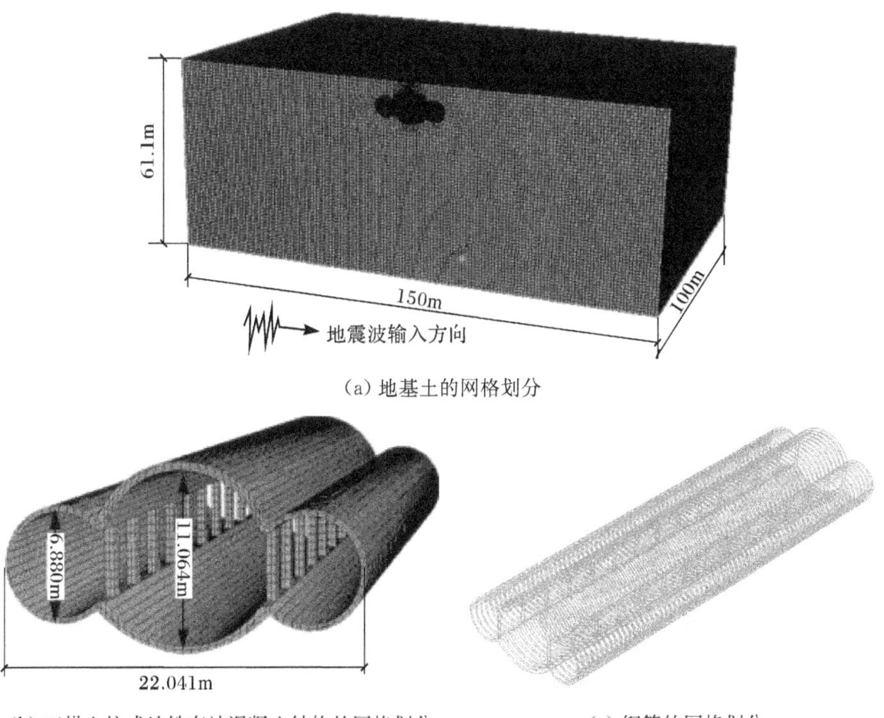

(a) 地基土的网格划分

(b) 三拱立柱式地铁车站混凝土结构的网格划分　　(c) 钢筋的网格划分

图 7.32　地基土-三拱立柱式地铁地下车站结构体系三维精细化有限元模型网格划分

土体的动力本构模型采用第 3 章介绍的修正 Davidenkov 黏弹性本构模型;混凝土的动力本构模型采用第 3 章介绍的黏塑性动力损伤模型,假设钢筋满足理想弹塑性应力-应变关系。在地铁车站结构的三维分析模型中,考虑混凝土和钢筋的共同作用,可以较真实地反映混凝土在受拉受压下的损伤特性;根据南京地铁建设背景,选取一个具有代表性的软弱场地作为地铁车站结构的场地条件,详见表 5.5和表 5.6。C30 混凝土的黏塑性动力损伤模型参数详见第 3 章3.3.3节。

假定基岩输入地震波为竖向传播的 S 波,地震波入射平面垂直于地铁地下车站结构纵向轴线,不考虑斜入射的影响;且假定基岩面上各点的运动一致,即不考虑行波效应。选择国内外具有代表性的 4 条强地震动加速度记录作为地铁地下车站结构地震反应分析的大地震近、远场输入地震动。代表大地震近场强地震动的汶川地震清平波和卧龙波,截取含有峰值加速度的前 40s 时程进行计算,代表大地震远场地震动的 Mexico 波和 Kocaeli 波,取其整个加速度时程进行计算。4 条输入地震动的加速度傅里叶谱如第 3 章所示,可以看出,卧龙波主频段集中在中高频,清平波的频率成分比较均匀;Mexico 波和 Kocaeli 波的低频成分丰富而高频成分相对贫乏,Kocaeli 波频谱成分更为集中,5Hz 以上的频谱成分急剧减少;Mexico 波的频谱相对较宽,10Hz 以上的频谱成分才开始减少。

7.3.2 车站结构的地震损伤及应力

采用损伤指数描述地铁车站结构的地震损伤程度,损伤变量介于 0(黑色)和 1(白色)之间,损伤指数 0 和 1 分别表示无损伤状态和完全损伤状态。通过分析不同时刻地铁地下车站结构的损伤指数云图,不仅可以发现损伤的部位,还可以发现损伤的时空动态演化过程。图 7.33 给出了地震动作用结束后的混凝土压缩损伤指数云图,图 7.34 为清平波作用下地铁地下车站结构中截面处三个有代表性时刻的应力云图。由图可以看出:

(1) 两侧副拱在与竖向轴约成 30°处的上、下拱壁部位的损伤指数最大,这与近、远场地震动作用下单个隧道在与竖向轴约成 45°处的损伤最大是不同的,主拱的存在使两侧副拱拱壁的损伤部位向副拱水平轴线上、下两侧偏移。

(2) 立柱底端、两侧副拱与竖向轴约成 30°处的损伤程度明显大于其他部分,立柱底端损伤最为严重。立柱底端是三拱立柱式地铁地下车站在大地震近、远场地震动作用下最易损坏的部位。

(3) 与框架式地铁地下车站结构的损伤相比,三拱立柱式车站结构立柱的破坏和框架式车站结构中柱的破坏模式相同,但三拱立柱式车站结构副拱拱壁的损伤没有框架式车站结构外墙损伤严重。这是由于拱形外壁抵抗弯矩能力更强,拱形地下结构表现出更好的抗震性能。

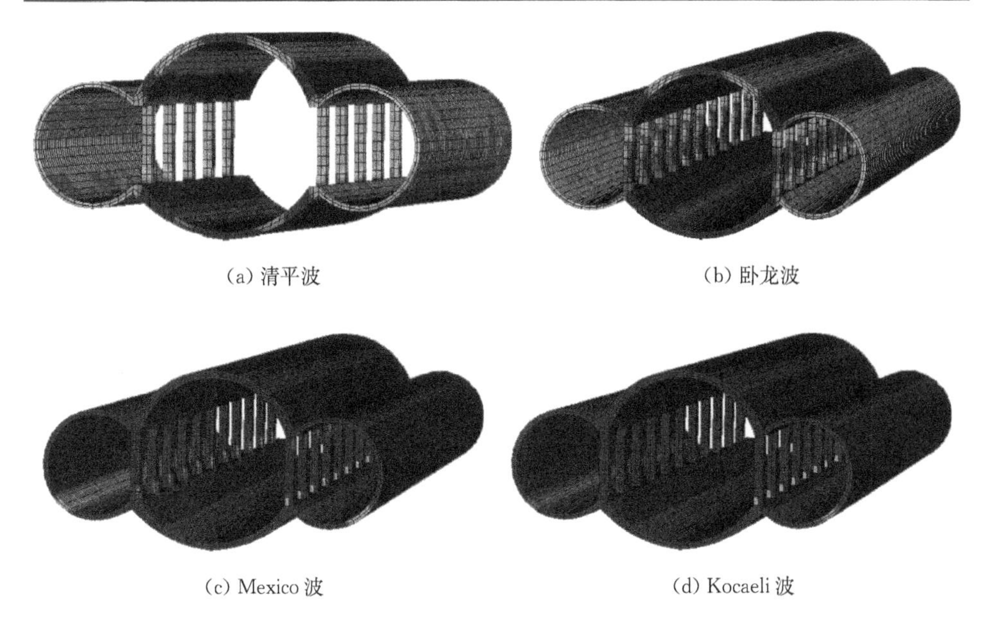

(a) 清平波　(b) 卧龙波

(c) Mexico 波　(d) Kocaeli 波

图 7.33 大地震近、远场地震动作用下三拱立柱式地铁地下车站结构压缩损伤指数云图

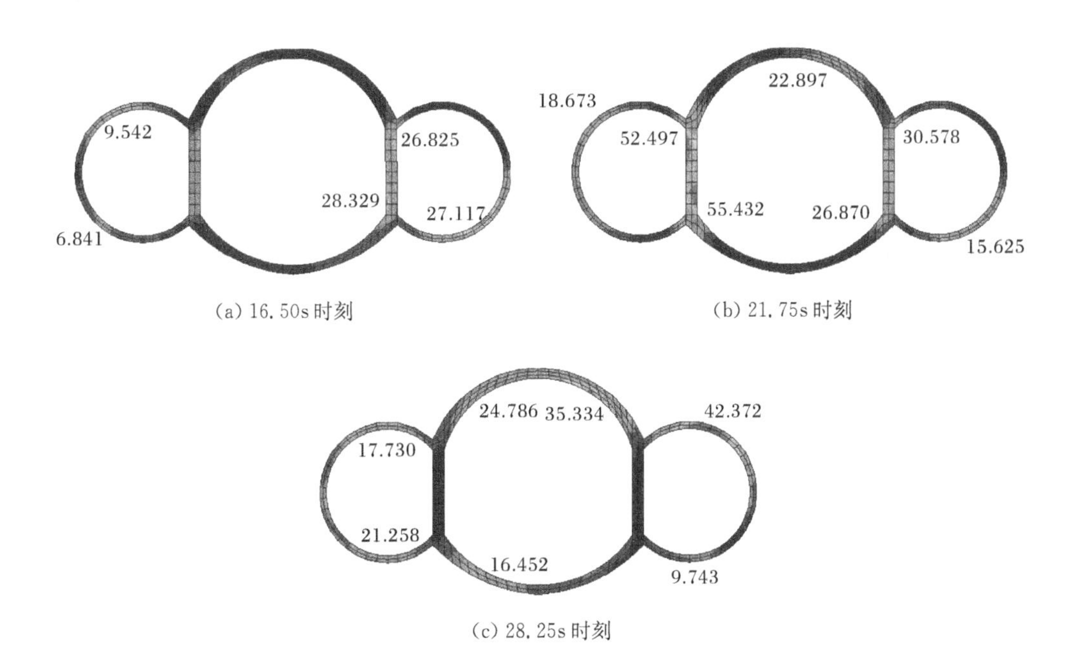

(a) 16.50s 时刻　(b) 21.75s 时刻

(c) 28.25s 时刻

图 7.34 清平波作用下三拱立柱式地铁地下车站结构中截面的 Mises 应力云图(单位:MPa)

(4) 虽然大地震近场清平波的峰值加速度要比卧龙波的小,但由于清平波的峰值速度、峰值位移要比卧龙波的大,在清平波作用下地铁车站结构的损伤范围

和地震应力峰值(见表 7.6)比卧龙波作用下的要大一些。在清平波作用下三拱立柱式车站结构的整个立柱都有不同程度的损伤,而卧龙波作用下损伤集中在立柱底端和顶端,这和框架式地铁地下车站结构在这两条地震波作用下的反应特征是一致的,说明三拱立柱式地铁地下车站结构立柱的破坏位置和输入地震波的特性有关。

表 7.6 三拱立柱式地铁地下车站结构的最大地震应力

输入地震波	最大地震应力
绵竹清平波	55.43
汶川卧龙波	50.92
Mexico 波	5.64
Kocaeli 波	5.42

(5) 在大地震远场地震动作用下,车站结构仅发生了轻微的损伤破坏;而大地震近场强地震动作用下,车站结构立柱的压缩损伤指数达到了 1(浅色区域),承载力完全丧失,发生剪断破坏。车站结构立柱底部为地震中最危险部分,说明大地震近场强地震动的破坏作用比大地震远场地震动的破坏作用更强烈。

(6) 从应力云图看,在 16.50s 时刻,车站右侧立柱的地震应力峰值达到 28.325MPa,比其他部位的地震应力大,且可以看出呈剪切状;在 21.75s 时刻,左侧立柱底部地震应力峰值为 55.43MPa;在 28.25s 时刻,右侧副拱顶部的地震应力峰值达 42.372MPa,且该时刻立柱的地震应力值几乎为 0,这是立柱已经完全损伤破坏所致。

7.3.3 车站结构的水平向加速度反应

表 7.7 给出了各工况下主拱拱顶、拱底处、副拱拱顶处及立柱上、下端的水平向峰值绝对加速度值反应,各节点在车站结构的位置如图 7.35 所示。图 7.36 比较了车站结构主拱拱顶、拱底处的水平向地震动加速度时程,图 7.37 比较了地铁车站主拱拱顶、拱底和基岩输入的水平向地震动加速度反应谱 β 谱。图 7.38 为车站结构几个关键点处的峰值加速度沿纵轴向的变化曲线。由此可以看出:

表 7.7 车站结构部分节点的水平向峰值绝对加速度 (单位:m/s^2)

地震波	PGA	节点 A	节点 E	节点 I	节点 J	节点 B
清平波	8.025	4.876	5.199	4.882	3.837	3.938
卧龙波	9.578	5.114	5.355	4.975	4.633	4.918
Mexico 波	0.57	0.964	1.021	0.907	0.662	0.591
Kocaeli 波	0.35	0.897	0.928	0.813	0.578	0.796

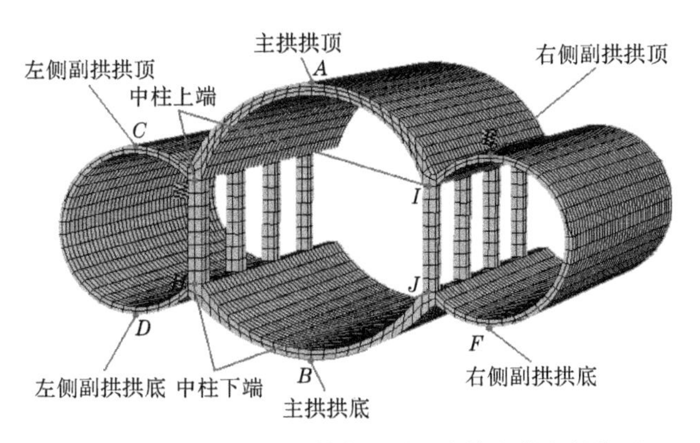

图7.35　地铁地下车站结构地震反应输出节点的位置

(1) 对于三拱立柱式地铁车站结构,副拱拱顶、立柱上端是水平向加速度反应强烈部位。虽然副拱拱顶的埋深比主拱拱顶的深,但其峰值绝对加速度反应大于主拱拱顶的反应。

(2) 在大地震近场强地震动作用下地铁地下车站结构的峰值加速度反应比基岩地震动的峰值加速度小,而在大地震远场地震动作用下地铁地下车站结构的峰值加速度反应比基岩地震动的大,即大地震近、远场地震动作用下三拱立柱式地铁地下车站结构的地震反应特征存在差异。

(3) 地铁地下车站结构加速度反应波形与输入地震动波形有一定的相似性,加速度反应峰值出现时间均距输入地震动峰值时间较近。

(4) 在大地震近、远场地震动作用下,车站结构主拱拱顶的峰值加速度反应比拱底的峰值加速度反应大。

(5) 在大地震近、远场地震动作用下,与基岩地震动加速度反应谱β谱相比,车站结构主拱拱顶、拱底处的水平向地震动加速度反应谱β谱都向周期0.5s左右集中,这是类共振现象造成的。

(6) 峰值加速度沿车站纵轴线方向呈波浪状,纵轴线中点附近的峰值加速度最大。大地震近场强地震动作用下,纵轴线方向峰值加速度曲线的变化频率较高;大地震远场地震动作用下,纵轴线方向峰值加速度曲线的变化频率较低,这和基岩输入地震动的频谱特性是一致的,且体现了地铁地下车站结构地震反应的空间效应。

7.3.4　车站结构的水平向相对位移反应

截取车站结构纵向上的三个横截面进行水平向相对位移反应分析(见图7.39):主观测面为车站结构纵轴向的中截面,前、后观测面各距离中截面40m。表7.8～表7.10给出了各工况下主拱、副拱拱顶与拱底、立柱上、下端之间的水平向峰值相对位移差与相对位移角，其中，相对位移角定义为水平相对位移差与上、下两点间的高度之比。图 7.40 为地铁地下车站结构出现最大应力时刻的位移，由此可以看出：

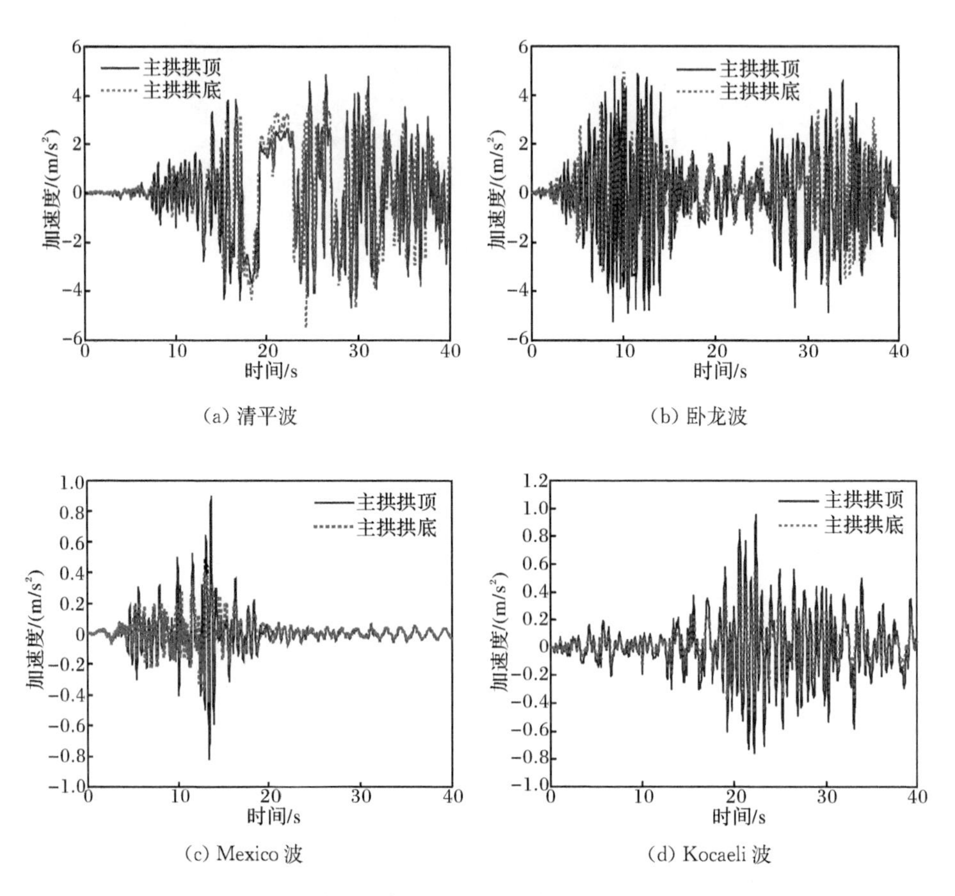

(a) 清平波　(b) 卧龙波

(c) Mexico 波　(d) Kocaeli 波

图 7.36　地铁地下车站主拱拱顶、拱底的加速度时程比较

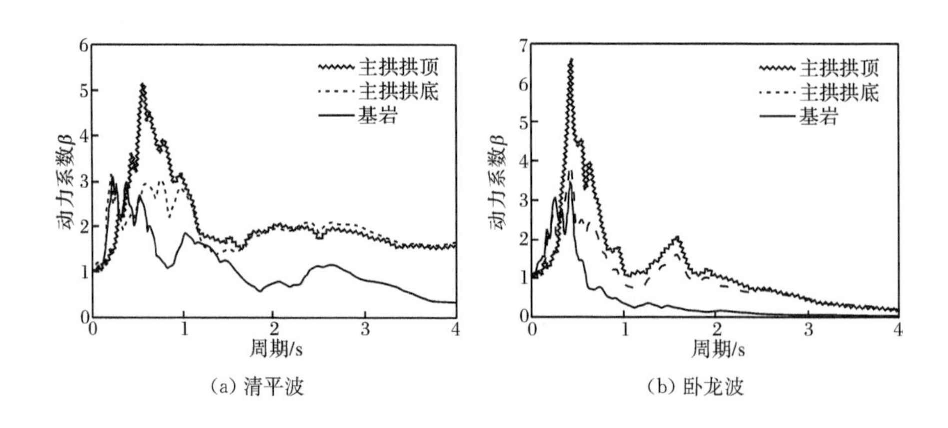

(a) 清平波　(b) 卧龙波

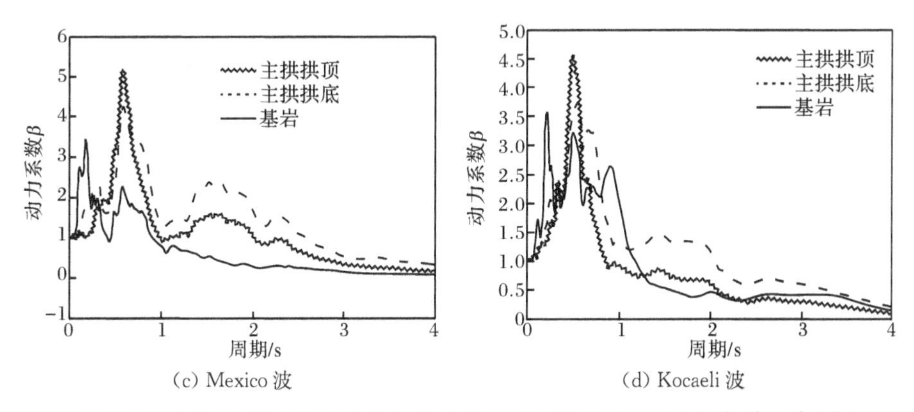

(c) Mexico 波　　(d) Kocaeli 波

图 7.37　地铁地下车站主拱拱顶、拱底和基岩地震动的加速度反应谱β谱比较

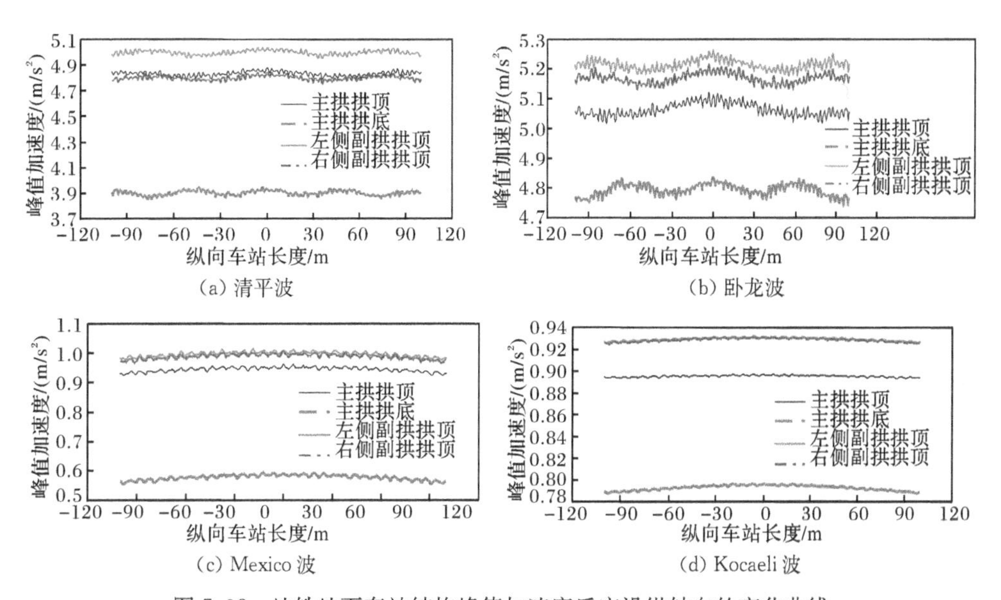

(a) 清平波　　(b) 卧龙波

(c) Mexico 波　　(d) Kocaeli 波

图 7.38　地铁地下车站结构峰值加速度反应沿纵轴向的变化曲线

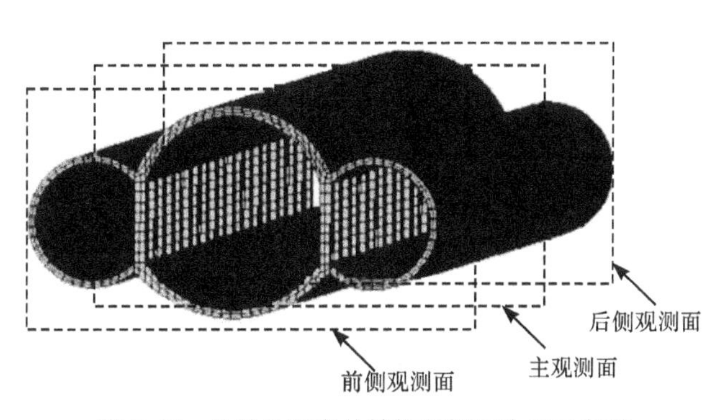

图 7.39　地铁地下车站结构观侧面位置示意图

(1) 大地震近、远场地震动作用下，三拱立柱式地铁地下车站结构的水平向最大相对变形发生在主拱拱顶、拱底之间。

(2) 立柱的相对位移角最大、副拱的次之、主拱的最小，这与车站结构地震损伤云图的特征是一致的，因此，大地震近、远场地震动作用下三拱立柱式地铁地下车站结构的损伤机理为剪切破坏。

(3) 右侧结构(右副拱、右立柱)的水平向峰值相对位移差要大于左侧结构，这说明在大地震近、远场地震动作用下地铁地下车站结构沿地震波传播方向会产生单向累积的永久位移。

(4) 地下车站结构在大地震近场强地震动作用下的水平向相对位移反应远远大于大地震远场地震动作用下的水平向相对位移反应，且水平向峰值相对位移差主要取决于近、远场输入地震动的峰值加速度。

(5) 地下车站结构前、后观测面上的水平向峰值相对位移差明显比主观侧面的小，仅为主观侧面的 50%～71%。

(6) 大地震远场地震动作用时地下车站结构主要发生剪切变形，由于基岩地震动峰值加速度较小，地下车站结构没有发生明显的损伤；大地震近场强地震动作用时地下车站结构因立柱发生剪切破坏而导致承载力丧失，继而发生压碎性的损坏。

表 7.8 地铁地下车站结构主观测面的水平向峰值相对位移差

输入波	*A-B* 位移/cm	相对位移角	*C-D* 位移/cm	相对位移角	*E-F* 位移/cm	相对位移角	*G-H* 位移/cm	相对位移角	*I-J* 位移/cm	相对位移角
清平波	11.780	1.065	9.740	1.424	10.41	1.522	10.01	2.234	10.00	2.232
卧龙波	12.070	1.091	9.450	1.382	9.97	1.458	9.710	2.167	10.110	2.257
Mexico 波	0.380	0.034	0.291	0.043	0.289	0.042	0.259	0.058	0.256	0.057
Kocaeli 波	0.019	0.0017	0.013	0.0019	0.013	0.0019	0.012	0.0027	0.012	0.0027

表 7.9 地铁地下车站结构前观测面的水平向峰值相对位移差

输入波	*A-B* 位移/cm	相对位移角	*C-D* 位移/cm	相对位移角	*E-F* 位移/cm	相对位移角	*G-H* 位移/cm	相对位移角	*I-J* 位移/cm	相对位移角
清平波	7.084	0.640	5.183	0.758	7.062	1.032	6.708	1.497	5.872	1.311
卧龙波	7.334	0.663	5.996	0.877	5.820	0.851	5.074	1.133	5.180	1.156
Mexico 波	0.230	0.021	0.157	0.023	0.187	0.027	0.175	0.039	0.161	0.036
Kocaeli 波	0.011	0.0010	0.007	0.0010	0.009	0.0013	0.006	0.0014	0.006	0.0014

表 7.10　地铁地下车站结构后侧观测面的水平向峰值相对位移差

输入波	*A-B* 位移/cm	相对位移角	*C-D* 位移/cm	相对位移角	*E-F* 位移/cm	相对位移角	*G-H* 位移/cm	相对位移角	*I-J* 位移/cm	相对位移角
清平波	3.719	0.336	2.727	0.399	3.849	0.563	4.024	0.898	3.965	0.885
卧龙波	5.074	0.459	3.357	0.491	3.227	0.472	2.625	0.586	2.793	0.624
Mexico 波	0.146	0.013	0.089	0.013	0.122	0.018	0.119	0.027	0.111	0.025
Kocaeli 波	0.007	0.0006	0.005	0.0007	0.005	0.0007	0.004	0.0010	0.003	0.0007

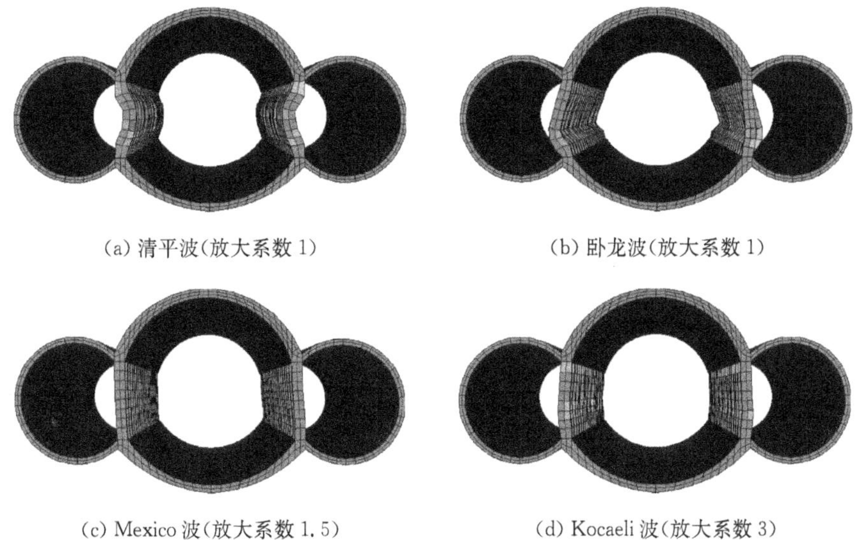

(a) 清平波(放大系数 1)　(b) 卧龙波(放大系数 1)

(c) Mexico 波(放大系数 1.5)　(d) Kocaeli 波(放大系数 3)

图 7.40　大地震近、远场地震动作用下三拱立柱式地铁地下车站结构相对变形

7.4　上下层不等跨框架式地下车站地震反应的数值模拟

7.4.1　计算模型

本部分的研究对象为上层五跨和下层三跨的地铁车站结构，车站结构的尺寸如图 7.41 所示。采用四节点平面应变缩减积分单元模拟土体介质，采用四节点平面应变全积分单元模拟车站结构，把地铁车站结构等效为平面应变问题时采用同刚度折减弹性模量的方法来考虑以平面应变单元模拟三维的中柱带来的影响，把圆形中柱等效成厚度为 0.8m 的连续墙。基于 ABAQUS 计算平台，建立了土-地铁车站结构非线性静动力耦合相互作用的有限元计算模型[17]。在该分析模型中，基岩面采用固定约束，场地两侧的竖向边界采用第 3 章介绍的水平向自由加阻尼器的黏滞边界和竖向约束的边界条件。取地基计算宽度为 231.5m，土-地铁

车站结构动力相互作用体系的网格划分如图 7.42 所示。采用等效刚度的办法把车站中柱由三维等效为二维平面问题，等效后中柱混凝土的等效弹性模量 $E=3.85\times10^{3}$ MPa。钢筋采用植入混凝土的杆单元模拟，等效后钢筋的弹性模量 $E=1.2\times10^{6}$ MPa。

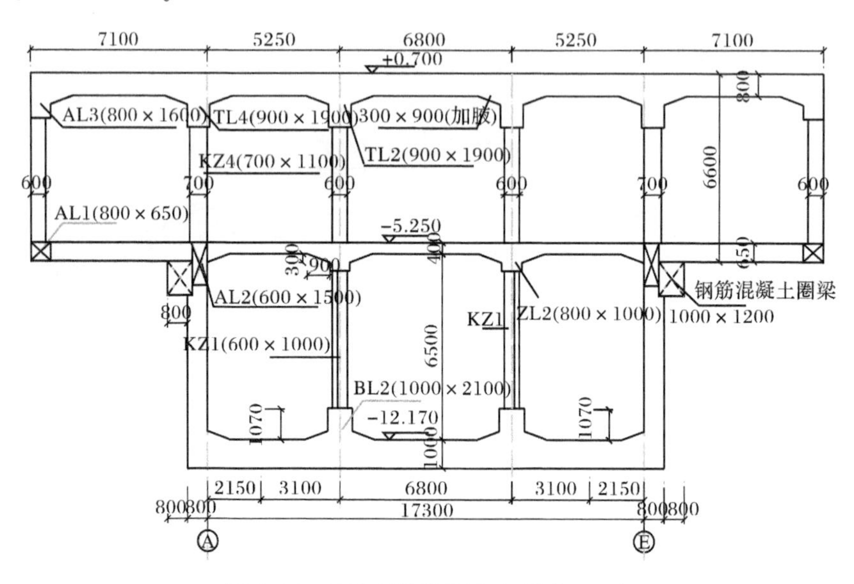

图 7.41　地铁车站结构尺寸(单位:mm)

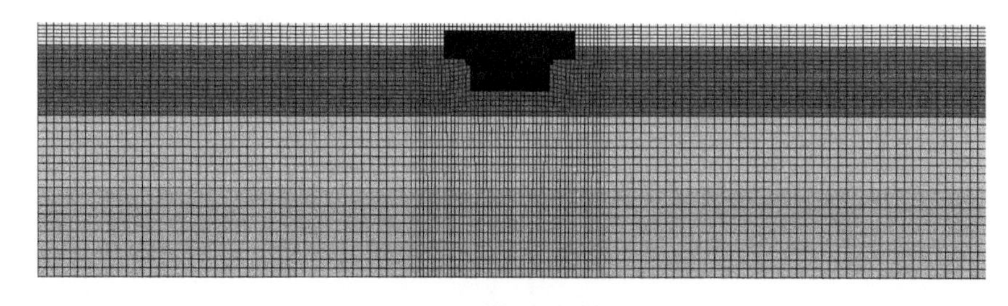

(a) 地基模型网格划分

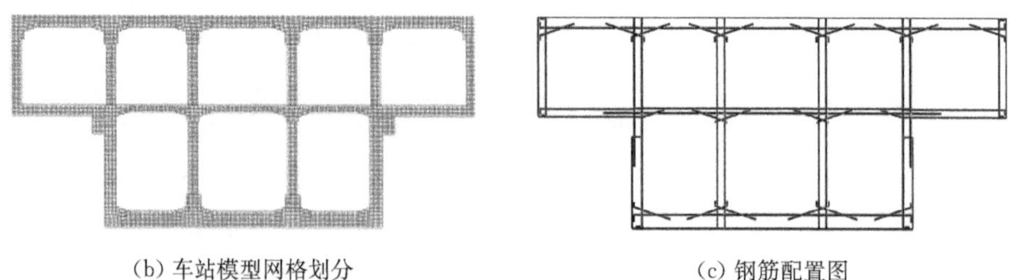

(b) 车站模型网格划分　　(c) 钢筋配置图

图 7.42　土-车站结构相互作用体系各部分模型网格

土体的动力本构模型采用第 3 章介绍的土体记忆型黏塑性本构模型；混凝土的动力本构模型采用第 3 章介绍的黏塑性动力损伤模型，假设钢筋满足理想弹塑性应力-应变关系。本工程的场地条件如表 7.11 所示。

表 7.11　场地土层情况和模型参数

土层	土名	厚度/m	c/MPa	ρ/(kg/m³)	φ/(°)	E/MPa	ν	c_s/(m/s)	c_p/(m/s)
1	淤泥	5.5	25.0	1.92	12.6	3.5	0.49	114	198
2	粉质黏土	16.5	47.9	1.87	12.0	2.7	0.49	160	277
3	粉砂	17.0	105.8	1.90	35.0	4.2	0.49	236	410
4	黏土	21.0	126.3	2.02	21.0	5.3	0.49	250	433

地震波采用具有明显近场地震波频谱特性的 Kobe 波、南京人工波和绵竹清平波作为基岩水平向输入地震动。在基岩输入地震动时，把三条地震波的峰值加速度分别调整为 1.0m/s^2 和 2.0m/s^2，基岩输入地震动持时为 30s。车站结构与地基之间的相互作用采用接触面对法模拟，在接触面法向的接触效果采用第 3 章介绍的“硬接触”模拟，即当接触面间的相互作用力为正时，接触面在法线方向处于受压闭合状态，反之，接触面在法向处于受拉分离状态。在接触面的切向采用“有限滑动”来模拟接触面的切向滑动行为，即土体与混凝土接触面的摩擦系数取为 0.4。

7.4.2　车站结构的侧向位移反应

图 7.43 给出了车站顶底间相对位移最大时车站结构上层和下层的层间相对位移比较，总体来看，当基岩输入地震波的幅值为 2.0m/s^2 时，车站结构下层的相对位移明显大于上层的相对位移，尤其是基岩输入 Kobe 波和南京人工波时，上下层的层间相对位移差别更大。当基岩输入地震波的幅值为 1.0m/s^2 时，这种差别较小。图 7.44 给出了车站顶底间相对位移最大时车站结构上层和下层的层间位移角比较，总体来看，地铁车站结构上层的层间右摆位移角明显比车站结构下层的要大，而左摆的层间位移角变化规律不明显。基岩输入 Kobe 波时，结构的右摆位移角明显都比其左摆位移角要大。当基岩输入 Kobe 波和南京人工波时，车站结构的层间位移角明显要比基岩输入绵竹清平波时的要大得多。造成上述变化规律的主要原因与输入地震波的频谱特性有着密切的关系，从主震动频率分布范围最窄的 Kobe 波到分布范围较宽的南京人工波再到分布范围最宽的绵竹清平波，随着主震动频率分布范围变宽，车站结构的最大层间位移角反应也越来越大。

图 7.45 给出了基岩输入 Kobe 波时车站结构层间位移角与输入地震动峰值加速度之间的关系变化曲线。由图可知，当输入峰值加速度较大时，下层层间位移角明显大于上层对应的值，主要原因应为该车站结构的下层层高比上层要大，整体抗侧移刚度应该明显小于上层。由图可以看出，当峰值加速度由 6.0m/s^2 增

大到9.0m/s²时，车站结构层间位移角反而减小，主要原因应为强地震发生时地铁车站结构底部土层强度弱化明显，进而对车站结构地震反应起到地基隔震的效果。图 7.46 给出了不同峰值加速度对应的车站结构顶底间相对位移反应时程曲线，由图可知，当输入地震动峰值加速度小于 2.0m/s² 时，车站结构顶底间相对位移未出现明显残余值，表明在该强度地震作用下车站结构整体未发生明显的塑性变形，当输入地震动峰值加速度大于 2.0m/s² 时，车站结构顶底间的相对水平位移并不能恢复到初始状态，这种残余变形也必将对震后地铁车站结构产生一定的影响。

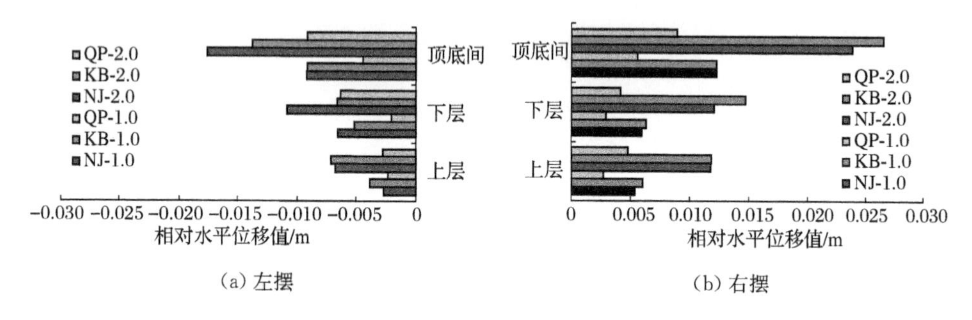

(a) 左摆　　(b) 右摆

图 7.43　车站结构层间相对水平位移

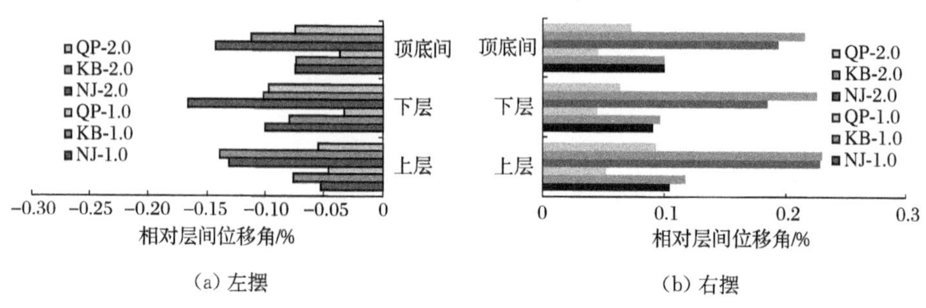

(a) 左摆　　(b) 右摆

图 7.44　车站结构层间相对位移角

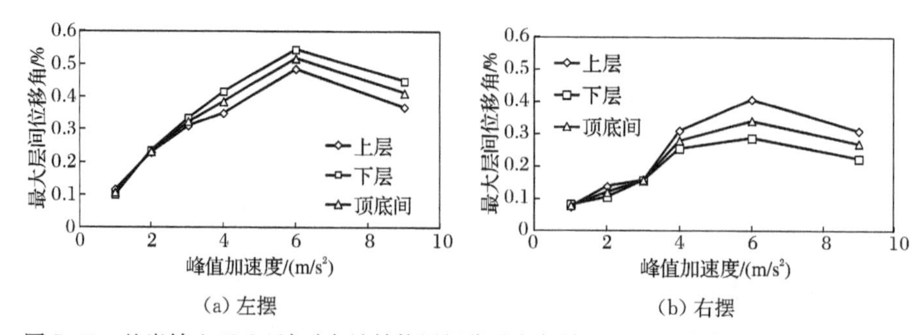

(a) 左摆　　(b) 右摆

图 7.45　基岩输入 Kobe 波时车站结构层间位移角与输入地震动峰值加速度之间的关系

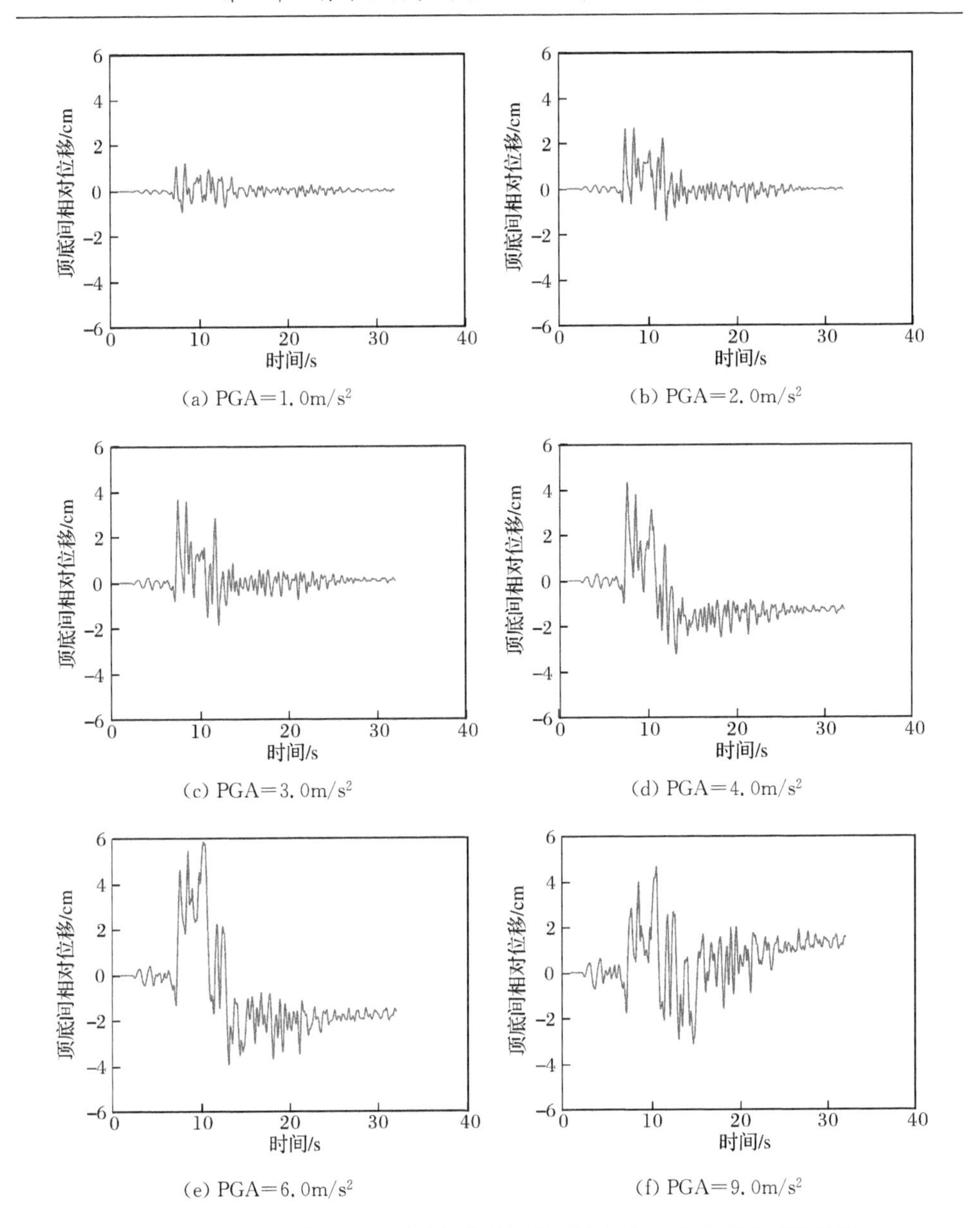

(a) PGA=1.0m/s²　(b) PGA=2.0m/s²

(c) PGA=3.0m/s²　(d) PGA=4.0m/s²

(e) PGA=6.0m/s²　(f) PGA=9.0m/s²

图 7.46　不同峰值加速度对应的车站结构顶底间相对位移反应时程曲线

7.4.3　车站结构的应力反应

已有的研究表明[15]，地铁地下车站结构在墙板连接部位和柱板连接部位的应力反应较大，本次车站结构计算结果的动态演示过程也表明该结论。因此，输出车站结构应力反应的节点位置分布如图 7.47 所示。表 7.12 给出了车站结构柱端关键节点应力反应幅值，由表可知，在各个计算工况下，B 节点处的最大拉应力基本都接近或超过 2.4MPa，即在上层边柱顶端 B 点处出现受拉破坏。然而，在节点 A、C、D 和 L 处结构始终处于受压状态。总体来看，车站结构上层边柱和下层柱子底端的应力反应都大于顶端的应力反应，上层边柱底端的应力反应大于中柱底端的应力反应，下层柱底的应力反应大于上层各柱底的应力反应。从输入地震波不同来看，基岩输入 Kobe 波时车站结构大部分节点处的应力反应明显比基岩输入南京人工波时的要大，同时，基岩输入南京人工波时的应力反应明显比基岩输入绵竹清平波时的要大。

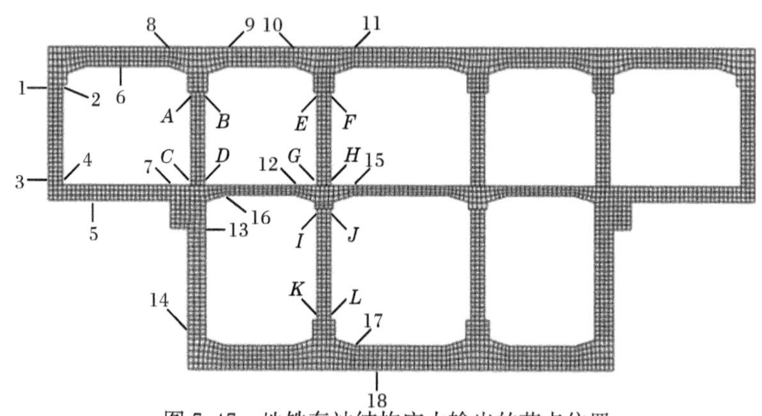

图 7.47 地铁车站结构应力输出的节点位置

表 7.12 车站结构柱端应力反应幅值 （单位：MPa）

节点	NJ-1.0		KB-1.0		QP-1.0		NJ-2.0		KB-2.0		QP-2.0	
	最大	最小	最大	最小	最大	最小	最大	最小	最大	最小	最大	最小
A	−0.10	−8.61	−0.10	−10.08	−0.10	−6.93	−0.10	−11.73	−0.10	−13.84	−0.10	−8.61
B	2.44	−11.15	2.41	−11.15	2.40	−11.15	2.40	−11.15	2.44	−12.35	2.39	−11.15
C	−10.99	−17.53	−11.13	−18.56	−13.39	−17.89	−7.17	−19.18	−9.60	−20.66	−12.30	−18.72
D	−3.11	−9.20	−2.45	−8.72	−2.90	−6.95	−1.46	−11.61	−0.18	−9.78	−2.35	−7.80
E	−0.23	−11.75	1.38	−12.55	−0.96	−8.56	2.08	−15.57	2.19	−16.28	1.64	−10.00
F	1.89	−10.76	1.93	−13.07	1.51	−6.30	2.05	−16.51	2.05	−20.68	1.80	−10.57
G	1.93	−9.49	1.97	−11.66	1.77	−5.36	1.81	−14.75	2.08	−18.26	1.71	−9.43
H	−3.05	−12.66	−1.22	−13.05	−3.67	−10.22	0.98	−15.02	2.13	−14.94	−1.48	−11.30
I	−1.89	−14.01	−3.21	−15.18	−5.50	−11.75	2.40	−15.97	2.25	−19.31	−1.14	−13.16
J	−0.88	−12.86	0.81	−11.23	−2.95	−9.01	1.49	−19.27	2.02	−19.95	−1.47	−13.93
K	0.73	−12.55	0.98	−12.66	−1.59	−8.43	1.32	−20.88	1.45	−22.76	0.00	−13.73
L	−7.04	−20.52	−8.03	−21.82	−11.01	−17.99	−0.27	−22.65	0.79	−25.54	−6.03	−19.49

表 7.13 给出了车站结构侧墙和板上关键节点应力反应幅值，总体来看，在车站结构的侧墙和板上各节点处没有达到混凝土拉压完全损伤状态，车站结构的上层侧墙的顶底部节点的应力反应明显比下层侧墙对应位置节点处的要大；车站结构顶板的中跨端部节点的应力反应明显比侧边跨和侧中跨的要大；车站结构中板的侧中跨端部的应力反应明显比中跨端点处的要大，同时中跨端点处的应力反应又要比侧跨端部的要大。在车站结构上层侧墙底部节点 3、下层侧墙顶部节点 13、顶板中跨端部节点 11 和中板侧中跨端部节点 16 处结构的受拉应力幅值虽然未达到 C30 混凝土的完全受拉损伤限值 2.4MPa，但都很接近于该值。

表 7.13　车站结构墙板应力反应幅值　（单位：MPa）

节点	NJ-1.0		KB-1.0		QP-1.0		NJ-2.0		KB-2.0		QP-2.0	
	最大	最小	最大	最小	最大	最小	最大	最小	最大	最小	最大	最小
1	−4.43	−7.08	−4.06	−7.41	−4.45	−6.26	−3.72	−7.75	−3.79	−8.30	−4.05	−6.88
2	0.96	−1.82	1.17	−2.22	0.03	−1.80	1.55	−2.53	2.02	−2.52	0.66	−2.22
3	2.36	−0.83	2.37	−1.15	1.78	−0.24	2.35	−2.07	2.34	−3.48	2.30	−1.33
4	−3.59	−7.31	−3.15	−7.56	−4.28	−6.80	−1.61	−7.99	−0.52	−8.76	−3.11	−7.18
5	1.16	−1.34	1.17	−1.68	1.03	−0.57	1.26	−2.19	1.26	−2.75	1.14	−1.63
6	1.19	0.13	1.34	0.10	0.90	0.18	1.35	−0.23	1.42	−1.06	1.11	0.03
7	2.10	−1.94	2.12	−2.27	2.02	−0.57	2.24	−4.66	2.20	−4.86	2.11	−2.81
8	1.10	0.07	0.92	0.08	0.70	0.32	0.95	−0.24	1.17	−0.32	1.18	0.30
9	1.14	−0.62	1.19	−0.65	0.81	−0.10	1.33	−1.22	1.80	−1.35	1.36	−0.21
10	0.91	0.31	0.65	0.29	0.48	0.27	1.42	0.31	1.09	0.09	0.78	0.20
11	2.14	0.54	2.23	0.45	1.60	0.74	2.38	−0.11	2.37	−0.18	2.14	0.60
12	2.26	−3.32	2.25	−4.06	2.13	−0.96	2.26	−6.12	2.25	−8.09	2.24	−3.01
13	2.34	−0.82	2.37	−1.23	2.05	0.18	2.38	−3.70	2.40	−3.68	2.34	−1.48
14	1.36	−3.61	1.42	−4.20	1.14	−1.86	1.15	−7.25	1.55	−7.37	1.15	−3.78
15	2.14	−2.17	2.17	−2.59	1.49	−1.05	2.25	−3.86	2.30	−5.26	1.83	−2.31
16	2.29	−1.46	2.29	−2.13	1.86	−0.47	2.36	−3.53	2.34	−4.11	2.36	−1.01
17	1.05	−0.33	0.84	−0.48	0.43	−0.20	2.18	−0.23	2.09	−0.90	1.01	−0.18
18	11.02	11.70	10.92	11.70	11.07	11.38	11.08	12.79	10.69	12.17	10.94	11.57

7.4.4　车站结构的地震损伤过程

计算结果表明，该类型车站结构中间部位的损伤明显比其他部位要严重。因此，图 7.48 给出了不同输入地震动峰值加速度对应的车站结构中间部位的损伤情况及其对应的损伤因子时程曲线。根据图 7.48(a)，车站结构首先出现拉伸损伤，当峰值加速度为 2.0m/s² 时，只是在中柱柱端和顶底板与中柱连接处发生较为严重的拉伸损伤，但整个结构最大损伤因子约为 0.8；当峰值加速度增大到 3.0m/s²时，车站结构左边中柱顶底端的受拉损伤已经非常严重且贯穿整个横截面；当峰值加速度继续增大到 4.0m/s² 时，车站结构中柱整体都受到了严重的受拉损伤。尤其是峰值加速度增大到 6.0m/s² 时，车站结构中柱整体受拉破坏已经非常严重，拉伸损伤因子已非常接近于 1，同时其受压损伤也基本覆盖整个中柱，此时可认为中柱基本处于严重破坏状态。在该地震强度下，车站结构的顶底板上边缘的受拉损伤也非常严重。

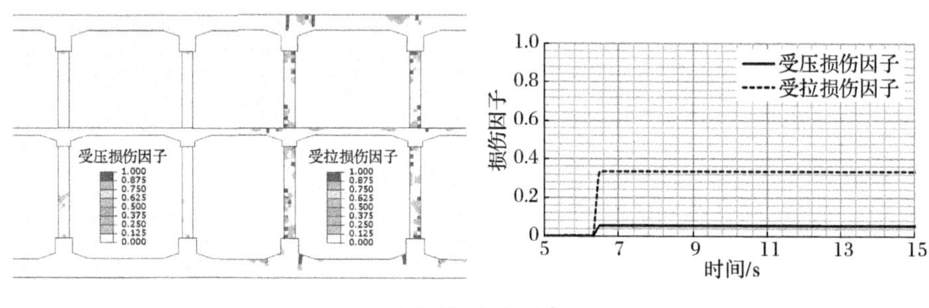

(a) PGA=1.0m/s²

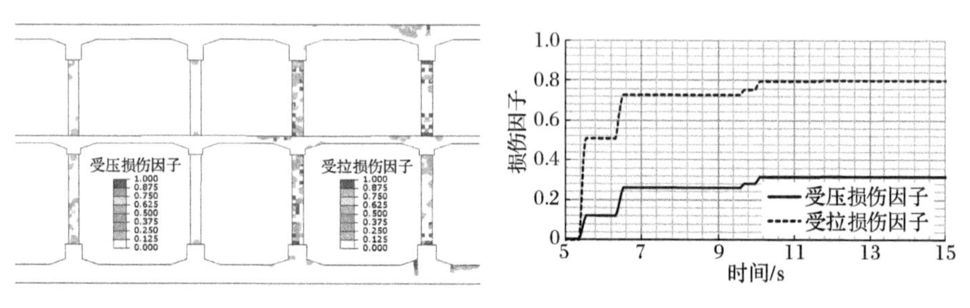

(b) PGA=2.0m/s²

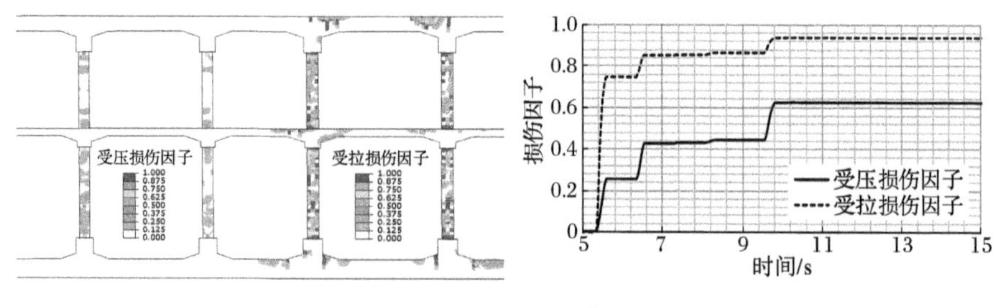

(c) PGA=3.0m/s²

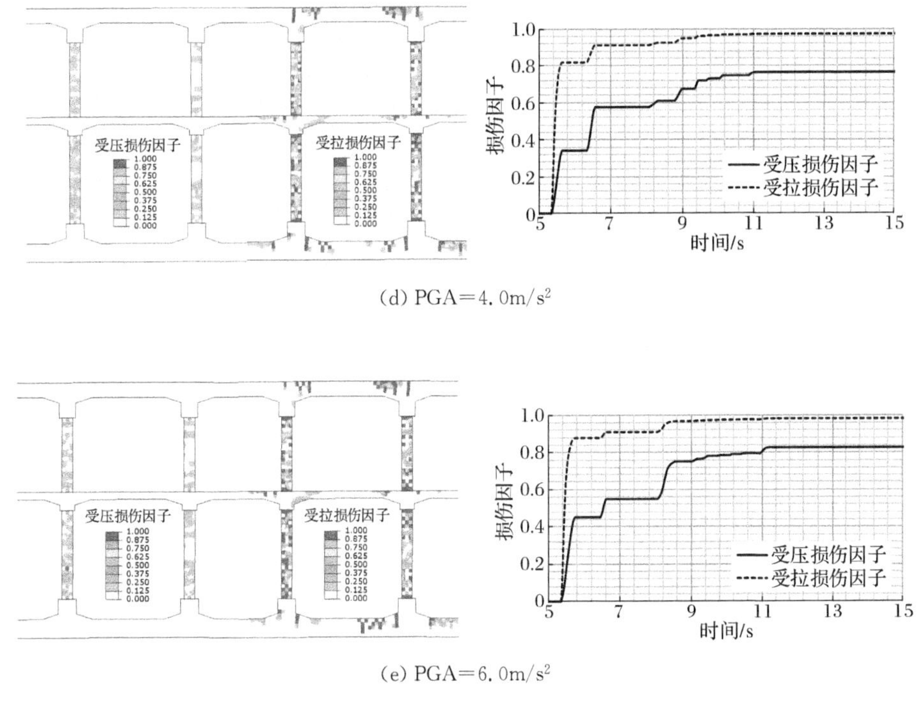

(d) PGA=4.0m/s²

(e) PGA=6.0m/s²

图 7.48　车站结构中间部位损伤云图及其损伤因子时程曲线

已有研究已一致认为，地铁地下车站结构中柱为车站结构抗震最薄弱部位。因此，根据上述对不同地震强度下地铁车站结构中柱损伤特征的分析，我们可以初步认为当峰值加速度为 1.0m/s² 时车站结构处于弹性工作范围，当峰值加速度为 2.0m/s² 时，车站结构虽然在局部产生了损失，但车站结构整体可看成仍处于弹性工作状态。但是，当峰值加速度增大到 3.0m/s² 时，车站结构中柱的损伤已经非常严重，可以初步认为此时车站结构进入整体弹塑性工作状态。当峰值加速度增大到 6.0m/s² 时，车站结构中柱和底板的损伤程度基本上达到了破坏状态，此时车站结构可认为已经达到了整体破坏。结合不同峰值加速度条件下车站结构的层间位移反应情况，对该车站结构可得出如下的结果：该结构的弹性层间位移角限值约为 1/430，弹塑性层间位移角限值约为 1/185。

与《建筑抗震设计规范》(GB 50011—2016)中对各类结构层间位移角限值的建议值相比，这里建议的该车站结构弹性层间位移角限值比一般混凝土结构的规范建议值要大，也就是说从弹性层间位移角限值来衡量该车站结构抗震性能的话，其抗震性能比一般混凝土结构都要好。但是，与规范中各类结构弹塑性层间位移角限值的建议值相比，这里建议的该车站结构弹性层间位移角限值比一般混凝土结构的规范建议值要小，也就是说该车站结构抵抗地震破坏的能力明显又不如一般混凝土结构。主要原因可能为给出的层间位移角主要是基于地下车站结构抗震性能最薄弱构件中柱的损伤给出的。由于车站结构中柱间距较大，其从弹性工作极限状态到破坏状态的安全储备可能不如一般混凝土结构。但是，考虑到车站结构中柱破坏将会直接导致顶板坍塌，所以根据地铁车站结构中柱的地震工作状态来确定其车站结构整体工作弹塑性极限状态是可行且合理的。

7.4.5 车站结构侧墙的动土压力作用

水平向地震作用下，地铁地下车站结构侧墙上动土压力反应是进行地下结构抗震设计与评价需要考虑的一个重要荷载，图 7.49 给出了输入 Kobe 波峰值加速度不同时车站结构侧墙上最大土压力分布。由于上侧墙与周围土体在地震过程中出现了分离现象，因此，最大土压力分布规律较为复杂。总体来看，车站结构侧墙从上到下最大土压力呈增大趋势，且随着输入地震动峰值加速度的变大而变大。

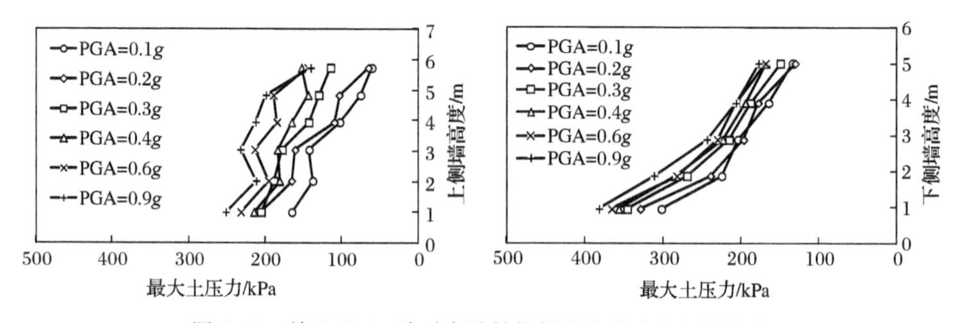

图 7.49 输入 Kobe 波时车站结构侧墙上最大土压力分布

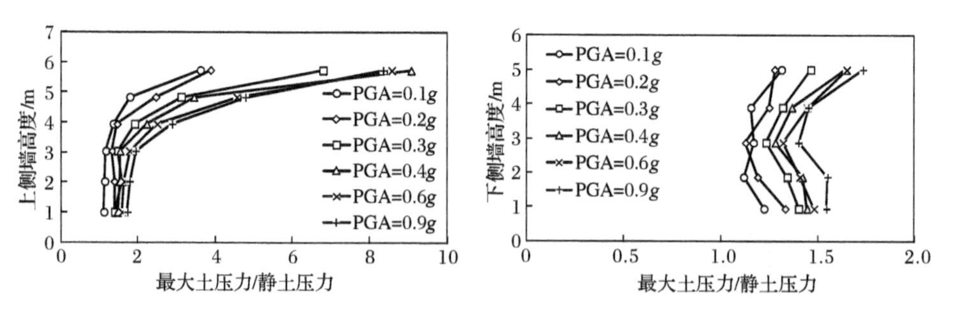

图 7.50 输入 Kobe 波时车站结构侧墙动土压力系数变化情况

图 7.50 给出了车站结构侧墙动土压力系数（最大土压力与静土压力的比值）变化情况。总体来看，同一地震强度下下侧墙从上到下动土压力系数变化不大，随着输入地震动峰值加速度变大，动土压力系数也有增大的趋势且变化区间为 1.1～1.7；然而，对上层侧墙来说，下半部分的动土压力系数沿墙高变化非常小，随着输入地震动峰值加速度变大，动土压力系数也有增大的趋势且变化区间为

1.14～1.95；但是，该墙上半部分动土压力系数沿墙高变化范围非常之大，也就是说，按传统等效地震系数法计算侧墙动土压力时，对车站结构上层侧墙上半部分的动土压力系数应进行专门研究和取值，否则容易低估该位置的动土压力。

7.5　含中柱支撑夹层板框架式地下车站结构地震反应的数值模拟

7.5.1　计算模型

车站结构的尺寸如图 7.51 所示。该车站结构非常特别，车站在中轴线两侧构件并不完全对称，紧靠中轴线右侧两跨的跨距要略大于左侧两跨，并且在下层中柱中部位置支撑着一块夹层板，这种不规则结构形式地铁车站的地震反应必然与规则结构形式地铁车站的地震反应有着明显的差异[18]。

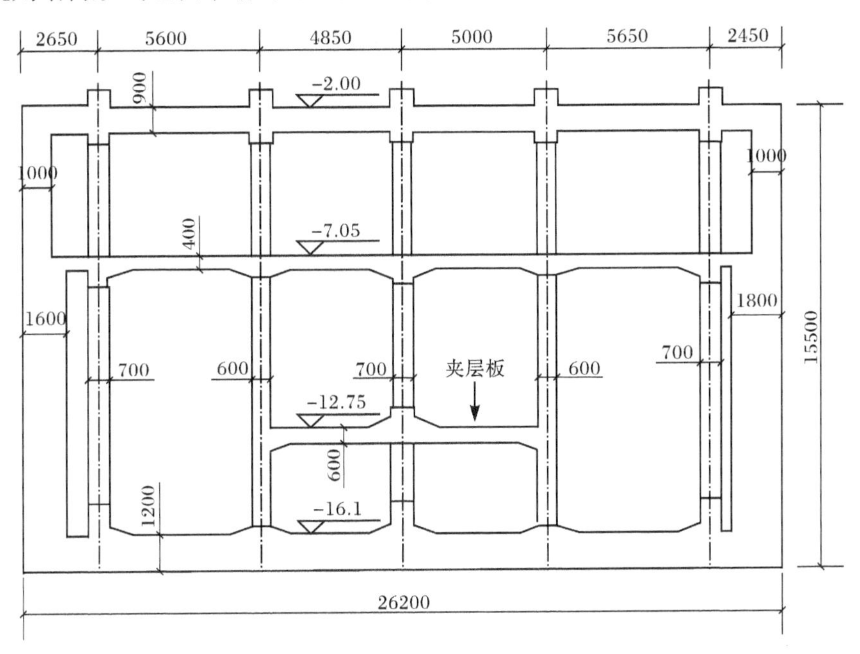

图 7.51　地铁车站结构尺寸(单位：mm)

计算模型所采用的材料本构模型、有限元单元类型、边界处理、土-结构相互作用方式、输入地震动等信息与 7.3.1 节相同，这里不再赘述。根据上海地铁 4 号线工程地质条件，本节计算所模拟的工程场地地质条件如表 7.14 所示，场地的土层总厚度为 61m，宽度为 210m。土-地铁车站结构动力相互作用体系的网格划分如图 7.52 所示。

表 7.14　场地条件与模型参数(上海地铁 4 号线)

层号	土层描述	层厚/m	G_0/MPa	γ/(kN/m³)	φ/(°)	ν
1	淤泥质土	4	23.7	18.2	15	0.45
2	淤泥质粉质黏土	12	27.7	17.7	16	0.38
3	粉质黏土	28	41.6	18.5	18.5	0.35
4	粉砂	17	149	19.2	35	0.30

(a) 场地网格划分

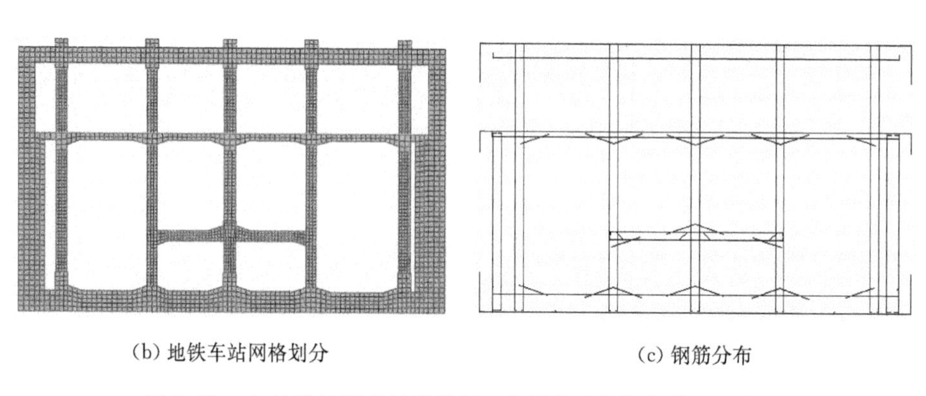

(b) 地铁车站网格划分　　(c) 钢筋分布

图 7.52　土-地铁地下车站结构相互作用体系各部分模型示意图

7.5.2　车站结构的侧向变形

由于地铁地下车站结构在中轴线两侧并不完全对称,这里以层间位移角形式给出各工况下车站结构左摆和右摆时顶底间和各层的层间位移角(顶底间的层间位移角=顶底间最大相对水平位移/车站结构高度),如图 7.53 所示,从图中可以看出如下反应规律:在同一种工况下,地铁地下车站结构顶底间、下层和上层左摆的层间位移角几乎完全相同,这说明结构左摆时的侧向变形大致为直线,而地铁地下车站结构右摆时,结构下层的层间位移角都要大于上层。综合来看,地铁地下车站结构下层的层间位移反应要大于上层，这是因为车站结构下层的层高远大于上层(下层层高∶上层层高≈2∶1)，虽然下层的侧墙厚度和配筋量都大于上层，但整体线刚度还是小于上层；从输入地震波来看，在南京人工波作用下地铁地下车站结构的层间位移反应最大，Kobe波作用下次之，清平波作用下最小。

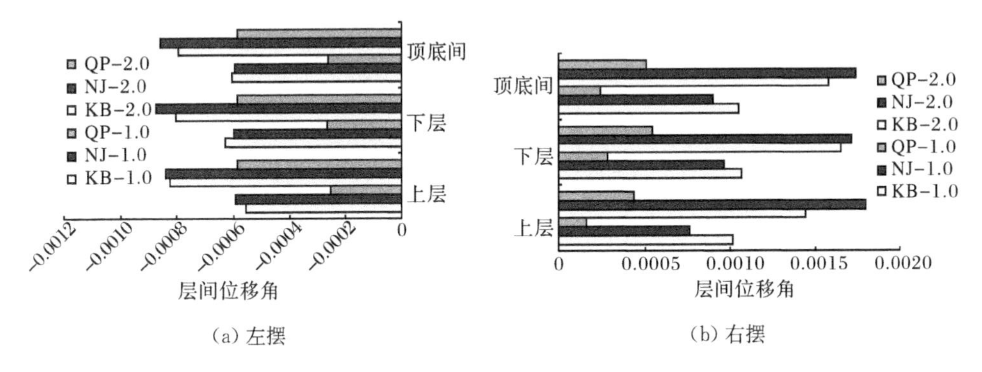

(a) 左摆 (b) 右摆

图7.53 地铁地下车站结构各层层间位移角

7.5.3 车站结构的应力反应

为表述清楚，这里将地铁地下车站结构开间从左至右分别称为左边跨、左中跨、右中跨和右外跨；将柱子从左至右分别称为左边柱、左中柱、中柱、右中柱和右边柱；将结构板从上到下分别称为顶板、中板、夹层板和底板。各部位表述如图7.54所示。

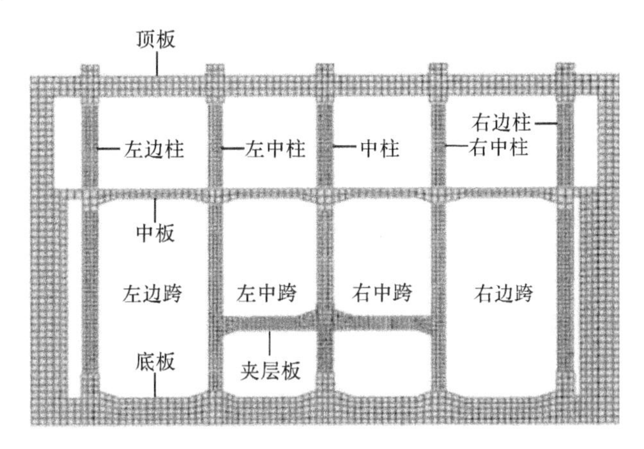

图7.54 地铁地下车站结构各部位表述示意图

根据地铁地下车站结构在各工况下计算结果的动态演示和车站结构动力反

应的对比分析需要,需要输出应力反应的节点位置分布如图 7.55 所示。表 7.15 给出了各工况下地铁地下车站结构柱端关键节点的应力幅值。由表可知:

(1) 在峰值加速度为 1.0m/s² 的地震波作用下,柱端各节点的拉压应力幅值均未达到 C30 混凝土的受拉、受压损伤限值,但有多处节点(节点 2、5、10、14、20)的拉应力幅值已经接近 C30 混凝土的受拉损伤限值 2.4MPa;车站结构中柱位置(节点 3、4、11、12、18、19、22、23、26、29)始终处于受压状态;从结构构件来看,结构右中柱柱端的应力反应要大于左中柱柱端的反应,右边柱柱端的应力反应要大于左边柱柱端的反应,同时左、右中柱柱端的应力反应也要大于中柱柱端的反应,结构各柱的柱底应力反应要大于柱顶的反应。

(2) 在峰值加速度为 2.0m/s² 的地震波作用下,地铁地下车站结构除边柱外,各柱的柱端拉应力幅值大多接近或超过了 2.4MPa,压应力幅值则均在 24MPa 以内;从结构构件来看,其应力反应也呈现出与峰值加速度 1.0m/s² 地震波作用下类似的反应规律,即结构右半部分柱子柱端的应力反应大于左半部分对应位置柱子柱端的反应,左、右中柱柱端的应力反应要大于中柱柱端的反应,结构各柱的柱底应力反应要大于柱顶的反应。

(3) 从输入地震动来看,在南京人工波作用下地铁地下车站结构的应力反应最大,在 Kobe 波作用下的结果次之,在清平波作用下的应力反应最小。

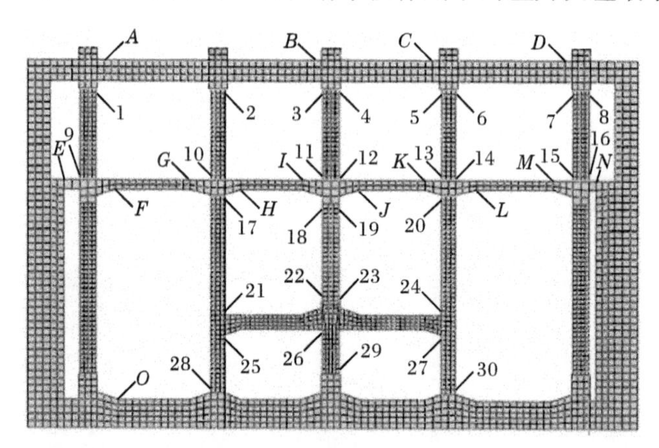

图 7.55 地铁地下车站结构应力输出的节点位置

表 7.16 给出了地铁地下车站结构各层板上关键节点的应力幅值,由表可知:

(1) 在峰值加速度为 1.0m/s² 的地震波作用下,地铁地下车站结构各层板上关键节点的应力幅值均未达到 C30 混凝土的拉压损伤限值,但在 NJ-1.0 工况下车站结构板上以下位置的拉应力幅值很接近 2.4MPa——中板左中跨右端上沿节点 I、中板与右侧墙连接处上沿节点 N 和底板与右侧墙连接处下沿节点 P。

表 7.15　地铁地下车站结构柱端应力幅值　(单位:MPa)

节点编号	NJ-1.0		KB-1.0		QP-1.0		NJ-2.0		KB-2.0		QP-2.0	
	最大	最小	最大	最小	最大	最小	最大	最小	最大	最小	最大	最小
1	2.18	−3.42	2.11	−3.61	1.95	1.16	2.42	−8.46	2.42	−7.07	2.35	−6.21
2	2.33	−6.74	2.14	−7.10	1.93	−3.40	2.42	−12.03	2.42	−11.36	2.42	−10.37
3	−0.37	−5.49	−0.54	−6.87	−1.86	−6.76	2.42	−12.64	2.42	−11.57	2.42	−10.06
4	−1.33	−7.71	−1.28	−6.61	−2.11	−5.79	2.28	−12.46	2.26	−10.82	2.15	−9.93
5	2.39	−7.32	2.28	−7.67	2.03	−3.24	2.42	−12.02	2.42	−10.94	2.42	−10.89
6	−5.47	−11.50	−5.83	−12.01	−6.69	−12.27	−0.86	−14.08	−2.14	−14.21	−4.39	−13.04
7	1.97	−1.69	2.13	−1.61	1.97	−2.75	2.42	−2.43	2.42	−2.25	2.14	−0.51
8	−3.15	−9.99	−3.84	−9.74	−5.15	−7.33	0.15	−11.78	−0.27	−12.89	−1.16	−8.38
9	2.18	−3.44	2.16	1.31	2.29	2.90	2.36	−2.58	2.35	−3.01	2.34	0.26
10	2.31	−6.98	2.03	−7.50	1.91	−3.29	2.42	−12.57	2.42	−11.82	2.42	−10.56
11	−1.35	−7.88	−1.26	−6.68	−2.15	−5.93	2.33	−12.85	2.13	−11.18	2.15	−10.64
12	−0.34	−7.14	−0.49	−7.13	−1.79	−7.00	2.39	−12.41	2.40	−11.75	1.57	−10.39
13	−5.51	−11.96	−5.78	−12.37	−6.98	−13.00	−0.93	−14.55	−2.24	−14.85	−4.39	−13.16
14	2.38	−7.04	2.15	−7.91	1.98	−4.78	2.22	−12.75	2.39	−10.37	2.14	−10.90
15	−3.01	−10.30	−3.96	−9.98	−5.11	−7.57	−0.88	−13.64	−0.73	−13.70	−2.12	−9.62
16	2.26	−2.82	2.18	−2.80	2.18	−5.12	2.35	−2.21	2.44	−2.76	2.41	−1.65
17	2.17	−9.13	2.08	−8.73	1.76	−8.12	2.42	−14.80	2.42	−12.77	2.41	−11.25
18	1.12	−11.26	1.08	−10.21	0.84	−9.43	2.42	−15.03	2.42	−15.22	2.41	−13.39
19	1.15	−12.35	1.12	−9.92	0.79	−11.00	2.42	−16.03	2.42	−16.39	2.36	−16.30
20	2.38	−11.41	2.34	−10.67	2.11	−10.85	2.42	−15.63	2.42	−14.29	2.41	−13.10
21	−2.26	−14.76	−2.11	−15.16	−3.26	−12.24	2.42	−18.00	2.42	−19.77	2.41	−19.79
22	1.18	−11.94	1.15	−10.48	0.89	−11.66	2.42	−16.44	2.42	−16.18	2.17	−17.17
23	1.12	−11.14	1.11	−10.82	0.81	−9.57	2.42	−14.94	2.42	−15.58	2.15	−14.14
24	−2.18	−15.24	−2.29	−16.11	−3.43	−12.40	2.42	−19.44	2.42	−20.80	2.32	−20.45
25	2.15	−15.86	2.17	−16.23	1.89	−15.46	2.35	−21.88	2.30	−21.42	2.03	−20.33
26	−1.06	−16.05	−1.17	−15.12	−1.64	−16.39	2.42	−21.61	2.36	−20.48	2.16	−22.29
27	2.21	−14.86	2.11	−16.47	1.96	−16.03	2.35	−21.88	2.30	−21.42	2.03	−20.33
28	2.18	−16.11	2.25	−15.76	1.73	−16.32	2.42	−22.25	2.42	−20.73	2.01	−21.91
29	−1.13	−16.21	−1.18	−15.42	−1.57	−16.31	2.42	−21.79	2.37	−20.31	2.41	−20.47
30	2.18	−15.04	2.15	−16.27	2.02	−15.79	2.42	−22.13	2.28	−21.87	2.04	−21.37

(2) 在峰值加速度为 2.0m/s^2 的地震波作用下，地铁地下车站结构各层板上关键节点的压应力幅值均不超过 24MPa，KB-2.0 和 QP-2.0 工况下仅少数节点(位置都在板与侧墙连接处)的拉应力幅值超过 2.4MPa，而在 NJ-2.0 工况下，结构顶板、中板和顶板上多处节点的拉应力幅值超过了 2.4MPa，各层板与侧墙或柱子的连接处都发生了破坏。

(3) 从输入地震动来看，在南京人工波作用下地铁地下车站结构的应力反应最大，在 Kobe 波作用下的结果次之，在清平波作用下的应力反应最小。

表 7.16　地铁地下车站结构各层板应力幅值　　(单位:MPa)

节点编号	NJ-1.0		KB-1.0		QP-1.0		NJ-2.0		KB-2.0		QP-2.0	
	最大	最小	最大	最小	最大	最小	最大	最小	最大	最小	最大	最小
A	1.19	−2.51	1.17	−2.69	0.52	−2.29	2.47	−2.52	1.17	−3.27	2.43	−2.77
B	2.20	−0.50	1.65	−0.50	1.28	−0.50	2.31	−0.50	1.79	−0.50	1.37	−0.50
C	2.13	−0.62	1.07	−0.62	0.70	−0.62	2.34	−0.62	1.67	−0.62	0.72	−0.62
D	1.87	−2.94	0.81	−3.48	0.74	−2.80	2.51	−4.10	1.55	−3.70	1.01	−3.69
E	1.02	−5.33	1.14	−5.01	0.42	−4.55	2.42	−4.62	2.43	−5.37	−0.04	−4.66
F	2.11	0.37	1.05	0.11	0.88	0.37	2.32	−0.39	2.00	0.36	2.23	−2.46
G	2.16	0.51	1.15	0.51	0.95	0.51	2.44	0.51	1.79	0.51	2.32	−0.81
H	1.63	−2.13	1.10	−2.41	0.68	−2.10	2.45	−2.85	2.13	−2.30	0.51	−4.09
I	2.32	−0.52	1.67	−0.97	1.18	−0.55	2.48	−2.38	2.29	−1.33	2.20	−3.27
J	1.36	−4.73	0.92	−4.95	0.48	−4.29	2.48	−6.14	2.24	−4.74	1.88	−7.15
K	1.71	−2.14	1.02	−2.67	0.59	−2.26	2.47	−2.95	2.14	−2.61	1.75	−4.51
L	0.77	−4.39	0.31	−4.39	0.22	−4.39	2.43	−4.39	0.82	−4.37	1.97	−4.95
M	0.74	−4.08	0.22	−4.08	0.19	−4.08	2.31	−4.15	1.13	−4.15	1.10	−5.44
N	2.37	−4.42	1.20	−4.26	0.19	−4.24	2.44	−4.22	2.39	−4.45	0.43	−5.53
O	1.46	−4.87	2.15	−5.20	1.53	−4.35	2.43	−4.57	1.73	−6.25	2.41	−4.84
P	2.38	−0.82	2.00	−0.59	1.99	−0.07	2.44	−1.31	1.94	−2.00	2.44	−1.06

7.5.4　车站结构的加速度反应

由表 7.17 可知，①在南京人工波和 Kobe 波作用下，地铁地下车站结构的峰值加速度反应比基岩输入值有所增大；在清平波作用下，车站结构的峰值加速度反应有所减小；②Kobe 波作用下车站结构的峰值加速度反应要大于南京人工波的结果，且基岩输入峰值加速度为 1.0m/s^2 时上述两个工况的增大程度要大于基岩输入峰值加速度为 2.0m/s^2 时的情况；③从结构位置来看，在 Kobe 波和清平波作用下，顶板的峰值加速度反应>中板的反应>底板的反应，而在南京人工波作用下，顶板的峰值加速度反应>底板的反应>中板的反应。

表 7.17　地铁地下车站结构峰值加速度　（单位：m/s^2）

位置	工况					
	NJ-1.0	KB-1.0	QP-1.0	NJ-2.0	KB-2.0	QP-2.0
基岩输入	1.00	1.00	1.00	2.00	2.00	2.00
顶板	1.44	1.49	0.72	2.39	2.76	1.26
中板	1.14	1.25	0.54	2.10	2.09	1.07
底板	1.38	1.10	0.68	2.48	1.66	1.14

7.5.5　车站结构的损伤过程

由于计算结果中地铁地下车站结构的受压损伤和在峰值加速度为 $1.0m/s^2$ 地震波作用下的受拉损伤较小，这里仅给出在峰值加速度为 $2.0m/s^2$ 地震波作用下各工况的受拉损伤进程。以 NJ-2.0 工况为例说明地铁地下车站结构各构件出现受拉损伤的顺序：上层右中柱顶端左侧—上层左中柱顶端右侧—上层右边柱顶端左侧及底端右侧、上层左边柱顶端右侧及底端左侧—下层中柱与中板和夹层板连接处—下层左边柱底端左侧和下层右边柱底端右侧—上层右中柱底端右侧、上层左中柱底端左侧—下层左、右中柱与夹层板连接处—上层中柱顶端左侧及底端右侧—下层右中柱顶端左侧及底端右侧、下层左中柱顶端右侧及底端左侧—底板与右侧墙连接处下沿—底板与左侧墙连接处上沿—中板与右侧墙连接处上沿—顶板与左边柱连接处上沿—顶板与右边柱和右侧墙连接处—中板右中跨左端和左中跨右端—中板右中跨右端和左中跨左端—中板右边跨和左边跨两端。至计算终止时刻，上层各柱的柱端、顶板和底板与侧墙连接处、中板各跨两端以及下层左中柱、中柱、右中柱与中板和夹层板连接处为结构受拉损伤最严重的部位，多个单元的受拉损伤因子在 0.9 以上。

从给出的受拉损伤结果可以看到：①在 NJ-2.0 工况下，地铁地下车站结构的受拉损伤程度最重，多数板柱、板墙连接位置都出现了受拉损伤；②总体来看，对上层各柱而言，柱顶的受拉损伤程度要略大于柱底，出现损伤的时间也要早于柱底；中板两端与侧墙连接位置、顶板和底板与左右边柱连接位置较易出现损伤；③下层左中柱、中柱、右中柱由于中部支撑了夹层板，在地震动作用下，各柱除了要承担自己的惯性力外还要分担夹层板的惯性力，因而各柱的柱顶和与夹层板连接位置都出现了较重的受拉损伤，尤其是中柱，由于要分担更多的惯性力，虽然截面尺寸比左、右中柱更大，但与左、右中柱相比，中柱更易损伤且损伤程度更重；④从夹层板与左、右中柱连接位置的损伤程度来看，可以看出在连接位置上沿无加腋处理段左、右中柱的损伤程度要明显大于连接位置下沿有加腋处理段的情况；⑤地铁地下车站结构的横向构件相对而言较难损坏，仅在NJ-2.0工况下出现了较大的受拉损伤，同时在各工况下夹层板均未出现受拉损伤；⑥从损伤程度来看，地铁地下车站结构左半部分和右半部分大致相当，但对应位置的左半部分构件出现受拉损伤的时间要略早于左半部分（如右中柱顶端出现受拉损伤时间早于左中柱顶端）。

7.6　特殊结构形式地铁地下车站结构抗震设计建议

7.6.1　三拱立柱式地下车站结构抗震设计建议

通过三拱立柱式地铁地下车站结构的大型振动台模型试验和三维非线性数值分析，其地震反应特征的总结和抗震设计建议如下：

(1) 近场强地震动作用会对三拱立柱式地下车站结构造成严重破坏，车站立柱底部发生塑性变形，容易导致车站主拱结构坍塌；车站结构变形特性呈现出中柱峰值应变最大、附拱峰值应变次之、中庭峰值应变最小的规律，两侧副拱结构比中间主拱部分安全；与框架式地铁地下车站结构相比，由于拱形外壁抵抗弯矩能力更强，三拱立柱式车站结构副拱拱壁的损伤没有框架式车站结构外墙损伤严重，拱形地下结构表现出更好的抗震性能。因此，在三拱立柱式车站结构的抗震设计中，应加强立柱底部连接部位的抗震性能。

(2) 近、远场强地震动作用下两侧副拱在与竖向轴约成30°处的上、下拱壁部位的地震损伤最严重，这与单个圆形隧道在与竖向轴约成45°处的损伤最严重的位置有所不同，主拱的存在使两侧副拱拱壁的损伤部位向副拱水平轴线上、下两侧偏移。

(3) 峰值加速度沿车站纵轴线方向呈波浪状，纵轴线中点附近的峰值加速度最大。近场强地震动作用下，峰值加速度沿纵轴线方向波浪状曲线的变化频率较高；大地震远场地震动作用下，峰值加速度沿纵轴线方向波浪状曲线的变化频率较低，这和基岩输入地震动的频谱特性是一致的，且体现了地铁地下车站结构地震反应的空间效应。

(4) 立柱的相对位移角最大、副拱的次之、主拱的最小。大地震远场地震动作用时地下车站结构主要发生剪切变形，由于基岩地震动峰值加速度较小，地下车站结构没有发生明显的损伤；近场强地震动作用时地下车站结构因立柱发生剪切破坏而导致承载力丧失，继而容易发生压碎性的损坏。

7.6.2　上下不等跨数地下车站结构地震反应规律与抗震设计建议

以苏州地铁1号线的星海站为工程背景，基于深软场地条件，对上下层不等跨地下车站结构的地震反应进行了非线性数值分析，其地震反应特征的总结和抗震设计建议如下。

总体上，该类车站结构上层边柱和下层柱子底端的峰值应力大于顶端的峰值应力，上层边柱底端的峰值应力大于中间柱底端的峰值应力，下层柱底的峰值应力大于上层各柱底的峰值应力；顶板中跨左端上沿、下层右中柱及下层侧墙底部外侧为地震损伤最严重的区域。因此，应针对该类车站结构的抗震不利部位，采取适当的工程抗震措施，以提高其抗震性能。

结合不同峰值加速度条件下车站结构的层间位移反应情况，可知该结构的弹性层间位移角限值约为 1/430，弹塑性层间位移角限值约为 1/185。与《建筑抗震设计规范》(GB 50011—2016)中对各类结构层间位移角限值的建议值相比，该车站结构弹性层间位移角限值比一般混凝土结构的规范建议值要大，如从弹性层间位移角限值来衡量该车站结构抗震性能，则其在小震作用下的抗震性能优于地面上的一般混凝土结构。与规范中各类混凝土结构弹塑性层间位移角限值的建议值相比，该车站结构弹塑性层间位移角限值比一般混凝土结构的规范建议值要小，即该车站结构抵抗大地震破坏的能力明显又不如地面上的一般混凝土结构。

考虑到地下车站结构中柱破坏会导致顶板坍塌，从安全角度考虑，根据地震作用时地下车站结构中柱的工作状态确定整个车站结构的弹塑性极限状态是合理的。

7.6.3　含中柱支撑夹层板地下车站结构抗震设计建议

以上海地铁 4 号线南浦南站为工程背景，基于深软场地条件，对中柱中部位置有支撑夹层板的地下车站结构的地震反应进行了非线性数值分析，其地震反应特征的总结和抗震设计建议如下。

地下车站结构顶底间、下层和上层左摆的层间位移角几乎相同，车站结构左摆时侧向变形大致为直线，但车站结构右摆时下层的层间位移角大于上层的层间位移角。由于该地下车站结构下层的层高约为上层层高的两倍，从而导致车站结构下层的层间位移反应大于上层的层间位移反应。车站结构层间位移反应的大小与输入地震动特性密切相关。

由于地下车站结构右侧两跨的跨距略大于左侧两跨的跨距，结构右侧两柱柱端的峰值应力略大于左侧两柱柱端的峰值应力；左、右中柱柱端的峰值应力大于中柱柱端的峰值应力，结构各柱柱底的峰值应力大于柱顶的峰值应力；同时，车站各楼层板两端与边柱或侧墙连接位置的峰值应力也较大。多数板柱、板墙连接位置出现受拉损伤，各层楼板与边柱、侧墙的连接位置为抗震不利位置，各层楼板受拉损伤相对较轻；车站结构竖向构件受拉损伤较重，由于车站结构下层中柱因中部支撑了夹层板而需分担其传来的惯性力作用，中柱更易损伤；下层中柱与中板、夹层板的连接位置为抗震最不利位置。同样,车站结构各构件的峰值应力大小及损伤程度与输入地震动特性密切相关。因此,应加强该类车站结构中柱与夹板位置连接处的配筋,或增加柱子的横截面尺寸,以提高该类车站结构主体的抗震性能。

夹层板会对车站结构中柱两端、中柱与夹层板连接位置的抗震性能产生极为不利的影响,在地下车站结构设计中应尽量避免;若因使用功能的需要,应考虑增加中柱的截面尺寸和配筋,并在连接位置的上下两侧进行加腋处理,增强上述位置的抗震性能。

参考文献

[1] 匡志平,刘竹钊,曹国安. 地下结构纵向随机地震响应和极值分析[J]. 同济大学学报:自然科学版,2002,30(8):922－926.

[2] Chen G X, Zhuang H Y, Shi G L. Analysis on the earthquake response of subway station based on the substructure subtraction method[J]. Journal of Disaster Prevention and Mitigation Engineering,2004,24(4):396－401.

[3] Choi J S, Lee J S, Kim J M. Nonlinear earthquake response analysis of 2-D underground structures with soil-structure interaction including separation and sliding at interface[C]// The 15th ASCE Engineering Mechanics Conference. New York,2002:1－8.

[4] Huo H, Bobet A. Seismic design of cut and cover rectangular tunnels—evaluation of observed behavior of Dakai station during Kobe earthquake, 1995[C]// Proceedings of the 1st World Forum of Chinese Scholars in Geotechnical Engineering. Shanghai,2003:466.

[5] 庄海洋,吴滨,陈国兴. 土-大型地铁地下车站结构动力接触效应研究[J]. 防灾减灾工程学报,2014,34(6):678－686.

[6] 庄海洋,龙慧,陈国兴. 复杂大型地铁地下车站结构非线性地震反应分析[J]. 地震工程与工程振动,2013,33(2):192－199.

[7] Zhuang H Y, Hu Z H, Chen G X. Numerical modeling on the seismic responses of a large underground structure in soft ground[J]. Journal of Vibroengineering, 2015, 17(2): 802－815.

[8] 龙慧,陈国兴,庄海洋,等. 深软场地地铁地下车站结构近、远场地震反应数值分析[J]. 南京工业大学学报:自然科学版,2014,36(3):45－51.

[9] 陈磊,陈国兴,陈苏,等. 三拱立柱式地铁地下车站结构三维精细化非线性地震反应分析[J]. 铁道学报,2012,34(11):100－107.

[10] Chen G X, Chen S, Qi C Z, et al. Shaking table tests on a three-arch type subway station structure in a liquefiable soil[J]. Bulletin of Earthquake Engineering, 2015, 13(6): 1675－1701.

[11] Holzer T L, Youd T L. Liquefaction, ground oscillation, and soil deformation at the Wildlife

Array, California[J]. Bulletin of the Seismological Society of America, 2007, 97(3): 961—976.

[12] Kattis S E, Beskos D E, Cheng A H D. 2D dynamic response of unlined and lined tunnels in poroelastic soil to harmonic body waves[J]. Earthquake Engineering & Structural Dynamics, 2003, 32(1): 97—110.

[13] Sedarat H, Kozak A, Hashash Y M A, et al. Contact interface in seismic analysis of circular tunnels[J]. Tunnelling and Underground Space Technology, 2009, 24(4): 482—490.

[14] 卢纹岱. SPSS 统计分析[M]. 北京: 电子工业出版社. 2010.

[15] Bradley B A. Strong ground motion characteristics observed in the 4 September 2010 Darfield, New Zealand earthquake [J]. Soils and Foundations, 2012, 42: 32—46.

[16] Yasuda S, Harada K, Ishikawa K, et al. Characteristics of liquefaction in Tokyo Bay area by the 2011 Great East Japan Earthquake [J]. Soils and Foundations, 2012, 52(5): 793 —810.

[17] Zhuang H Y, Hu Z H, Chen G X. Numerical modeling on the seismic responses of a large underground structure in soft ground. Journal of Vibroengineering, 2015, 17(2): 802—815.

[18] 龙慧. 饱和松软场地中地铁地下车站结构地震反应特性[D]. 南京: 南京工业大学, 2013.

第 8 章　地铁区间隧道地震反应的数值模拟

8.1 引　　言

近年来，地铁交通发展迅速，出现了多孔重叠隧道，如日本京都的四孔近距离地铁隧道（见图 8.1）、新加坡的四孔快速地铁隧道、俄罗斯以及我国台湾的双孔隧道[1]。深圳地铁一期工程罗湖至大剧院也采用了重叠隧道的布置形式。随着城市地下空间的日益紧张，采用多孔重叠隧道是一种较优的选择，也是今后地铁隧道建设的发展方向之一。

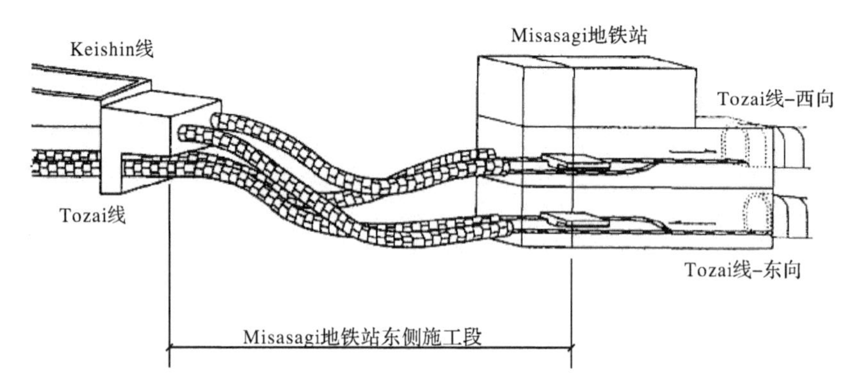

图 8.1　日本京都的四孔近距离地铁隧道纵向示意图

同时，随着城市地铁网络的不断完善，在城市地铁轨道交通线网中出现十字形、X 形的上下交叉及上下平行线是不可避免的，例如，南京地铁 1 号线一期工程小行站至安德门站地铁区间布置了 3 条隧道[2]；重庆市渝中区地下交通可行性研究规划有 3 条隧道交汇，形成互通式大型地下立交[3]，有些地方上下两条地铁线之间的土层厚度不足 2m。由于后建地铁线的建成改变了原地铁线的地层条件，且两条地铁线隧道之间又存在相互作用，从而使后建隧道对先建隧道的地震反应特性产生显著的影响[4]。近年来国内外对城市交叉隧道动态施工的复杂力学行为开展了一些研究[3,5]，但对城市地铁交叉隧道的地震反应特性还鲜有研究[6]。因此，研究城市地铁十字形、X 形交叉和上下平行区间隧道的地震反应特性是很有现实意义的，其成果有助于揭示后建地铁隧道对已建地铁隧道抗震性能的影响机理及其相互作用效应。

综上所述，本章首先对深厚软弱地基中常见的双线平行地铁隧道的抗震性能进行研究[7~11]，分析不同埋置深度和不同强度地震动作用下地铁隧道的变形特征及其内力反应，同时对地铁区间隧道对周围场地设计地震动的影响规律也进行分析；其次，以江苏省地震环境和地铁建设为背景，研究双层竖向重叠隧道的变形特征、水平位移反应规律、应力反应规律和加速度反应规律，并与单层隧道在地震动作用下的反应进行比较[12]；最后，对软土地基上地铁双层交叉隧道的三维非线性地震反应特性进行显式有限元分析，研究近场地震动作用下软土地基上地铁交叉隧道地震灾变机理及其地震反应规律[13,14]。

8.2　双线水平平行地铁区间隧道的抗震分析

8.2.1　计算模型

基于南京地铁 1 号线和 2 号线地铁区间隧道穿越的场地情况，采用具有代表性的南京深厚软弱地基作为地铁区间隧道所处场地，分别对三种不同上覆土层厚度条件下的地铁区间隧道进行非线性地震反应分析。根据南京地铁 1 号线建设中采用浅站深隧的设计方法，即地铁车站上覆土层厚度较浅，两车站间的区间隧道埋得较深，两地铁车站之间的区间隧道上覆土层厚度一般为 9～14m，在地铁线路由地下转为地上时，区间隧道的上覆土层厚度较小。因此，本次计算中区间隧道的上覆土层厚度分别取为 3m（简称 Q 工况）、9m（简称 SH 工况）和 14m（简称 ZSH 工况）三种不同的计算工况。

在土-地铁区间隧道动力相互作用体系的有限元建模时，采用两节点平面梁单元和四节点平面应变单元分别模拟隧道结构，由于区间隧道属于圆形结构，隧道周围的土体采用三节点平面应变二次单元模拟，剩余部分土体采用精度较高的四节点平面应变单元模拟。在建模时基岩面采用固定约束，场地两侧的竖向边界采用水平向自由加阻尼器的黏滞边界和竖向约束的边界条件。根据楼梦麟等[15,16]的研究，当取整个场地有限元模型的宽度大于结构宽度的 5 倍时，地基两侧的边界对结构动力反应的影响基本消失，因此取地基模型计算宽度为 200m。三种不同上覆土层厚度条件下土-地铁区间隧道相互作用体系整体有限元网格划分如图 8.2所示，采用不同单元类型时地铁区间隧道的网格划分如图 8.3 所示。土与区间隧道的动力接触问题采用本书第 3 章中介绍的设置接触面对来模拟接触面间的力学传递特性。

土体的动力特性采用本书第 3 章介绍的土体记忆型嵌套面黏塑性动力本构模型模拟，计算所需的该模型参数见表 5.5 和表 5.6。混凝土的动力特性采用本书第 3 章介绍的混凝土黏塑性动力损伤本构模型模拟，区间隧道结构所用 C50 混凝土的弹性模量为 3.45×10^{4}MPa，泊松比为 0.18，轴心抗压强度为 35.5MPa，轴心抗拉强度为 2.64MPa，区间隧道混凝土的动力本构模型参数如表 8.1 所示。

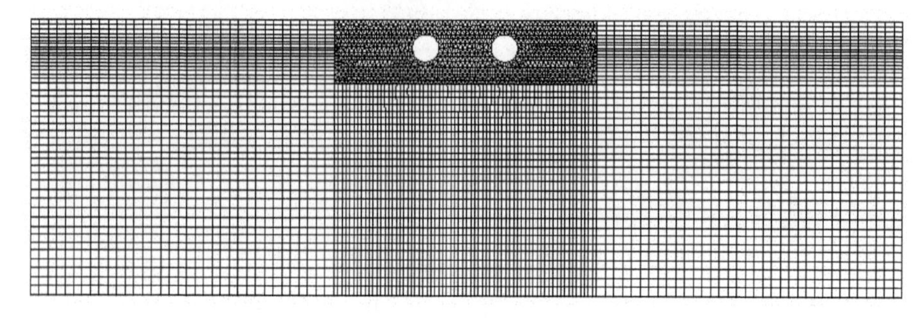

(a) 上覆土层厚度为 3m

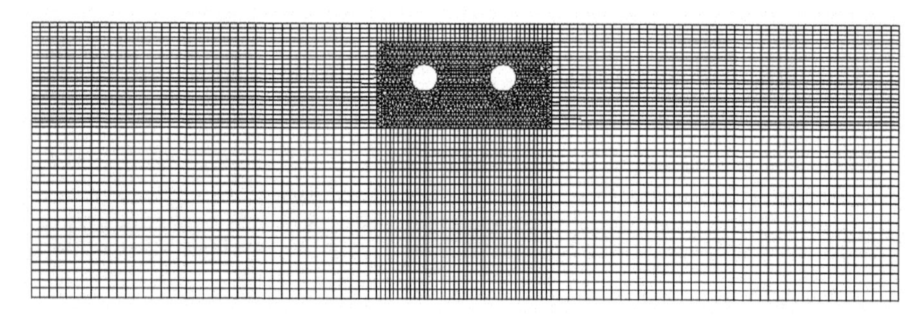

(b) 上覆土层厚度为 9m

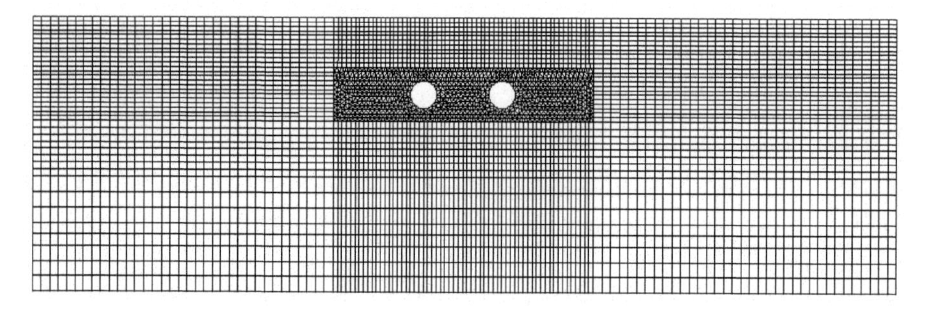

(c) 上覆土层厚度为 14m

图 8.2　土-区间隧道相互作用有限元网格体系

根据南京河西地区某软弱场地的条件及其陈国兴等对河西地区场地设计地震动参数的研究成果，分别选取了加速度动力反应谱在中长周期内较为丰富的美国水平向强震记录 Loma Prieta 波和水平向南京人工地震波作为基岩输入地震动。

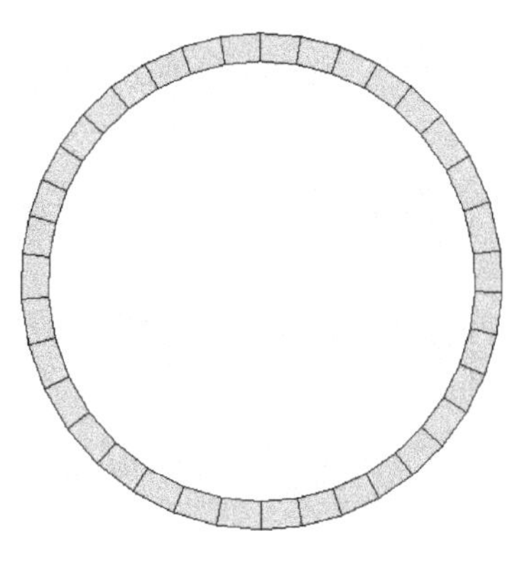

(a) 全积分四节点平面实体单元

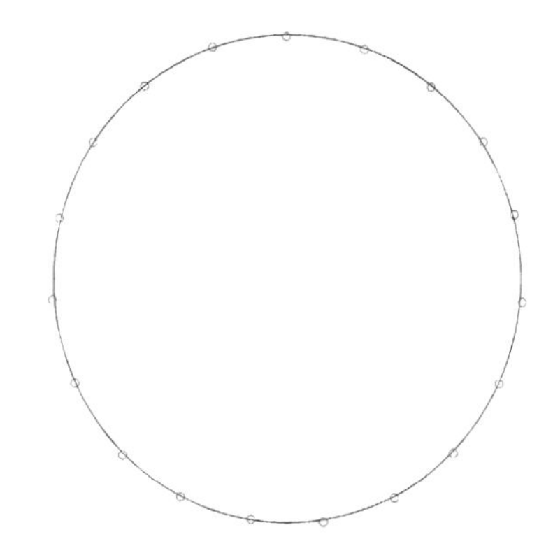

(b) 两节点平面梁单元

图 8.3　采用不同单元时区间隧道网格划分

表 8.1　C50 混凝土的动力本构模型参数

模型参数	参数值	模型参数	参数值
弹性模量 E/MPa	3.45×10^4	初始屈服拉应力 σ_{t0}/MPa	2.64
泊松比 ν	0.18	w_t	0
密度 ρ/(kg/m³)	2500	w_c	1
扩张角 ψ/(°)	36.31	d_c	0
初始屈服压应力 σ_{c0}/MPa	14.5	ξ	0.1
极限压应力 σ_{cu}/MPa	35.5		

在计算时,分别把各波的峰值加速度按第 5 章表 5.8中基岩地震动的峰值加速度进行调整,从基岩面输入地震动。

为了对比分析软弱地基上地震作用引起的隧道结构动内力与静力荷载引起的静内力之间的关系,在对南京某软弱地基上地铁区间隧道结构进行非线性地震反应分析之前,首先基于 ABAQUS 软件对该地基上的土-地铁区间隧道静力相互作用进行有限元分析,在静力分析中不考虑混凝土和土的非线性特性。南京某深厚软弱地基各土层的静力计算参数见表 5.5 和表 5.6,计算中场地上覆地表压力取为 20kPa。

图 8.4～图 8.6 给出了静力荷载作用时三种不同埋深条件下地铁区间隧道结构的内力分布图,图中结构构件轴向力的单位为 kN/m(结构纵向厚度为 1m 时的内力单位,下同),剪力的单位为 kN/m,弯矩的单位为 kN · m/m。该计算结果与刘钊等[17]采用均质圆环法时对应深度隧道的内力计算结果相近。在静力荷载作

用下，区间隧道衬砌轴向力反应的最大值基本位于结构的下部，剪力反应的最大值分别位于与竖向对称轴成 45°圆心角的位置，弯矩反应的最大值通常位于隧道结构与水平和竖直两个方向轴线的交叉点位置，隧道结构的静力反应特点是隧道管片结构设计和拼装方式的重要依据。

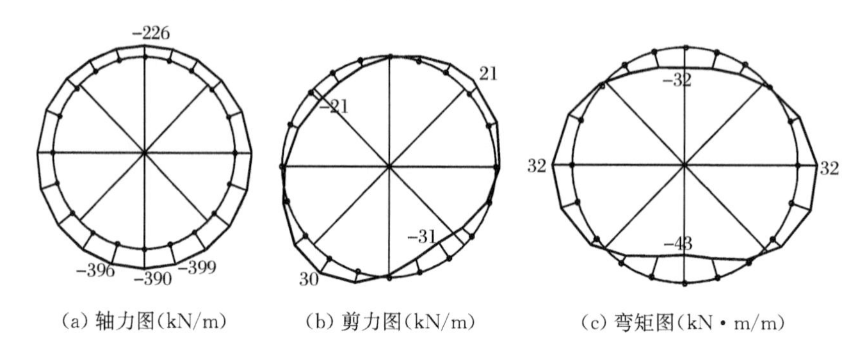

(a) 轴力图(kN/m)　(b) 剪力图(kN/m)　(c) 弯矩图(kN·m/m)

图 8.4 埋深 3m 时区间隧道结构静内力分布图

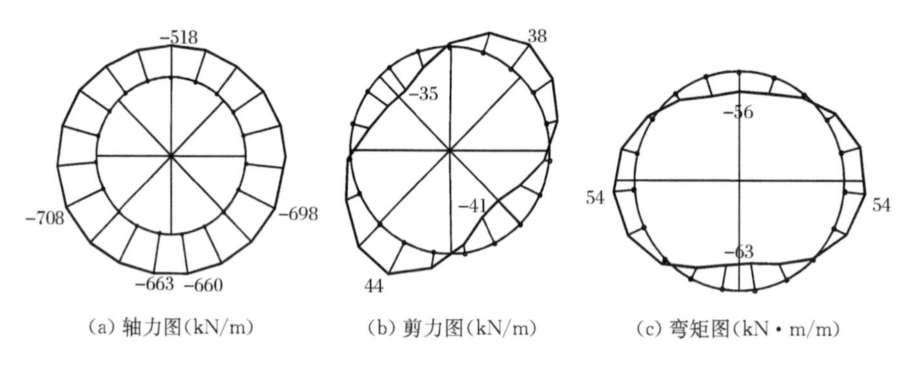

(a) 轴力图(kN/m)　(b) 剪力图(kN/m)　(c) 弯矩图(kN·m/m)

图 8.5 埋深 9m 时区间隧道结构静内力分布图

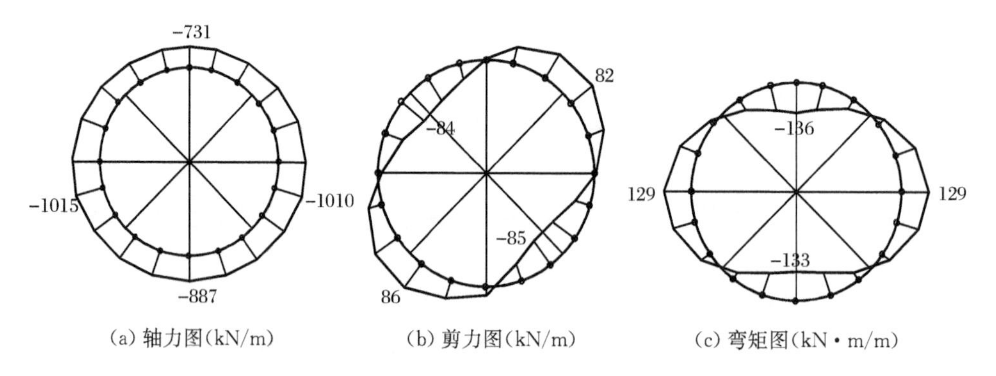

(a) 轴力图(kN/m)　(b) 剪力图(kN/m)　(c) 弯矩图(kN·m/m)

图 8.6 埋深 14m 时区间隧道结构静内力分布图

8.2.2　区间隧道水平向位移和加速度反应

根据大型地下结构地震反应的特点，周围土体的变形是直接影响地下结构地震反应程度的主要因素，因此，首先探讨三种不同埋深条件下在基岩分别输入南京人工波和 Loma Prieta 波时地铁区间隧道高度对应的自由场侧向土层水平位移反应。当区间隧道洞顶和洞底对应的土层深度处的相对位移绝对值最大时，分别给出了对应于隧道高度的自由场侧向土层水平相对位移反应值随隧道高度的变化曲线，分别如图 8.7～图 8.9 所示。洞顶和洞底间及其对应自由场深度处的相对位移反应时程曲线分别如图 8.10～图 8.12 所示。

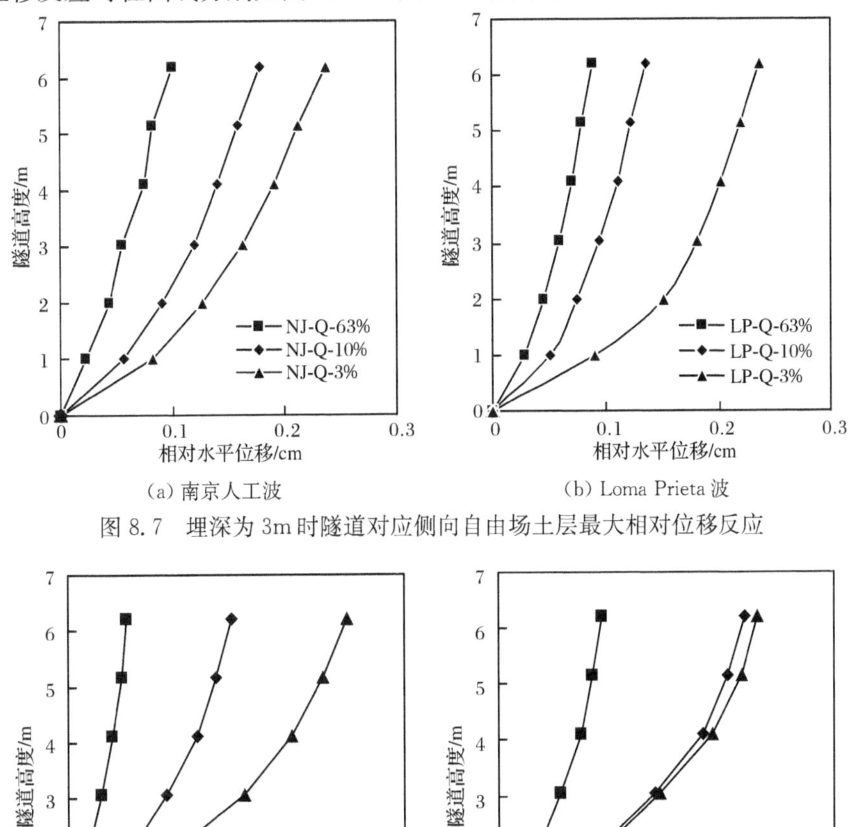

(a) 南京人工波　　　　(b) Loma Prieta 波

图 8.7　埋深为 3m 时隧道对应侧向自由场土层最大相对位移反应

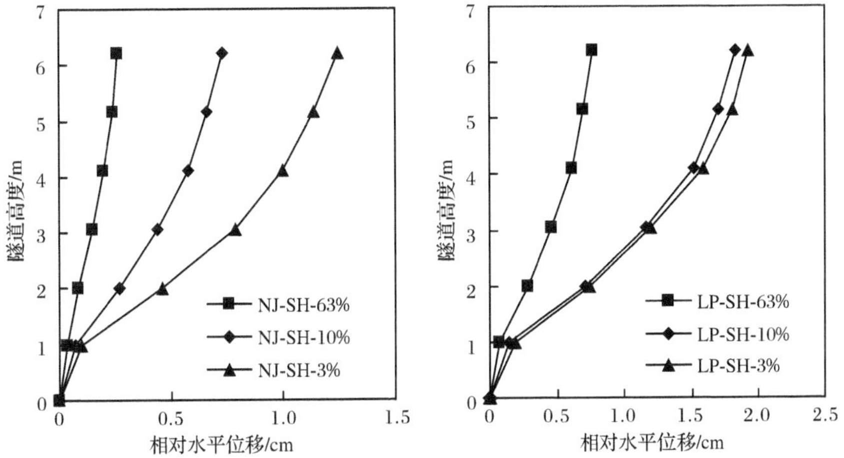

(a) 南京人工波　　　　(b) Loma Prieta 波

图 8.8　埋深为 9m 时隧道对应侧向土层最大相对水平位移反应

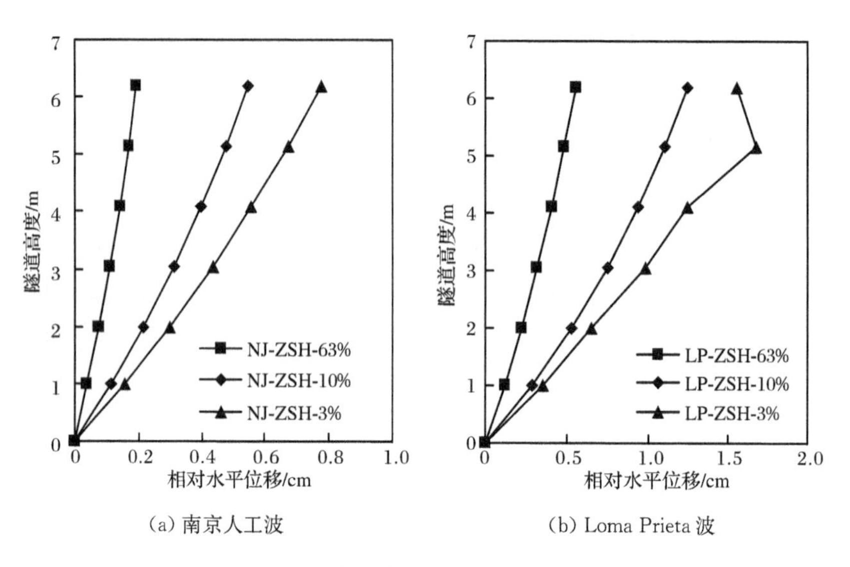

(a) 南京人工波 (b) Loma Prieta 波

图 8.9 埋深为 14m 时隧道对应侧向土层最大相对水平位移反应

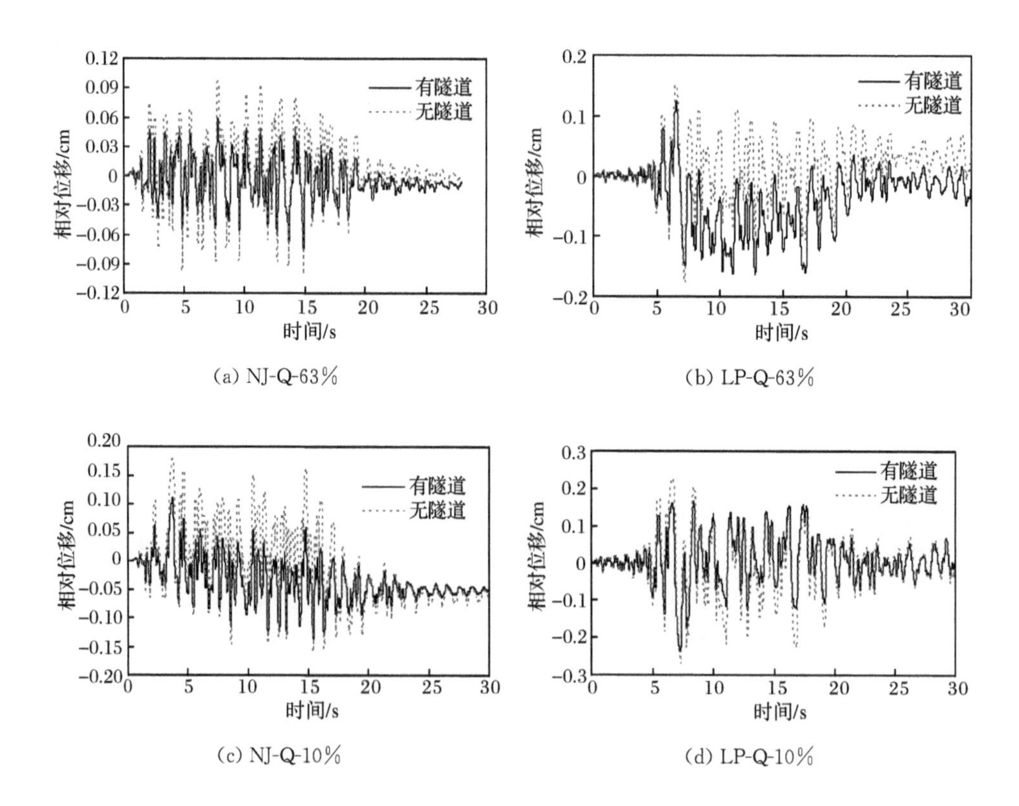

(a) NJ-Q-63% (b) LP-Q-63%

(c) NJ-Q-10% (d) LP-Q-10%

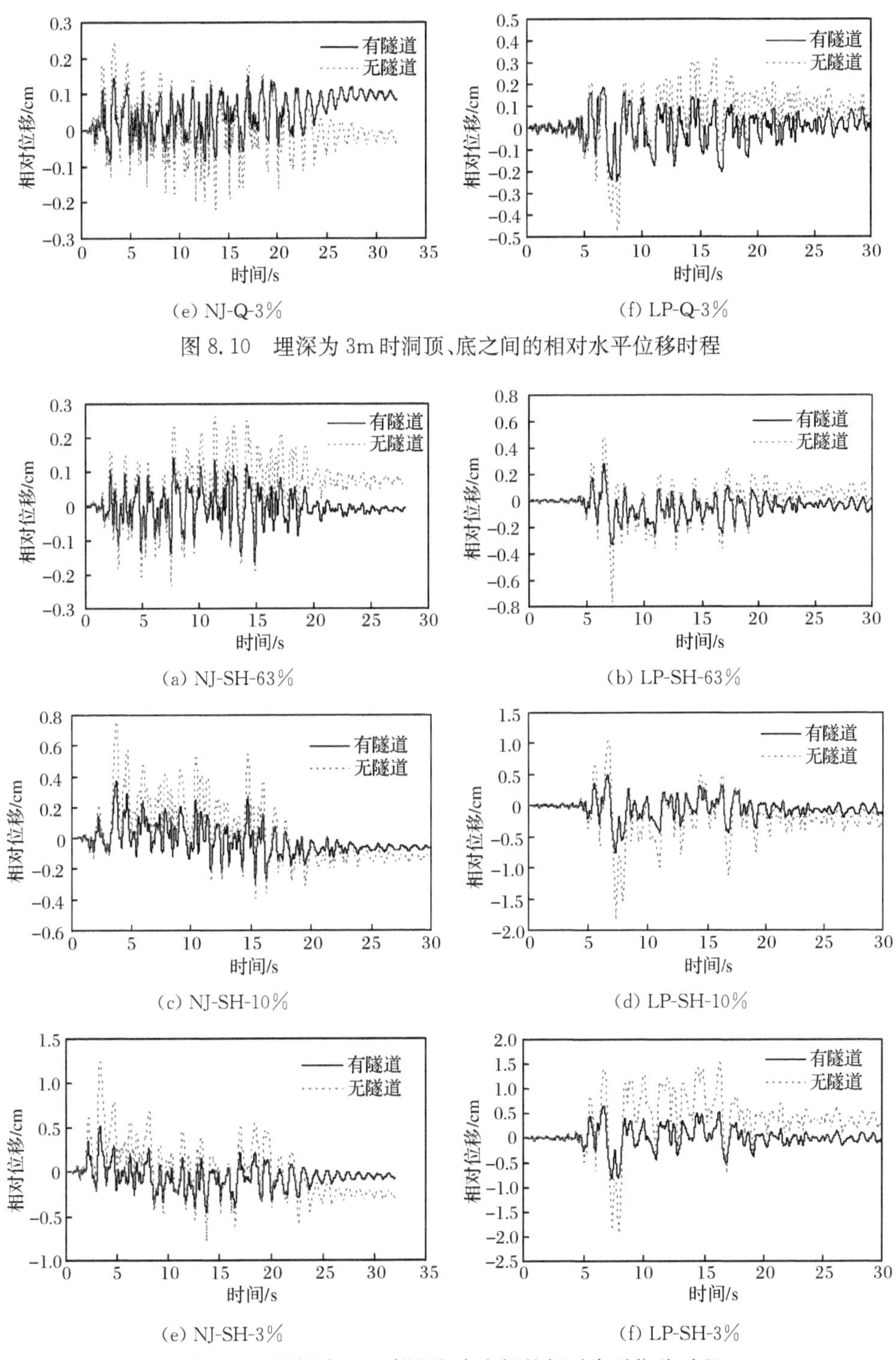

(e) NJ-Q-3%　　(f) LP-Q-3%

图 8.10　埋深为 3m 时洞顶、底之间的相对水平位移时程

(a) NJ-SH-63%　　(b) LP-SH-63%

(c) NJ-SH-10%　　(d) LP-SH-10%

(e) NJ-SH-3%　　(f) LP-SH-3%

图 8.11　埋深为 9m 时洞顶、底之间的相对水平位移时程

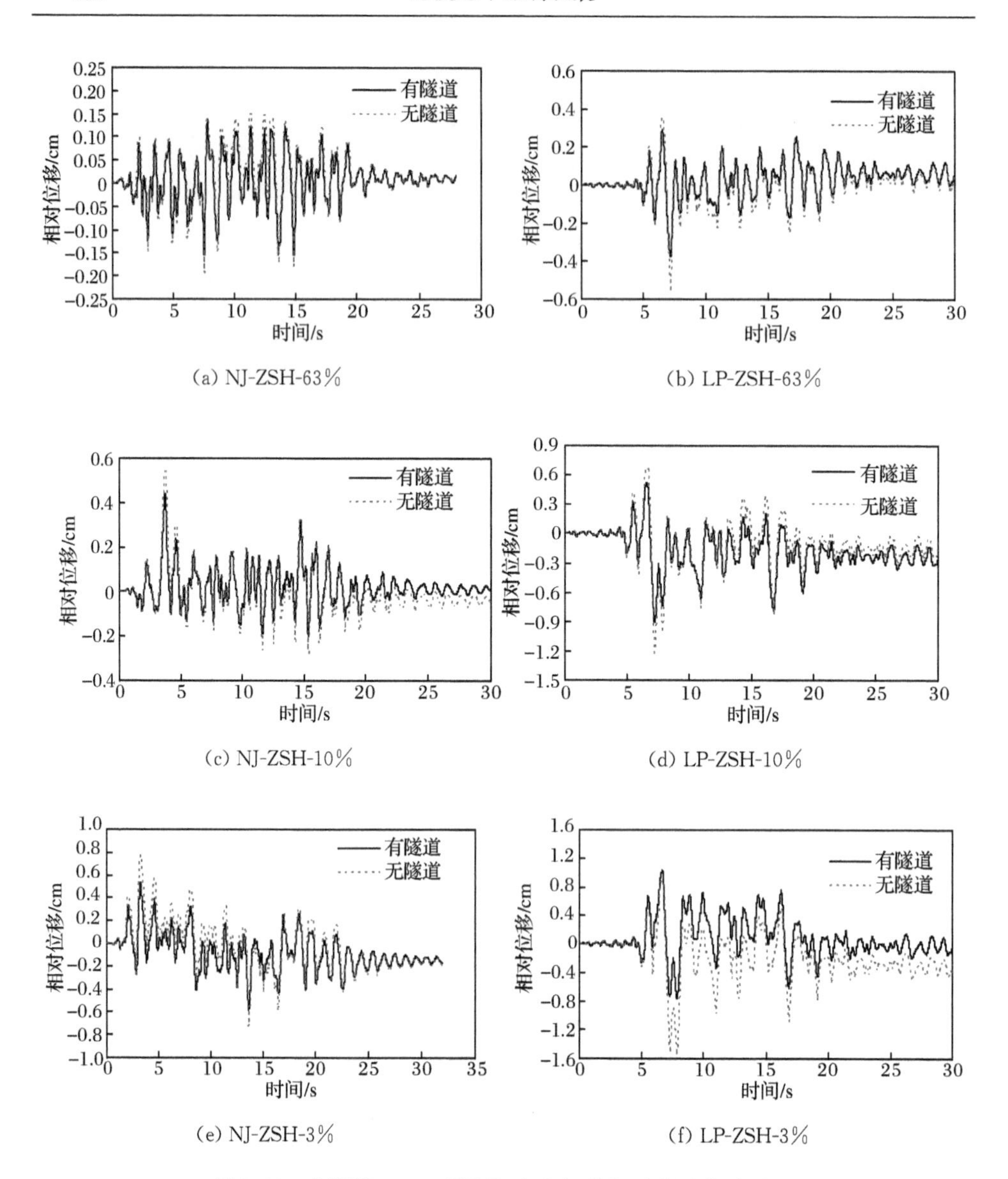

图 8.12 埋深为 14m 时洞顶、底之间的相对水平位移时程

从不同埋深条件下地铁区间隧道的洞顶、洞底及其对应于自由场位置的相对位移反应对比分析，可得如下的规律：

(1) 对比三种不同埋深条件下地铁区间隧道所在位置对应的自由场土层及其有隧道时洞顶、底之间的相对水平位移反应，在基岩输入不同地震动时，埋深为 9m 时的相对水平位移反应最大，其次是埋深为 14m 时的相对水平位移反应略小，埋深为 3m 时的相对水平位移反应最小。

（2）随着基岩输入地震动强度的增强，区间隧道顶、底之间及其对应的自由场相应点之间的相对水平位移反应也随之变大；在基岩输入 Loma Prieta 波时，隧道顶、底部之间的最大相对水平位移基本上发生在结构处于左摆状态，出现的时间为 7～8s；在基岩输入南京人工波时，隧道顶、底部之间的最大相对水平位移基本上发生在结构处于右摆状态，出现的时间为 3～4s。

（3）在基岩面输入 Loma Prieta 波时，隧道洞顶与洞底之间及其对应的自由场相同位置处两点间的相对水平位移反应明显比同等条件下输入南京人工波时的要大，输入地震动特性明显影响地铁区间隧道的位移反应。

（4）隧道洞顶与洞底之间的相对水平位移反应明显小于对应的自由场相同位置处两点间的相对水平位移反应，这说明考虑 SSI 效应时区间隧道结构的位移反应是偏于安全的。

把隧道洞顶与洞底间的相对水平位移绝对值最大值与对应于自由场相同位置之间的相对水平位移绝对值最大值之比定义为动力相互作用位移影响系数 ξ：

$$\xi = \frac{S_1}{S_2} \tag{8.1}$$

式中，S_1 为隧道洞顶与洞底之间的最大相对水平位移绝对值；S_2 为隧道洞顶与洞底对应自由场相同位置之间的最大相对水平位移绝对值。

动力相互作用位移影响系数 ξ 与基岩输入地震动强度之间的关系如图 8.13 所示，不同工况下动力相互作用位移影响系数如表 8.2 所示。

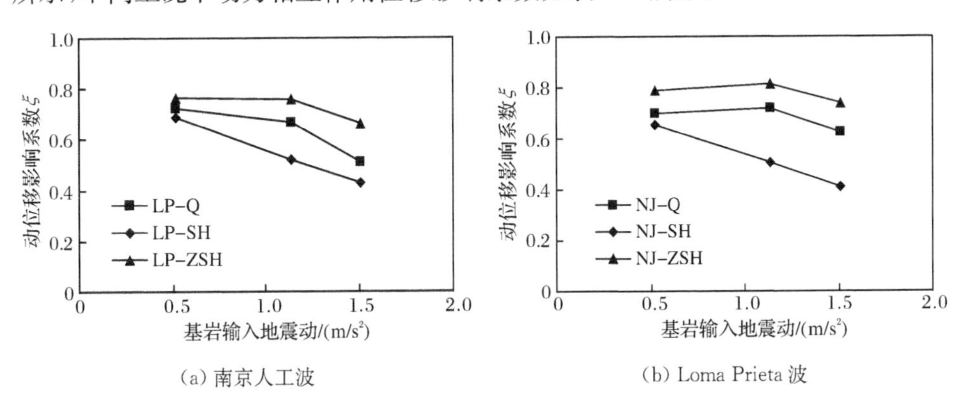

(a) 南京人工波　　(b) Loma Prieta 波

图 8.13　基岩输入地震动强度与动力相互作用位移影响系数的关系

由图 8.13 可知，考虑 SSI 效应对埋深为 9m 的隧道洞顶、底之间的相对水平位移的反应影响最大，对隧道埋深为 3m 的影响居中，对隧道埋深为 14m 的影响最小，SSI 效应对区间隧道位移反应的影响主要取决于隧道结构周围土层的性质，在埋深为 9m 的隧道侧壁场地中有最软的土层。因此，隧道结构的水平向相对位移反应也最大。

表 8.2　不同工况下动力相互作用位移影响系数 ξ 值

隧道埋深	南京人工波			Loma Prieta 波		
	63%	10%	3%	63%	10%	3%
3m(Q)	0.70	0.72	0.63	0.72	0.67	0.51
9m(SH)	0.65	0.51	0.41	0.69	0.52	0.43
14m(ZSH)	0.78	0.81	0.74	0.76	0.76	0.66

从基岩输入的地震波经过土层介质后传到隧道底面时其频谱特性将明显地改变，同时，土-区间隧道结构动力相互作用也将改变传到车站结构基底地震波的频谱特性。将有隧道时隧道底面的加速度反应与无隧道时自由场对应深度处的加速度反应进行对比分析，表明土-地铁区间隧道动力相互作用对传到隧道底面的地震波影响不大，因此这里不再给出对比分析的结果。表 8.3 给出了不同埋深时隧道底面峰值加速度及其与基岩输入峰值加速度的比较，由表可知，随着基岩输入地震动强度的提高，隧道底面的峰值加速度也随之变大，而隧道底面的峰值加速度与基岩输入峰值加速度的比值随之变小。

表 8.3　隧道底面峰值加速度及其与基岩处峰值加速度的比较

输入地震动		隧道底面峰值加速度/g			隧道底面/基岩		
		埋深 3m	埋深 9m	埋深 14m	埋深 3m	埋深 9m	埋深 14m
Loma Prieta 波	63%	0.066	0.058	0.059	1.25	1.09	1.11
	10%	0.093	0.086	0.091	0.80	0.74	0.78
	3%	0.102	0.136	0.126	0.66	0.88	0.82
南京人工波	63%	0.047	0.047	0.048	0.89	0.89	0.91
	10%	0.073	0.066	0.073	0.63	0.57	0.63
	3%	0.082	0.105	0.098	0.53	0.68	0.64

8.2.3　区间隧道的内力反应

在使用两节点平面应变梁单元模拟地铁区间隧道结构时，可以输出积分点处的结构内力和应力，同时也可以输出节点处的内力和应力。首先，给出了用两节点平面应变梁单元模拟隧道结构时单元节点处的结构内力反应幅值包络图，如图 8.14～图 8.22 所示。根据对不同工况下地铁区间隧道结构的动内力反应包络图对比分析，可得在水平向地震作用下隧道结构动内力反应的一般规律如下：

(1) 在各种计算工况下，在隧道结构与洞顶和洞底成 45°圆心角的四个点附近结构动轴向力的反应较大，隧道结构下部两个点的轴向力反应比上部两个点的要大，同时，结构左下部点处的轴向力反应比右下部点处的要大；在隧道结构的顶点、底点及其左右两个端点处的动剪力反应较大；在隧道结构与洞顶和洞底成 45°圆心角的四个点附近结构动弯矩的反应也较大。

(2) 在基岩输入同一类型的地震波时，随着输入地震动的变强，隧道结构动内力反应也随之变强，唯一例外的是在基岩输入 Loma Prieta 波时，埋深为 14m 的隧道结构在大震时的动弯矩最大值略小于小震时对应的动弯矩反应最大值，从该工况下隧道结构周围土层的相对位移曲线图 8.9 中可以看出，距洞顶 1m 处的土层相对位移有突变现象，该深度正处于软土层 5 和砂土层 6 的接触面上，该节点处的屈服半径比的时程如图 8.23 所示，由图可知该点的土体已非常接近破坏状态，部分时刻的土体单元屈服半径比甚至超过了临界值 1。

(3) 隧道结构在同一埋深条件时，在基岩面输入 Loma Prieta 波时结构动内力反应明显比在基岩面输入南京人工波时的要大，隧道结构的动力反应对基岩面输入地震特性也是有选择性的。

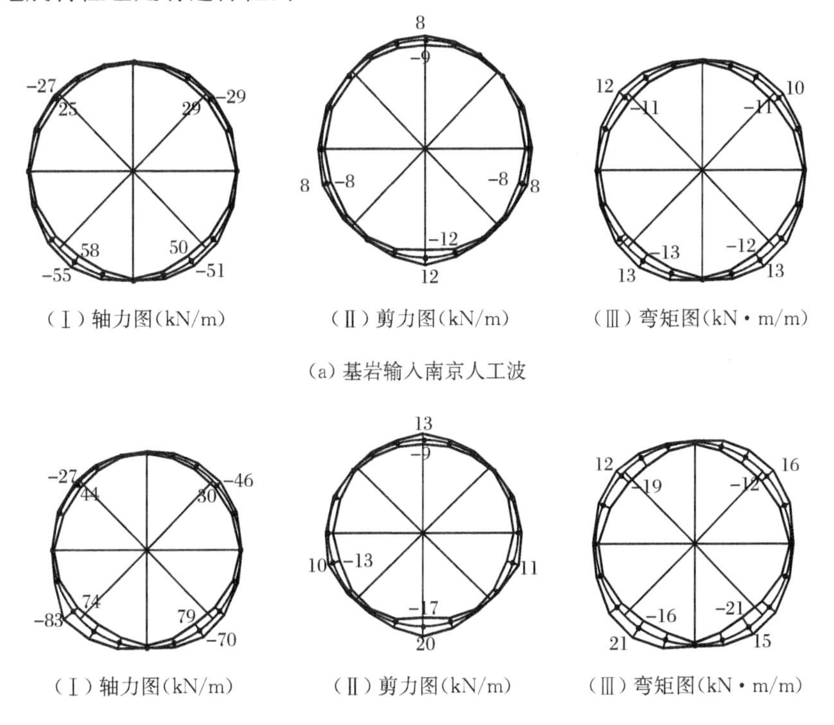

(a) 基岩输入南京人工波

(b) 基岩输入 Loma Prieta 波

图 8.14　小震时埋深 3m 的区间隧道结构动内力反应包络图

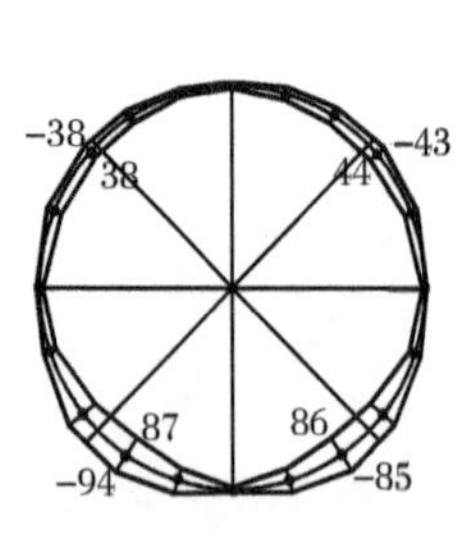

（Ⅰ）轴力图(kN/m)

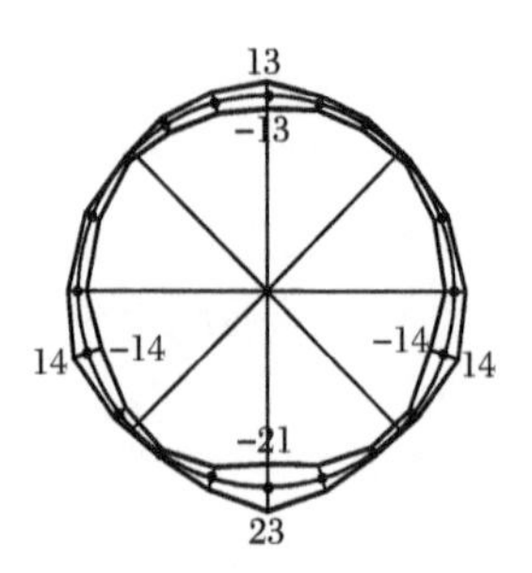

（Ⅱ）剪力图(kN/m)

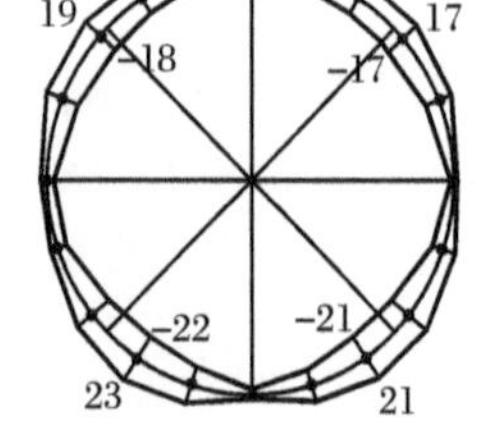

（Ⅲ）弯矩图(kN·m/m)

(a) 基岩输入南京人工波

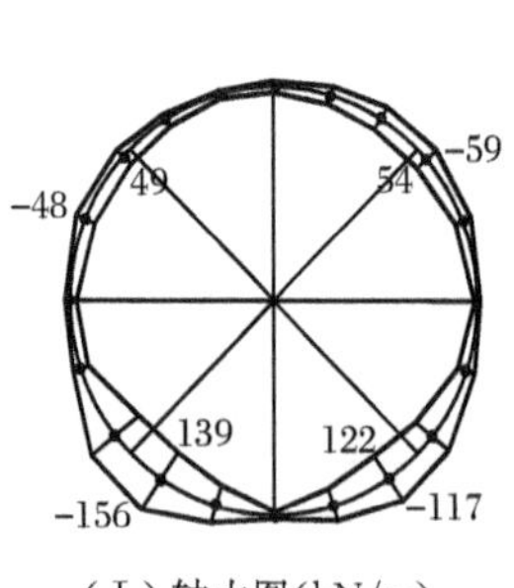

（Ⅰ）轴力图(kN/m)

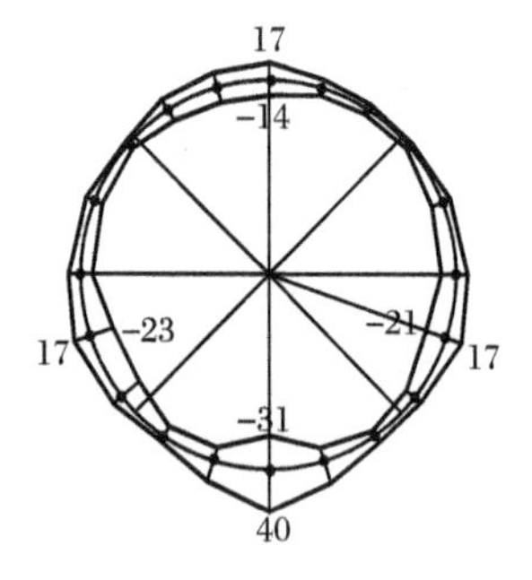

（Ⅱ）剪力图(kN/m)

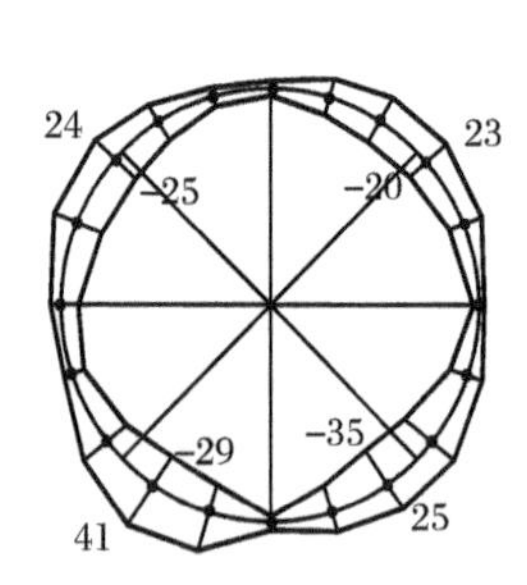

（Ⅲ）弯矩图(kN·m/m)

(b) 基岩输入 Loma Prieta 波

图 8.15 中震时埋深 3m 的区间隧道结构动内力反应包络图

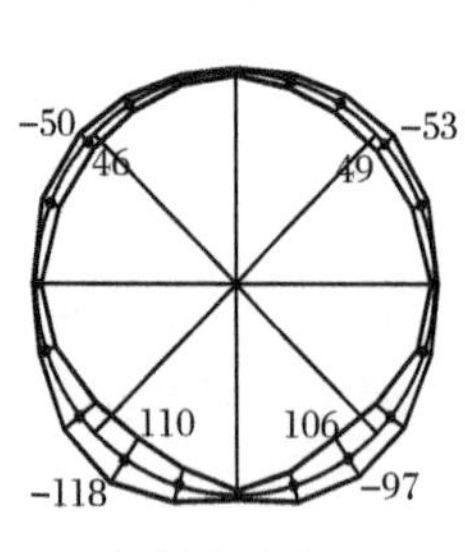

（Ⅰ）轴力图(kN/m)

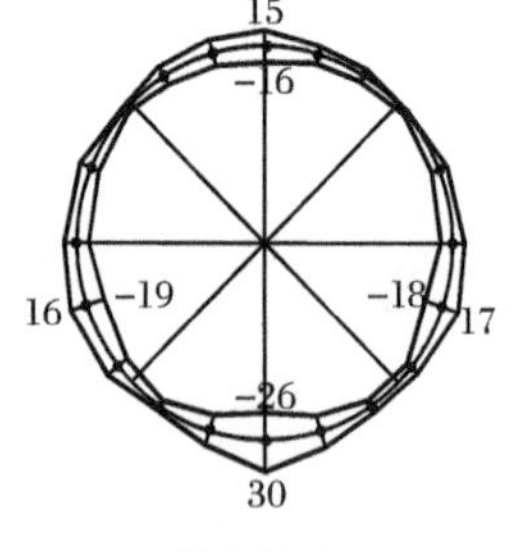

（Ⅱ）剪力图(kN/m)

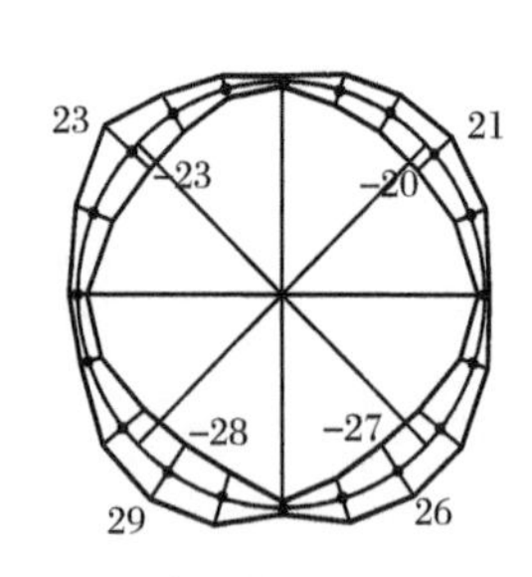

（Ⅲ）弯矩图(kN·m/m)

(a) 基岩输入南京人工波

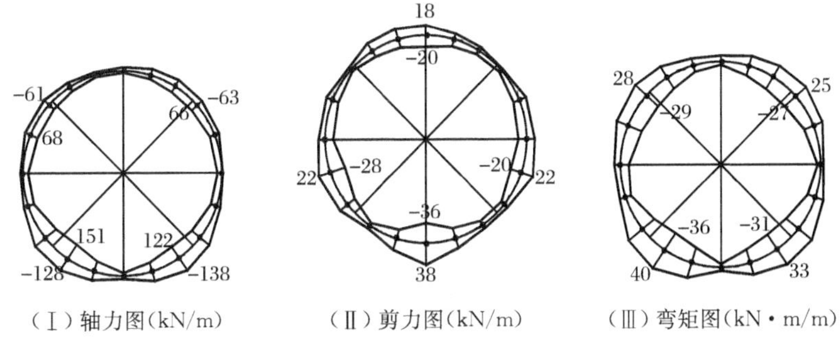

（Ⅰ）轴力图(kN/m)　（Ⅱ）剪力图(kN/m)　（Ⅲ）弯矩图(kN·m/m)

(b) 基岩输入 Loma Prieta 波

图 8.16　大震时埋深 3m 的区间隧道结构动内力反应包络图

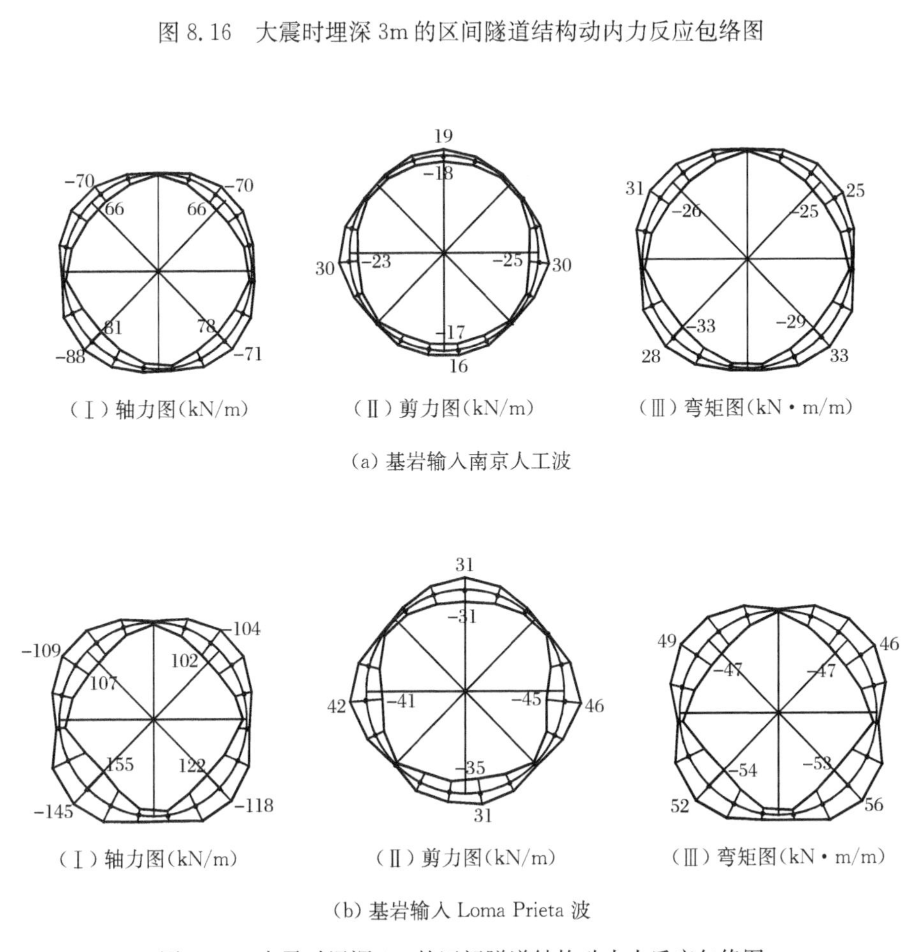

（Ⅰ）轴力图(kN/m)　（Ⅱ）剪力图(kN/m)　（Ⅲ）弯矩图(kN·m/m)

(a) 基岩输入南京人工波

（Ⅰ）轴力图(kN/m)　（Ⅱ）剪力图(kN/m)　（Ⅲ）弯矩图(kN·m/m)

(b) 基岩输入 Loma Prieta 波

图 8.17　小震时埋深 9m 的区间隧道结构动内力反应包络图

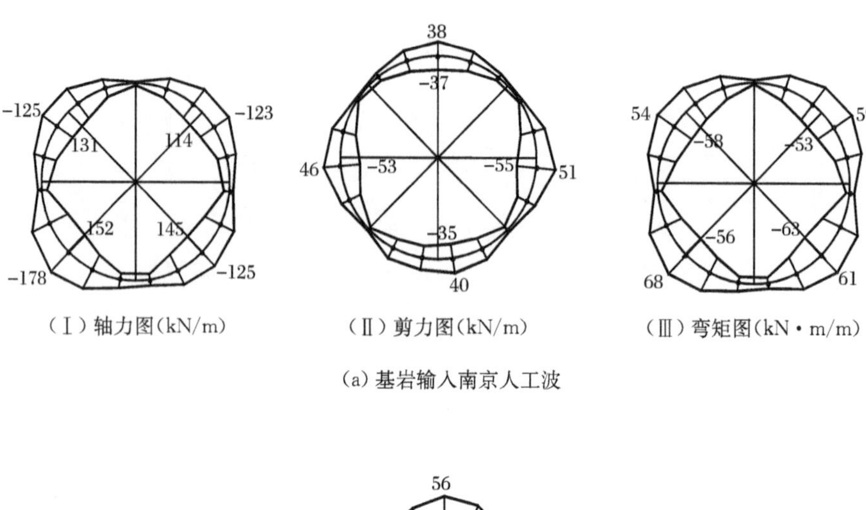

(Ⅰ)轴力图(kN/m)　　(Ⅱ)剪力图(kN/m)　　(Ⅲ)弯矩图(kN・m/m)

(a) 基岩输入南京人工波

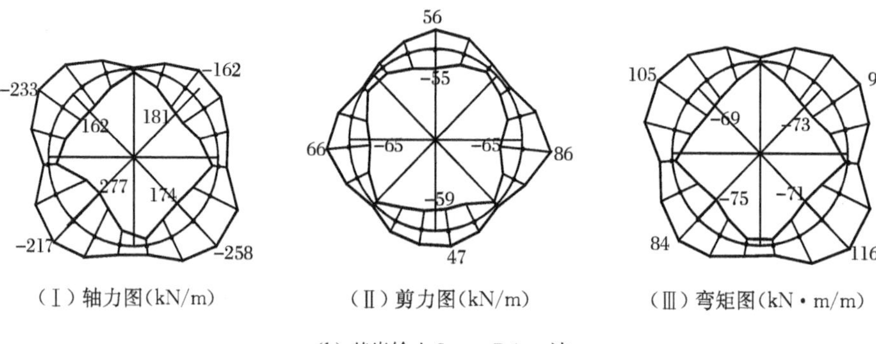

(Ⅰ)轴力图(kN/m)　　(Ⅱ)剪力图(kN/m)　　(Ⅲ)弯矩图(kN・m/m)

(b) 基岩输入 Loma Prieta 波

图 8.18　中震时埋深 9m 的区间隧道结构动内力反应包络图

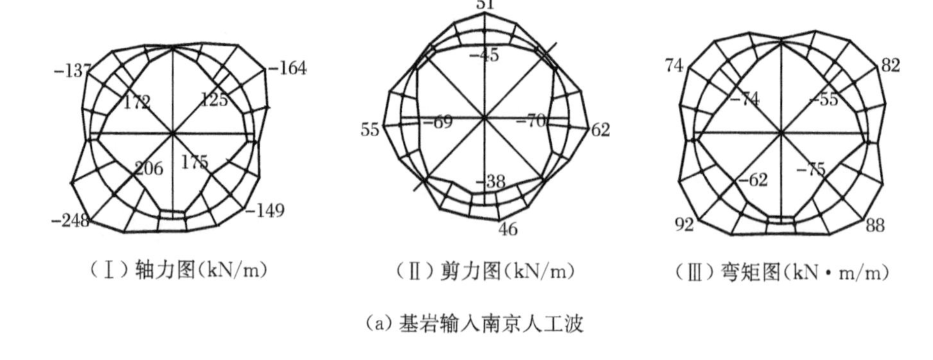

(Ⅰ)轴力图(kN/m)　　(Ⅱ)剪力图(kN/m)　　(Ⅲ)弯矩图(kN・m/m)

(a) 基岩输入南京人工波

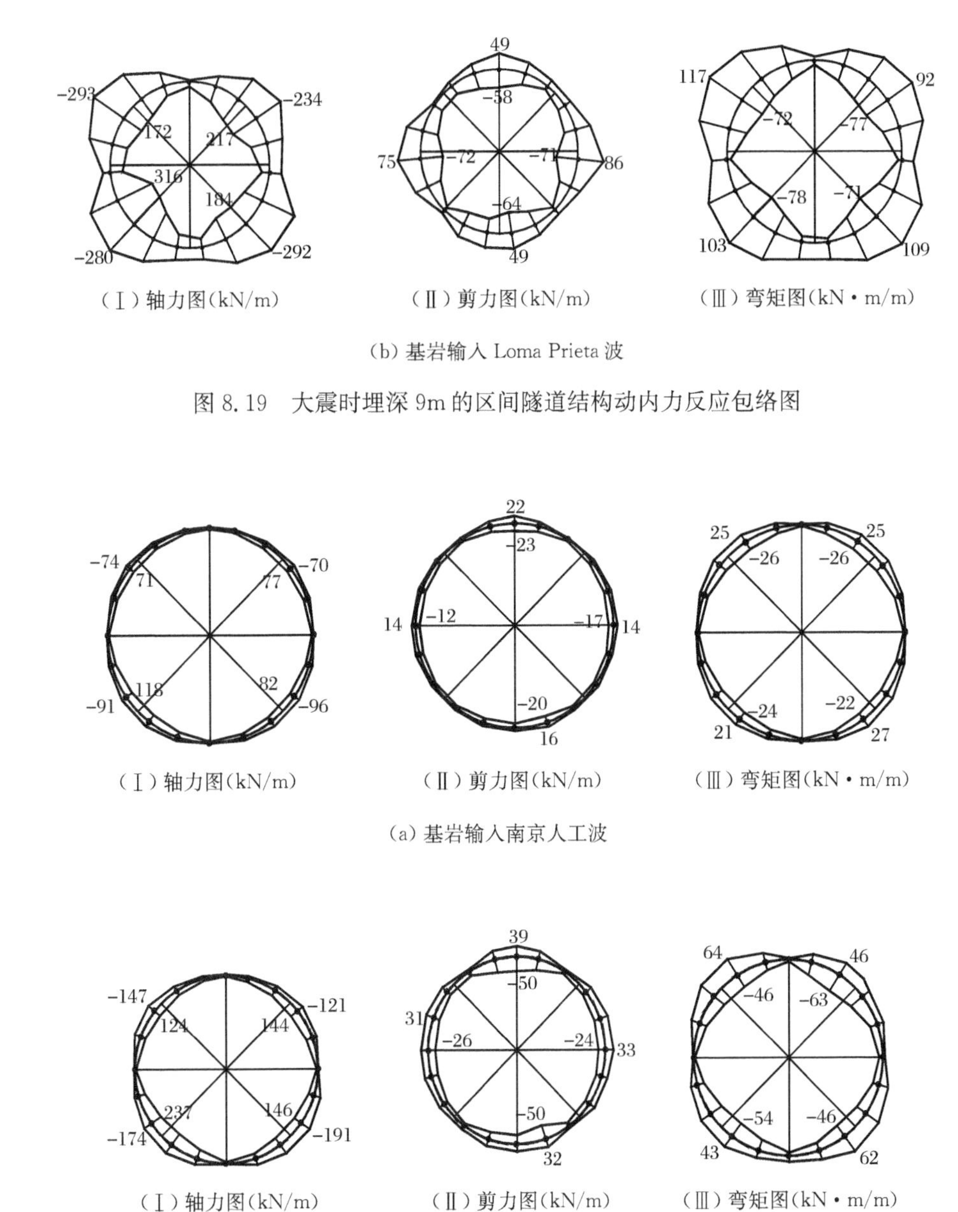

（Ⅰ）轴力图(kN/m)　（Ⅱ）剪力图(kN/m)　（Ⅲ）弯矩图(kN · m/m)

(b) 基岩输入 Loma Prieta 波

图 8.19　大震时埋深 9m 的区间隧道结构动内力反应包络图

（Ⅰ）轴力图(kN/m)　（Ⅱ）剪力图(kN/m)　（Ⅲ）弯矩图(kN · m/m)

(a) 基岩输入南京人工波

（Ⅰ）轴力图(kN/m)　（Ⅱ）剪力图(kN/m)　（Ⅲ）弯矩图(kN · m/m)

(b) 基岩输入 Loma Prieta 波

图 8.20　小震时埋深 14m 的区间隧道结构动内力反应包络图

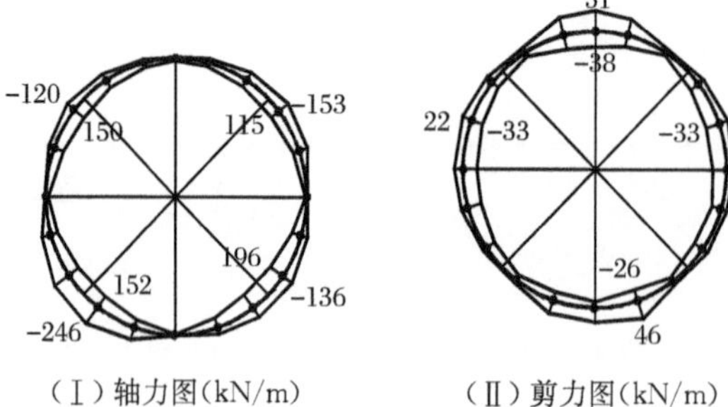

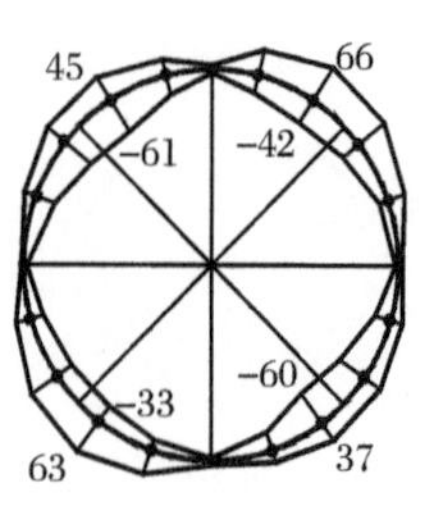

（Ⅰ）轴力图(kN/m)　　（Ⅱ）剪力图(kN/m)　　（Ⅲ）弯矩图(kN · m/m)

(a) 基岩输入南京人工波

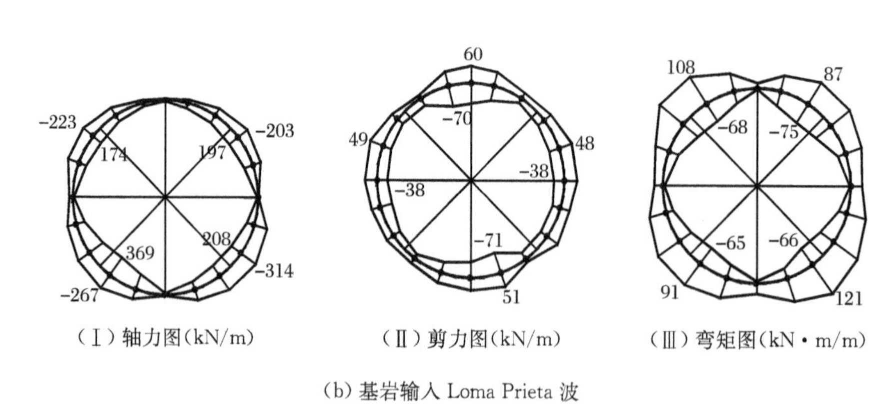

（Ⅰ）轴力图(kN/m)　　（Ⅱ）剪力图(kN/m)　　（Ⅲ）弯矩图(kN · m/m)

(b) 基岩输入 Loma Prieta 波

图 8.21　中震时埋深 14m 的区间隧道结构动内力反应包络图

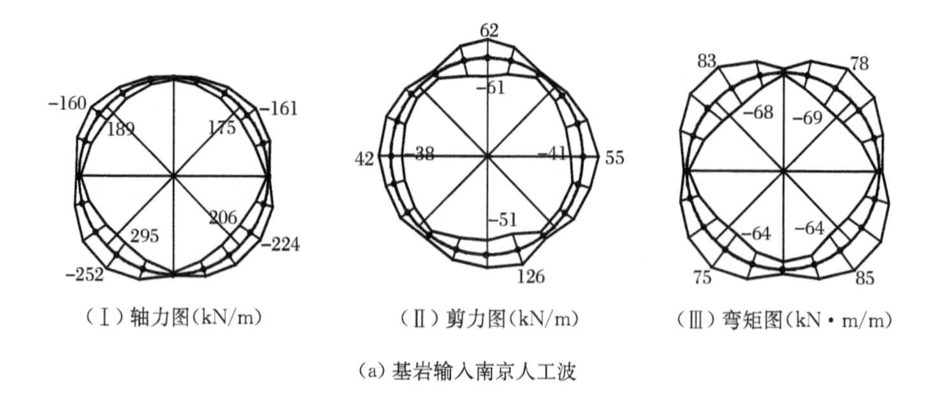

（Ⅰ）轴力图(kN/m)　　（Ⅱ）剪力图(kN/m)　　（Ⅲ）弯矩图(kN · m/m)

(a) 基岩输入南京人工波

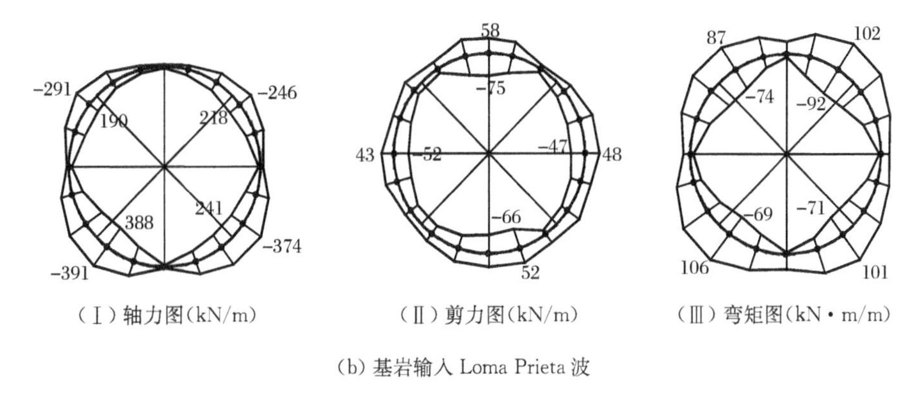

（Ⅰ）轴力图(kN/m)　（Ⅱ）剪力图(kN/m)　（Ⅲ）弯矩图(kN·m/m)

(b) 基岩输入 Loma Prieta 波

图 8.22　大震时埋深 14m 的区间隧道结构动内力反应包络图

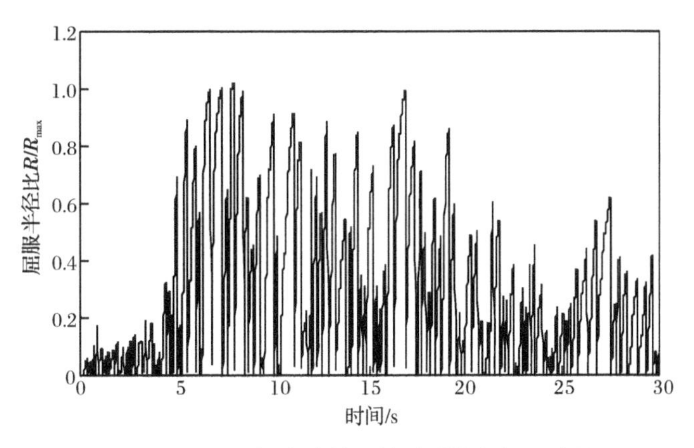

图 8.23　15m 深度处某土单元屈服半径比时程

与隧道结构洞顶、底之间相对水平位移及其周围自由场的相对水平位移反应规律对比分析，隧道结构的内力反应与相对水平位移反应具有一定的相关性，在地震作用下隧道结构内力反应最大值与隧道洞顶和洞底对应自由场相同位置间的相对水平位移反应最大值之间的关系如图 8.24 所示，采用幂函数拟合隧道结构动内力反应最大值与隧道洞顶和洞底对应的自由场相对水平位移最大值之间的关系，拟合公式见图 8.24，相对于自由场相对水平位移最大值，隧道结构的动轴力反应最大值分布较离散，采用幂函数拟合计算值时的相关度 R^2 较小，拟合效果较差；采用幂函数拟合结构动轴向力和动弯矩反应最大值时有较好的拟合效果，尤其当对应自由场最大相对水平位移的值较小时拟合效果更好，初步认为当自由场相对水平位移较小时，土体的非线性特性表现的不是很强，使得结构内力的反应和土体变形之间具有很好的相关性。

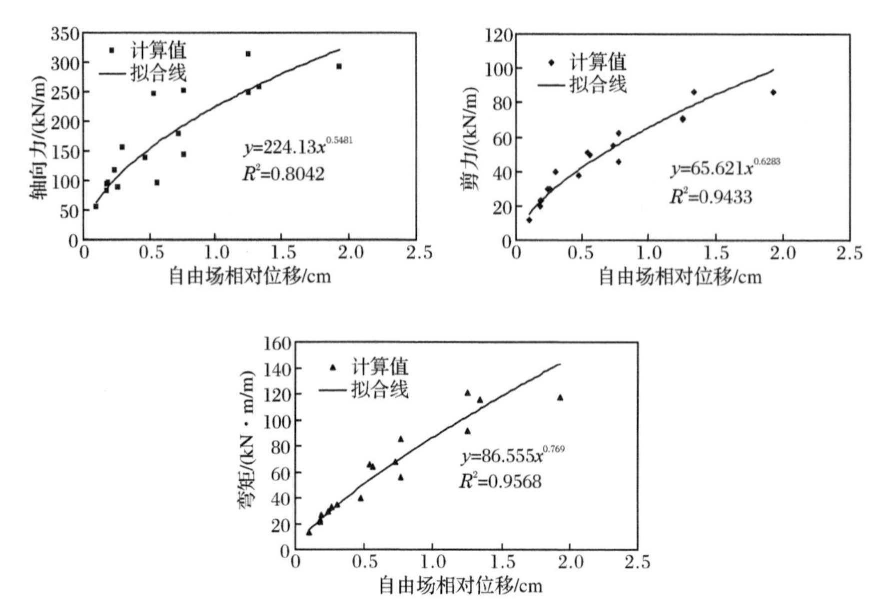

图 8.24　隧道结构内力与自由场相对水平位移的关系

把静力荷载作用下隧道结构的内力值与地震动作用下的结构动内力反应进行最不利组合，即把结构的静内力与动内力的包络值进行组合构成新的结构内力包络值，选出同一结构节点处两个包络值绝对值的最大值作为结构该节点的最不利内力，据此计算出隧道结构在静力荷载和大震的共同作用下隧道结构最不利组合内力的分布图，如图 8.25～图 8.27 所示。

根据隧道结构的最不利组合内力图，在静力荷载和地震动共同作用下隧道结构轴向压力最大值一般发生在与洞底成 45°圆心角的两个点附近，整个结构的轴向力不会发生拉力作用；隧道结构的剪力和弯矩最大值分布没有明显的特定位置，通常在结构洞顶、洞底及其洞的水平向直径的两个端点处附近的反应值较大。

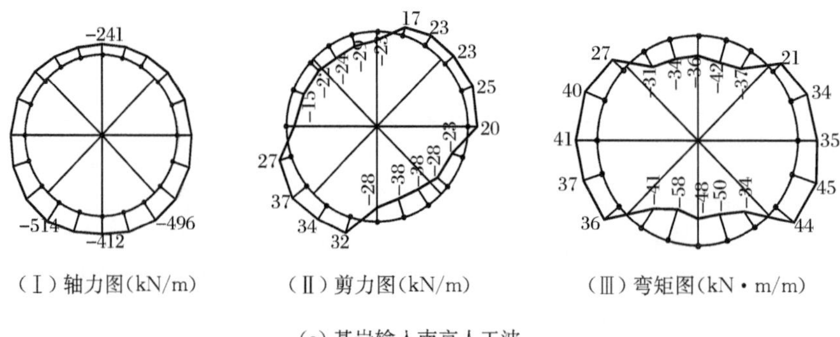

(a) 基岩输入南京人工波

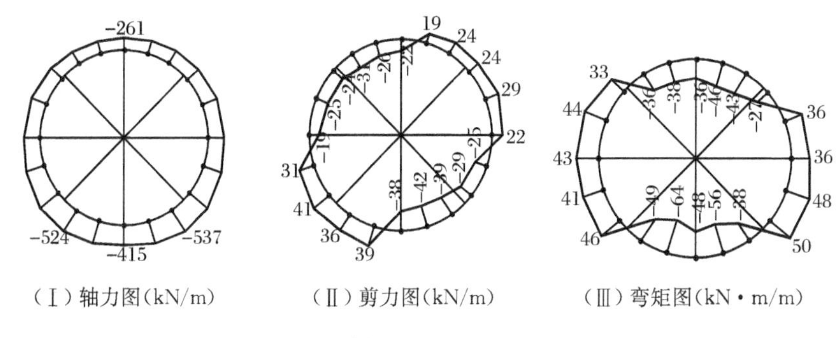

（Ⅰ）轴力图(kN/m)　（Ⅱ）剪力图(kN/m)　（Ⅲ）弯矩图(kN·m/m)

(b) 基岩输入 Loma Prieta 波

图 8.25　大震时埋深 3m 的区间隧道结构最不利组合内力图

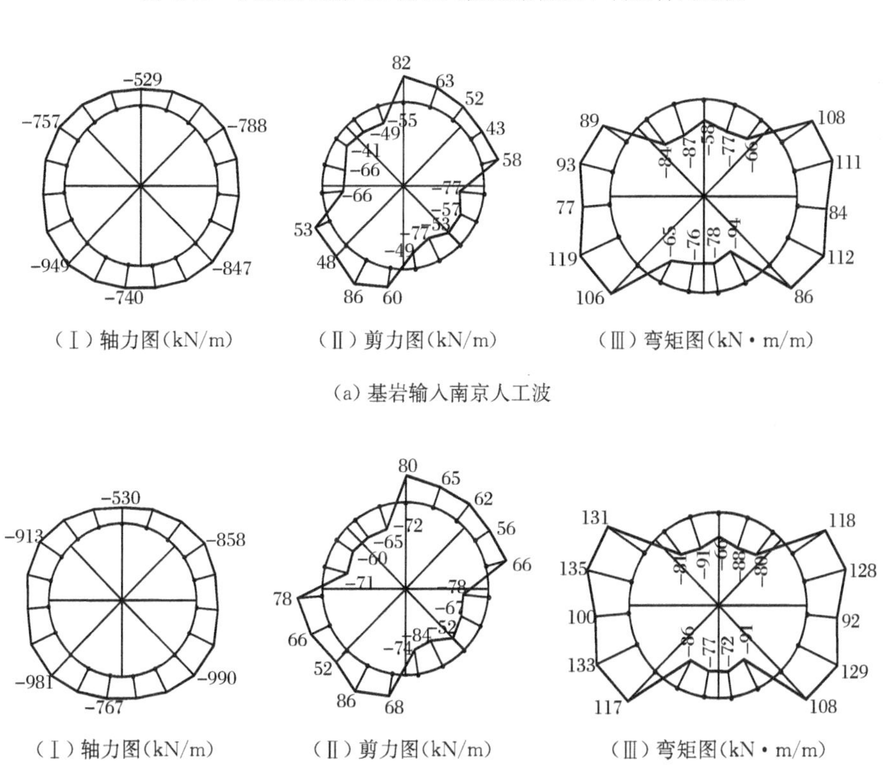

（Ⅰ）轴力图(kN/m)　（Ⅱ）剪力图(kN/m)　（Ⅲ）弯矩图(kN·m/m)

(a) 基岩输入南京人工波

（Ⅰ）轴力图(kN/m)　（Ⅱ）剪力图(kN/m)　（Ⅲ）弯矩图(kN·m/m)

(b) 基岩输入 Loma Prieta 波

图 8.26　大震时埋深 9m 的区间隧道结构最不利组合内力图

隧道结构在地震动作用下的内力影响系数 η 定义为

$$\eta = F_e / F_s \tag{8.2}$$

式中，F_e 为考虑地震作用影响的隧道结构最不利组合内力最大值；F_s 为静力荷载下隧道结构内力最大值。

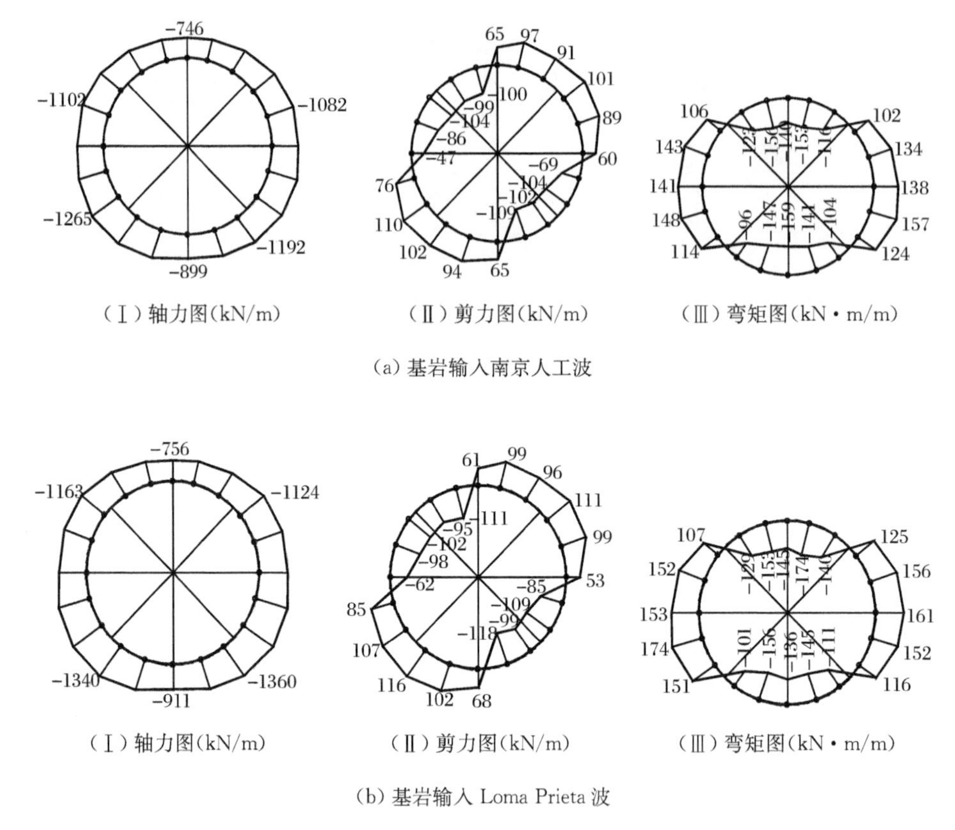

(a) 基岩输入南京人工波

(b) 基岩输入 Loma Prieta 波

图 8.27　大震时埋深 14m 的区间隧道结构最不利组合内力图

在基岩输入不同地震动水平的南京人工波时不同计算工况的隧道结构内力影响系数和地震动水平之间的关系如图 8.28 所示。

由图 8.28 可知，随着地震动强度的提高，内力影响系数 η 也随之增大，埋深为 9m 时隧道结构的内力影响系数明显比其他两种埋深条件下的要大，尤其在地震动水平较高时隧道结构剪力和弯矩的影响系数值接近或超过 2。

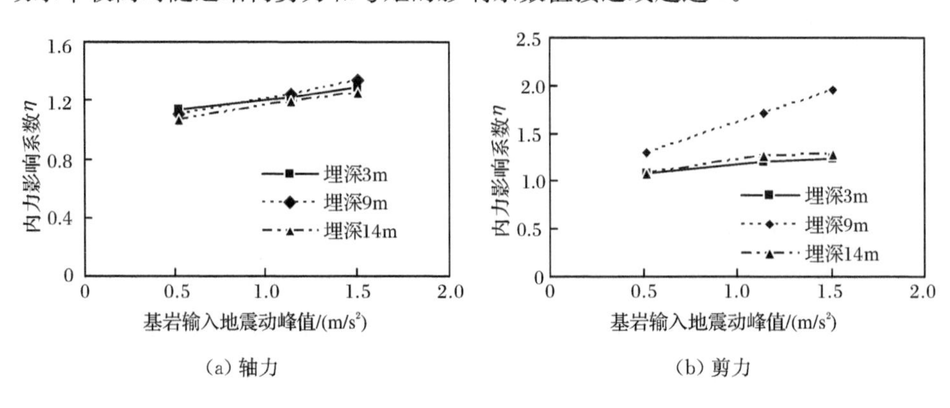

(a) 轴力　　(b) 剪力

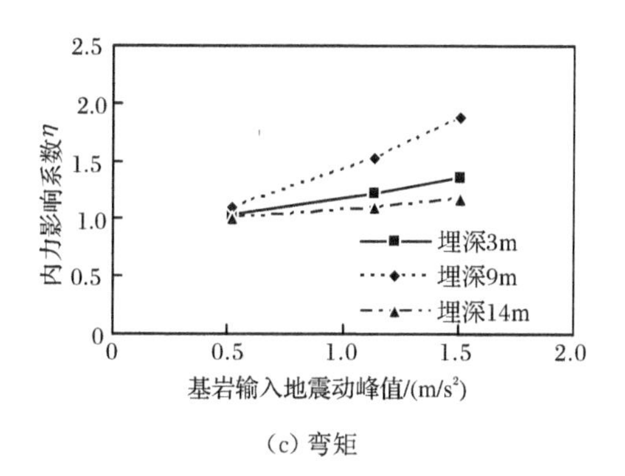

(c) 弯矩

图 8.28　基岩输入南京人工波时内力影响系数与地震动水平的关系

根据南京地区现使用的管片构造和尺寸，估算得到管片的允许承载力为轴力 6720kN/m、剪力 307kN/m 和弯矩 417kN·m/m。对比图 8.25～图 8.27 中各种工况下地铁区间隧道的最不利组合内力值与其对应的允许承载内力值，可知在静力荷载和水平向地震动联合作用下，地铁区间隧道是非常安全的。

对比以上各计算工况的计算结果，埋深为 9m 的地铁区间隧道的非线性动力反应明显强于其他两种埋深条件下的计算结果，这与埋深 9m 时区间隧道所处的地层条件有关，在该埋深的隧道结构侧向土层主要为软～流塑状的淤泥质土，该土层的波速只有 128.5m/s，从整个场地土层间最大相对水平位移曲线图 8.29 可知，该土层位置的相对位移变化梯度最大，因此对穿越该土层的隧道结构来说，该土层属于抗震最不利位置。

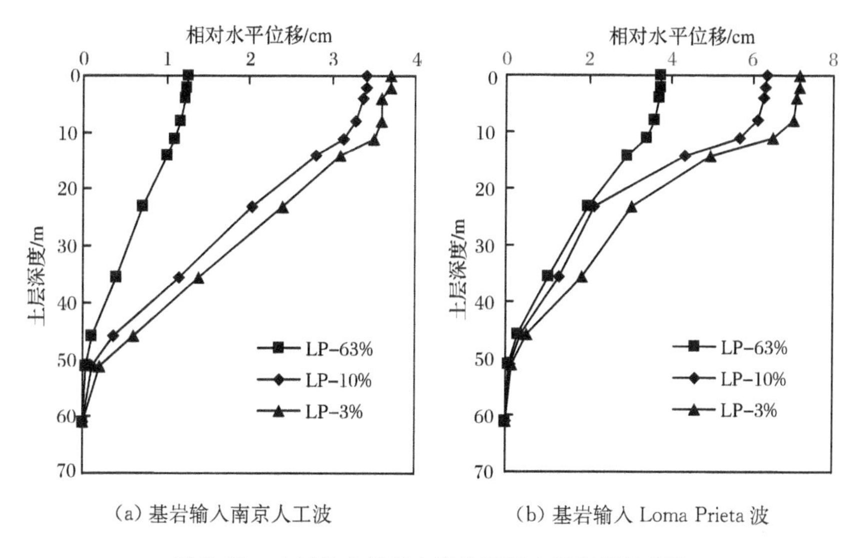

(a) 基岩输入南京人工波　　(b) 基岩输入 Loma Prieta 波

图 8.29　土层最大相对水平位移随土层深度的变化

8.3　双层竖向重叠隧道的抗震分析

8.3.1　计算模型

双层竖向重叠地铁隧道模型的上下圆形隧道尺寸相同，隧道衬砌的外径为6.2m、内径为5.5m，衬砌厚度为0.35m，上层隧道结构的上覆土层厚度为14m，下层隧道结构的上覆土层厚度为27.1m。根据长江下游漫滩相土体的特点，选取一个具有代表性的软弱场地作为南京地铁隧道的场地条件，采用第3章介绍的土体动力黏弹塑性记忆型嵌套面动力本构模型模拟土的动力特性，土层的物理力学参数见表5.5和表5.6；地铁隧道结构的混凝土动本构模型采用第3章介绍的动塑性损伤模型，区间隧道结构采用C50混凝土。

地基土-地铁隧道结构体系视为平面应变问题，地基土与隧道结构均采用四节点平面应变完全积分单元进行模拟，为了保证计算精度，并尽可能减少计算时间，采用从边界向隧道附近逐渐加密的网格划分法。在基岩面输入水平向地震动时，基岩面采用固定边界，场地两侧采用竖向约束、水平向自由的边界，据此，地基土-地铁隧道结构体系的有限元网格划分如图8.30所示。

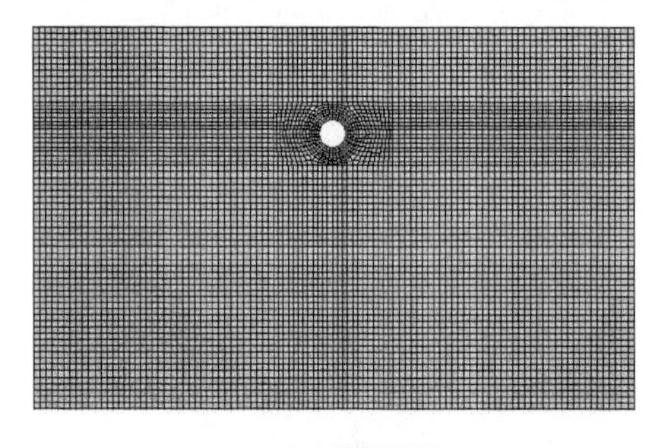

(a) 浅埋单层隧道

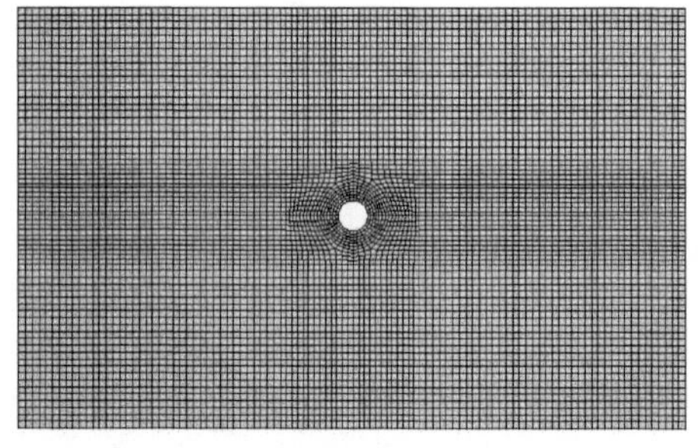

(b) 深埋单层隧道

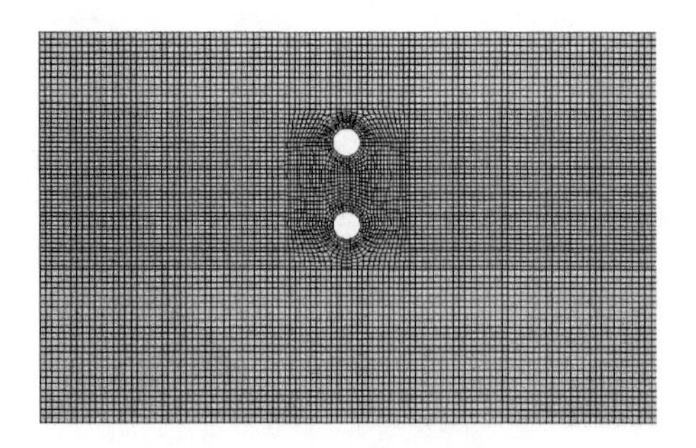

(c) 垂直双层隧道

图8.30　地基土-地铁隧道二维有限元模型网格

选择具有代表性的 5 条地震动加速度记录作为地铁隧道地震反应分析的近、远场输入地震动，具体参数如表 8.4 所示，并且使用常规抗震设计的 100 年超越概率 3%(大震)的南京人工波进行计算比较。

表 8.4　选用地震波

地震波	震源距/km	震中距/km	震级/M_s	峰值加速度/(m/s^2)	地震动类型
Loma Prieta 波	33.6	28.6	7.1	4.64	近场
Coalinga 波	9.5	6.0	5.8	9.29	
南京人工波	—	—	—	1.52	人工波
Mexico 波	252.1	275.5	8.1	0.57	远场
Izmit 波	267.3	267	7.4	0.35	

8.3.2　隧道结构的变形

双层竖向重叠地铁隧道上、下层隧道的变形模式基本相似，地铁隧道在两条与竖向轴约成 45°的倾斜轴之间振动，在弹性状态下呈斜椭圆状(见图 8.31)，这和文献[18]给出的变形模式(见图 8.32)是一致的。地铁隧道的变形在斜椭圆的长轴与短轴端点处最大，长轴端点内侧受压、外侧受拉；短轴的情况与此相反，如图 8.31(a)和(b)所示。在强地震动作用下地铁隧道的变形进入塑性阶段后，地铁隧道的变形模式不再是标准的斜椭圆形，地铁隧道的变形沿剪切横向被拉长，在短轴的外表面，甚至出现了反拱现象[见图 8.31(c)、(d)中的 A、B 点]，地铁隧道的变形增大，但地铁隧道仍是以 45°左右的倾斜轴为界进行振动，如图 8.31(c)和(d)所示。地铁隧道的塑性变形远大于弹性变形，且塑性变形仅在近场强地震动作用下发生，而在远场强地震动作用下则没有此现象。

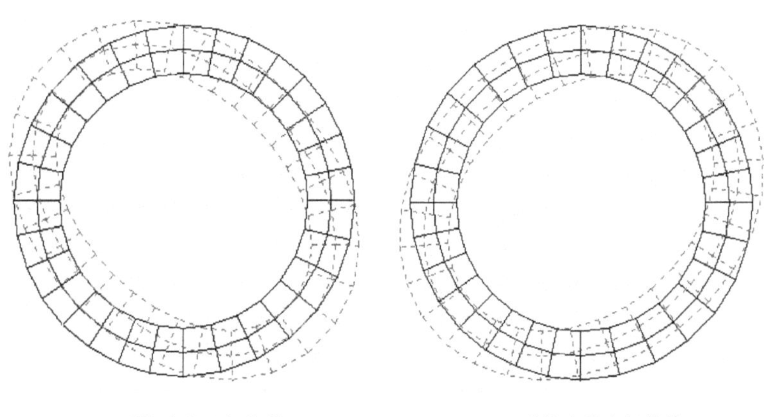

(a) 弹性阶段左摆峰值　　(b) 弹性阶段右摆峰值

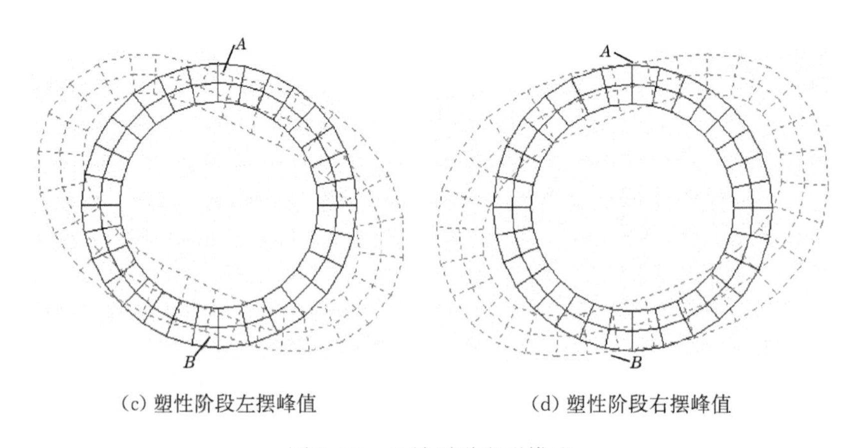

(c) 塑性阶段左摆峰值　　(d) 塑性阶段右摆峰值

图 8.31　地铁隧道变形模式

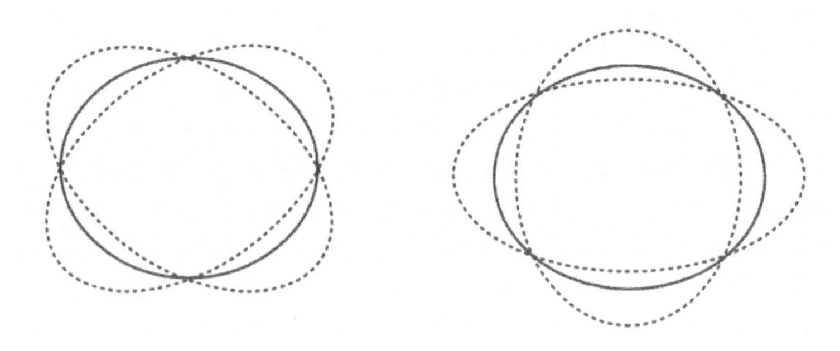

图 8.32　文献[18]的隧道衬砌变形模式

将地铁隧道不同深度处的水平位移幅值与隧道底部水平位移幅值的差定义为隧道的相对水平位移差。图 8.33～图 8.35 为近、远场地震动以及南京人工波作用下地铁隧道相对水平位移沿深度的变化曲线；表 8.5 为地铁隧道相对水平位移的最大值差。可以看出：

(1) 地铁隧道的相对水平位移，在近场地震动作用下呈直线形或折线形；而在远场地震动和南京人工波作用下近似呈反 S 形。

(2) 在近场地震动作用下双层竖向重叠隧道上、下层之间的相互作用对隧道的相对水平位移具有放大作用，使双层竖向重叠隧道的相对水平位移要比单层隧道的大。从图 8.33(a)中可以明显看出这种放大作用的存在，图 8.33(b)中浅埋隧道的位移放大作用也很明显，深埋隧道的位移放大作用虽不明显，但其放大的趋势仍是存在的。在远场地震动作用下则没有这种位移放大作用，双层竖向重叠隧道和单层隧道的相对位移曲线几乎重叠(见图 8.34)。在南京人工波(大震)作用下，双层隧道的相互作用对上层隧道具有明显的放大作用，而对下层隧道则没有这种位移放大作用(见图 8.35)。因此，由这几种地震波的频谱成分分析，我们可以得出高频成分对双层竖向重叠隧道的放大作用起关键作用，并且随着地震波中高频成分比例的增大，放大作用首先发生在上层隧道，然后才影响到下层隧道。

(3) 在近、远场地震动作用下，无论双层竖向重叠隧道还是浅埋/深埋单层隧道，上层的相对水平位移要比下层的大得多。在本节的计算条件下，双层竖向重叠隧道上层顶部的相对水平位移是下层顶部的 1.6～2.8 倍，浅埋单层隧道顶部的相对水平位移是深埋单层隧道的 1.1～6.8 倍。这可能是由于上层隧道的上覆土层厚度较薄，周围地基对隧道的约束作用比较小，造成其相对水平位移要比下层隧道的大。

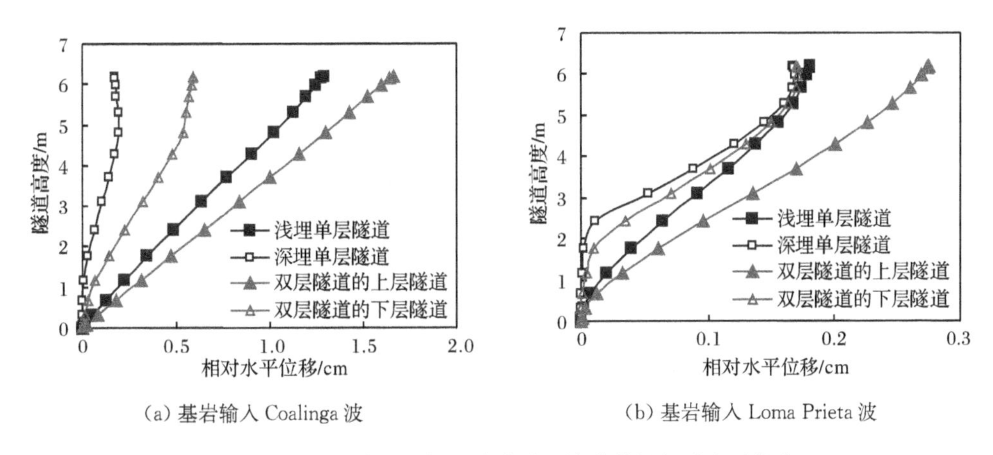

(a) 基岩输入 Coalinga 波　　(b) 基岩输入 Loma Prieta 波

图 8.33　基岩输入近场地震动时地铁隧道的相对水平位移

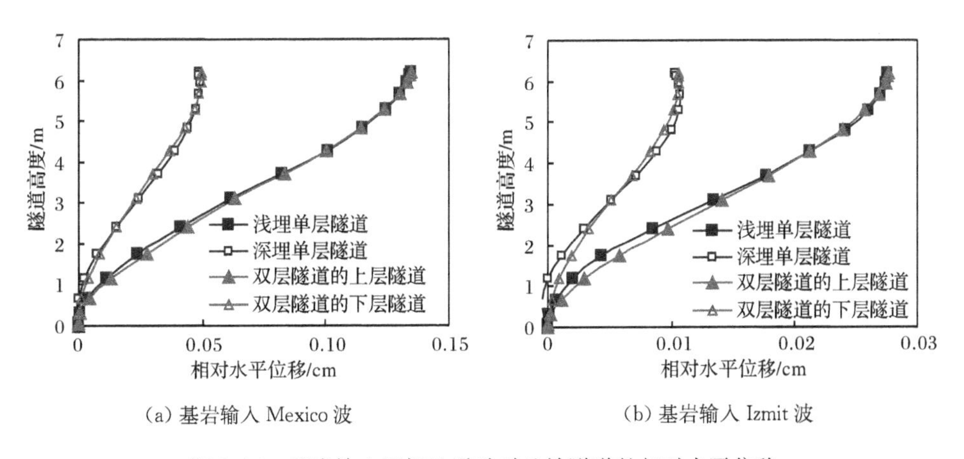

(a) 基岩输入 Mexico 波　　(b) 基岩输入 Izmit 波

图 8.34　基岩输入远场地震动时地铁隧道的相对水平位移

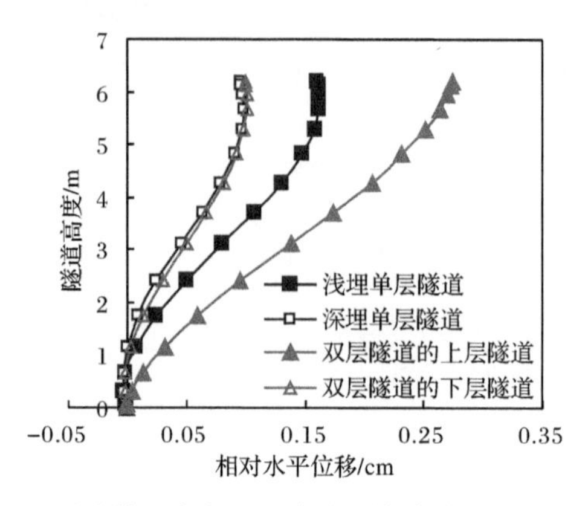

图 8.35 基岩输入南京人工波时地铁隧道的相对水平位移

表 8.5 隧道顶部的相对水平位移最大值

输入地震波	近场地震动		远场地震动		南京人工波（大震）
	Coalinga 波	Loma Prieta 波	Mexico 波	Izmit 波	
双层竖向重叠隧道上层	1.661	0.275	0.135	0.028	0.274
双层竖向重叠隧道下层	0.587	0.171	0.050	0.011	0.102
浅埋单层隧道	1.292	0.181	0.135	0.028	0.162
深埋单层隧道	0.191	0.168	0.049	0.011	0.99

8.3.3 隧道的应力反应

根据近场地震动、远场地震动和南京人工波作用下双层竖向重叠地铁隧道、浅埋和深埋单层地铁隧道的 Mises 应力分布云图及其在不同地震动作用下地铁隧道结构的最大动应力(见表 8.6)，可以得出以下结论：

(1) 双层竖向重叠地铁隧道和单层地铁隧道的地震应力分布特征相似，在与竖向轴约成 45°的隧道上、下拱肩处地震应力值最大，这与地铁隧道的变形模式相符合。

(2) 在远场地震动和南京人工波作用下，地铁隧道的拱肩内侧地震应力值最大；而在近场地震动作用下，地铁隧道的地震应力存在外侧大于内侧的情况。这是由于在近场强地震动作用下，地铁隧道的变形进入塑性阶段，在变形短轴外表面反拱处[见图 8.31(c)、(d)]地震应力达到最大值。这表明在近场地震动作用下地铁隧道既可能内侧先破坏，也可能外侧先破坏。因此，在隧道设计时既要对内侧的二次衬砌进行加强，也要对外侧的初衬进行加强，尤其是与竖向轴约成 45°位置。

(3) 在近场地震动作用下，双层竖向重叠地铁隧道下层的地震应力幅值比上层的地震应力幅值大；而在远场地震动作用下，情况相反。这种现象是由地震波中高频成分的影响造成的：由于土层对高频地震波有滤波作用，近场地震动高频成分比较丰富，地震波从下卧土层向上传播过程中高频成分被逐步滤波，因而近场地震动对双层竖向重叠地铁隧道下层的影响要大于对上层的影响；由于软土场地对地震波低频成分的放大作用，远场地震动的低频成分在近地表的浅层土体中要比埋深较深土层中更丰富，因而远场地震动对双层竖向重叠地铁隧道上层的影响要大于对下层的影响。

(4) 由于近场地震动的强度远远大于远场地震动的强度，地铁隧道在近场地震动作用下的峰值地震应力要比远场地震动作用下的峰值地震应力大得多，即近场地震动对地铁隧道的破坏作用比远场地震动的破坏作用更大，这和地铁隧道的变形是一致的。

(5) 由于 100 年超越概率 63%(小震)的南京人工波水平向峰值加速度为 0.52m/s^2，远场地震动 Mexico 波的峰值加速度与此值基本相当，Izmit 波的峰值加速度远小于此值，但远场地震动作用下双层竖向重叠地铁隧道上层或单层浅埋隧道的峰值地震应力要比南京人工波(小震)作用下的峰值地震应力大得多。这表明，对于以抗震设计规范模拟合成的人工地震波进行抗震设计的双层竖向重叠地铁隧道或浅埋隧道，在远场地震动作用下可能偏于不安全。

表 8.6　不同地震动作用下地铁隧道的最大地震应力　(单位：MPa)

隧道	近场地震动		远场地震动		100 年超越概率 63%的南京人工波
	Loma Prieta 波	Coalinga 波	Mexico 波	Izmit 波	
双层竖向重叠隧道上层	1.922	1.634	0.730	0.692	0.577
双层竖向重叠隧道下层	2.978	3.372	0.522	0.441	0.621
浅埋单层隧道	2.147	2.252	0.785	0.737	0.603
深埋单层隧道	3.439	3.518	0.540	0.493	0.635

8.3.4　隧道结构的水平向加速度

隧道底部峰值加速度如表 8.7 所示。可以看出：在近场地震动作用下，由于土层的高频滤波作用，地铁隧道底部的峰值加速度远远小于基岩输入地震动的峰值加速度；而在远场地震动作用下，由于土体的滤波与放大效应，与基岩输入地震动峰值加速度相比，地铁隧道底部的峰值加速度可能减小达 45%，也可能放大近 20%。近、远场地震动作用下双层竖向重叠地铁隧道底部的峰值加速度与浅埋或深埋单层隧道的基本相近，其变动幅度一般在 10%以内。

表 8.7 地震动作用下隧道底部的峰值加速度 (单位:m/s²)

隧道	近场地震动		远场地震动		100 年超越概率63%的南京人工波
	Coalinga 波	Loma Prieta 波	Mexico 波	Izmit 波	
双层竖向重叠隧道上层	1.873	1.715	0.317	0.341	0.842
双层竖向重叠隧道下层	2.160	2.012	0.422	0.381	1.016
浅埋单层隧道	1.802	1.652	0.335	0.298	0.871
深埋单层隧道	1.956	2.031	0.426	0.416	0.981
输入基岩波峰值	4.64	9.29	0.57	0.35	1.52

近场地震动 Loma Prieta 波、远场地震动 Mexico 波以及南京人工波作用下地铁隧道底部加速度反应谱 β 谱如图 8.36～图 8.38 所示,可以得出如下结论:

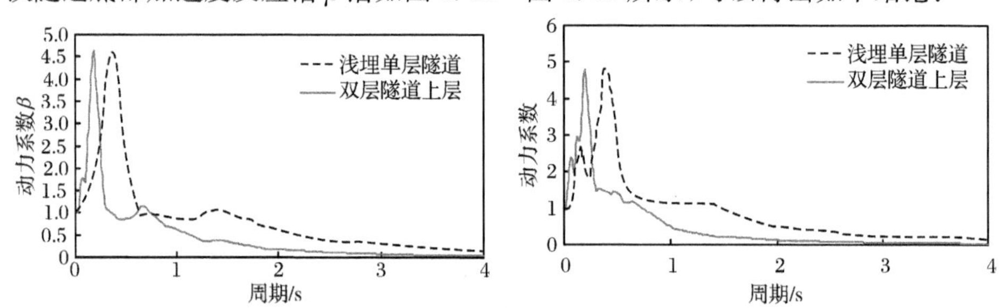

图 8.36 基岩输入 Loma Prieta 波时隧道底部的加速度动力系数 β 谱

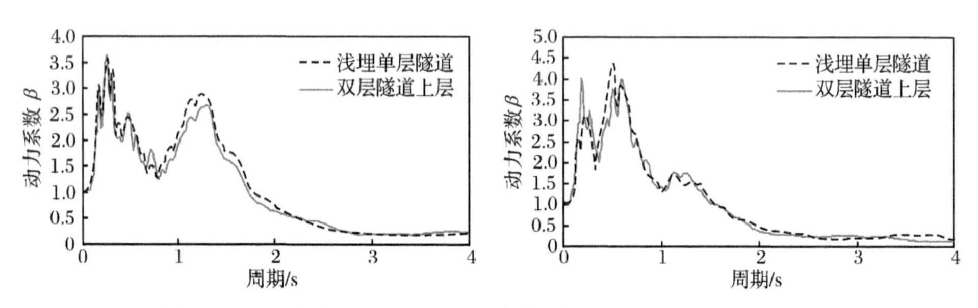

图 8.37 基岩输入 Mexico 波时隧道底部的加速度动力系数 β 谱

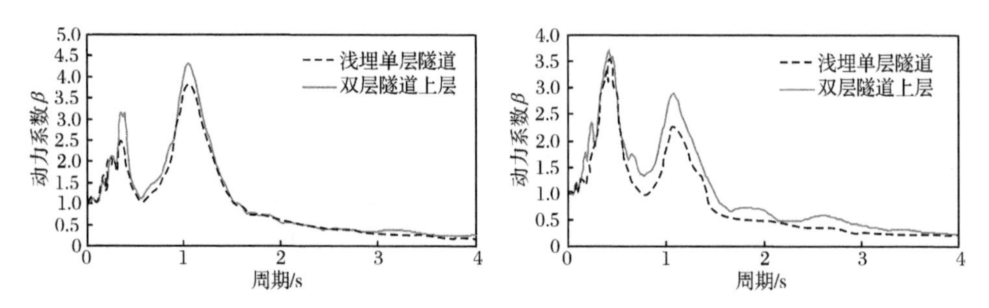

图 8.38 基岩输入南京人工波时隧道底部的加速度动力系数 β 谱

(1) 鉴于土体对近场地震动高频成分的显著滤波作用，近场地震动作用下隧道底部的加速度反应谱 β 谱的幅值要比远场地震动作用下 β 谱的幅值小得多。

(2) 在近场地震动作用下，双层竖向重叠隧道底部的加速度反应谱 β 谱明显向短周期方向移动，而在长周期部分，双层竖向重叠隧道底部的加速度反应谱 β 谱明显小于单层隧道底部的 β 谱。

(3) 在远场地震动作用下，隧道底部的加速度反应谱 β 谱呈现双峰现象，在第 1 个峰值处，双层竖向重叠隧道的 β 谱峰值要大于单层隧道的 β 谱峰值；而在第 2 个峰值处，单层隧道的 β 谱峰值大于双层竖向重叠隧道的 β 谱峰值。这说明双层竖向重叠隧道对远场地震动高频成分的反应有放大作用。

(4) 在南京人工波作用下，双层隧道的反应谱 β 谱值要大于浅埋/深埋单层隧道反应谱 β 谱值。

8.4　交叉隧道的抗震分析

8.4.1　计算模型

以在建的某南京地铁隧道为研究对象，隧道衬砌的外径为 6.2m、内径为 5.5m，衬砌厚度为 0.35m，双层交叉地铁隧道的上下圆形隧道尺寸相同，上层隧道结构的上覆土层厚 14m，下层隧道结构的上覆土层厚 27.1m；采用本书第 3 章介绍的修正 Davidenkov 黏弹性动力本构模型模拟土的动力特性，典型的南京软弱场地条件见表 5.5 和表 5.6。地铁隧道结构的混凝土动力本构模型采用第 3 章介绍的黏塑性动力损伤模型，结构采用 C50 混凝土，其物理参数见表 8.1。

土体和隧道法向采用硬接触，切向采用摩擦接触。计算的交叉隧道工况为：交叉角 0°(上下平行型)、45°(X 形)和 90°(十字形)双层隧道、浅埋单层隧道和深埋单层隧道。为了保证计算精度，并尽可能减少计算时间，地基土采用 C3D10M 三棱锥型四面体单元模拟，隧道结构采用 C3D8 六面体单元模拟，不同工况的总自由度数为 461043～499986。水平向地震动从基岩面输入，地震波输入方向垂直于上层隧道，土层计算区域两侧采用竖向约束、水平向自由的人工边界。为了避免数值计算设置的边界对不同交叉角隧道地震反应的影响，并考虑到隧道地震反应的洞口效应，不同交叉角隧道地震反应分析的三维精细化有限元模型取为圆柱形模型，计算模型直径为 60m。地基土-地铁隧道体系有限元三维网格划分如图 8.39 所示。

本节选取了国内外具有代表性的 4 条强地震动加速度记录作为地铁交叉隧道地震反应分析的近、远场输入地震动，其相关的参数如表 8.8 所示。

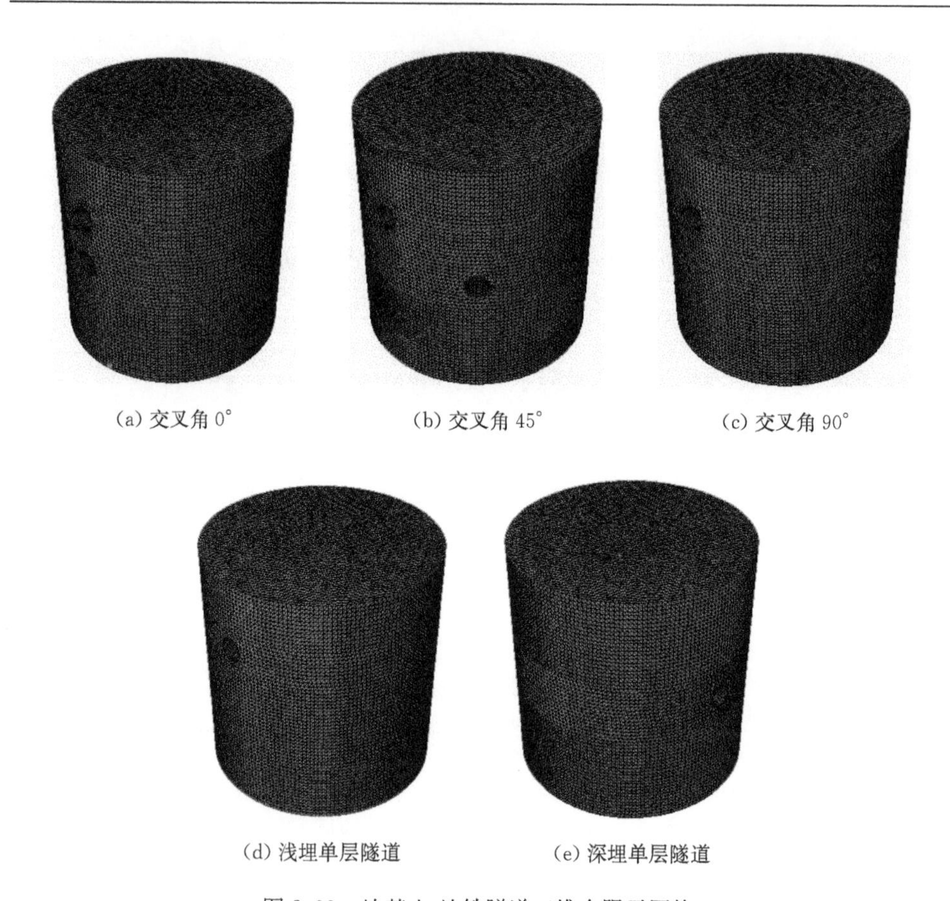

(a) 交叉角 0°　(b) 交叉角 45°　(c) 交叉角 90°

(d) 浅埋单层隧道　(e) 深埋单层隧道

图 8.39　地基土-地铁隧道三维有限元网格

表 8.8　选用地震波

地震波	震源距/km	震中距/km	震级/M_s	峰值加速度/(m/s^2)	地震动类型
清平波	14.1	2.0	8.0	8.025	大地震近场
卧龙波	23.6	19.0	8.0	9.578	
Mexico 波	252.1	275.5	8.1	0.57	大地震远场
Izmit 波	267.3	267	7.4	0.35	

8.4.2　交叉地铁隧道的相对水平位移反应

1. 近场地震动作用下交叉地铁隧道的相对水平位移反应

对于沿海(江)城市的软土地层，在强地震动作用下会发生较大的动变形，土介质的动变形通过土-隧道结构的相互作用效应，使隧道结构产生相应的变形，隧道结构可能会因局部变形过大而损伤,甚至会形成塑性区而破坏。现将地震动作用下地铁区间隧道不同高度处的相对水平位移时程与隧道底部的相对水平位移时程之差的最大值定义为隧道相对水平位移差。图 8.40 为地铁交叉隧道地震反应相对水平位移差的二维图像,表 8.9 给出了以浅埋/深埋的单层隧道最大相对水平位移差为 1.0mm 时地铁交叉隧道最大相对水平位移差的放大率。由此可以得出以下结论:

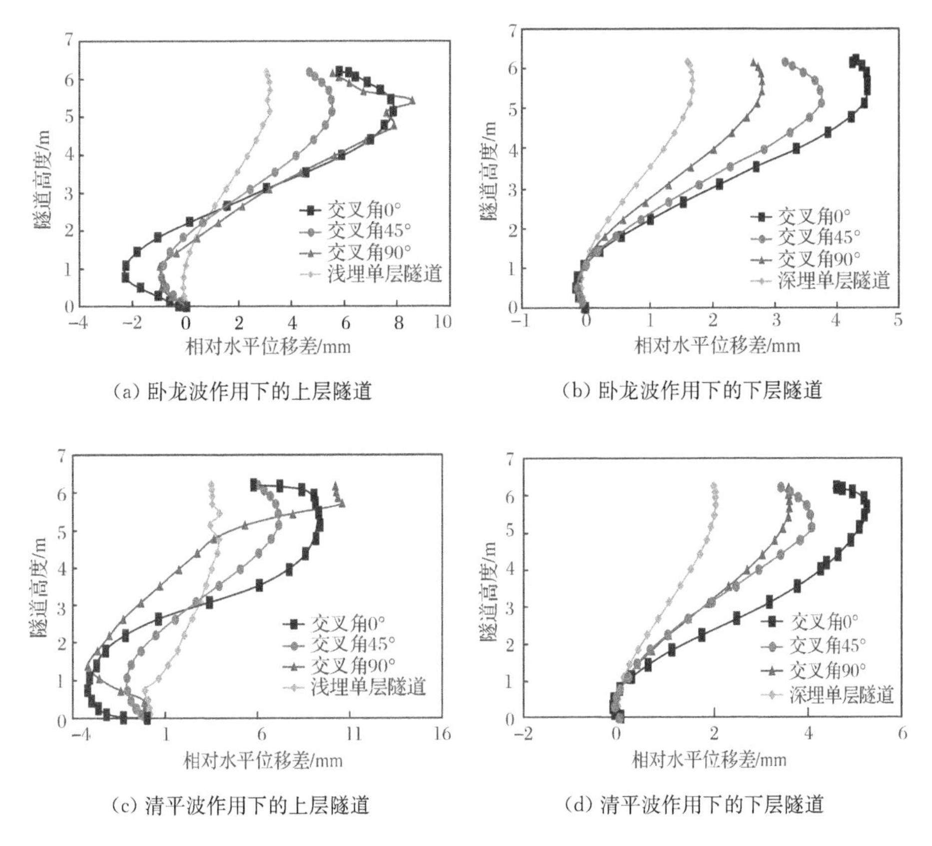

(a) 卧龙波作用下的上层隧道　(b) 卧龙波作用下的下层隧道

(c) 清平波作用下的上层隧道　(d) 清平波作用下的下层隧道

图 8.40　隧道交叉剖面处的地震反应相对水平位移差曲线

表 8.9　地铁交叉隧道的相对水平位移放大率

输入地震动	位置	交叉角 0°	交叉角 45°	交叉角 90°	浅埋/深埋的单层隧道
卧龙波	上层	2.57	1.72	2.73	1.0
	下层	2.94	1.76	1.39	1.0
清平波	上层	2.40	1.83	2.48	1.0
	下层	2.97	1.67	1.26	1.0

(1) 与浅埋/深埋的单层隧道最大相对水平位移差相比，双层隧道的相互作用对上、下层隧道的相对水平位移差具有放大效应，且与双层隧道的形式和输入地震动的特性有关。与浅埋的单层隧道相比，对上层隧道相对水平位移差的放大效应，交叉角45°时的放大效应明显小于交叉角0°和90°时的放大效应，交叉角90°时的放大效应又略大于交叉角0°时的放大效应，且交叉角90°的上层隧道在拱肩和拱腰处衬砌发生严重的塑性变形；与深埋的单层隧道相比，对下层隧道相对水平位移差的放大效应，交叉角0°时最大、45°时次之、90°时最小，即其放大效应随双层隧道交叉角的增大而减小。

(2) 对不同的输入地震动和双层交叉隧道的交叉形式，上层隧道的相对水平位移差均明显大于下层隧道的相对水平位移差，上、下层隧道顶部相对水平位移差的比值介于1.46～3.10。

(3) 不论浅埋/深埋单层隧道还是双层交叉隧道，隧道沿衬砌高度的相对水平位移峰值分布呈现出显著的反S形，这一现象与文献[11]中关于隧道的地震变形模式呈斜椭圆状的结论是一致的。

2. 远场地震动作用下交叉地铁隧道的相对水平位移反应

现将地震动作用下地铁区间隧道不同高度处与隧道底部之间的相对水平位移时程之差的最大值定义为隧道相对水平位移差。图8.41为地铁交叉隧道地震反应相对水平位移差的二维图像，表8.10给出了以浅埋/深埋的单层隧道最大相对水平位移差为1.0mm时地铁交叉隧道最大相对水平位移差的放大率。由此可以得出以下结论：

(1) 与浅埋单层隧道的相对水平位移差相比，双层隧道的相互作用效应与双层隧道的形式和输入地震动的特性有关。在Mexico波作用下，交叉角0°(上下平行型)和45°(X形)时，相互作用效应对上层隧道下部(水平轴线以下)的相对水平位移差具有放大作用，拱腰部位尤为显著；交叉角45°和90°(十字形)时，相互作用效应对上层隧道上部(水平轴线以上)的相对水平位移差具有减小作用，且交叉角90°时拱肩部位的减小作用尤为显著。在Izmit波作用下，相互作用效应对上层隧道下部相对水平位移差的放大作用：交叉角0°时最大，45°时次之，90°时最小；而对上层隧道下部相对水平位移差的放大作用则相反：交叉角0°时最小，45°时次之，90°时最大。

(2) 与深埋单层隧道的相对水平位移差相比，双层隧道的相互作用效应对下层隧道上部的相对水平位移差具有减小作用，且交叉角0°时的减小作用最小，45°时次之，90°时最大；对下层隧道下部的相对水平位移差的影响则很小。

(3) 对不同的远场地震动作用和双层隧道的交叉形式，上层隧道的相对水平位移差明显大于下层隧道的相对水平位移差。

(4) 不论浅埋/深埋的单层隧道还是双层交叉隧道,隧道沿衬砌高度的相对水平位移差呈现出显著的反 S 形分布,这一现象与文献[12]中关于隧道的地震变形模式呈斜椭圆状的结论是一致的。

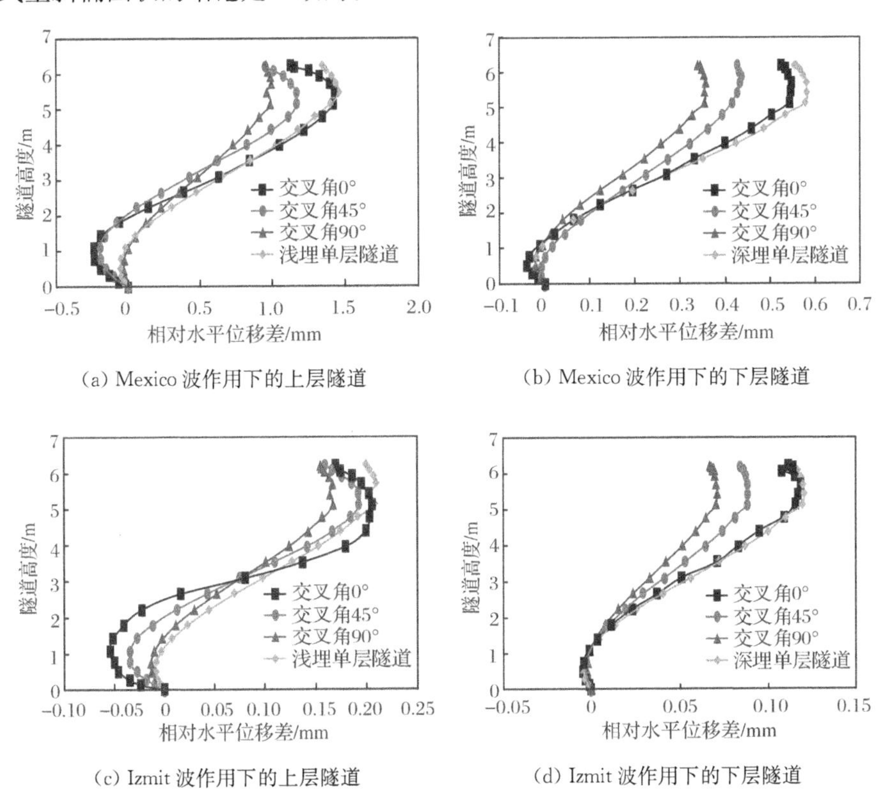

(a) Mexico 波作用下的上层隧道

(b) Mexico 波作用下的下层隧道

(c) Izmit 波作用下的上层隧道

(d) Izmit 波作用下的下层隧道

图 8.41 大地震远场地震动作用下隧道交叉剖面处的相对水平位移差曲线

表 8.10 地铁交叉隧道的相对水平位移放大率

输入地震动	位置	交叉角 0°	交叉角 45°	交叉角 90°	浅埋/深埋的单层隧道
Mexico 波	上层	1.10	0.90	0.68	1.0
	下层	0.98	0.73	0.62	1.0
Izmit 波	上层	1.19	1.04	0.83	1.0
	下层	0.98	0.74	0.59	1.0

8.4.3 交叉地铁隧道交叉段的应力反应

1. 近场地震动作用下交叉地铁隧道的交叉段的地震应力

根据地铁隧道结构动应力时程的动画演示研究,对地铁隧道结构关键部位节点的动应力反应规律进行了分析，其关键部位的节点编号如图 8.42 所示，表 8.11 和表 8.12 为近场地震动作用下的结构应力幅值表。由此可以看出：

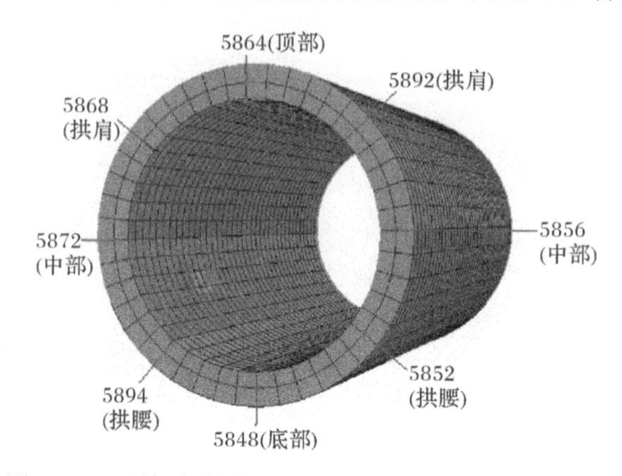

图 8.42 地铁隧道结构输出动应力反应的单元节点位置

表 8.11 清平波作用下隧道衬砌地震应力反应的 Mises 应力幅值

（单位：MPa）

单元节点位置		交叉角 0°		交叉角 45°		交叉角 90°		浅埋/深埋单层隧道	
		幅值	放大率	幅值	放大率	幅值	放大率	幅值	相对值
上层/浅埋隧道	顶部	3.636	0.665	4.636	0.848	5.196	0.950	5.47	1.0
	拱肩(左)	8.825	0.880	9.381	0.935	10.433	1.040	10.028	1.0
	拱肩(右)	8.068	0.774	8.529	0.819	9.321	0.895	10.419	1.0
	中部(左)	4.333	0.695	5.618	0.901	5.871	0.942	6.234	1.0
	中部(右)	4.069	0.602	4.580	0.678	5.871	0.869	6.755	1.0
	拱腰(左)	7.906	0.779	8.796	0.866	9.754	0.961	10.155	1.0
	拱腰(右)	8.107	0.822	8.624	0.875	10.493	1.064	9.86	1.0
	底部	3.179	0.659	4.235	0.878	4.660	0.966	4.826	1.0
下层/深埋隧道	顶部	4.318	0.658	3.890	0.593	3.681	0.561	6.558	1.0
	拱肩(左)	10.009	0.891	9.164	0.816	8.112	0.722	11.234	1.0
	拱肩(右)	9.467	0.811	7.764	0.665	6.764	0.579	11.676	1.0
	中部(左)	4.774	0.653	4.559	0.624	4.41	0.604	7.307	1.0
	中部(右)	4.733	0.595	4.678	0.589	4.614	0.580	7.949	1.0
	拱腰(左)	8.957	0.736	7.922	0.651	7.344	0.603	12.17	1.0
	拱腰(右)	9.076	0.836	8.704	0.802	8.347	0.769	10.854	1.0
	底部	3.735	0.690	3.594	0.664	3.610	0.667	5.41	1.0

表 8.12　卧龙波作用下隧道衬砌地震应力反应的 Mises 应力幅值

(单位:MPa)

单元节点位置		交叉角 0°		交叉角 45°		交叉角 90°		浅埋/深埋单层隧道	
		幅值	放大率	幅值	放大率	幅值	放大率	幅值	相对值
上层/浅埋隧道	顶部	3.546	0.673	3.982	0.756	4.449	0.845	5.268	1.0
	拱肩(左)	4.942	0.681	5.778	0.796	6.545	0.902	7.259	1.0
	拱肩(右)	5.499	0.663	6.543	0.788	7.274	0.876	8.299	1.0
	中部(左)	4.200	0.819	4.931	0.961	5.355	1.044	5.131	1.0
	中部(右)	3.448	0.648	3.551	0.668	3.587	0.675	5.317	1.0
	拱腰(左)	5.765	0.887	6.144	0.945	6.264	0.963	6.503	1.0
	拱腰(右)	5.649	0.763	6.549	0.885	7.095	0.959	7.399	1.0
	底部	4.323	0.796	5.411	0.996	6.136	1.130	5.432	1.0
下层/深埋隧道	顶部	4.061	0.650	3.789	0.607	3.301	0.528	6.246	1.0
	拱肩(左)	5.574	0.684	5.337	0.655	5.221	0.641	8.146	1.0
	拱肩(右)	6.140	0.637	5.992	0.622	5.986	0.621	9.637	1.0
	中部(左)	4.894	0.823	4.754	0.800	4.200	0.707	5.943	1.0
	中部(右)	3.822	0.635	3.671	0.610	3.510	0.583	6.022	1.0
	拱腰(左)	6.541	0.852	6.334	0.825	5.540	0.722	7.673	1.0
	拱腰(右)	6.571	0.771	6.096	0.715	5.067	0.595	8.521	1.0
	底部	5.122	0.809	4.537	0.717	4.349	0.687	6.329	1.0

(1) 浅埋单层隧道的地震应力反应小于深埋单层隧道的地震应力反应;双层隧道的上层/下层隧道地震应力一般小于浅埋/深埋单层隧道的地震应力,即双层隧道的相互作用效应对隧道的地震应力反应具有减小作用,且对下层隧道地震应力的减小作用更为显著;但 90°交叉的(十字形)双层隧道上层底部和中部的地震应力稍大于浅埋单层隧道的地震应力。

隧道拱肩和拱腰处的应力反应明显大于其他部位,且拱肩处的应力反应又略大于拱腰处的应力反应,这与隧道的相对位移反应相吻合,拱肩为隧道结构的最危险部位。

(2) 对于 0°交叉(上下平行型)隧道,上层隧道的地震应力反应小于下层隧道的地震应力反应;对于 90°交叉(十字形)隧道,上层隧道的地震应力反应大于下层隧道的地震应力反应;对于 45°交叉(X 形)隧道,除隧道右拱腰至底部区域外,上层隧道的地震应力反应也小于下层隧道的地震应力反应。

(3)对于双层隧道的上层隧道地震应力反应,0°交叉(上下平行型)隧道的最小,45°交叉(X 形)隧道的次之,90°交叉(十字形)隧道的最大;对于双层隧道的下层隧道地震应力反应,则地震应力反应的规律正好与此相反,0°交叉隧道的最大,45°交叉隧道的次之,90°交叉隧道的最小。双层隧道45°交叉和90°交叉时,上层隧道的地震应力反应大于下层隧道的地震应力反应;双层隧道0°交叉(上下平行型)时,下层隧道的地震应力反应大于上层隧道的地震应力反应。即双层隧道的交叉形式对上、下层隧道地震应力的影响规律正好相反。

(4) 对于浅埋/深埋单层隧道,在隧道结构的拱肩、中部、拱腰部位,其右侧的地震应力反应大于左侧的地震应力反应;但对于双层隧道的上、下层隧道,在隧道结构的拱肩、中部、拱腰部位,均呈现出左侧地震应力反应大于右侧地震应力反应的现象,且隧道底部的地震应力反应大于隧道顶部的地震应力反应,即双层隧道和浅埋/深埋单层隧道结构左、右侧的地震应力大小正好相反。

(5) 虽然清平波的峰值加速度小于卧龙波的峰值加速度,但清平波作用引起的双层交叉隧道和浅埋/深埋单层隧道的应力反应大于卧龙波作用引起的应力反应。

2. 远场地震动作用下交叉地铁隧道交叉段的地震应力

根据地铁隧道结构动应力时程的动画演示研究,对地铁隧道结构关键部位节点的动应力反应规律进行了分析,其关键部位的节点编号如图8.42所示。表8.13和表8.14给出了地铁交叉隧道交叉段隧道横截面地震应力反应的Mises应力幅值,并给出了以浅埋/深埋的Mises应力幅值为1.0MPa时地铁交叉隧道的地震应力放大率。由此可以看出:

(1) 隧道拱肩和拱腰处的应力反应明显大于其他部位,且拱肩处的最大应力反应又略大于拱腰处的最大应力反应,这与隧道的相对位移反应相吻合,拱肩为隧道结构的最危险部位。

浅埋单层隧道的地震应力反应大于深埋单层隧道的地震应力反应;0°交叉(上下平行型)双层隧道的上层/下层隧道地震应力小于浅埋/深埋单层隧道的地震应力;45°交叉(X形)双层隧道的上层/下层隧道在拱肩和拱腰部位的地震应力大于浅埋/深埋单层隧道的地震应力;90°交叉(十字形)双层隧道,除隧道中部(右侧)部位外,上层/下层隧道的地震应力均大于浅埋/深埋单层隧道的地震应力。

(2) 对于双层隧道的上层/下层隧道的地震应力反应,0°交叉隧道的最小,45°交叉隧道的次之,90°交叉隧道的最大。

(3) 在远场地震动作用下,除Mexico波作用时90°交叉隧道的底部以外,交叉隧道上层的地震应力反应大于下层的地震应力反应,符合Hashash等[19]关于浅埋隧道震害大于深埋隧道的结论。Mexico波作用时90°交叉隧道底部下层应力反应大于上层应力反应可能是由于Mexico波中5～10Hz的频率成分比较丰富,对隧道底部的应力反应产生了一定的影响,但随着地震波继续向上传播,这部分频率成分被土体过滤掉了，对隧道其他部位的应力反应未产生明显影响。

表 8.13　Mexico 波作用时隧道衬砌地震应力反应的 Mises 应力幅值

（单位：MPa）

单元节点位置		交叉角 0°		交叉角 45°		交叉角 90°		浅埋/深埋单层隧道	
		幅值	放大率	幅值	放大率	幅值	放大率	幅值	相对值
上层/浅埋隧道	顶部	0.706	0.877	0.798	0.991	0.896	1.113	0.805	1.0
	拱肩(左)	4.853	0.936	5.471	1.055	5.973	1.152	5.184	1.0
	拱肩(右)	4.818	0.926	5.411	1.040	5.94	1.141	5.205	1.0
	中部(左)	0.724	0.858	0.843	0.999	0.903	1.070	0.844	1.0
	中部(右)	0.651	0.750	0.676	0.779	0.861	0.992	0.868	1.0
	拱腰(左)	4.793	0.955	5.444	1.085	5.912	1.178	5.019	1.0
	拱腰(右)	4.72	0.934	5.448	1.078	5.874	1.162	5.054	1.0
	底部	0.694	0.967	0.714	0.994	0.731	1.018	0.718	1.0
下层/深埋隧道	顶部	0.431	0.779	0.508	0.919	0.63	1.139	0.553	1.0
	拱肩(左)	3.47	0.968	3.874	1.080	4.683	1.306	3.586	1.0
	拱肩(右)	2.596	0.697	3.781	1.015	4.341	1.166	3.724	1.0
	中部(左)	0.492	0.831	0.578	0.976	0.603	1.019	0.592	1.0
	中部(右)	0.4	0.624	0.519	0.810	0.638	0.995	0.641	1.0
	拱腰(左)	3.174	0.897	3.754	1.061	4.374	1.236	3.539	1.0
	拱腰(右)	3.035	0.832	3.658	1.002	4.221	1.157	3.649	1.0
	底部	0.684	0.974	0.698	0.994	0.755	1.075	0.702	1.0

表 8.14　Izmit 波作用时隧道衬砌地震应力反应的 Mises 应力幅值

（单位：MPa）

单元节点位置		交叉角 0°		交叉角 45°		交叉角 90°		浅埋/深埋单层隧道	
		幅值	放大率	幅值	放大率	幅值	放大率	幅值	相对值
上层/浅埋隧道	顶部	0.464	0.684	0.636	0.937	0.693	1.021	0.679	1.0
	拱肩(左)	3.258	0.987	4.237	1.284	4.780	1.448	3.301	1.0
	拱肩(右)	3.158	0.948	4.223	1.268	4.652	1.397	3.330	1.0
	中部(左)	0.479	0.798	0.579	0.964	0.693	1.155	0.600	1.0
	中部(右)	0.400	0.615	0.500	0.769	0.550	0.846	0.650	1.0
	拱腰(左)	3.087	0.964	3.851	1.203	4.702	1.469	3.201	1.0
	拱腰(右)	2.951	0.918	3.809	1.184	4.680	1.456	3.216	1.0
	底部	0.429	0.682	0.543	0.864	0.679	1.080	0.629	1.0

续表

单元节点位置		交叉角 0°		交叉角 45°		交叉角 90°		浅埋/深埋单层隧道	
		幅值	放大率	幅值	放大率	幅值	放大率	幅值	相对值
下层/深埋隧道	顶部	0.443	0.756	0.550	0.939	0.657	1.122	0.586	1.0
	拱肩(左)	2.973	0.981	4.137	1.366	4.523	1.493	3.030	1.0
	拱肩(右)	2.815	0.923	4.102	1.344	4.480	1.468	3.051	1.0
	中部(左)	0.407	0.740	0.500	0.909	0.579	1.052	0.550	1.0
	中部(右)	0.322	0.536	0.436	0.726	0.514	0.857	0.600	1.0
	拱腰(左)	2.701	0.987	3.723	1.360	4.416	1.614	2.737	1.0
	拱腰(右)	2.508	0.862	3.673	1.263	4.294	1.477	2.908	1.0
	底部	0.379	0.707	0.443	0.827	0.600	1.120	0.536	1.0

8.4.4 交叉地铁隧道交叉段的水平向加速度反应

1. 近场地震动作用下交叉地铁隧道交叉段的水平向加速度反应

表 8.15 为近场地震动作用下地铁交叉隧道与浅埋/深埋单层隧道顶、底部峰值加速度反应的比较，可以看出：

(1) 双层隧道下层顶、底部的峰值加速度反应大于上层顶、底部的峰值加速度反应；上、下层隧道底部的峰值加速度反应大于其顶部的峰值加速度反应。这可能是由于软土地基对地震波的低频放大和高频滤波作用，在高频成分较丰富的近场地震动作用下，软土层对地震波主要起滤波减小作用。

(2) 虽然清平波的峰值加速度小于卧龙波的峰值加速度，但卧龙波作用引起的双层交叉隧道和浅埋/深埋单层隧道顶、底部的峰值加速度反应大于清平波作用引起的峰值加速度反应。

(3) 与浅埋单层隧道顶、底部的峰值加速度反应相比，90°交叉时上层隧道顶、底部的峰值加速度反应减小，0°和 45°交叉时上层隧道顶、底部的峰值加速度反应增大，且 0°交叉时的峰值加速度反应要略大一些。

(4) 双层隧道下层顶、底部的峰值加速度反应，45°交叉时的峰值加速度反应最大；与深埋单层隧道顶、底部的峰值加速度反应相比，90°交叉时下层隧道顶、底部的峰值加速度反应减小；0°和 45°交叉时的下层隧道顶、底部的峰值加速度反应的增大或减小与输入的近场地震动特性有关。

2. 远场地震动作用下交叉地铁隧道交叉段的水平向加速度反应

表 8.16 为远场地震动作用下地铁交叉隧道与浅埋/深埋单层隧道顶、底部在

各工况下的峰值加速度反应的比较,交叉隧道结构的加速度反应有如下规律:双层隧道上层的峰值加速度反应大于下层的峰值加速度反应;上、下层隧道顶部的峰值加速度大于其底部的峰值加速度。与浅埋/深埋单层隧道顶、底部的峰值加速度反应相比,除在 Mexico 波作用下 90°交叉时下层隧道的底部外,双层隧道的相互作用效应使交叉隧道顶、底部的峰值加速度反应增大,且对上层隧道,0°交叉时的峰值加速度反应最大,45°交叉时次之,90°交叉时最小;而对下层隧道,其放大程度与双层隧道的形式和输入地震动的特性有关。

表 8.15　近场地震动作用下地铁隧道结构顶、底部的峰值加速度　(单位:m/s^2)

地震动	峰值加速度	隧道位置	交叉角 0°		交叉角 45°		交叉角 90°		单层隧道	
			顶部	底部	顶部	底部	顶部	底部	顶部	底部
卧龙波	9.57	上层	2.31	2.46	2.26	2.45	1.96	1.99	2.08	2.19
		下层	2.42	2.90	2.89	3.55	2.41	2.34	2.84	2.85
清平波	8.24	上层	2.47	2.60	2.42	2.48	2.37	2.42	2.36	2.43
		下层	2.69	3.66	3.39	3.71	2.61	3.14	3.43	3.45

表 8.16　远场地震动作用下地铁隧道结构顶、底部的峰值加速度　(单位:m/s^2)

地震动	峰值加速度	隧道位置	交叉角 0°		交叉角 45°		交叉角 90°		单层隧道	
			顶部	底部	顶部	底部	顶部	底部	顶部	底部
Mexico 波	0.57	上层	0.759	0.733	0.697	0.682	0.632	0.621	0.620	0.570
		下层	0.722	0.697	0.672	0.651	0.588	0.609	0.612	0.540
Izmit 波	0.35	上层	0.728	0.723	0.723	0.708	0.713	0.690	0.681	0.593
		下层	0.708	0.701	0.703	0.702	0.692	0.690	0.649	0.590

8.5　区间隧道抗震设计建议

8.5.1　水平双线平行隧道抗震设计建议

基于南京地铁区间隧道的实际建设和规划为背景,本章分析了三种不同埋深条件下地铁区间隧道的非线性地震反应特性,给出了区间隧道的相对水平位移反应、加速度反应及其内力反应的规律,研究了 SSI 效应对结构水平位移反应的影响规律及其场地相对水平位移与区间隧道结构动内力最大值的相关性,得出的主要结论如下:

(1) SSI 效应对隧道结构水平向相对位移反应的影响很大,隧洞顶、底之间的最大相对水平位移明显小于自由场对应点之间的最大相对水平位移,尤其是上覆土层厚度为 9m 时，由于隧道侧向有软土层，SSI 效应对隧道结构水平位移反应的影响更大。因此，采用反应位移法求解穿越软土层区间隧道动力反应时有必要考虑 SSI 效应；总体来看，与自由场位移反应相比，考虑 SSI 效应的隧道结构顶底相对位移是对应自由场相对位移的 0.4～0.8 倍，因此，在一般场地隧道抗震设计中，可取 SSI 效应位移影响系数为 0.8。

(2) 在地震动作用下，隧道结构的动轴力和动弯矩在与洞顶和洞底成 45°圆心角的四个点附近反应值较大，而动剪力在洞顶、洞底及其洞的水平径向两个端点处的反应值较大，同时，隧道埋深为 9m 时隧道结构的动内力反应比其他两种埋深条件下要大得多；区间隧道的最大动剪力和动弯矩与隧洞顶底处对应自由场两点间的最大相对位移有一定的相关性。因此，采用反应位移法进行该类隧道抗震设计是比较合理的。

(3) 在静力荷载和地震动共同作用下，区间隧道最大内力位于与隧洞底部成 45°圆心角的两个点附近，剪力最大值仍处于与水平和竖向对称轴成 45°圆心角的四个点附近，而最大弯矩一般位于隧洞水平向和竖向直径的四个端点附近，与南京地区区间隧道的设计允许承载内力相比，在静力荷载和南京地区 100 年超越概率 3%的地震动共同作用下隧道结构是安全的。

8.5.2　双层竖向重叠隧道抗震设计建议

以深软场地中的双层竖向重叠隧道结构为研究对象，初步研究了双层竖向重叠隧道的水平向非线性地震反应特性，与单层隧道的地震反应特性相比较，其主要结论如下。

在近场地震动作用下，双层竖向重叠地铁隧道的相对水平位移差要比单层隧道的大；而在远场地震动作用下，双层竖向重叠地铁隧道的相对水平位移差与单层隧道的基本相同。在近、远场地震动作用下，双层竖向重叠地铁隧道上层的相对水平位移要比下层的大得多。

双层竖向重叠地铁隧道和单层地铁隧道的地震应力分布特征相似，在与竖向轴约成 45°的隧道上、下拱肩处的地震应力值最大；在近场地震动作用下，存在地铁隧道拱肩外侧的地震应力大于拱肩内侧的地震应力的现象；而在远场地震动作用下地铁隧道拱肩内侧的地震应力值最大。在近场地震动作用下，双层竖向重叠地铁隧道下层的地震应力要比上层的地震应力大；在远场地震动作用下则与此相反。近场地震动对地铁隧道的破坏作用比远场地震动的破坏作用更大。因此，按抗震规范设计的双层竖向重叠地铁隧道或浅埋隧道，在远场地震动作用下其上层隧道或浅埋隧道可能偏于不安全。

双层竖向重叠地铁隧道底部的峰值加速度与浅埋或深埋单层隧道的基本相同，但近场地震动作用下双层竖向重叠隧道底部的加速度反应谱明显向短周期方向移动，而在远场地震动作用下双层竖向重叠隧道对高频成分的反应有放大作用。

8.5.3　交叉隧道抗震设计建议

以南京地铁区间隧道为工程背景，分析了软土场地上不同交叉角度的交叉隧道相互作用效应对上层隧道地震反应特性的影响，初步得出如下的总体认识。

对不同的近、远场地震动作用和双层隧道的交叉形式，隧道沿衬砌高度的相对水平位移差呈反 S 形分布，双层交叉隧道的相互作用效应对上层隧道的相对水平位移具有放大作用，使上层隧道的相对水平位移差明显大于下层隧道的相对水平位移差。近场地震动作用时，双层交叉隧道的相互作用效应对上、下层隧道顶、底部之间的相对水平位移差具有放大效应，交叉角 45°时上层隧道相对水平位移差的放大效应最大，交叉角 90°时上层隧道拱肩和拱腰处衬砌会发生塑性变形而造成衬砌破坏；对下层隧道相对水平位移差的放大效应随双层隧道交叉角的增大而减小。远场地震动作用时，双层隧道的相互作用效应对下层隧道上部的相对水平位移差具有减小作用，且交叉角 0°时的减小作用最小、45°时次之、90°时最大，但对下层隧道下部的相对水平位移差的影响则很小。

近场强地震动作用下，双层隧道的相互作用效应对上、下层隧道的地震应力反应均有减小作用，且对下层隧道的减小作用更为显著；隧道拱肩和拱腰处的地震应力反应明显大于其他部位，拱肩为隧道结构的最危险部位；双层隧道上、下层的地震应力反应的大小与上、下层隧道的交叉形式有关，且其交叉形式对上、下层隧道地震应力的影响相反；浅埋/深埋单层隧道结构右侧的地震应力反应大于左侧的地震应力反应，而对于双层隧道，则上、下层隧道结构左侧的地震应力反应大于右侧地震应力反应，且隧道底部的地震应力反应大于隧道顶部。在远场地震动作用下，双层隧道的上层/下层隧道的地震应力反应，0°交叉隧道的最小，45°交叉隧道的次之，90°交叉隧道的最大；交叉角 90°上层交叉隧道的地震应力反应比仅有上层隧道的应力反应大得多，交叉角 0°隧道的地震应力反应与仅有上层隧道的应力反应相差不大。上层/下层隧道的地震应力大于浅埋/深埋单层隧道的地震应力。

近场强地震动作用下，双层隧道下层顶、底部的峰值加速度反应大于上层顶、底部的峰值加速度反应；上、下层隧道底部的峰值加速度反应大于其顶部的峰值加速度反应。在远场地震动作用下，双层隧道上层的峰值加速度反应大于下层的峰值加速度反应；上、下层隧道顶部的峰值加速度大于其底部的峰值加速度，上层交叉隧道的加速度反应随交叉角度的增大而减小。

参 考 文 献

[1] Yamaguchi I, Yamazaki I, Kiritani Y. Study of ground-tunnel interactions of four shield tun-

nels driven in close proximity,in relation to design and construction of parallel shield tunnels [J]. Tunnelling and Underground Space Technology,1998,13(3):289－304.

[2] 严松宏,谢君泰,梁波,等. 南京地铁区间交叉隧道空间弹塑性分析[C]//中国土木工程学会隧道及地下工程分会第十二届年会. 重庆,2002.

[3] 靳晓光,张宪鑫,李勇,等. 大型地下立交动态施工过程 3D 有限元分析[J]. 地下空间与工程学报,2009,5(2):215－219.

[4] 陈磊,陈国兴,李丽梅. 近场和远场地震动作用下双层竖向重叠地铁隧道地震反应特性[J]. 中国铁道科学,2010,31(1):79－86.

[5] Horibe Y,Yagi H,Okayasu S,et al. Connection between two tunnels under a busy crossing in a big city[J]. International Journal of Rock Mechanics & Mining Science & Geomechanics Abstracts,1995,32(3):139A－139A.

[6] 姜忻良,谭丁,姜南. 交叉隧道地震反应三维有限元和无限元分析[J]. 天津大学学报:自然科学与工程技术版,2004,37(4):307－311.

[7] 陈国兴,庄海洋,徐烨. 软弱地基浅埋隧洞对场地设计地震动的影响[J]. 岩土工程学报,2004,26(6):739－744.

[8] 陈国兴,庄海洋,杜修力等. 土-地铁隧道动力相互作用的大型振动台试验结果分析[J]. 地震工程与工程振动,2007,27(1):164－170.

[9] 庄海洋,陈国兴. 双洞单轨地铁区间隧道非线性地震反应分析[J]. 地震工程与工程振动,2006,26(2):131－137.

[10] 庄海洋,左熹,陈国兴. 软弱地基上地铁区间隧道周围场地位移和加速度反应分析[J]. 岩土力学,2007,28(A1):737－742.

[11] 庄海洋,陈国兴. 软弱地基浅埋地铁区间隧洞的地震反应分析[J]. 岩石力学与工程学报,2005,24(14):2506－2512.

[12] 陈磊. 地铁地下结构近远场地震反应特性的数值模拟研究[D]. 南京:南京工业大学,2011.

[13] 陈磊,陈国兴,龙慧. 地铁交叉隧道近场强地震反应特性的三维精细化非线性有限元分析[J]. 岩土力学,2010,31(12):3971－3976.

[14] 陈磊,陈国兴,陈苏. 大震远场地震动作用下地铁交叉隧道的三维非线性反应分析[C]//低碳经济与土木工程科技创新-中国(北京)国际建筑科技大会. 北京,2010.

[15] 楼梦麟,陈清军. 侧向边界对桩基地震反应影响的研究[R]. 上海:同济大学,1999.

[16] 楼梦麟,王文剑,朱彤,等. 土-结构体系振动台模型试验中土层边界影响问题[J]. 地震工程与工程振动,2000,20(4):30－36.

[17] 刘钊,佘才高,周振强. 地铁工程设计与施工[M]. 北京:人民交通出版社,2004.

[18] 林皋. 地下结构抗震分析综述(下)[J]. 世界地震工程,1990,6(3):1－10.

[19] Hashash Y M,Hook J J,Schmidt B,et al. Seismic design and analysis of underground structures[J]. Tunnelling and Underground Space Technology,2001,16(4):247－293.

第 9 章　地铁地下结构抗震设计的简化分析方法

9.1 引　　言

对于地下结构，采用弹塑性时程分析方法进行地震反应分析是合理的，通过二维或三维有限元分析方法可以深入和全面了解地下结构的地震反应特性和抗震性能，目前的相关研究主要以商业软件为计算平台进行地下结构地震反应特性的数值模拟[1~8]。鉴于二维或三维有限元分析比较复杂、方法多样化，受到土体非线性动力本构模型选用的限制且计算工作量大，导致在计算结果上仍存在较大的差别，也没有形成统一的较为规范的常用计算方法，且目前还不能被工程设计人员普遍接受。因此，发展简便、实用的地下结构抗震设计分析方法也是十分必要的。

目前，按照地震荷载的描述和模拟方法，地下结构抗震设计的简化分析方法可以分成三类[5]：基于力的方法、基于位移的方法、结构与土体相互作用体系整体分析数值方法。除了第三类方法自然地包含了土-结构相互作用外，第一、二类方法也可以划分为考虑或不考虑土-结构相互作用效应的方法。

本章首先介绍常用地下结构的简化抗震设计分析方法，并介绍作者对相关方法的参数取值和影响因素的相关研究成果。其次，介绍基于 Penzien 集中质量概念而建立的能够考虑自由场层间剪切刚度与阻尼效应的地下结构抗震分析的集中质量法，以及基于 PROSHAKE&ABAQUS 软件的地下结构抗震设计简化方法。相关的内容能够为从事地下结构抗震设计的工程技术人员提供必要的指导和有价值的参考。

9.2 地震系数法

9.2.1 地震系数法原理

地下结构抗震分析的地震系数法是静力法或拟静力法的一种，即在静止土压力计算公式的基础上通过乘以地震土压力系数或者通过土体内摩擦角折减等方法来近似考虑地下结构的惯性力影响。目前，我国相关规范中提出的地震作用下挡土墙土压力计算公式虽有不同，但主要区别仅在于对地震系数的计算方法上稍有不同。由于地震系数法概念明确、计算简单，在一般地下结构的抗震计算中得到了广泛的应用。因此，针对地铁地下结构所处场地的特征（侧墙垂直、地表水平、不考虑墙体与土体接触面的切向滑动等），这里对相关的地震土压力计算方法介绍如下。

9.2.2 地震土压力计算方法

1.《铁路工程抗震设计规范》的方法

我国《铁路工程抗震设计规范》(GB 50111—2006)中采用“地震角”的概念来近似考虑地震作用，即地震时土的内摩擦角 ϕ、墙背摩擦角 δ 和土的重度 γ 都将要发生变化，应进行如下修正：

$$\phi = \phi - \theta \tag{9.1}$$

$$\delta = \delta - \theta \tag{9.2}$$

$$\gamma = \frac{\gamma}{\cos\theta} \tag{9.3}$$

式中，θ 为地震角，针对不同地震震级可按表 9.1 取值。

因此，结构一侧主动土压力增量为

$$\Delta p_{\mathrm{a}} = \frac{1}{2}\gamma H^2(\lambda_{\mathrm{a}} - \lambda'_{\mathrm{a}}) \tag{9.4}$$

$$\begin{cases} \lambda_{\mathrm{a}} = \tan^2\left(45° - \dfrac{\phi}{2}\right) \\ \lambda'_{\mathrm{a}} = \tan^2\left(45° - \dfrac{\phi - \theta}{2}\right) \end{cases} \tag{9.5}$$

式中，γ 为侧向土体重度；H 为挡土墙或地下结构高度。

地下结构另一侧与之反对称布置主动侧向土压力。

表 9.1 地震角的取值

地震角		A_g			
		0.1g，0.15g	0.2g	0.3g	0.4g
θ	水上	1°30′	3°	4°30′	6°
	水下	2°30′	5°	7°30′	10°

2.《水工建筑物抗震设计规范》的方法

依据我国《水工建筑物抗震设计规范》(DL 5073—2000)建议的地震土压力计算公式，可得在水平向地震力作用下地下结构的一侧主动动土压力计算公式：

$$P_{\mathrm{ae}} = \frac{1}{2}\gamma H^2\left(1 + \zeta\frac{a_{\mathrm{v}}}{g}\right)C_{\mathrm{e}} \tag{9.6}$$

$$C_e = \frac{\cos^2(\phi - \theta_e)}{\cos^2\theta_e (1 + \sqrt{Z})^2} \tag{9.7}$$

$$Z = \frac{\sin\phi \sin(\phi - \theta_e)}{\cos\theta_e} \tag{9.8}$$

式中，P_{ae}为总主动动土压力；ζ为计算系数，拟静力法计算地震作用效应时一般取 0.25，对钢筋混凝土结构取 0.35；C_e 为地震动土压力系数；θ_e 为地震系数角，$\theta_e = \arctan\frac{\zeta a_h}{a_v}$，$a_h$ 为水平向设计地震加速度代表值，a_v 为竖向设计地震加速度代表值。

3. 基于物部·冈部方法的地震土压力计算公式

物部·冈部计算公式是以静力库仑土压力理论为基础，考虑竖向和水平向地震加速度的影响，对原有库仑理论进行修正[9]。根据一般地下结构所处场地的特点，可推导出水平向地震作用下地下结构侧向地震土压力的计算公式如下：

$$P_{ae} = \frac{1}{2}\gamma H^2 K_{ae}(1 - k_v) \tag{9.9}$$

$$K_{ae} = \frac{\cos^2(\phi - \theta')}{\cos^2\theta' \left[1 + \sqrt{\frac{\sin\phi \sin(\phi - \theta')}{\cos\theta'}}\right]} \tag{9.10}$$

$$\theta' = \arctan\frac{k_h}{1 - k_v} \tag{9.11}$$

式中，k_h 为水平地震系数，7 度地区 $k_h = 0.1$，8 度地区 $k_h = 0.2$，9 度地区 $k_h = 0.4$；k_v 为垂直地震系数，一般取$(1/2 \sim 2/3)k_h$。

4. 基于地层位移的地震主动土压力计算公式

该计算方法是将地层位移沿深度变化假设为余弦函数，根据地层顶底面的最大相对位移计算出地下结构侧向地层的相对位移，根据地基动力弹簧系数，计算出地下结构侧向地基反力，具体计算简图如图 9.1 所示。

整个场地地层的相对位移为

$$u(z) = u_{amax}\cos\frac{\pi z}{2H} \tag{9.12}$$

式中，$u(z)$为距地表面为 z 处的地震时的地层变形，m；u_{amax}为地表与基准面的相对位移最大值，m；z 为地面以下任一点距地表面的深度，m；H 为地表至基准面的距离，m。

因此，地下结构侧向地层作用在地下结构的地震土压力计算公式为

$$p(z) = k[u_a(z) - u_a(z_B)] \tag{9.13}$$

式中，$p(z)$为从地表面到深 z(m)处地下结构侧向单位面积所受到地震时土压力，

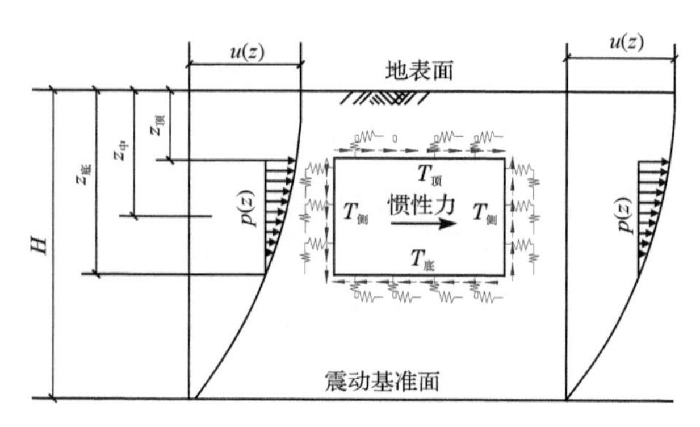

图 9.1　地震时地层变形模式

N/m^2；$u_a(z)$为从地表面到深 z(m)处地下结构侧向土层位移，m；$u_a(z_B)$为地下结构底面处土层侧向位移，m；k 为动力弹簧刚度，N/m^2。

9.3　自由场变形法

9.3.1　自由场变形法原理

自由场变形法由 Newmark[10]在 20 世纪 60 年代提出。该方法反映了地下结构地震反应的主要因素是其周围土层变形反应这一根本特点，这比地震系数法更为合理。该方法不考虑地下结构与周围土层刚度的差异，忽略了地下结构或地下开挖对土层变形的影响，将地震作用下结构位置处的自由场变形直接施加在结构上作为结构变形，以此计算结构的地震反应。Wang[11]建议在计算地下结构地震内力时将结构底部简支，地震作用采用在结构顶部施加水平集中力(P)或在结构侧墙施加水平倒三角形分布力(q)，逐步加载，使结构发生的变形达到自由场变形法计算得到的侧墙最大变形(Δ)，如图 9.2 所示，此时结构的反应作为地下结构地震反应。

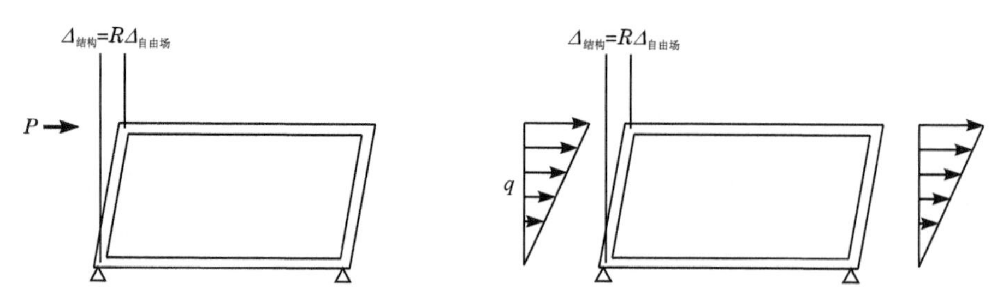

图 9.2　地震荷载施加方法[11]

9.3.2　自由场变形的确定方法

1. 数值分析方法

数值分析方法估算自由场剪切变形是目前主要的方法，尤其是在场地层位变化的情况下，以及需要考虑土体非线性大变形条件下，数值分析法的优势是解析解无法触及的，如常用的一维场地变形计算的专业软件 SHAKE、PROSHAKE 和 DEEPSOIL。上述方法大多数程序把场地模拟成水平成层土体系统并使用一维波传播理论推导出结果。若需要考虑场地的二维问题，可采用 ANSYS、ABAQUS、FLAC 和 FLUSH 等软件。

2. 解析解

理论解可以用来初步估计隧道的应变和变形。这些简化的方法假定地震波场是在隧道任何位置都具有相同幅值的平面波，只是地震波的抵达时间不同，波的散射和三维波传播的复杂性（它们会导致沿着隧道方向波的幅值发生改变）被忽略了。然而地震动的空间变化会导致隧道纵向应力和应变的增加，因此应该慎重解读基于平面波假设的分析结果[12]。

Newmark[10] 和 Kuesel[13] 提出了一种计算由谐波引起的土体自由场应变的简化方法，这种谐波以给定入射角在均匀、各向同性、弹性介质中传播，如图 9.3 所示。最危险的入射角会产生最大的应变，这个准则通常被作为应对地震预测不确

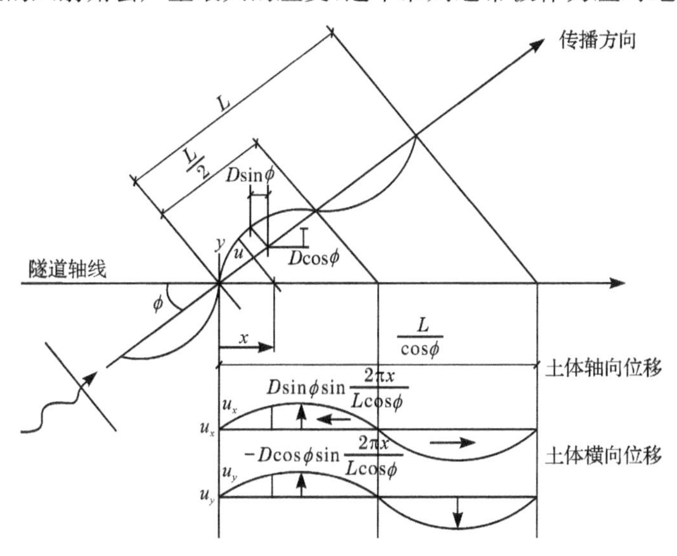

图 9.3　简谐波作用下场地波动示意图

定性的安全措施。Newmark[10] 的方法可以估计地震波引起的应变的数量级，这使它成为了一个初始的设计工具和设计验证的方法。

John 和 Zahrah[14]使用 Newmark 的方法，提出了计算由压缩波、剪切波、瑞利波引起的自由场轴向和弯曲应变的方法，如表 9.2 所示，但是 S 波通常与峰值质点加速度和速度相关[12]。通常很难确定哪种类型的波将主导设计，只有结构埋深较浅和场地远离震源时，瑞利波产生的应变才倾向于被看成主导设计的应变[11]。

表 9.2　不同波引起的自由场轴向和弯曲应变的计算公式

波的种类	纵向应变	正应变	剪应变	曲率
纵波	$\varepsilon_l=\frac{V_P}{C_P}\cos^2\phi$	$\varepsilon_n=\frac{V_P}{C_P}\sin^2\phi$	$\gamma=\frac{V_P}{C_P}\sin\phi\cos\phi$	$\frac{1}{\rho}=\frac{a_P}{C_P^2}\sin\phi\cos^2\phi$
	$\varepsilon_{lm}=\frac{V_P}{C_P}(\phi=0°)$	$\varepsilon_{nm}=\frac{V_P}{C_P}(\phi=90°)$	$\gamma_m=\frac{V_P}{2C_P}(\phi=45°)$	$\frac{1}{\rho_{max}}=0.385\frac{a_P}{C_P^2}(\phi=35°16')$
横波	$\varepsilon_l=\frac{V_S}{C_S}\sin\phi\cos\phi$	$\varepsilon_n=\frac{V_S}{C_S}\sin\phi\cos\phi$	$\gamma=\frac{V_S}{C_S}\cos^2\phi$	$K=\frac{a_S}{C_S^2}\cos^2\phi$
	$\varepsilon_{lm}=\frac{V_S}{2C_S}(\phi=45°)$	$\varepsilon_{nm}=\frac{V_S}{2C_S}(\phi=45°)$	$\gamma_m=\frac{V_S}{C_S}(\phi=0°)$	$K_m=\frac{a_S}{C_S^2}(\phi=0°)$
瑞利波压缩分量	$\varepsilon_l=\frac{V_{RP}}{C_R}\cos^2\phi$	$\varepsilon_n=\frac{V_{RP}}{C_R}\sin^2\phi$	$\gamma=\frac{V_{RP}}{C_R}\sin\phi\cos\phi$	$K=\frac{a_{RP}}{C_R^2}\sin\phi\cos^2\phi$
	$\varepsilon_{lm}=\frac{V_{RP}}{C_R}(\phi=0°)$	$\varepsilon_{nm}=\frac{V_{RP}}{C_R}(\phi=90°)$	$\gamma_m=\frac{V_{RP}}{2C_R}(\phi=45°)$	$K_m=0.385\frac{a_{RP}}{C_R^2}(\phi=35°16')$
瑞利波剪切分量	—	$\varepsilon_n=\frac{V_{RS}}{C_R}\sin\phi$	$\gamma=\frac{V_{RP}}{C_R}\cos\phi$	$K=\frac{a_{RS}}{C_R^2}\cos^2\phi$
	—	$\varepsilon_{nm}=\frac{V_{RS}}{C_R}(\phi=90°)$	$\gamma_m=\frac{V_{RS}}{C_R}(\phi=0°)$	$K_m=\frac{a_{RS}}{C_R^2}(\phi=0°)$

通过将隧道看成弹性梁，可以得到组合的轴向和弯曲变形[12]。采用梁理论，把轴向和弯曲变形引起的纵向应变组合起来，可以获得总的自由场轴向应变ε^{ab}。

纵波：

$$\varepsilon^{ab}=\frac{V_P}{C_P}\cos^2\phi+r\frac{a_P}{C_P^2}\sin\phi\cos^2\phi \tag{9.14}$$

横波：

$$\varepsilon^{ab}=\frac{V_S}{C_S}\sin\phi\cos\phi+r\frac{a_S}{C_S^2}\cos^3\phi \tag{9.15}$$

瑞利波（压缩分量）：

$$\varepsilon^{ab}=\frac{V_R}{C_R}\cos^2\phi+r\frac{a_R}{C_R^2}\sin\phi\cos^3\phi \tag{9.16}$$

式中，r 为环形隧道的半径或矩形隧道的半高；a_P 为纵波下质点峰值加速度；a_S 为横波下质点峰值加速度；a_R 为瑞利波下质点峰值加速度；ϕ 为地震波相对于隧道轴向的入射角；V_P 为纵波下质点峰值速度；C_P 为纵波传播的视速度；V_S 为横波下质点峰值速度；C_S 为横波传播的视速度；V_R 为瑞利波下质点峰值速度；C_R 为瑞利波传播的视速度。

随着隧道半径的增加，弯曲变形对轴向应变的贡献增加。然而，使用表 9.2 中的自由场公式进行计算发现：地震作用下，隧道应变的弯曲分量一般小于轴向应变。此外，应该注意到轴向应变的循环特性——尽管隧道衬砌在受拉时可能开裂，但由于入射波的循环特性，这种开裂通常是暂时的。如果震动结束后没有发生永久的土体变形（并且钢筋没有屈服），那么衬砌中的钢筋会把这些裂缝闭合起来。甚至只要裂缝是细微和均布的并且不反过来影响衬砌的性能，无筋混凝土衬砌都可以满足使用要求[11]。

应该指出的是，在这些公式中，纵波和横波的视速度更接近地震波在深层岩体中的传播速度，而非在浅层岩土体的传播速度，然而根据 Abrahamson[15~17] 的数据，隧道一般坐落在浅层岩土体中。横波的视速度一般为 2～4km/s，而纵波的视速度一般为 4～8km/s。

隧道横截面的推压变形一般发生在地震波垂直于隧道轴向传播的情况下，因此，自由变形法主要用于地下结构横向抗震设计。研究表明，尽管水平或者倾斜传播的地震波也可能引起推压变形，然而垂直传播的剪切波才是引起这种变形的主导地震作用[11]。

如图 9.4 所示，可以通过两种方式定义土体剪切变形。在尚未纵向开挖的土体中，最大径向应变是最大自由场剪切应变的函数：

$$\frac{\Delta d}{d}=\pm\frac{\gamma_{\max}}{2} \tag{9.17}$$

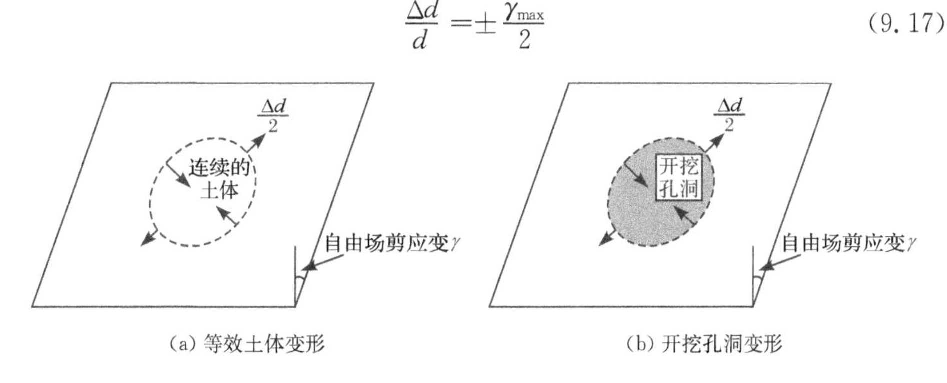

(a) 等效土体变形　　(b) 开挖孔洞变形

图 9.4　等效土体和开挖孔洞的自由场变形（开挖面为圆形）

经历纵向开挖后的土体中的径向应变进一步和土体的泊松比相关：

$$\frac{\Delta d}{d}=\pm 2\gamma_{\max}(1+\nu_{m}) \tag{9.18}$$

上述两个公式中都假定不存在隧道衬砌时自由场地隧道的等代土单元的径向应变，因此忽视了隧道与土体的相互作用。在自由场中，经历纵向开挖后的土体会比尚未纵向开挖的土体遭受更大的推压变形，有时候可能会达 2～3 倍。这为刚度小于周围土体的衬砌结构提供了合理的推压变形计算值，然而当衬砌刚度等于土体刚度时，尚未纵向开挖的土体变形公式会更加适用。在衬砌刚度大于周围土体时，衬砌的推压变形甚至会小于式(9.17)给定的变形[11]。

当矩形结构在地震中受到剪切作用时，结构将遭受横向推压变形，如图 9.5 所示。这种推压变形可以通过土体中的剪应变进行计算(如表 9.2 中的剪应变公式)。

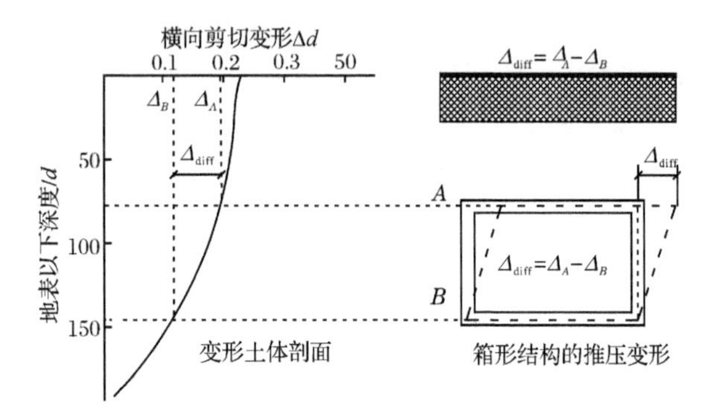

图 9.5　施加在地下矩形框架上的典型自由场推压变形

9.3.3　计算实例

本设计实例以位于软土中的一个直线隧道为对象[18]，假定在软土中使用现浇环形混凝土衬砌(永久二次支护)建造隧道。本例中的地质、结构和地震参数如下：

(1) 地层参数：横波视速度 $C_S=110\text{m/s}$；土单元容重 $\gamma_t=17.0\text{kN/m}^3$；土体泊松比 $\nu_m=0.5$(饱和软黏土)；坚硬基岩上的土层覆盖厚度 $h=30.0\text{m}$。

(2) 结构参数：衬砌厚度 $t=0.30\text{m}$；衬砌直径 $d=6.0\text{m}\rightarrow r=3.0\text{m}$；隧道长度 $L_t=125\text{m}$；隧道截面的惯性矩 $I_c=\dfrac{\pi(3.15^4-2.85^4)}{4}\times0.5=12.76\text{m}^4$(考虑到最大设计地震下混凝土的开裂和非线性行为，使用全截面惯性矩的一半)；衬砌横截面积 $A_c=5.65\text{m}^2$；混凝土杨氏模量 $E_l=24840\text{MPa}$；混凝土屈服强度 $f_c=30\text{MPa}$；弯压组合变形下，混凝土的允许压应变 $\varepsilon_{\text{allow}}=0.003$(最大设计地震下)。

(3) 地震参数(最大设计地震下)：土体中质点峰值加速度 $a_S=0.6\text{g}$；土体中质点峰值速度 $V_S=1.0\text{m/s}$。

根据简化式(9.15)，40°入射波产生最大纵向应变(ε^{ab})时隧道的轴向应变和弯曲应变的最大组合应变计算如下：

$$
\begin{aligned}
\varepsilon^{ab} &= \pm \frac{V_S}{C_S} \sin\phi \cos\phi \pm \frac{a_S r}{C_S^2} \cos^3\phi \\
&= \pm \frac{1.0}{2 \times 110} \times \sin 40^\circ \times \cos 40^\circ \pm \frac{0.6 \times 9.81 \times 3.0}{110^2} \times \cos^3 45^\circ \\
&= \pm 0.0051
\end{aligned}
$$

计算出的最大压应变超过混凝土的允许压应变(即 $\varepsilon^{ab} > \varepsilon_{allow} = 0.003$)。

9.4　土-结构相互作用系数法

9.4.1　土-结构相互作用系数法基本原理

土-结构相互作用系数法又称柔度系数法[18]，该方法是根据地震波动场分析的基本思想以及地震时地下结构的变形与周围岩土介质的变形几乎完全相似的地震观测结果建立起来的。

该方法以自由场变形法为基础，考虑土-结构因刚度不同而引起的相互协调作用。将自由场变形乘以土-结构相互作用系数作为地下结构在地震作用下的变形，再采用图 9.2 中的加载方式计算结构内力反应。土-结构相互作用系数法的原理可以表示为

$$
\Delta_{structure} = \beta \Delta_{free\text{-}field} \tag{9.19}
$$

式中，$\Delta_{structure}$ 为地震作用下地下结构变形；β 为土-结构相互作用系数；$\Delta_{free\text{-}field}$ 为地震作用下自由场变形。

9.4.2　环形隧道的横向变形和内力

1. 结构内力的求解

在这类解答中，使用弹性地基梁法来模拟(准静态)土与结构物的相互作用，这种解法忽略了动态的(惯性)相互作用。在地震作用下，隧道断面将产生轴向弯曲和剪切应变，这些应变是由自由场轴向弯曲和剪切变形引起的。结构最大应变如下。

(1) 从 45°入射的剪切波(见图 9.3)引起的最大轴向应变为

$$
\varepsilon_{max}^{a} = \frac{\frac{2\pi}{L} A}{2 + \frac{E_l A_c}{K_a} \left(\frac{2\pi}{L}\right)^2} \leqslant \frac{fL}{4 E_l A_c} \tag{9.20}
$$

式中，L 为理想正弦剪切波的波长[见式(9.25)]；K_a 为土体纵向弹性系数(隧道单位长度上引起单位变形所需要的力[见式(9.24)]；A 为理想正弦剪切波的自由场

位移响应幅值[见式(9.27)和式(9.28)]；A_c 为隧道衬砌截面面积；E_l 为隧道衬砌弹性模量；f 为单位长度上隧道与周围土体的极限摩阻力。

图 9.6(a)展示了沿着隧道轴向传播的地震波在隧道衬砌上引起的力和弯矩。如式(9.20)所示，最大摩阻力$(Q_{max})_f$ 可以用单位长度上的极限摩阻力乘以 1/4 波长来估计[19]。

(2) 从 0°入射的剪切波引起的最大弯曲应变为

$$\varepsilon_{max}^{b}=\frac{\left(\frac{2\pi}{L}\right)^{2}A}{1+\frac{E_{l}I_{c}}{K_{t}}\left(\frac{2\pi}{L}\right)^{4}}r \tag{9.21}$$

式中，I_c 为隧道截面的惯性矩；K_t 为土体横向弹性系数[隧道单位长度上引起单位变形所需要的力，见式(9.24)]；r 为环形隧道的半径或者矩形隧道的半高。

由于衬砌和土体都被看成线弹性的，因此这些应变可以被叠加。由于地震作用是周期性的，因此需要估计两个极值。作用在隧道截面上的最大剪力可以被描述成最大弯曲应变的函数：

$$V_{max}=\frac{\left(\frac{2\pi}{L}\right)^{3}E_{l}I_{c}A}{1+\frac{E_{l}I_{c}}{K_{t}}\left(\frac{2\pi}{L}\right)^{4}}=\frac{2\pi}{L},\quad M_{max}=\frac{2\pi}{L}\frac{E_{l}I_{c}\varepsilon_{max}^{b}}{r} \tag{9.22}$$

通过把轴向力和弯曲力引起的应变组合起来，可以获得总的轴向应变和应力的保守估计：

$$\varepsilon^{ab}=\varepsilon_{max}^{a}+\varepsilon_{max}^{b} \tag{9.23}$$

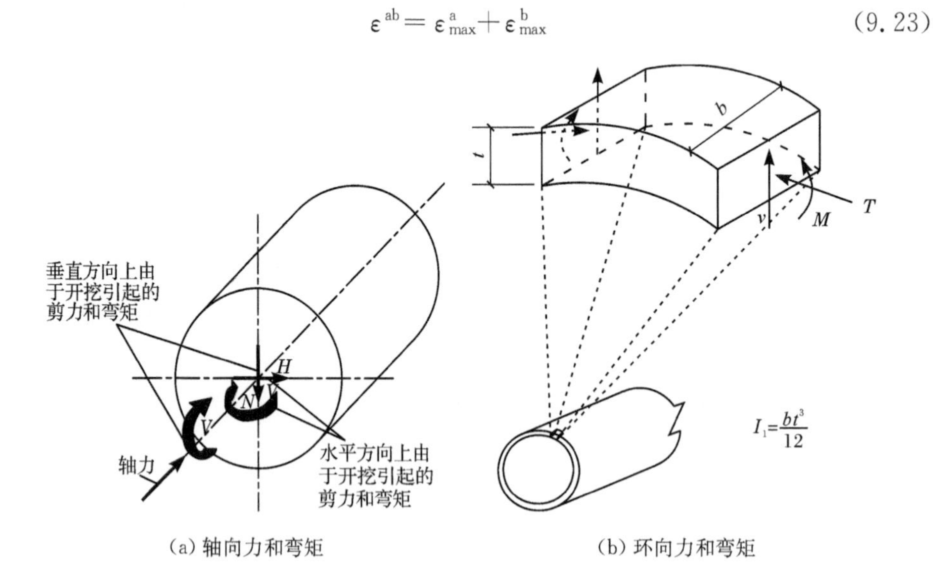

(a) 轴向力和弯矩　　(b) 环向力和弯矩

图 9.6　地震波引起的力和弯矩

2. 计算参数的确定

John 等[14]提出一个类似于日本土木工程学会(1975)的方法，他们把弹性系数 K_a 和 K_t 看成入射波长的函数：

$$K_t = K_a = \frac{16\pi G_m(1-\nu_m)}{3-4\nu_m}\frac{d}{L} \tag{9.24}$$

式中，G_m 为土体的剪切模量；ν_m 为土体的泊松比；d 为环形隧道直径或矩形隧道高度。

这些弹性系数代表着：①隧道和土体的压力之比；②当隧道存在时土体位移的减少量。采用这些弹性系数分析与传统的弹性地基梁的分析不同，在这种分析中，不仅系数要能代表土体动模量，而且选择这些系数时要考虑到地震作用是正负交替的，这是由于地震波假定是正弦波[11]。当使用这些公式来计算浅埋隧道的力和力矩时，土体弹性抵抗力的大小受到了上覆土层厚度和侧向被动土压力的限制。

Matsubara 等[20]进行了一个关于设计地下结构时的输入波长的探讨。地震动输入波长可以估计如下：

$$L = TC_S \tag{9.25}$$

式中，T 为土层中的剪切波的卓越周期、场地本身的自然周期，或最大位移发生处的周期。

Idriss 和 Seed[21]建议采用以下公式计算 T：

$$T = \frac{4h}{C_S} \tag{9.26}$$

式中，如果地震动主要由剪切波引起，并且可以把土体假定成由覆盖于硬土层上的均质软土层组成的介质，那么此时 h 是沉积土层厚度。

土体位移响应幅值 A 代表着沿水平向地震动的空间变化，并且幅值要根据场地特定的地下条件来推断。一般说来，位移幅值随着波长的增加而增大。假定有一个振幅为 A、波长为 L 的正弦波，那么 A 可以根据以下公式计算：

对于自由场轴向应变：

$$\frac{2\pi A}{L} = \frac{V_S}{C_S}\sin\phi\cos\phi \tag{9.27}$$

对于自由场弯曲应变：

$$\frac{4\pi^2 A}{L^2} = \frac{a_S}{C_S}\cos^3\phi \tag{9.28}$$

9.4.3 环形隧道的横向变形与内力

在推压变形的早期研究中，基于 Burns 和 Richard[22] 和 Hoeg[23] 的研究，Peck

等[24]得到了外部荷载作用下推力、弯矩以及位移的闭型解。隧道衬砌的响应是结构的压缩比和柔性比、原位上覆土体压力($\gamma_t h$)、静止土压力系数(K_0)的函数。为了适应剪切波引起的地震作用,用自由场剪应力取代原位上覆土体压力,并给静止土压力系数赋值为−1,以模拟场地的纯剪切条件,此时剪应力可以被进一步描述成剪应变的函数。

隧道相对于周围土体的刚度可以通过压缩比和柔性比(C 和 F)来量化,压缩比和柔性比分别被用来定义土体相对于衬砌的拉伸刚度和抗弯刚度[25](抵抗推压变形的刚度):

$$C = \frac{E_m(1-\nu_l^2)r}{E_l t(1+\nu_m)(1-2\nu_m)} \tag{9.29}$$

$$F = \frac{E_m(1-\nu_l^2)R^3}{6E_l I(1+\nu_m)} \tag{9.30}$$

式中,E_m 和 E_l 分别为土体弹性模量和隧道衬砌的弹性模量;I 为单位宽度隧道衬砌的惯性矩;R 为圆形衬砌的半径;t 为圆形衬砌的厚度;ν_m 和 ν_l 分别为土体泊松比和隧道衬砌的泊松比。

假定在纯滑移条件下且没有法向分离,因此也就没有切向剪切力,此时径向应变、最大推力、弯矩可以用以下公式表述[11]:

$$\frac{\Delta d}{d} = \pm \frac{1}{3}K_1 F\gamma_{max} \tag{9.31}$$

$$T_{max} = \pm \frac{1}{6}K_1 \frac{E_m}{1+\nu_m} r\gamma_{max} \tag{9.32}$$

$$M_{max} = \pm \frac{1}{6}K_1 \frac{E_m}{1+\nu_m} r^2\gamma_{max} \tag{9.33}$$

式中,

$$K_1 = \frac{12(1-\nu_m)}{2F+5-6\nu_m} \tag{9.34}$$

根据各种研究,置身于软土中或者强地震作用下的隧道才有可能在界面处发生滑移。对于大多数隧道,界面条件介于纯滑移和无滑移之间,因此应研究这两种情况下衬砌的临界力和临界变形。然而,纯剪切下的纯滑移假定可能导致最大推力被明显低估,因此,在评估衬砌推力响应时,建议采用连续土体的无滑移假定[23,26]:

$$T_{max} = \pm K_2 \tau_{max} r = \pm K_2 \frac{E_m}{2(1+\nu_m)} r\gamma_{max} \tag{9.35}$$

式中,

$$K_2 = 1 + \frac{F[(1-2\nu_m)-(1-2\nu_m)C] - \frac{1}{2}(1-2\nu_m)^2 + 2}{F[(3-2\nu_m)+(1-2\nu_m)C] + C\left(\frac{5}{2} - 8\nu_m + 6\nu_m^2\right) + 6 - 8\nu_m} \tag{9.36}$$

衬砌的法向挠度显示出柔性比对衬砌响应的重要影响，法向挠度可以定义为[11]：

$$\frac{\Delta d_{\text{衬砌}}}{\Delta d_{\text{自由场}}}=\frac{2}{3}K_1F \tag{9.37}$$

根据式(9.37)可知，当柔性比小于1(即软土地基中的刚性衬砌)时，隧道衬砌的变形将小于自由场的变形。随着柔性比增大，衬砌的变形将逐渐超过自由场并达到一个上限，该上限等于经历纵向开挖后的土体变形。随着柔性比趋近于无限大(即柔度无限大的衬砌)，这种状况得到持续。

Penzien 等[27]得到了类似的由推压变形引起的推力、剪力和弯矩的解析解。Penzien[28]提供了评估矩形和环形隧道推压变形的分析方法作为补充。

为了计算结构的变形，衬砌相对于土体的推压比定义为

$$R=\frac{\Delta_{\text{结构}}}{\Delta_{\text{自由场}}} \tag{9.38}$$

式中，R 为当隧道为环形隧道时衬砌径向偏移与自由场径向偏移的比值。

假定在纯滑移条件下，在地震中环形隧道由土与结构物相互作用引起的推力、弯矩和剪力可以用以下公式表述[28]：

$$\pm\Delta d^n_{\text{衬砌}}=\pm R^n\Delta d_{\text{自由场}} \tag{9.39}$$

$$T(\theta)=-\frac{12E_1I\Delta d^n_{\text{衬砌}}}{d^3(1-\nu_1^2)}\cos\left[2\left(\theta+\frac{\pi}{4}\right)\right] \tag{9.40}$$

$$M(\theta)=-\frac{6E_1I\Delta d^n_{\text{衬砌}}}{d^2(1-\nu_1^2)}\cos\left[2\left(\theta+\frac{\pi}{4}\right)\right] \tag{9.41}$$

$$V(\theta)=-\frac{24E_1I\Delta d^n_{\text{衬砌}}}{d^3(1-\nu_1^2)}\sin\left[2\left(\theta+\frac{\pi}{4}\right)\right] \tag{9.42}$$

仅有法向荷载时，衬砌相对于土体的推压比定义为

$$R^n=\pm\frac{4(1-\nu_{\mathrm{m}})}{\alpha^n+1} \tag{9.43}$$

$$\alpha^n=\frac{12E_1I(5-6\nu_{\mathrm{m}})}{d^3G_{\mathrm{m}}(1-\nu_1^2)} \tag{9.44}$$

图 9.7 中表示出了环形隧道中上述力分量的符号约定，在无滑移条件下，有

$$\pm\Delta d_{\text{衬砌}}=\pm R\Delta d_{\text{自由场}} \tag{9.45}$$

$$T(\theta)=-\frac{24E_1I\Delta d_{\text{衬砌}}}{d^3(1-\nu_1^2)}\cos\left[2\left(\theta+\frac{\pi}{4}\right)\right] \tag{9.46}$$

$$M(\theta)=-\frac{6E_1I\Delta d_{\text{衬砌}}}{d^2(1-\nu_1^2)}\cos\left[2\left(\theta+\frac{\pi}{4}\right)\right] \tag{9.47}$$

$$V(\theta)=-\frac{24E_1I\Delta d_{\text{衬砌}}}{d^3(1-\nu_1^2)}\sin\left[2\left(\theta+\frac{\pi}{4}\right)\right] \tag{9.48}$$

式中，

$$R = \pm \frac{4(1-\nu_{\mathrm{m}})}{\alpha+1} \tag{9.49}$$

$$\alpha^{n} = \frac{24E_{\mathrm{l}}I(3-4\nu_{\mathrm{m}})}{d^{3}G_{\mathrm{m}}(1-\nu_{\mathrm{l}}^{2})} \tag{9.50}$$

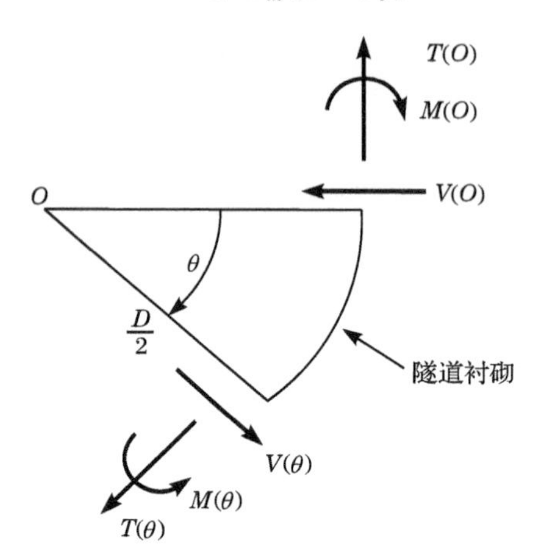

图 9.7 环形衬砌中内力分量的符号约定

纯滑移条件下，Penzien 等[27,28]的解和 Wang[11]的解在推力和弯矩上非常接近。然而，在无滑移条件下，Wang[11]得到的推力值远高于 Penzien 等[27,28]得到的结果。Power 等[12]也发现了这一点，但是引起这种差异的原因还在研究中。

9.4.4 矩形隧道的横向变形和内力

浅埋矩形隧道通常是用明挖法施工的箱型结构，这些隧道有不同于圆形隧道的抗震特性。箱型框架传递静荷载的能力不如环形衬砌，因此明挖框架结构的墙体和顶板必须更厚(因此刚度更大)。由于结构刚度的增加以及浅层土体有发生大变形的潜在风险，设计明挖结构时必须更为谨慎地考虑土与结构物的相互作用。由于以下两个原因，地震时浅层土体的变形要更大：①上覆土体压力减小导致隧道周围土体刚度降低；②场地放大效应。回填土中可能包含和原位土性质不同的材料，这将会引起不同的地震响应[11]。

箱型结构的大刚度使得计算出来的应变减小，这往往使得基于自由场应变设计这些结构时显得过于保守[29]。尽管可以得到隧道与土体相互作用下环形隧道的解析解，但是由于矩形结构高度差异化的几何特征，无法得到这些解析解。为了便于设计，用于计算土与结构物的动态相互作用的简单实用的程序已经被开发出来。

许多因素引起了土与结构物的相互作用，主要包括土与结构物的相对刚度、结构几何形状、输入地震动、隧道埋深。其中最重要的因素是纯剪条件下土体与结构物的相对刚度，可以像环形隧道那样用柔性比描述它。

如图 9.8 所示，在纯剪条件下，选取一个土柱中矩形土体单元进行分析。纯剪应力下土单元的剪应变由式(9.51)给出：

$$\gamma_{\mathrm{S}}=\frac{\Delta}{H}=\frac{\tau}{G_{\mathrm{m}}} \tag{9.51}$$

对式(9.51)变形后，单元的剪切刚度或弯曲刚度可以用剪应力与相应的角应变的比值表示：

$$\frac{\tau}{\gamma_{\mathrm{S}}}=\frac{\tau}{\Delta/H}=G_{\mathrm{m}} \tag{9.52}$$

通过把施加的剪应力和结构宽度 W 相乘，可以把剪应力转化成集中力，从而得到

$$\gamma_{\mathrm{S}}=\frac{\Delta}{H}=\frac{P}{HS_1}=\frac{\tau W}{HS_1} \tag{9.53}$$

$$\frac{\tau}{\gamma_{\mathrm{S}}}=\frac{\tau}{\Delta/H}=\frac{S_1 H}{W} \tag{9.54}$$

式中，S_1 为结构产生单位推压变形时需要的力；W 为结构的宽度。

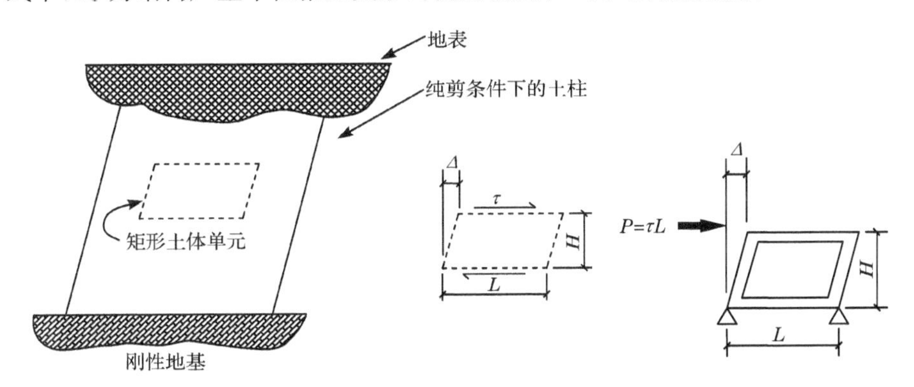

(a) 土体的自由场弯曲(剪切)变形　(b) 矩形框架结构的弯曲(推压)变形

图 9.8　土体与矩形框架结构的相对刚度

可以同前述过程一样计算结构的柔性比：

$$F=\frac{G_{\mathrm{m}}W}{S_1 H} \tag{9.55}$$

在这些表达式中，抗推压刚度是单位集中力引起的侧向推压变形的倒数(即 $S_1=1/\Delta_1$)。

对于任意矩形框架结构，可以使用传统的框架结构分析理论进行一个简单的框架分析，以获得结构的柔性比。对于一些简单的单筒框架，可以不用计算机分析就得出柔性比。下面以一个单筒框架为例计算柔性比，计算中顶板和底板采用

同样的惯性矩 I_r，边墙的惯性矩为 I_w，计算式为

$$F=\frac{G_m}{24}\left(\frac{H^2W}{EI_w}+\frac{HW^2}{EI_r}\right) \tag{9.56}$$

式中，E 为框架结构平面应变问题下的弹性模量。

对于顶板惯性矩为 I_r、底板惯性矩为 I_l、边墙惯性矩为 I_w 的单筒框架，柔性比为

$$F=\frac{G_m}{12}\frac{HW^2}{EI_r}\psi \tag{9.57}$$

式中，

$$\psi=\frac{(1+a_2)(a_1+3a_2)^2+(a_1+a_2)(3a_2+1)^2}{(1+a_1+6a_2)^2} \tag{9.58}$$

$$a_1=\frac{I_r}{I_l} \tag{9.59}$$

$$a_2=\frac{I_r}{I_l}\frac{H}{W} \tag{9.60}$$

对于矩形结构，推压比[见式(9.38)]被定义为结构法向推压变形和土体自由场变形的比值：

$$R=\frac{\Delta_{结构}}{\Delta_{自由场}}=\frac{\dfrac{\Delta_{结构}}{H}}{\dfrac{\Delta_{自由场}}{H}}=\frac{\gamma_{结构}}{\gamma_{自由场}} \tag{9.61}$$

式中，γ 为角应变；Δ 为侧向推压变形。

有限元分析结果表明，土体与结构之间的相对刚度(用柔性比表示)对结构物的横向变形影响最大[11]，这是因为：

当 $F\to 0$ 时，由于结构是刚性的，无论土体变形多大，结构都不会发生推压变形(即结构必须承担所有荷载)。

当 $F<1.0$ 时，相对于土体，结构被看成刚性结构，因此变形要更小。

当 $F=1.0$ 时，结构和土体刚度相等，因此结构的变形大约相当于土体自由场变形。

当 $F>1.0$ 时，相对于自由场变形，结构的推压变形增大了，但这种增大并不是因为动态放大作用。事实是，如果结构的剪切刚度小于尚未纵向开挖的土体，那么由于土体经历了开挖产生了空洞，结构的变形就会因此增大。

当 $F\to\infty$ 时，结构没有刚度，因此结构产生的变形和尚未经历开挖的土体相同。

分析还表明，在给定柔性比的情况下，矩形隧道的法向变形大约比环形隧道小 10%(见图 9.9)。这使得在柔性比相近的情况下，环形隧道的响应可以作为矩形隧道响应的上限，同时也说明了对于软土中的刚性结构(结构刚度大于土体)，

传统的设计(结构服从于自由场变形)过于保守($F<1.0$)。相反,当柔性比大于1.0时,根据自由场变形法设计矩形隧道时会低估隧道响应。从结构的角度来看,这并非我们的关注点,这是因为大于 1.0 的柔性比意味着土体的刚度很大,才会使得自由场变形比较小。这种情况下,可能也意味着结构的柔度很大,可以吸收很大的变形而不破坏[11]。

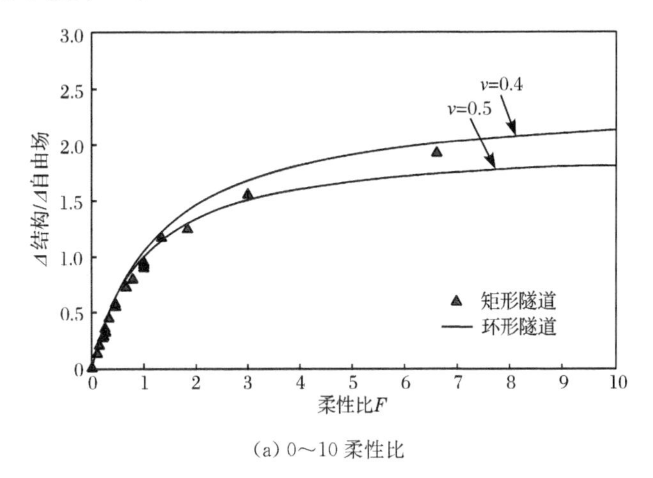

(a) 0～10 柔性比

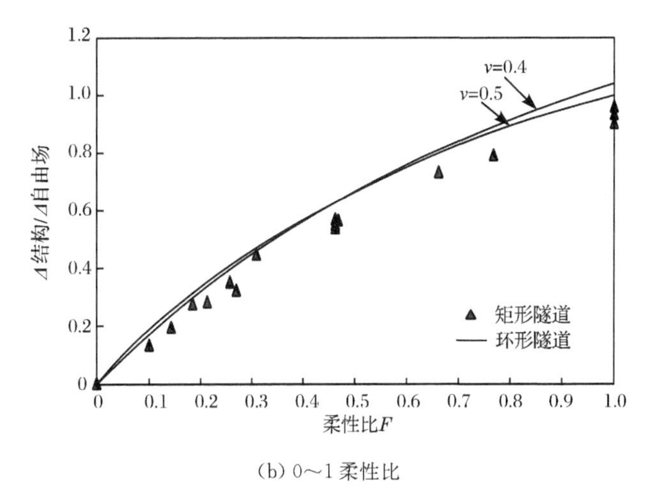

(b) 0～1 柔性比

图 9.9　矩形隧道和环形隧道结构的法向变形

可以使用如图 9.2 所示的等效静载荷法把推压变形施加到地下结构上。对于深埋矩形隧道,大多数的推压变形一般由顶板外侧的剪切力引起,可以把载荷简化成作用在顶板和边墙连接处的集中力[见图 9.2(a)]。对于浅埋矩形隧道,随着上覆土层减少,作用在土体与顶板的交界面处的剪切力也较小。结构发生推压变形时,占主导地位的外力不再是土体与顶板交界面处的剪切力,而是逐渐变成作用在边墙上的法向土压力。因此,模型上将产生一个三角形的压力分布[见图 9.2(b)]。一般来说,三角形的压力分布模型令矩形隧道底部接头产生了更大的弯矩,而采用简化为集中力的方法时,顶板与边墙的交界处会产生更危险的弯矩响应[11]。

上述讨论仅适用于均质土体中的隧道结构。如果隧道位于硬土层和软土层的交界处,分析时必须计算两土层交界处地震动的改变以及土层交界面的剪切变形。

设计矩形结构时,简化框架分析法是足够精确且合理的,下面将具体阐述这种分析的过程[11]。

(1) 基于静态设计法和适当的设计要求,进行结构的初步设计以及构件的初始尺寸设计。

(2) 估算出在垂直传播的水平剪切波作用下所求深度处土体的自由场剪切应变/变形 $\Delta_{自由场}$。

(3) 确定结构与自由场土体的相对刚度(即柔性比)。

(4)确定基于柔性比的推压系数(见图 9.9),其中 R 由式(9.61)定义。

(5) 根据 $\Delta_{结构}=R\Delta_{自由场}$ 计算结构的实际推压变形。

(6) 在简化框架分析中施加地震波引起的推压变形。

(7) 把推压变形引起的内力添加到其他载荷分量上。如果结构基于静止土压力设计,震前和震后都不需要考虑压力增量;如果结构基于主动土压力设计,主动土压力和静止土压力都要被考虑到动态载荷中。

(8) 如果(7)的计算表明结构具有足够的承载力,这个设计就是令人满意的,否则的话,继续下一步的设计。

(9) 如果(7)中结构的抗弯强度被超越了,那么检验结构的转动延性。如果产生了非弹性变形,应该采取特殊的设计规定。在基于结构使用寿命的设计地震下,变形应该保持在弹性范围,是否能允许产生微小的非弹性变形主要取决于工程特定的性能要求。在最大设计地震下,根据规范 ACI 318,非线性塑性变形可以产生弯矩重分布,设计中也可以考虑塑性铰。如果产生了塑性铰,必须再次进行第三步的分析,重新计算柔性比。

(10) 如果强度和延性要求不满足,或非弹性变形超过允许的水平(这取决于结构的性能要求),应重新设计结构。

(11) 在必要时对结构构件的尺寸进行修改。如果初始静态设计中的配筋能够使塑性设计中任何一点的极限条件都不被超越,那么这个设计足以抵抗最大设计地震。为了避免出现脆性破坏,有时候需要调整配筋率。在静态或拟静态荷载下,混凝土的最大允许压应变在弯曲时和施加轴向荷载时分别为 0.004 和 0.002。

(12) 设计明挖结构时，除了要考虑推压变形，还要考虑竖向加速度引起的荷载以及土体摩擦阻力引起的纵向应变。可以用土体竖向峰值加速度的估值乘以回填土的质量，来估计施加在明挖隧道结构顶板上的竖向地震作用。

9.4.5 计算实例

1. 计算实例 1：位于软土中的一个直线隧道[11]

具体计算参数和 9.3.3 节的实例相同，现在使用隧道与土体相互作用设计方法。

(1) 根据式(9.26)估计土层的卓越周期：

$$T = \frac{4h}{C_S} = \frac{4 \times 30.0}{110} = 1.09(\mathrm{s})$$

(2) 根据式(9.25)估计理想波长：

$$L = TC_S = 4h = 4 \times 30.0 = 120(\mathrm{m})$$

(3) 估计土体剪切模量：

$$LG_m = \rho_m C_S^2 = \frac{17.0}{9.81} \times 110^2 = 20968(\mathrm{kPa})$$

(4) 根据式(9.24)推导土体等效弹性系数：

$$\begin{aligned} K_a = K_t &= \frac{16\pi G_m(1-\nu_m)}{3-4\nu_m}\frac{d}{L} \\ &= \frac{16\pi \times 20968 \times (1-0.5)}{3-4\times 0.5} \times \frac{6.0}{120} \\ &= 26349(\mathrm{kN/m}) \end{aligned}$$

(5) 推导土体位移幅值 A。土体位移幅值一般是波长 L 的函数，合理估计位移幅值必须考虑到特定场地的地质条件以及输入地震动的特征。然而，本设计实例中，可以通过假定土体位移幅值引起的土体应变等于利用简化自由场公式计算的土体应变，来计算土体位移幅值。做出这种假定的目的是能够对隧道与土体的相互作用效应做出直接明了的估计。因此，通过假定出一个振幅为 A、波长为 L 的正弦波，可以得到

对于自由场轴向应变：

$$\frac{V_S}{C_S} = \frac{2\pi A}{L} = \frac{V_S}{C_S}\sin\phi\cos\phi$$

根据式(9.27)可得

$$A = \frac{120 \times 1.0}{2\pi \times 110} \times \sin 40^\circ \times \cos 40^\circ = 0.085(\mathrm{m})$$

令 $A_u = A = 0.085\mathrm{m}$，对于自由场弯曲应变：

$$\frac{a_{\mathrm{S}}}{C_{\mathrm{S}}^2}\cos^3\phi=\frac{4\pi^2 A}{L^2}$$

根据式(9.28)可得

$$A=\frac{120^2\times 0.6\times 9.81}{4\pi^2\times 110^2}\times\cos^3 40°=0.080(\mathrm{m})$$

令 $A_{\mathrm{b}}=A=0.080\mathrm{m}$。

(6) 根据式(9.20)计算隧道衬砌的最大轴向应变和相应的轴向力：

$$\varepsilon_{\max}^{\mathrm{a}}=\frac{\dfrac{2\pi}{L}}{2+\dfrac{E_1 A_{\mathrm{c}}}{K_{\mathrm{a}}}\left(\dfrac{2\pi}{L}\right)^2}A_{\mathrm{a}}=\frac{\dfrac{2\pi}{120}}{2+\dfrac{24840000\times 5.65}{26.349}\times\left(\dfrac{2\pi}{120}\right)^2}\times 0.085$$

$$=0.00027$$

衬砌和周围土体间的最大摩擦力限制了轴力。最大摩阻力估计如下：

$$Q_{\max}=(Q_{\max})_f=\frac{fL}{4}=E_1 A_{\mathrm{c}}\varepsilon_{\max}^{\mathrm{a}}=24840000\times 5.65\times 0.00027=37893(\mathrm{kN})$$

(7) 根据式(9.21)计算隧道衬砌的最大弯曲应变：

$$\varepsilon_{\max}^{\mathrm{b}}=\frac{\left(\dfrac{2\pi}{L}\right)^2 A_{\mathrm{b}}}{1+\dfrac{E_1 I_{\mathrm{c}}}{K_{\mathrm{t}}}\left(\dfrac{2\pi}{L}\right)^4}r=\frac{\left(\dfrac{2\pi}{120}\right)^2\times 0.080}{1+\dfrac{24840000\times 12.76}{26.349}\times\left(\dfrac{2\pi}{120}\right)^4}\times 3.0=0.00060$$

根据式(9.22)计算相应的弯矩：

$$M_{\max}=\frac{E_1 I_{\mathrm{c}}\varepsilon_{\max}^{\mathrm{b}}}{r}=\frac{24840000\times 12.76\times 0.00060}{3.0}=63392(\mathrm{kN\cdot m})$$

(8) 根据式(9.23)，将轴向压应变和弯曲引起的应变组合起来与允许应变值进行比较：

$$\varepsilon^{\mathrm{ab}}=\varepsilon_{\max}^{\mathrm{a}}+\varepsilon_{\max}^{\mathrm{b}}=0.00027+0.00060=0.00087<\varepsilon_{\mathrm{allow}}=0.003$$

(9) 根据式(9.22)计算弯曲引起的最大剪力：

$$V_{\max}=M_{\max}\frac{2\pi}{L}=63391\times\frac{2\pi}{120}=3319(\mathrm{kN})$$

(10) 计算在最大设计地震下混凝土的容许剪力值：

$$\phi V_{\mathrm{c}}=\frac{0.85(\sqrt{f'_{\mathrm{c}}}A_{\mathrm{shear}})}{6}=\frac{0.85\times\sqrt{30}}{6}\times\frac{5.65}{2}\times 1000=2192(\mathrm{kN})$$

式中，ϕ 为抗剪强度折减系数，为 0.85(使用 $\phi=0.85$ 进行抗震设计是偏于保守的)；f'_{c}为混凝土屈服强度，为 30MPa；A_{shear} 为有效剪切面积，为 $A_{\mathrm{c}}/2$，如图 9.10 所示。

将容许剪力值和最大剪力比较：

$$V_{\max}=3319\mathrm{kN}>\phi V_{\mathrm{c}}=2192\mathrm{kN}$$

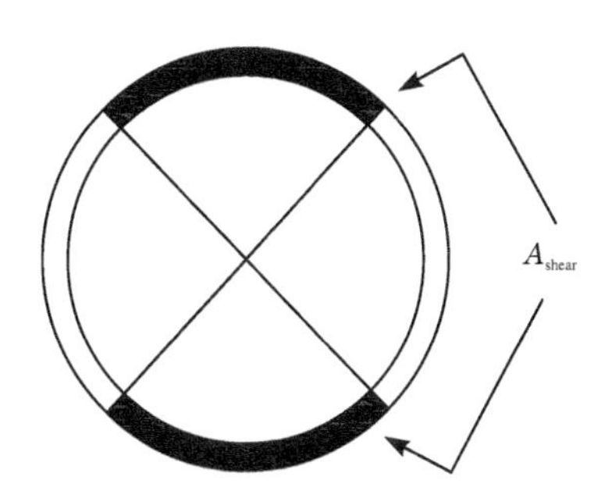

图 9.10 实例 1 中的有效剪切面积

虽然计算表明，最大剪力超过了素混凝土的抗剪强度，但在实际设计时，这可能不是主要关注的问题，这是因为：出于其他目的采取的加固措施也会在地震中提供额外的抗剪强度；本例中使用的土体位移幅值 A 是非常保守的。一般而言，在地下剖面没有突变的情况下，土体位移沿着水平轴的空间变化远小于本例中的变化。

2. 设计实例 2：采用弹性地基梁法计算横波引起的变形[12,18]

地震和土体参数：M_w6.5，震源到场地的距离为 10km；地面峰值加速度 $a_{max}=0.5g$；存在下覆基岩时，横波的视速度 $C_{S(R)}=2km/s$；剪切波的卓越周期 $T=2s$；仅有土体时，横波的视速度 $C_{S(S)}=250m/s$；土体密度 $\rho_m=1920kg/m^3$；土体泊松比 $\nu_m=0.3$。

隧道参数（环形钢筋混凝土隧道）：

$$d=6m\rightarrow r=3.0m,\quad t=0.3m,\quad 深度(地面以下)=35m$$

$$E_l=24.8\times10^6 kPa,\quad \nu_l=0.2,\quad A_c=5.65m^2,$$

$$I_c=\frac{\pi(3.15^4-2.85^4)}{4}=25.4(m^4)$$

(1) 根据式(9.24)和式(9.25)确定土体纵向和横向的弹簧常数：

$$L=C_{S(R)}T=2000\times2=4000(m)$$

$$G_m=\rho_m C_m^2=119800(kPa)$$

$$K_a=K_t=\frac{16\pi G_m(1-\nu_m)}{3-4\nu_m}\frac{d}{L}$$

$$=\frac{16\times\pi\times119800\times(1-0.3)}{3-4\times0.3}\times\frac{6}{4000}=3510(kPa)$$

(2) 根据式(9.20)确定横波引起的最大轴向应变：估计隧道所在深度处的地震如表 9.3 所示。

$$a_s=0.7a_{max}=0.7\times0.5g=0.35g$$

表 9.3 隧道埋深处地震动和地表地震动之比

隧道埋深/m	隧道埋深处地震动和地表地震动的比值
≤6	1.00
6～15	0.90
15～30	0.80
>30	0.70

$$A = 35\text{cm}/g \times 0.35g = 12.2\text{cm} = 0.12\text{m}(\text{见表 9.4})$$

$$\varepsilon_{\max}^{a} = \frac{\frac{2\pi}{L}A}{2+\frac{E_l A_c}{K_a}\left(\frac{2\pi}{L}\right)^2} = \frac{\frac{2\pi}{4000}\times 0.12}{2+\frac{24.8\times 10^6\times 5.65}{3510}\times\left(\frac{2\pi}{4000}\right)^2} = 0.00009$$

表 9.4 地面峰值位移与峰值加速度之比

矩震级 M_w		地面峰值位移(cm)和峰值加速度(g)之比		
		震源到场地的距离/km		
		0～20	20～50	50～100
岩体 ($V_S \geqslant 750$m/s)	6.5	18	23	30
	7.5	43	56	69
	8.5	81	99	119
硬土 (200m/s<V_S<750m/s)	6.5	35	41	48
	7.5	89	99	112
	8.5	165	178	191
软土 ($V_S \leqslant 200$m/s)	6.5	71	74	76
	7.5	178	178	178
	8.5	330	320	305

(3) 根据式(9.21)确定横波引起的最大弯曲应变：

$$\varepsilon_{\max}^{b} = \frac{\left(\frac{2\pi}{L}\right)^2 A}{1+\frac{E_l I_c}{K_t}\left(\frac{2\pi}{L}\right)^4} r = \frac{\left(\frac{2\pi}{4000}\right)^2\times 0.12}{1+\frac{24.8\times 10^6\times 25.4}{3510}\times\left(\frac{2\pi}{4000}\right)^2}\times 3 = 0.0000003$$

(4) 根据式(9.23)确定组合应变：

$$\varepsilon^{ab} = \varepsilon_{\max}^{a} + \varepsilon_{\max}^{b} = 0.00009 + 0.00000030 \approx 0.00009$$

如果使用弹性地基梁法算出的应力大于用自由场变形法计算的应力，那么在设计中采用自由场变形法算出的应力。

3. 设计实例 3：环形隧道的推压变形[12,18]

地震和土体参数：M_w7.5，震源到场地的距离为 10km；地面峰值加速度 $a_{\max}=0.5g$；硬土 $\rho_m=1920\text{kg/m}^3$，$C_m=250\text{m/s}$，$\nu_m=0.3$；土体泊松比 $\nu_m=0.3$。

隧道参数(环形钢筋混凝土隧道)：$d=6\text{m} \rightarrow r=3.0\text{m}$；$t=0.3\text{m}$，深度$=15\text{m}$(见附录 B 的隧道横截面)；$E_1=24.8\times10^6\text{kPa}$，$\nu_1=0.2$；单位宽度隧道衬砌的面积 $A_1=0.3\text{m}^2/\text{m}$；单位宽度隧道衬砌的惯性矩 $I=\frac{1}{12}\times1\times0.3^3=0.0023\text{m}^4/\text{m}$。

假定在纯滑移条件下，使用 Penzien[28] 提供的公式。

注：为了验证，Penzien 等[27,28] 给出了和 Wang[11] 相同的结果，在接下来计算的每步中都保留了原有的重要数据。

(1) 确定推压比 R^n 和位移项 $\Delta D^n_{衬砌}$：

估计隧道所在深度处的地震动：

$$a_s = 0.9a_{\max} = 0.9\times0.5g = 0.45g\text{(见表 9.3)}$$

假定土体为硬土，则

$$V_S = 140\text{cm/s}\times0.45g = 63\text{cm/s} = 0.63\text{m/s(见表 9.5)}$$

$$\gamma_{\max} = \frac{V_S}{C_m} = \frac{0.63}{300} = 0.0021$$

$$G_m = \rho_m C_m^2 = \frac{1920}{1000}\times250^2 = 120000\text{(kPa)}\text{(见表 9.2)}$$

$$E_m = 2G_m(1+\nu_m) = 2\times120000\times(1+0.3) = 312000\text{(kPa)}$$

$$\alpha^n = \frac{12E_1I(5-6\nu_m)}{d^3G_m(1-\nu_1^2)} = \frac{12\times24.8\times10^6\times0.0023\times(5-6\times0.3)}{6^3\times120000\times(1-0.2^2)}$$
$$= 0.088025$$

$$R^n = \frac{4(1-\nu_m)}{\alpha^n+1} = \frac{4\times(1-0.3)}{0.088025+1} = 2.5735$$

$$\Delta D^n_{衬砌} = R^n\Delta d_{自由场} = R^n\frac{\gamma_{\max}d}{2}$$

$$= 2.5735\times\frac{0.0021\times6}{2} = 0.016213$$

(2) 确定横波引起的最大切向推力 T 和弯矩 M：

$$T\left(\frac{\pi}{4}\right) = \frac{12E_1I\Delta D^n_{衬砌}}{d^3(1-\nu_1^2)}\cos^2\left(\theta+\frac{\pi}{4}\right)$$

$$= \frac{12\times24.8\times10^6\times0.0023\times0.016213}{6^3\times(1-0.2^2)}\times\cos\left[2\times\left(\frac{\pi}{4}+\frac{\pi}{4}\right)\right]$$

$$= 53.5\text{(kN)}$$

$$M\left(\frac{\pi}{4}\right) = \frac{6E_1I\Delta D^n_{衬砌}}{d^3(1-\nu_1^2)}\cos^2\left(\theta+\frac{\pi}{4}\right)$$

$$= \frac{6\times24.8\times10^6\times0.0023\times0.016213}{6^3\times(1-0.2^2)}\times\cos\left[2\times\left(\frac{\pi}{4}+\frac{\pi}{4}\right)\right]$$

$$= 160.6\text{(kN·m)}$$

表 9.5 地面峰值速度和峰值加速度之比

矩震级 M_w		地面峰值速度(cm/s)和峰值加速度(g)之比		
		震源到场地的距离/km		
		0～20	20～50	50～100
岩体 ($V_S \geq 750$m/s)	6.5	66	76	86
	7.5	97	109	97
	8.5	127	140	152
硬土 (200m/s$<V_S<$700m/s)	6.5	94	102	109
	7.5	140	127	155
	8.5	180	188	193
软土 ($V_S \leq 200$m/s)	6.5	140	132	142
	7.5	208	165	201
	8.5	269	244	251

注:在倾角 $\theta=\pi/4$ 时,T 和 M 取最大值。

(3) 确定由推力和弯矩引起的组合应力 σ 和应变 ε:

$$\sigma = \frac{T(\theta)}{A_l} + \frac{M(\theta)Y}{l} = \frac{53.5}{0.3} + \frac{160.6 \times 0.15}{0.0023} = 178 + 10474 = 10652\text{kPa}$$

假定在纯滑移条件下,使用 Wang[11] 提供的公式。

① 确定柔性比 F 和衬砌在纯滑移条件下的响应系数 K_1:

$$F = \frac{E_m(1-\nu_1^2)R^3}{6E_1 I(1+\nu_m)}$$
$$= \frac{312000 \times (1-0.2^2) \times 3^3}{6 \times 24.8 \times 10^6 \times 0.0023 \times (1+0.3)}$$
$$= 18.1767$$

$$K_1 = \frac{12(1-\nu_m)}{2F+5-6\nu_m} = \frac{12 \times (1-0.3)}{218.1767+5-6 \times 0.3} = 0.21237$$

② 确定横波引起的最大切向推力 T 和弯矩 M:

$$T_{max} = \frac{1}{6}K_1 \frac{E_m}{1+\nu_m} r\gamma_{max}$$
$$= \frac{1}{6} \times 0.21237 \times \frac{312000}{1+0.3} \times 3 \times 0.0021$$
$$= 53.5(\text{kN})$$

$$M_{max} = \frac{1}{6}K_1 \frac{E_m}{1+\nu_m} r^2\gamma_{max}$$
$$= \frac{1}{6} \times 0.21237 \times \frac{312000}{1+0.3} \times 3^2 \times 0.0021$$
$$= 160.6(\text{kN})$$

③ 确定由推力和弯矩引起的组合应力 σ 和应变 ε：

$$\sigma=\frac{T}{A_1}+\frac{MY}{I}=\frac{53.5}{0.3}+\frac{160.6\times0.15}{0.0023}=178+10474=10652(\text{kPa})$$

接着，在无滑移条件下重复上述计算，所有结果如表 9.6 所示。

表 9.6　无滑移条件下计算隧道的内力

内力	Wang[11]		Penzien[27]	
	纯滑移	无滑移	纯滑移	无滑移
T/kN	53.50	870.90	53.50	106.00
M/(kN·m)	160.60	160.60	160.60	158.90
σ/kPa	10 652	13 376	10 652	10 716

注：在纯滑移条件下，两组公式给出的力的值相同。可以看出，弯矩对隧道衬砌应力的影响远大于推力产生的影响。计算还表明，在无滑移条件下，Wang[11]的公式算出的推力远大于 Penzien[27]的公式算出的值。

4. 设计实例 4：矩形隧道的推压变形[12,18]

地震和土体参数：M_w7.5，震源到场地的距离为 10km；地面峰值加速度 $a_{max}=0.5g$；横波在土体中传播时的视速度 $C_m=180$m/s；软土，土体密度 $\rho_m=1920\text{kg/m}^3$。

隧道参数(矩形钢筋混凝土隧道)：隧道宽度 $W=10$m，隧道高度 $H=4$m，顶部埋深 5m。

(1) 确定自由场剪切变形 $\Delta_{自由场}$。

估计隧道所在深度处的地震动：

$$a_s=1.0a_{max}=1.0\times0.5g=0.5g(见表 9.3)$$

假定土体为软土，则

$$V_S=208\text{cm/s}\div g\times0.5g=104\text{cm/s}=1.0\text{m/s}(见表 9.5)$$

$$\gamma_{max}=\frac{V_S}{C_m}=\frac{1.0}{180}=0.0056(见表 9.2)$$

$$\Delta_{自由场}=\gamma_{max}H=0.0056\times4=0.022(\text{m})$$

(2) 确定柔性比 F：

$$G_m=\rho_m C_m^2=\frac{1920}{1000}\times180^2=62000(\text{kPa})\ (见表 9.2)$$

通过结构分析可得，引起横截面单位长度上单位推压变形所需的力为 310000kPa，柔性比 F 是无量纲的，S 必须是单位面积上的力。

$$F=\frac{G_m W}{S_1 H}=\frac{62000\times10}{310000\times4}=0.5$$

$F=0.5$ 时，推压比 $R=0.5$。

(3) 确定结构的推压变形 $\Delta_{结构}$：

$$\Delta_{结构}=R\Delta_{自由场}=0.5\times 0.022=0.011(\mathrm{m})$$

给结构施加 0.011m 的推压变形并进行结构分析来确定衬砌中的应力。集中荷载和三角分布荷载为侧向力模型都应该被分别用来计算结构的内力，以确定衬砌每个点力的最大值。

9.5 反应位移法

9.5.1 反应位移法原理

反应位移法一般在地基弹簧远离结构位置处施加相对位移，相当于将地震时产生的变形以等效静力荷载的形式加在结构上，同时考虑了地震剪应力和结构惯性力，如图 9.11 和图 9.12 所示[30]。土-结构相互作用通过动力弹簧系数(即动力基床系数)起作用，其取值可参考日本铁路抗震设计规范、中国《地下铁道、轻轨交通岩土工程勘察规范》(GB 50307—1999)基床系数、薄层法计算结果以及静力有限元模型中施加单位强制位移，如图 9.12 所示。

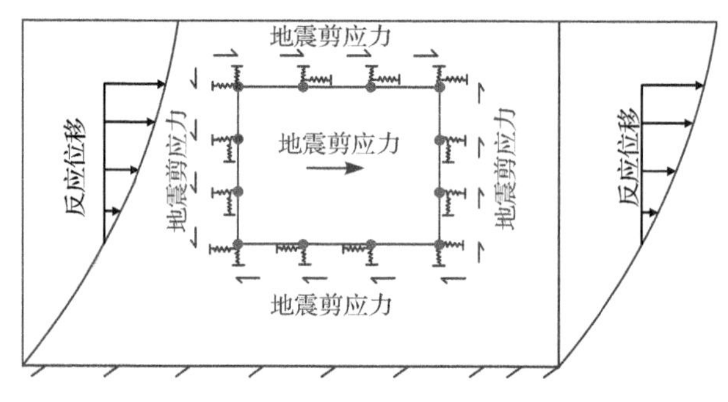

图 9.11 一般反应位移法计算模型

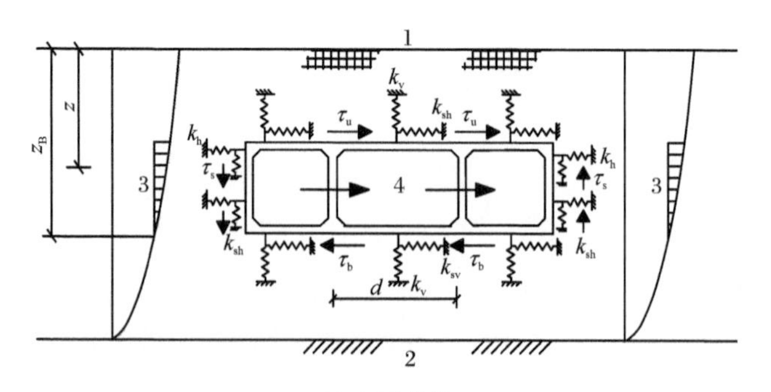

(a) 矩形结构

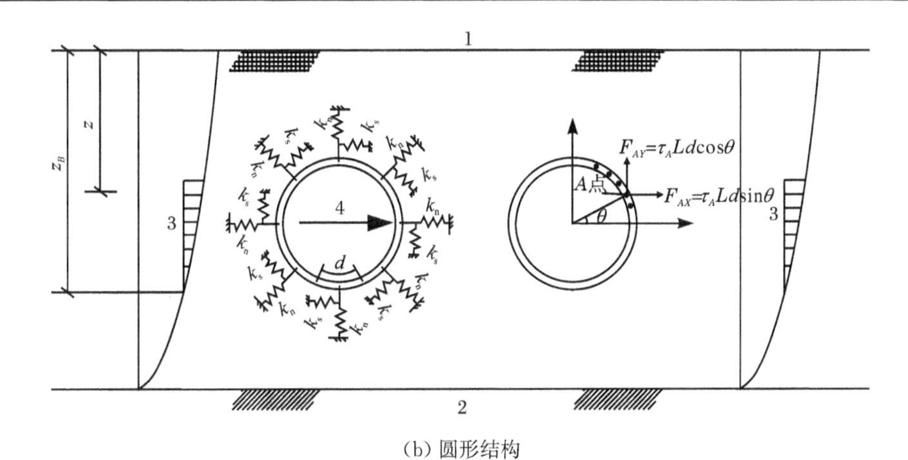

(b) 圆形结构

图 9.12　横向地震反应计算的反应位移法

1. 地面；2. 设计地震作用基准面；3. 土层位移；4. 惯性力

一般反应位移法的计算步骤为：①计算求得动力弹簧刚度；②将地层位移沿深度变化假设为余弦函数，计算出地层位移，然后计算出地震动土压力；③将地震剪应力沿深度变化假设为正弦函数，计算出地下结构侧向地震剪应力；④计算得到地下结构的地震惯性力；⑤各力施加在结构上，计算出结构内力。

9.5.2　隧道和地下车站横向地震反应的反应位移法

1. 动力弹簧刚度

地下结构周围地基的动力弹簧刚度可按式(9.62)计算：

$$k = KLd \tag{9.62}$$

式中，k 为压缩或剪切动力弹簧刚度，kN/m；K 为动力弹簧系数，kN/m^3；L 为地基的集中弹簧间距，m；d 为土层沿隧道与地下车站纵向的计算长度，m，通常取 1m。

根据日本铁路抗震设计规范中相关规定，地下结构周围地基的动力弹簧系数可按下列公式计算。

顶板及底板下土层的竖直弹簧系数按式(9.63)计算：

$$k_{\mathrm{v}} = 1.7E_0 B_{\mathrm{v}}^{-3/4} \tag{9.63}$$

顶板及底板下土层的剪切弹簧系数按式(9.64)计算：

$$k_{\mathrm{vs}} = k_{\mathrm{v}}/3 \tag{9.64}$$

侧面土层的水平弹簧系数按式(9.65)计算：

$$k_{\mathrm{vs}} = 1.7E_0 B_{\mathrm{h}}^{-3/4} \tag{9.65}$$

侧面土层的剪切弹簧系数按式(9.66)计算：

$$k_s = k_h/3 \tag{9.66}$$

式中，E_0 为土层的动变形模量；B_v 为底板的宽度；B_h 为侧墙高度。

这里需要指出的是，弹簧刚度系数也可以采用静力有限元分析得出(给定结构单位位移，得出接触面上的反力)。同时，也可以采用岩土工程勘察报告所给的地基基床系数。

2. 场地地层位移

地震时地层位移沿深度变化可假设为余弦函数，具体数值可由式(9.67)求得：

$$u(z) = u_{amax}\cos\frac{\pi z}{2H} \tag{9.67}$$

式中，$u(z)$为距地表面为 z 处的地震时的地层变形，m；u_{amax}为地表与基准面的相对位移最大值，可由公式 $u_{amax}=\frac{1}{2}u_{max}$求得，其中 u_{max}为场地地表最大位移，m，取值可参照《城市轨道交通结构抗震设计规范》(GB 50909—2014)表 5.2.4.1 和表 5.2.4.2；也可通过动力时程分析计算，建议 u_{max}取动力计算的地表与基准面的相对位移最大值；z 为地下结构底面距地表面的深度，m；H 为地表至场地基准面的距离，m。

地下结构周围土层地震反应位移应取地下结构顶底板位置处自由土层发生最大相对位移时刻的土层位移分布，即

$$u'(z) = u(z) - u(z_b) \tag{9.68}$$

式中，$u'(z)$为深度 z 处相对于结构底部的自由土层相对位移，m；$u(z)$为深度 z 处自由土层地震反应位移，m；$u(z_b)$为结构底部深度 z_b 处的自由土层地震反应位移，m。

3. 地震剪应力

地震时土层地震剪应力沿深度变化可假设为正弦函数，即

$$\tau = \frac{G_d}{2H}\pi u_{amax}\sin\frac{\pi z}{2H} \tag{9.69}$$

式中，H 为地表至基准面的距离，m；G_d 为土层的动剪切模量。

矩形地下结构侧壁剪应力作用计算式为

$$\tau_s = \frac{1}{2}(\tau_u + \tau_b) \tag{9.70}$$

式中，τ_u 为结构顶板单位面积上作用的剪应力；τ_b 为结构底板单位面积上作用的剪应力；τ_s 为结构侧壁单位面积上作用的剪应力。

圆形地下结构周围剪力作用计算式为

$$F_{AX} = \tau_A L d \sin\theta \tag{9.71a}$$

$$F_{AY} = \tau_A L d \cos\theta \tag{9.71b}$$

式中，τ_A 为点 A 处的剪应力；F_{AX} 为作用于 A 点水平向的节点力；F_{AY} 为作用于 A 点竖直向的节点力。

4. 结构地震惯性力

地下结构地震惯性力可按式(9.72)计算：

$$F = mgK_{\mathrm{h}} \tag{9.72}$$

$$K_{\mathrm{h}} = C_z C_g C_v K_{\mathrm{ho}} \tag{9.73}$$

式中，F 为地震中地下结构的惯性力；m 为地下结构的质量；C_z 为区域修正系数，取 1.0；C_g 为土层修正系数，取值见表 9.7，场地类别划分方法见表 9.8；C_v 为深度修正系数，$C_v=1-0.015z$，z 为结构的中心埋深；K_{ho} 为用反应位移法时设计水平地震烈度的基本值。

表 9.7　土层修正系数

Ⅱ类场地地震动峰值加速度	场地类别				
	Ⅰ$_0$	Ⅰ$_1$	Ⅱ	Ⅲ	Ⅳ
≤0.05g	0.72	0.80	1.00	1.30	1.25
0.10g	0.74	0.82	1.00	1.25	1.20
0.15g	0.75	0.83	1.00	1.15	1.10
0.20g	0.76	0.85	1.00	1.00	1.00
0.30g	0.85	0.95	1.00	1.00	0.95
≥0.40g	0.90	1.00	1.00	1.00	0.90

表 9.8　抗震设计的场地类别

<table>
<tr><th rowspan="2">场地覆盖图层等效剪切波速 v_{se}(或岩石剪切波速 v_s)/(m/s)</th><th colspan="7">场地覆盖土层厚度 d/m</th></tr>
<tr><th>$d=0$</th><th>$0<d<3$</th><th>$3\leqslant d<5$</th><th>$5\leqslant d<15$</th><th>$15\leqslant d<50$</th><th>$50\leqslant d<80$</th><th>$d\geqslant 80$</th></tr>
<tr><td>$v_s>800$</td><td>Ⅰ$_0$</td><td colspan="6">—</td></tr>
<tr><td>$800\geqslant v_s>500$</td><td>Ⅰ$_1$</td><td colspan="6">—</td></tr>
<tr><td>$500\geqslant v_{se}>250$</td><td>—</td><td colspan="2">Ⅰ$_1$</td><td colspan="4">Ⅱ</td></tr>
<tr><td>$250\geqslant v_{se}>150$</td><td>—</td><td>Ⅰ$_1$</td><td colspan="3">Ⅱ</td><td colspan="2">Ⅲ</td></tr>
<tr><td>$v_{se}\leqslant 150$</td><td>—</td><td>Ⅰ$_1$</td><td colspan="2">Ⅱ</td><td colspan="2">Ⅲ</td><td>Ⅳ</td></tr>
</table>

9.5.3 隧道纵向地震反应的反应位移法

1. 动力弹簧刚度

进行地下结构纵向地震反应计算时周围土层的动力弹簧刚度计算方法见 9.5.2 节介绍的隧道横向地震反应计算内容。

2. 场地地层位移

沿与隧道延长方向垂直的水平方向土层水平位移的同一时刻的值可按下列公式计算：

$$u(x,z)=u_{\max}(z)\sin\frac{2\pi x}{L} \tag{9.74}$$

$$L=\frac{2L_1L_1}{L_1+L_2} \tag{9.75}$$

$$L_1=T_sV_{SD} \tag{9.76}$$

$$L_2=T_sV_{SDB} \tag{9.77}$$

式中，$u(x,z)$为坐标(x,z)处地震时的土层水平位移（见图 9.13），m；$u_{\max}(z)$为地震时深度 z 处土层的水平峰值位移（见图 9.14），m；L 为土层变形的波长，即强迫位移的波长，m；L_1 为表面土层变形的波长，m；L_2 为基岩变形的波长，m；V_{SD}为表面土层的平均剪切波速，m/s；V_{SDB}为基岩的平均剪切波速，m/s；T_s 为考虑土层地震应变水平的土层场地特征周期，s。

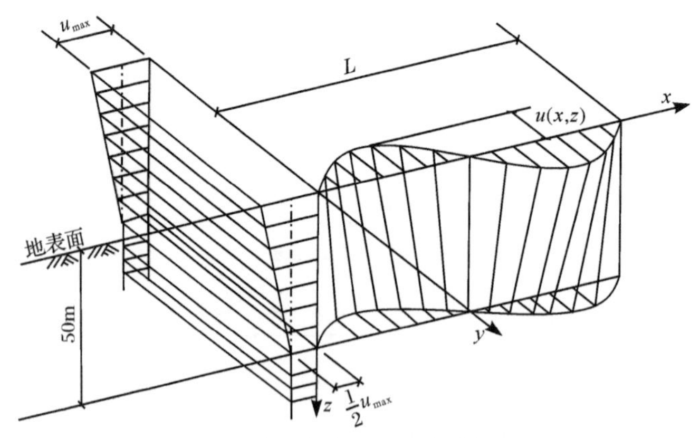

图 9.13 土层的水平峰值位移沿深度变化规律

3. 结构纵向地震内力计算

把隧道结构沿纵向简化为梁单元进行建模，可将结构周围土体作为支撑结构的地基弹簧(见图 9.14),按 9.5.2 节介绍的方法计算地基动弹簧刚度系数。沿隧道结构纵向的土层位移应施加于地基弹簧的非结构连接端,最终计算出沿隧道纵向的拉压应力和挠曲应力。

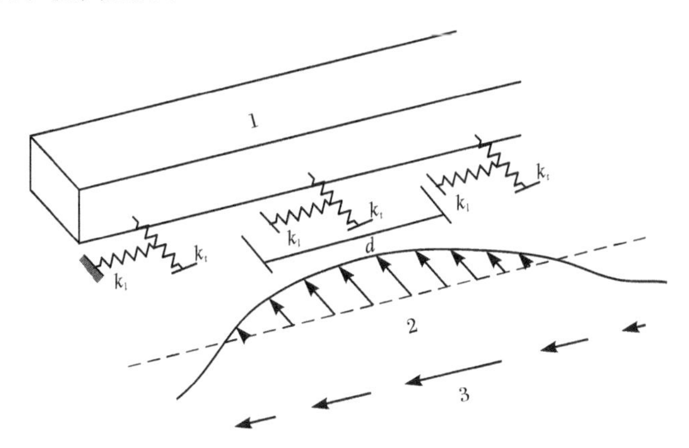

图 9.14　纵向地震反应计算的反应位移法

1. 隧道; 2. 横向土层位移; 3. 纵向土层位移

9.5.4　基于 PROSHAKE 和 ABAQUS 软件的反应位移法

首先基于 PROSHAKE 软件,计算地下结构所在场地的自由场一维土层的地震反应,提出地下结构所在位置对应的土层变形和应力参数。然后,通过 ABAQUS 有限元建立土与地下结构的静力相互作用模型,把一维土层地震反应过程中提出的土层变形和应力条件施加到有限元分析模型中,进而得出地下结构的拟静力最大地震反应[31]。具体计算分为以下几步:

(1) 通过 PROSHAKE 软件的自由场一维场地地震反应分析,提取与应变相容的土体弹性模量和阻尼比,作为后续 ABAQUS 有限元分析时土层的输入材料参数。

(2) 通过一维场地位移反应结果,确定结构顶底对应自由场位置的相对水平位移最大的时刻,并提取该时刻地下结构对应位置的土层位移分布以及加速度分布,如图 9.15 所示。

(3) 通过 ABAQUS 有限元软件,建立场地二维自由场有限元模型,除地表外,四周采用固定边界,对地下结构所在位置处等代土单元的边界上强行施加(2)得到的位移,同时对等代土体施加相应的惯性力,如图 9.16 所示。提取等代土单元边界上相应位置的节点反力。

(4) 通过 ABAQUS 有限元软件,建立土与地下结构相互作用的二维有限元分析模型,土层参数采用(1)得到的土体弹性模量和阻尼比,模型四周除上表面外

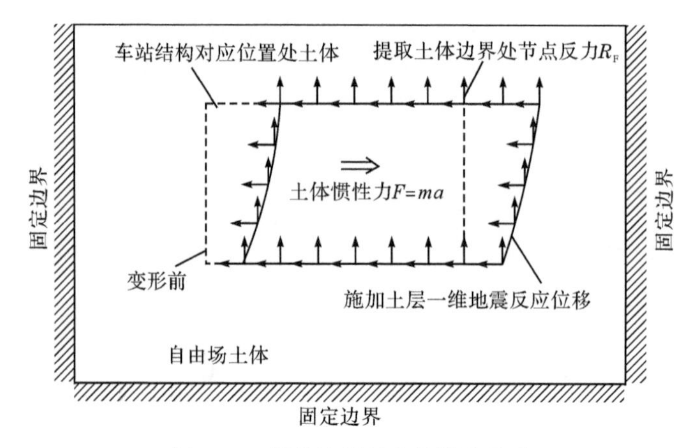

图 9.15　结构边界处荷载提取模型

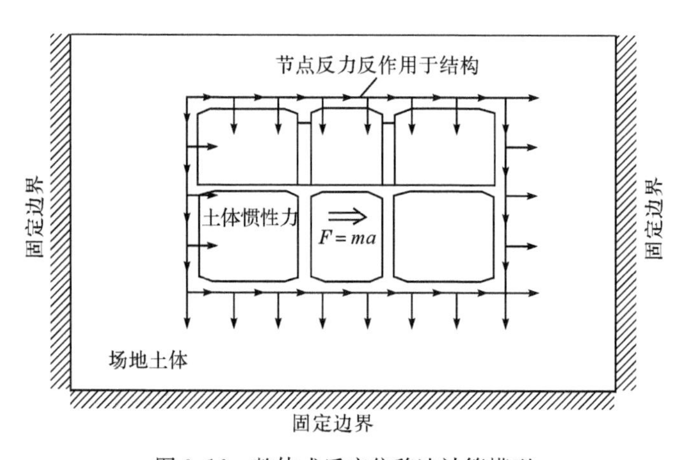

图 9.16　整体式反应位移法计算模型

采用固定边界，对地下结构四周施加(3)得到的节点反力，同时对结构施加惯性力，计算车站结构的内力和位移。经过以上 4 个步骤，即可求得反应位移法的最大地震内力。

9.5.5　反应位移法中自由场地侧向位移反应特征

1. 数值计算模型

参考《建筑抗震设计规范》(GB 50011—2016)中工程场地类别的相关条文 4.1.4～4.1.6 中的规定，工程常见的场地类别共有四类，因Ⅰ类场地在现有地铁地下车站结构的建设中还很少遇到。因此，本节通过保持覆盖层厚度不变，改变场地等效剪切波速的大小，并基于规范中常见的Ⅱ、Ⅲ、Ⅳ三类场地类别的基础上扩展出了七种工程场地类型，表 9.9 给出了计算深度范围内土层埋深为 20m 范围内土层等效剪切波速与场地的覆盖层厚度。根据地铁车站所处的深厚场地工程地质条件，本节计算设计的Ⅲ$_1$ 类场地条件如表 9.10 所示，其他类别场地只是在此场地条件基础上通过改变埋深 20m 范围内土层的剪切波速来实现。

表 9.9　不同场地类别划分

场地类别	亚类别	覆盖层厚度 d/m	等效剪切波速 v_{se}/(m/s)	场地划分标准
Ⅱ	Ⅱ	80	300	d>5m 且 250m/s<v_{se}≤500m/s
Ⅲ	Ⅲ$_1$	80	250	d>5m 且 150m/s<v_{se}≤250m/s
	Ⅲ$_2$	80	200	
	Ⅲ$_3$	80	175	
Ⅳ	Ⅳ$_1$	80	150	d>5m 且 v_{se}≤150m/s
	Ⅳ$_2$	80	125	
	Ⅳ$_3$	80	100	

表 9.10　Ⅲ$_1$ 类场地条件

土层编号	土性	重度/(kN/cm^3)	弹性模量/MPa	层厚/m	泊松比	剪切波速/(m/s)
1	素填土	19.4	3.5	3.0		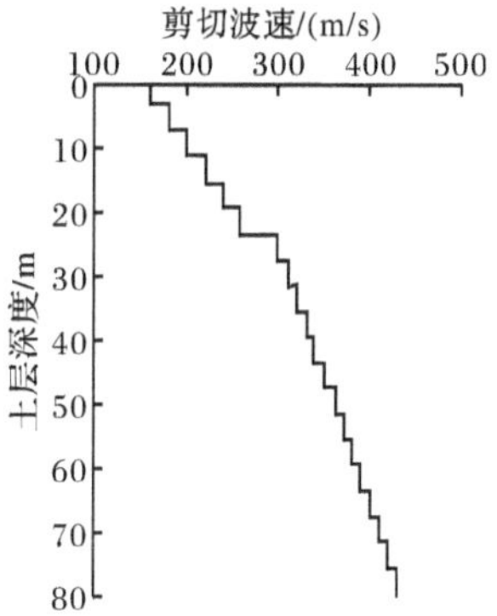 剪切波速/(m/s) 100 200 300 400 500；土层深度/m 0 10 20 30 40 50 60 70 80
2	新近黏土	19.4	4.2	4.0		
3	新近黏土	19.4	6.5	4.0		
4	新近黏土	19.4	8.2	4.5		
5	新近砂土	19.4	15.3	4.0	0.49	
6	新近砂土	19.4	25.4	4.0		
7	新近砂土	19.4	26.3	20.0		
8	砂土	20.0	42.5	8.0		
9	老黏土	21.5	38.9	28.5		

本次分析仍选取最为常用的两层双柱三跨结构为研究对象，其横断面结构特征和具体尺寸如图 5.8 所示。土体的非线性动力本构模型采用第 3 章介绍的软土记忆型黏塑性嵌套面动力本构模型，工程场地的土层基本物理力学参数见表 9.10，其他模型参数可根据基本参数确定且具体确定方法见第 3 章介绍。车站结构所用的混凝土强度为 C30，混凝土动力本构模型采用第 3 章介绍的黏塑性动力损伤模型，C30 混凝土对应的该模型参数可详见第 3 章。混凝土里的钢筋采用弹性模型模拟，其弹性模量为 210GPa，这里暂不考虑钢筋与混凝土之间的开裂和滑移。土与地下结构之间的动力接触关系通过定义不同介质之间接触表面对的力学传递特性（见本书第 3 章）。

为了尽可能地消除人工边界对地铁车站结构动力特性的影响，将地基的计算宽度取为200m，即地基的宽度为地铁车站结构宽度的10倍。土与地铁车站结构模型的网格划分如图9.17(a)所示，地铁车站结构的细部网格划分如图9.17(b)所示。

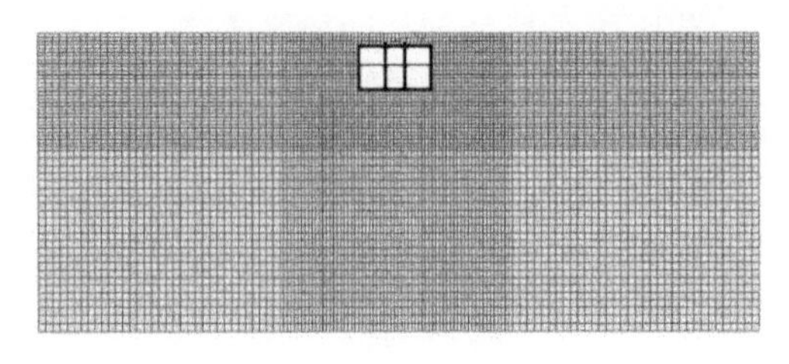

(a) 地基有限元网格

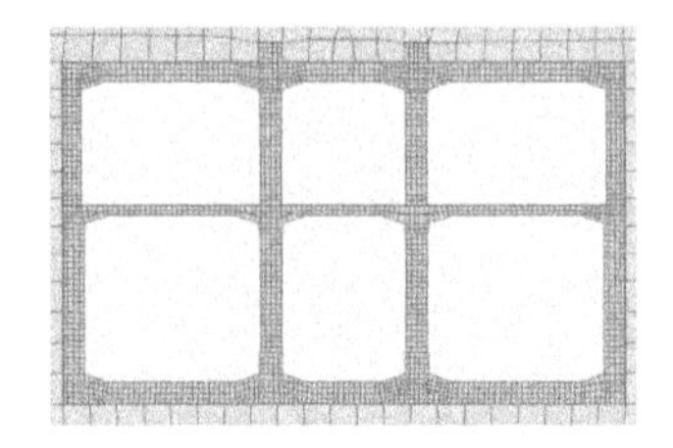

(b) 主体结构有限元网格

图9.17　土-地下结构相互作用体系有限单元划分

该计算实例中选用地震波为El Centro波和Kobe波。在水平基岩上输入地震波时，把两条地震波的峰值加速度分别调整为0.5m/s^2、1.0m/s^2、1.5m/s^2、2.0m/s^2、3.0m/s^{2}和4.0m/s^2，基岩输入地震波持续时间为30s。

2. 自由场侧向位移反应特征

图9.18给出了两种不同输入地震波时不同类别场地顶底最大相对位移随场地等效剪切波速的变化趋势线。据图9.18可以发现，当基岩输入峰值加速度较小时(≤0.2g)，随着场地等效剪切波速变大，自由场顶底最大相对位移呈线性减小，但总体上减小幅度不大。但是，当基岩输入峰值加速度较大时(0.3g和0.4g)，同时在场地等效剪切波速较小时，随着等效波速变大，自由场顶底最大相对位移并非接近线性减小，而是出现明显的波动。主要原因应为输入地震动较强和场地土体较软时场地的非线性地震反应变得强烈，使得上述变化规律出现明显的变异，但总体上随着场地等效波速变大，自由场顶底最大相对位移呈明显的减小趋势。

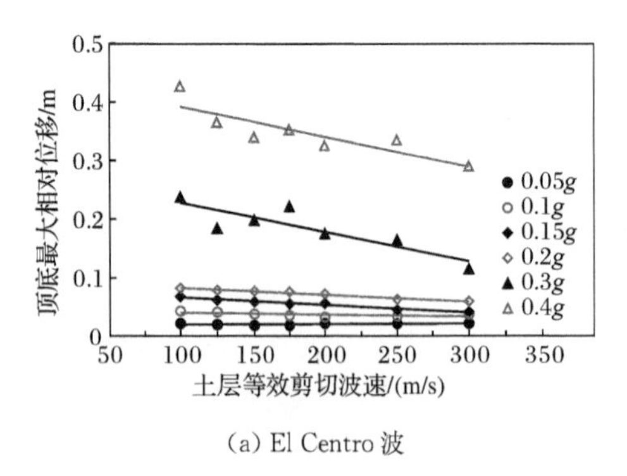

(a) El Centro 波

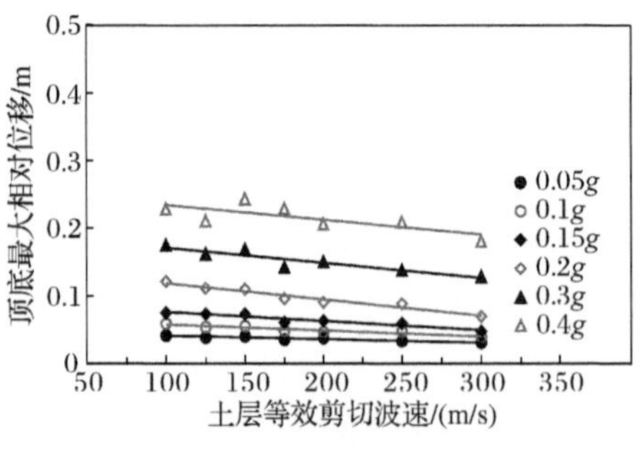

(b) Kobe 波

图9.18　自由场顶底最大相对位移随场地等效剪切波速的变化

图 9.19 给出了两种不同输入地震波时不同类别场地顶底最大相对位移随输入地震动峰值加速度的变化趋势线。由图可知，同一场地类别条件下，随着输入地震动峰值加速度的变大，自由场顶底最大相对位移呈指数增加。同时，随着输入峰值加速度变大，场地类别对自由场顶底最大相对位移的影响越明显，尤其是输入 El Centro 波时，场地条件变差时自由场顶底最大相对位移随输入峰值加速度变大而加速增长。当输入 Kobe 波时，场地类别对自由场顶底最大相对位移的影响相对较弱。

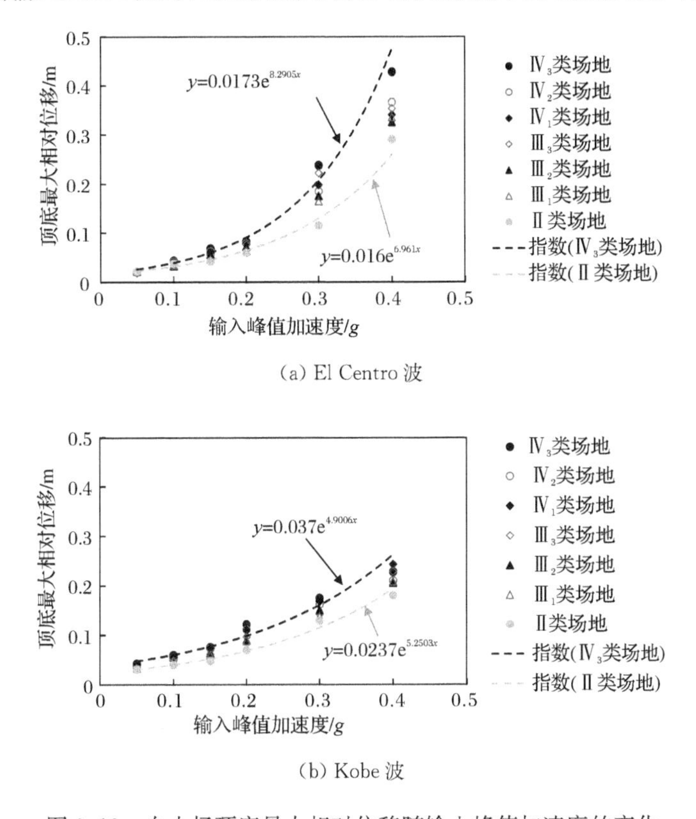

(a) El Centro 波

(b) Kobe 波

图 9.19　自由场顶底最大相对位移随输入峰值加速度的变化

参照《城市轨道交通结构抗震设计规范》(GB 50909—2014)中表 5.2.4.1 和表 5.2.4.2，可求得Ⅱ类场地自由场顶底最大相对位移，如图 9.20 所示，同时图中给出了Ⅱ类场地自由场顶底最大相对位移与规范建议值的对比。由图可以发现，当基岩输入峰值加速度较小时($\leqslant 0.2g$)，本研究的计算结果与规范建议值很接近。但是，当输入峰值加速度较大时，本研究计算结果明显大于规范的建议值，尤其当输入峰值加速度为 $0.4g$ 的 El Centro 波时上述差异更为明显，造成上述差异的原因应为我国现行规范给出的场地位移建议值主要基于土体等效线性模型的一维场地地震效应分析为参考，而本例中采用土体黏弹塑性非线性动力学本构模型的二维场地非线性地震效应分析，由于该模型对土体非线性大变形特性的描述更为精确[15]，使得在输入较大地震动时场地的非线性地震反应更为明显，造成了场地的最大相对位移比规范建议值要大。

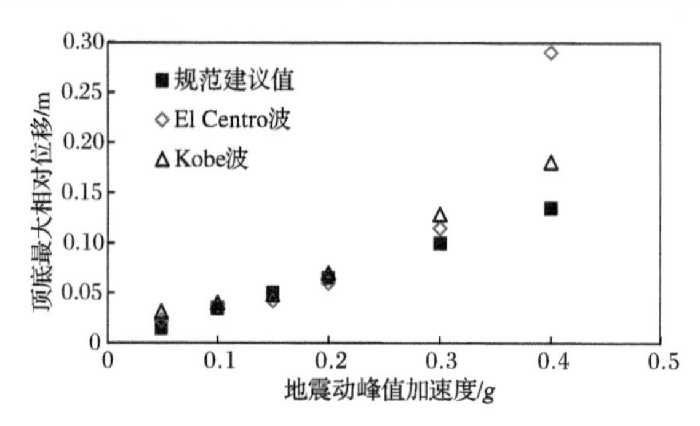

图 9.20　Ⅱ类场地自由场顶底最大相对位移比较

为了进一步分析Ⅲ类和Ⅳ类场地自由场顶底最大相对位移与规范建议值的大小关系，图 9.21 给出了相对于Ⅱ类场地的Ⅲ类和Ⅳ类场地自由场顶底最大相对位移调整系数与规范建议值的对比。由图可以看出，当基岩输入峰值加速度较小时（≤0.2g），规范建议的Ⅲ类和Ⅳ类场地自由场顶底最大相对位移调整系数基本与本研究计算结果一致，即本部分计算所得的调整系数基本接近或小于规范建议值，即规范建议的调整系数是基本可用的。

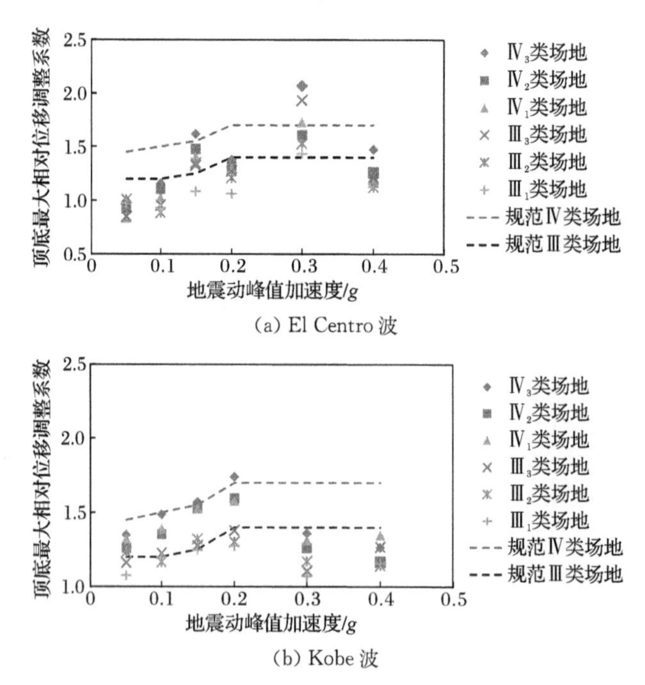

(a) El Centro 波

(b) Kobe 波

图 9.21　Ⅲ类和Ⅳ类场地自由场顶底最大相对位移调整系数

但是，当基岩输入峰值加速度较大时（0.3g 和 0.4g），规范建议的调整系数明显与本部分计算结果存在较大的差异，当基岩输入峰值加速度为 0.3g 的 El Centro 波时场地峰值位移调整系数明显大于规范建议值，当基岩输入峰值加速度为 0.4g 的 El Centro 波时场地峰值位移调整系数又明显小于规范建议值；当基岩输入峰值加速度为 0.3g 和 0.4g 的 Kobe 波时，本研究计算的场地最大相对位移调整系数均明显小于规范的建议值。造成上述差异的主要原因一方面应为较大输入峰值加速度条件下计算的Ⅱ类场地最大相对位移明显大于规范建议值，从而导致Ⅲ类和Ⅳ类场地的最大相对位移调整系数明显比规范的建议值偏小；另一方面，输入具有明显近场地震动特征的 Kobe 波时，在峰值加速度较大的情况下场地最大相对位移明显比输入具有远场地震动特征的 El Centro 波时要小（见图 9.18），因此输入地震动特性对场地最大相对位移的影响还需做进一步的统计分析。

3. 地下结构侧向位移反应特征

图 9.22 给出了车站结构顶底最大相对位移随场地等效剪切波速的变化曲线。由图可以发现，当基岩输入峰值加速度较小时（⩽0.2g），随着输入地震动峰值加速度变大，车站结构顶底最大相对位移随着场地等效剪切波速增加而减小的速度更快，即场地类别的影响更为明显。当基岩输入峰值加速度较大时（0.3g 和 0.4g），虽然车站结构顶底最大相对位移也将随场地等效剪切波速增加而减小，但是输入地震动峰值加速度的增大对车站结构顶底最大相对位移随场地等效剪切波速增加而减小速度的影响不再明显，当输入峰值加速度为 0.4g 的 Kobe 波时甚至出现减小速度明显减慢。造成上述现象的主要原因可能为当基岩输入峰值加速度较大时，场地埋深 20m 以下土层的变形相对有较大的增加，进而导致埋深 20m 范围内土层软硬的变化对车站结构顶底最大相对位移的影响减弱。

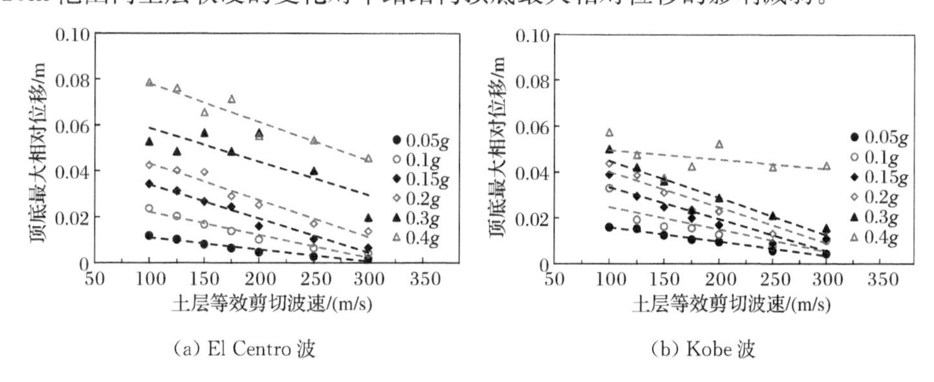

(a) El Centro 波　(b) Kobe 波

图 9.22　车站结构顶底最大相对位移随场地等效剪切波速的变化

为了进一步分析同一场地条件下输入峰值加速度对地下车站结构顶底最大相对位移的影响规律，图 9.23 给出了地下车站结构顶底最大相对位移随输入地震动峰值加速度的变化曲线。由图可知，当场地类别为Ⅱ类时，车站顶底最大相对位移随输入地震动峰值加速度的变大而呈指数增长。随着场地条件变差，车站顶底最大相对位移随输入地震动峰值加速度的变化曲线慢慢由指数增长变化到接近线性增长。

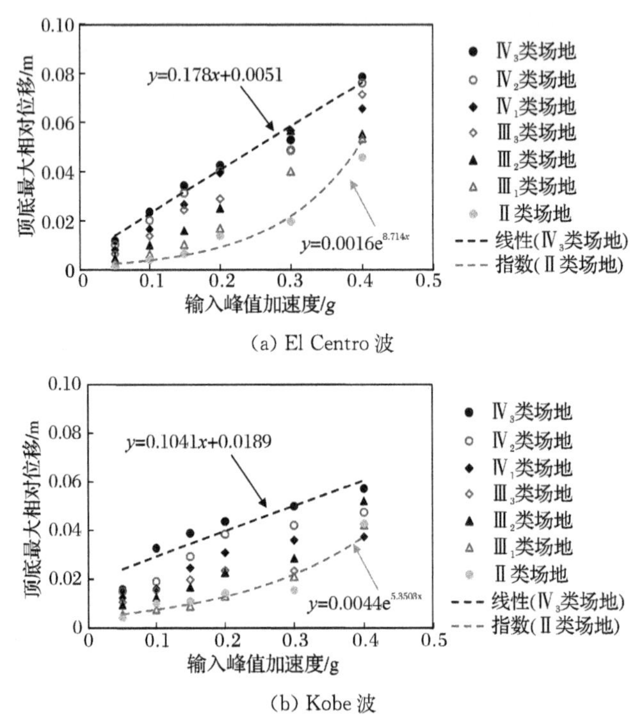

图 9.23　车站结构顶底最大相对位移随输入峰值加速度的变化

9.5.6　计算实例

以第 5 章介绍的两层三跨地铁车站结构为研究对象，采用反应位移法进行抗震设计。地震和土体参数：E2 地震作用，50 年超越概率 10%，$a_{max}=0.1g$。场地条件：Ⅳ类场地，$v_{se}=138\text{m/s}$，其他土层参数见表 5.5 和表 5.6。

1. 地基弹簧系数确定

地下结构周围地基弹簧间距为 1m，沿轴向截取 1m 长度。因此，根据《日本铁路抗震设计规范》中相关规定，地基弹簧刚度计算过程如下。

(1) 顶板上土层弹簧刚度。

顶板土层动剪切模量：

$$G=\rho V_S^2=1.9\times114^2=24692(\text{kPa})$$

顶板土层动变形模量：

$$E_0=2(1+\nu)G=2.9\times24692=71607(\text{kPa})$$

竖向弹簧刚度：

$$k_v=1.7E_0B_V^{-3/4}=1.7\times71607\times21.2^{-0.75}=12321(\text{kPa/m})$$

剪切弹簧刚度：

$$k_{vs}=\frac{k_v}{3}=\frac{12321}{3}=4107(\text{kPa/m})$$

(2) 底板上土层弹簧刚度。

底板土层动剪切模量：

$$G=\rho V_S^2=1.89\times172.7^2=56370(\text{kPa})$$

底板土层动变形模量：

$$E_0=2(1+\nu)G=2.6\times56370=146561(\text{kPa})$$

竖向弹簧刚度：

$$k_v=1.7E_0B_v^{-3/4}=1.7\times146561\times21.2^{-0.75}=25218(\text{kPa/m})$$

剪切弹簧刚度：

$$k_{vs}=\frac{k_v}{3}=\frac{25218}{3}=8406(\text{kPa/m})$$

(3) 侧面土体弹簧刚度、相对位移确定。

依据《城市轨道交通结构抗震设计规范》条文说明 5.2.4 条，地震动峰值位移：$u_{max}=0.07\times1.5=0.105\text{m}$。侧面土体弹簧刚度和相对位移，如表 9.11 所示。

表 9.11　地基弹簧刚度计算值

节点号	基准面/m	地表位移/m	节点深度/m	绝对位移/m	相对位移/m	竖向刚度/(kPa/m)	剪切刚度/(kPa/m)
1	60.1	0.105	3	0.0524	0.0039	6475	2158
2			4	0.0523	0.0038	12949	4316
3			5	0.0522	0.0037	18004	6001
4			6	0.0521	0.0036	18004	6001
5			7	0.0519	0.0034	18004	6001
6			8	0.0516	0.0031	18004	6001
7			9	0.0514	0.0029	15079	5026
8			10	0.0511	0.0026	15079	5026
9			11	0.0507	0.0022	15079	5026
10			12	0.0503	0.0018	13910	4637
11			13	0.0499	0.0014	13910	4637
12			14	0.0495	0.0010	13910	4637
13			15	0.0490	0.0005	16545	5515
14			15.49	0.0485	0.0000	5515	1838

2. 剪切力计算

车站结构顶板处：

$$\tau_u=\frac{G_d}{2H}\pi u_{amax}\sin\frac{\pi z}{2H}$$
$$=\frac{1.9\times114^2}{2\times60.1}\times3.14\times0.0525\times\sin\frac{3.14\times2}{2\times60.1}$$
$$=2.13(\mathrm{kN/m})$$

车站结构底板处：

$$\tau_b=\frac{G_d}{2H}\pi u_{amax}\sin\frac{\pi z}{2H}$$
$$=\frac{1.9\times172.7^2}{2\times60.1}\times3.14\times0.0525\times\sin\frac{3.14\times14.49}{2\times60.1}$$
$$=26.9(\mathrm{kN/m})$$

车站结构侧墙处：

$$\tau_s=\frac{\tau_u+\tau_b}{2}=14.5(\mathrm{kN/m})$$

3. 惯性力计算

根据《建筑抗震设计规范》(GB 50011—2016)，南京属于设计地震分组第一组，确定 $C_g=1.2$。该工程场地设计水平地震烈度的基本值：$K_{h0}=0.1$。地下结构的惯性力为

$$K_h=C_zC_gC_vK_{h0}=1.2\times1.0\times(1-0.015\times8.25)\times0.1=0.105$$

结构顶板惯性力：

$$F=mgK_h=(1\times0.7\times2.5)\times10\times0.105=1.84(\mathrm{kN/m})$$

结构中板惯性力：

$$F=mgK_h=(1\times0.35\times2.5)\times10\times0.105=0.92(\mathrm{kN/m})$$

结构底板惯性力：

$$F=mgK_h=(1\times0.8\times2.5)\times10\times0.105=2.10(\mathrm{kN/m})$$

结构中柱惯性力：

$$F=mgK_h=(1\times3.14\times0.4^2\times2.5)\times10\times0.105=1.32(\mathrm{kN/m})$$

结构上侧墙惯性力：

$$F=mgK_h=(1\times0.7\times2.5)\times10\times0.105=1.84(\mathrm{kN/m})$$

结构下侧墙惯性力：

$$F=mgK_h=(1\times0.8\times2.5)\times10\times0.105=2.10(\mathrm{kN/m})$$

根据地下结构尺寸，可采用结构求解器或其他数值计算软件等建立地下结构

框架模型，把上述计算所得的地震荷载和侧向位移按反应位移法分析模型加到地下结构上，根据地下结构内力计算时考虑地震荷载的组合，即可算得地下结构考虑地震荷载工况时的结构内力。因篇幅问题，具体计算结果在本书中不再给出。需要再次强调的是，上述计算过程是基于地下结构上地基弹簧间距为 1m，且轴向长度取 1m 为基本条件，若上述条件变化，在相关计算公式中对应位置进行替换即可。

9.6　反应加速度法

9.6.1　反应加速度法原理

反应加速度法是通过对土层和地下结构施加自由场一维土层地震反应分析所得的有效惯性力来实现对整个模型土与结构相互作用的模拟[32]。该方法的计算依赖于自由场地的土层等效线性化频域分析结果。在计算中需提取自由场地中相应于车站结构顶底处的最大相对位移时刻的土层位移和剪应力分布，并且导出土层与应变相容的弹性模量。计算模型如图 9.24 所示。

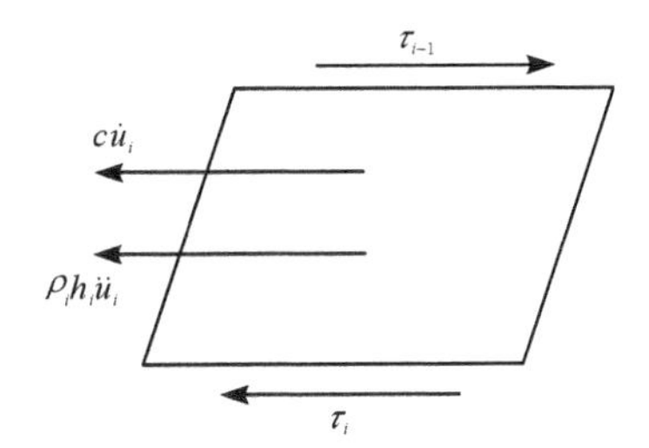

图 9.24　水平有效反应加速度求解方法

此时第 i 层土的运动方程为

$$\tau_i - \tau_{i-1} + m\ddot{u} + c\dot{u} = 0 \tag{9.78}$$

式中，τ_i、τ_{i-1} 分别为第 i 层土底部剪应力和顶部剪应力；m 为质量；c 为阻尼比；$\dot{u}$、$\ddot{u}$ 分别为土层速度和加速度。

由式(9.78)可得土层水平有效加速度为

$$a_i = \frac{\tau_i - \tau_{i-1}}{\rho_i h_i} \tag{9.79}$$

式中，a_i 为第 i 层土单元水平等效加速度；ρ_i 为第 i 层土单元密度；h_i 为第 i 层土单元高度。当 $i = 1$ 时，$\tau_0 = 0$。

9.6.2　基于 PROSHAKE 和 ABAQUS 软件的反应加速度法

反应加速度法的建模相应于反应位移法要简单，其操作流程如下[33]：

(1) 通过 PROSHAKE 软件的自由场一维场地地震反应分析,提取与应变相容的土体弹性模量和阻尼比,作为后续 ABAQUS 有限元分析时土层的输入材料参数。

(2) 通过一维场地位移反应结果,确定结构顶底对应自由场位置的相对水平位移最大的时刻,并提取该时刻地下结构对应位置的土层剪应力。

(3) 根据式(9.79)计算土层水平有效加速度。

(4) 通过 ABAQUS 有限元软件,建立土-地下车站结构相互作用分析模型,对模型底部施加固定约束,两边界设定水平滑移边界,对土层以及地下结构施加水平惯性力,求解地下结构位移和内力,模型如图 9.25 所示。

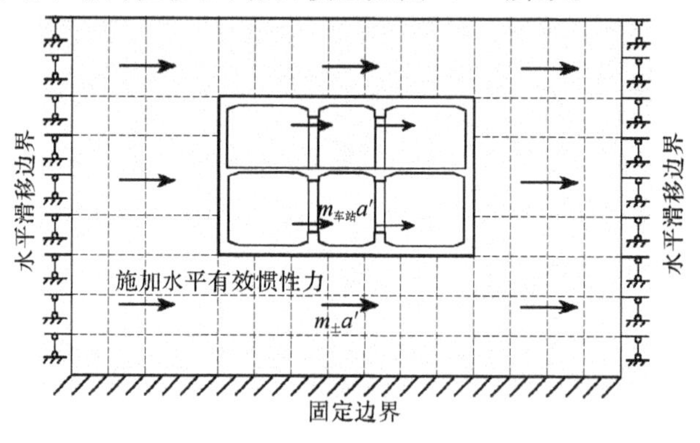

图 9.25 反应加速度法计算模型

9.7 Pushover 法

刘晶波等[34]提出了一种适用于地下结构抗震分析与设计使用的 Pushover 分析方法,建立了带有附加自由场的土-结构分析模型,如图 9.26 所示。模型底面采用固定边界条件,侧面采用混合边界条件,附加自由场模型边界条件与土-结构有限元模型边界条件相同。混合边界条件可通过对自由场模型进行分析获得:建立柱状土自由场模型,底面采用固定边界,侧面节点水平向位移固定,计算在自重作用下自由场模型侧面节点竖向位移与水平支座反力,以此作为 Pushover 分析时土-结构模型与附加自由场模型的侧面边界条件。

采用静力分析方法计算土-结构模型与附加自由场模型在自重作用下的静力反应。在此基础上,在土-结构模型与附加自由场上施加水平分布荷载,按比例进行单调递增加载,直至目标位移。在 Pushover 分析达到目标位移之后,可根据需要继续加载至地下结构完全破坏,这样可以获得地下结构完整的能力曲线。由于受到周围地基约束,地下结构的地震反应不同于地上结构,因此,对地下结构进行 Pushover 分析时,水平荷载分布形式和目标位移的确定也与地上结构不同。

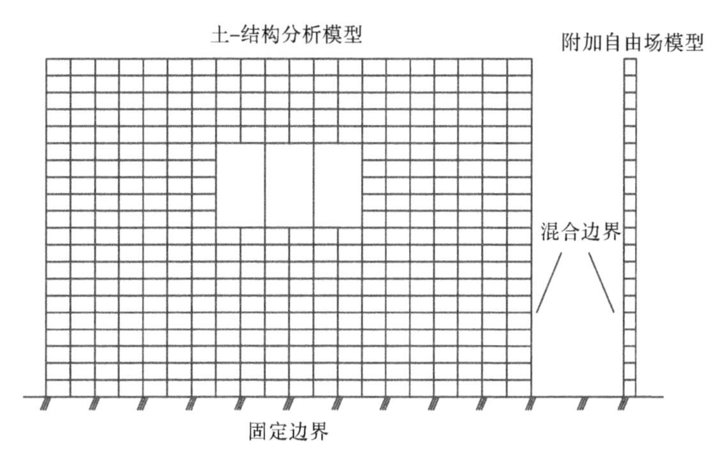

图 9.26　带有附加自由场的土-结构相互作用分析模型

9.7.1　水平荷载分布形式

对土-地下结构系统进行 Pushover 分析时，水平荷载一方面需要体现出地下结构与各土层惯性力的分布特征，另一方面应使所求得的位移能大体真实地反映出地下结构与各土层的位移状况[34]。因此，可对地下结构和各土层按照其所在的位置施加相应的水平等效惯性加速度。水平惯性加速度建议采用如下三种分布形式[34]：

(1) 采用在输入地震波作用下，自由场各土层的绝对峰值加速度分布。

(2) 采用地下结构对应的土层发生最大变形时刻的有效惯性加速度分布。其中第 i 层土的水平有效惯性加速度可表示为式(9.79)。

(3) 借鉴地上结构 Pushover 分析方法，采用倒三角形或倒梯形水平惯性加速度分布形式。

对于以上三种荷载分布形式，第二种所得分析结果精度较高，而第三种最为简便。

9.7.2　目标位移的确定

自由场反应中地面与基岩间的峰值相对位移称为地面峰值相对位移(PGRD)[35]。研究表明，相对于设计基本地震加速度 PGA，PGRD 是更适合作为地下结构抗震分析与设计使用的设计地震动参数[35]。因此在对土-地下结构系统进行 Pushover 分析时采用 PGRD 作为 Pushover 分析的目标位移。

在进行地下结构 Pushover 分析时，为了实现 PGRD 作为目标位移，需要建立带有附加自由场的土-结构相互作用分析模型，对土-结构分析模型和附加自由场模型同时进行 Pushover 分析。此时可以方便地记录附加自由场地表与基岩间的相对位移，当其达到目标位移 PGRD 时，土-结构模型的 Pushover 分析即可结束。

在对带有附加自由场的土-结构模型同时进行 Pushover 分析时，相当于目标位移已预先确定，这是地下结构 Pushover 分析方法与地上结构 Pushover 分析方法不同之处[34]。

9.7.3 地下结构 Pushover 法计算步骤

以采用倒三角形加速度分布形式为例，地下结构 Pushover 分析方法的具体实施步骤如下[35]。

1) 求解目标位移

对自由场模型进行输入地震波作用下的一维土层地震反应分析，给出求解方法获得目标位移 PGRD。

2) 确定分析模型的边界条件

建立柱状土自由场模型，底面采用固定边界，侧面节点固定水平向位移，计算在自重作用下的反应，读取自由场模型侧面节点竖向位移与水平支座反力并存储，作为后面土-结构分析模型的边界条件。

3) 建立分析模型

建立带有附加自由场(柱状土)的土-结构相互作用分析模型，模型的底面均采用固定边界；将第(2)步中求得的竖向位移与水平支座反力分别施加于附加自由场模型与土-结构模型的相应侧面节点上。

4) 求解自重作用下的反应

采用静力分析方法计算附加自由场模型与土-结构模型在自重作用下的静力反应。

5) Pushover 分析

在完成自重作用反应计算的基础上，在附加自由场与土-结构模型中的土体单元和结构单元按照所在深度位置施加倒三角形水平惯性加速度，按比例进行单调递增加载，直至附加自由场模型的反应达到第 1)步中求得的目标位移。记录每一增量步完成后土与结构非线性反应的相关数据，进而可以得到地下结构的能力曲线和地震反应情况。而在 Pushover 分析达到目标位移之后，如果需要还可以继续加载至地下结构完全破坏，这样可以获得地下结构完整的能力曲线，用于评价结构的抗震能力和评估更大地震作用下地下结构的抗震性能。

9.7.4 计算实例

根据刘晶波等在文献[36]给出的算例进行整理。该算例是以北京地铁崇文门拱式地铁车站为计算对象，如图 9.27 所示。图中 A_1、A_2、B_1、B_2 为控制截面。结构与周围土层的材料参数按文献[6]取值。

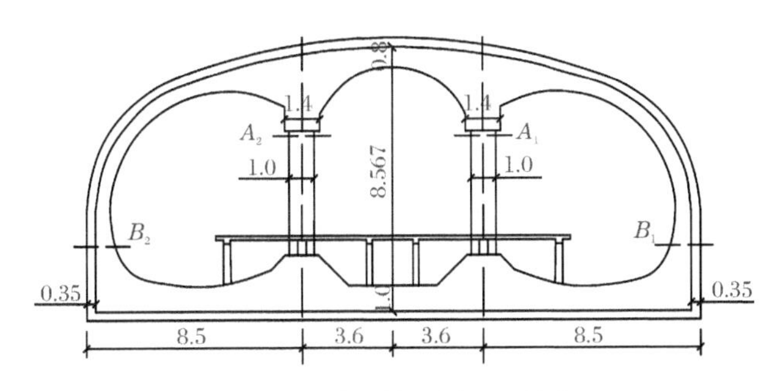

图 9.27　崇文门站标准断面(单位:m)

1. 求解目标位移

由于倒三角形加速度分布形式简单,易于在土-结构模型中施加,并且具有较好的计算精度,例题选择该水平荷载分布形式进行 Pushover 分析。根据文献[33],目标位移取 Loma Prieta 波、El Centro 波和 Kobe 波在相同 PGA 条件下 PGRD 的平均值,对应于不同 PGA 的目标位移 PGRD 如表 9.12 所示。选择表 9.12 中的目标位移 PGRD 进行循环往复加载的 Pushover 分析。

表 9.12　不同 PGA 对应的目标位移 PGRD　　(单位:m)

PGA/g	Loma Prieta 波	El Centro 波	Kobe 波	PGRD
0.1	0.0066	0.0062	0.0075	0.0068
0.2	0.0134	0.0125	0.0153	0.0137
0.4	0.0272	0.0250	0.0325	0.0282
0.8	0.0532	0.0500	0.0733	0.0588
1.0	0.0642	0.0629	0.0938	0.0736
1.6	0.1036	0.1007	0.1830	0.1291

2. 确定分析模型的边界条件

建立柱状土自由场模型,底面采用固定边界,侧面节点固定水平向位移,计算在自重作用下的反应,读取自由场模型侧面节点竖向位移与水平支座反力并存储,作为后面土-结构分析模型的边界条件。

3. 建立分析模型

建立有限元分析模型如图 9.28 所示,图中左侧为土-结构相互作用分析模型,右侧为附加自由场模型。

在上覆土层重力和水平地震综合作用下,结构侧墙及中柱将承受压弯作用。

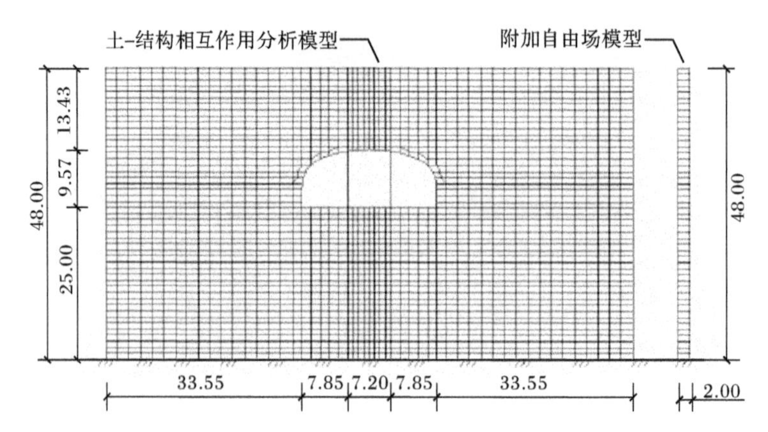

图 9.28　带有附加自由场的土-结构相互作用分析有限元模型(单位:m)

为了较好地模拟钢筋混凝土压弯构件的非线性特性,采用 THUFI-BER 纤维模型[37]。其中,混凝土及钢筋应力-应变曲线如图 9.29 所示。为了模拟土体的非线性特性,采用各向同性硬化的弹塑性模型,应力-应变关系如图 9.29 所示,屈服准则采用抛物线形莫尔-库仑准则。

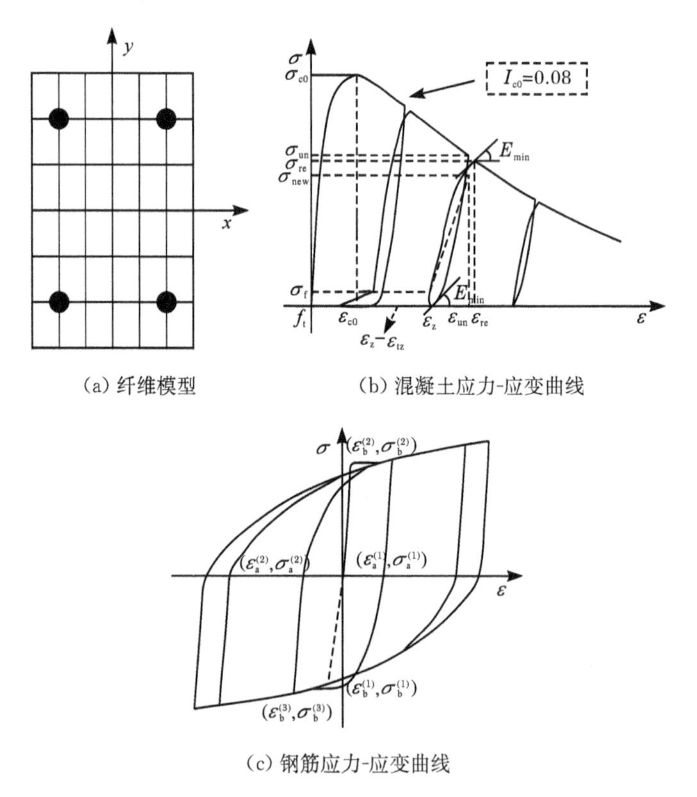

图 9.29　钢筋混凝土压弯构件纤维模型和材料本构模型

4. 求解自重荷载下和循环荷载下结构的反应

图9.30和图9.31给出了不同目标位移预期下，进行一次循环往复加载Pushover分析过程中，控制截面弯矩与地面峰值相对位移的关系曲线，其中竖向虚线表示对应的目标位移PGRD。

从图中可以看出，完成一次循环往复加载后，结构(构件)发生损伤，使得同样变形量的荷载值逐渐减小，强度发生退化，同时结构的刚度也随之减小。

对比不同目标位移预期下的关系曲线可以看出，随着目标位移PGRD的增大，结构(构件)损伤越严重。当PGRD＝0.0068m(PGA＝0.1g)时，由于结构(构件)基本上仍处于弹性阶段，此时进行往复加载的Pushover分析，截面弯矩与地面峰值相对位移的关系曲线变化不大；当PGRD＝0.0588m(PGA＝0.8g)时，由于结构(构件)开始部分进入塑性，此时完成一次循环往复加载后，截面弯矩与地面峰值相对位移的关系曲线与单向加载时存在明显区别。

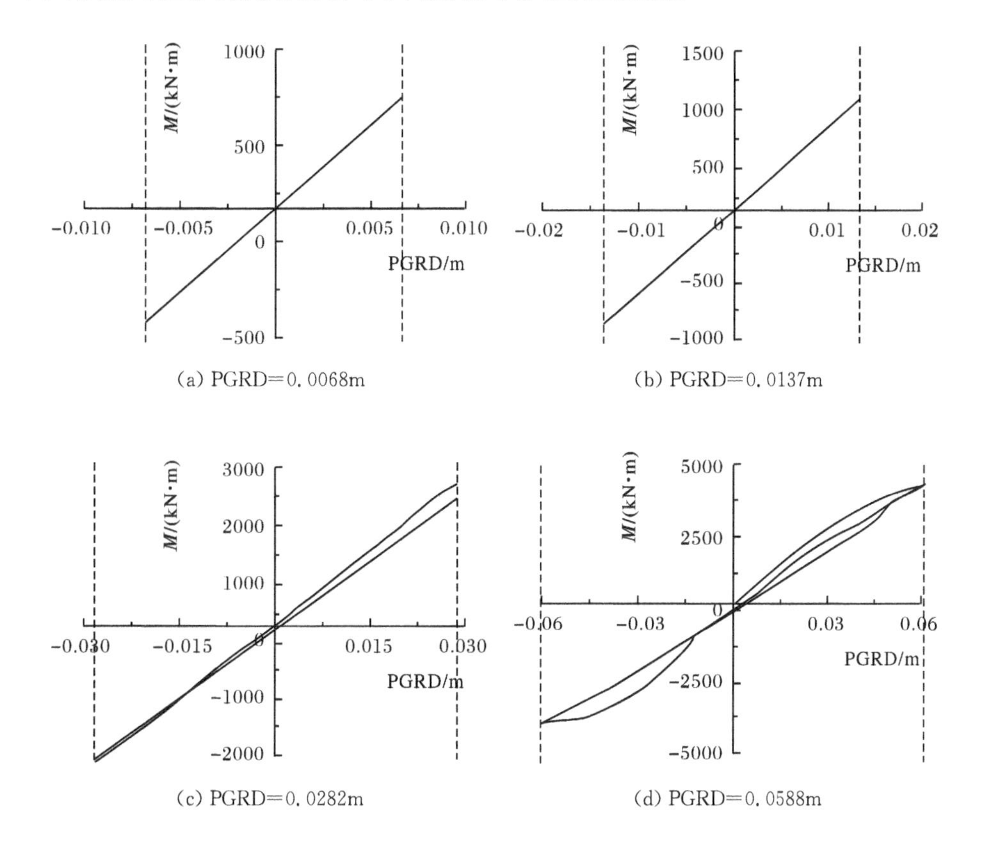

(a) PGRD＝0.0068m　　(b) PGRD＝0.0137m

(c) PGRD＝0.0282m　　(d) PGRD＝0.0588m

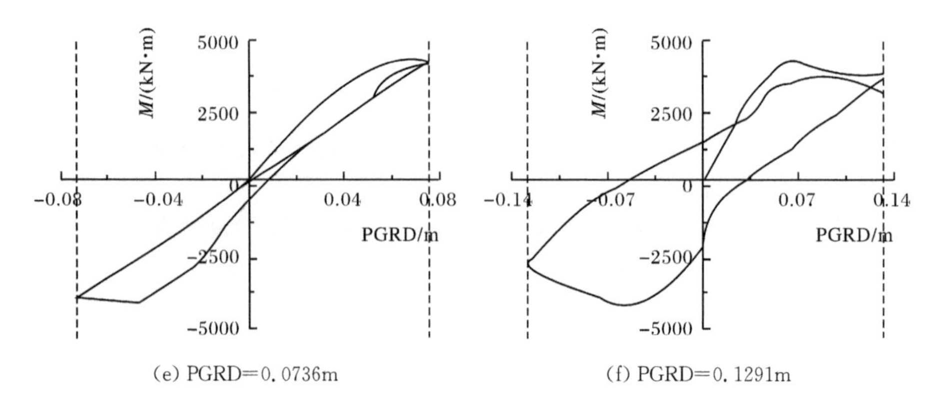

图 9.30 控制截面 A_1 弯矩随地面峰值相对位移变化曲线

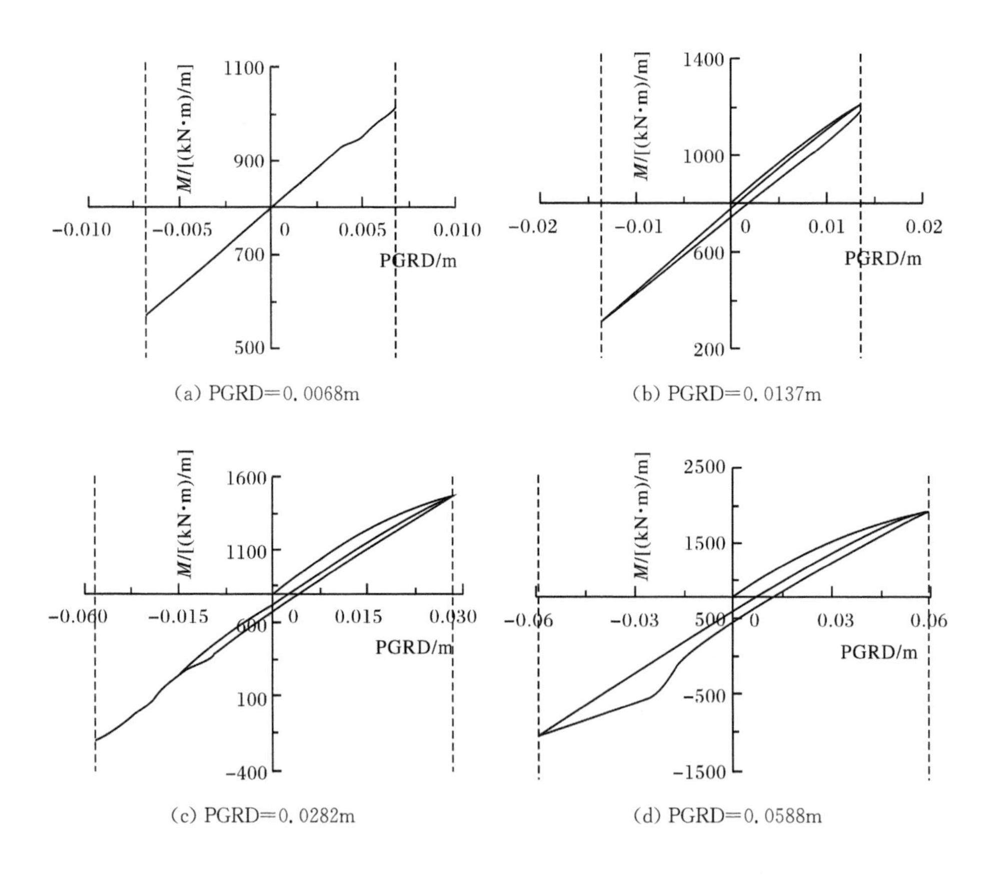

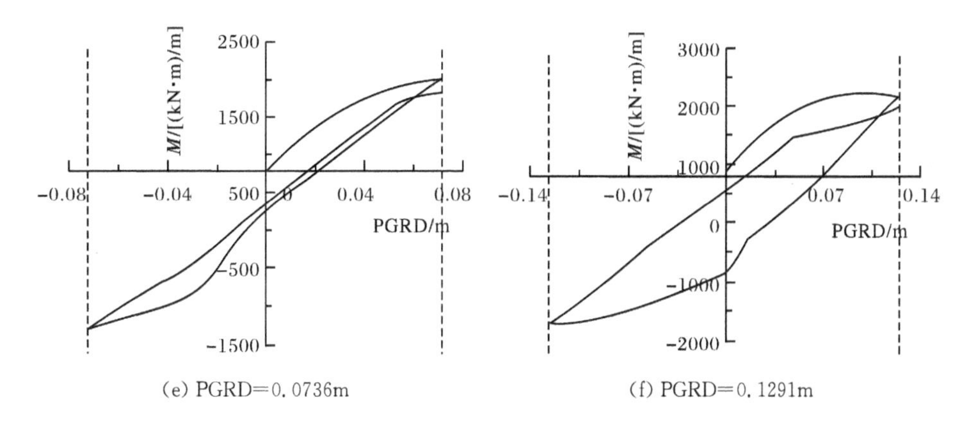

(e) PGRD=0.0736m　　(f) PGRD=0.1291m

图 9.31　控制截面 B_2 弯矩随地面峰值相对位移变化曲线

对比控制截面 A_1、B_2 可以看出，两个截面的滞回环捏拢，耗能能力较差。通过分析发现，这是由于在上覆土层重力作用下，地下结构中柱与侧墙产生较大轴压力，高轴压比使得压弯构件耗能能力较差。

图 9.32 给出了目标位移 PGRD=0.0736m(PGA=1.0g)时，进行 2 次循环往复加载的 Pushover 完整能力曲线与传统 Pushover 分析的比较。从图 9.32 中可以看出，进行循环往复加载 Pushover 分析后，控制截面能力曲线在达到对应目标位移 PGRD 前与传统 Pushover 分析存在明显区别，这主要是由于在地震作用下，结构承受往复荷载，产生塑性变形，结构刚度减小，再次加载时承受荷载能力减弱。而在达到目标位移 PGRD 后，与传统 Pushover 分析结果相比，循环往复加载 Pushover 分析给出的能力曲线存在一定的刚度退化和强度退化。

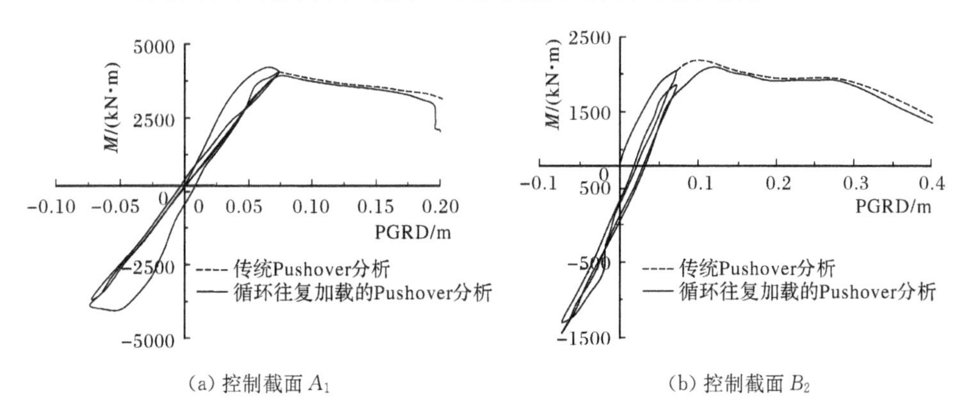

(a) 控制截面 A_1　　(b) 控制截面 B_2

图 9.32　控制截面能力曲线

9.8 集中质量法

9.8.1 自由场地震分析的集中质量计算模型

对于水平成层自由场地的地震反应，将场地简化为作剪切运动的土柱，采用集中质量分析方法进行计算。在集中质量法中，将图 9.33(a)所示的作剪切运动的土柱划分成 N 段，以图 9.33(b)所示的 N 个质点体系代替，相邻质点以剪切弹簧连接。

9.8.2 地下结构地震反应的集中质量计算模型

按照集中质量法思想，将地下结构简化为串联多质点系，质点间采用杆件相连，设置质点连接杆件的弹性参数 EI(抗弯刚度)、GA(剪切刚度)，以模拟层间的弯曲和剪切变形；土体被简化为一系列集中质量点，质点间采用剪切弹簧连接。将结构两侧土层的集中质量按照插值法分配于地下结构杆系集中质量的两侧，以模拟两侧土体对地下结构惯性力的影响[38]。土质点与结构之间采用水平弹簧连接，并且在弹簧间并联阻尼器来模拟动力相互作用过程中的能量耗散，如图 9.34 所示。

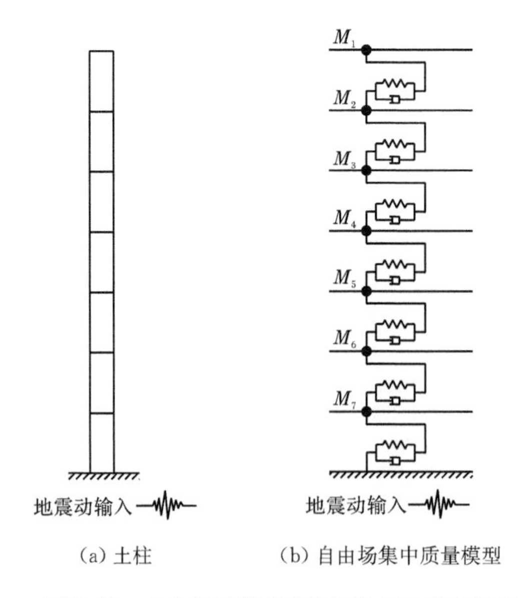

(a) 土柱　　(b) 自由场集中质量模型

图 9.33　自由场地震反应分析的集中质量模型

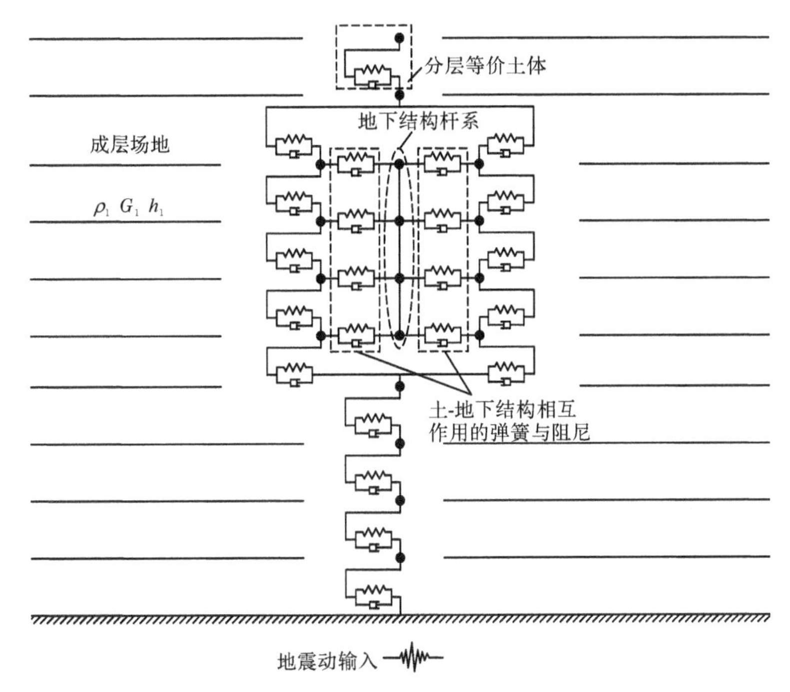

图 9.34　土-地下结构体系地震反应分析的集中质量模型

该简化方法考虑了场地土的非均质性、阻尼特性等因素，也考虑了地震动作用时地下结构的惯性效应对地基土的影响，该方法力学模型简单、概念清晰，可以全面合理地考虑土-地下结构动力相互作用、结构本身惯性力、输入地震动特性和覆盖于地下结构顶部的上部荷载的影响，是一种科学和合理的地下结构简化方法。

9.8.3　运动方程

1. 自由场的运动方程

在地震动的作用下，土柱产生运动，如图 9.35 所示，oo 表示地震前土柱的位置。$o'A$ 表示地震时土柱与基岩一起的刚体运动，刚体位移为 u_g。$o'A'$ 为土柱运动，质点 i 的位移为 u_i^s。

土体层间剪切作用以质点间的剪切弹簧表示，土体质点 i 受到的剪切力为

$$F_{ssi} = k_i^s(z)(u_i^s - u_{i-1}^s) \tag{9.80}$$

式中，$k_i^s(z)$ 为土层质点 i 与质点 $i-1$ 之间的剪切弹簧系数。

水平方向的惯性力由土柱的运动引起，质点 i 惯性力为

$$F_{mi} = M_i^s(\ddot{u}_g + \ddot{u}_i^s) \tag{9.81}$$

式中，M_i^s 为土柱质点 i 的质量；$\ddot{u}_g$ 为基岩输入地震动加速度；$\ddot{u}_i^s$ 为土柱质点 i 相

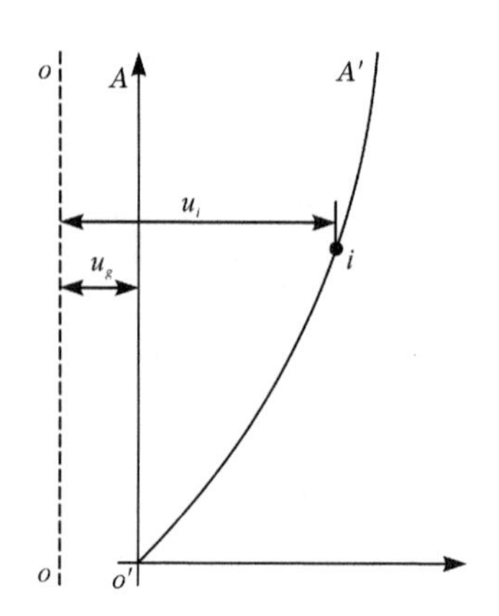

图 9.35　自由场土柱的动力反应

对于基岩的加速度。

土层质点之间由于剪切运动产生的阻尼力表示为

$$F_{ci}^{s} = c_i^{s}(\dot{u}_i^{s} - \dot{u}_{i-1}^{s}) \tag{9.82}$$

式中，c_i^s 为土柱质点 i 剪切作用的阻尼系数；$\dot{u}_i^s$、$\dot{u}_{i-1}^s$ 分别为土柱质点 i、$i-1$ 相对基底的运动速度。

在上述弹性力、土反力、阻尼力、惯性力作用下，土柱集中质量质点对的动力平衡方程可表示为

$$\begin{aligned} &k_{i+1}^{s}(z)(u_{i+1}^{s} - u_i^{s}) + k_i^{s}(z)(u_i^{s} - u_{i-1}^{s}) + c_{i+1}^{s}(\dot{u}_{i+1}^{s} - \dot{u}_i^{s}) \\ &\quad + c_i^{s}(\dot{u}_i^{s} - \dot{u}_{i-1}^{s}) + M_i^{s}(\ddot{u}_g + \ddot{u}_i^{s}) = 0 \end{aligned} \tag{9.83}$$

整理式(9.83)后，可得土柱集中质量质点对的动力平衡方程：

$$\begin{aligned} &M_i^{s}\ddot{u}_i^{s} + c_{i+1}^{s}\dot{u}_{i+1}^{s} + (c_i^{s} - c_{i+1}^{s})\dot{u}_i^{s} - c_i^{s}\dot{u}_{i-1}^{s} + k_{i+1}^{s}u_{i+1}^{s} \\ &\quad + (k_i^{s} - k_{i+1}^{s})u_i^{s} - k_i^{s}u_{i-1}^{s} = -M_i^{s}\ddot{u}_g^{s} \end{aligned} \tag{9.84}$$

2. 土-地下结构体系的运动方程

假设地下结构位于水平成层土体中，根据地下结构的特点，将质量集中于每层的楼板处，质点间以无质量梁构件相连。假设地下结构为弹性体，地震时地下结构质点 i 的水平位移为 u_i^{u}，相邻两质点间的相对位移为 $u_i^{u} - u_{i-1}^{u}$，则由两质点的相对位移产生的水平弹性力为

$$F_{u,i} = \frac{12EI}{l_i^3}(u_i^{u} - u_{i-1}^{u}) = k_i^{u}(u_i^{u} - u_{i-1}^{u}) \tag{9.85}$$

式中，E 为地下结构等效杆系的弹性模量；I 为地下结构等效杆件的惯性矩；l_i 为质点 i 与质点 $i-1$ 之间地下结构等效杆系的长度；k_i^{u} 为质点 i 与质点 $i-1$ 间地下结构等效杆系的水平刚度系数，$k_i^{u} = \dfrac{12EI}{l_i^3}$。

在地震动的作用下，土与地下结构产生动力相互作用，由于两者运动的差异，地下结构受到土体产生的反力，这个反力是由土与地下结构之间的相对位移引起的。如图 9.36 所示，oo 表示地震前的土柱与地下结构简化杆系的初始位置，两者相对位置为零。$o'A$ 表示地震时土-地下结构体系与基岩一起的刚体运动，刚体位移为 u_g。$o'A'$为存在土-地下结构相互作用时土柱运动，土柱质点 i 的位移为 u_i^{s}。MN 为地下结构的运动，结构上质点 i 的位移为 u_i^{u}。因此，由于土-地下结构相互

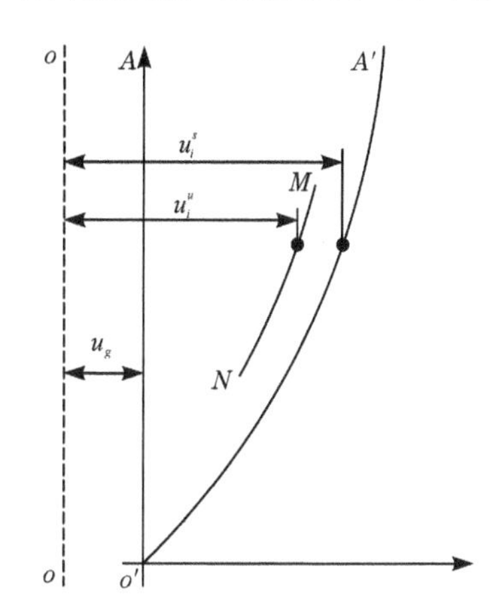

图 9.36　土-地下结构体系的动力反应

作用，地下结构和土柱产生的相对位移为 $u_i^{\mathrm{s}}-u_i^{\mathrm{u}}$。

根据文克尔地基假定，土-地下结构体系运动时土对地下结构的反力 $F_{\mathrm{s},i}$ 可表示为

$$F_{\mathrm{s},i} = k_i^{\mathrm{su}}(z)(u_i^{\mathrm{s}} - u_i^{\mathrm{u}}) \tag{9.86}$$

式中，$k_i^{\mathrm{su}}(z)$为深度 z 处土体对地下结构的反力系数。

土体对地下结构的作用以附加质点上的弹簧表示，则土体对地下结构的反力系数 $k_i^{\mathrm{su}}(z)$可由土弹簧系数 $k(z)$确定：

$$k_i^{\mathrm{su}}(z) = k(z)\,\frac{l_{i-1} + l_i}{2} \tag{9.87}$$

式中，$k(z)$为深度 z 处的土弹簧系数；l_{i-1}、l_i 分别为质点 i 相邻上下段杆系的长度；z 为质点 i 到地面的距离。

土体层间剪切作用以质点间的剪切弹簧表示，土体质点 i 受到的剪切力为

$$F_{\mathrm{s},i} = k_i^{\mathrm{s}}(z)(u_i^{\mathrm{s}} - u_{i-1}^{\mathrm{s}}) \tag{9.88}$$

式中，$k_i^{\mathrm{s}}(z)$为土层质点 i 与质点 $i-1$ 之间的剪切弹簧系数。

当考虑相互作用时，地震时地下结构的运动是由基岩运动和土-地下结构体系共同作用引起的。因此，水平方向的惯性力由土柱惯性力和地下结构惯性力两部分组成：

$$F_{mi} = M_i^{\mathrm{s}}(\ddot{u}_g + \ddot{u}_i^{\mathrm{s}}) + M_i^{\mathrm{u}}(\ddot{u}_g + \ddot{u}_i^{\mathrm{u}}) \tag{9.89}$$

式中，M_i^{s} 为土柱质点 i 的质量；M_i^{u} 为地下结构质点 i 的质量；$\ddot{u}_g$ 为基岩输入地震动加速度；$\ddot{u}_i^{\mathrm{s}}$ 为土柱质点 i 相对于基岩的加速度；$\ddot{u}_i^{\mathrm{u}}$ 为地下结构质点 i 相对于基岩的加速度。

土-地下结构动力相互作用时，还需考虑土和地下结构的阻尼效应。地震时，由两质点的相对速度在地下结构上产生的阻尼力可表示为

$$F_{c,i}^{\mathrm{u}} = c_i^{\mathrm{u}}(\dot{u}_i^{\mathrm{u}} - \dot{u}_{i-1}^{\mathrm{u}}) \tag{9.90}$$

式中，c_i^{u} 为地下结构的阻尼系数；$\dot{u}_i^{\mathrm{u}}$、$\dot{u}_{i-1}^{\mathrm{u}}$ 分别为地下结构上质点 i、$i-1$ 相对基底的运动速度。

地震时，由于土-地下结构相互作用的存在，产生的附加速度为 $\dot{u}_i^{\mathrm{s}} - \dot{u}_i^{\mathrm{u}}$，因此，土-地下结构体系运动时土对地下结构的阻尼力可表示为

$$F_{c,i}^{\mathrm{s}} = c_i^{\mathrm{su}}(\dot{u}_i^{\mathrm{s}} - \dot{u}_i^{\mathrm{u}}) \tag{9.91}$$

式中，c_i^{su} 为地下结构与土柱共同作用的阻尼系数；$\dot{u}_i^{\mathrm{s}}$ 为土柱质点 i 相对基底的运动速度；$\dot{u}_i^{\mathrm{u}}$ 为地下结构质点 i 相对基底的运动速度。

土层质点之间由于剪切运动产生的阻尼力表示为

$$F_{c,i}^{\mathrm{s}} = c_i^{\mathrm{s}}(\dot{u}_i^{\mathrm{s}} - \dot{u}_{i-1}^{\mathrm{s}}) \tag{9.92}$$

式中，c_i^{s} 为土柱剪切作用的阻尼系数；$\dot{u}_i^{\mathrm{s}}$、$\dot{u}_{i-1}^{\mathrm{s}}$ 分别为土柱质点 i、$i-1$ 相对基底的运动速度。

在上述弹性力、土反力、阻尼力、惯性力作用下，土与地下结构集中质量质点对的动力平衡方程可表示为

$$\begin{aligned} & k_{i+1}^{\mathrm{u}}(u_{i+1}^{\mathrm{u}} - u_i^{\mathrm{u}}) + k_i^{\mathrm{u}}(u_i^{\mathrm{u}} - u_{i-1}^{\mathrm{u}}) + c_{i+1}^{\mathrm{u}}(\dot{u}_{i+1}^{\mathrm{u}} - \dot{u}_i^{\mathrm{u}}) + c_i^{\mathrm{u}}(\dot{u}_i^{\mathrm{u}} - \dot{u}_{i-1}^{\mathrm{u}}) \\ & \quad + k_i^{\mathrm{su}}(u_i^{\mathrm{s}} - u_i^{\mathrm{u}}) + c_i^{\mathrm{su}}(u_i^{\mathrm{s}} - u_i^{\mathrm{u}}) + k_{i+1}^{\mathrm{s}}(z)(u_{i+1}^{\mathrm{s}} - u_i^{\mathrm{s}}) \\ & \quad + k_i^{\mathrm{s}}(z)(u_i^{\mathrm{s}} - u_{i-1}^{\mathrm{s}}) + c_i^{\mathrm{s}}(\dot{u}_{i+1}^{\mathrm{s}} - \dot{u}_i^{\mathrm{s}}) + c_i^{\mathrm{s}}(\dot{u}_i^{\mathrm{s}} - \dot{u}_{i-1}^{\mathrm{s}}) \\ & \quad + M_i^{\mathrm{s}}(\ddot{u}_g + \ddot{u}_i^{\mathrm{s}}) + M_i^{\mathrm{u}}(\ddot{u}_g + \ddot{u}_i^{\mathrm{u}}) = 0 \end{aligned} \tag{9.93}$$

整理后，可得土-地下结构相互作用集中质量质点对的动力平衡方程：

$$\begin{aligned} & M_i^{\mathrm{u}}\ddot{u}_i^{\mathrm{u}} + c_{i+1}^{\mathrm{u}}\,\dot{u}_{i+1}^{\mathrm{u}} + (c_i^{\mathrm{u}} - c_{i+1}^{\mathrm{u}} - c_i^{\mathrm{su}})\,\dot{u}_i^{\mathrm{u}} - c_i^{\mathrm{u}}\,\dot{u}_{i-1}^{\mathrm{u}} + k_{i+1}^{\mathrm{u}}u_{i+1}^{\mathrm{u}} \\ & \quad + (k_i^{\mathrm{u}} - k_{i+1}^{\mathrm{u}} - k_i^{\mathrm{su}})u_i^{\mathrm{u}} - k_i^{\mathrm{u}}u_{i-1}^{\mathrm{u}} + M_i^{\mathrm{s}}\,\ddot{u}_i^{\mathrm{s}} + c_{i+1}^{\mathrm{s}}\,\dot{u}_{i+1}^{\mathrm{s}} \\ & \quad + (c_i^{\mathrm{s}} - c_{i+1}^{\mathrm{s}} - c_i^{\mathrm{su}})\,\dot{u}_i^{\mathrm{s}} - c_i^{\mathrm{ss}}\,\dot{u}_{i-1}^{\mathrm{s}} + k_{i+1}^{\mathrm{ss}}u_{i+1}^{\mathrm{s}} \\ & \quad + (k_i^{\mathrm{s}} - k_{i+1}^{\mathrm{s}} - k_i^{\mathrm{su}})u_i^{\mathrm{s}} - k_i^{\mathrm{s}}u_{i-1}^{\mathrm{s}} = -(M_i^{\mathrm{u}} + M_i^{\mathrm{s}})\,\ddot{u}_g \end{aligned} \tag{9.94}$$

9.8.4 地震反应简化分析方法的参数确定

1. 各土层质量的确定

自由场采用单位面积土柱进行分析，每段土柱的质量等分给相邻的质点，每

个质点的质量等于相邻两个土柱段质量的一半，即

$$\begin{cases} m_1 = \dfrac{1}{2}\rho_1 h_1 \\ m_i = \dfrac{1}{2}\rho_{i-1} h_{i-1} + \dfrac{1}{2}\rho_i h_i \end{cases} \tag{9.95}$$

式中，ρ_i 为第 i 层土的密度；h_i 为第 i 层土的厚度。

等价土体是参与土-地下结构相互作用的随地下结构运动而运动的土体，对土-地下结构体系的地震反应有较大的影响。Penzien 提出用能量相等的原则确定等价土质量 M_i^{s} 的值，对第 i 层土体，有

$$M_i^{\mathrm{s}} = \int_{-h}^{h}\int_{-\infty}^{+\infty}\int_{-\infty}^{+\infty} \frac{1}{3}(\Psi_u^2 + \Psi_v^2 + \Psi_w^2)\rho_i \mathrm{d}x\mathrm{d}y\mathrm{d}z \tag{9.96}$$

式中，Ψ_u、Ψ_v、Ψ_w 为单位力作用在土体内 x、y 和 z 方向上产生的位移场，具体见式(9.101)，由弹性半空间的 Mindlin 解答确定；ρ_i 为第 i 层土体的质量密度。

由此可以求得地下结构侧边产生惯性力影响的各层等价土体质量，假设地下结构不存在，此时等价土体系应该与自由场地具有完全相同的振动，由于自由场质点之间的剪切弹簧系数和质量已知，可以根据这两个体系有完全相同的振动特性确定等价土体系的动力参数。等价土体的等价面积可表示为

$$\bar{A} = \frac{1}{n}\sum \frac{M_i^{\mathrm{s}}}{\rho_i h_i} \tag{9.97}$$

式中，M_i 为地下结构侧边第 i 层土的等效质量；n 为地下结构侧边的土层数。

经过修正，由等价土体的等价面积可以得到第 i 质点的等价质量 $\bar{M}_i^{\mathrm{s}}$ 为

$$\bar{M}_i^{\mathrm{s}} = m_i \bar{A} \tag{9.98}$$

式中，m_i 为自由场地单位面积土柱第 i 质点的质量。

2. 各土层层间剪切弹簧的刚度与阻尼

土层层间质点第 i 层层间剪切弹簧刚度 k，可由式(9.99)得到

$$k_{vi} = \frac{G_i \bar{A}}{h_i} \tag{9.99}$$

式中，G_i 为第 i 层土的剪切模量；$\bar{A}$ 为土体的等价面积；h_i 为第 i 层土的厚度。

层间阻尼系数采用刚度比例阻尼，其计算式为

$$c_{vi} = \frac{2\lambda_i}{\omega} k_{vi} = \frac{2\lambda_i}{\omega}\frac{G_i \bar{A}}{h_i} \tag{9.100}$$

式中，λ_i 为第 i 层土的阻尼比；ω 为场地的基频。

3. 土-地下结构水平相互作用弹簧的刚度与阻尼

通过半空间理论分析，运用 Mindlin 公式求解单位水平均布力作用下不同深

度处的土体平均位移，在任意深度 z 处的水平位移是由沿结构连续分布的荷载引起的，假定作用在每层土的荷载是均匀分布的，而在不同土层内的荷载是不同的。所以，均布荷载 $p(0,0,c\pm h)$ 作用在土-地下结构接触面上所引起的平均位移 $\bar{u}$ 可由 $c-h$ 至 $c+h$ 之间的荷载强度 $p(0,0,c\pm h)$ 得出，并在 $[c-h,c+h]$ 区间内对 c 进行积分，得出土层的位移场函数：

$$
\bar{u}=\frac{3p(0,0,c\pm h)}{8\pi E}\left\{\begin{aligned}&\operatorname{arsinh}\frac{c+h-z}{r}-\operatorname{arsinh}\frac{c-h-z}{r}+\operatorname{arsinh}\frac{c+h+z}{r}\\&-\operatorname{arsinh}\frac{c+h-z}{r}+\frac{2}{3r^2}\left[\frac{r^2(c+h)-2r^2z+(c+h)z^2+z^3}{\sqrt{r^2+(c+h+z)^2}}\right.\\&\left.-\frac{r^2(c-h)-2r^2z+(c-h)z^2+z^3}{\sqrt{r^2+(c-h+z)^2}}\right]\\&-\frac{2}{3}\left[\frac{z-(c+h)}{\sqrt{r^2+(c+h-z)^2}}-\frac{z-(c-h)}{\sqrt{r^2+(c-h-z)^2}}\right]\\&+\frac{4}{3}\left\{\frac{r^2z+(c+h)z^2+z^3}{\sqrt{[r^2+(c+h+z)^2]^3}}-\frac{r^2z+(c-h)z^2+z^3}{\sqrt{[r^2+(c-h+z)^2]^3}}\right\}\end{aligned}\right\}
\tag{9.101}
$$

式中，E 为土层的弹性模量；c 为土层上表面到均布荷载区间中点的距离；h 为土层厚度的一半；z 为地表到土层中心的距离；r 为地下结构简化杆系的等效惯性半径，$r=\sqrt[4]{\dfrac{64I_u}{\pi}}$。

土层 i 的弹簧系数 k_{hi} 定义如下：在土层中心点 z 处产生单位 1 的水平位移时作用于该点的单位长度的反力。按此定义，有

$$
k_{hi}=\frac{p(0,0,c\pm h)}{\bar{u}}
\tag{9.102}
$$

按上述定义，c 与 h 在数值上应取 $c=h=\dfrac{l}{2}$，l 为土层厚度，由此可得

$$
k_{hi}=\frac{8\pi E}{3}\left\{\begin{aligned}&\operatorname{arsinh}\frac{l+z}{r}+\operatorname{arsinh}\frac{l-z}{r}+\frac{4}{3}\frac{r^2z+z^2(l+z)}{[r^2+(l+z)^2]^{\frac{3}{2}}}\\&+\frac{2}{3r^2}\left[\frac{r^2(l-2z)+z^2(l+z)}{\sqrt{r^2+(l+z)^2}}+\frac{r^2(l-z)}{\sqrt{r^2+(l-z)^2}}-\frac{z(z^2-r^2)}{\sqrt{r^2+z^2}}\right]\end{aligned}\right\}^{-1}
\tag{9.103}
$$

水平阻尼系数的确定，采用 Lysmer 等[39]提出的方法，用黏性阻尼器模拟波动能量向半无限场地逸散。

$$
\begin{cases}c_{l1}=2rl_1\rho_1(v_{p,1}+v_{s,1})\\c_{li}=2r[l_i\rho_i(v_{p,i}+v_{s,i})+l_{i+1}\rho_{i+1}(v_{p,i+1}+v_{s,i+1})]\end{cases}
\tag{9.104}
$$

式中，

$$v_p = \sqrt{(\lambda + 2G)/\rho}$$

$$v_s = \sqrt{G/\rho}$$

$$\lambda = \frac{\nu E}{(1+\nu)(1-2\nu)}$$

式中，r 为地下结构的等效惯性半径；E、G 分别为第 i 层土的弹性模量、剪切模量；v_p、v_s 为纵波波速、剪切波速；ν 为泊松比；ρ_i 为第 i 层土的密度；l_i 为第 i 层土的厚度。

4. 等价土体系和地下结构杆系的阻尼

等价土体系的阻尼按 Rayleigh 阻尼假设计算：

$$[C]_s = \alpha[M]_s + \beta[K]_s \tag{9.105}$$

式中，

$$\alpha = \frac{2}{\omega_1 + \omega_2}\lambda_s$$

$$\beta = \frac{2\omega_1\omega_2}{\omega_1 + \omega_2}\lambda_s$$

式中，$[M]_s$ 为等价土体系的质量矩阵；$[K]_s$ 为等价土体系的刚度矩阵；λ_s 为土的阻尼比，近似地取自由场地震反应分析给出的与应变相容的阻尼比；ω_1、ω_2 为土-地下结构体系第一、二阶自振圆频率。

同样，地下结构杆系的阻尼也按 Rayleigh 阻尼假设计算：

$$[C]_u = \alpha[M]_u + \beta[K]_u \tag{9.106}$$

式中，

$$\alpha = \frac{2}{\omega_1 + \omega_2}\lambda_u$$

$$\beta = \frac{2\omega_1\omega_2}{\omega_1 + \omega_2}\lambda_u$$

式中，$[M]_u$ 为地下结构杆系的质量矩阵；$[K]_u$ 为地下结构杆系的刚度矩阵；λ_u 为地下结构材料的阻尼比；ω_1、ω_2 为土-地下结构体系第一、二阶自振圆频率。

9.8.5 计算实例

1. 自由场地震反应分析

采用上述的集中质量简化分析方法，建立自由场集中质量质点系，在底部输入地震波，得出各土层的集中质量点的动力反应。自由场的合理模拟是整个计算的关键，也是土-地下结构体系简化模型的前提与必要条件。为了验证自由场集中质量分析方法的正确性，采用目前国内外较为通用的一种土层地震反应分析程序 PROSHAKE 进行对比分析，该程序是基于一维波动理论开发的，土层的非线性采用等效线性化方法处理。根据南京典型场地的土层分布情况，选取具有代表性的实际工程场地条件作为验证简化分析方法的场地条件，参数如表 9.13 所示。

表 9.13　南京地区典型场地条件

土层描述	层底埋深/m	重度/(kN/m³)	剪切波速/(m/s)
素填土(流塑)	1.80	17.80	122.00
淤泥质粉质黏土(流塑)	6.50	17.40	107.60
粉土与粉砂互层(稍密～松散)	9.10	19.00	128.60
粉质黏土(夹粉砂、稍密)	14.00	18.80	168.40
粉质黏土(夹粉砂、稍密)	19.10	20.50	170.30
粉细砂(局部夹粉土、稍密～中密)	34.50	18.90	204.40
粉细砂(局部夹粉土、中密)	44.80	17.80	239.10
粉细砂(局部夹粉土、中密～密实)	46.00	20.00	204.40
粉细砂夹砾砂(中密-密实)	50.00	21.20	266.10
黏土	60.00	19.30	491.60

自由场集中质量简化方法得出的前三阶自振频率分别为 1.14Hz、2.85Hz、4.01Hz，振型如图 9.37 所示。采用波速法估算计算场地基频，用加权平均波速法 $f=\frac{1}{4H}\sum_{i=1}^{n}\frac{v_i H_i}{H}$，得出场地的自振频率为 1.02Hz，与简化分析方法得出的值较为接近。

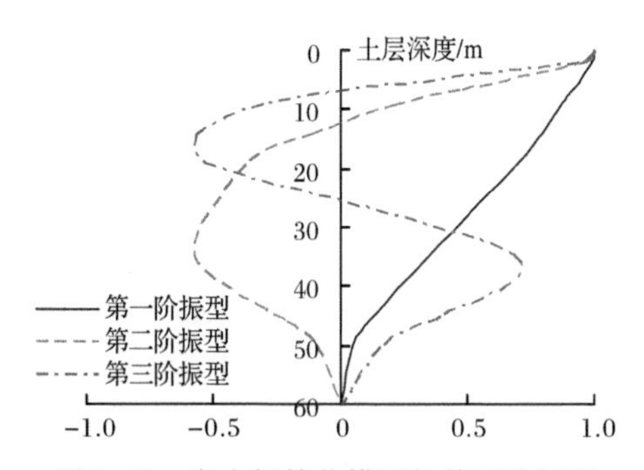

图 9.37　自由场简化模型的前三阶振型

选取中长周期较为丰富的 Taft 波作为地基土-地铁车站体系地震反应分析的水平向输入地震动，计算时取地震动的峰值加速度为 0.1g 和 0.2g。自由场中各土层层面的峰值加速度随深度的变化如图 9.38 所示，可以看出：在输入峰值加速度分别为 0.1g 和 0.2g 的 Taft 地震动作用下，采用自由场简化分析方法和

PROSHAKE计算出的峰值加速度随土层深度的变化规律基本一致,随着输入地震动的增加,两者的差异逐渐增加。在输入峰值加速度为 0.1g 时,采用简化方法计算出的第一～六层土的峰值加速度比 PROSHAKE 计算的结果偏大,下部土层的峰值加速度偏小;在输入峰值加速度为 0.2g 时,简化方法的上部六层土的峰值加速度比 PROSHAKE 计算的结果更加偏大,下部四层土的峰值加速度更加偏小。

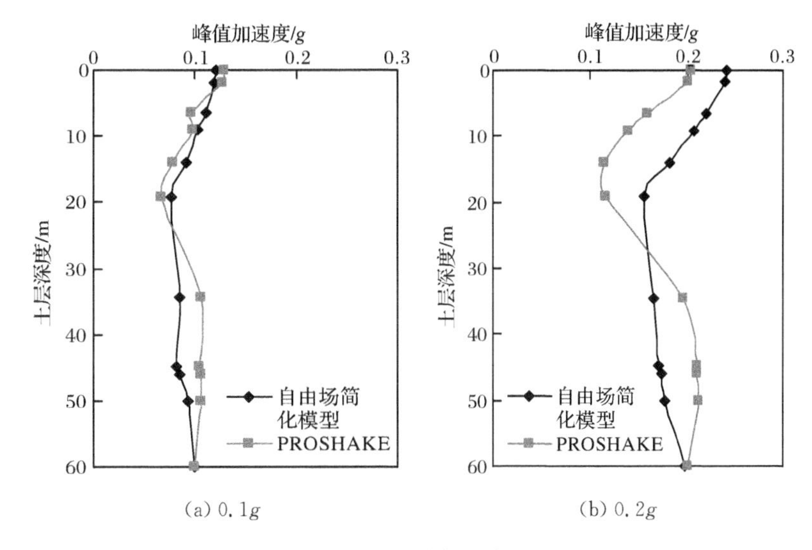

(a) 0.1g (b) 0.2g

图 9.38 各土层层面峰值加速度随深度的变化

用自由场简化方法和 PROSHAKE 得出的地表加速度反应谱总体变化趋势一致,如图 9.39 所示,图中体现了地震波在从基岩通过土层传播到地表后频谱特性发生的变化,具体表现为输入地震波的高频分量衰减大,而输入地震波长周期成分则有较大的放大。两者在具体周期区域有所差异,简化方法在短周期部分的反应谱比 PROSHAKE 有所滞后,在中、长周期部分简化方法的地表加速度反应谱值偏大。

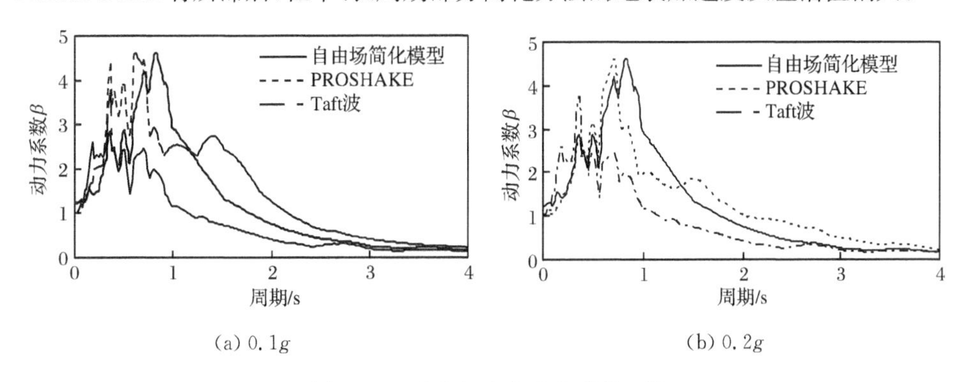

(a) 0.1g (b) 0.2g

图 9.39 地表加速度动力系数 β 谱

各层土顶面的峰值加速度如表 9.14 所示，可以发现：随着输入峰值加速度的增加，各层土的峰值加速度值的差异有所增大，在峰值加速度为 0.2g 的 Taft 地震动作用下，采用自由场简化方法的计算结果与 PROSHAKE 差异较大，这是由于在强震作用下，土体表现出强非线性特征，显示出明显的大变形特性，对于土体非线性大变形的有效模拟也是目前地震反应研究的一个难点问题，所以采用不同方法计算时势必会产生一定的差异。地表加速度时程的对比结果如图 9.40 所示，简化方法与 PROSHAKE 得出的地表加速度时程波形吻合较好。

表 9.14　各层土顶面的峰值加速度　(单位：g)

土层编号	输入峰值加速度 0.1g		输入峰值加速度 0.2g	
	自由场简化模型	PROSHAKE	自由场简化模型	PROSHAKE
1	0.126	0.123	0.242	0.203
2	0.124	0.122	0.239	0.200
3	0.110	0.097	0.220	0.158
4	0.103	0.099	0.207	0.139
5	0.091	0.078	0.181	0.114
6	0.077	0.066	0.155	0.116
7	0.084	0.106	0.164	0.196
8	0.082	0.105	0.169	0.210
9	0.084	0.106	0.172	0.210
10	0.093	0.106	0.175	0.212

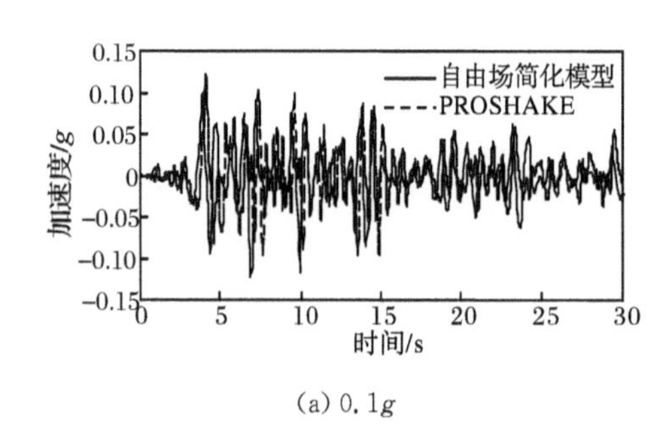

(a) 0.1g

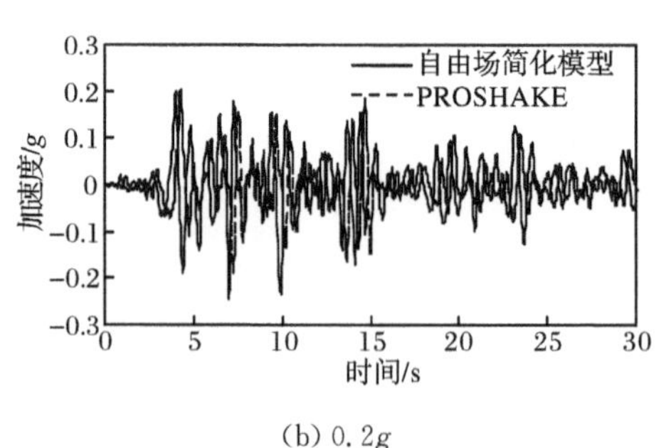

(b) 0.2g

图 9.40　地表加速度时程的对比结果

综上所述，自由场简化方法物理概念清晰，简单实用，可以反映成层场地的地震反应基本特性，是一种高效实用的简化分析方法。

2. 地下结构简化模型地震反应分析

以南京地铁三层地下车站结构为研究对象，地铁车站结构的总高度为15.4m，顶层和中层的层高为4.6m，底层层高为6.2m，上覆土层厚3.6m。将其简化为串联的多质点系，相邻质点间采用梁单元连接，剪切刚度 GA 取为 1.78×10^{10} kN，弯曲刚度 EI 取为 $2.21\times10^{12}\,\text{kN}\cdot\text{m}^2$。

采用表9.13中南京地铁沿线典型场地的土层分布情况，作为具有代表性的实际工程场地条件。以常用的基岩地震动Taft波、5.12汶川大地震中记录得到的近断层什邡八角波和远场的松潘波作为场地土-地铁地下车站结构体系地震反应分析的基岩水平向输入地震动，计算时取地震动的峰值加速度为 $0.1g$ 和 $0.2g$。

不同的输入地震动作用下地铁地下车站结构的峰值加速度反应沿车站结构高度的变化如图9.41所示。可以看出：简化方法计算的地铁地下车站结构峰值加速度反应大于二维有限元法计算的地铁地下车站结构峰值加速度反应，其随地铁地下车站结构高度变化的总体趋势较为一致；随着输入地震动强度的增大，其差异程度也有所增大；但在什邡八角波作用下，简化方法和二维有限元法计算结果之间的差异很小。图9.42给出了地铁地下车站结构顶板的加速度反应时程曲线，两种方法计算的加速度时程的波形基本一致。

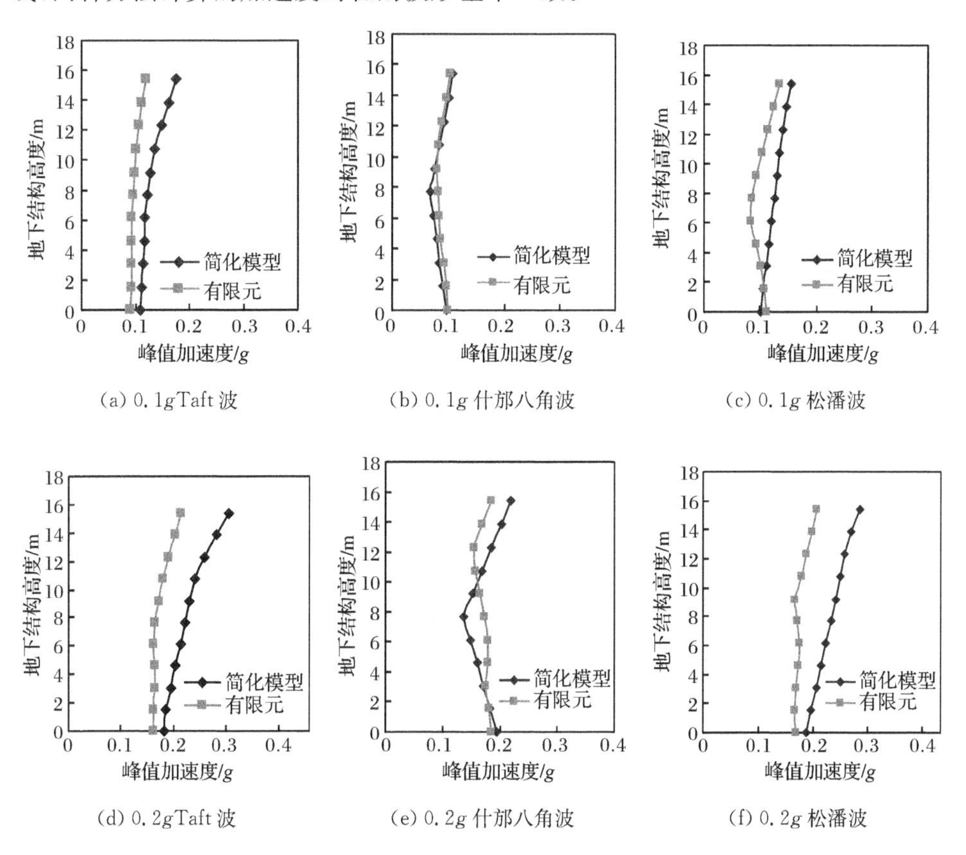

(a) $0.1g$ Taft波　(b) $0.1g$ 什邡八角波　(c) $0.1g$ 松潘波

(d) $0.2g$ Taft波　(e) $0.2g$ 什邡八角波　(f) $0.2g$ 松潘波

图9.41　不同地震动作用下地铁地下车站结构峰值加速度沿高度的变化

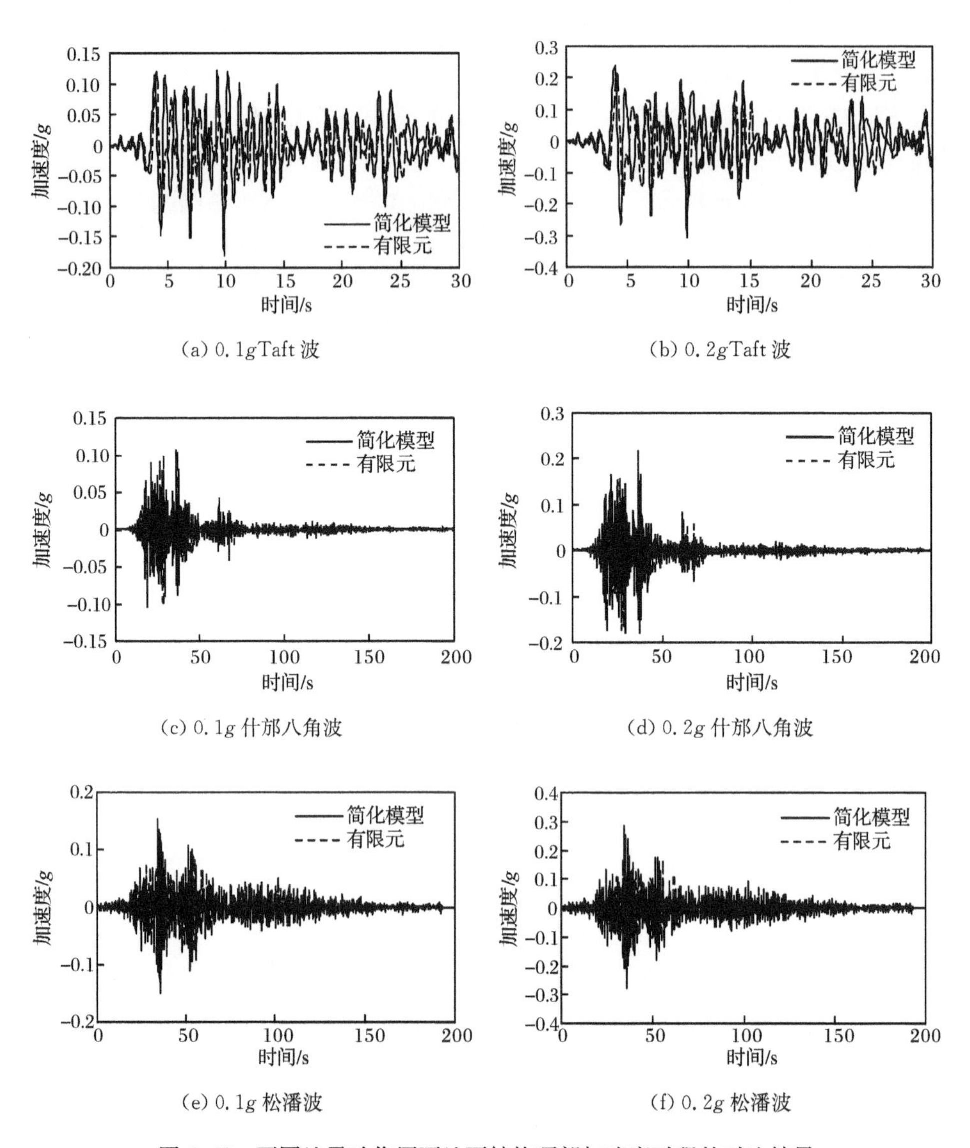

图 9.42　不同地震动作用下地下结构顶部加速度时程的对比结果

9.9　不同抗震设计简化分析方法比较

刘晶波等[40]通过理论分析并结合数值模拟，以动力有限元方法为基准，比较了地下结构抗震简化分析方法的有效性，得到以下主要结论：

(1) 反应加速度法在不同地震波、结构刚度、土层刚度、结构埋深情况下计算的结构变形和结构内力均有很好的计算精度。

(2) 通常情况下反应位移法过高地估计了结构的变形,误差可达到27%;计算结构内力结果中,中柱弯矩偏大而侧墙弯矩偏小,精度受计算参数的变化影响很大,最大误差可达38%。

(3) 土-结构相互作用系数法考虑了土-结构刚度的影响,计算的结构变形结果与精确值也较为接近,误差在15%左右,但受土-结构刚度的影响较大;计算的结构内力误差较大,可高达80%。

(4) 自由场变形法由于不考虑土-结构刚度的影响,计算结果仅在特定条件下具有较高的精度。

(5) 地震系数法不考虑土层对结构的影响,误差较大。

(6) 综合考虑输入地震波、结构刚度、土层刚度以及结构埋深的影响可以发现,在常见的地下结构环境条件下,反应加速度法在计算结构变形和结构内力时都具有良好的计算精度,可用于地下结构横截面地震反应分析。

陈国兴课题组[33]以反应位移法和反应加速度法作为考察对象,对某典型地下车站结构进行了地震效应计算,反应位移法选用的是刘晶波等[40]最新研究出的整体式反应位移法,该方法将反应位移法和有限元法相结合,克服了传统反应位移法地基弹簧系数难以选取、对地下结构尤其是角部约束不足的问题,极大地提高了地下结构地震作用力的计算精度。反应加速度法的操作则完全按照规范操作,最后以非线性动力时程为基准,通过调整地震动峰值加速度、车站结构的刚度以及车站的埋深,比较了三种不同方法得出的地下车站结构的内力、位移,如表9.15~表9.17、图9.43和图9.44所示。可得到如下结论:

表9.15 小震作用下不同地震波的内力计算结果

地震动强度	截面	计算弯矩/(kN·m)			相对动力时程误差/%	
		动力时程法	反应位移法	反应加速度法	反应位移法	反应加速度法
绵竹清平波	顶板左端	54.3	56.7	56.3	4.4	3.7
	中板左端	43.6	44.4	43.5	1.8	0.6
	侧墙底端	103.5	101.7	102.1	−1.7	−1.3
	底板左端	122.6	119.9	120.0	−2.2	−2.1
	下柱底端	70.1	72.1	71.8	2.8	2.5
	上柱顶端	51.1	54.3	55.2	3.8	4.0

续表

地震动强度	截面	计算弯矩/(kN·m)			相对动力时程误差/%	
		动力时程法	反应位移法	反应加速度法	反应位移法	反应加速度法
南京人工波	顶板左端	71.3	75.6	75.1	6.0	5.3
	中板左端	53.9	59.2	58.5	2.6	1.4
	侧墙底端	131.1	135.6	136.2	3.4	3.9
	底板左端	153.1	159.9	160.0	4.4	4.5
	下柱底端	91.3	96.1	95.8	5.2	4.9
	上柱顶端	70.5	72.4	73.6	2.7	4.4
Loma Prieta 波	顶板左端	100.1	113.4	112.65	13.3	12.5
	中板左端	83.3	88.8	87.75	6.6	5.3
	侧墙底端	188.3	203.4	204.3	8.0	8.5
	底板左端	230.2	239.8	240.1	4.2	4.3
	下柱底端	135.6	144.1	143.7	6.3	6.0
	上柱顶端	102.5	108.6	110.4	6.0	7.7

(1) 小震作用时反应位移法与反应加速度法的计算弯矩略微偏大，误差不超过6%；中震作用时两种拟静力法的计算弯矩偏大明显，误差最大可达20%；大震作用时两种拟静力法与时程分析法的计算弯矩偏差过大，误差最大可超过50%。

表9.16 中震作用下不同地震波的内力计算结果

地震动强度	截面	计算弯矩/(kN·m)			相对动力时程误差/%	
		动力时程法	反应位移法	反应加速度法	反应位移法	反应加速度法
绵竹清平波	顶板左端	107.6	122.6	122.4	14.0	13.8
	中板左端	89.3	98.7	97.95	10.5	9.7
	侧墙底端	189.6	207.9	209.55	9.7	10.5
	底板左端	231.2	250.6	251.55	8.4	8.8
	下柱底端	146.7	160.7	160.73	9.6	9.6
	上柱顶端	108.7	120.0	122.4	10.5	12.6
南京人工波	顶板左端	137.7	163.5	163.2	19.7	19.5
	中板左端	117.1	131.6	130.6	9.8	9.0
	侧墙底端	243.1	277.2	279.4	14.0	14.9
	底板左端	294.1	334.2	335.4	13.6	14.0
	下柱底端	192.5	214.3	214.3	11.7	11.7
	上柱顶端	140.4	160.1	163.2	14.0	16.20

续表

地震动强度	截面	计算弯矩/(kN·m)			相对动力时程误差/%	
		动力时程法	反应位移法	反应加速度法	反应位移法	反应加速度法
Loma Prieta 波	顶板左端	221.5	283.5	281.6	25.5	26.7
	中板左端	196.5	222	219.3	13.0	11.6
	侧墙底端	441.2	508.5	510.7	15.2	15.8
	底板左端	526.1	599.6	600.5	14.0	14.1
	下柱底端	300.2	360.3	359.2	20.0	19.7
	上柱顶端	239.5	271.5	276	13.4	15.2

表 9.17　大震作用下不同地震波的内力计算结果

地震动强度	截面	计算弯矩/(kN·m)			相对动力时程误差/%	
		动力时程法	反应位移法	反应加速度法	反应位移法	反应加速度法
绵竹清平波	顶板左端	200.3	277.3	275.5	38.5	37.6
	中板左端	181.2	219.67	219.8	21.2	21.3
	侧墙底端	295.2	387.1	394.7	31.1	33.7
	底板左端	369.5	478.3	483.1	29.5	30.8
	下柱底端	266.4	349.9	352.3	31.4	32.3
	上柱顶端	218.1	276.5	283.8	26.8	30.2
南京人工波	顶板左端	239.5	369.8	367.4	54.4	53.4
	中板左端	210.5	292.9	293.1	37.1	39.2
	侧墙底端	384.2	516	526.3	34.3	37.0
	底板左端	458	637.8	644.2	39.4	40.7
	下柱底端	344.7	466.6	469.8	35.3	36.3
	上柱顶端	263.4	368.7	378.5	39.9	43.7
Loma Prieta 波	顶板左端	378.2	665.6	661.3	76.0	74.8
	中板左端	359.4	527.2	527.6	46.7	46.8
	侧墙底端	641.9	928.8	947.3	44.7	47.6
	底板左端	750.8	1148.0	1159.6	52.9	54.4
	下柱底端	558.4	839.9	845.6	50.4	51.5
	上柱顶端	429.5	663.7	681.3	54.5	58.6

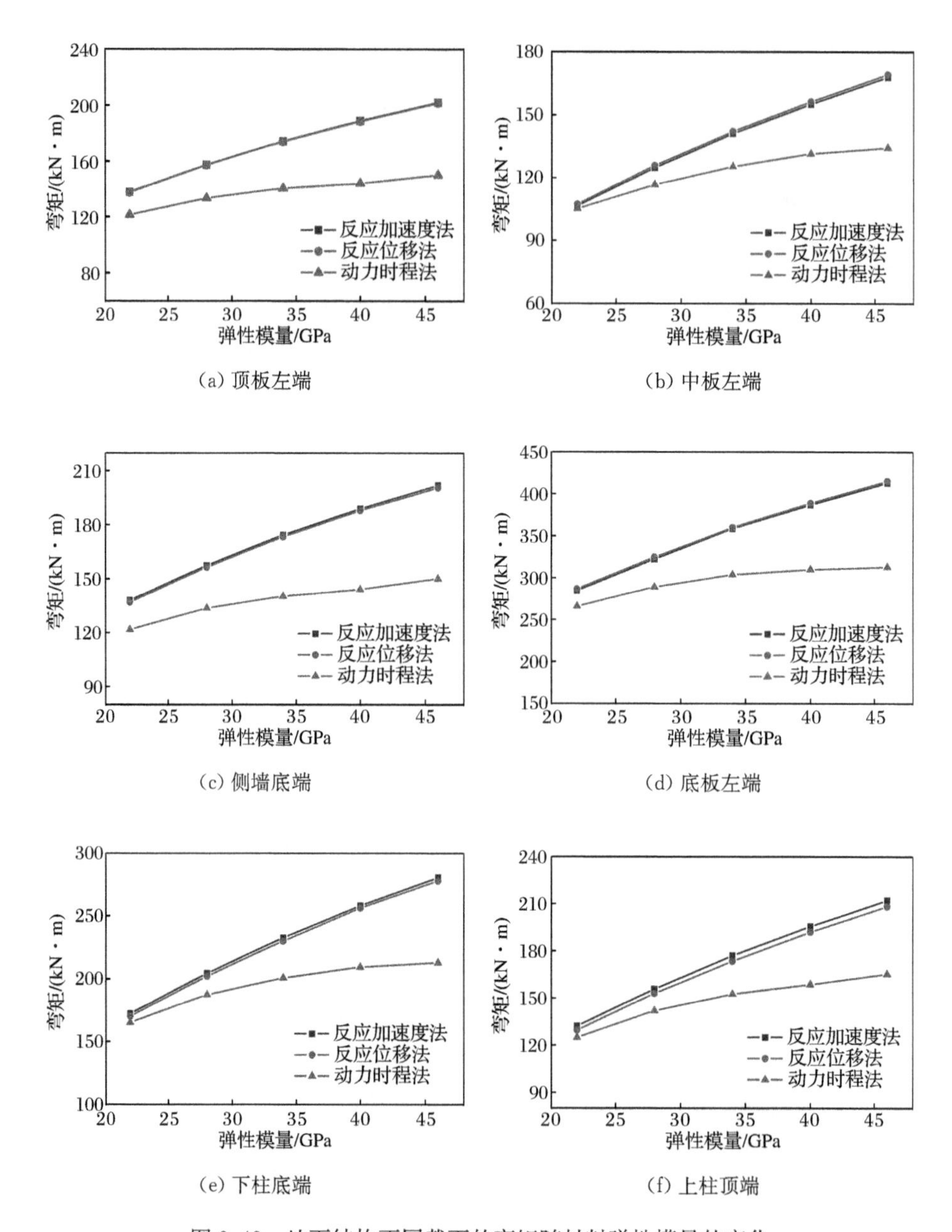

图 9.43　地下结构不同截面的弯矩随材料弹性模量的变化

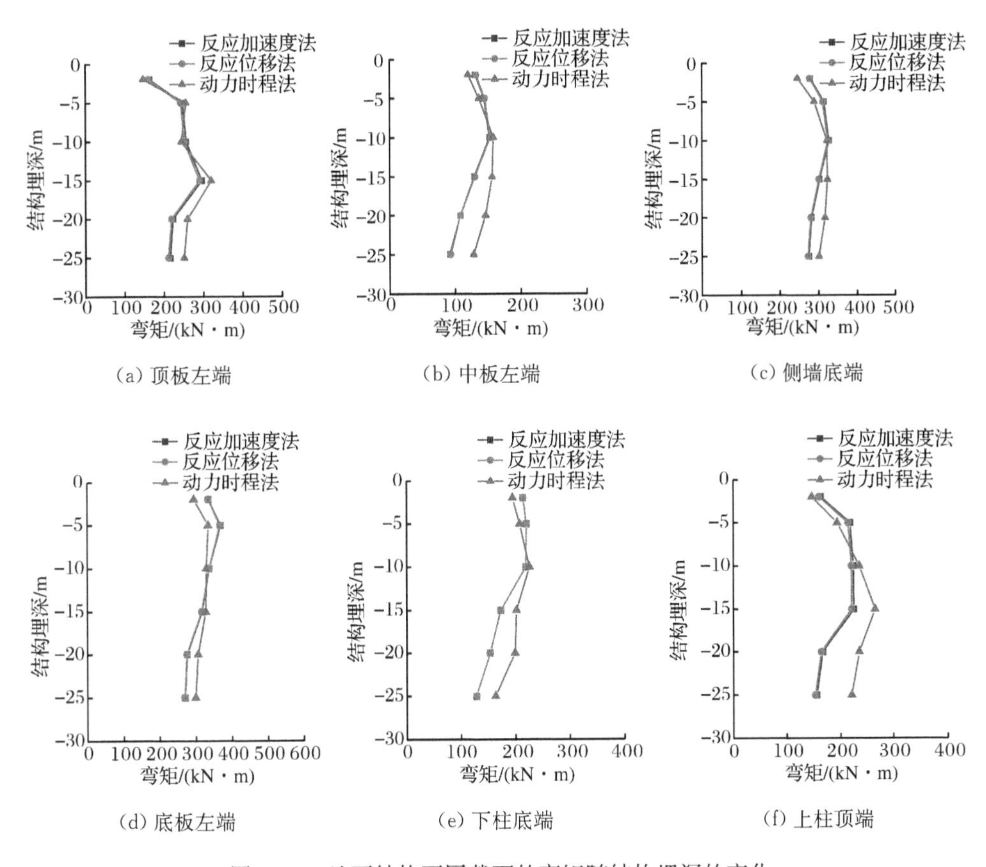

图 9.44　地下结构不同截面的弯矩随结构埋深的变化

(2) 在考察的六个结构断面上，三种计算方法所得的结构内力误差最大位置位于车站结构的顶板左端。其中，输入具有远场地震动特征的 Loma Prieta 波时误差最大，输入具有近场地震动特征的绵竹清平波时误差最小。

(3) 总体来看，两个拟静力法计算结果之间的误差较小，两种拟静力法与非线性时程反应分析的误差较大，且随着输入地震动强度增加，误差也随之增大。主要原因应为在非线性时程分析中能够充分模拟土体的非线性地震反应，大震时车站结构底部土体的动力软化可能随地下结构起到一定的“隔震作用”。因此，从经济角度来看，当进行大震下地下结构抗震设计时应采用非线性时程分析法。

(4) 随着地下车站结构刚度的提高，三种方法的计算弯矩计算结果均增大，但两种拟静力法的计算弯矩增长幅度较快且计算结果相近。与非线性时程分析法相比，随着地下车站结构刚度的提高，两种拟静力法计算结果越来越大于时程分析法的计算结果。

(5) 随着地下结构顶板埋深的增加，两种拟静力法和动力时程法的计算弯矩随深度的变化趋势基本一致。相对于动力时程法的计算结果，浅埋结构的拟静力法计算结果偏大，深埋结构的计算结果稍偏小。

（6）反应加速度法和反应位移法计算结果的差异很小，考虑到反应加速度法计算流程更为简便，建议地下结构抗震设计优先采用反应加速度法。

参考文献

[1] Huo H, Bobet A. Seismic design of cut and cover rectangular tunnels—evaluation of observed behavior of Dakai station during Kobe earthquake, 1995[C]// Proceedings of the 1st World Forum of Chinese Scholars in Geotechnical Engineering. Shanghai, 2003: 466.

[2] Choi J S, Lee J S, Kim J M. Nonlinear earthquake response analysis of 2-D underground structures with soil-structure interaction including separation and sliding at interface[C]// The 15th ASCE Engineering Mechanics Conference. New York, 2002: 1—8.

[3] Liu H B, Song E X. Working mechanism of cutoff walls in reducing uplift of large underground structures induced by soil liquefaction[J]. Computers and Geotechnics, 2006, 33(4): 209—221.

[4] 陈国兴，左熹，庄海洋，等. 地铁车站结构大型振动台试验与数值模拟的比较研究[J]. 地震工程与工程振动，2008，28(1)：157—165.

[5] Tsinidis G, Pitilakis K, Trikalioti A D. Numerical simulation of round robin numerical test on tunnels using a simplified kinematic hardening model[J]. Acta Geotechnica, 2014, 9(4): 641—659.

[6] Bilotta E, Lanzano G, Madabhushi S P G, et al. A numerical Round Robin on tunnels under seismic actions[J]. Acta Geotechnica, 2014, 9(4): 563—579.

[7] Gomes R C. Numerical simulation of the seismic response of tunnels in sand with an elasto-plastic model[J]. Acta Geotechnica, 2014, 9(4): 613—629.

[8] Zhuang H Y, Hu Z H, Wang X J, et al. Seismic response of a large underground structure in liquefied soils by FEM numerical modelling[J]. Bulletin of Earthquake Engineering , 2015, 13(12): 3645—3668.

[9] Okabe S. General theory on earth pressure and seismic stability of retaining walls and dams [J]. Journal of the Japan Society of Civil Engineering, 1924, 10(6): 1277—1323.

[10] Newmark N M. Problems in wave propagation in soil and rock[C]// Proceedings of the International Symposium on Wave Propagation and Dynamic Properties of Earth Materials. Albuquerque, 1967: 703—722.

[11] Wang J N. Seismic Design of Tunnels: A State-of-the-Art Approach[M]. New York: Parsons Brickerhoff Quade, 1993.

[12] Power M, Rosidi D, Kaneshiro J. Strawman: Screening, evaluation, and retrofit design of tunnels[R]. New York: National Center for Earthquake Engineering Research, 1996.

[13] Kuesel T R. Earthquake design criteria for subways[J]. Journal of the Structural Division,

1969,95:1213—1231.

[14] St John C M, Zahrah T F. Aseismic design of underground structures[J]. Tunnelling and Underground Space Technology, 1987, 2(2): 165—197.

[15] Abrahamson N A. Estimation of seismic wave coherency and rupture velocity using the SMART 1 strong motion array recordings[D]. Berkeley: California University, 1985.

[16] Abrahamson N A. Spatial variation of earthquake ground motion for application to soil-structure interaction[R]. Report No. TR-100463. Electric Power Research Inst., Palo Alto, U.S., 1992.

[17] Abrahamson N A. Review of apparent seismic wave velocities from spatial arrays[R]. Report, Geomatrix Consultants, San Francisco, CA, U.S., 1995.

[18] Hashash Y M A, Hook J J, Schmidt B, et al. Seismic design and analysis of underground structures[J]. Tunnelling and Underground Space Technology, 2001, 16(4): 247—293.

[19] Sakurai A, Takahashi T. Dynamic stresses of underground pipelines during earthquakes [C]//Proceedings of the 4th World Conference on Earthquake Engineering. Rome, 1969: 81—95.

[20] Matsubara K, Hirasawa K, Urano K. On the wavelength for seismic design of underground pipeline structures[C]//Proceedings of the First International Conference on Earthquake Geotechnical Engineering. San Francisco, 1995: 587—590.

[21] Idriss I M, Seed H B. 1968. Seismic response of horizontal soil layers. Journal of the Soil Mechanics and foundations Division, ASCE, 1968, 94(SM4), 1003—1031.

[22] Burns J Q, Richard R M. Attenuation of stresses for buried cylinders[C]//Proceedings of the Symposium on Soil-Structure Interaction. Tucson, 1964.

[23] Hoeg K. Stresses against underground structural cylinders[J]. Journal of Soil Mechanics & Foundations Div, 1968, 94(4): 833—858.

[24] Peck R B, Hendron A J, Mohraz B. State of the art in soft ground tunneling. Proceedings of the Rapid Excavation and Tunneling Conference[C]//American Institute of Mining, Metallurgical and Petroleum Engineers. New York, 1972: 259—286.

[25] Merritt J L, Monsees J E, Hendron Jr A J. Seismic design of underground structures[C]// Proceedings of the 1985 Rapid Excavation Tunneling Conference. New York, 1985: 104—131.

[26] Schmidt B, Hashash Y M A. Seismic rehabilitation of two immersed tube tunnels[C]// World Tunnel Congress. San Paulo, 1998: 98.

[27] Penzien J, Wu C L. Stresses in linings of bored tunnels[J]. Earthquake Engineering & Structural Dynamics, 1998, 27(3): 283—300.

[28] Penzien J. Seismically induced racking of tunnel linings[J]. Earthquake Engineering & Structural Dynamics, 2000, 29(5): 683—691.

[29] Hwang R N, Lysmer J. Response of buried structures to traveling waves[J]. Journal of Geotechnical and Geoenvironmental Engineering, 1981, 107(2): 183—200.

[30] 小泉淳.盾构隧道的抗震研究及算例[M].张稳军,袁大军译.北京:中国建筑工业出版社,2009.

[31] 洑旭江,常素萍,陈国兴.地下结构地震反应分析拟静力法与动力非线性时程法的比较[J].地震工程与工程振动,2016,36(1):44－51.

[32] 刘如山,胡少卿,石宏彬.地下结构抗震计算中拟静力法的地震荷载施加方法研究[J].岩土工程学报,2007,29(2):237－242.

[33] 洑旭江,常素萍,陈国兴.地下结构地震反应分析拟静力法与动力非线性时程法的比较[J].地震工程与工程振动,2016,1(1):44－51.

[34] 刘晶波,刘祥庆,李彬.地下结构抗震分析与设计的 Pushover 分析方法[J].土木工程学报,2008,41(4):73－81.

[35] 李彬,刘晶波,刘祥庆.地铁车站的强地震反应分析及设计地震动参数研究[J].地震工程与工程振动,2008,28(1):17－23.

[36] 刘晶波,王文晖,赵冬冬,等.循环往复加载的地下结构 Pushover 分析方法及其在地震损伤分析中的应用[J].地震工程学报,2013,35(1):21－28.

[37] 陆新征,缪志伟,江见鲸,等.静力和动力荷载作用下混凝土高层结构的倒塌模拟[J].山西地震,2006,(2):7－11.

[38] 陈国兴,左熹,杜修力.土-地下结构体系地震反应的简化分析方法[J].岩土力学,2010,31(s1):1－8.

[39] Lysmer J,Udaka T,Tsai C,et al. FLUSH-A computer program for approximate 3-D analysis of soil-structure interaction problems[R]. California University,Richmond,u. s. Earthquake Engineering Research Center,1975.

[40] 刘晶波,王文晖,赵冬冬.地下结构横截面地震反应拟静力计算方法对比研究[J].工程力学,2013,30(1):105－111.